浙江省高校重点教材

模拟电子技术基础与应用实例

（第2版）

戈素贞　杜群羊　吴海青　编著

北京航空航天大学出版社

内容简介

为适应电子技术的飞速发展和应用型人才培养的需求而编写此书。其特点是既具有一定的理论深度，又具有一定的应用实例。这些实例搭建了理论到应用的桥梁，克服了以往教材理论到实践的台阶。全书共分10章，带“*”号内容是选学内容。书中内容由浅入深，系统介绍了模拟电子技术的内容及应用，是编者多年教学经验的积累。

本书适用于应用型本科、专科电类专业模拟电子技术课程，也是电子爱好者自学和实践的指导性参考书。

图书在版编目(CIP)数据

模拟电子技术基础与应用实例/戈素贞，杜群羊，吴海清编著.--2版.--北京:北京航空航天大学出版社，2012.8

ISBN 978-7-5124-0906-4

Ⅰ.①模… Ⅱ.①戈…②杜…③吴… Ⅲ.①模拟电路—电子技术 Ⅳ.①TN710

中国版本图书馆CIP数据核字(2012)第189412号

模拟电子技术基础与应用实例

(第2版)

戈素贞　杜群羊　吴海青　编著

责任编辑　潘晓丽　刘秀清　张雯佳

*

北京航空航天大学出版社出版发行

北京市海淀区学院路37号(邮编100191)　http://www.buaapress.com.cn

发行部电话:(010)82317024　传真:(010)82328026

读者信箱:bhpress@263.net　邮购电话:(010)82316936

北京时代华都印刷有限公司印装　各地书店经销

*

开本:787×960　1/16　印张:22.75　字数:510千字

2012年8月第1版　2012年8月第1次印刷　印数:4 000册

ISBN 978-7-5124-0906-4　定价:39.00元

前　言

由于“模拟电子技术”课程是电类各专业的重要专业技术基础课，编写一本既有一定的理论深度，又有一定量的应用实例的书很重要。这些实例搭建了理论与应用的桥梁，克服了以往教材理论到实践的台阶，所以本书的特点是：保证基础，适度深化，注重应用，强调集成。

为了适应电子技术的飞速发展，为了适应应用型人才培养的需求，为了使电子技术教材更具可读性、实用性、前瞻性，我们编写了此书。在内容上安排有10章，带“*”号内容是选学内容。第1章介绍半导体的基本知识、半导体二极管；第2章介绍双极结型三极管及放大电路基础；第3章介绍放大电路的频率响应；第4章介绍场效应三极管及其放大电路；第5章介绍集成电路运算放大器；第6章介绍反馈放大电路；第7章介绍集成放大器的应用；第8章介绍直流稳压电源；第9章是模拟电路综合应用实例；第10章是EDA技术简介。

学习本书需先修“电路原理”课程。书中用到了非正弦周期电路的求解方法，即线性电路的叠加定理；求放大电路模型时用到了戴维宁定理；求三极管的等效电路时用到了双口网络的H参数和H参数等效电路。

全书由戈素贞组织编写和统稿。其中第1～6章和第7章的7.1～7.4节由戈素贞编写；第7章的7.5节、第8～9章由杜群羊编写；第10章由吴海青编写。

由于能力有限，书中内容不妥之处，恳请读者不吝指出，便于我们修正提高。

在此向本书引用和参考的资料的编者表示深深的感谢，向对本书出版有过帮助的所有朋友表示衷心的感谢。

作　者

2012年7月

本书配套多媒体教学课件，需要的读者请发送邮件至 bhkejian@126.com 或致电 010－82317027 申请索取。

目　录

第1章 半导体二极管

本章主要介绍半导体的基本知识、PN结、半导体二极管的物理结构、工作原理、特性曲线、主要参数、基本电路、分析方法以及半导体二极管应用实例。

1.1 半导体的基本知识

物体根据导电性分成：导体、半导体、绝缘体。半导体的导电性介于导体与绝缘体之间。

电子技术中常用的半导体材料有：

元素半导体：如，硅(Si)、锗(Ge)等，其原子结构见图1.1。最外层的4个电子称为价电子，它决定物体的化学性质和导电性。

化合物半导体：如，砷化镓(GaAs)等。

可掺杂制成杂质半导体的材料：如，硼(B)、磷(P)、铝(Al)等。

半导体材料的特点：

➢ 受外界光和热的刺激，导电能力显著变化。

➢ 掺杂后，其导电能力也显著变化。

这些特点是由半导体的结构决定的。所以，下面讲半导体的结构。

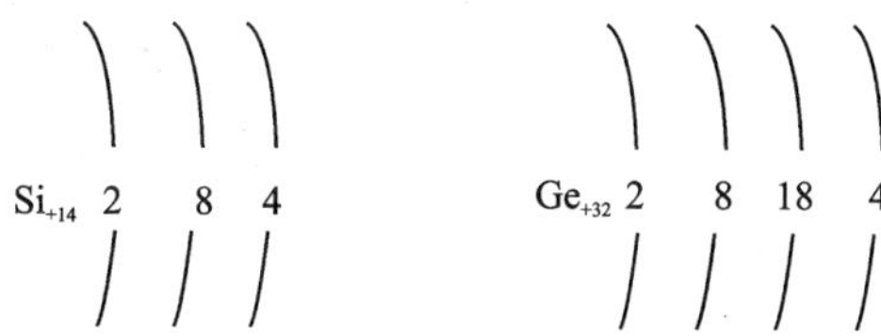

图1.1　硅(Si)、锗(Ge)原子结构

1.1.1 半导体的共价键结构

在电子技术中用的Si、Ge均是晶体形式，称为单晶硅和单晶锗，也称为本征半导体。它们是由自然界中固态的硅、锗经过一个复杂的提纯过程得到的。单晶硅、单晶锗的结构是正四面

体,每个原子处于同等地位。图1.2和图1.3分别是单晶硅的立体结构图和平面示意图。

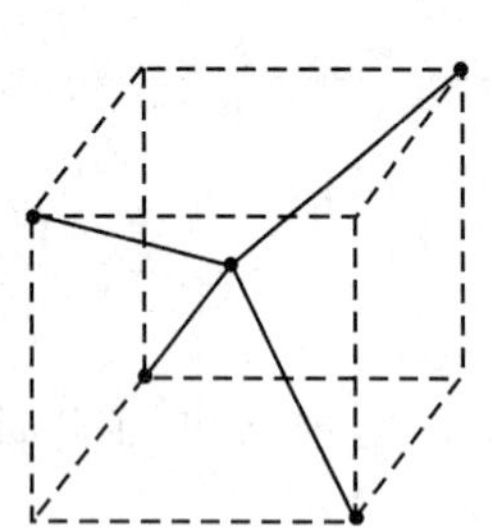

图 1.2 单晶硅的立体结构图

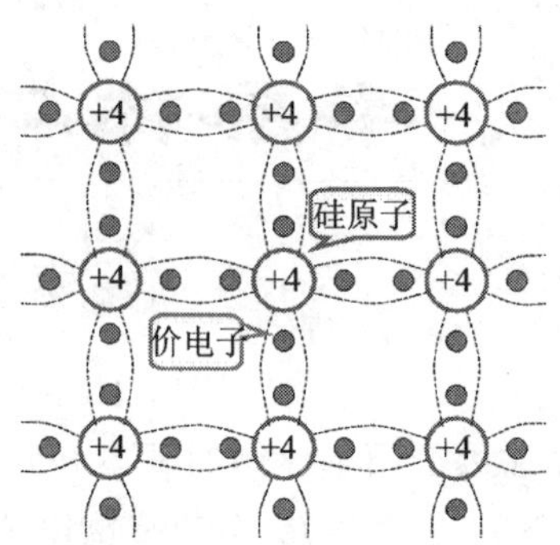

图 1.3 单晶硅的平面示意图和共价键

由于晶体内,各原子处于同等地位且各原子之间靠得很近,相邻的原子相互影响,使原来分属于每个原子的价电子成为两个原子共有,形成共价键,见图1.3。共价键内的两个电子称为束缚电子。

共价键中的电子受两个原子核引力的约束,只有在激发时,少数电子获得一定的动能挣脱共价键的束缚成为自由电子,在原共价键中留下一个空位称空穴。在本征半导体中,自由电子与空穴是成对出现的,为空穴电子对。

电子得到足够的能量挣脱共价键的束缚成为自由电子的现象,称为激发。

在自由电子和空穴的产生过程中,同时还存在自由电子和空穴的复合,也就是自由电子在热运动过程中和空穴相遇而释放能量,电子-空穴对消失。

可以自由运动的带电粒子称为载流子,载流子包括自由电子和空穴。空穴参与导电是半导体区别于导体的一个重要特征。

在一定温度下,本征半导体激发和复合在某一热平衡载流子浓度值上达到动态平衡。用n_i和p_i分别表示一定温度下本征半导体中自由电子和空穴的热平衡浓度,有

$$n_i = p_i \tag{1.1}$$

理论和实验均证明,它们与温度T的关系为

$$n_i(T) = p_i(T) = A \cdot T^{\frac{3}{2}} e^{-\frac{E_g}{2KT}} \tag{1.2}$$

式中:T是绝对温度;K是玻耳兹曼常数(8.63×10^{-5} eV/K)或$(1.380\ 658\pm0.000\ 012)\times 10^{-23}$ J/K);A是与半导体材料、载流子有效质量以及有效能级密度有关的常量。对于硅,$A=3.87\times10^{16}\ \mathrm{cm^{-3}K^{-3/2}}$;对于锗,$A=1.76\times10^{16}\ \mathrm{cm^{-3}K^{-3/2}}$。$Eg$表示$T=0$ K时破坏共价键所需的能量,又称禁带宽度,单位为eV(电子伏)。对于硅,$Eg=1.21$ eV;对于锗,$Eg=0.785$ eV。由式(1.2)可以得知在一定温度下,半导体内有一定浓度的自由电子和空穴。在半导体两侧外加电压,自由电子作定向运动,空穴也作相对运动(以后直接说空穴运动),当自由

电子和空穴的浓度足够时，就会形成电流 i。

1. 半导体的特性之一

在半导体中，温度 $T\uparrow\rightarrow$激发$\uparrow\rightarrow$载流子浓度$\uparrow\rightarrow$外加压不变，但电流$\uparrow$，即 $T\uparrow\rightarrow$ 半导体的导电性大大增强。利用该特性可制成半导体热敏元件。但该特性又造成半导体器件的温度稳定性差。

2. 半导体的特性之二

在半导体中，光照$\uparrow\rightarrow$激发$\uparrow\rightarrow$载流子浓度$\uparrow\rightarrow$外加压不变，但电流$\uparrow$，即光照$\uparrow\rightarrow$ 半导体的导电性大大增强。利用该特性可制成半导体光敏元件。

1.1.2 杂质半导体

在本征半导体中人为地掺入微量元素作为杂质，可使半导体的导电性发生显著变化，这是半导体的另一个特性。掺入的杂质主要是三价或五价元素，掺入杂质的半导体称为杂质半导体。杂质半导体有两种：是 N 型半导体和 P 型半导体。

1. N 型半导体(电子型半导体)

在本征半导体中掺入五价元素如磷 P_{15}、砷 As_{33}、锑 Sb_{51}，掺杂后，由于磷原子周围都是 Si 原子，所以其外层的 4 个价电子形成共价键，多余的一个价电子受核的引力比共价键的束缚弱得多，所以较小的能量就使其挣脱磷原子的吸引成为自由电子(称为电离)。掺入一个磷原子，给出了一个自由电子，故磷为施主杂质(施主原子，N 型杂质)。自由电子带负电(Negative electricity)，英文字头为 N，故称 N 型半导体。在 N 型半导体中

$$\text{载流子}\begin{cases}\text{自由电子数} = \begin{cases}\text{掺杂原子数}\\ \text{激发产生的自由电子}\end{cases} & \text{多子}\\ \text{空穴数}\quad\text{由激发产生} & \text{少子}\end{cases}$$

所以自由电子数远大于空穴数，自由电子称为多数载流子(简称多子)，空穴称为少数载流子(简称少子)。

2. P 型半导体(空穴型半导体)

在半导体中掺入微量三价元素如 Al、Ga，由于 Al 外层三个价电子与周围四个 Si 原子形成共价键时，缺少一个电子，在晶体中便产生一个空位，当相邻共价键上的电子获得足够的能量时，有可能填补这个空位，原来硅原子的共价键则因为缺少一个电子形成了空穴(称为电离)。空穴带正电(Positive electricity)，英文字头为 P，故称为 P 型半导体。在 P 型半导体中

$$\text{载流子}\begin{cases}\text{空穴数} = \begin{cases}\text{掺杂原子数}\\ \text{激发产生的空穴}\end{cases} & \text{多子}\\ \text{自由电子数}\quad\text{由激发产生} & \text{少子}\end{cases}$$

空穴为多子，主要由掺杂形成；自由电子为少子，由热激发形成。空穴很容易俘获电子，使

杂质原子成为负离子，三价杂质因而称为受主杂质。用 Al 掺杂时，Al 为受主杂质。

1.2 PN 结的形成及特性

本节学习四个问题：① PN 结的形成；② PN 结的单向导电性；③ PN 结的反向击穿；④ PN 结的电容效应。

1.2.1 PN 结的形成

1. PN 结的形成

N 型半导体中：

自由电子浓度 ≫ 空穴浓度
（多子）　　（少子）

P 型半导体中：

空穴浓度 ≫ 自由电子浓度
（多子）　　（少子）

需强调一点：无论是 N 型半导体还是 P 型半导体，半导体中的正负电荷数是相等的。因此呈现电中性(激发和复合是一个动平衡)。

当 N 型半导体与 P 型半导体结合后，由于 N 型半导体电子浓度大，P 型半导体空穴浓度大，于是出现扩散(扩散是一种自然现象)，电子和空穴都要从浓度较高的地方向浓度较低的地方扩散，见图 1.4。P 区的空穴向 N 区扩散，N 区的电子向 P 区扩散。

当 N 区的电子越过界面，遇到的首先是界面附近的空穴，于是补充这个空穴即复合。

当电子与界面附近的空穴复合后，则界面附近的载流子用尽了，于是 P 型半导体和 N 型半导体的界面处形成了只有不能移动的正、负杂质离子(空间电荷)，这一区域称为**空间电荷区**。

因为在空间电荷区载流子被耗尽了，故称为**耗尽层**。又因耗尽层处于 P 型半导体和 N 型半导体的交界处(结合的位置)故称为 **PN 结**。

2. PN 结的作用

电子、空穴扩散，必经 PN 结，而 PN 结形成内电场(由于该电场是半导体内载流子的扩散运动形成的，故称为内电场)，内电场对多子的扩散起阻碍作用，见图 1.5。所以，PN 结又称阻挡层。

内电场促使 P 区的少子电子向 N 区运动，N 区的少子空穴向 P 区运动。这种运动称为漂移。

总之：PN 结的作用是阻碍多子的扩散，促进少子的漂移。

当 P 型半导体与 N 型半导体结合后，P 区空穴向 N 区扩散，同时 N 区电子向 P 区扩散，并伴随着复合。一段时间后，当扩散和漂移达到动平衡，就形成了 PN 结，其厚度一定，且杂质掺杂越多，则空间电荷区越薄，反之越厚。如果P区、N区掺杂浓度不一样，则界面两边的PN结的厚度不一样。PN结形成后，存在两个动平衡：

➤ 多子的扩散运动与少子的漂移运动形成的动态平衡。

➤ P区和N区内激发与复合也处于动态平衡，而且整个P区和N区呈现电中性。

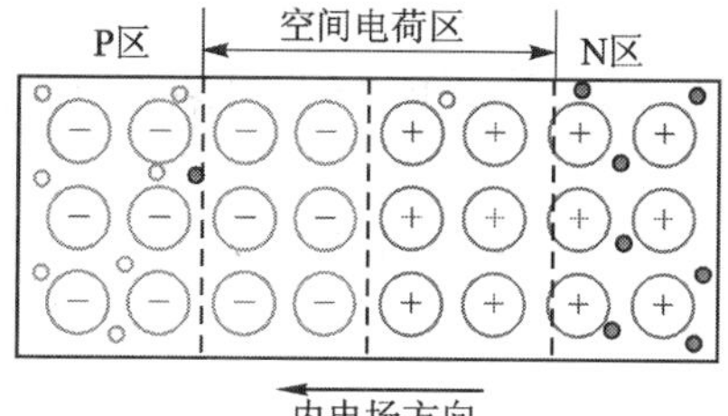

注：示意图中只画出了带电粒子(包括电子、空穴和离子)，未画出原子。

图 1.4 PN结的形成分析

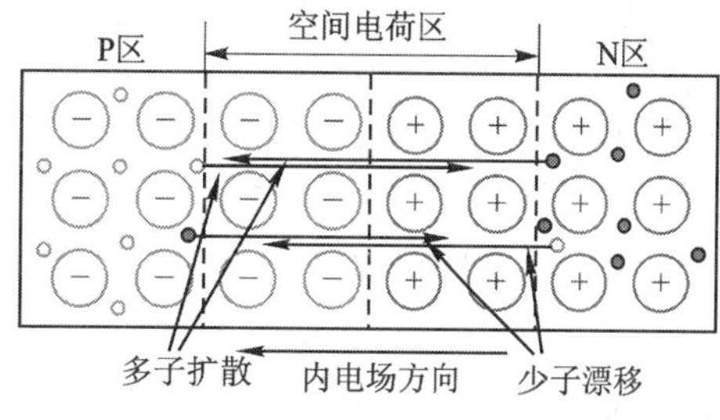

图 1.5 PN结的作用

1.2.2 PN结的单向导电性

1. PN结外加正向电压(或正向偏置电压)

如图1.6所示，P区接电源正极，N区接电源负极，称为PN结外加正向电压，或PN结正向偏置。由于半导体本身的体电阻≪PN结上的电阻，所外加电压几乎全部降落在PN结上，产生的外电场与内电场方向相反，即消弱内电场，多子的扩散能力增强，与部分空间电荷离子中和，使PN结变窄，打破了原来的动态平衡，使扩散电流 $i_{扩}$↗，漂移电流 $i_{漂}$↘，正向电流 $i_f=i_{扩}-i_{漂}$。由于可供漂移的少子≪可供扩散的多子，$i_{扩}$ 占主要地位，$i_{漂}$ 微不足道。故

$$i_f=i_{扩}-i_{漂}\approx i_{扩}\text{（正向扩散电流）}$$

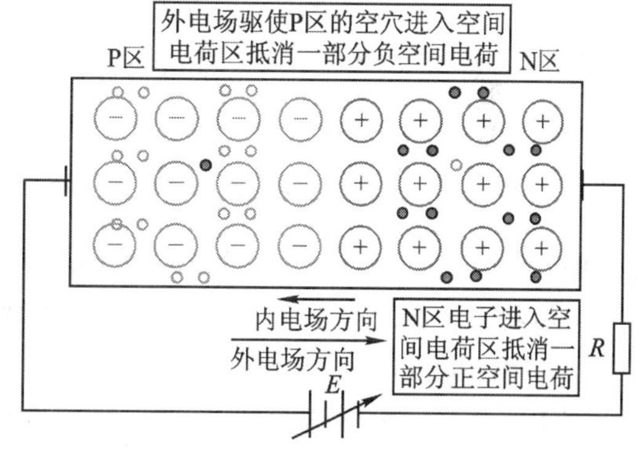

图 1.6 PN结的单向导电性

总之： PN结外加正向电压时：

➤ 使PN结变窄，使 $i_{扩}>i_{漂}$，从而外电路中形成的正向电流 $i_f\approx i_{扩}$，称正向导通，且外加正向电压增加，i_f 增加。

➤ PN结处于导通状态时，由于空间电荷区载流子较多，所以导通电阻很小。

2. PN结外加反向电压(PN结反向偏置)

当PN结外加反向电压时，外电场与内电场方向相同，使P区和N区的多子进一步离开

PN 结,使空间电荷区变宽,使扩散能力下降,即 $i_{扩}$ 趋于零,使漂移能力增强。而 $i_{漂}$ 的增加是微弱的(由激发产生的少子的浓度极小),但整个效果仍然是漂移为主,反向电流 $i_R \approx i_{漂}$,且 i_R 随外加电压的增加,基本不变,且很小,硅 nA(10^{-9} A),锗 μA(10^{-6} A)——故用 I_S 表示,称为反向饱和电流。

总之: PN 结反向偏置时:

- 外电场与内电场方向相同,使 PN 结增厚,使 $i_{扩}$ 趋于零,反向电流 $i_R = I_S = i_{漂}$。
- PN 结反向电阻很大,称反向截止。

因为 $i_{漂}$ 的大小取决于少子的浓度,而少子的浓度又取决于激发,而激发又取决于温度,所以,当外加电压=Const 时,$T\uparrow \rightarrow I_S\uparrow$,这一点值得注意。

3. PN 结的 V-A 特性

PN 结的 V-A 特性见图 1.7。U_{th} 为死区电压或门坎电压,当 $u_D > U_{th}$ 时,正向电流迅速增加。U_{BR} 为反向击穿电压,当外电压小于 U_{BR} 时,反向电流迅速增加。

PN 结正向 V-A 特性的表达式为:

$$i_D = I_S(e^{\frac{u_D}{U_T}} - 1) \tag{1.3}$$

式中,i_D、u_D 为流过 PN 结的电流和加在 PN 结两端的电压;I_S 为反向饱和电流,分立元件典型值为 $10^{-8} \sim 10^{-14}$ A;U_T 为温度的电压当量。

$$U_T = KT/q \tag{1.4}$$

式中,T 为绝对温度(K),q 为电子电荷(C)($q = 1.6 \times 10^{-19}$ C)。当 $T = 27$ ℃ $= 300$ K 时,由式(1.4)得 $U_T = 26$ mV。

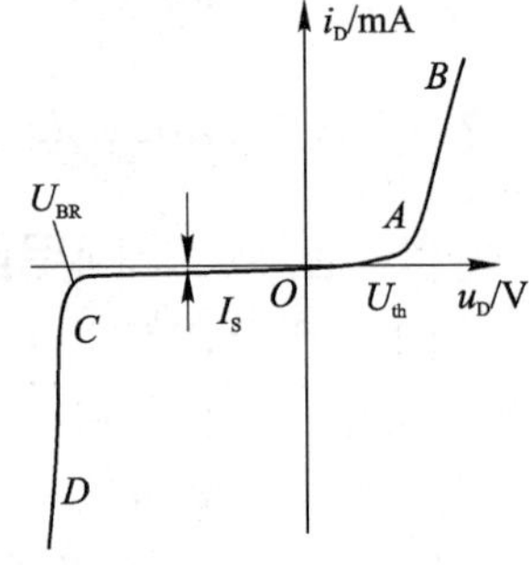

图 1.7 PN 结的 V-A 特性

1.2.3 PN 结的反向击穿

根据 PN 结的击穿状态,可以将 PN 结的击穿分成电击穿和热击穿;根据掺杂杂质浓度的不同可以将 PN 结的击穿分成雪崩击穿和齐纳击穿。

(1) 电击穿

当 PN 结反向电压增大到 U_{BR} 时,反向电流突然增加如图 1.7,这种现象就称为 PN 结的反向击穿(电击穿),U_{BR} 称反向击穿电压。电击穿是可逆的,条件:反向电压×反向电流≤PN 结容许的耗散功率。

在电击穿情况下,若 $u_D < U_{BR}$(绝对值),则管子仍能恢复原来的状态。电击穿时电流变化电压几乎不变,可以作稳压用。

(2) 热击穿

一旦电击穿,则 PN 结上压降很大,若电流也很大,功耗就很大,功耗转变为热,导致 PN结温↗→电流↗ 恶性循环,最终,二极管(PN 结)烧坏,即为热击穿。所以,PN 结的反向工作电压为U_{BR}的一半，留有余量，以保安全运行。

(3) 雪崩击穿

在电击穿情况下，又有雪崩击穿和齐纳击穿。

PN结加一定的反压→空间电荷区的电场较强→通过空间电荷区的电子和空穴的运动能力较强，在空间电荷区中的空穴和电子与晶体原子碰撞，发生碰撞电离；新产生的空穴、电子获能量参与碰撞，产生载流子的雪崩倍增效应，载流子的迅速增加，使反向电流急剧增加。PN结就发生了雪崩击穿。

(4) 齐纳击穿

当PN结掺杂浓度较大时，PN结很窄（μm数量级），而结电阻≫P区、N区的体电阻，所以，外加电压几乎全部降到PN结上，使单位μm上压降很大，也即电场很强，能拉出共价键中的束缚电子，造成电子-空穴对。形成较大的反向电流。

1.2.4 PN结的电容效应

PN结的结电容C_{PN}包括：势垒电容C_B和扩散电容C_D。

(1) 势垒电容C_B

改变PN结上外加电压，空间电荷区中正负离子电荷数相应改变，引起的电容效应称为势垒电容，类同于平行板电容器。$C_B \propto A/\delta$。其中，δ为空间电荷区厚度；A为PN结面积。

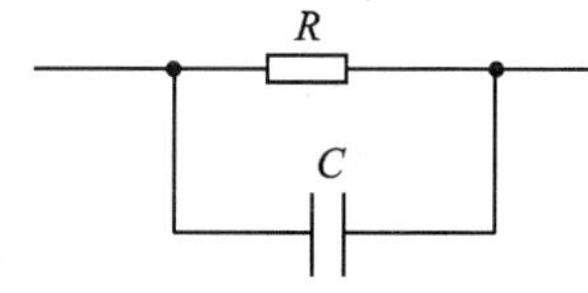

图1.8 PN结的高频等效电路

PN结的高频等效电路见图1.8。

PN结加正压时，δ小，C_B大，$1/\omega C_B$小，但由于并联的结电阻更小，所以C_B的作用不明显；

PN结加反压时，δ大，C_B小，$1/\omega C_B$大，但由于并联的结电阻更大，所以C_B的作用明显。反压↗→δ↗→ C_B↘，所以有变容效应，可制成变容二极管。

(2) 扩散电容C_D

C_D是由于N区电子和P区空穴在相互扩散过程中，P区的电子和N区的空穴的积累所引起的。当PN结反偏时，注入到P区的少子（电子）沿P区有浓度差，越靠近结处浓度越大，即P区有电子的积累，同样N区有空穴的积累。

当正向电压增加时，积累增加；当正向电压减小时，积累减小，构成了PN结的扩散电容C_D，PN结正偏时，扩散电容作用较大；PN结反偏时，扩散电容可忽略。

总之： PN结的电容$C_{PN}=C_B+C_D$。

PN结加正压时，$C_{PN}\approx C_D$；PN结加反压时，$C_{PN}\approx C_B$。

1.3 半导体二极管

1.3.1 半导体二极管的结构

(1) 定　义

将PN结装入壳内加上电极,引出引线,就成了二极管。理论上PN结就是二极管。

(2) 类　型

参见图1.9,半导体二极管具有以下类型:

① 点接触型:PN结面小,允许通过电流小,故适用于高频、小电流场合,如数字脉冲电路中的开关。

② 面接触型:接触面大,电容效应大,适用于低频、大电流场合,如:整流。

③ 平面型:可用于大功率整流和数字电路中的开关。

(3) 符　号

参见图1.9(d)。

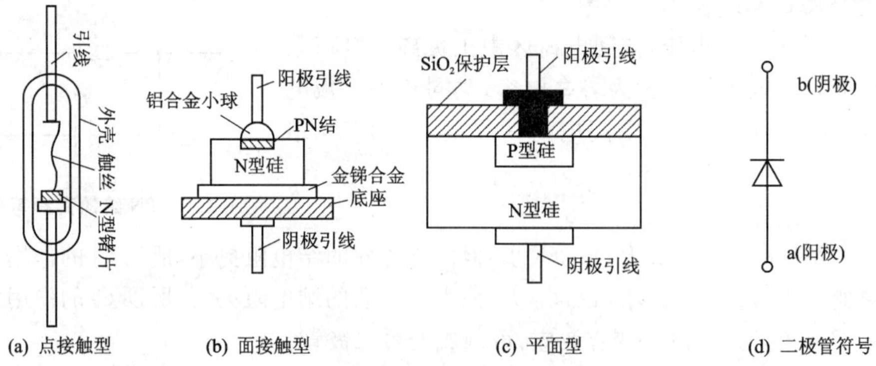

(a) 点接触型　(b) 面接触型　(c) 平面型　(d) 二极管符号

图1.9 二极管结构和符号

(4) 外　型

常见二极管外形参见图1.10。

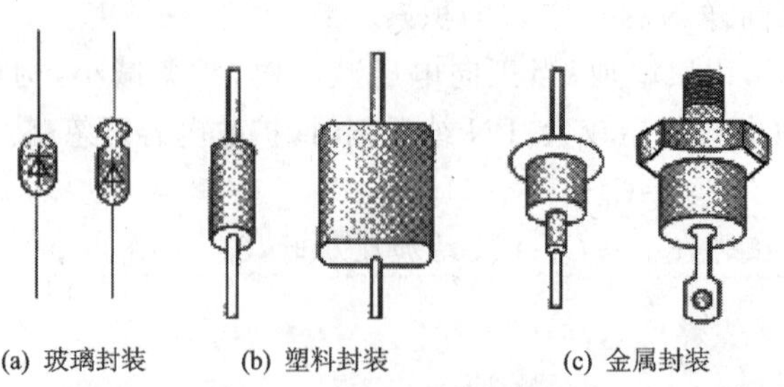

(a) 玻璃封装　(b) 塑料封装　(c) 金属封装

图1.10　常见二极管外型

1.3.2 二极管的 V-A 特性

PN 结的 V-A 特性，即为二极管的 V-I 特性。二极管外特性获得方法：

➢ 测量获得 V-A 特性曲线。

➢ 用 $i_D = I_S(e^{\frac{u_D}{U_T}} - 1)$ 计算。

某二极管的外特性见图 1.7。U_{th} 称门坎电压或死区电压，U_{BR} 为反向击穿电压。现将外特性分成三部分讨论：

(1) 正向特性

OA 段：$u_D < U_{th}$。由于正向电压较小，外电场不足以克服 PN 结的内电场，所以正向电流近似为零，电阻很大。

AB 段：$u_D > U_{th}$,。电流迅速增加，电阻很小，而 u_D 变化不大，利用这点可作为限幅、稳压用。

➢ 硅管：曲线较陡，U_{th} 约为 0.5 V，正常工作时管压降为 0.6～0.8 V。

➢ 锗管：曲线较缓，U_{th} 约为 0.1 V，正常工作时管压降为 0.2～0.3 V。

(2) 反向特性

OC 段：$i_D \approx I_S$ 很小，因为少子的数目很小，$T\nearrow \rightarrow |i_D|\nearrow$。

(3) 反向击穿

CD 段：$u_D > U_{BR}$ 时，二极管出现反向击穿，反向电流迅速增加，但电压变化微小。

总之：➢ 二极管承受正向电压 $u_D > U_{th}$ 时导通，电阻很小。

➢ 二极管承受反向电压截止，反向电流为 $I_S \approx 0$，电阻很大。

➢ 二极管是压控元件，具有单向导电性，电阻可变。

➢ 由二极管的外特性可知，二极管为非线性电阻元件。

1.3.3 二极管的主要参数

(1) 最大整流电流 I_{FM}

是管子长期运行时，允许通过的最大正向平均电流，由管子的功耗所决定，使用时注意环境温度和散热条件。

(2) 反向击穿电压 U_{BR}

管子反向击穿时的电压值。

(3) 反向工作峰值电压 U_{BWM}

一般为 U_{BR} 的一半或三分之一。

(4) 反向峰值电流 I_{RM}

指二极管加反向工作峰值电压时的反向电流。I_{RM} 愈小，管子的单向导电性愈好。锗管的反向峰值电流较大,为硅管峰值电流的几十到几百倍。

(5) 极间电容 C

包括势垒电容 C_B和扩散电容 C_D,$C=C_B+C_D$。

其他参数请参阅有关手册。

二极管在使用时,请注意不要超过最大整流电流和最高反向工作电压,否则管子容易损坏。

1.3.4 半导体分立器件型号命名方法

根据国家标准249—89,半导体分立器件型号命名方法见表1.1。

表1.1 半导体分立器件型号命名方法

第一部分		第二部分		第三部分				第四部分	第五部分
用阿拉伯数字表示器件电极数目		用汉语拼音字母表示器件的材料和极性		用汉语拼音字母表示器件的类别				用阿拉伯数字表示序号	用汉语拼音字母表示规格号
符号	意义	符号	意义	符号	意义	符号	意义		
2	二极管	A	N型,锗材料	P	小信号管	X	低频小功率管(截止频率＜3 MHz,耗散功率＜1 W)		
		B	P型,锗材料	V	混频检波管	G	高频小功率管(截止频率≥3 MHz,耗散功率＜1 W)		
		C	N型,硅材料	W	电压调整管和电压基准管				
		D	P型,硅材料						
3	三极管	A	PNP型,锗材料	C	变容管	D	低频大功率管(截止频率＜3 MHz,耗散功率≥1 W)		
		B	NPN型,锗材料	Z	整流管	A	高频大功率管(截止频率≥3 MHz,耗散功率≥1 W		
		C	PNP型,硅材料	L	整流堆				
		D	NPN型,硅材料	S	隧道管				
		E	化合物材料	K	开关管				
				U	光电管				

例如:

① 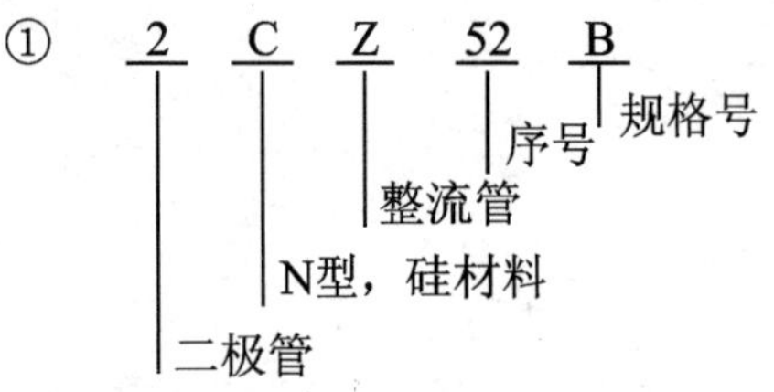

② 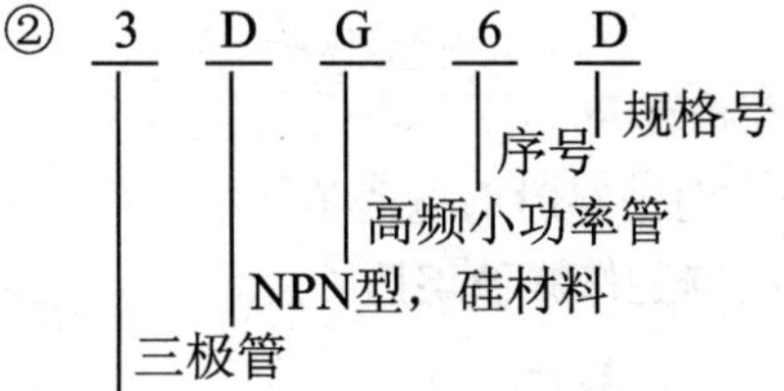

1.4 二极管基本电路分析方法

由于半导体二极管是非线性器件，一般是通过线性化建模来分析和设计二极管电路。

1.4.1 二极管正向 V－A 特性的建模

1. 理想模型

二极管理想模型见图 1.11。

正偏电阻 $R=0$，管压降 $u_D=0$，相当于短路；反偏电阻 $R\to\infty$，$i_D=0$，相当于断开，二极管的理想模型相当于一个理想开关。

2. 恒压降模型

二极管恒压降模型见图 1.12。

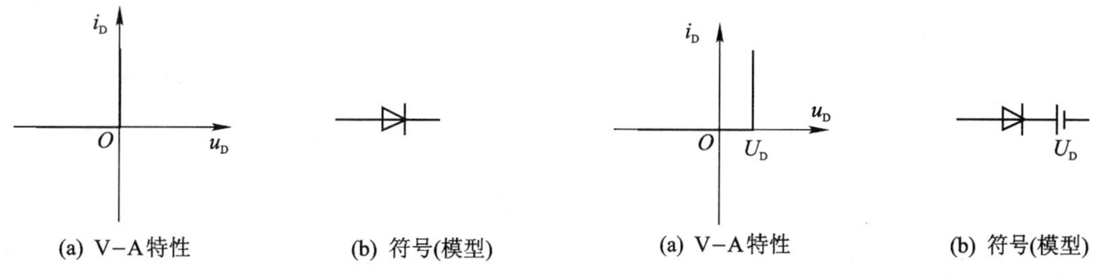

(a) V–A特性　(b) 符号(模型)

图 1.11　二极管理想模型

(a) V–A特性　(b) 符号(模型)

图 1.12　二极管恒压降模型

考虑到二极管管压降 U_D＝Const（硅为 0.7 V，锗为 0.2 V），二极管的恒压降模型为一直流电压与一个理想模型的串联。

3. 折线模型

考虑到二极管管压降，且认为导通后二极管的管压降线性变化，二极管折线模型见图 1.13，为一个直流电源、一个理想模型、一个静态电阻 r_D 的串联。

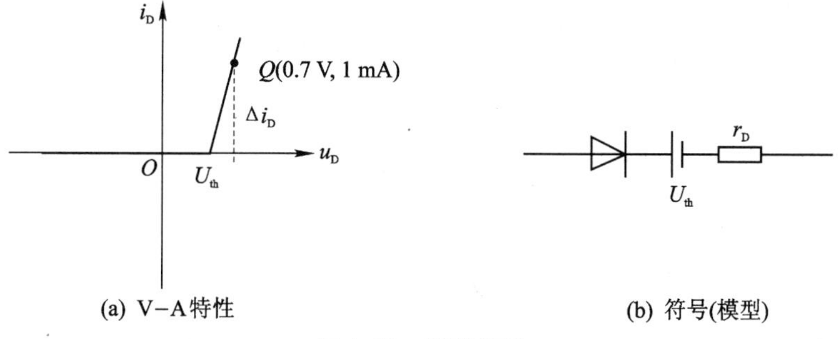

(a) V–A特性　(b) 符号(模型)

图 1.13　折线模型

当二极管工作点电压 $U_Q=0.7$ V 时，$I_D=1$ mA，则静态电阻 $r_D=\Delta u_D/\Delta i_D=(U_Q-U_{th})/I_Q\approx 200\ \Omega$。

上述模型(1)、(2)、(3)依序越来越精确，同时也越来越复杂。

4. 小信号模型

若外加电压 u 可分为直流电压 U_Q 和交变小信号 Δu，于是 $u=U_Q+\Delta u, i_D=I_Q+\Delta i_D$，如图 1.14(c)所示，直流电压 U_Q 单独作用引起的电流 I_Q 如图 1.14(d)所示。工作点 $Q(U_Q, I_Q)$ 点称为静态工作点，如图 1.14(a)所示。

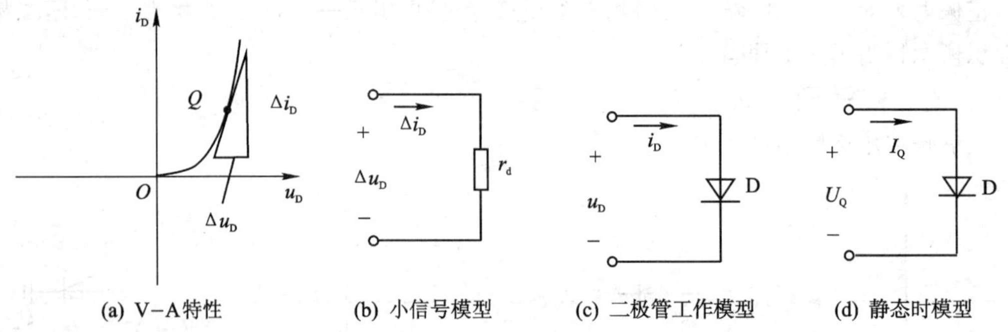

图 1.14 二极管小信号模型工作分析

若 $\Delta u=\Delta U_m \sin \omega t$，且 ΔU_m 很小(小信号)，则工作点在 Q 点附近沿特性曲线运动。在 Q 点附近用切线代曲线(线性化)，认为工作点在直线上移动，u_D 变化 Δu，对应电流变化 Δi，见图 1.14(a)。$r_d=\Delta u/\Delta i=1/K_Q$，$K_Q$ 为 Q 点处的切线斜率，得小信号模型如图 1.14(b)，r_d 称为动态电阻或微变电阻。

微变电阻 r_d 的求法

① 由曲线求：

$$r_d=\Delta u/\Delta i=1/K_Q \tag{1.5}$$

② 由 V－A 表达式求：

因为
$$i_D=I_S(e^{\frac{u_D}{U_T}}-1)$$

两边对 u_D 微分：

$$g_d\,|_Q=di_D/du_D\,|_Q=I_S e^{\frac{u_D}{U_T}}/U_T\,|_Q\approx i_D/U_T\,|_Q=I_Q/U_T$$

所以

$$r_d=1/g_d=U_T/I_Q\approx 26\ \text{mV}/I_Q \tag{1.6}$$

式(1.6)中，当 $T=273+27=300$ K(室温条件下)时

$$U_T=KT/q=[(1.38\times10^{-23}\times300)/1.6\times10^{-19}]\ \text{mV}=26\ \text{mV}$$

1.4.2 模型分析法应用举例

二极管的应用范围很广，主要是利用它的单向导电性。典型电路有：开关电路、检波电路、限幅电路、整流电路和低电压稳压电路。

开关电路中将二极管视为理想二极管，判断二极管导通还是截止的方法如下：

① 对于单只二极管而言，首先将二极管断开，分别计算二极管的阴极电位 U_N 和阳极电位 U_P。若 $U_P > U_N$，则二极管导通，否则二极管截止，见例 1.4.1。

② 对于有一端相连的多只二极管而言，首先将二极管都断开，分别计算每只二极管的阴极电位 U_N 和阳极电位 U_P，承受正向电压值较大的二极管先导通，其他二极管是否被钳位，还需计算验证。见例 1.4.4 和例 1.4.5。

【例 1.4.1】 单相半波整流电路。如图 1.15 所示，设 $u_i = 15\sin \omega t$ V，二极管视为理想二极管，试绘出 u_o 的波形。

【解】 u_i 正半波时，二极管 D_Z 导通，所以 $u_o = u_i$；

u_i 负半波时，二极管 D_Z 截止，所以 $u_o \approx 0$。

输出电压 u_o 的波形见图 1.15(c)。

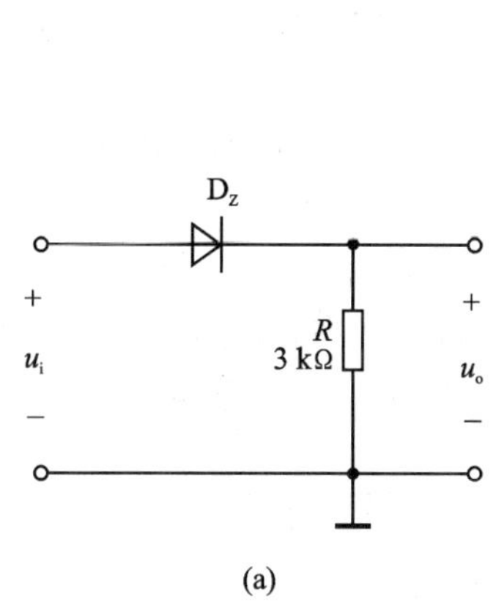

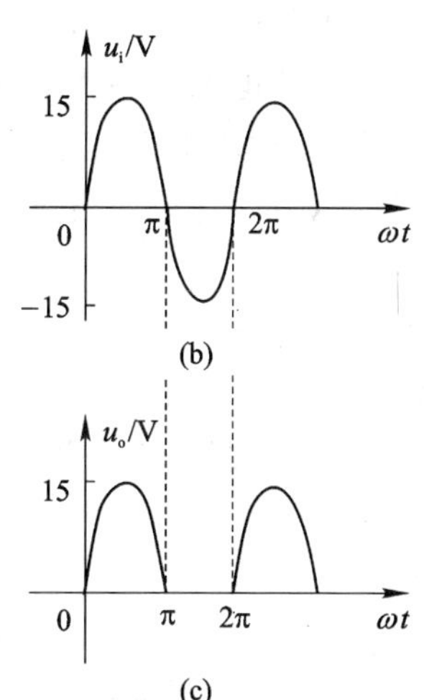

图 1.15 例 1.4.1 图

分析二极管电路时，应根据电源特点和精度要求选用模型。当精度允许时，可用理想模型；当精度较高且电源电压远远大于管压降（一般为 10 倍以上）时，用恒压模型；否则用折线模型；而小信号模型则用在电路中既有直流成分，又有交流小信号的情况。

【例 1.4.2】 限幅电路如图 1.16 所示。设 $u_i = 6\sin \omega t$ V，$R = 1$ kΩ，$U_{REF} = 3$ V，二极管为硅二极管，用恒压降模型求解下面两问。① $u_i = 4$ V 时，求 u_o 的值。② 绘出相应的输出电压

u_o的波形。

【解】 ① 当 $u_i=4$ V时，二极管导通，所以 $u_o=U_{REF}+0.7$ V$=3.7$ V。

② 由于电源电压 u_i的幅值6 V与管压降0.7 V较接近，所以题设选用二极管的恒压降模型求解。输出电压的波形见图1.16(b)。

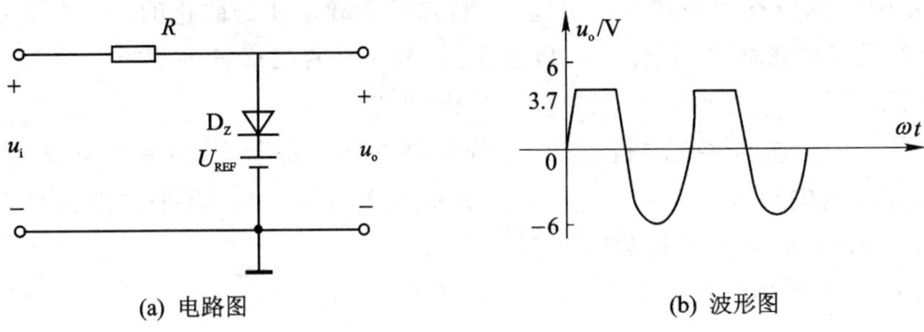

(a) 电路图　　(b) 波形图

图1.16　例1.4.2图

对低电压稳压电路，可采用二极管的正向特性。一只二极管稳压在0.7 V(硅管)，两只二极管串联稳压在1.4 V，三只二极管串联稳压在2.1 V。但串联的二极管越多，误差越大，所以稍高的稳压，将采用下面讲的稳压管来稳压。

【例1.4.3】 检波电路。图1.17(a)中的 R 和 C 构成一微分电路。当输入电压 u_i如图1.17(b)中所示时，试画出输出电压 u_o的波形。设 $u_C(0)=0$。

【解】 在 $0\sim t_1$期间，电容器很快被充电，其上电压为 U，极性如图中所示。这时 u_o为零，u_R为一正尖脉冲。

在 $t_1\sim t_2$期间，u_i在 t_1瞬间由 U 下降到零，在 t_2瞬间又由零上升到 U。在 t_1瞬间电容器经 R 和 R_L分两路放电，二极管D导通，u_R和 u_o均为负尖脉冲。在 t_2瞬间，u_i只经过 R 对电容器充电，u_R为一正尖脉冲。这时二极管截止，u_o为零。输出电压 u_o的波形如图1.17(b)所示。

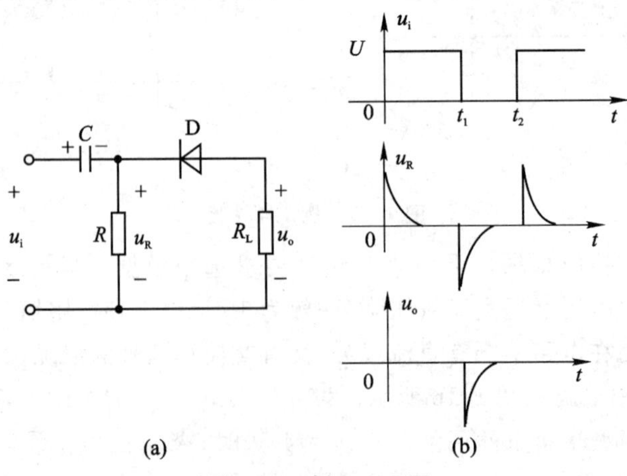

(a)　　(b)

图1.17　例1.4.3图

在这里，二极管起检波作用，除去正尖脉冲。

【例 1.4.4】 开关电路(钳位电路)。如图 1.18 所示，二极管为同一型号的理想元件，试确定图中的电流 I 和电压 U_o 的大小。

【解】 先将二极管 D_1、D_2 都断开，分别计算 D_1、D_2 的阴极电位 U_N 和阳极电位 U_P，承受正向电压值较大的二极管 D_2 先导通，二极管 D_1 被钳位。A 点电位近似等于 B 点电位，

$$U_A = U_B = \left(10 - \frac{5}{5+10} \times 20\right)\ \mathrm{V} = \frac{10}{3}\ \mathrm{V}$$

所以二极管 D_1 承受反压截止，所以

$$U_o = U_A = \frac{10}{3}\ \mathrm{V}$$

$$I = 0\ \mathrm{A}$$

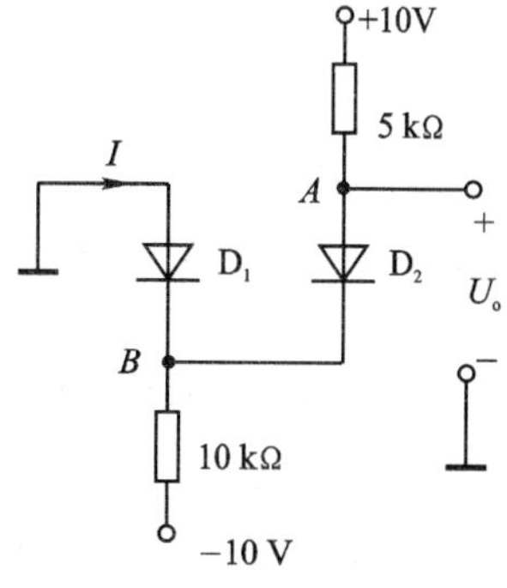

图 1.18 例 1.4.4 图

1.5 特殊二极管

特殊的二极管有很多，如齐纳二极管(稳压二极管)、变容二极管、光电二极管、发光二极管等。

1.5.1 齐纳二极管(稳压管)

稳压管是一种特殊面接触型半导体二极管，由于其掺杂浓度高，PN 结窄，加反压时，PN 结的电场强，所以反向击穿(为齐纳击穿)电压 U_Z 较低，U_Z 也称稳压管的稳定电压。

1. 外特性及符号

稳压管的伏安特性曲线和符号见图 1.19。

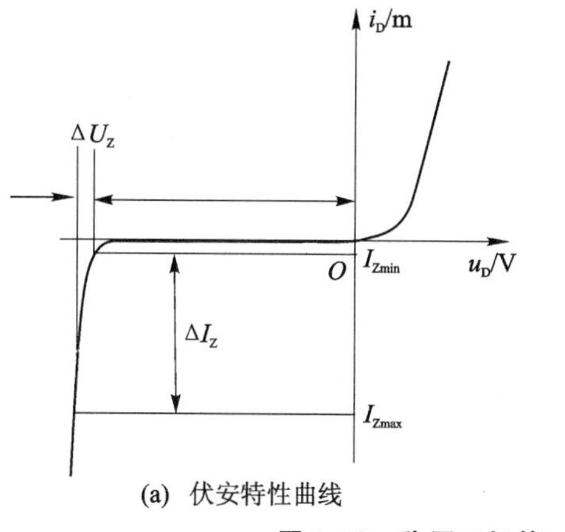

(a) 伏安特性曲线

(b) 符 号

图 1.19 稳压二极管

2. 稳压作用

由外特性可以看出,反向击穿后,电流增量 ΔI_Z很大,而管子的端压变化 ΔU_Z很小,或者说端压几乎不变,这就是稳压作用。在反向击穿区,ΔU_Z与 ΔI_Z之比用 r_Z表示,r_Z称为稳压二极管的动态电阻。曲线越陡,r_Z越小,稳压性能越好。

3. 参　数

- 稳定电压 U_Z(V)(一支管子有一个确定值)。
- 最小稳定电流 I_{Zmin}(mA)。
- 耗散功率(额定功耗)P_Z(W):由管子允许温升决定。
- 最大稳定电流 I_{Zmax}(mA):$I_{ZM}=P_Z/U_Z$,I_{Zmin}与 I_{Zmax}之间为工作电流。
- 动态电阻 $r_Z=\Delta U_Z/\Delta I_Z(\Omega)$:$r_Z$越小,稳压性能越好。
- 温度系数 $\alpha\%(℃)=\Delta U_Z/(U_Z\times\Delta T)$:

  $U_Z<4$ V 时,齐纳击穿占优势,负温度系数。

  $U_Z>7$ V 时,雪崩击穿占优势,正温度系数。

  4 V$<U_Z<$7 V 时,齐纳击穿和雪崩击穿均有,温度系数近似为零。

4. 使用条件

管子作稳压管时 ① 管子处于反向状态；② 工作电流 $I_Z<I_{Zmax}$(最大稳定电流)；③ 耗散功率 $P_Z<P_{Zmax}$(最大允许耗散功率)

5. 典型应用

稳压二极管的典型应用有稳压和限幅。

① 并联式稳压电路见图 1.20,是典型稳压电路。

稳压分析:R 为限流电阻,在正常工作时若

$$u_i\nearrow\rightarrow u_R\text{和}u_o\nearrow\rightarrow i_Z\nearrow\rightarrow i_R\nearrow\rightarrow u_R\nearrow$$
$$u_o\searrow \quad (u_o=u_i-u_R)$$

$$R_L\searrow\rightarrow i_L\nearrow\rightarrow i_R\nearrow\rightarrow u_R\nearrow\rightarrow u_o\searrow\rightarrow i_Z\searrow\rightarrow i_R\searrow$$
$$u_o\nearrow$$

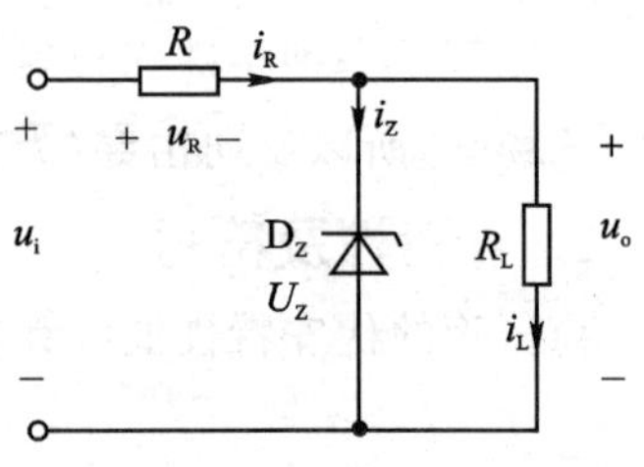

图 1.20　并联式稳压电路

限流电阻 R 的选择范围为

$$R_{min}<R<R_{max} \tag{1.7}$$

式中,

$$R_{min}=\frac{U_{i\,max}-U_Z}{R_{L\,max}\cdot I_{Z\,max}+U_Z}\cdot R_{L\,max} \tag{1.8}$$

$$R_{\max} = \frac{U_{\mathrm{i\,min}} - U_{\mathrm{Z}}}{R_{\mathrm{L\,min}} \cdot I_{\mathrm{Z\,min}} + U_{\mathrm{Z}}} \cdot R_{\mathrm{L\,min}} \tag{1.9}$$

详细推导参见 8.4 节。

② 限幅电路见图 1.21(a)。当 $u_{\mathrm{i}} = 10\sin\,\omega t$ V,$U_{\mathrm{Z}} = 5.5$ V 时,输出电压 u_{o}的波形见图1.21(b)。

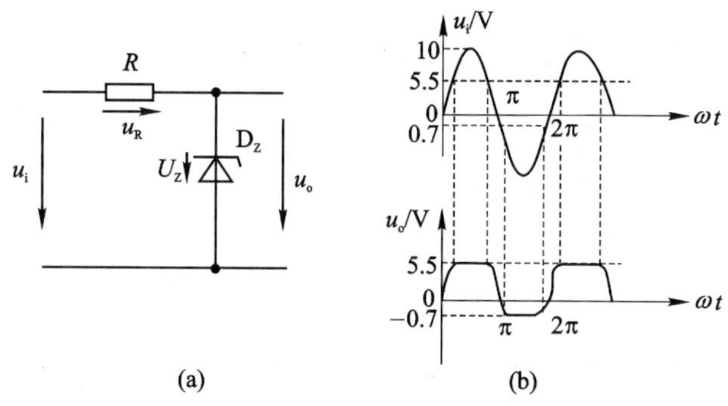

图 1.21　稳压二极管的限幅电路

总之: 稳压管正向工作时,与一般二级管相同。反向工作时,当反向电压小于 U_{Z} 时,截止;当反向电压大于 U_{Z} 时,稳压为 U_{Z}。

1.5.2　其他特殊二极管

1. 变容二极管——反向运用

符号:

原理:结电容随反向电压的增加而显著减小的二极管。

特点:反向运用,多用于高频技术中。

2. 光电二极管

符号:

原理:反向电流随光照强度的增加而增大的二极管。

作用:光强转换成电流的大小。如发讯器、光控门、光电池等。

特点:反向运用。

3. 发光二极管

符号:

原理:发光二极管具有单向导电性,只有当外加正向电压使得正向电流足够大时,发光二极管才发光。光的颜色(光谱的波长)由制成二极管的材料决定。

作用:电能转换成光能。如七段数码管、指示灯、矩阵显示等。工作电流一般在几 mA 至几十 mA。

特点:正向运用。发光二极管有驱动电压低,功耗低,寿命长和可靠性高等优点。

*1.6 半导体二极管应用实例

【例 1.6.1】 半波型电容降压整流电路。

半波形电容降压整流电路如图 1.22 所示。

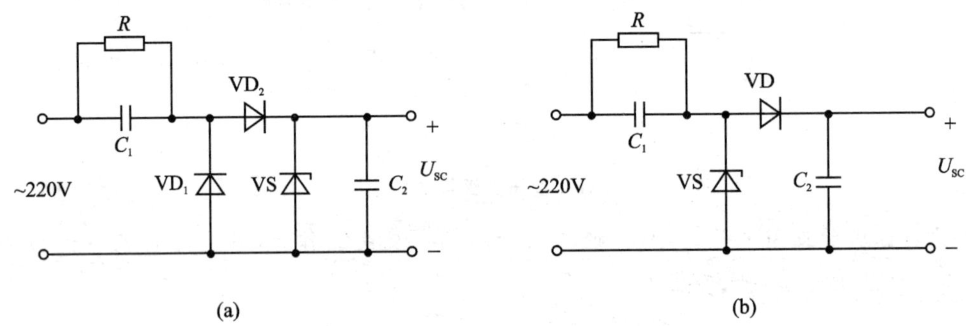

图 1.22 半波型电容降压整流电路

C_1是降压电容,C_2是输出滤波电容,稳压管起输出电压的稳压作用。

图 1.22(a)的工作原理:当输入电源电压为正半周时,电容 C_1经二极管 VD_2和稳压管 VS 被充满左正右负的电荷,电容 C_2也被充上上正下负的电荷,C_2两端的电压等于稳压管 VS 的稳压值。当输入电源电压为负半周时,电容 C_1上的电荷经二极管 VD_1泄放。与此同时,电容 C_2 向负载放电。由于 C_2容量较大时,放电时间常数较大,放电过程缓慢,所以负载电压较稳定。当电源第二个正半周来到时,C_1再次充电,重复上述过程。

在图 1.22(b)所示的电路中,稳压管 VS 有双重作用,正半周时起稳压作用,负半周时为电容 C_1提供放电回路。电容 C_1上并联电阻(数值很大)的目的:一是为下次工作做好准备;二是不会产生在电容 C_1上电压尚未消失前再接通电源时可能损坏电容器 C_1和稳压管 VS 的现象,同时电容 C_1上的电压及时消失也有利于人身安全,否则断电后进行修理时,触及电容会造成麻电的感觉。

【例 1.6.2】 BZN－5 型电子灭蝇器电路。

如图 1.23 所示,是 BZN－5 型电子灭蝇器电路。220 V 的交流电经电容和二极管组成的 5 倍压整流电路升压,输出约 1 294 V 的高压,接至电网上进行灭蝇。

工作原理:当输入电源电压为正半周时,电容 C_1 经二极管 VD_1 充左正右负的电至

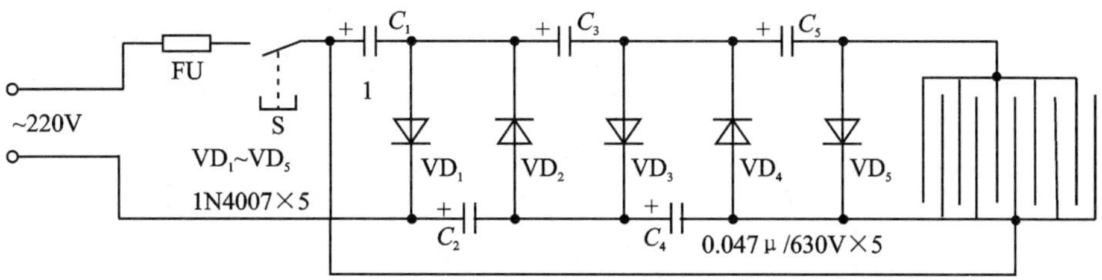

图 1.23 BZN-5 型电子灭蝇器电路图

$\sqrt{2}\times220$ V；当输入电源电压为负半周时，电容 C_1 上的电压与电源电压叠加后给电容 C_2 充电，经过几个周期后，C_2 充电左正右负至 $2\sqrt{2}\times220$ V，其他电容充电类似得 $2\sqrt{2}\times220$ V。n 倍压整流电路的理论输出电压为 $n\sqrt{2}\times220$ V，加上负载后的实际输出电压为 $n\times220$ V/0.85。图 1.23 是 5 倍压整流电路，所以理论输出电压为 $5\sqrt{2}\times220$ V，实际输出电压为 5×220 V/0.85＝1 294 V。

此电路简单易行，可以自制，耗电小，每日耗电小于 0.005 kW·h。

电路中，$VD_1\sim VD_5$ 反向电压为 800 V，电流为 300 mA，电容电压为 630 V，容量为 0.47 μF。

【例 1.6.3】 电热水器水温已到提醒器电路。

电热水器的原理是通过电阻式加热器对水箱里的水加热，当水温达到预先设置的温度时，温度开关动作而切断加热器电源(停止加热)，这时加热指示灯灭。一般电热水器都装在卫生间，使用者要洗澡时需常去卫生间查看水温是否已到，很不方便。如果给热水器装上水温提醒器，就会省去查看水温的麻烦，效果令人非常满意。

电路如图 1.24 所示。X3、X4 接热水器插头，KA 为电流继电器，B 为蜂鸣器。当插头 X1、X2 接通电源时，电阻式加热器工作，电流继电器 KA 得电，其动断触点打开，蜂鸣器 B 无电不发声。水温已到时，电热水器停止工作，KA 失电，其动断触点闭合，蜂鸣器 B 发声，告知加热水温已到。

【例 1.6.4】 灯泡保护神电路。

灯泡在接入电源的瞬间，由于流过的电流较大，影响到灯泡的使用寿命。下面介绍一个被称为“永久性灯泡”电子控制电路，此电路能使灯泡接入瞬间减小流过灯泡的冲击电流，延长灯丝寿命。

如图 1.25 所示，当电源开关 S 闭合时，只有在电源电压的负半周才有电流经二极管 VD_2 流过灯泡 EL，所以 S 闭合瞬间 EL 是半明半暗的。在电源电压的正半周，经 VD_1、R_1 电容器 C 充电，只有 C 两端电压达到稳压管稳压值时，稳压管 VS 击穿，触发晶闸管 VT 导通，灯泡才完全发亮。从半明半暗到完全发亮所经历的时间，与 R_1、C 和选用的稳压管 VS 有关。一般预热时间不短于 2 s。

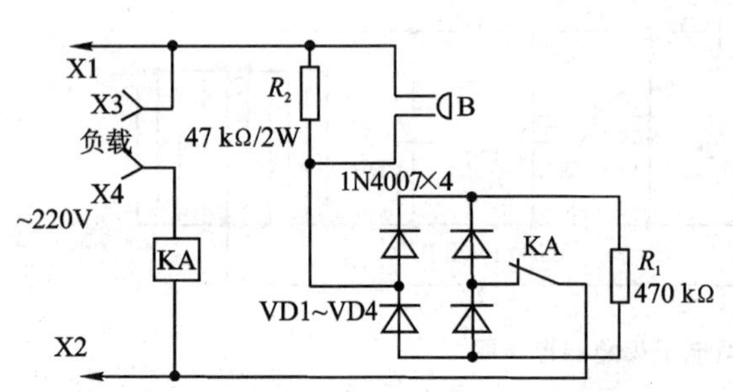

图 1.24 电热水器水温已到提醒器电路图

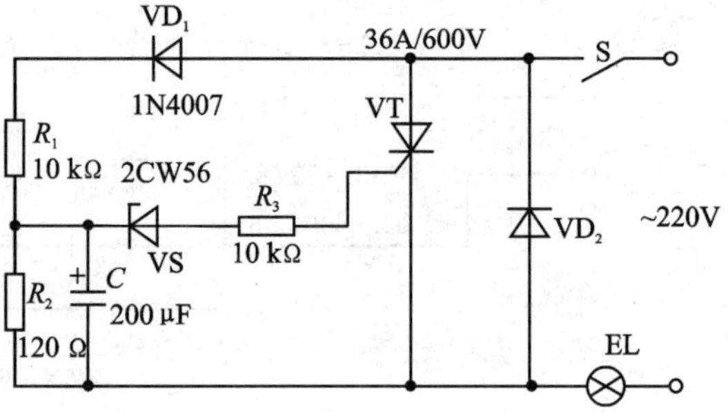

图 1.25 灯泡保护神电路图

1.7 小 结

➢ 半导体材料有三个显著特点:

① 当温度升高时,半导体的导电性大大增强。利用该特性可制成半导体热敏元件。该特性又可造成半导体器件的温度稳定性差。

② 当光照强度增加时,半导体的导电性大大增强。利用该特性可制成半导体光敏元件。

③ 在本征半导体中人为地掺入微量元素作为杂质,可使半导体的导电性发生显著变化。在本征半导体中掺入微量三价元素,得到 P 型半导体,P 型半导体中空穴为多子,主要由掺杂形成,自由电子为少子,由热激发形成;在本征半导体中掺入微量五价元素,得到 N 型半导体,N 型半导体中自由电子为多子,主要由掺杂形成,空穴为少子,由热激发形成。

➢ 当 P 型半导体与 N 型半导体结合一段时间后,就形成了 PN 结(PN 结宽窄一定),且掺杂杂质越多,空间电荷区越窄,反之越宽。如果 P 区、N 区掺杂浓度不一样,则界面两边的 PN 结的宽窄不一样。PN 结形成后,存在两个动平衡:

① 多子的扩散运动与少子的漂移运动形成的动态平衡。

② P 区和 N 区内激发与复合也处于动态平衡,而且整个 P 区和 N 区呈现电中性。

➢ 二极管(PN 结)具有单向导电性。

① 二极管承受正向电压 $u_D > U_{th}$(死区电压)时导通,正向电阻很小,且正向特性满足 $i_D = I_S(e^{\frac{u_D}{U_T}} - 1)$;二极管承受反向电压(或 $u_D < U_{th}$)时截止,反向电流 $i_R = I_S$(反向饱和电流)≈ 0,反向电阻很大。硅管的 U_{th} 约为 0.5 V,锗管的 U_{th} 约为 0.1 V。二极管导通后在较大电流时硅管管压降约为 0.7 V,锗管管压降约为 0.2 V。所以,二极

管是压控元件，具有单向导电性，电阻可变。

② 由二极管的外特性可知，二极管为非线性电阻元件。

➢ 二极管的主要参数。

最大整流电流 I_{FM} 和反向击穿电压 U_{BR}。

➢ 由于半导体二极管是非线性器件，一般是通过分段线性化模型来分析二极管电路。模型有：① 理想模型；② 恒压降模型；③ 折线模型；④ 小信号模型等。分析二极管的电路时，根据电源特点和精度要求选用模型。当精度允许时，可用理想模型；当精度较高且电源电压远远大于管压降(一般为 10 倍以上)时，用恒压降模型；否则用折线模型；而小信号模型则用在电路中既有直流成分，又有交流小信号的情况。

➢ 稳压管是一种特殊二极管，利用它的反向击穿状态下的恒压特性构成稳压，注意其限流电阻的选取。稳压管正向特性相当于普通二极管。

1.8 习　题

1. 选择题

(1) 在杂质半导体中，多数载流子的浓度主要取决于______，而少数载流子的浓度则与______有很大关系。

A. 温度　　B. 掺杂工艺　　C. 杂质浓度　　D. 晶体缺陷

(2) 当 PN 结外加正向电压时，扩散电流 ① 漂移电流；此时耗尽层 ② 。

① A. 大于　　B. 小于　　C. 等于

② A. 变宽　　B. 变窄　　C. 不变

(3) 半导体二极管的主要特点是具有______。

A. 电流放大作用　　B. 单向导电性　　C. 电压放大作用

(4) 稳压管 ① ，它工作在 ② 状态。

① A. 是二极管　　B. 不是二极管　　C. 是特殊的二极管

② A. 正向导通　　B. 反向截止　　C. 反向击穿

(5) 设硅稳压管 D_{Z1} 和 D_{Z2} 的稳定电压分别为 5 V 和 10 V，则图 1.26(a)和(b)中的输出电压 U_o 是______。已知硅稳压管的正向压降为 0.7 V。

A. 15 V 和 5 V　　B. 5 V 和 15 V　　C. 15 V 和 15 V

(6) 电路如图 1.27 所示，图中，稳压管 V_{W1} 和 V_{W2} 的稳压值分别为 6 V 和 7 V，且工作在稳压状态，由此可知输出电压 U_o 为(　　)

A. 6 V　　B. 7 V　　C. 0 V　　D. 1 V

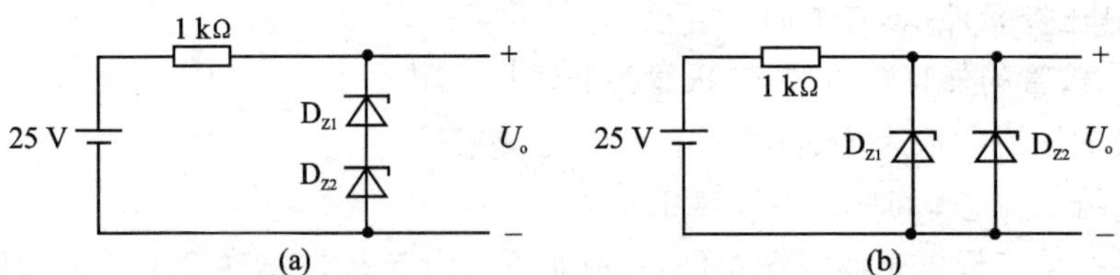

图 1.26　习题(5)图

(7) 电路如图 1.28 所示，二极管为同一型号的理想元件，电阻 $R=4\ \mathrm{k\Omega}$，电位 $U_A=1\ \mathrm{V}$，$U_B=3\ \mathrm{V}$，求电位 $U_F=$______ V。

A. 3 V　　B. 1 V　　C. 1.5 V

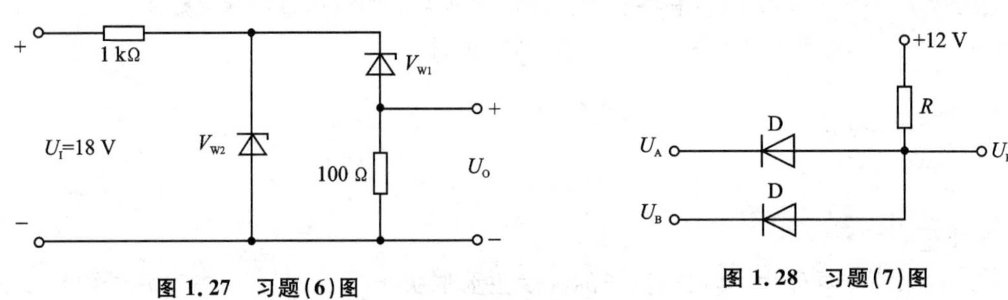

图 1.27　习题(6)图　　图 1.28　习题(7)图

2. 电路如图 1.29 所示，电源 $u_s=2\sin \omega t$(V)，试分别使用二极管理想模型和恒压模型($U_D=0.7$ V)分析，绘出负载 R_L 两端的电压波形，并标出幅值。

3. 电路如图 1.30 所示。

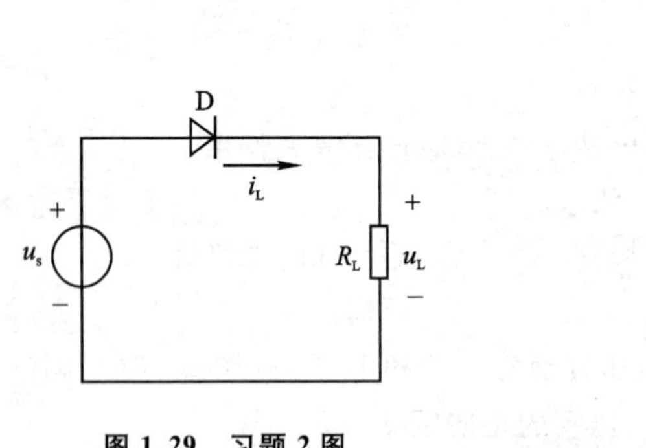

图 1.29　习题 2 图

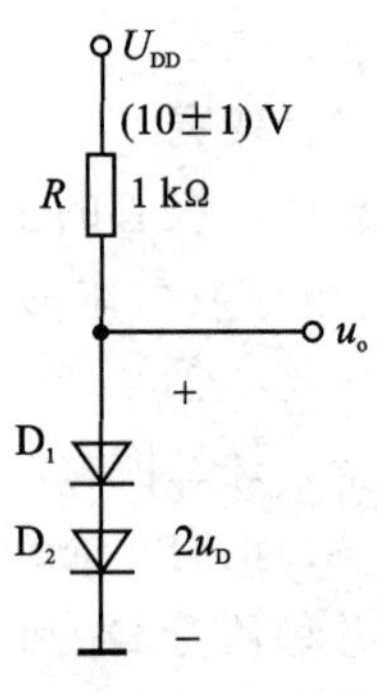

图 1.30　习题 3 图

(1) 利用硅二极管恒压降模型求电路的 I_D 和 $u_o=U_o=$？($U_D=0.7$ V)；

(2) 在室温(300 K)情况下，利用二极管的小信号模型求 u_o 的变化范围。

4. 二极管电路如图 1.31 所示，试判断图中的二极管是导通还是截止，并求出 AO 两端电压 U_{AO}。设二极管是理想的。

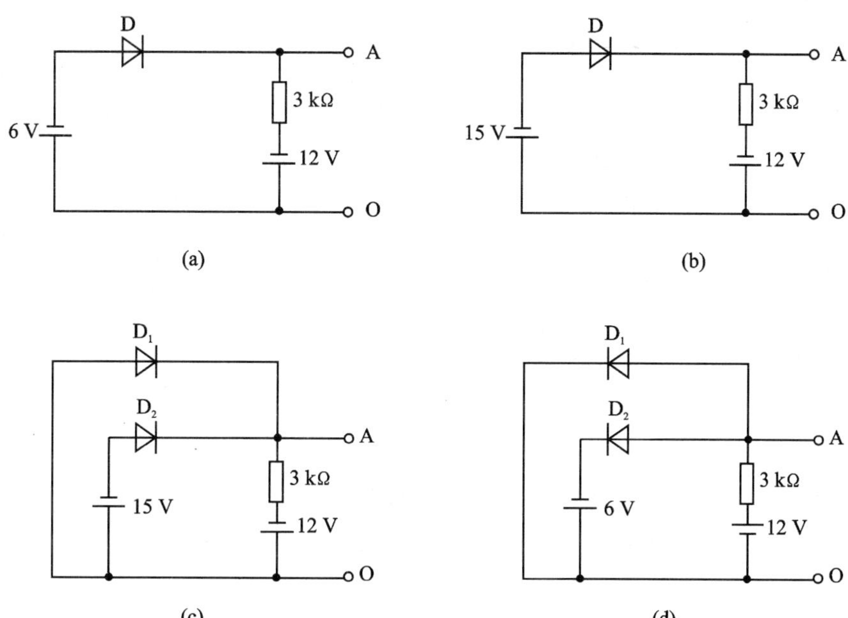

图 1.31 习题 4 图

5. 试判断图 1.32 中二极管是否截止，为什么？

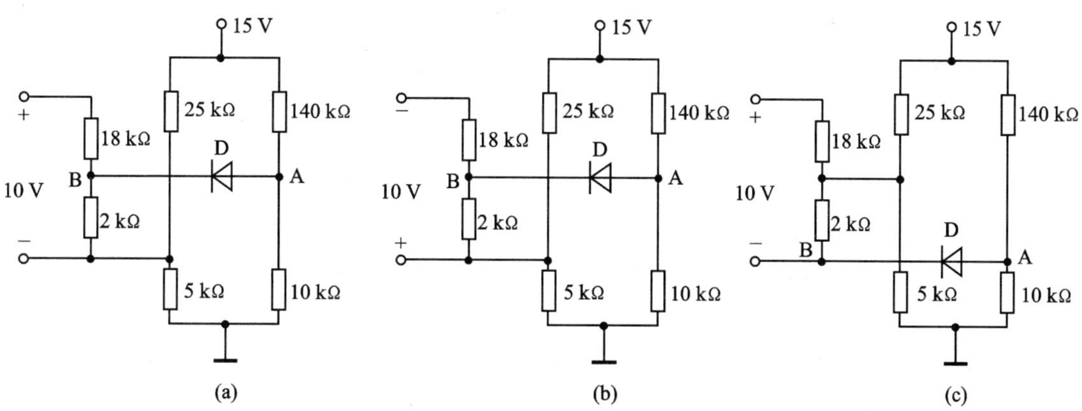

图 1.32 习题 5 图

6. 图 1.33 中二极管是理想的，画出该电路的电压传输特性。若 $u_i=106\sin\omega t$ V，画出 u_o 的波形。

7. 图 1.34 所示的双向限幅电路中，二极管是理想的，输入电压从 0 V 变到 100 V，画出传输特性曲线。

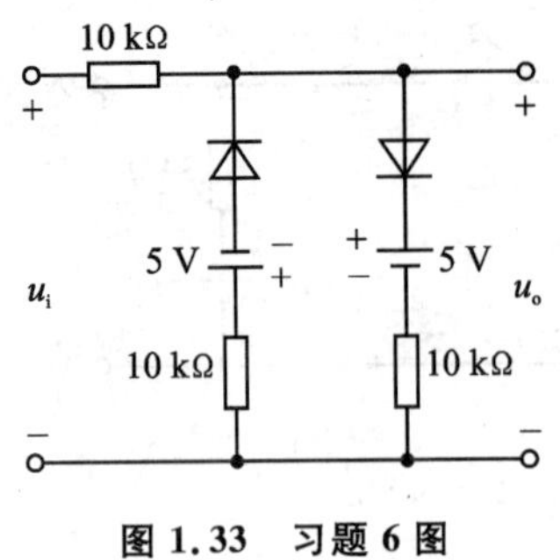

图 1.33　习题 6 图

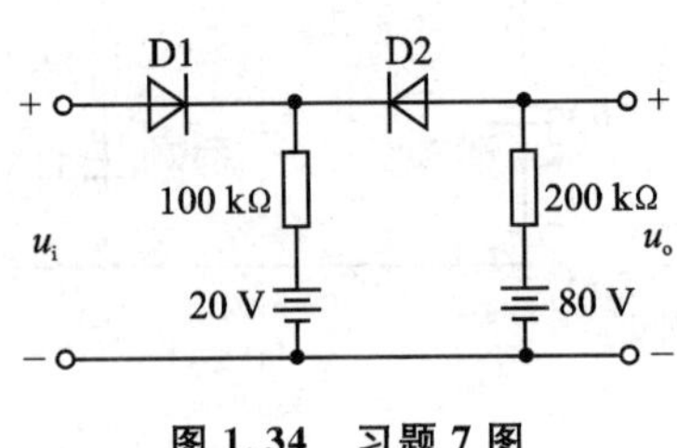

图 1.34　习题 7 图

8. 图 1.35 中二极管是理想的，分别求电路(a)～(d)中的电压 U 和电流 I。

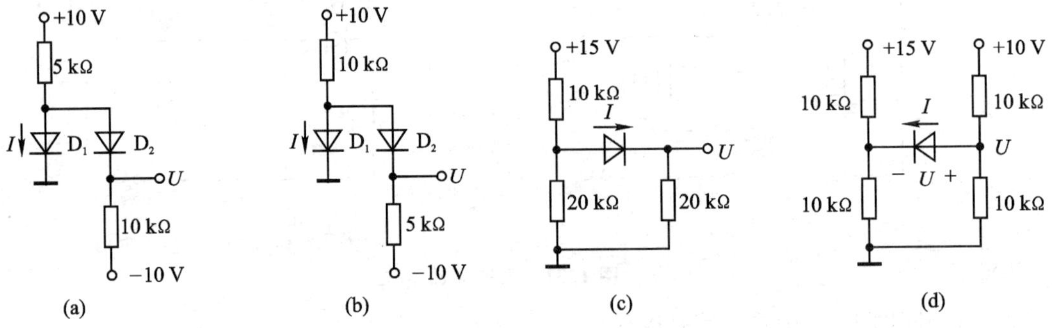

图 1.35　习题 8 图

9. 电路如图 1.36 所示，所有稳压管均为硅管，且稳定电压 $U_Z=8$ V，设 $u_i=15\sin\omega t$ V，试绘出 u_{o1} 和 u_{o2} 的波形。

10. 稳压电路如图 1.37 所示。

(1) 试近似写出稳压管的耗散功率 P_Z 的表达式，并说明输入 U_I 和负载 R_L 在何种情况下，P_Z 达到最大值或最小值；

(2) 写出负载吸收的功率表达式和限流电阻 R 消耗的功率表达式。

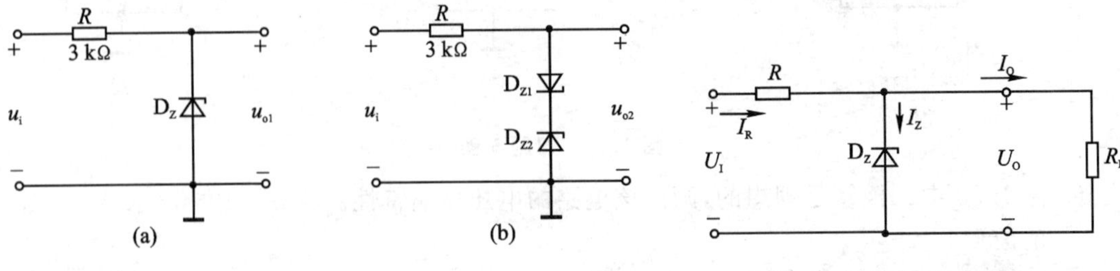

图 1.36　习题 9 图

图 1.37　习题 10 图和 11 图

11. 稳压电路如图 1.37 所示。若$U_1=10$ V,$R=100$ Ω,稳压管的 $U_Z=5$ V,$I_{Z(min)}=5$ mA,$I_{Z(max)}=50$ mA,问:

(1) 负载 R_L 的变化范围是多少?

(2) 稳压电路的最大输出功率 P_{OM} 是多少?

(3) 稳压管的最大耗散功率 P_{ZM} 和限流电阻 R 上的最大耗散功率 P_{RM} 是多少?

1.9 部分习题参考答案

1. (1) C　A　　(2) ① A　② B

(3) B　　(4) ① C　② C

(5) A　　(6) D

(7) B

2. 解:当二极管为理想模型时,若 $u_S>0$,则 D 导通,若 $u_S<0$,则 D 截止,u_L 的波形如图 1.38(c) 所示;当二极管为恒压降模型时,等效电路如图 1.38(a)所示,以下面结点为参考结点,则 A 点电位为

$$\varphi_A = u_S - 0.7\ \text{V}$$

当 $\varphi_A>0$ 时,D 导通,$u_L=\varphi_A$;当 $\varphi_A<0$ 时,D 截止,$u_L=0$ V,u_L 的波形如图 1.38(d)所示。

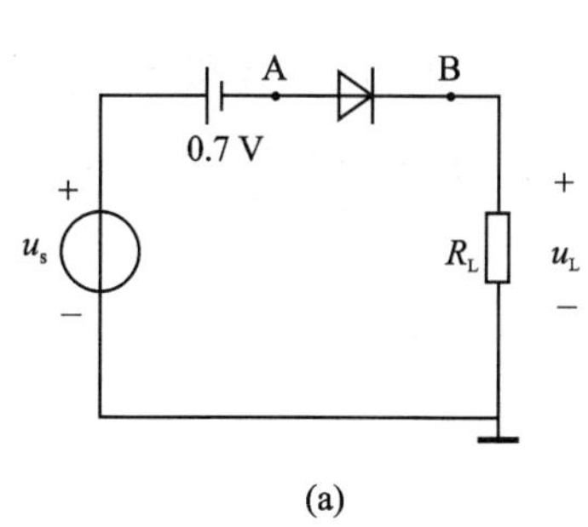

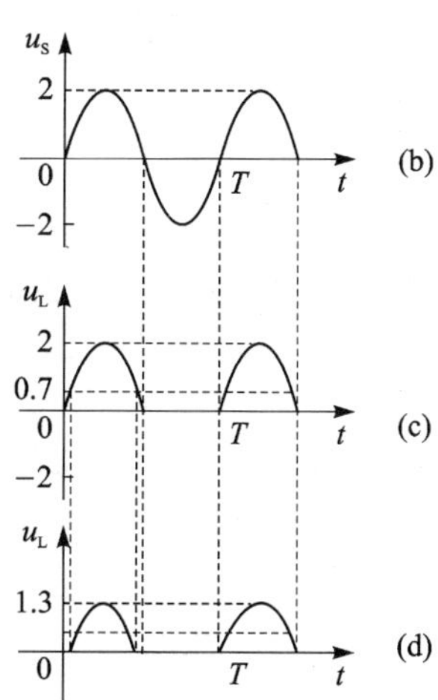

图 1.38

3. 解：① $I_d=\frac{(10-1.4)\ \text{V}}{1\ \text{k}\Omega}=8.6\ \text{mA}$，　$u_o=U_o=1.4\ \text{V}$

② 小信号等效电路如图 1.39 所示，Δu_i 的幅值为 1 V，即 $\Delta u_{im}=1\ \text{V}$，$r_d=\frac{26\ \text{mV}}{I_D}=3.02\ \Omega$，输出的变化幅值为

$$\Delta u_{om}=\frac{2r_d}{R+2r_d}\times(\Delta u_{im})=\left(\frac{2\times3.02}{10^3+2\times3.02}\times1\right)\text{mV}=6\ \text{mV}$$

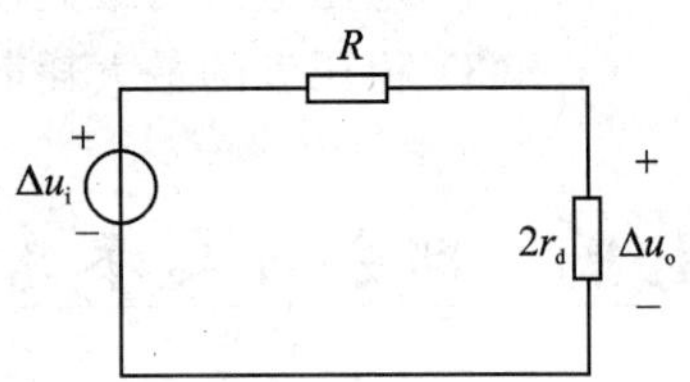

图 1.39

所以，u_o 的变化范围为$(u_o-0.006)\sim(u_0+0.006)$ V，即 u_o 的变化范围为 1.394～1.406 V。

4. 解：(a) D 导通，$U_{AO}=-6$ V。

(b) D 截止，$U_{AO}=-12$ V。

(c) D_1 导通，D_2 截止，$U_{AO}=0$ V。

(d) D_1 截止，D_2 导通，$U_{AO}=-6$ V。

5. 解：(a) 若 D 断开，有：

A 点电位为 $\varphi_A=\left(\frac{10}{10+140}\times15\right)\text{V}=1\ \text{V}$

B 点电位为 $\varphi_B=\left(\frac{2}{18+2}\times10+\frac{5}{5+25}\times15\right)\text{V}=3.5\ \text{V}$

因为 $\varphi_B>\varphi_A$，所以 D 截止。

(b) D 截止。

(c) D 截止。

8. (a) 解：当 D_1、D_2 都断开时，D_1 承受电压为 $U_1=10\ \text{V}-0=10\ \text{V}$；D2 承受电压为 $U_2=10\ \text{V}-(-10\ \text{V})=20\ \text{V}$。$D_2$ 导通，D_1 可能截止。此时计算得：$U=\left(\frac{10}{10+5}\times20-10\right)\text{V}=3.3\ \text{V}$，说明 D_2 也承受正压导通。所以，该电路的实际工作情况是：D_1、D_2 都导通。于是：

$$U=0\ \text{V}$$

$$I_{D1}=\frac{10\ \text{V}}{5\ \text{k}\Omega}=2\ \text{mA}$$

$$I_{D2}=\frac{0-(-10)\ \text{V}}{10\ \text{k}\Omega}=1\ \text{mA}$$

由 KCL 得 $I=I_{D2}=I_{D1}=1\ \text{mA}$

(b) $-10/3$ V，0；

(c) 7.5 V，3/8 mA；

(d) −2.5 V,0

10. (1) $U_Z\left(\frac{U_I-U_Z}{R}-\frac{U_Z}{R_L}\right)$;　(2) $\frac{U_Z^2}{R_L}$;$\frac{(U_L-U_Z)^2}{R}$

11. (1) 大于 111 Ω;　(2) 225 mW;

(3) 250 mW,250 mW

第2章 双极结型三极管及放大电路

三极管包括 { 双极结型三极管(BJT,Bipolar Junction Transistor)
场效应三极管(FET,Field Effect Transistor),也称单极型三极管

本章学习的主要内容：

- BJT 结构、工作原理、特征曲线和主要参数。
- BJT 基本放大电路：共射、共基、共集三种。
- BJT 基本放大电路的分析方法：图解法和小信号分析法。
- 基本放大电路的技术指标：电压增益(A_u)、输入阻抗(Z_i)、输出阻抗(Z_o)、频带(BW)。
- 多级放大电路与组合放大电路的分析。
- BJT 应用实例。

场效应三极管放在第 4 章学习。

2.1 BJT 基本知识

2.1.1 BJT 的结构简介

1. 内部结构

两个 PN 结结合在一起,两个 N 型半导体中间夹 P 型半导体为 NPN 型,两个 P 型半导体中间夹 N 型半导体为 PNP 型,见图 2.1。下面以 NPN 为例进行分析。

- 三个区：见图 2.1(a),两个 N 区中,其中一个必须高掺杂,称之为发射区;另一 N 区称为集电区,夹层称基区。
- 三个极：三个区上加上电极引出引线分别称为发射极,用 E 或 e 表示(Emitter),基极用 B 或 b 表示(Base),集电极用 C 或 c 表示(Collector)。
- 两个结：发射区与基区形成的 PN 结称发射结(Je),集电区与基区形成的 PN 结称集电结(Jc)。

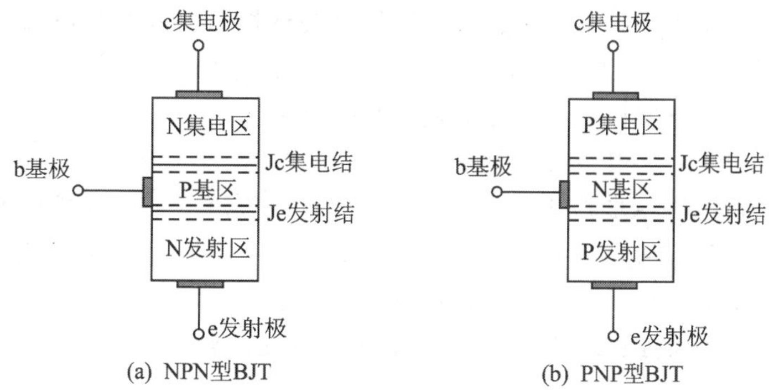

图 2.1 BJT 三极管结构示意图

特点：① 发射区高掺杂。

② 基区非常薄(几微米～几十微米)。

③ 集电区面积大。

2. 外形结构与引脚识别

常见的三极管外形结构见图 2.2。

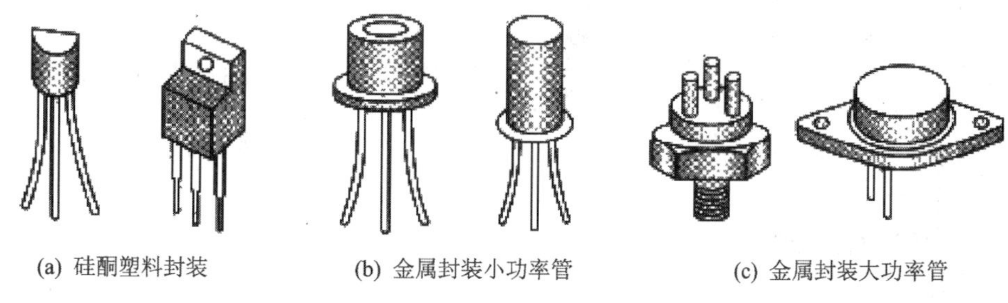

图 2.2 常见 BJT 三极管外形图

金属外壳三极管根据外形可以识别引脚，见图 2.3。而塑料外壳三极管从外形识别引脚可能有三种情况，见图 2.4：e、b、c；e、c、b 和 b、c、e。具体是哪种，需要测量确定。测量方法如下：

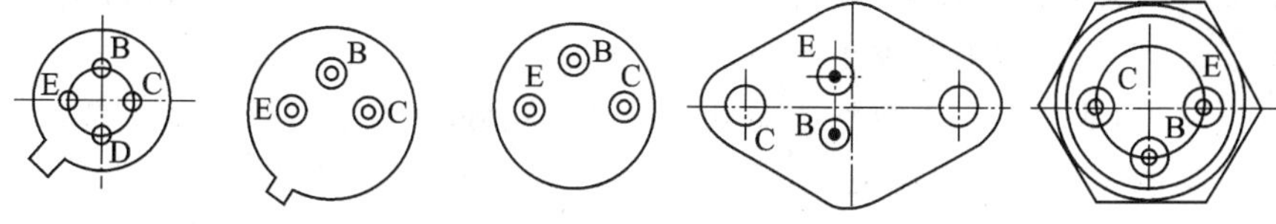

图 2.3 金属外壳三极管根据外形识别引脚

判断 PNP 型和 NPN 型晶体管：用数字式万用表的 R×1k(或者 R×100)档。用红表笔接晶体管的某一个引脚，用黑红表笔分别接其他两引脚。如果表针指示的两个阻值都很大，那么红表笔所接的那一个引脚是 PNP 型的基极;如果表针指示的两个阻值都很小,那么红表笔所接的那个一个引脚是 NPN 型的基极;如果表针指示的阻值一个很大,一个很小,那么红表笔所接的那一个引脚不是基极。这就要另换一个引脚来试。以上方法,不但可以判断基极,而且可以判断是 PNP 型还是 NPN 型晶体管。

判断基极后就可以进一步判断集电极和发射极。先假定一个引脚是集电极,另一个引脚是发射极,测 β 值。然后反过来,把原先假定的引脚对调一下,再测 β 值。其中,β 值大的那次的假定是对的。这样就把集电极和发射极也判断出来了。

注: 数字式万用表的红表笔是正极(表内电池的正极),黑表笔是负极;而指针式万用表的黑表笔是正极,红表笔是负极。

3. 符　号

图 2.5(a)和(b)分别是 NPN 型和 PNP 型三极管的符号。

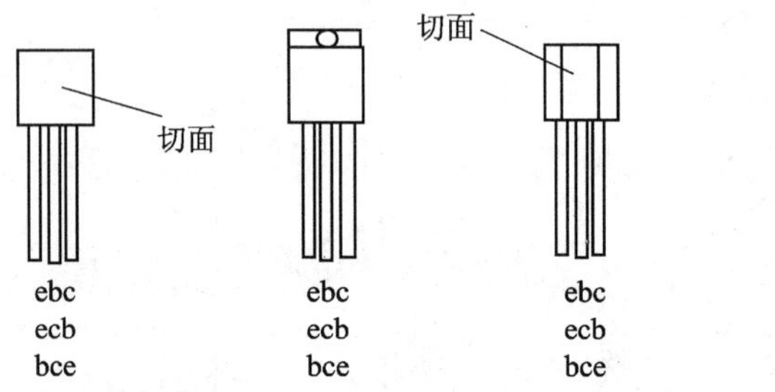

图 2.4　塑料外壳三极管从外形识别引脚

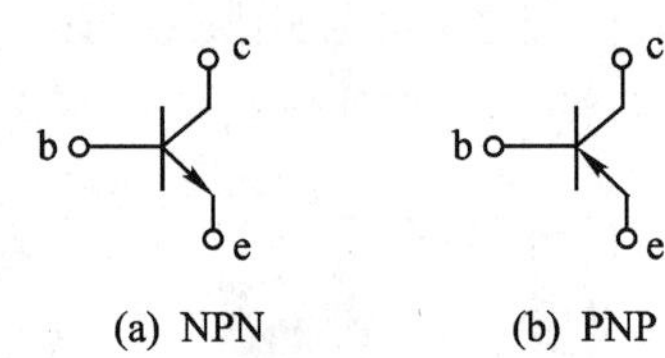

图 2.5　BJT 三极管符号

2.1.2　BJT 放大原理

1. BJT 三极管内部载流子的传输过程

BJT 三极管两个结承受的偏置电压不同,将三极管的工作状态分成三种:放大、饱和和截止。现以 NPN 管为例,讨论 BJT 三极管在放大状态下的内部载流子的传输过程。

(1) 三极管放大前提

三极管制作时发射区高掺杂,其目的是向基区注入电子。电子在发射区为多子,为了容易通过发射结扩散到基区,发射结须正向偏置(见图 2.6),即 $U_b > U_e$。到达基区的电子由于在 P 区内存在浓度梯度,故会二次扩散到达集电结,另外,发射区的电子到达基区,就成为基区的少子。为了促进这些少子漂移到集电区,集电结须处于反向偏置(见图 2.6),即 $U_c > U_b$。故三极管放大前提:

$$\text{内因}\begin{cases}\text{发射区高掺杂}\\ \text{基区很薄}\end{cases}$$

$$外因\begin{cases}发射结正偏(加正向电压U_{EE},一般<1\ V)\\集电结反偏(加反向电压U_{cc},一般几伏\sim几十伏)\end{cases}$$

所以 NPN 的 BJT 放大时外加电压关系为 $U_c>U_b>U_e$；而 PNP 的 BJT 放大时外加电压关系为 $U_e>U_b>U_c$。这是检验一个三极管能否起放大作用的条件。

(2) BJT 放大状态下内部载流子的传输过程

下面分析三极管在放大状态下内部载流子的传输过程见图 2.6：

① 发射区向基区注入电子

由于发射结处于正偏，所以发射区的多数载流子电子不断通过发射结扩散到基区，形成射极电流 i_E；同时，基区的空穴也扩散到发射区，但由于发射区的掺杂浓度≫基区的掺杂浓度(一般高几百倍)，所以，这部分空穴流可以忽略不计，以后不再考虑它。

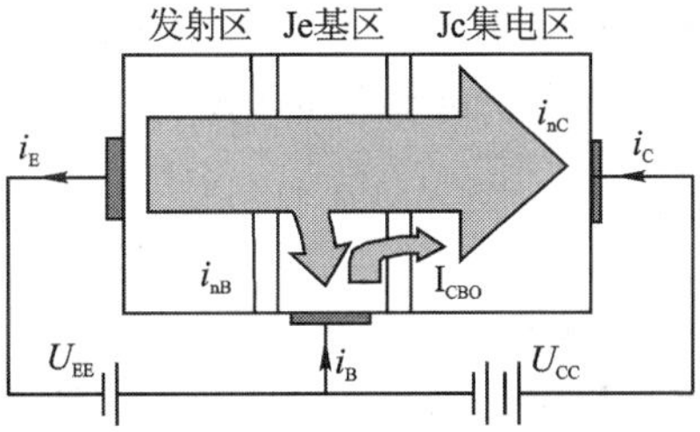

注：图中灰色箭头表示电子流，电流方向与之相反。

图 2.6　放大状态下 BJT 内部载流子的传输过程

② 电子在基区的扩散和复合

到达基区的电子，由于浓度梯度的存在，所以，一方面继续扩散，另一方面，由于空穴是基区的多子，所以，又会与基区的空穴复合形成 i_{nB}。由于基区做得很薄，电子经过基区的路程很短，加上基区杂质掺杂浓度低，故电子在基区二次扩散过程中，与空穴复合的数量很少，大部分都能到达集电结。

③ 集电区收集扩散过来的电子

由于集电结加反压，所以使扩散到集电结边缘的电子很快地漂移过集电结，为集电区所收集，形成集电极电流 i_{nC}。

另外，基区中少子(电子)和集电区少子(空穴)在结电场作用下，形成反向漂移电流，见图 2.6，对应 I_{CBO} 即反向饱和电流(它取绝于少子浓度，而少子浓度受温度的影响)。

通过上面分析知，BJT 内有两种载流子——电子和空穴参与导电，故称为双极型晶体管。

2. 电流分配关系

对图 2.6，由 KCL 得式

$$\left.\begin{aligned}i_E&=i_{nB}+i_{nC}\\i_B&=i_{nB}-I_{CBO}\\i_C&=i_{nC}+I_{CBO}\end{aligned}\right\}\tag{2.1}$$

不考虑 I_{CBO} 时，得式

$$\left.\begin{aligned}i_E&=i_B+i_C\\i_B&=i_{nB}\\i_C&=i_{nC}\end{aligned}\right\}\tag{2.2}$$

3. 三极管的连接方式

三极管有三个电极：一个作为输入端子；一个作为输出端子；另一个为输入、输出共用。根据公用端子的不同将三极管电路分为：共射极(CE)；共基极(CB)；共集电极(CC)三种组态(三种基本的电路)，见图2.7。

(1) 共基接法

【定义】 $\alpha=i_{nC}/i_E$(传送到集电极的电流/发射极注入基区的电流)$\approx i_C/i_E$。

α称为基极电流放大系数。一般$\alpha=0.98$或0.99，即从发射区扩散到基区的电子有100个，只有1或2个电子在基区复合，98%、99%都到达集电区，得式

$$\left.\begin{aligned} i_C &= \alpha i_E \\ i_E &= i_B + i_C \text{或} i_B = (1-\alpha)i_E \end{aligned}\right\} \tag{2.3}$$

(2) 共射接法

【定义】 $\beta=i_{nC}/i_{nB}$(传送到集电极的电流/在基区复合的电流)$\approx i_C/i_B$。

β称为共射电流放大系数。此式说明，发射区注入基区的电子有1个在基区复合形成i_{nB}，就有β个到达集电区形成i_{nC}，于是得式

$$\left.\begin{aligned} i_C &= \beta i_B \\ i_E &= i_B + i_C \text{ 或 } i_E = (1+\beta)i_B \end{aligned}\right\} \tag{2.4}$$

α、β表示同一物理过程，所以它们之间的关系是：

$$\beta = i_{nC}/i_{nB} \approx i_C/i_B = \alpha i_E/(1-\alpha)i_E = \alpha/(1-\alpha) \qquad \text{(式(2.3) 代入)}$$

由于α小于1，接近1，所以β为几十到几百。

$$\alpha = i_{nC}/i_E \approx i_C/i_E = \beta i_B/(1+\beta)i_B = \beta/(1+\beta) \qquad \text{(式(2.4) 代入)}$$

4. 放大作用

放大指的是输入信号与输出信号的变化规律相同，但输出信号的变化幅度却比输入信号大了许多倍。以共射极电路为例，见图2.8。

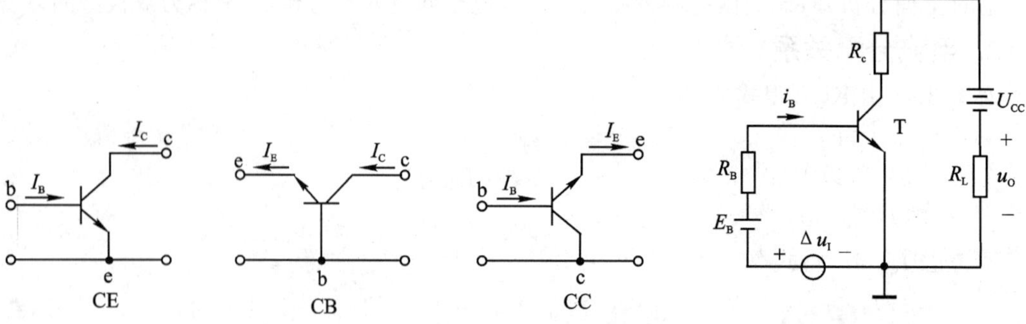

图2.7 BJT的三种组态

图2.8 三极管的放大作用

由于 $u_{BE}=E_B+\Delta u_I-R_B\,i_B$，$\Delta u_I$作用在发射结上，由于PN结的正向电流电压关系，

$$i_E = I_{ES}(e^{\frac{u_{BE}}{U_T}}-1)$$

将会引起一个变化规律相同但幅值较大的 i_e，BJT内的电流分配一定，$i_C=i_E-i_B\approx i_E$，i_c（i_C中的变化量）也与 Δu_I的变化规律相同且幅度较大，u_o中的变化量 $\Delta u_o=-R_L\cdot i_c$，得到放大的 Δu_o。

例：若 $\Delta u_I=20\ mV$，引起的基极电流的变化为 $i_b=20\ \mu A$ 时，设 $\alpha=0.98$，则

$$\beta=\alpha/(1-\alpha)=0.98/(1-0.98)=49$$

$i_c=\beta i_b=0.98$ mA，若 $R_L=1\ k\Omega$，则 $\Delta u_o=-R_L i_c=-0.98$ V，电压放大倍数 $A_u=\Delta u_o/\Delta u_I=49$。

总之： ① 三极管放大须满足：

内因：发射区高掺杂，基区非常薄；外因：发射结正偏，集电结反偏。

② 三极管的放大实质是：

输入回路的较小的电压变化引起很大的电流变化，由于输入回路电流对输出回路电流的控制作用，将放大反映到输出回路（通过在输出回路串入电阻，可将电流转变成电压），从而实现对电压的放大。

2.1.3 BJT的特性曲线

三极管与二极管均为非线性元件，通过了解极间电压与电流的关系——特性曲线来了解元件的特性。特性曲线是内部载流子运动的外部表现。

1. 共射极电路的V-A特性曲线

(1) 输入特性

输入特性是输入回路中电流 i_B受输入电压 u_{BE}和输出电压 u_{CE}影响的关系，即

$$i_B = f(u_{BE})\big|_{u_{CE}=\text{const}}$$

两个自变量、一个因变量的处理方法：如数学中偏微分的方法，让 u_{CE}等于某一常数，基极电流 i_B随输入电压 u_{BE}的变化得一曲线；让 u_{CE}等于另一常数，基极电流 i_B随输入电压 u_{BE}的变化得另一输入特性曲线，这样输入特性为一族曲线。

对发射结来讲 i_E与 u_{BE}是发射结的电流和电压关系，而 i_B是流过PN结电流的一部分，$i_B=i_E/(1+\beta)$，所以，输入特性与二极管外特性变化规律相同，见图2.9，画出了 $U_{CE}=0$、$U_{CE}=1$ V和 $U_{CE}=10$ V时的三条曲线。

但是，① $U_{CE}=1$ V时的特性曲线比 $U_{CE}=0$ 时的特性曲线右移。

② $U_{CE}>1$ V后的特性曲线与 $U_{CE}=1$ V时的特性曲线基本重合。

原因：① 当 $U_{CE}=0$ 时，相当于二个二极管并联，三极管的两个结均处于正向偏置，集电结收集电子的能力很差，电子滞留在基区，复合机会多，因此，对于同样的 U_{BE}，$U_{CE}=0$ 时的 i_B

大于 $U_{CE}=1$ V 时的 i_B，所以，$U_{CE}=0$ V 的曲线在左边。或者这样解释，当 $U_{CE}=1$ V 时，$U_{CB}=U_{CE}-U_{BE}>0$，集电结处于反偏，集电结收集电子的能力加强，基区中滞留电子较少，所以对于同样的 U_{BE}，$U_{CE}=1$ V 时对应的 $i_B<U_{CE}=0$ V 时的 i_B，所以 $U_{BE}=1$ V 时的曲线右移。

② 当 $U_{CE}>1$ V，$U_{BE}=\text{Const}$ 时，从发射区注入到基区的电子数一定，而集电结的反压 $U_{CB}=U_{CE}-U_{BE}$ 达到一定值后(对应 $U_{CE}=1$ V)，已经能将这些电子中绝大多数拉到集电区来，U_{CE} 再增加，i_B 也不再明显减小，故认为 $U_{CE}>1$ V 的曲线与 $U_{CE}=1$ V 的曲线基本重合。

$U_{CE}=0.5$ V 时曲线夹在 $U_{CE}=0$ V 与 $U_{CE}=1$ V 曲线之间，故输入特性为一族曲线。

(2) 输出特性

输出回路中，输出电流 i_C 与输出电压 u_{CE} 及输入电流 i_B 之间的关系为输出特性，即

$$i_C = f(u_{CE})\mid_{i_B=\text{const}}$$

见图 2.10，i_B 取不同的常量时，i_C 随 u_{CE} 的变化得一族曲线。

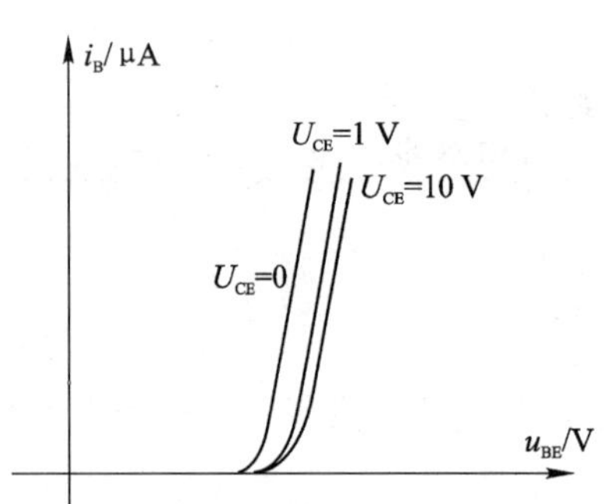

图 2.9 BJT 共射接时的输入特性曲线

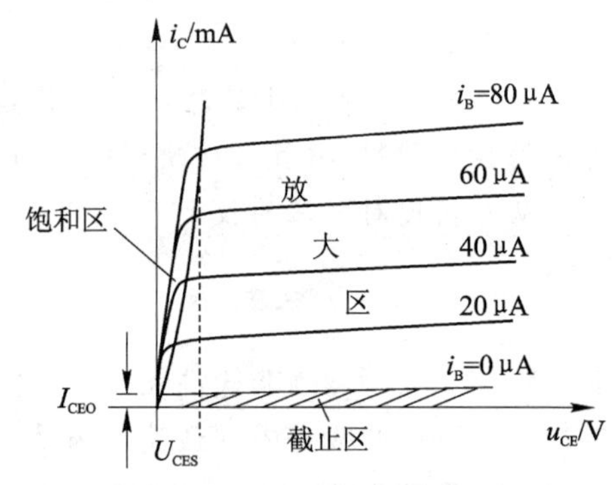

图 2.10 BJT 共射接时的输出特性曲线

输出特性曲线分成三个区：

➢ 饱和区：Je (发射结)、Jc(集电结)均正向偏置。u_{CE} 稍有增加，i_C 增加很快。

因为 $u_{CB}=u_{CE}-u_{BE}$，随着 u_{CE} 的增加，当 $u_{CE}<u_{BE}$ 时，集电结承受正偏电压；$u_{CE}=u_{BE}$ 时，集电结零偏。集电结由正偏到零偏的过程中，对到达基区的电子吸引力不够，i_C 受 u_{CE} 的影响很大，u_{CE} 略有增加，从基区到集电区的电子也迅速增加，故 i_C 随 u_{CE} 的增加迅速增加。管子的饱和压降 U_{CES} 很小，为零点几伏。

➢ 放大区：Je (发射结)正偏，Jc(集电结)反偏。对应某一 I_B 值，i_C 基本恒定，又称恒流区。

因为 $u_{CE}>u_{BE}$，在这一区域，集电结处于反偏，能将发射区注入的电子绝大部分拉到集电区；又因为 i_B 一定，则发射区注入基区的电子浓度一定。故 u_{CE} 再增加，i_C 基本不变，且满足放大关系 $\beta=i_C/i_B$。

实际在放大区，由于基区宽度调制效应，i_C 随 u_{CE} 的增加而略有增加，曲线上翘。

基区宽度调制效应：因为 $u_{CB}=u_{CE}-u_{BE}$，u_{CE}↗而 $u_{BE}\approx$ 0.7 V(硅)/0.2 V(锗)→ u_{CB}↗→集电结宽度↗→基区宽度↘→在基区电子复合机会↘→β↗，保证 i_B不变，因为 $\beta=i_C/i_B$，所以 i_C增加，曲线随 u_{CE}增加略有上倾。

➤ 截止区：Je(发射结)反偏，Jc(集电结)反偏，$i_B=0$(相当于基极开路)，$i_C=i_E=I_{CEO}$。

I_{CEO}称为：集电极-发射极之间漏电流；或集电极-发射极之间反向饱和电流；或集电极-发射极之间穿透电流。

实际当 Je(发射结)的 $u_{BE}\leqslant U_{th}$(死区电压)时，就有 $i_B=0$，BJT 管就处于截止状态。

I_{CEO}的求法：

① 解析推导

由于 $i_{nC}=\alpha i_E$，代入方程组(2.1)中，于是有

$$i_E=i_B+i_C \tag{2.5}$$

$$i_C=\alpha i_E+I_{CBO} \tag{2.6}$$

将式(2.5)代入式(2.6)得：

$$\begin{aligned}i_C&=\beta i_B+(1-\alpha+\alpha)I_{CBO}/(1-\alpha)\\&=\beta i_B+(1+\beta)I_{CBO}\end{aligned}$$

当 $i_B=0$ 时，有

$$I_{CEO}=(1+\beta)I_{CBO} \tag{2.7}$$

于是，得

$$\left.\begin{aligned}i_E&=i_B+i_C\\i_C&=\beta i_B+I_{CEO}\end{aligned}\right\} \tag{2.8}$$

② 内部载流子运动分析得 I_{CEO}：

见图 2.6，集电结在反向电压作用下，集电区的少数载流子空穴就要漂移到基区；又由于发射区在正向电压作用下，发射区的多数载流子电子就要扩散到基区；由于基极开路，因此发射区的电子扩散到基区后，不能与基区空穴(=电源由基区拉走的电子数)复合，形成基极电流 i_{nB}，只能与集电区漂流到基区的少量空穴复合，形成 I_{CBO}。根据 BJT 电流分配关系，发射区每向基区提供一个复合用的电子，就要向集电区提供 β 个电子。因此，到达集电区的电子数等于基区复合数的 β 倍。于是发射极总电流：

$$I_{CEO}=I_{CBO}+\beta I_{CBO}=(1+\beta)I_{CBO}\text{，远远大于 }I_{CBO}\text{。}$$

总之：对于 BJT 有三种工作状态(适用于 PNP 管和 NPN 管)：

➤ 饱和区：J_e、J_c为正偏。对于硅 NPN 管，$u_{BE}=0.7$ V，$U_{CE}=U_{CES}$(饱和压降)<1V，$U_{CB}\leqslant 0$。对图 2.8，$Ic=\dfrac{U_{cc}-U_{CES}}{R_c+R_L}\approx\dfrac{U_{cc}}{R_c+R_L}$满足 $i_C=\beta i_B$的最大 $I_{Bmax}=\dfrac{U_{cc}}{\beta(R_c+R_L)}$。

➤ 放大区：J_e正偏，J_c反偏。对于硅 NPN 管，$u_{BE}=0.7$ V，$u_{CB}>0$，$i_C=\beta i_B$。

➤ 截止区：J_e反偏，或 $u_{BE}\leqslant U_{th}$(死区电压)，有 $i_B=0$，BJT 管就处于截止状态，$i_C=I_{CEO}$。

2. BJT 共基极接法的 V-A 特性曲线

(1) 输入特性

输入特性：$i_E = f(u_{BE})|_{u_{CB}=\mathrm{const}}$，见图 2.11。

u_{CB}增加，曲线左移，因为对同样的 u_{BE}，发射区注入基区的电子数相同。$u_{CB}=5$ V 时集电结承受反压大，空间电荷区宽度增加，能将绝大部分电子拉到集电区，所以 u_{CB}为 5 V 时的 i_C 大于 u_{CB}为 0 时的 i_C(因为 $i_C = i_E - i_B \approx i_E$)。

(2) 输出特性

输出特性：$i_C = f(u_{CB})|_{i_E=\mathrm{const}}$，见图 2.12。

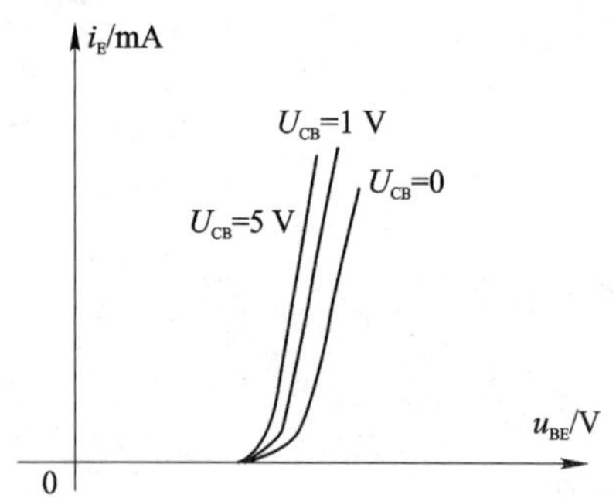

图 2.11 BJT 共基接时的输入特性曲线

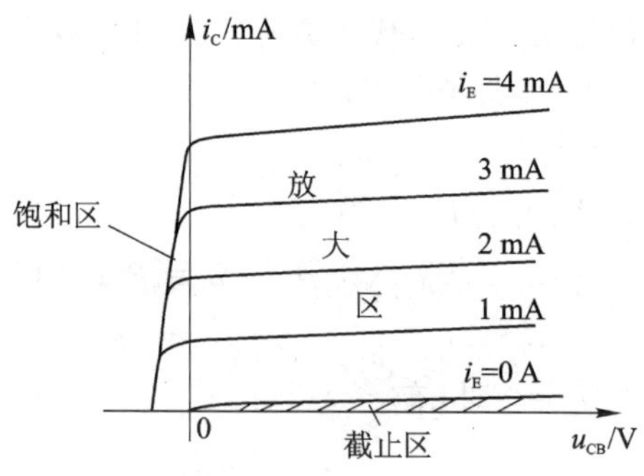

图 2.12 BJT 共基接时的输出特性曲线

输出特性曲线分三个区：

- 饱和区：u_{CB}由负零点几伏到 0 之间，集电结承受正压，发射结正偏。i_C随 u_{CB}变化很快。
- 放大区：$u_{CB}>0$，集电结反偏，发射结正偏。$i_E=\mathrm{Const}$，发射区发射的电子数一定，集电区已经能将发射取注入基区的绝大部分电子收集，所以 i_C基本不随 u_{CB}变。
- 截止区：$i_E=0$(发射区开路)，$i_C=I_{CBO}$(集电结的反向饱和电流)。

2.1.4 BJT 的主要参数

1. 电流放大系数

电路见图 2.8，其输出特性见图 2.13。当 Δu_I很小时，认为 BJT 工作在线性区，利用叠加定理，I_C、I_B、I_E是直流电源 E_B、E_C作用时 BJT 的各极电流值，对应输出特性的工作点 Q，称为静态工作点；i_c、i_b、i_e是 Δu_I作用时，引起 BJT 的各极电流的变化量；i_C、i_B、i_E是 BJT 各极电流的

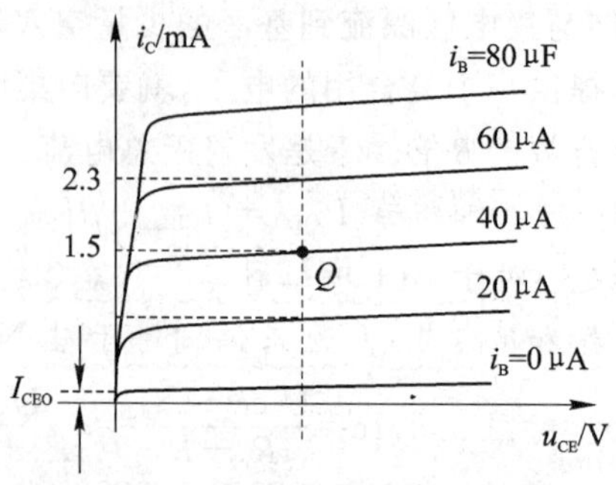

图 2.13 BJT 的静态工作点 Q 和电流变化图

实际值，电流关系为：

$$\left.\begin{aligned} i_C &= I_C + i_c \\ i_B &= I_B + i_b \\ i_E &= I_E + i_e \end{aligned}\right\} \tag{2.9}$$

(1) 共基极电路电流放大系数

直流电流放大倍数： $\bar{\alpha}=\dfrac{I_C}{I_E}$

交流电流放大倍数： $\alpha=\dfrac{i_c}{i_e}$

一般 $\bar{\alpha}$ 与 α 很接近，认为 $\bar{\alpha}\approx\alpha$。

(2) 共射极电路的电流放大系数

直流电流放大倍数： $\bar{\beta}=\dfrac{I_C}{I_B}=\dfrac{1.5\ \text{m}}{40\ \mu\text{A}}=37.5$（见图2.13）

交流电流放大倍数： $\beta=\dfrac{i_c}{i_b}=\dfrac{(2.3-1.5)\ \text{mA}}{(60-40)\ \mu\text{A}}=40$

一般 $\bar{\beta}\approx\beta$，常混用。所以

$$i_C=\beta i_B$$

β 随工作点的不同略有不同，在恒流区（放大区）基本不变。β 值太大管子性能不稳，β 值太小管子放大作用差，典型值 β 取50左右（30～80）。

(3) 分散性

同样的工艺流程、材料制作出的同一型号的管子，其参数略有差别，如3DG6D管，β 可差10倍。

2. 极间反向电流

(1) I_{CBO}

I_{CBO} 为发射极开路时，集电极与基极之间的反向饱和电流。

在室温条件下，锗三极管的 I_{CBO} 大小约为1～2 μA（高频管）到几十 μA（低频管），甚至几百 μA（大功率低频管）。硅三极管的 I_{CBO} 要小得多，仅千分之几到十分之几 μA，大功率管一般也不超过微安数量级。

(2) I_{CEO}

I_{CEO} 为基极开路时，集电极与发射极之间的反向饱和电流，$I_{CEO}=(1+\beta)I_{CBO}$。

选管子时，I_{CBO}、I_{CEO} 越小越好，因为它们受温度的影响很大，温度增加10 ℃，I_{CBO} 大约翻一番，且 T 增加1 ℃，β 增加1%～1.5%。所以温度增加，导致 I_{CEO} 大大增加。

3. 极限参数

(1) I_{CM}

I_{CM}为集电极允许的最大电流。

当$i_C>I_{CM}$时,管子不一定烧坏,但是管子的综合性能下降、β下降,所以I_{CM}是一个限制BJT性能变坏的极限参数。

I_{CM}的测量:当i_C增加,β值下降,直到β降到正常值的2/3,此时的$i_C=I_{CM}$。

(2) P_{CM}

P_{CM}为集电极允许的最大功率损耗。

集电极功率损耗:

$$P_C \approx i_C \times u_{CE}$$

P_C的平均值不允许超过的极限值称为集电极允许的最大功率损耗P_{CM};否则,管子性能变坏或烧坏。另外,P_{CM}受环境温度和散热条件的影响,环境温度升高,P_{CM}下降;散热条件好,P_{CM}上升。所以生产厂家在给出P_{CM}的同时指明环境温度和散热条件。

(3) 反向击穿电压

根据BJT的两个PN结反向击穿情况,有

① $U_{(BR)EBO}$为集电极开路时,加在发射极与基极之间使发射结反向击穿的电压。

② $U_{(BR)CBO}$为发射极开路时,加在集电极与基极之间使集电结反向击穿的电压。

③ $U_{(BR)CEO}$为基极开路时,加在集电极与发射极之间使集电结反向击穿的电压。

一般有: $U_{(BR)EBO}<U_{(BR)CEO}<U_{(BR)CBO}$

$U_{(BR)CEO}<U_{(BR)CBO}$这是由于当U_{CE}较小时,$i_C=I_{CEO}=(1+\beta)I_{CBO}$。随$U_{CE}\nearrow\rightarrow$当$U_{CE}$高到使集电结出现雪崩击穿时,$i_C\nearrow\nearrow\rightarrow$ C区漂移到B区的空穴$\nearrow\rightarrow$E区注入B区的电子在基区的复合(i_E)$\nearrow$,而有一个电子在B区复合,就有β个电子到达C区,故$i_E\nearrow\rightarrow i_C\nearrow\nearrow\nearrow$——正是由于雪崩倍增和PN结之间的相互影响使$U_{(BR)CEO}<U_{(BR)CBO}$。$U_{(BR)CEO}$常常用来作为选取晶体管电源电压的限制。

$U_{(BR)EBO}$一般都很小,在大信号或强干扰时,为避免发射结反向击穿,发射结常加有保护电路。BJT管的安全工作区,见图2.14。

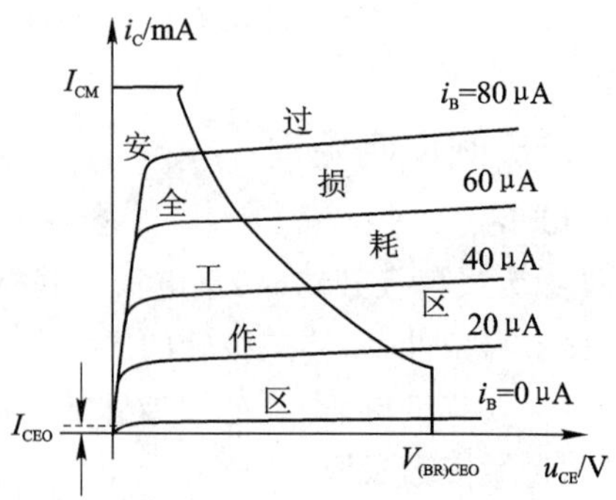

图2.14 BJT的安全工作区

2.2 共射基本放大电路

我们从最简单的放大电路——基本放大电路着手来研究放大电路。基本放大电路即指单管放大电路，基本放大电路有三种组态：共射极、共基极、共集电极。

2.2.1 放大电路的分析方法

图 2.15(a)是共射放大电路：电路中有直流电源 U_{CC}，也有信号源 u_s，R_S是信号源内阻。当 u_s很小时，可认为三极管工作于线性区，这时放大电路的研究方法可采用线性电路中非正弦周期电流电路的求解方法，分别求出直流电源 U_{CC}单独作用时的直流工作情况(静态工作点)和小信号 u_s单独作用时的交流工作情况。放大电路总响应就是直流工作情况和交流工作情况的叠加。

图 2.15(b)是直流电源 U_{CC}单独作用($u_s=0$)时的等效电路，称为直流通路。在这个电路中求出的三极管的极间电压和各极电流 I_B、I_C、U_{CE}，称为三极管的静态工作点 $Q(I_B, I_C, U_{CE})$，U_{BE}不用求，硅管为 0.7 V，锗管为 0.2 V；图 2.15(c)是小信号 u_s(不计 R_S时 $u_i=u_s$)单独作用时的等效电路，称为交流通路，其中电容 C_1、C_2 的容抗在较高频率时忽略，三极管各极电流的变化量分别为 i_b、i_c、i_e，于是图 2.15(a)中三极管各极电流分别为：

$$\left.\begin{aligned} i_B &= I_B + i_b \\ i_C &= I_C + i_c \\ i_E &= I_E + i_e \\ u_{BE} &= U_{BE} + u_i \\ u_{CE} &= U_{CE} + u_o \end{aligned}\right\} \tag{2.10}$$

式中：i_b、i_c、i_e 是在静态工作点 Q 附近沿特性曲线变化的微变量。

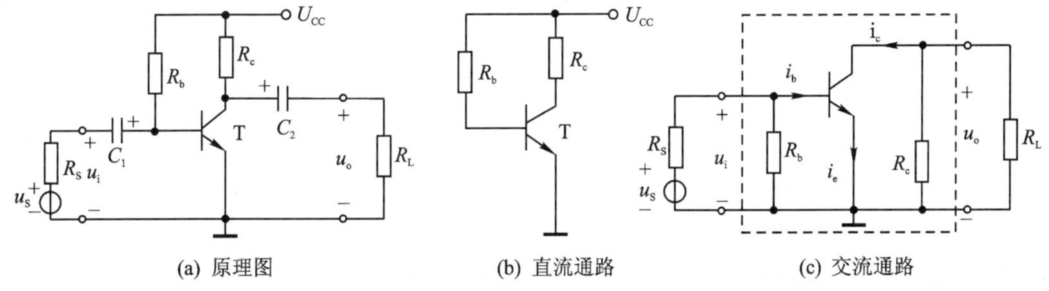

图 2.15 共射基本放大电路

交流通路对信号源和负载的影响可等效成图 2.16。虚框内是交流放大电路的等效电路，与图 2.15(c) 虚框内电路等效，其中 R_i为放大电路的输入电阻，大小等于从信号源两端向右看

(包括负载在内)的等效电阻。因为无独立源一端口线性阻性网络对外电路可等效成一个电阻,这个电阻的求法可采用电路理论中的虚设电源的方法,见图2.17和式2.11。

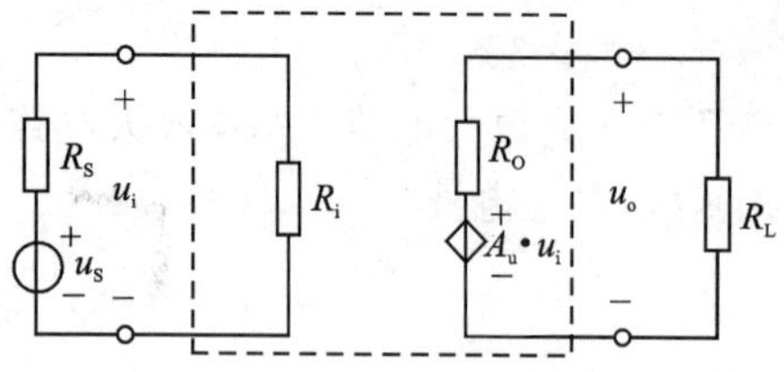

图2.16　放大电路的交流等效电路

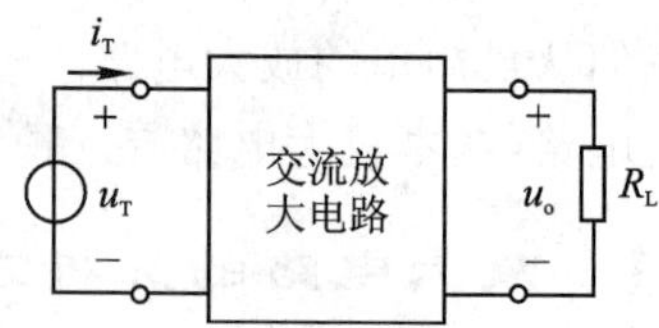

图2.17　输入电阻的求法

$$R_i = \frac{u_T}{i_T} \tag{2.11}$$

R_o为放大电路的输出电阻,大小等于从负载两端向左看(包括信号源在内)的戴维南等效电路中的电阻。因为从负载两端向左看是一个含源的电路,又由于三极管两个结之间的影响,所以放大电路(包括信号源)对负载可等效成一个受控电压源,R_o视为受控电压源内阻。R_o的求法是信号源置零($u_s=0$),然后采用虚设电源的方法,见图2.18和式2.12。

$$R_o = \frac{u_T}{i_T} \tag{2.12}$$

图2.18　输出电阻的求法

A_u为放大电路输出开路($R_L=\infty$)时的电压增益,也称电压放大倍数。这是因为负载开路时,$u_o=A_u u_i$,或$A_u=u_o/u_i$。体现放大电路的放大能力,放大能力指的是将直流电源的能量转换成输出信号的能量的能力。

在放大电路中,我们关心的动态指标就是R_i、R_o和A_u。放大电路的设计和制作必须有一定的放大倍数A_u、较大输入电阻R_i和较小的输出电阻R_o。设计较大的输入电阻R_i,可以从两个方面解释:第一,我们的目的是放大信号u_s,而u_i是u_s的分压,由图2.16得

$$u_i = \frac{R_i}{R_i + R_s} u_s \tag{2.13}$$

可见R_i越大,得到的分压u_i越大,加到放大器上的电压信号u_i越大,得到的输出信号u_o越大。所以R_i是衡量加到放大器上的信号与信号源之间衰减程度的重要指标;第二,我们希望放大器电路对信号源的影响越小越好,当$R_i \to \infty$时,放大器的输入电流为零,不影响信号源的工作。

设计较小的输出电阻R_o,也可以从两个方面解释:第一,放大信号的目的是为了使用,由图2.16得

$$u_o = \frac{R_L}{R_o + R_L} \cdot A_u u_i \tag{2.14}$$

希望 R_L上的分压 u_o越大越好，所以 R_o越小越好；第二，由于负载是不可预知的，当信号源和放大电路一定时，不论接什么样的负载，希望负载上得到相同的电压，当 $R_o \to 0$ 时，负载 R_L上的电压就是受控电压源 $A_u \cdot u_i$的电压，是与负载无关的恒值。

2.2.2 BJT 的小信号模型

根据放大电路输入信号的频率不同，可将 BJT 的小信号模型分成：中低频 H 参数小信号模型和高频时的混合 π 型小信号模型，这是由于高频时 BJT 的结电容不可忽略。

BJT 的小信号建模通常有两种方法：

① 由外特性，画等效电路或分段等效电路。

② 分析 BJT 的物理机理，再用电阻、电容、电感元件等模拟其物理过程，从而得到模型。

我们选方法①建立中低频 H 参数小信号模型；我们选方法②建立高频时的混合 π 型小信号模型。

建模思路：当 u_i很小时，可用直线代曲线，或者说，用线性代替 BJT 的非线性，从而用线性电路的方法解决含三极管的非线性电路。

1. *H* 参数小信号模型

(1) *H* 参数

只有信号 u_i单独作用，且 u_i很小时，见图 2.15(c)共射极接法交流通路，将三极管部分取出重画于图 2.19(a)，三极管视为线性双口网络，输入和输出特性如下：

$$\left.\begin{aligned} u_{be} &= f(i_b, u_{ce}) \\ i_c &= f(i_b, u_{ce}) \end{aligned}\right\} \tag{2.15}$$

或用 H 参数表示为：

$$\left.\begin{aligned} u_{be} &= H_{11} i_b + H_{12} u_{ce} \\ i_c &= H_{21} i_b + H_{22} u_{ce} \end{aligned}\right\} \tag{2.16}$$

其中：$H_{11}=\dfrac{u_{be}}{i_b}=r_{be}$，出口交流短路时，入口处的输入电阻，单位：欧姆(Ω)；

$H_{12}=\dfrac{u_{be}}{u_{ce}}=\mu$，入口交流开路时的反向电压传输比(无量纲)；

$H_{21}=\dfrac{i_c}{i_b}=\beta$，出口交流短路时的电流增益(无量纲)；

$H_{22}=\dfrac{i_c}{u_{ce}}=1/r_{ce}$，入口交流开路时的输出电导，单位：西门子(S)。

由于 H_{11}、H_{12}、H_{21}、H_{22}的量纲不同，所以称为双口网络的混合参数，又称为 H 参数。

(2) BJT 的 *H* 参数小信号模型

将 H 参数代入式(2.16)，得

$$\left.\begin{aligned} u_{be} &= r_{be} i_b + \mu u_{ce} \\ i_c &= \beta i_b + 1/r_{ce} u_{ce} \end{aligned}\right\} \tag{2.17}$$

由式(2.17)对应得交流通路中 BJT 的 H 参数小信号模型,见图 2.19(b)。

又因为 BJT 共射接法时,其 H 参数的数量级一般为

$$\begin{pmatrix} H_{11} & H_{12} \\ H_{21} & H_{22} \end{pmatrix} = \begin{pmatrix} r_{be} & \mu \\ \beta & 1/r_{ce} \end{pmatrix} = \begin{pmatrix} 1\ \text{k}\Omega & 10^{-5} \sim 10^{-4} \\ 10^2 & 10^{-5}\,\text{S} \end{pmatrix}$$

所以,忽略 μ、$1/r_{ce}$ 得

$$\left.\begin{aligned} u_{be} &= r_{be} i_b \\ i_c &= \beta i_b \end{aligned}\right\} \tag{2.18}$$

对应得简化的 BJT 的 H 参数小信号模型,见图 2.19(c)。

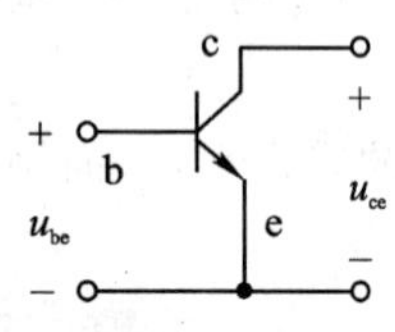

(a) BJT双口网络模型

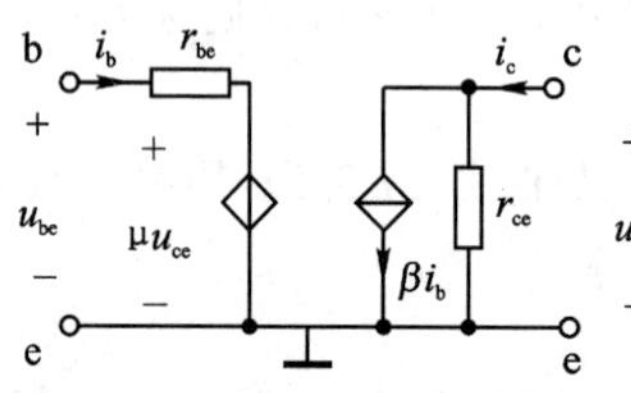

(b) BJT的H参数小信号模型

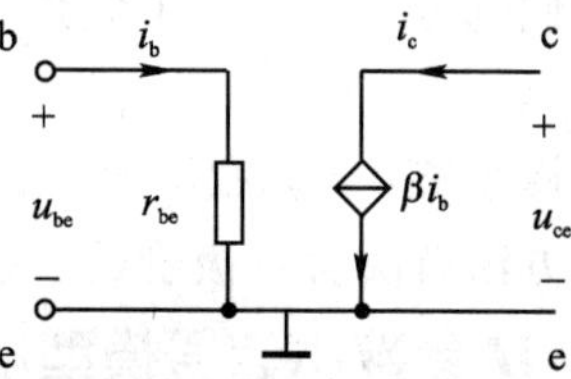

(c) 简化的BJT的H参数小信号模型

图 2.19 BJT 双口网络的交流 H 参数小信号模型

建模包括:① 电路结构及元件确定(已完成)。

② 确定电路中各元件的参数值(下面求)。

(3) 小信号模型中 H 参数的确定

① r_{be}——三极管的交流输入电阻

$$r_{be}\,|_Q = r_{bb'} + (1+\beta)U_T/\ I_{EQ} \approx 200\ \Omega + (1+\beta)26\ \text{mV}/I_{EQ} \tag{2.19}$$

推导:b′是假想的基区中的一个点,见图 2.20,称为内基极。$r_{b'e} = r_e + r_{e'} \approx r_e$,$r_e$是发射结的结电阻,$r_{e'}$是发射区的体电阻,$r_e \gg r_{e'}$。

$r_{be} = u_{be}/i_b = [r_{bb'} i_b + (1+\beta) i_b r_{b'e}]/i_b = r_{bb'} + (1+\beta) r_{b'e}$

求 $r_{b'e}$,根据二极管的方程式

$$i = I_s(e^{u/U_T} - 1)$$

对于三极管的发射结

$$i_E = I_{ES}(e^{u'_{BE}/U_T} - 1) \approx I_{ES} e^{u'_{BE}/U_T}$$

其动态电导为

$$\frac{1}{r_{b'e}} = \frac{di_E}{du'_{BE}} = \frac{1}{U_T} I_{ES} e^{u_{B'E}/U_T} \approx \frac{i_E}{U_T}$$

$$r_{b'e} \approx U_T/i_E$$

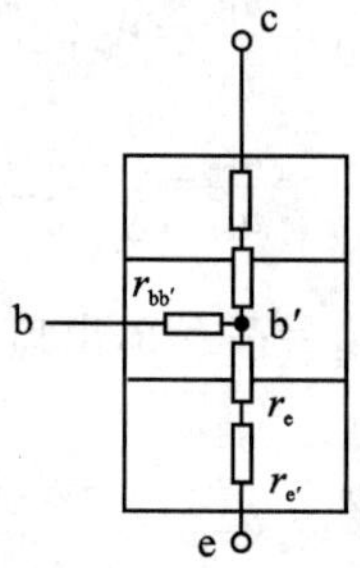

图 2.20 BJT 内交流电阻示意图

式中：U_T为温度电压当量，$U_T = KT/q$。

当 $T=300$ K 时，$U_T = 26$ mV

所以
$$r_{b'e}|_Q \approx U_T/I_{EQ} = 26\ \text{mV}/I_{EQ}$$
$$r_{be}|_Q = r_{bb'} + (1+\beta)U_T/I_{EQ} \approx 200\ \Omega + (1+\beta)26\ \text{mV}/I_{EQ}$$
或
$$r_{be}|_Q = r_{bb'} + U_T/I_{BQ} \approx 200\ \Omega + 26\ \text{mV}/I_{BQ}$$
对于小功率三极管，$r_{bb'} \approx 200\ \Omega$，相当于基区的体电阻。

② βi_b——输出电流源

表示三极管的电流放大作用。反映了三极管具有电流控制电流源(CCCS)的特性。

所以，在三极管的放大电路中，若 u_i为小信号，则 u_i单独作用时，交流通路中可用 H 参数小信号模型代替三极管求解。但应

注意：

➢ 受控源的大小方向均由控制量 i_b决定。

➢ H 参数小信号模型只能作中低频时交流分析。

2. 混合 π 型高频小信号模型

(1) 混合 π 型高频小信号模型结构

前面学的 H 参数交流等效电路不适用于高频分析，混合 π 型高频小信号模型是通过三极管的物理结构而建立的高频范围内的线性化模型，三极管的物理结构如图 2.21(a)中黑框内所示。再考虑基极对集电极的控制作用 $g_m\dot{U}_{b'e}$和 r_{ce}，可以画出混合 π 型高频小信号模型，如图 2.21(a)或画成 2.21(b)所示。

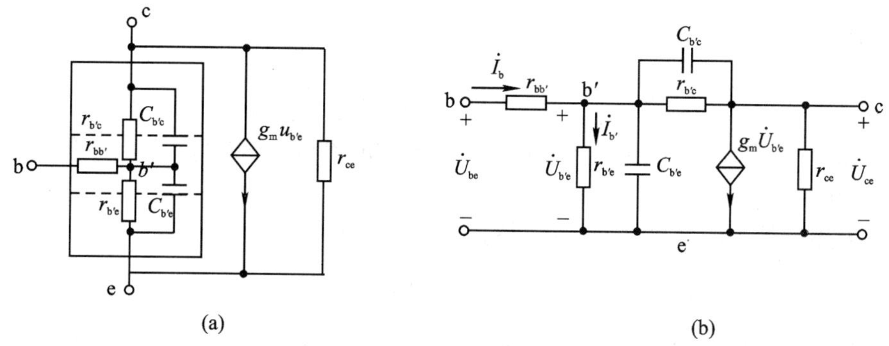

图 2.21 BJT 的混合 π 型高频小信号模型

模型中各参数的含义：

$r_{bb'}$为基区的体电阻，其值约为 50～300 Ω，不同类型的 BJT 其值相差很大。

$r_{b'e}$为发射结电阻，小功率管为几十欧姆。

$C_{b'e}$是发射结电容，由于 BJT 管处于放大状态，发射结正偏，所以 $C_{b'e}$主要是扩散电容，小

功率管为几十到几百 pF。

$r_{b'c}$是集电结电阻,集电结反偏,所以 $r_{b'c}$很大,一般为 100 kΩ~10 MΩ。

$C_{b'c}$是集电结电容,集电结反偏,所以 $C_{b'c}$主要是势垒电容,小功率管为 2~10 pF。

(2) 混合 π 型高频小信号模型中的参数

① $r_{b'e}$

当频率 f 降到中频段,高频混合 π 型小信号模型将与 H 参数小信号模型作用相同,见图 2.22。

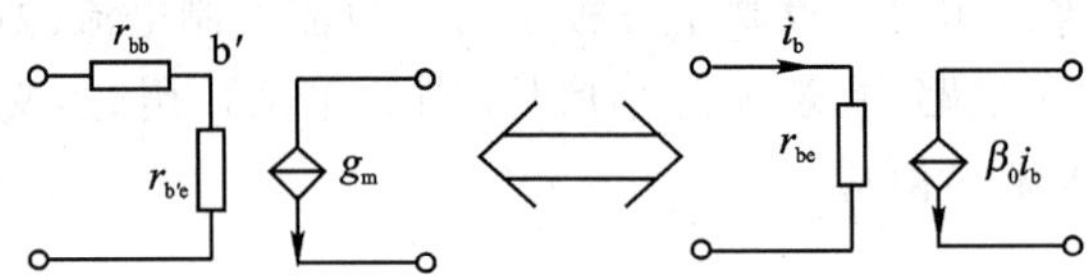

图 2.22 两种模型在低频时等效电路

于是,有 $r_{be}=r_{bb'}+r_{b'e}$,又根据式(2.19)

所以
$$r_{b'e}=(1+\beta_0)\frac{26\ \text{mV}}{I_{EQ}} \tag{2.20}$$

β_0即中低频时的 β。

② g_m

由图 2.22 两种模型在低频时的等效电路,有 $g_m\dot{U}_{b'e}=\beta_0\dot{I}_b$

所以
$$g_m=\frac{\beta_0}{r_{b'e}} \tag{2.21}$$

g_m称为跨导,还可写成

$$g_m=\frac{\beta_0}{r_{b'e}}=\frac{\beta_0}{(1+\beta_0)U_T/I_{EQ}}\approx\frac{I_{EQ}}{U_T} \tag{2.22}$$

因为 β_0和 $r_{b'e}$与频率无关,因此 g_m是与频率无关的参数。若 $I_{EQ}=1$ mA,则 $g_m=1$ mA/26 mV≈38 mS。

③ $C_{b'c}$可用器件手册中提供的 C_{ob}代替,作近似计算

$$C_{b'e}=\frac{g_m}{2\pi f_T} \tag{2.23}$$

式中,f_T称为特征频率,其值由手册查出,此式在 3.2 节导出。

2.2.3 共射基本放大电路

1. 共射基本放大电路结构

共射基本放大电路见图 2.15(a),其中 U_{CC}是直流电源,u_i是信号源,R_b、R_c分别是基极偏置电阻和集电极电阻,R_b的取值在几十到几百千欧,R_c的取值在几到几十千欧,目的是保证发

射结正偏，集电结反偏，使三极管处于放大状态；C_1、C_2分别是输入耦合电容和输出耦合电容，也称为隔直电容，C_1、C_2均为电解电容，特点是容量大（μF 数量级），带有极性。C_1的作用是使u_i加到u_{be}上，C_2的作用是使u_o能取出来，同时信号的加入和取出又不影响放大电路的静态工作情况。

2. 直流工作情况分析

当u_i很小时，认为三极管工作于线性区，这时放大电路属于非正弦周期电流电路，可采用线性电路中非正弦周期电流电路的分析方法。

① 求直流电源U_{CC}单独作用时的直流工作情况（静态工作点）。有两种分析方法：估算法和图解法。

② 小信号u_i单独作用时的交流工作情况，求R_i、R_o、A_u。有两种分析方法：图解法和模型分析法。

(1) 静态工作点 Q (I_B、I_C、U_{CE})的求法 1，估算法

首先画出直流通路如图 2.15(b)，由基尔霍夫电压定律得：

$$U_{CC}=R_bI_B+U_{BE}$$

$$U_{CE}=U_{CC}-R_cI_C$$

又

$$I_C=\beta I_B$$

所以，得静态工作点 Q（I_B、I_C、U_{CE}）的估算公式：

$$\left.\begin{aligned}I_B&=(U_{CC}-U_{BE})/R_b\approx U_{CC}/R_b\\I_C&=\beta I_B\\U_{CE}&=U_{CC}-I_CR_c\end{aligned}\right\}\qquad(2.24)$$

I_B称为偏置电流（或偏流），获得偏流的电路称为偏置电路。当U_{CC}、R_b参数一定时，I_B=Const，这样的电路称为固定偏置电路。所以，共射基本放大电路（见图 2.15(a)）又称为固定偏置电路。

(2) 静态工作点 Q 的求法 2，图解法

图解法的条件：已知三极管的外特性如图 2.23 所示，由图得：

$$\beta=\Delta I_C/\Delta I_B=(2.7-0.7)\ \text{mA}/\ 40\ \mu\text{A}=50$$

图解法的步骤：

① 求 I_B

$$I_B\approx U_{CC}/R_b\qquad(近似估算法)$$

若 I_B=40 μA，则静态工作点在 I_B=40 μA 的输出特性曲线上。

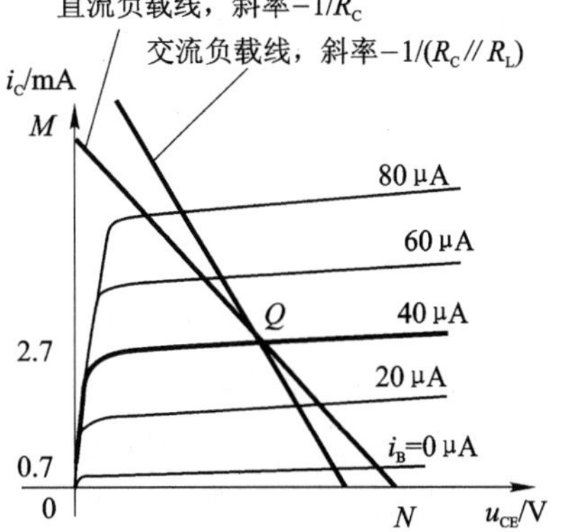

图 2.23 静态工作点的图解法

② 画直流负载线

又因为 I_C、U_{CE}还满足直线：$U_{CE}=U_{CC}-I_CR_c$——直流负载线，斜率为 $-1/R_c$，由横纵截距令 $U_{CE}=0$，$I_C=U_{CC}/R_c=12\ V/4\ k\Omega=3\ mA$，得 M 点；令 $I_C=0$，$U_{CE}=U_{CC}=12\ V$，得 N 点，得直流负载线 MN，见图2.23。

③ 求 Q

①、②两步中两线的交点即为静态工作点 Q。

直流负载线的物理意义：就是在 R_b改变时的静态工作点的运动轨迹。由式(2.24)知，R_b增加，Q 点沿负载线下移，反之，Q 点沿负载线上移。

3. 交流工作情况分析(求 R_i、R_o、$\dot{A}_u$)

求法1　图解法

(1) 交流负载线

在交流通路中(图 2.15(c))，$u_o=-(R_c /\!/ R_L)i_c=u_{ce}$，$u_{ce}$与 i_c之间的关系是一条斜率为 $-1/(R_c /\!/ R_L)$的直线；又因为 u_i为正弦信号，存在过零点，当 $u_i=0$ 时的工作点即为静态工作点。所以，动态工作点沿一直线移动，这条直线的斜率为 $-1/(R_c /\!/ R_L)$，且过静态工作点，这就是交流负载线(因为它由交流通路分析获得)，见图 2.23。当不接负载($R_L\to\infty$)时，交流负载线与直流负载线重合。

(2) 交流工作状态的图解分析

当 u_i为正弦信号时，放大电路的动态工作情况分析如下：

① 由 u_i在输入特性上求 i_B，见图 2.24(a)。

② 由 i_B在交流输出特性上求 i_C、u_{CE}，见图 2.24(b)。

图 2.24(c)给出了放大电路的动态工作情况，之间部分的量 u_{BE}、i_B、ic、u_{CE}均为直流量(直流量即方向不变的量)，u_i、u_o为正弦量。

通过图 2.24 所示动态图解分析，可得出如下结论：

➢ u_{BE}、i_B、ic、u_{CE}均为变化的直流量，包括两部分：

$$\left.\begin{aligned} u_{BE} &= U_{BE}+u_i \\ i_B &= I_B+i_b \\ i_c &= I_c+i_c \\ u_{CE} &= U_{CE}+u_{ce} \end{aligned}\right\}$$

➢ $u_i\uparrow\to u_{BE}\uparrow\to i_B\uparrow\to i_C\uparrow\to u_{CE}\downarrow\to|-u_o|\uparrow$。

➢ 可以测量出放大电路的电压放大倍数 $A_u=u_o/u_i$。

➢ u_o与 u_i反向——反相电压放大器。

➢ 可以确定最大不失真输出幅度。

(3) 合适的静态工作点和最大不失真输出幅度

当静态工作点过高时，容易造成饱和失真，见图 2.25；当静态工作点过低时，容易造成截

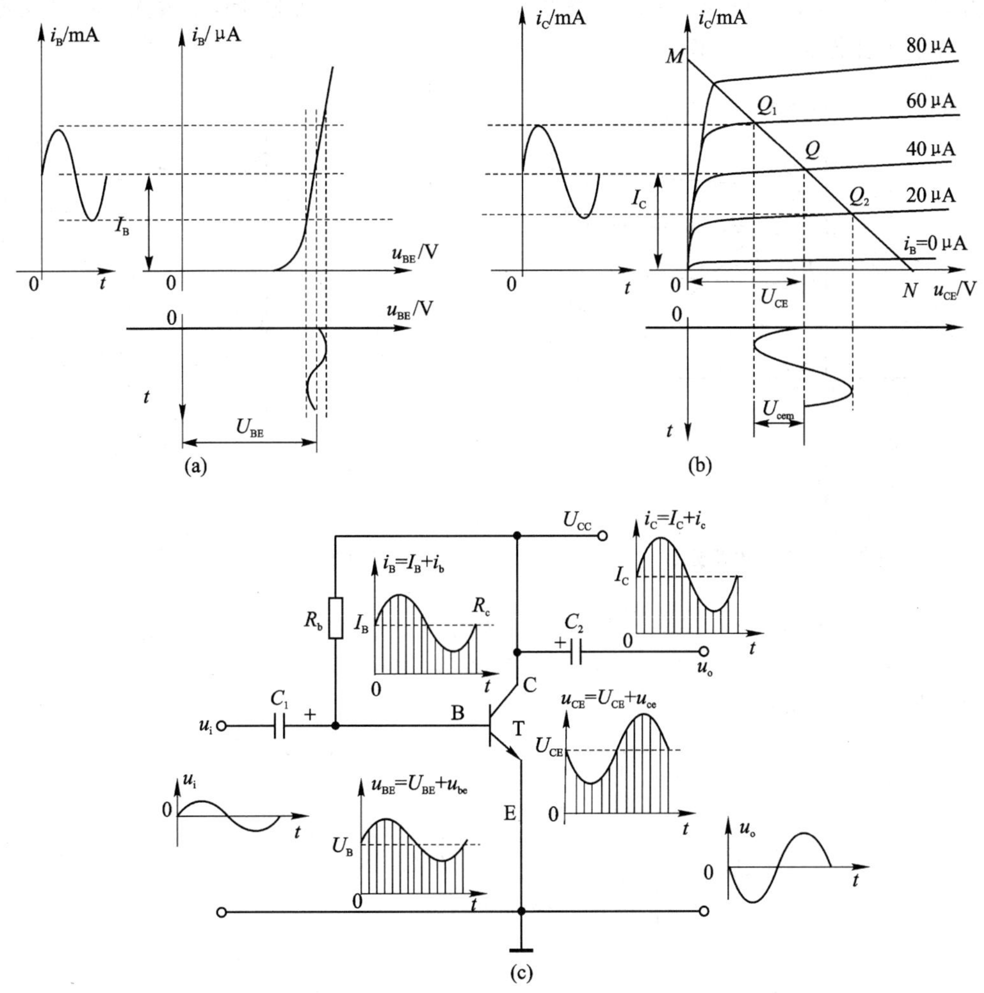

图 2.24　放大电路的动态工作情况的图解分析

止失真，见图 2.26。

注意：一般情况，u_i并不是正弦信号，而是交流信号。因为任一交流信号都可分解成一系列频率成整数倍的正弦量，所以我们只须讨论正弦信号的情况。由傅氏级数和叠加原理可得一般交流信号的情况。

求法 2　模型分析法

步骤：

① 画出交流通路，见图 2.15(c)。

② 画出共射极基本放大电路的交流 H 参数小信号等效电路：

用 BJT 的 H 参数小信号模型代替图 2.15(c)中的 BJT 得共射极基本放大电路的交流 H 参数小信号等效电路见图 2.27。

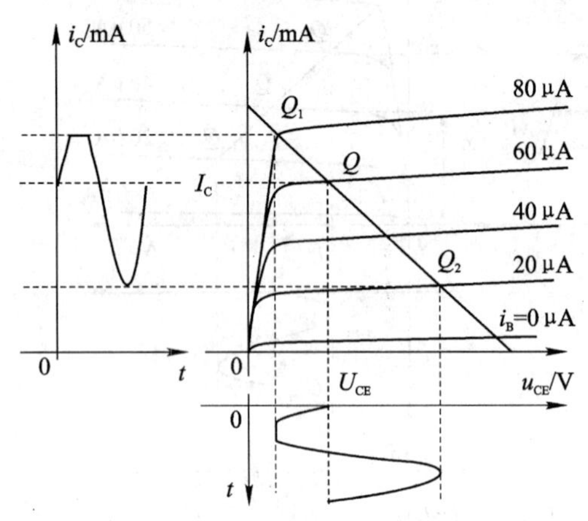

图 2.25 饱和失真分析

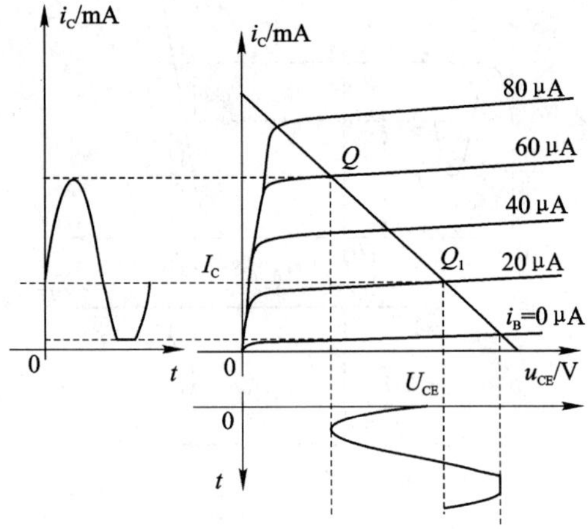

图 2.26 截止失真分析

③ 求 r_{be}：由静态工作点的值 I_E和式(2.19)得

$$r_{be} = 200 + (1 + \beta)(26\ \mathrm{mV}/I_E)$$

④ 由图 2.27 求交流参数

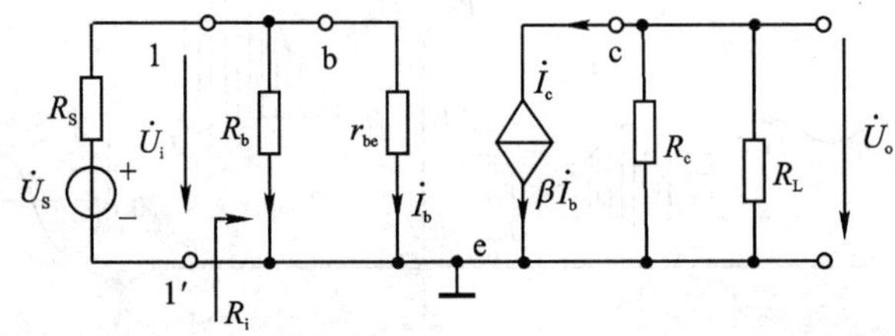

图 2.27 共射极基本放大电路的交流 H 参数小信号等效电路

1）求中频电压放大倍数 $\dot{A}_u$

$$\dot{A}_u = \frac{\dot{U}_o}{\dot{U}_i} = \frac{-\beta \dot{I}_b (R_c \mathbin{/\!/} R_L)}{r_{be} \dot{I}_b} = \frac{-\beta R'_L}{r_{be}} \tag{2.25}$$

式中：$R'_L = R_c \mathbin{/\!/} R_L$。

2）求输入电阻 R_i

由图 2.27 得：$R_i = R_b \mathbin{/\!/} r_{be}$。

3）求输出电阻 R_o

如图 2.28 所示，令 $\dot{U}_s=0$，所以，$\dot{I}_b=0$，于是 $R_o \approx R_c$。

4）求源电压增益 $\dot{A}_{us}$

通常求的是信号源 u_s 加到放大器上将会得到多大的输出 u_o，即

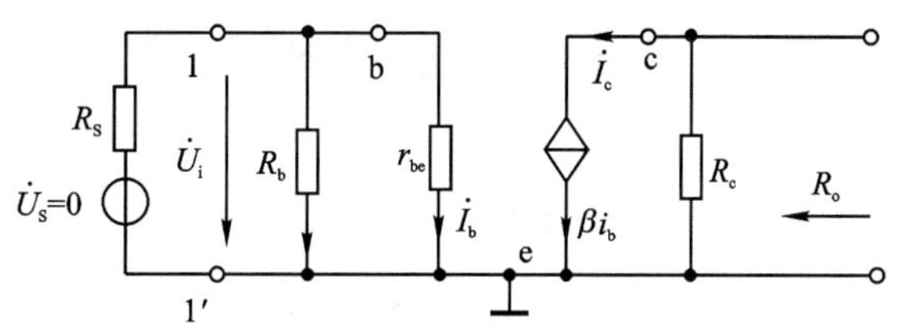

图 2.28　求输出电阻 R_o

$$\dot{A}_{us}=\frac{\dot{U}_o}{\dot{U}_s}$$

而
$$\dot{U}_i=\frac{R_i}{R_s+R_i}\dot{U}_s$$

所以
$$\dot{A}_{us}=\frac{\dot{U}_o}{\dot{U}_s}=\frac{\dot{U}_o}{\dot{U}_i}\cdot\frac{\dot{U}_i}{\dot{U}_s}=\dot{A}_u\frac{R_i}{R_s+R_i}\tag{2.26}$$

共射基本放大电路在信号很小时的分析方法如表 2.1 所列。

表 2.1　基本放大电路在小信号时的分析方法

电路类型	非正弦周期电流电路	
分析原理	叠加定理	
直流分析，求静态工作点 Q	方法 1：图解法 ① 近似估算法求 I_B $I_B\approx U_{CC}/R_b$，在输出特性曲线上得 I_B 的曲线 ② 画交流负载线 ③ 第①与第②步的交点就是静态工作点 Q	方法 2：估算法 $I_B\approx U_{CC}/R_b$ $I_C=\beta I_B$ $U_{CE}=U_{CC}-I_CR_c$
交流分析，求 $\dot{A}_u$、R_i、R_o	方法 1：图解法 ① 由 u_i 在输入特性上求 i_B ② 由 i_B 在输出特性上求 i_C 和 $u_o=u_{CE}$	方法 2：模型分析法 ① 画出交流通路 ② 画出共射极基本放大电路的交流 H 参数小信号等效电路 ③ 求 r_{be} ④ 由交流 H 参数小信号等效电路求交流参数 $\dot{A}_u$、R_i 和 R_o
图解法与模型法比较	图解法：　优点：是求静态工作点的方法，简单直观地取合适的静态工作点作为大信号的分析，特别是 BJT 的工作点延伸到特性曲线的非线性部分时，常采用此法 缺点：不准确 小信号模型法：　优点：当电路复杂到一定程度时，只能采用此法求 $\dot{A}_u$ 缺点：小信号为前提，只能作交流分析，不能作静态分析	

2.3 分压式共射极放大电路

2.3.1 放大电路的静态工作点稳定问题

问题：固定偏置的共射放大电路，在工作时的管耗是 $P_C \approx i_C \times u_{CE}$。这样的管耗会使管子发热，正常的温升就会使 BJT 不能正常放大，为什么呢？分析如下：

① I_{CBO}(正温度系数)

当温度升高时，I_{CBO}将按指数规律变化($I_{CBO}=I_{CBO(T)}$)，而 $I_{CEO}=(1+\beta)I_{CBO}$，使输出特性曲线向上平移。

② U_{BE}(负温度系数)或 I_B(正温度系数)

当温度升高时，载流子运动速度增加，对于同样的基极电流 I_B，U_{BE}下降，输入特性曲线向左平移如图 2.29(a)，或者说，对于同样的U_{BE}，使 I_B增大。

③ β(正温度系数)

温度升高，加快了注入基区的多数载流子运动速度，使基区中电子与空穴复合的机会减少，导致 β 增加，表现为输出特性曲线之间的距离增大。

总之：当温度升高时，由于 $I_C=\beta I_B+I_{CEO}=\beta I_B+(1+\beta)I_{CBO}$，以上各条都使 I_C 增加，静态工作点沿直流负载线上移见图电路 2.29(b)，原来静态工作点为 Q，工作一段时间后，静态工作点变成 Q'。

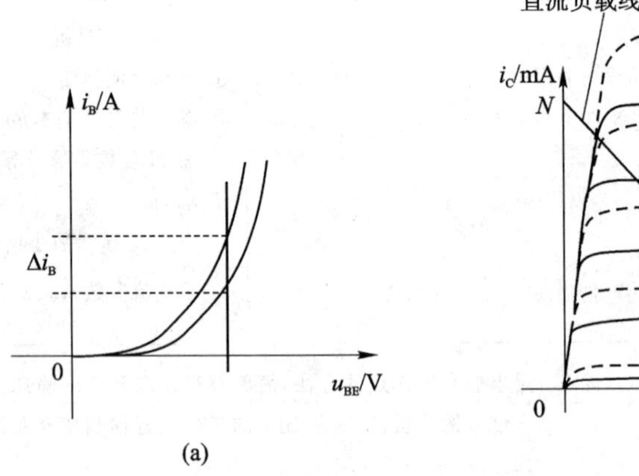

图 2.29 温度对静态工作点的影响

信号正半周时，工作点沿着交流负载线上移，进入饱和区，出现饱和失真，即输出 u_o的负半波头被削掉。所以，工作一段时间后，放大器不能起放大作用。

所以，稳定的静态工作点是放大电路工作的前提，共射基本放大电路(固定偏置电路)不能稳定静态工作点，改进成下面的分压式共射放大电路。

2.3.2 分压式共射放大电路

1. 分压式共发射极放大电路结构

共发射极放大电路结构如图 2.30(a)所示。其中 R_{b1} 和 R_{b2} 是偏置电阻；C_1、C_2 是耦合电容，C_1 将输入信号 u_i 耦合到三极管的基极，C_2 将集电极的信号耦合到负载电阻 R_L 上；R_c 是集电极负载电阻，R_e 是发射极电阻，C_e 是 R_e 的旁路电容。

2. 直流工作情况分析

在图 2.30(a)中令 $u_S=0$，得直流通路见图 2.30(b)。因此静态计算如下：

$$\left.\begin{aligned} U_B &= \frac{R_{b2}}{R_{b1}+R_{b2}}U_{CC} \\ I_E \approx I_C &= \frac{U_B-U_{BE}}{R_e} \\ I_B &= \frac{I_C}{\beta} \\ U_{CE} &= U_{CC}-I_ER_e-I_CR_c \approx U_{CC}-I_C(R_e+R_c) \end{aligned}\right\} \tag{2.27}$$

静态工作点稳定原理：在图 2.30(b)的直流通路中，由于 $U_B\approx$常值，所以，

当温度 $T\nearrow \rightarrow I_C\nearrow \rightarrow I_ER_E\nearrow \xrightarrow{U_B=U_{BE}+I_ER_e} U_{BE}\searrow \longrightarrow I_B\searrow$

$I_C\searrow \longleftarrow$（由 $I_B\searrow$ 引回）

3. 交流工作情况分析

我们首先讨论不接旁路电容 C_e 时的情况。

① 在图 2.30(a)中令 $U_{CC}=0$ 得交流通路。

② 交流通路中的 BJT 用 H 参数小信号模型代替后，得分压式共发射极放大电路的交流 H 参数小信号等效电路，见图 2.30(c)，其中 $R_b=R_{b1}/\!/R_{b2}$。

③ 求 r_{be}：由静态工作点的值 I_E 和式(2.19)得

$$r_{be}=200+(1+\beta)\ (26\ \text{mV}/I_E)$$

④ 求交流参数：

1）求中频电压放大倍数 $\dot{A}_u$

$$\dot{A}_u=\frac{\dot{U}_o}{\dot{U}_i}=\frac{-\beta\dot{I}_b(R_c/\!/R_L)}{r_{be}\dot{I}_b+(1+\beta)\dot{I}_bR_e}=\frac{-\beta R'_L}{r_{be}+(1+\beta)R_e} \tag{2.28}$$

式中，$R'_L=R_c/\!/R_L$。

2）求输入电阻 R_i

图 2.30(c)中

$$R_i=R_{b1}/\!/R_{b2}/\!/R'_i$$

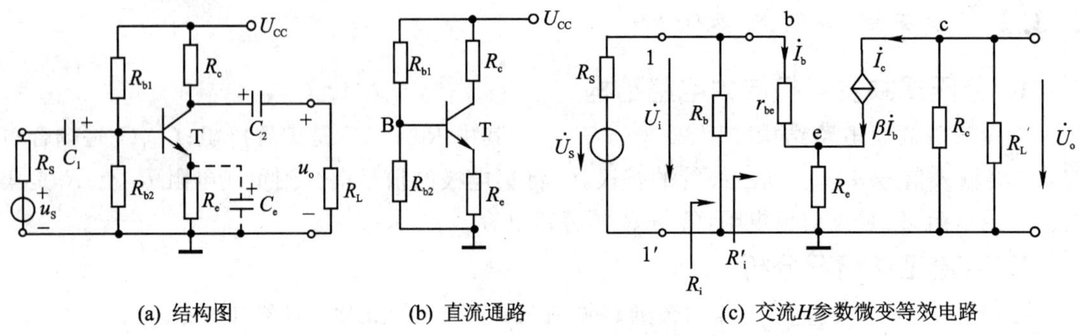

(a) 结构图 (b) 直流通路 (c) 交流H参数微变等效电路

图 2.30 分压式共发射极放大电路

$$R'_i = \frac{\dot{U}_i}{\dot{I}_b} = \frac{r_{be}\dot{I}_b + (1+\beta)\dot{I}_b R_e}{\dot{I}_b} = r_{be} + (1+\beta)R_e \tag{2.29}$$

所以
$$R'_i = R_{b1} \ // \ R_{b2} \ // \ [r_{be} + (1+\beta)R_e]$$

3）求输出电阻 R_o

在求输出电阻 R_o 时，如果不考虑 r_{ce} 求输出电阻 R_o 会出现矛盾，所以图 2.31 中加入了 r_{ce}，于是

$$R_o = R_c \ // \ R'_o$$

而由虚设电源 U_T 的方法，分别对输入回路和输出回路列基尔霍夫电压定律方程，得

$$\left.\begin{aligned}&[(R_b \ // \ R_S) + r_{be}]\dot{I}_b + R_e(\dot{I}_b + \dot{I}_c) = 0\\&(\dot{I}_c - \beta\dot{I}_b)r_{ce} + R_e(\dot{I}_b + \dot{I}_c) = \dot{U}_T\end{aligned}\right\}$$

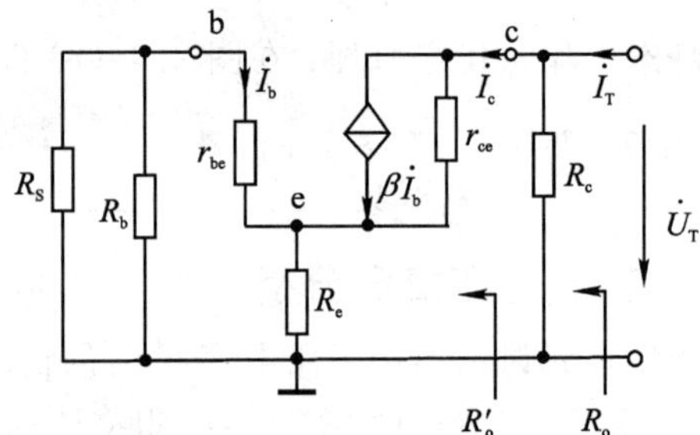

图 2.31 无 C_e 时求输出电阻的等效电路

前式解得
$$\dot{I}_b = -\frac{R_e}{r_{be} + (R_b \ // \ R_S) + R_e}\dot{I}_c$$

代入后式，考虑实际 $r_{ce} \gg R_e$，得

$$R'_o = \frac{\dot{U}_T}{\dot{I}_c} = r_{ce}\left[1 + \frac{\beta R_e}{r_{be} + (R_b \ // \ R_S) + R_e}\right] \tag{2.30}$$

$R'_o \gg R_c$，所以

$$R_o \approx R_c \tag{2.31}$$

4）源电压增益 $\dot{A}_{us}$

$$\dot{A}_{us} = \frac{\dot{U}_o}{\dot{U}_s} = \frac{\dot{U}_o}{\dot{U}_i} \cdot \frac{\dot{U}_i}{\dot{U}_s} = \dot{A}_u \frac{R_i}{R_s + R_i}$$

接入旁路电容 C_e 时，其交流通路中 R_e 被 C_e 旁路（短路），所以，分压式共发射极放大电路的交流通路与固定偏置的共发射极放大电路交流通路（图 2.27）相同。所以，$\dot{A}_u$、R_i、R_o 也相同。

旁路电容 C_e 的作用：式(2.28)与(2.25)比较，式(2.28)分母多了 $(1+\beta)R_e$ 项，所以在不接旁路电容 C_e 时，R_e 有稳定的静态工作点的作用，但使 A_u 减小。

注意：旁路电容 C_e 是否接入，不影响分压式共发射极放大电路的静态工作点。

【例 2.3.1】 电路如图 2.32 所示，已知晶体管的 $\beta=200$，$R_{b1}=30\ \text{k}\Omega$，$R_{b2}=10\ \text{k}\Omega$，$R_{e1}=200\ \Omega$，$R_{e2}=4.4\ \text{k}\Omega$，$R_L=10\ \text{k}\Omega$，$R_c=10\ \text{k}\Omega$，$R_s=1\ \text{k}\Omega$，$U_{CC}=12\ \text{V}$，求：

① 计算静态工作点 $Q(I_B、I_C、U_{CE})$；② 画出微变等效电路；③ 计算输入电阻 R_i 和输出电阻 R_o；④ 求中频电压放大倍数 $\dot{A}_u$ 和源电压增益 $\dot{A}_{us}$。

【解】 ① 由电路图 2.32(a)画出直流通路如图 2.32(b)所示，于是静态工作点

$$U_B = R_{b2}U_{CC}/(R_{b1}+R_{b2}) = 3\ \text{V}$$

$$I_C \approx I_E = (U_B - U_{BE})/(R_{e1}+R_{e2}) = 0.5\ \text{mA}$$

$$I_B = I_C/\beta = 2.5\ \mu\text{A}$$

$$U_{CE} = U_{CC} - I_C(R_c + R_{e1} + R_{e2}) = 4.7\ \text{V}$$

② 由电路图 2.32(a)画出交流 H 参数微变等效电路如图 2.32(c)所示，$R_b=R_{b1}/\!/R_{b2}$

③ $r_{be}=200+(1+\beta)\ (26\ \text{mV}/I_E)=10.6\ \text{k}\Omega$

④ $R_i=R_b/\!/[r_{be}+(1+\beta)R_{e1}]=6.5\ \text{k}\Omega$

$R_o\approx R_c=10\ \text{k}\Omega$

⑤ $\dot{A}_u=-\beta(R_c/\!/R_L)/(\ r_{be}+(1+\beta)R_{e1})=-19.7$（因为是电阻电路，所以 $A_u=\dot{A}_u$）

$$\dot{A}_{us}=\frac{\dot{U}_o}{\dot{U}_s}=\dot{A}_u\frac{R_i}{R_s+R_i}=-17$$

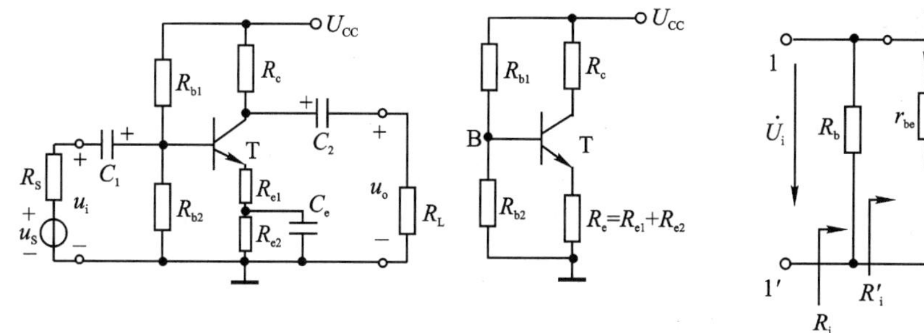

(a) 电路图　　(b) 直流通路

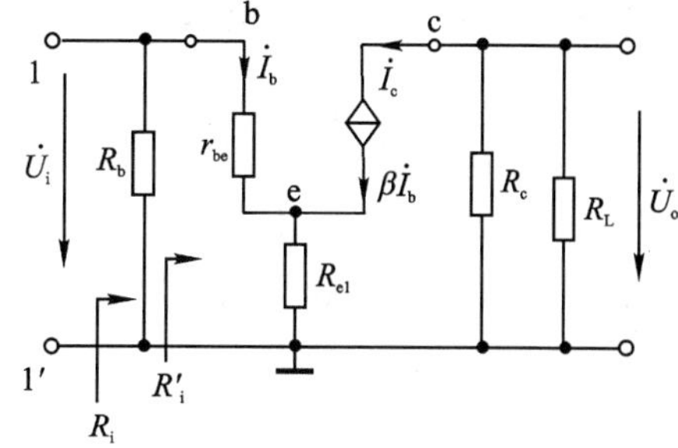

(c) 交流H参数微变等效电路

图 2.32　例 2.3.1 图

总之：共射基本放大电路的特点是：

- 电压反向放大,可作多级放大电路的中间级；
- 输入电阻较大,可作多级放大电路的输入级；
- 输出电阻较小,可作多级放大电路的输出级。

2.4 共集和共基基本放大电路

2.4.1 共集基本放大电路

共集组态基本放大电路如图 2.33(a)所示。

1. 直流分析

将共集组态基本放大电路的直流通路画于图 2.33(b),与共射放大电路的直流通路相同,所以静态工作点的求法也相同,用公式(2.27)。

2. 交流分析

① 在图 2.33(a)中,令 $U_{CC}=0$,得交流通路见图 2.33(c);图中看出输入信号由基极入,输出信号由射极取,输入、输出信号共用集电极,故图 2.33(a)称为共集电极电路。通常共哪个电极电路由交流通路更容易看出。

② 交流通路中的 BJT 用 H 参数小信号模型代替后,得共集电路交流 H 参数小信号等效电路,如图 2.33(d)所示。

③ 求 r_{be}：由静态工作点 I_E的值,得

$$r_{be} = 200 + (1+\beta)\ (26\ \text{mV}/I_E)$$

④ 求交流参数：

1) 求中频电压放大倍数 $\dot{A}_u$

$$\dot{A}_u = \frac{\dot{U}_o}{\dot{U}_i} = \frac{(1+\beta)\ \dot{I}_b R'_L}{r_{be}\dot{I}_b + (1+\beta)\dot{I}_b R'_L} = \frac{(1+\beta)R'_L}{r_{be} + (1+\beta)R'_L} \approx 1 \tag{2.32}$$

式中,$R'_L = R_e /\!/ R_L$。比较共射和共集组态放大电路的电压放大倍数公式,它们的分子都是 β 乘以输出电极对地的交流等效负载电阻,分母都是三极管基极对地的交流输入电阻。

2) 输入电阻

$$R_i = R_{b1}\ /\!/\ R_{b2}\ /\!/\ [r_{be} + (1+\beta)R'_L)] \tag{2.33}$$

3) 输出电阻

将输入信号源 U_S 短路,负载开路得图 2.33(d),可求出输出电阻 R_o。由所加的等效输出信号 U 可以求出输出电阻

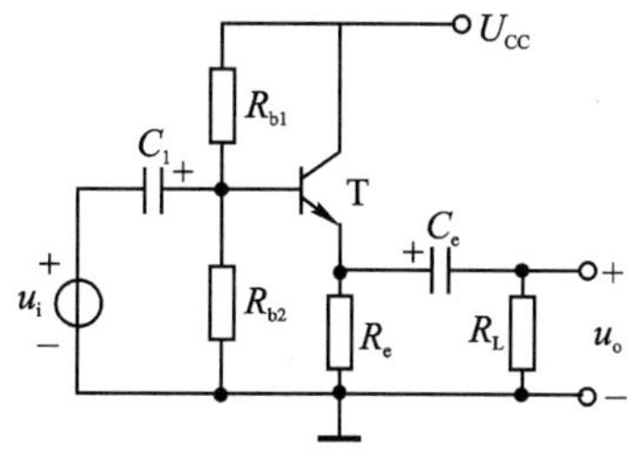

(a) 共集组态放大电路

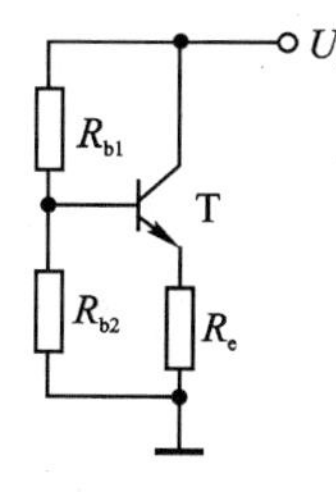

(b) 直流通路

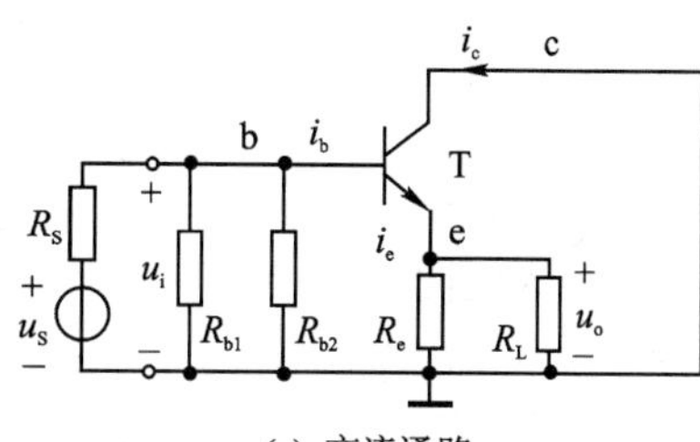

(c) 交流通路

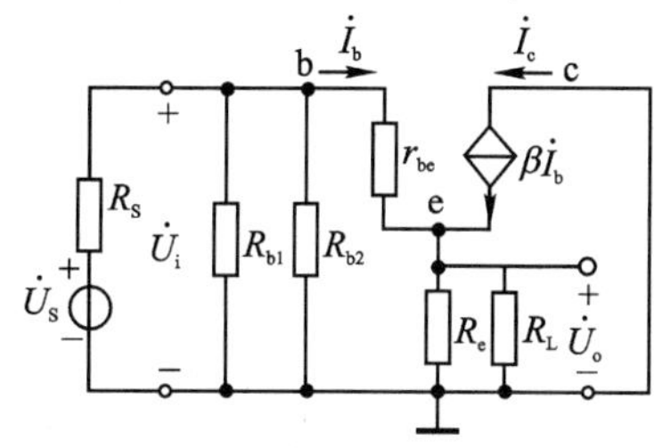

(d) 交流H参数微变等效电路

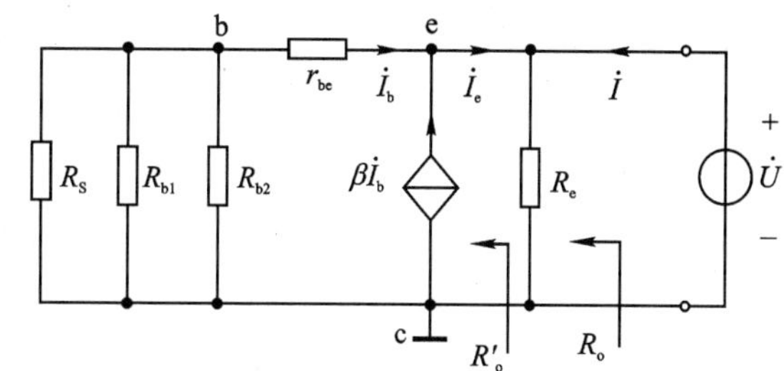

(e) 共集组态求输出电阻的等效电路

图 2.33 共集组态放大电路及其分析

$$R_o = R_e \;/\!/\; R'_o$$

而
$$R'_o = \frac{\dot{U}}{-\dot{I}_e} = \frac{-[r_{be}+(R_b \;/\!/\; R_S)]\dot{I}_b}{-(1+\beta)\dot{I}_b} = \frac{r_{be}+(R_b \;/\!/\; R_S)}{(1+\beta)} \tag{2.34}$$

所以
$$R_o = R_e \;/\!/\; R'_o = R_e \;/\!/\; \frac{r_{be}+(R_b \;/\!/\; R_S)}{(1+\beta)} \approx \frac{r_{be}+(R_b \;/\!/\; R_S)}{(1+\beta)} \tag{2.35}$$

总之：共集电极基本放大电路的特点是：

- 电压跟随，但电流放大，作功率放大，作多级放大电路的最后一级；
- 输入电阻较大，作多级放大电路的输入级、中间级；
- 输出电阻较小，作多级放大电路的输出级。

2.4.2 共基极基本放大电路

共基组态放大电路如图 2.34(a)所示。

1. 直流分析

其直流通路如图 2.34(b)所示，与共射组态相同。

2. 交流分析

共基极组态基本放大电路的微变等效电路如图 2.34 (c)所示。

① 电压放大倍数

$$\dot{A}_u = \frac{\dot{U}_o}{\dot{U}_i} = \frac{-\beta \dot{I}_b (R_c \mathbin{/\!/} R_L)}{-r_{be}\dot{I}_b} = \frac{\beta R'_L}{r_{be}} \tag{2.36}$$

$$R'_L = R_c \mathbin{/\!/} R_L$$

② 输入电阻

$$R_i = \frac{\dot{U}_i}{\dot{I}_i} = [r_{be}/(1+\beta)] \mathbin{/\!/} R_e \approx r_{be}/(1+\beta) \tag{2.37}$$

③ 输出电阻

由图 2.34(d)知：

$$R_o = R_c \mathbin{/\!/} R'_o$$

而

$$\left.\begin{aligned} R'_o &= \frac{\dot{U}}{\dot{I}_c} \\ \dot{U} &= r_{ce}(\dot{I}_c - \beta \dot{I}_b) - r_{be}\dot{I}_b \\ \dot{I}_b &= \frac{-(R_e \mathbin{/\!/} R_S)}{(R_e \mathbin{/\!/} R_S) + r_{be}}\dot{I}_c \end{aligned}\right\}$$

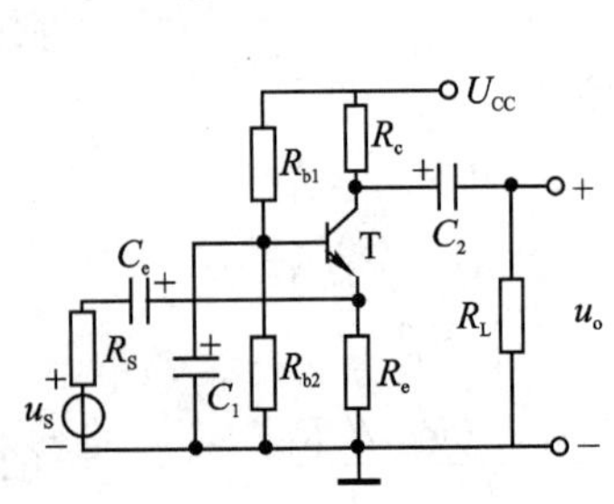

(a) 共基组态放大电路

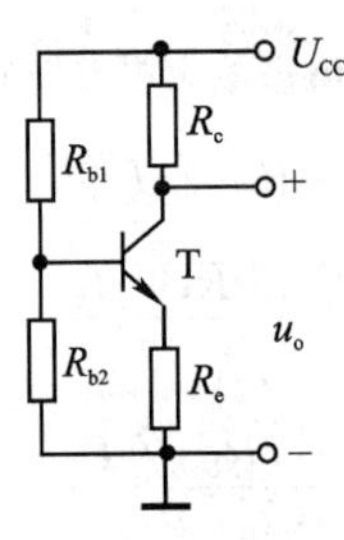

(b) 直流通路

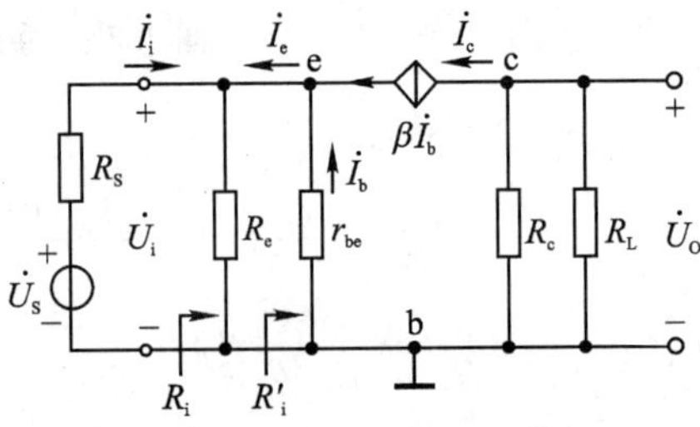

(c) 交流H参数微变等效电路

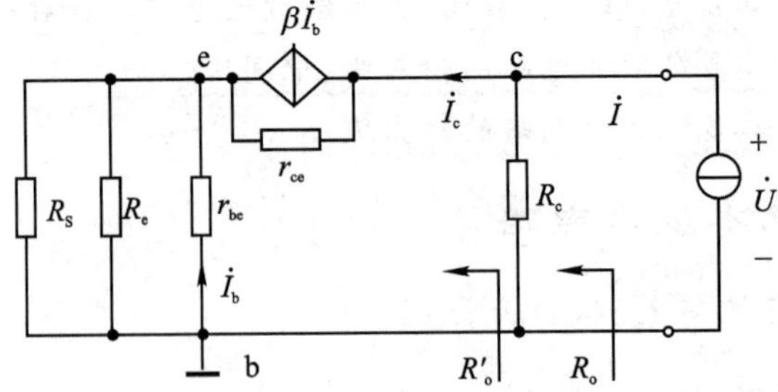

(d) 共基组态求输出电阻的等效电路

图 2.34　共基组态放大电路及其分析模型

解之,得
$$R'_o = \frac{\dot{U}}{\dot{I}_c} = r_{be} + (r_{be} + \beta r_{ce}) \cdot \frac{(R_e \,//\, R_s)}{(R_e \,//\, R_s) + r_{be}}$$

所以
$$R_o \approx R_c \tag{2.38}$$

总之:共基极基本放大电路的特点是:

- 电压同相放大;
- 输入电阻小;
- 输出电阻较大。用于高频或宽带电路及恒流源电路。

2.4.3 三种基本组态放大电路的比较

综上,将三种基本组态放大电路列于表 2.2 以资比较。共射电路的电压、电流和功率增益都比较大,因此应用广泛。但在宽频带和高频情况下,要求稳定性较好时,共基电路比较合适。共集电路的特点是电压跟随,但电流放大,功率放大,常作多级放大电路的输出级;另外它输入电阻较大,输出电阻较小,又可作多级放大电路的输入级和中间的缓冲级。

表 2.2 放大电路三种基本组态比较

	共射电路	共集电路(电压跟随器)	共基电路(电流跟随器)
电路组态			
静态工作点	$U_B=R_{b2}U_{CC}/(R_{b1}+R_{b2})$ $I_C\approx I_E=(U_B-U_{BE})/R_e$ $I_B=I_C/\beta$ $U_{CE}=U_{CC}-I_C(R_e+R_c)$	$U_B=R_{b2}U_{CC}/(R_{b1}+R_{b2})$ $I_C\approx I_E=(U_B-U_{BE})/R_e$ $I_B=I_C/\beta$ $U_{CE}=U_{CC}-I_CR_e$	$U_B=R_{b2}U_{CC}/(R_{b1}+R_{b2})$ $I_C\approx I_E=(U_B-U_{BE})/R_e$ $I_B=I_C/\beta$ $U_{CE}=U_{CC}-I_C(R_e+R_c)$
R_i	$R_i=R_{b1}//R_{b2}//\ r_{be}$	$R_i=R_{b1}//\ R_{b2}//\ [r_{be}+(1+\beta)R'_L)]$ $R'_L=R_e//R_L$	$R_i\approx\ r_{be}/(1+\beta)$
R_o	$R_o=R_c//\ R'_o\approx R_c$	$R_o\approx\frac{r_{be}+(R_b//R_S)}{(1+\beta)}$	$R_o\approx\ R_c$
中频A_U	$\dot{A}_u=\frac{-\beta R'_L}{r_{be}}$ $R'_L=R_c//\ R_L$	$\dot{A}_u=\frac{(1+\beta)R'_L}{r_{be}+(1+\beta)R'_L}\approx 1$	$\dot{A}_u=\frac{-\beta R'_L}{r_{be}}$ $R'_L=R_c//R_L$
用途	多级放大器的中间级	输入级、输出级或缓冲级	高频或宽频电路及恒流源电路

2.5 多级放大电路和组合放大电路

由一只晶体管组成的单级放大电路往往达不到技术指标的要求,如放大倍数、输入电阻、输出电阻、通频带等。这时需要利用多管构成多级放大电路或组合放大电路来实现。

2.5.1 BJT多级放大电路

1. 级间耦合方式

多级放大器的级与级之间信号的传输方式称为耦合方式。耦合方式分成阻容耦合、变压器耦合、直接耦合和光电耦合等类型。

(1) 阻容耦合

图2.35为典型的阻容耦合多级放大器。电容 C_1、C_2、C_3 为耦合电容,将信号源与放大电路第一级、放大电路第一级与放大电路第二级、放大电路第二级与负载连接起来。

阻容耦合的优点是:① 各级的静态工作点相互独立;② 当耦合电容的容量足够大时,放大器的交流损失较小,能保证放大器有较大的放大倍数。

阻容耦合的缺点是:① 耦合电容的隔直作用,使直流信号不能放大,且信号频率较低时,放大倍数下降;② 耦合电容的容量大,不易集成。

(2) 变压器耦合

图2.36是变压器耦合多级放大器。放大电路第一级与放大电路第二级、放大电路第二级与负载之间是通过变压器耦合的。

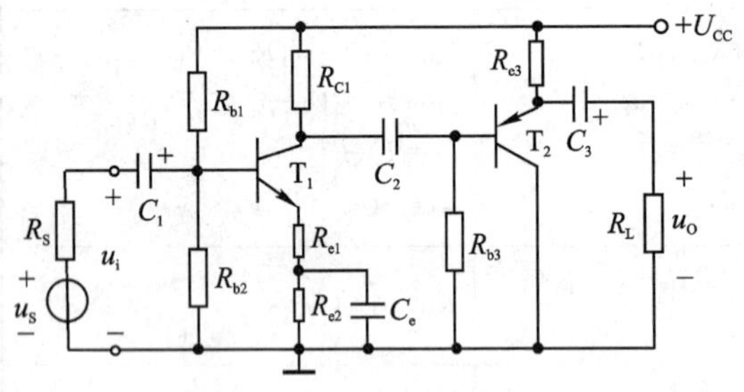

图2.35 阻容耦合多级放大器

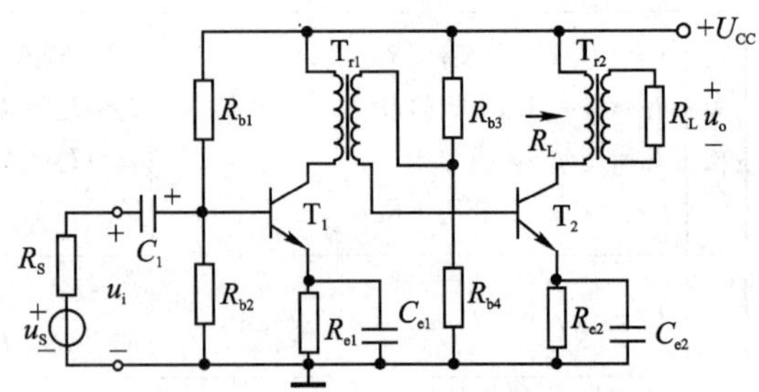

图2.36 变压器耦合多级放大器

变压器耦合的优点是:① 各级的静态工作点相互独立;② 可进行阻抗变换,使负载 R_L 上获得最大功率。如果变压器 T_{r2} 的变比(原边匝数与副边匝数比)是 n,则 $R_L'=n^2R_L$。

变压器耦合的缺点是:① 变压器体积大,无法采用集成工艺;② 对于低频和高频信号放大效果不理想。

(3) 直接耦合

图 2.37 是一种直接耦合放大电路。

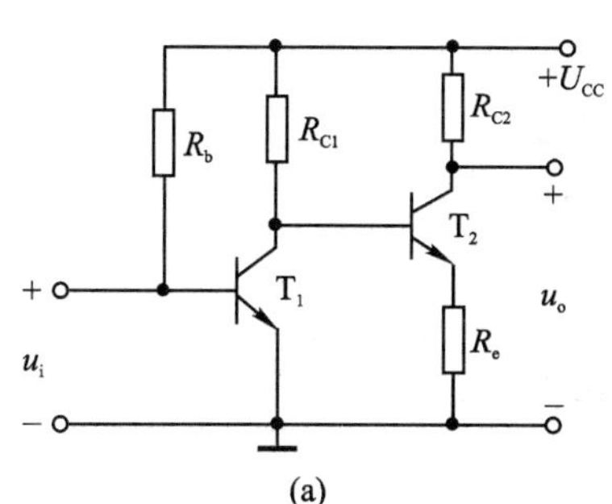

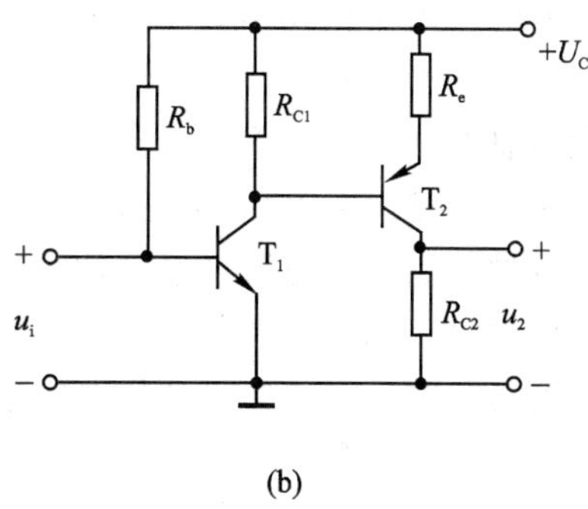

图 2.37 直接耦合多级放大器

直接耦合放大电路的优点是：① 电路中没有电容和变压器，易于集成；② 既能放大交流信号，同时也能放大直流和缓慢变化的信号。

直接耦合放大电路的的缺点是：各级工作点相互影响，因此必须合理解决级间电平配置问题。

在图 2.37(a)中，为了使 T_1管的 U_{CEQ}有 2～3 V，以保证较大的动态范围，就必须在 T_2管的发射极上串接电阻 R_e来提高其基极的静态电位。以此类推，在多级 NPN 管构成的放大器中，越向后级，其基极静态电位越高，相应地集电极静态电位也就越高，并且越趋近于电源电压 U_{CC}，允许输出信号的最大不失真幅度就受到限制。通常采用电平位移电路来解决级间电平配置问题。所谓电平位移电路，是一种将直流电平从高移低但不影响信号传输的电路。

图 2.37(b)是利用 PNP 型晶体管的电平位移电路。PNP 型晶体管的集电极电位低于基极电位，这样，与 NPN 型管配合，就能将静态电平由 U_{C1}下移到 U_{C2}，同时 T_2管又对信号进行放大。

2. 多级放大器的分析

以两级放大器为例，推导出多级放大器的一般分析方法。在交流通路中，当多级放大器的前一级的输出信号就是后一级的输入信号时，则可画出两级放大器的交流模型见图 2.38。

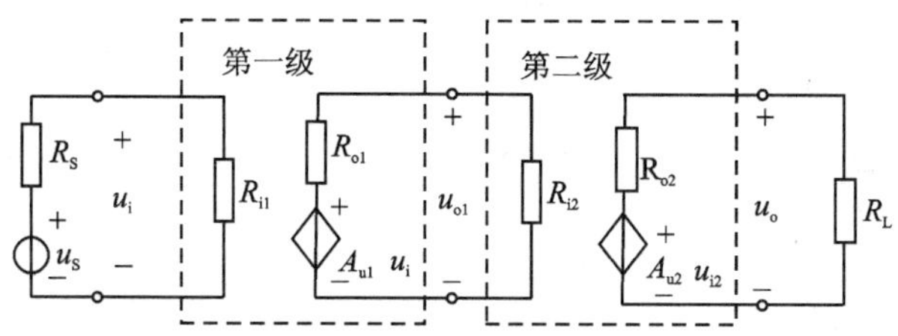

图 2.38 两级放大器的交流模型

可以看出：

- 放大器的输入信号 u_i 就是第一级的输入。
- 放大器的输出信号 u_o 就是最后一级的输出。
- 第一级的输出信号 u_{o1} 就是第二级的输入信号 u_{i2}。
- 放大器总的输入电阻 R_i 就是第一级的输入电阻 R_{i1}。
- 放大器总的输出电阻 R_o 就是最后一级的输出电阻 R_{o2}。
- 第一级的输出电阻是第二级的信号源内阻。
- 第二级的输入电阻 R_{i2} 是第一级的负载电阻。
- 放大器总的电压增益等于各级电压增益的乘积，这是因为

$$\dot{A}_u = \frac{\dot{U}_o}{\dot{U}_i} = \frac{\dot{U}_o}{\dot{U}_{i2}} \cdot \frac{\dot{U}_{o1}}{\dot{U}_i} = \dot{A}_{u1} \cdot \dot{A}_{u2} \tag{2.39}$$

【例 2.5.1】 在图 2.35 中，若设 $R_s=4\ \text{k}\Omega$，$U_{CC}=15\ \text{V}$，$\beta_1=\beta_2=50$，$r_{be1}=1.6\ \text{k}\Omega$，$r_{be2}=1.3\ \text{k}\Omega$，$R_{b1}=68\ \text{k}\Omega$，$R_{b2}=12\ \text{k}\Omega$，$R_{c1}=10\ \text{k}\Omega$，$R_{e1}=400\ \Omega$，$R_{e2}=2\ \text{k}\Omega$，$R_{b3}=540\ \text{k}\Omega$，$R_{e3}=5.1\ \text{k}\Omega$，$R_L=5.1\ \text{k}\Omega$，$C_1$、$C_2$、$C_3$、$C_e$ 可视为交流短路，试求 A_u、A_{us} 和 R_i、R_o。

【解】 交流通路如图 2.39 所示：

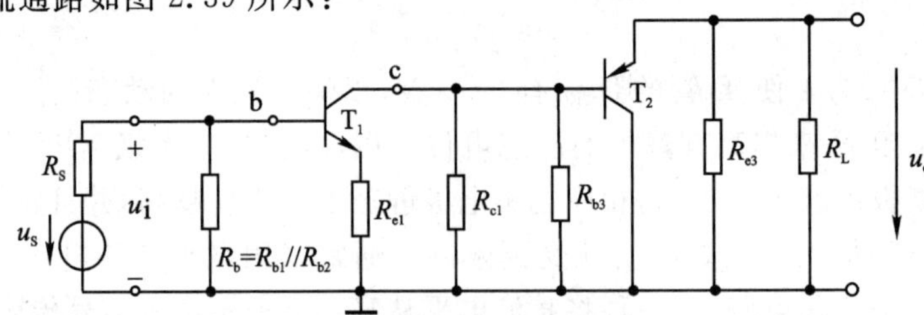

图 2.39 例 2.5.1 的交流通路

于是

$$R_i = R_{b1} \mathbin{/\!/} R_{b2} \mathbin{/\!/} [r_{be1} + (1+\beta_1)R_{e1})] = 6.96\ \text{k}\Omega$$

$$R_{i2} = R_{b3} \mathbin{/\!/} [r_{be2} + (1+\beta_2)(R_{e3} \mathbin{/\!/} R_L)] = 105.65\ \text{k}\Omega$$

$$\dot{A}_{u_1} = -\frac{\beta_1(R_{c1} \mathbin{/\!/} R_{i2})}{r_{be1} + (1+\beta_1)R_{e1}} = -26.9$$

$$\dot{A}_{u_2} \approx 1$$

$$\dot{A}_u = \dot{A}_{u_1} \cdot \dot{A}_{u_2} \approx -26.9$$

$$\dot{A}_{us} = \frac{\dot{U}_o}{\dot{U}_s} = \dot{A}_u \frac{R_i}{R_S + R_i} = -17$$

$$R_{o1} \approx R_{c1}$$

$$R_o = R_{o2} = R_{e3} \mathbin{/\!/} \frac{r_{be2} + (R_{b3} \mathbin{/\!/} R_{o1})}{(1+\beta_2)} = R_{e3} \mathbin{/\!/} \frac{r_{be2} + (R_{b3} \mathbin{/\!/} R_{o1})}{(1+\beta_2)} = 0.2\ \text{k}\Omega$$

2.5.2 BJT 组合放大电路

1. 复合管

为了提高放大倍数和输入电阻，可采用复合管，也称达林顿管。

(1) 复合管的类型

① 同类型的两管构成的复合管，如图 2.40(a)和 2.40 (b)所示。

② 不同类型的两管构成的复合管，如图 2.40(c)和 2.40 (d)所示。

两管复合后可等效成一只 BJT，其导电类型与 T_1 相同。

(2) 复合管的主要参数

① 电流放大系数

$$\beta \approx \beta_1\beta_2 \tag{2.40}$$

该公式对图 2.40 中的四个分图均成立。以图 2.40(a)为例推倒，因为 $i_C = i_{C1} + i_{C2} = \beta_1 i_{B1} + \beta_2 i_{B2} = \beta_1 i_{B1} + \beta_2(1+\beta_1)\, i_{B1}$，所以 $\beta = \beta_1 + \beta_2 + \beta_1\beta_2 \approx \beta_1\beta_2$。

② 电阻 r_{be}

同类型的两管构成的复合管

$$r_{be} = r_{be1} + (1+\beta_1)\, r_{be2} \tag{2.41}$$

不同类型的两管构成的复合管

$$r_{be} = r_{be1} \tag{2.42}$$

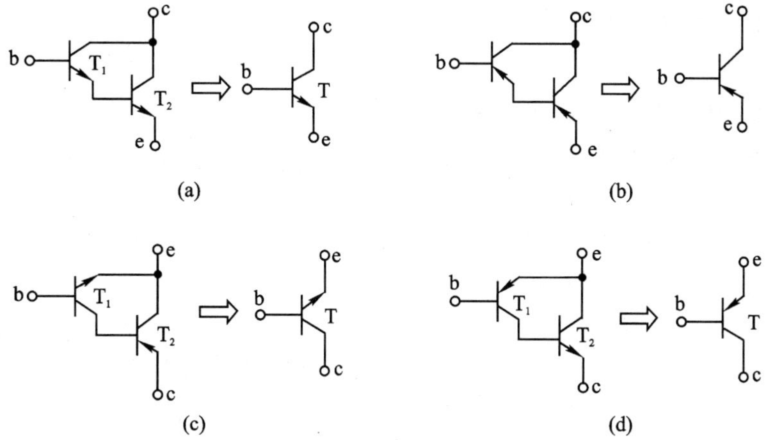

(a)

(b)

(c)

(d)

图 2.40 复合管

2. 复合管放大电路(共集-共集组合电路)

【例 2.5.2】 图 2.41 是复合管构成的共集放大电路,试求其电压增益 $\dot{A}_u$ 和输入输出电阻 R_i、R_o。

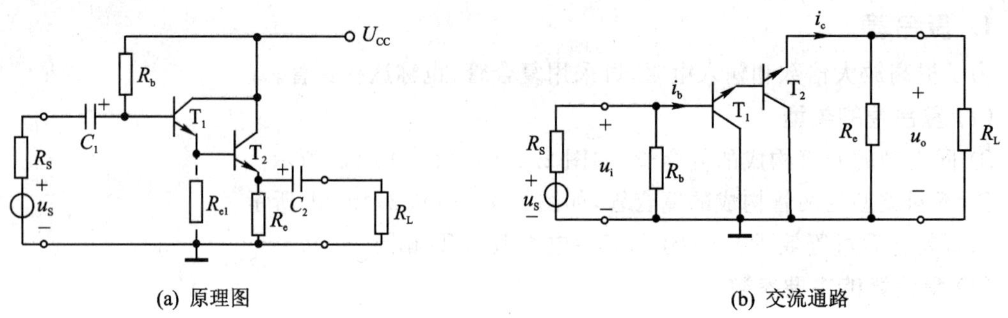

(a) 原理图　　(b) 交流通路

图 2.41　复合管构成的共集放大电路

电压增益
$$\dot{A}_u = \frac{\dot{U}_o}{\dot{U}_i} = \frac{(1+\beta)R'_L}{r_{be} + (1+\beta)R'_L}$$

式中:　$R'_L = R_e \mathbin{/\!/} R_L$,　$\beta \approx \beta_1\beta_2$,　$r_{be} = r_{be1} + (1+\beta_1)\, r_{be2}$

输入电阻
$$R_i = R_b \mathbin{/\!/} [r_{be} + (1+\beta)R'_L)]$$

输出电阻
$$R_o = R_e \mathbin{/\!/} \frac{r_{be} + (R_b \mathbin{/\!/} R_s)}{(1+\beta)}$$

*2.6　BJT 三极管应用实例

【例 2.6.1】 楼道声、光控照明电路

该电路为楼道照明节电开关,电路如图 2.42 所示。该电路由电源电路、控制电路和驱动电路等组成。

市电经照明灯 EL(40 W)和整流桥 D1～D4 整流,获得的直流电压一路直接加至驱动管 T4 和电力电子器件 T5;另一路经电阻 R_{11}、电容 C_4 和稳压管 VS,将电压稳定在 8.2 V,为三极管T1～T3 组成的声、光电路供电。

B 为压电陶瓷片,它与 T1 等构成声控信号放大电路。RG 为光敏电阻,它与 T2 等构成光控电路。白天有光照时,RG 的阻值很小,T2 处于饱和状态。由于 T2 的集电极与 T1 的集电极是并联的,所以 T1 不能输出声控信号。

T3、C_3 和驱动管 T4 等组成单稳态电路。当 T3 的基极无声、光控触发信号时,因为基极偏置电阻 R_6 的阻值很大,所以 T3 处于截止状态,集电极电压达 8 V,T4 管在灯 EL 不亮时处

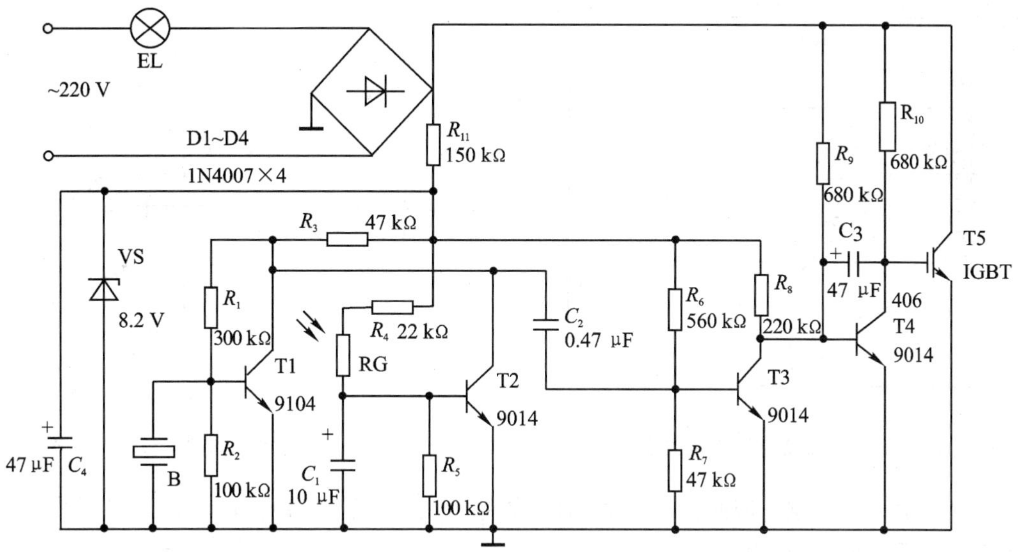

图 2.42　声、光控照明电路图

于饱和状态,集电极为低电位。这时,C_3充电,IGBT 管 T5 因控制极接地而关断。

白天,受 RG 和 T2 的控制以及由于 T4 导通,所以 T5 关断,白炽灯 EL 不会点亮;夜间,光敏电阻 RG 阻值变大,T2 截止,失去对 T1 的控制,整个电路处于待机状态。此时如果压电陶瓷片 B 拾取到行人的击掌声或脚步声,就会立即输出电信号,经 T1 放大再经 C_2耦合,触发 T3 单稳态电路翻转,T3 产生一个负跳变信号,促使 T4 管截止,T5 经 R_{10}获得高电平而导通,灯泡 EL 立即点亮。与此同时,整流电路输出的电压也迅速下降,T3 基极上的触发电压消失,T3 集电极仍会保持低电位而使 T5 维持导通。由于 C_3在灯泡 EL 点亮后开始放电,因放电回路(R_9→R_{11}→R_8)的阻值较大,所以 C_3的放电很慢。当 C_3两端电压下降到一定值时,T4 又进入导通状态,T5 再次截止,灯 EL 熄灭,电路返回等待状态,直至下次被触发。

由以上分析可知,电路触发后,EL 点亮时间与 C_3的容量有关。如果要延长灯亮时间,可适当加大 C_3的容量。

【例 2.6.2】 电源极性测试电路

电源极性测试器电路如图 2.43 所示。电路可以检测 3～30 V 电源的正负极性,用 LED 指示。测试电路为一恒电流源。当输入被测电源的极性正确时,T1 导通,LED 发光。二极管 D2 的作用是使 T2 基极电压保持恒流。这样,不论 T1 导通电流有多大,T2 送出的基本上是恒定电流。若被测电源的极性相反,则二极管 D1 导通,结果 T1、T2 均截止,LED 熄灭,开关 S 可将 LED 连接内部电路自检。

【例 2.6.3】 稳压电源的功率保护电路

该电路如图 2.44 所示。为了简明起见,串联型稳压电源只画出了调整管 T_1。

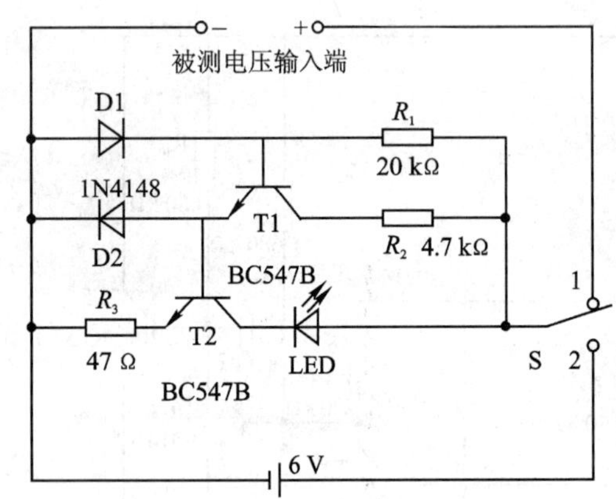

图 2.43　电源极性测试电路图

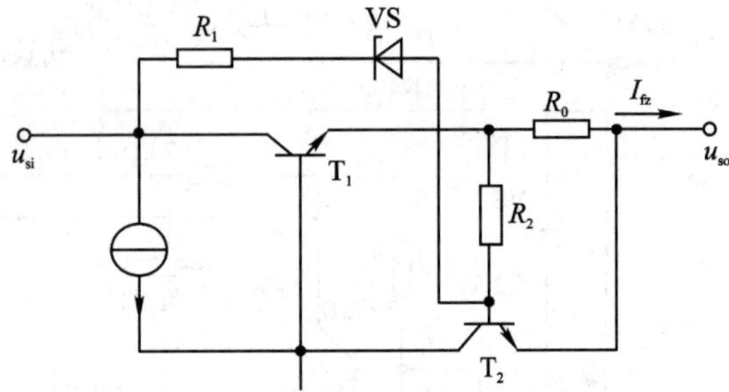

图 2.44　稳压电源的功率保护电路图

这种保护电路不仅能限制输出电流,而且能保护调整管管压降不致过大,能限制调整管的功耗不超过预定值,故称为功率保护。

工作原理:选择稳压管 VS 的击穿电压(稳压值)U_z,使得稳压电源正常工作时 $U_z > U_{si} - U_{so}$,即 VS 截止。当输出电流过大时,一开始由取样电阻 R_0 与三极管 T_2 起限流作用,形成一般的过电流保护。当过载比较严重,以致使 $U_{si} - U_{so} - U_{be2} > U_z$ 时,稳压管 VS 导通。于是有一电流从输入端流过 R_1、VS、R_2,使 R_2 上的压降增大。即使三极管 T_2 基极偏差增大,T_2 加速导通,从而使稳压电源的输出电流和电压进一步降低。这样一来,流过 R_1、VS 和 R_2 的电流更大,三极管 T_2 迅速达到饱和导通,致使稳压电源的输出电流和电压进一步减少,形成减流型保护。

【例 2.6.4】 负荷"软"投切电路。

当负荷接入电网或从电网中切除时,经常会破坏灵敏电子仪器的正常工作。下面介绍的电路能实现负荷的"软"投入、切断。

(1) 电路之一

电路如图 2.45 所示。

工作原理:合上开关 SA,电源经电阻 R_1 向电容 C 充电,三极管 T 导通,集电极电流逐渐增大到由电阻 R_1 和 R_2 确定的一个值。通过负荷 R_{fz} 的电流相应平稳地增大,从而实现"软"投入。当开关 SA 断开时,电容 C 通过电阻 R_2 和三极管 T 的 be 结放电,基极偏压逐渐减小,三极管由导通逐渐变为截止,负荷电流平稳地减小到零,从而实现"软"切断。

(2) 电路之二

电路如图 2.46 所示,它还具有过载和短路保护功能。

工作原理:负荷"软"投切原理图与上图所示电路相同。保护功能是这样实现的:当电流超过预定值时,在电阻 R_5 上的电压降导致三极管 T_1 导通,从而使三极管 T_2 失去基极偏压而截止,切断负载回路。

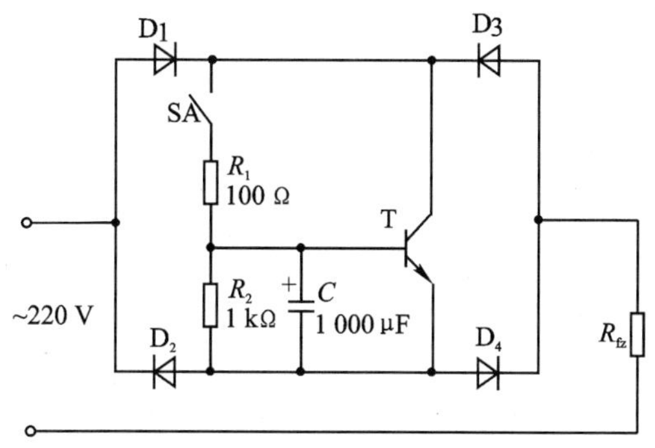

图 2.45　负荷“软”投切电路

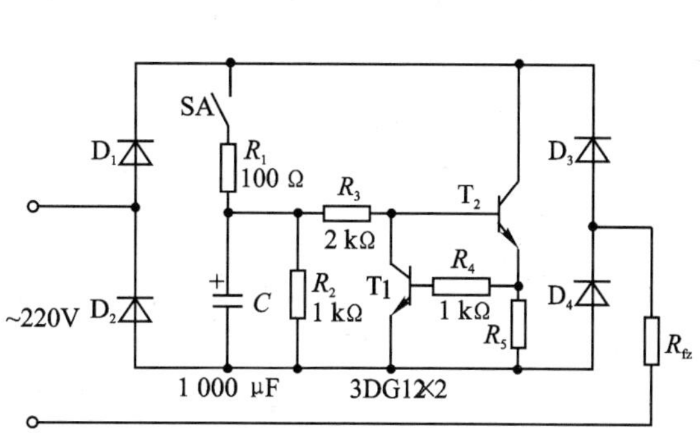

图 2.46　带保护功能的负荷“软”投切电路图

保护动作电流可由下式确定：

$$I_{max} = 0.7/R_5(\mathrm{A})$$

2.7　小　结

- BJT 按结构分成 NPN 和 PNP 两种。按构成的半导体材料分成硅 BJT 和锗 BJT，所以有硅材料 NPN 和硅材料 PNP，锗材料 NPN 和锗材料 PNP 四种双极结型晶体三极管。由于硅材料的热稳定性好，所以硅 BJT 应用广泛。
- BJT 有三种工作状态：

  饱和区：发射结 Je 正向偏置，集电结 Jc 也正向偏置。且有 $i_E = i_B + i_C$，$u_{CE} \approx 0$，但不满足 $i_C = \beta i_B$。

  放大区：发射结 Je 正向偏置，集电结 Jc 反向偏置。且满足 $i_C = \beta i_B$，$i_E = i_B + i_C$。

  截止区：发射结 Je 反向偏置或 $u_{BE} < U_{th}$。
- BJT 可构成三种基本放大电路（BJT 工作在放大状态）：共射电路、共基电路和共集电路。α 和 β 分别是共基电流放大倍数和共射电流放大倍数。
- 放大电路的分析思路：

  当信号 u_i 较小时，可采用线性电路中非正弦周期电流电路的求解方法，分别求出直流电源 U_{CC} 单独作用时的直流工作情况（静态工作点）和小信号 u_i 单独作用时的交流工作情况，放大电路总响应就是直流工作情况和交流工作情况的叠加。
- 放大电路的分析方法有：图解法和模型分析方法。
- 对于交流通路，BJT 的模型有两种，中低频时采用 H 参数小信号等效电路，高频时采用混合 π 型等效电路。
- 中频区模型分析方法的解题步骤是：

① 静态情况分析。画出直流通路,求静态工作点 Q。

② 动态情况分析:

1) 画出交流通路;

2) 画出交流通路的线性化 H 参数小信号等效电路;

3) 求 r_{be};

4) 由交流 H 参数小信号等效电路求交流参数 $\dot{A}_u$、R_i 和 R_o。

➢ 多级放大器的分析

多级放大器的交流模型中各级之间是级联,也就是前一级的输出信号就是后一级的输入信号,则前一级的输出电阻是后一级的信号源内阻;后一级的输入电阻是前一级的负载电阻;放大器总的电压增益等于各级电压增益的乘积。

2.8 习 题

1. 填空题

(1) 双极型晶体管从结构上看可以分成______和______两种类型,它们工作时有______和______两种载流子参与导电。

(2) 两级阻容耦合放大电路中,第一级的输出电阻是第二级的______,第二级的输入电阻是第一级的______。

(3) 测量某硅 BJT 各电极对地的电压值为:(a) $U_C=3.6$ V,$U_B=4$ V,$U_E=3.4$ V,则管子工作在______区域;(b) $U_C=6$ V,$U_B=4$ V,$U_E=3.3$ V,则管子工作在______区域;(c) $U_C=6$ V,$V_B=0.7$ V,$U_E=1.3$ V,则管子工作在______区域。

(4) 测得某放大电路中 BJT 的三个电极 A、B、C 的对地电位分别为 $U_A=9$ V,$U_B=6$ V,$U_C=6.2$ V,试问 A、B、C 分别对应 BJT 的三个极是______,并且该 BJT 是______(硅或锗)材料的晶体管,是______型管(NPN 还是 PNP)。

(5) 某放大电路中 BJT 三个电极 A、B、C 的电流如图 2.47 所示,用万用表直流电流档测得 $I_A=-2$ mA,$I_B=-0.04$ mA,$I_C=+2.04$ mA,分析 A、B、C 分别对应 BJT 的三个极是______,并且该 BJT 是______型管(NPN 还是 PNP),它的$\beta=$______,$\alpha=$______。

(6) 某两级阻容耦合共射放大电路,不接第二级时第一级的电压放大倍数为 100 倍,接上第二级后第一级电压放大倍数降为 50 倍,第二级的电压放大倍数为 50 倍,则该电路总电压放大倍数为______。

(7) BJT 三极管的三种基本组态是______、______和______。

2. 选择题

(1) 晶体管 T_1 与 T_2 接成复合管如图 2.48 所示，设 T_1 的电流放大系数为 β_1，T_2 的电流放大系数为 β_2，接成复合管后的电流放大系数 β 等于(　　)。

A.  β_1　　B. $\beta_1+\beta_2$　　C. $\beta_1+\beta_2+\beta_1\beta_2$

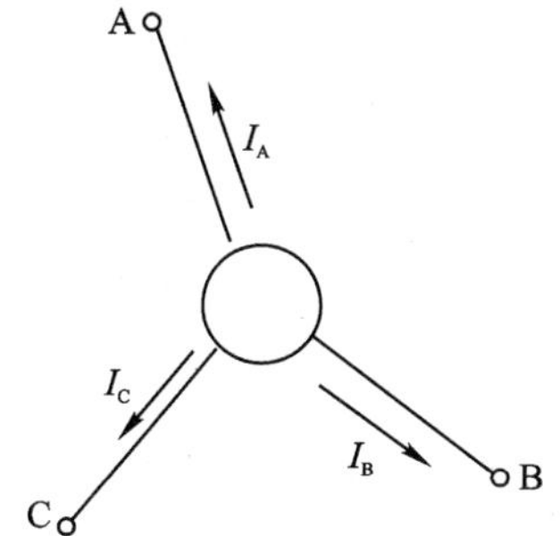

图 2.47　习题(5)图

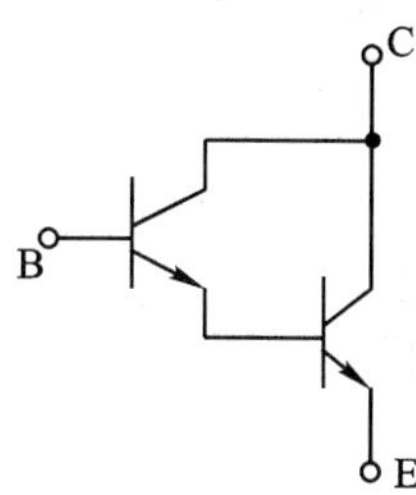

图 2.48　习题(1)图

(2) 三极管的两个 PN 结均正偏或均反偏时，所对应的状态分别是(　　)

A. 截止或放大　　B. 截止或饱和　　C. 饱和或截止

(3) 图 2.49 电路中能实现交流放大的电路是 ______(设各电容的容抗可忽略)。

3. 电路如图 2.50 所示，设 BJT 的 $\beta=80$，$U_{BE}=0.6$ V，I_{CEO}、U_{CES}可忽略不计，试分析当开关 S 分别接通 A、B、C 三位置时，BJT 各工作在其输出特性曲线的哪个区域，并求出相应的集电极电流 I_C。

4. 图 2.51 中，$U_{CC}=15$ V，$R_c=1.5$ kΩ，$i_B=20$ μA，$\beta=200$。求该器件的 Q 点。

5. 若图 2.51 的电路中，设 $U_{CC}=12$ V，$R_c=1$ kΩ，在基极电路中用 $U_{BB}=2.2$ V 和 $R_b=50$ kΩ 串联以代替电流源 i_B。求该电路中的 I_{BQ}、I_{CQ}和 U_{CEQ}的值，设 $U_{BEQ}=0.7$ V。

6. 设 PNP 型硅 BJT 的电路如图 2.52 所示。问 u_B 在什么变化范围内，使 T 工作在放大区？令 $\beta=100$。

7. 单管放大电路如图 2.53 所示，已知 BJT 的电流放大系数 $\beta=50$。① 估算 Q 点；② 画出简化 H 参数小信号等效电路；③ 估算 BJT 的输出电阻 r_{be}；④ 如输出端接入 4 kΩ 的电阻负载，计算 $\dot{A}_u=\dot{U}_o/\dot{U}_i$ 及 $\dot{A}_{us}=\dot{U}_o/\dot{U}_s$。

放大电路静态工作点的稳定问题

8. 放大电路如图 2.54 所示，其中 $R_b=120$ kΩ，$R_c=1.5$ kΩ，$U_{cc}=16$ V，三极管为 3AX21，它的 $\bar{\beta}\approx\beta=40$，$I_{CEO}=0$。

(1) 求静态工作点处的 I_{BQ}、I_{CQ}、U_{CEO}值。

(2) 如果原来的三极管坏了，换上一只 $\beta=80$ 的三极管，试计算此时的静态工作点有何变化？电路能否达到改善放大性能的目的？为什么？

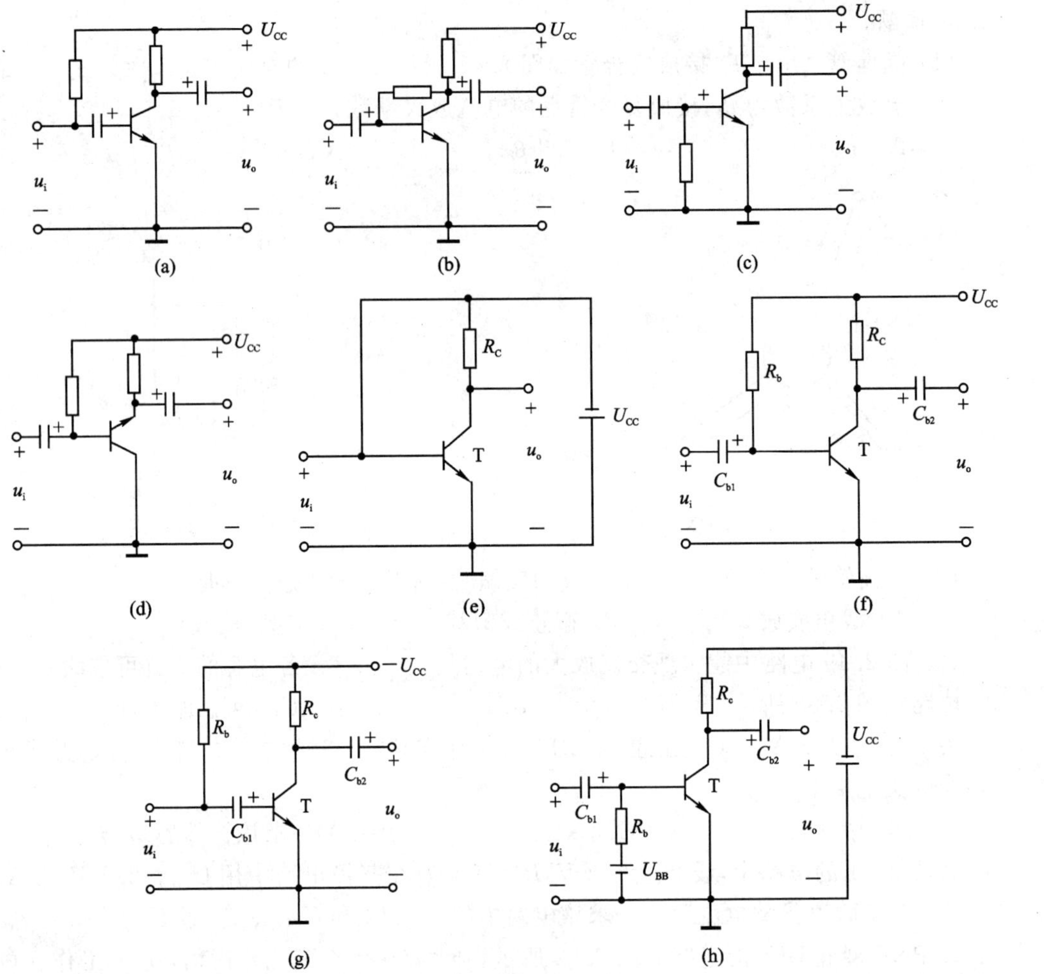

图 2.49　习题(3)图

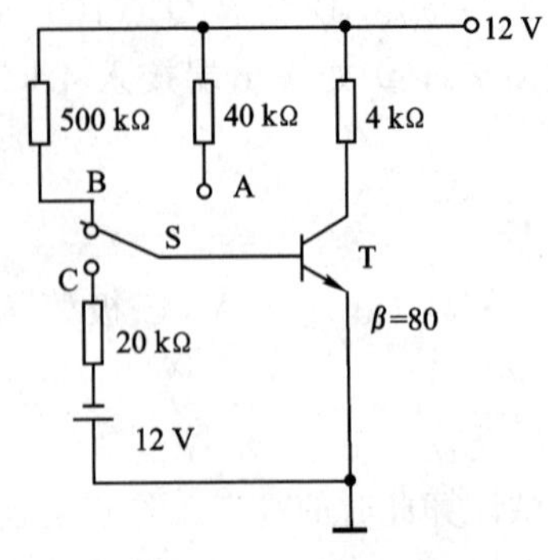

图 2.50　习题 3 图

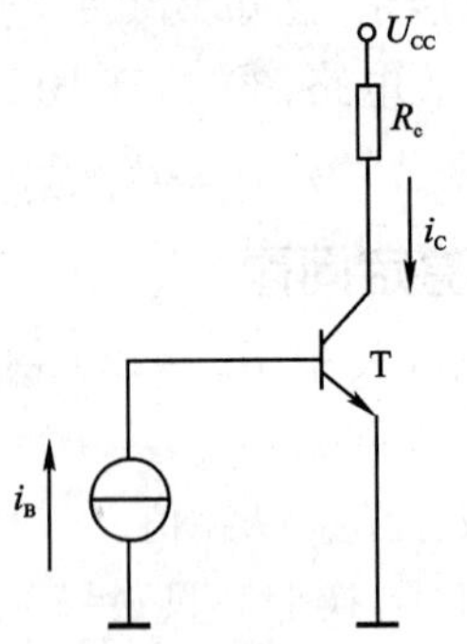

图 2.51　习题 4 图

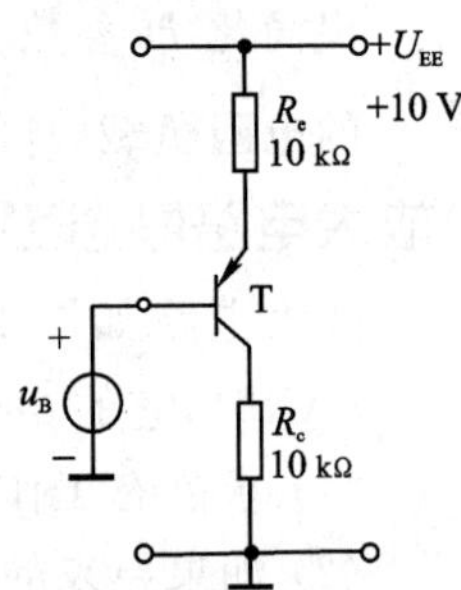

图 2.52　习题 6 图

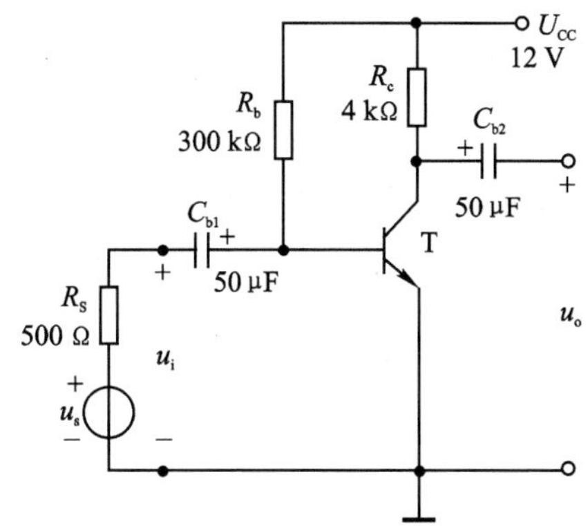

图 2.53 习题 7 图

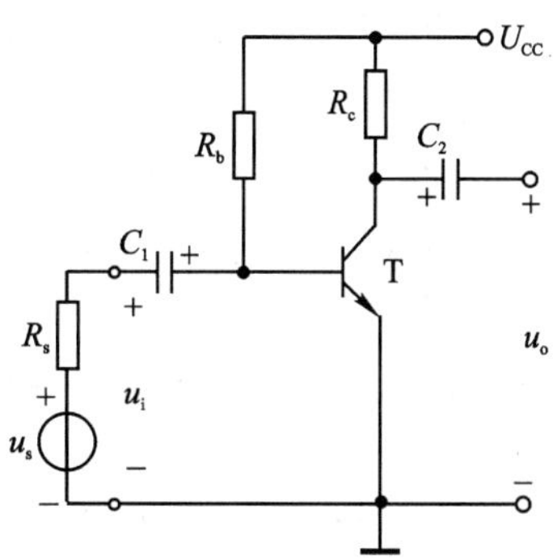

图 2.54 习题 8、习题 9 图

9. 电路如图 2.54 所示，如 $R_b=750\ k\Omega$，$R_c=6.8\ k\Omega$，$U_{CC}=12\ V$，采用 3DG6 型 BJT：

(1) 当 $T=25\ ℃$时，$\beta=60$，$U_{BE}=0.7\ V$，求 Q 点；

(2) 如 β 随温度的变化为 0.5%/℃，而 U_{BE} 随温度的变化为 −2 mV/℃，当温度升高至 75℃时，估算 Q 点的变化情况；

(3) 如温度维持在 25 ℃不变，只换一个 $\beta=115$ 的管子，Q 点如何变化，此时放大电路的工作状态是否正常？

10. 放大电路如图 2.55 所示，设三极管的 $\beta=140$，$R_{b1}=2.5\ k\Omega$，$R_{b2}=10\ k\Omega$，$R_c=2\ k\Omega$，$R_L=1.5\ k\Omega$，$R_e=750\ \Omega$，$U_{CC}=15\ V$。

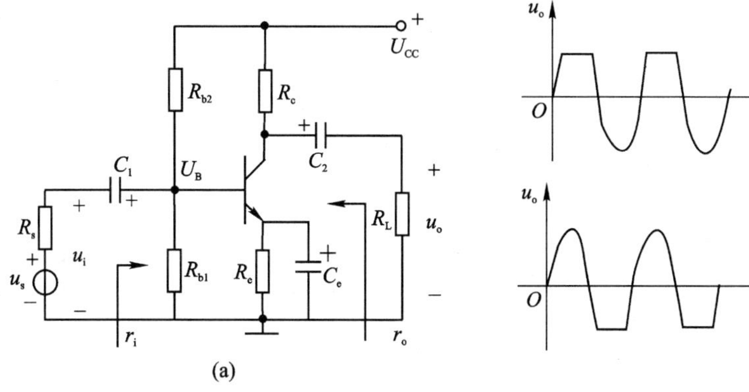

图 2.55 习题 10 图

(1) 求该电路的电压放大倍数 $\dot{A}_u=\dot{U}_o/\dot{U}_i$、输入电阻 R_i 及输出电阻 R_o 各为多少(设 $R_s=0$)?

(2) 若考虑 $R_s=10\ k\Omega$ 时，求电压放大倍数 $\dot{A}_{us}=\dot{U}_o/\dot{U}_s$。

(3) 从以上两种放大倍数的计算结果得到什么结论?

(4) 若将 C_e 断开,画出此时放大电路的 H 参数微变等效电路,并求 $\dot{A}_u=\dot{U}_o/\dot{U}_i$ 和 R_i。说明 R_e 对 $\dot{A}_u$ 及 R_i 的影响?

(5) 在(1)的条件下,若将图 2.55(a)中的输入信号 U_i 的幅值逐渐加大,你认为用示波器观察输出波形时,将首先出现图 2.55(b)、(c)中所示的哪种形式的失真现象?应改变哪个电阻器的阻值(增大或减小)来减小失真?

11. 在图 2.56 所示的放大电路中,设信号内阻 $R_s=600\ \Omega$,BJT 的 $\beta=50$。(1) 求静态工作点;(2) 画出该电路的小信号等效电路;(3) 求 $\dot{A}_u=\dot{U}_o/\dot{U}_i$;(4) 求 $\dot{A}_{us}=\dot{U}_o/\dot{U}_s$。(5) 求该电路的输入电阻 R_i、输出电阻 R_o;(6) 当 $u_s=15$ mV 时,求输出电压 u_o。

共集电极和共基极放大电路

12. 电路如图 2.57 所示,已知 $\beta=100$,$R_s=50\ \Omega$,$R_e=2.9\ \text{k}\Omega$,$E_c=15$ V,$U_{BEQ}=0.7$ V,$r_{b'b}=300\ \Omega$,$R_1=R_2=60\ \text{k}\Omega$,$R_L=1\ \text{k}\Omega$,$R_c=2.1\ \text{k}\Omega$,试求:(1) 电路的 Q 点;(2) 电压增益 $\dot{A}_u$、输入电阻 R_i、输出电阻 R_o 和源电压增益 $\dot{A}_{us}=\dot{U}_o/\dot{U}_s$。

13. 在图 2.58 所示的电路中,已知 $R_b=260\ \text{k}\Omega$,$R_e=5.1\ \text{k}\Omega$,$R_s=500\ \Omega$,$U_{EE}=12$ V,$\beta=50$,试求:(1) 电路的 Q 点;(2) 电压增益 $\dot{A}_u$、输入电阻 R_i及输出电阻 R_o;(3) 若 $u_s=200$ mV,求 u_o。

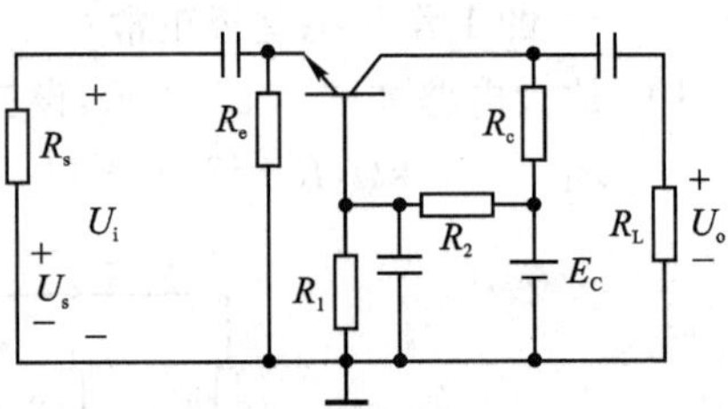

图 2.57 习题 12 图

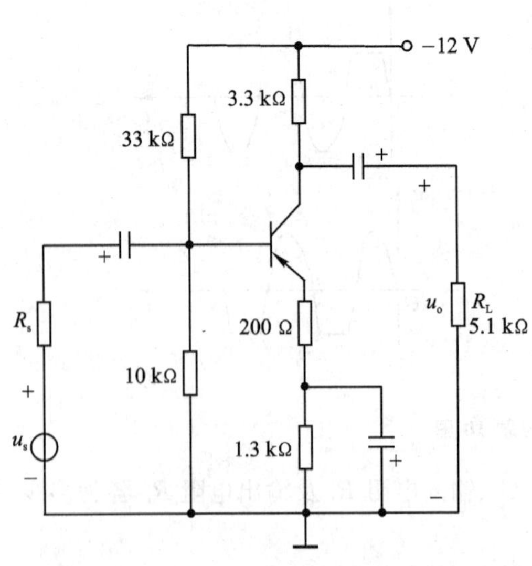

图 2.56 习题 11 图

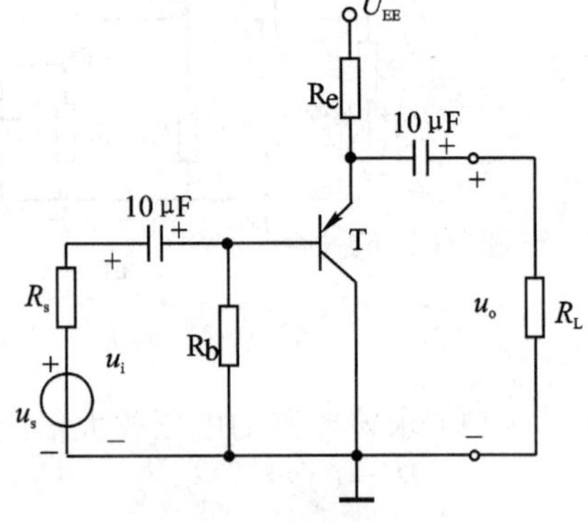

图 2.58 习题 13 图

14. 电路如图 2.59 所示，设 $\beta=100$，$R_s=500\ \Omega$。试求：(1) Q 点；(2) 电压增益 $\dot{A}_{us1}=\dot{U}_{o1}/\dot{U}_s$，$\dot{A}_{us2}=\dot{U}_{o2}/\dot{U}_s$；(3) 输入电阻 R_i；(4) 输出电阻 R_{o1} 和 R_{o2}。

15. 电路如图 2.60 所示，设 BJT 的 $\beta=100$。(1) 求各电极的静态电压值 U_{BQ}、U_{EQ} 及 U_{CQ}；(2) 求 r_{be}的值；(3) 若 Z 端接地，X 端接信号源且 $R_s=10\ k\Omega$，Y 端接一 10 kΩ 的负载电阻，求 $\dot{A}_{us}(\dot{U}_y/\dot{U}_s)$；(4) 若 X 端接地，Z 端接一 $R_s=200\ \Omega$ 的信号电压源 u_s，Y 端接一 10 kΩ 的负载电阻，求 $\dot{A}_{us}(\dot{U}_y/\dot{U}_s)$；(5) 若 Y 端接地，X 端接一内阻 R_s为 100 Ω 信号电压 u_s，Z 端接一负载电阻 1 kΩ，求 $\dot{A}_{us}(\dot{U}_z/\dot{U}_s)$。电路中容抗可忽略。

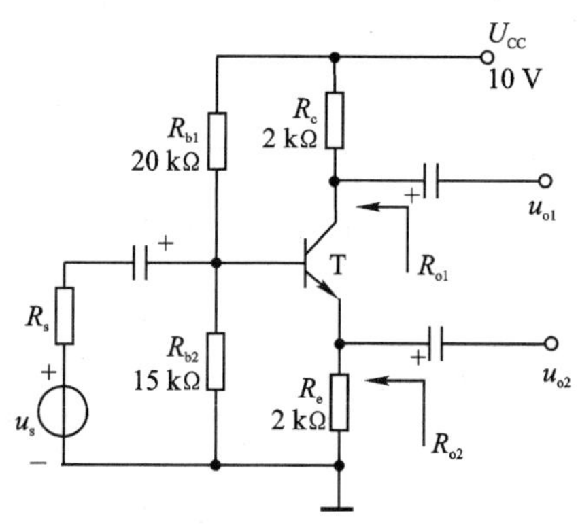

图 2.59 习题 14 图

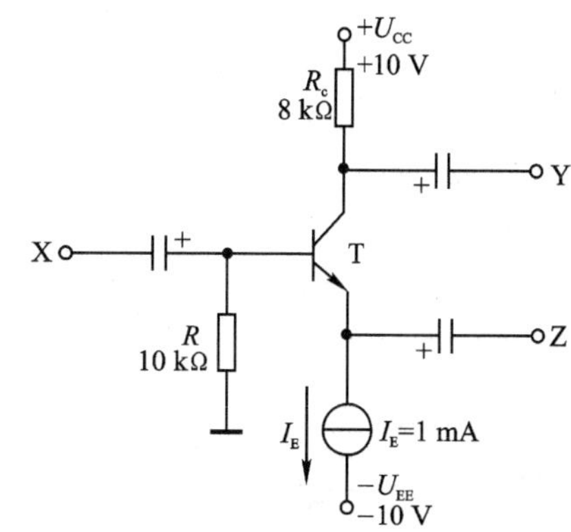

图 2.60 习题 15 图

组合放大电路

16. 电路如图 2.61 所示。设两管的 $\beta_1=\beta_{21}=5\ 100$，$U_{BE1Q}=U_{BE21Q}=0.7\ V$，试求：(1) 静态工作点；(2) 画出其交流通路并指出各晶体管工作于何种组态；(3) 求 $\dot{A}_u$、R_i和 R_o。

17. 电路如图 2.62 所示。设两管的 $\beta=100$，$U_{BEQ}=0.7\ V$。(1) 估算两管的 Q(设 $I_{BQ2}\ll I_{CQ1}$)；(2) 求 $\dot{A}_u$、R_i和 R_o。

18. 电路如 2.63 所示。设两管的特性一致，$\beta_1=\beta_2=50$，$U_{BEQ1}=U_{BEQ2}=0.7\ V$。(1) 试画出该电路的交流通路，说明 T_1、T_2各为什么组态；(2) 估算 I_{CQ1}、U_{CEQ1}、I_{CQ2}、U_{CEQ2}(提示：因 $U_{BEQ1}=U_{BEQ2}$，故有 $I_{BQ1}=I_{BQ2}$)；(3) 求 $\dot{A}_u$、R_i和 R_o。

19. 如图 2.64 所示为两级直接耦合放大电路，已知 r_{be1}、r_{be2}、β_1、β_2。(1) 画出放大电路的交流通路及 H 参数微变等效电路；(2) 求两级放大电路的电压放大倍数 $\dot{A}_u=\dot{U}_o/\dot{U}_i$ 的表达式，并指出 $\dot{U}_o$ 和 $\dot{U}_i$ 的相位关系；(3) 推导该电路输出电阻的表达式。

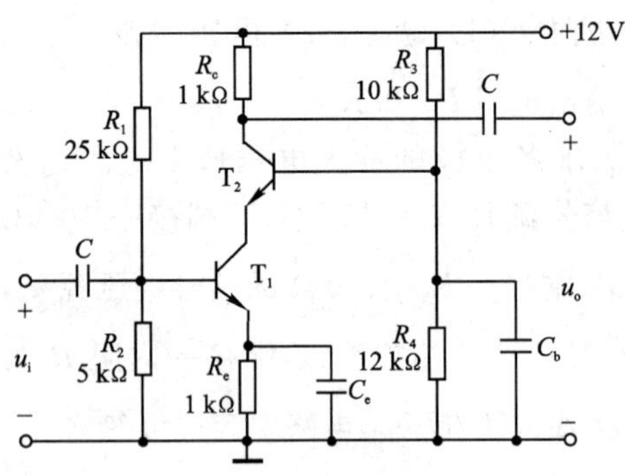

图 2.61　习题 16 图

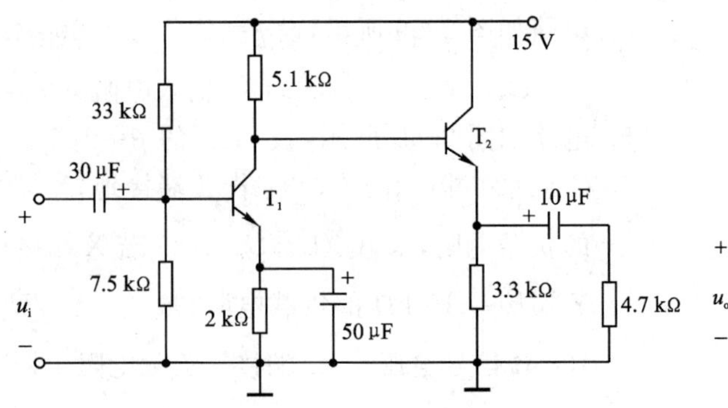

图 2.62　习题 17 图

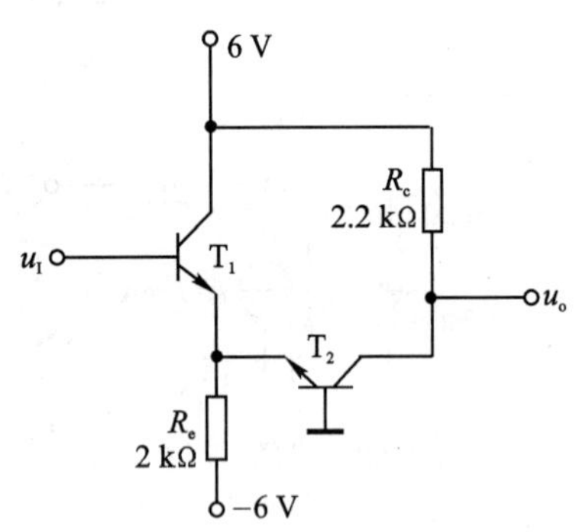

图 2.63　习题 18 图

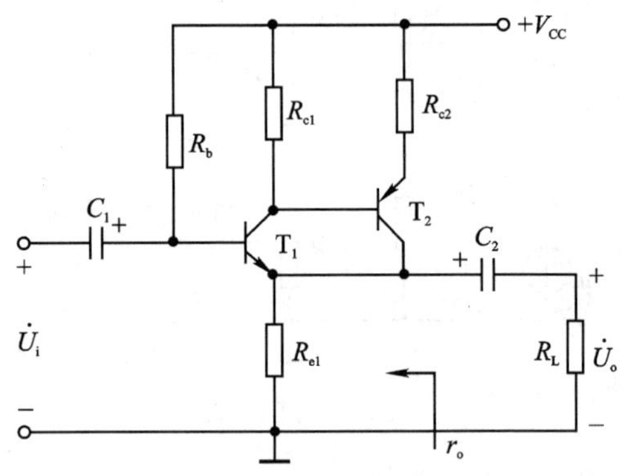

图 2.64　习题 19 图

2.9 部分习题参考答案

1. (1) NPN、PNP、电子、空穴。

   (2) 信号源内阻、负载电阻 。

   (3) (a)饱和,(b)放大,(c)截止。

   (4) c、e、b,锗,NPN。

   (5) c、b、e,NPN,50,0.98

   (6) 2500

   (7) 共发射极、共基极和共集电极

2. (1) C

   (2) C

(3) b,f

3. 解：当三极管饱和时有 $I_C=\frac{U_{CC}}{R_C}=\frac{12\ V}{4\ k\Omega}=3\ mA$,此时 $I_{BM}=\frac{I_C}{\beta}=\frac{3\ mA}{80}=38\ \mu A$,$I_{BM}$是满足 $I_C=\beta I_g$ 的最大值。当 $I_B<I_{BM}$时,三极管处于放大区;当 $I_B>I_{BM}$时,三极管处于饱和区。

当开关打到位置 A 时：$I_B=\frac{U_{CC}-U_{BE}}{R_B}=\frac{(12-0.7)\ V}{40\ k\Omega}=0.3\ mA>I_{BM}$,所以 T 处于饱和区;

当开关打到位置 B 时：$I_B=\frac{U_{CC}-U_{BB}}{R_B}=\frac{(12-0.7)\ V}{500\ k\Omega}=24\ \mu A<I_{BM}$,所以 T 处于放大区;

当开关打到位置 C 时：由于 $U_{BE}<0$ 所以 T 处于截止区。

4. 4 mA,9 V

5. 0.03 mA,6 mA,6 V

6. 解：T 饱和时,有：

$$I_c \approx I_E = \frac{U_{EE}}{R_c+R_e} = \frac{10\ V}{10\ k\Omega+10\ k\Omega} = 0.5\ mA$$

基极电位 $U_B=U_{EE}-U_{EB}-R_eI_E=(10-0.7)\ V-10\ k\Omega\times0.5\ mA=4.3\ V$

T 截止时,有：

$$I_c \approx I_E = 0,U_{BE} \geqslant -0.5\ V(死区电压)$$

$$U_B = U_{EE}-U_{EB} \geqslant 10\ V-0.5\ V = 9.5\ V$$

所以,当 T 处于放大状态时：$4.3\ V<U_B<9.5\ V$

7. (1) 40 μA,2 mA,4 V;(3) 836 Ω;(4) −116,−73

9. (1) 15 μA,0.9 mA,5.88 V;

(2) 75,0.6 V,15.2 μA,1.14 mA,4.25 V;

(3) 15 μA,1.73 mA,0.24 V,BJT 进入饱和区;

10. (1) 解：

① 直流通路如图 2.65 所示,静态工作点为

$$U_3 = \frac{R_{b1}}{R_{b1}+R_{b2}}\times U_{CC} = \left(\frac{2.5}{2.5+10}\times 15\right)\ V = 3\ V$$

$$I_C \approx I_E = \frac{U_B-U_{BE}}{R_e} = \frac{(3-0.7)\ V}{750\ \Omega} \approx 3\ mA$$

$$U_{CE} = U_{CC}-I_C(R_c+R_e) =$$
$$15\ V-30\ mA\times(2\ k\Omega+0.75\ k\Omega) = 6.75\ V$$

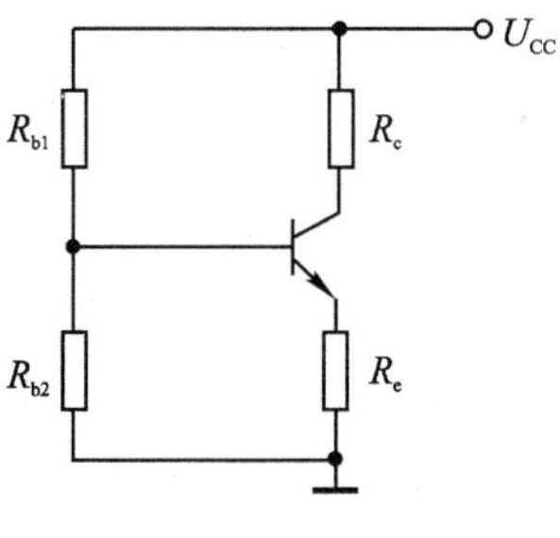

图 2.65

② 画出交流通路和交流通路的线性化模型如图 2.66(a)、(b)所示。

$$r_{be} = 200+(1+\beta)\frac{26\ mV}{I_E} = 200+(1+140)\frac{26\ mV}{3\ mA} = 1.5\ k\Omega$$

$$\dot{A}_u = -\frac{\beta R_L'}{r_{be}} = -\frac{140\times(R_c /\!/ R_L)}{r_{be}} = -\frac{140\times(2\ \text{k}\Omega /\!/ 1.5\ \text{k}\Omega)}{1.5\ \text{k}\Omega} = 80$$

$$R_i = R_{b1} /\!/ R_{b2} /\!/ r_{be} = 857\ \Omega$$

$$R_o \approx R_c = 2\ \text{k}\Omega$$

(2) 解：$\dot{A}_{us}=\dot{A}_u\cdot\dfrac{R_i}{R_i+R_s}=8\times\dfrac{857\ \Omega}{857\ \Omega+500\ \Omega}=5$

(3) 解：R_s 的分压，使$|\dot{A}_{us}|<|\dot{A}_u|$。

(4) 解：C_e 断开时的交流通路和 H 参数微变等效电路如图 2.66(c)、(d)所示。

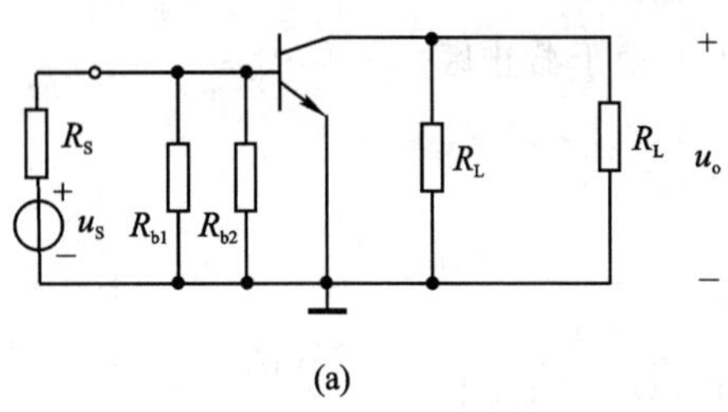

(a)

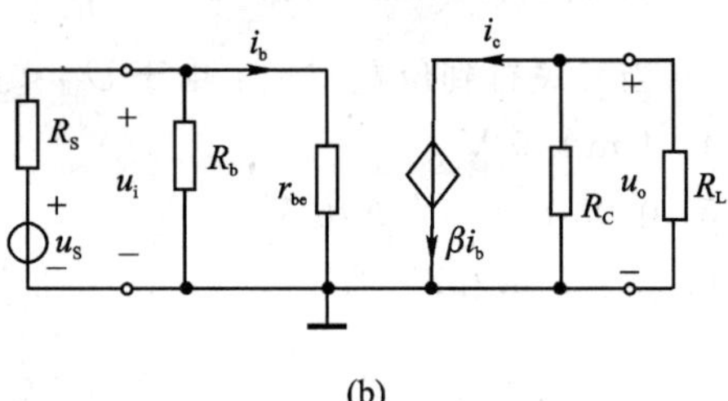

(b)

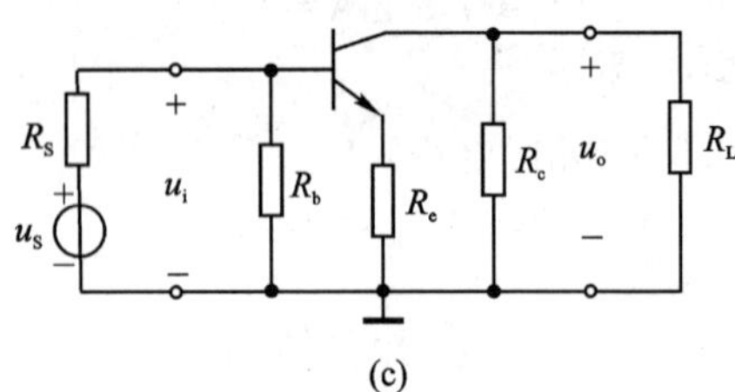

(c)

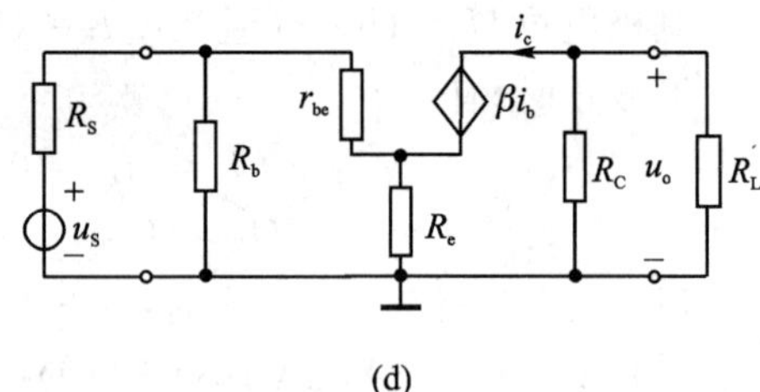

(d)

图 2.66

$$\dot{A}_u = -\frac{\beta R_L'}{r_{be}+(1+\beta)R_e} = 1.11$$

$$R_i = R_b /\!/ [r_{be}+(1+\beta)R_e] = 1.96\ \text{k}\Omega$$

比较可知，C_e 断开，使 $A_u\downarrow$，$R_i\uparrow$。

(5) 解：用作图法分析失真情况。其交流负载线如图 2.67 中 MN

因为 $U_{CE}=6.75\ \text{V}\quad I_C=3\ \text{mA}$

$$MN\ \text{斜率为}-\frac{1}{R_L'}=-\frac{1}{857}$$

所以 N 到 Q 点的横坐标之距为

$$857\ \Omega\times 2\ \text{mA}=2.5\ \text{V}$$

故 u_i 增加先出现截止失真，u_o 出现图 2.55(b)所示的现象，应提高 $I_c\uparrow\to U_g\uparrow\to R_{b2}\downarrow$。

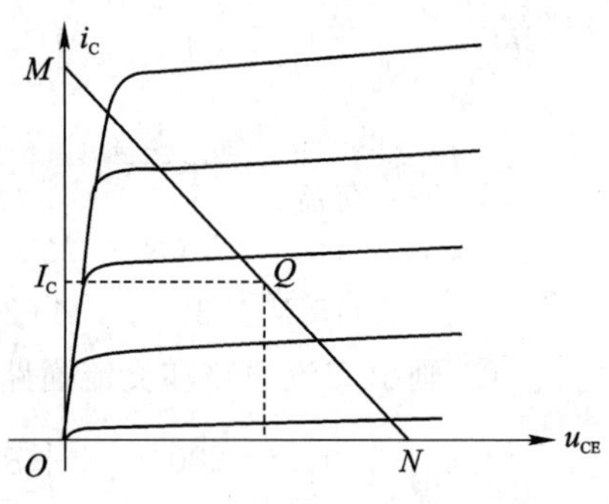

图 2.67

11. (5) 4.6 kΩ,3.3 kΩ;(6) −124.5 mV

12. (1) $U_{BQ}=7.5\ V,I_{EQ}=2.3\ mA,U_{CEQ}=3.5\ V$

(2) $A_u=48.4,R_i=14\ \Omega,R_o=2.1\ k\Omega,A_{us}=2.15$

13. (1) 23 μA,1.15 mA,−6.13 V;(2) 0.99,87.3 kΩ,36 Ω;(3) 197 mV

14. (1) 解:

$$U_B=\frac{R_{b2}}{R_{b1}+R_{b2}}\cdot U_{CC}=4.3\ V,I_{CQ}=\frac{U_g-U_{BE}}{R_e}=1.8\ mA,U_{CE}=U_{CC}-I_c(R_e+R_c)=2.8\ V$$

$$I_B=\frac{I_c}{\beta}=18\ \mu A$$

(2) 解:$\dot{A}_{us1}=\frac{\dot{U}_{o1}}{\dot{U}_s}=\frac{\dot{U}_{o1}}{\dot{U}_i}\cdot\frac{\dot{U}_i}{\dot{U}_s}=-\frac{\beta R_c}{r_{be}+(1/\beta)R_e}\cdot\frac{R_i}{R_i+R_s}\approx-0.79$

$$\dot{A}_{us2}=\frac{\dot{U}_{o2}}{U_s}=\frac{\dot{U}_{o2}}{\dot{U}_i}\cdot\frac{\dot{U}_i}{\dot{U}_s}=1\times\frac{R_i}{R_i+R_s}=0.8$$

(3) 解:$R_i=R_{b1}/\!/R_{b2}/\!/[r_{be}+(1+\beta)R_e]\approx 8.2\ k\Omega$

$R_{o1}\approx R_c=2\ k\Omega$

$$R_{o2}=R_e/\!/\frac{r_{be}+(R_s/\!/R_{b1}/\!/R_{b2})}{1+\beta}=21\ \Omega$$

15. (1) −1 V,−0.8 V,2 V;(2) 2.83 kΩ;(3) −28.42;(4) 19.47;(5) 0.08

16. (1) 1.3 mA,1.8 mA,4.55 V,4.85 V;(3) −50,0.81 kΩ,1 kΩ

17.

(1) 解:$U_{B1}=\frac{7.5}{33+7.5}\times 15=2.8\ V$

$$I_{CQ1}=\frac{U_{B1}-U_{BEQ1}}{2\ k\Omega}=1.04\ mA$$

$$U_{CEQ1}=U_{CC}-I_{CQ1}(2\ k\Omega+5.1\ k\Omega)=7.6\ V$$

$$U_{B2}=15-5.1\ k\Omega\times I_{CQ1}=9.7\ V$$

$$I_{CQ2}=\frac{U_{B2}-U_{BEQ2}}{3.3}=2.7\ mA$$

$$U_{CEQ2}=15-3.3\times I_{CQ2}=6\ V$$

(2) 解:交流通路和交流通路的小信号 H 参数等效电路分别如图 2.68(a)、(b)所示。

$$r_{be1}=200+(1+\beta_1)\frac{26\ mV}{I_{CQ1}}=2.8\ k\Omega$$

$$r_{be2}=200+(1+\beta_2)\frac{26\ mV}{I_{CQ2}}=1.16\ k\Omega$$

$$\dot{A}_{u1}=-\frac{\beta(R_{C1}/\!/R_{i2})}{r_{be1}}=-182$$

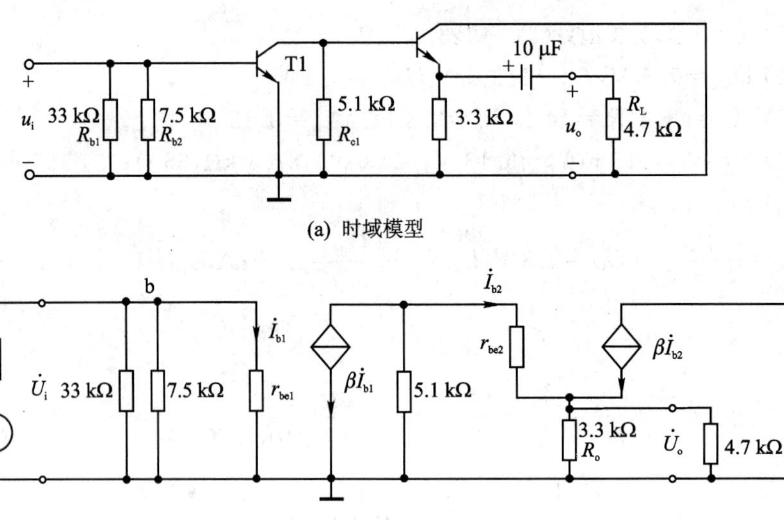

(a) 时域模型

(b) 相量模型

图 2.68

$$\dot{A}_{u2} \approx 1$$

所以 $\dot{A}_u = \dot{A}_{u1} \cdot \dot{A}_{u2} = -182$

$$R_{i2} = r_{be2} + (1+\beta)(3.3\ \text{k}\Omega /\!/ 4.7\ \text{k}\Omega)$$

$$R_i = R_{i1} = R_{b1} /\!/ R_{b2} /\!/ r_{be1} \approx 1.88\ \text{k}\Omega$$

$$R_o = 33 /\!/ \left(\frac{r_{be2} + R_{C1}}{1+\beta_2}\right) = 61\ \Omega$$

18. (1) CC-CB 组态;(2) 1.33 mA,6.7 V,1.33 mA,3.8 V;(3)2.4 kΩ,0.5,46,2.2 kΩ

第3章 放大电路的频率响应

3.1 研究频率响应的意义

1. 为什么要研究频率响应

前面研究的输入信号是以正弦信号为典型信号分析其放大情况的，实际的输入信号中有高频噪声，或者是一个非正弦周期信号。例如输入信号 u_i为方波，见图 3.1，U_S为方波的周期，T 是周期，用傅里叶级数将其展开，得

$$u_i = \frac{U_S}{2} + \frac{2U_S}{\pi}\left(\sin \omega_0 t + \frac{1}{3}\sin 3\omega_0 t + \frac{1}{5}\sin 5\omega_0 t + \cdots\right) \tag{3.1}$$

各次谐波单独作用时，电压增益仍然是由交流通路求得，总的输出信号为各次谐波单独作用时产生的输出的瞬时值的叠加。但是交流通路和其线性化等效电路对低频、中频和高频是有差别的，这是因为放大电路中的耦合电容、旁路电容和三极管的结电容对不同频率的信号的复阻抗是不同的。电容 C 对 K 次谐波的复阻抗是 $1/\mathrm{j}K\omega_0 C$，那么，放大电路对各次谐波的放大倍数相同吗？放大电路总的输出信号能够再现输入信号的变化规律吗？也就是放大电路能够不失真地放大输入信号吗？为此，我们要研究频率响应。

2. 频率响应研究方法

画出不同频率时放大电路的交流通路，画出交流通路的线性化等效电路或相量模型，利用电路分析的方法求电压增益。图 3.2 是频率为 ω 时放大电路交流通路的线性化双口网络，其电压增益

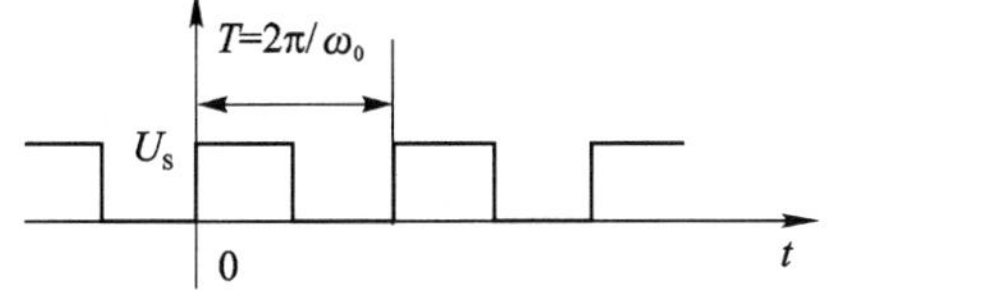

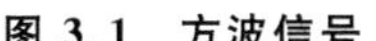

图 3.1 方波信号

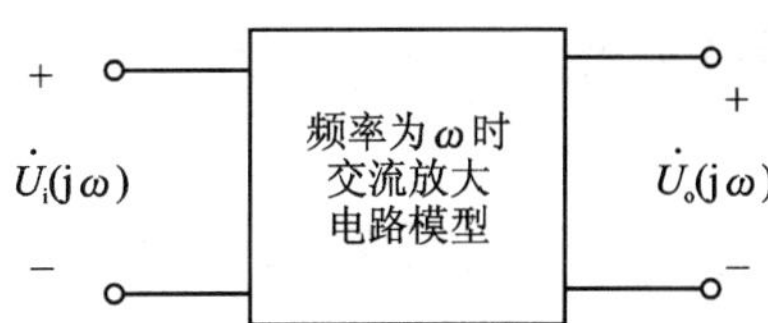

图 3.2 频率为 ω 时放大电路交流通路的线性化双口网络

$$\dot{A}_{\mathrm{u}}(\mathrm{j}\omega)=\frac{\dot{U}_{\mathrm{o}}(\mathrm{j}\omega)}{\dot{U}_{\mathrm{i}}(\mathrm{j}\omega)}=|\dot{A}_{\mathrm{u}}(\omega)|\angle\phi(\omega) \tag{3.2}$$

$|\dot{A}_{\mathrm{u}}(\omega)|-\omega$：幅值随频率的变化称为幅频特性。

$\angle\phi(\omega)-\omega$：相位随频率的变化称为相频特性。

电压增益幅频特性和相频特性统称为频率响应。如图3.3所示是共射组态放大电路的频率响应。在图中可以很直观地看出不同频率的信号经过放大器后的电压放大倍数和相位移的情况。

下面定性分析放大电路的频率响应。在中频段由于放大电路中的耦合电容、旁路电容和三极管的结电容的影响很小，BJT的交流线性化小信号模型是H参数模型，所以中频段有相同的电压放大倍数，并且相位移为零。在高频段，三极管的结电容的影响不容忽略。由BJT的混合π型高频小信号模型(见图2.21)得知，发射结的总阻抗(发射结的电阻与电抗并联)减小，信号在发射结上的分压减小，所以增益减小。图3.3中，f_{H}称为上限截止频率。在低频段，耦合电容和旁路电容的容抗不能忽略。由于耦合电容的分压作用，使得信号在发射结电阻上的分压减小，所以增益减小。图3.3中，f_{L}称为下限截止频率。低频段BJT的交流线性化小信号模型也是H参数模型。

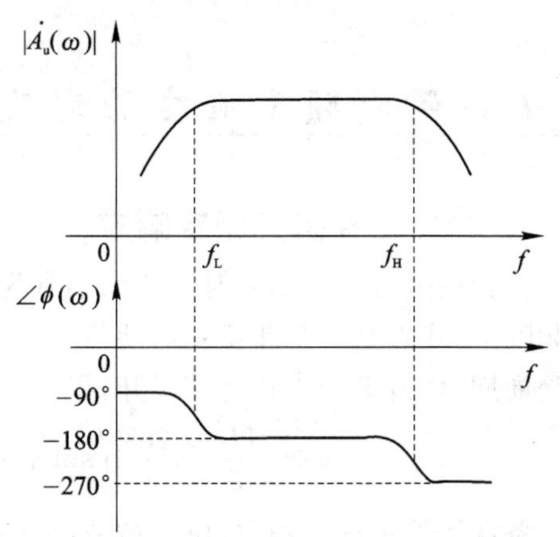

图3.3 共射组态放大电路的频率响应

3. 线性失真和非线性失真

在2.2节中研究的失真，是工作点进入三极管的饱和区和截止区造成的失真，称为非线性失真。当放大器的输入信号为非线性周期信号时，由于其傅氏展开后有丰富的频率成分，放大器对不同频率的信号其放大倍数不同造成的失真，称为幅频失真；放大器对不同频率的信号其相位移不同造成的失真，称为相频失真；幅频失真和相频失真统称为线性失真。

3.2 BJT的频率参数

1. 共射组态截止频率 f_β

中低频时$i_{\mathrm{c}}=\beta_0 i_{\mathrm{b}}$，随着频率的增高，$\beta$将下降。由式(2.17)得对应的相量式：

$$\dot{\beta}=\left.\frac{\dot{I}_{\mathrm{c}}}{\dot{I}_{\mathrm{b}}}\right|_{\dot{U}_{\mathrm{ce}}=0} \tag{3.3}$$

$\dot{U}_{ce}=0$ 是指 CE 间交流短路，于是可作出等效电路(见图 3.4(a))，由此可求出共射接法交流短路电流放大系数 β。

因为

$$\dot{I}_b = \dot{U}_{b'e}[(1/r_{b'e}) + j\omega(C_{b'e} + C_{b'c})]$$

$$\dot{I}_c = g_m\dot{U}_{b'e} - \dot{U}_{b'e} \cdot j\omega C_{b'c}$$

有

$$\dot{\beta} = \frac{g_m r_{b'e}}{1 + j\omega r_{b'e}(C_{b'e} + C_{b'c})} = \frac{\beta_0}{1 + j\dfrac{f}{f_\beta}} \tag{3.4}$$

$$f_\beta = \frac{1}{2\pi r_{b'e}(C_{b'e} + C_{b'c})} \tag{3.5}$$

通常幅频特性的纵坐标的单位是分贝(dB)，即实际值取以 10 为底的对数再乘以 20，横坐标取以 10 为底的对数，对数刻度，但仍然标实际的频率值；相频特性纵坐标是实际的角度，这样的两张图又称为波特图。

幅频特性

$$20\lg|\beta| = 20\lg\frac{\beta_0}{\sqrt{1+(f/f_\beta)^2}} = 20\lg\beta_0 + 20\lg\frac{1}{\sqrt{1+(f/f_\beta)^2}} \tag{3.6}$$

相频特性

$$\phi(f) = -\operatorname{arctg}(f/f_\beta) \tag{3.7}$$

根据式(3.6)和式(3.7)，利用近似折线法绘制 β 的幅频特性和相频特性曲线。

(1) 幅频特性作图法

① 先画 $20\lg\beta' = 20\lg\dfrac{1}{\sqrt{1+(f/f_\beta)^2}}$ 的频率特性。

1) 当 $f \gg f_\beta$(认为 $f \geqslant 10f_\beta$)时，根号下的 1 忽略掉，于是 $20\lg\beta' = 20\lg(f_\beta/f)$，当 $f=10f_\beta$ 时，$20\lg\beta' = 20\lg(f_\beta/f) = -20$ dB，于是 $20\lg(f_\beta/f)$ 是一条 -20 dB/10 倍频程的直线。

2) 当 $f \ll f_\beta$(认为 $f \leqslant 10f_\beta$)时，根号下的$(f/f_\beta)^2$ 忽略掉，$20\lg\beta' = 0$ dB 是一条水平的直线。

3) 1)和 2)两条直线构成 $20\lg\beta'$ 近似的幅频特性。$f=f_\beta$ 是 1)和 2)两条直线的转折点。当 $f=f_\beta$ 时，误差最大，将 $f=f_\beta$ 代入 $20\lg\beta'$ 的表达式中，得 $20\lg\beta' = -3$ dB。

② $20\lg\beta_0$ dB 的特性曲线是一条水平的直线。

③ $20\lg\beta$ 的频率特性是将 $20\lg\beta'$ 的幅频特性与($20\lg\beta_0$) dB 的特性曲线相加，即将 $20\lg\beta'$ 的幅频特性向上移($20\lg\beta_0$) dB 即可，见图 3.4(b)。

幅频特性中当 $f=f_\beta$ 时，幅值为($20\lg\beta_0 - 3$) dB。$20\lg\beta$ 下降 3 dB 时对应的频率 f_β 称为共发射极接法的截止频率。

(2) 相频特性作图法

由于 $\phi(f) = -\operatorname{arctg}(f/f_\beta)$

① 当 $f \gg f_\beta$ 时，得 $\phi(f) = -90°$ 的直线；

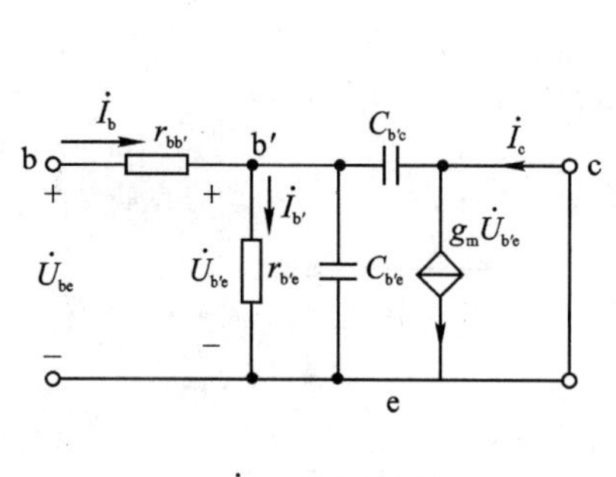

(a) $\dot{U}_{ce}$=0的等效电路

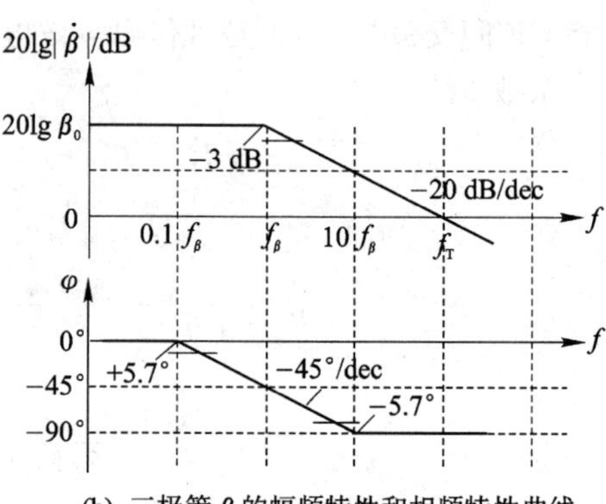

(b) 三极管 β 的幅频特性和相频特性曲线

图 3.4　共射组态截止频率 f_β的分析电路和波特图

② 当 $f \ll f_\beta$ 时,得 $\phi(f)=0°$的直线;

③ 当 $f=f_\beta$ 时,$\phi(f)=-45°$,将 $0.1f_\beta$、f_β,$10f_\beta$三点连接得$-45°/10$ 倍频程的直线。①、②和③三条直线构成近似的相频特性,见图 3.4(b)。

波特图中取对数的优点:

- 当实际值是 1000 时,其分贝值是 20lg 1000=60 dB,60 dB 在图中容易表示出,而1000则不容易绘出,所以对数刻度扩大了视野。
- 当增益表达式是多个分式相乘时,如

$$\dot{A}=\frac{\dot{A}_0}{\left(1+\mathrm{j}\,\dfrac{f}{f_{\mathrm{H1}}}\right)\left(1+\mathrm{j}\,\dfrac{f}{f_{\mathrm{H2}}}\right)}$$

其幅频特性是

$$\underset{①}{20\lg A=20\lg A_0}+\underset{②}{20\lg\frac{1}{\sqrt{1+(f/f_{\mathrm{H1}})^2}}}+\underset{③}{20\lg\frac{1}{\sqrt{1+(f/f_{\mathrm{H2}})^2}}}$$

见图 3.5。图中的曲线①、②和③分别是上式中的①、②和③项的幅频特性,粗线是 20lg $|\dot{A}|$ 的波特图,等于曲线①、②和③相加。取对数使原来相乘的分式变成在波特图上相加。使作波特图非常的容易。

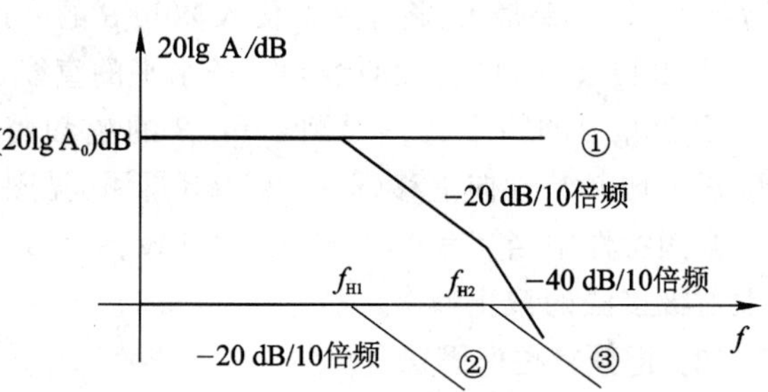

图 3.5　复杂波特图的做法

2. 共射组态特征频率 f_T

共射接法时,当 $\beta=1$ 时对应的频率

称为特征频率 f_T，且有

$$f_T = \beta_0 f_\beta \tag{3.8}$$

这是因为，当 $f = f_T$时，有

$$|\dot{\beta}(f_T)| = \frac{g_m r_{b'e}}{\sqrt{1+[\omega r_{b'e}+(C_{b'c}+C_{b'c})]^2}} = \frac{\beta_0}{\sqrt{1+\left(\frac{f_T}{f_\beta}\right)^2}} \approx 1 \tag{3.9}$$

式(3.9)中，因 $f_T \gg f_\beta$，忽略根号下的1，所以，$f_T \approx \beta_0 f_\beta$。$f_T$是用得较多的一个频率参数。当输入信号的频率 $f < f_T$时，放大器具有放大能力；当输入信号的频率 $f > f_T$时，放大器不再有放大能力。f_T是放大器是否具有放大能力的界点。

3. 共基组态截止频率 f_α

根据 α 与 β 的关系，有

$$\dot{\alpha} = \frac{\dot{\beta}}{1+\dot{\beta}}$$

将式(3.4)代入上式，得

$$\dot{\alpha} = \frac{\beta_0/(1+j(f/f_\beta))}{1+\beta_0/(1+j(f/f_\beta))} = \frac{\beta_0}{1+\beta_0+j(f/f_\beta)} = \frac{\beta_0/(1+\beta_0)}{1+j[f/(1+\beta_0)f_\beta]}$$

所以

$$\dot{\alpha} = \frac{\alpha_0}{1+j(f/f_\alpha)} \tag{3.10}$$

其中

$$\alpha_0 = \frac{\beta_0}{1+\beta_0}$$

$$f_\alpha = (1+\beta_0)f_\beta \approx f_\beta + f_T \tag{3.11}$$

式中：f_α是 α 下降为 $0.707\alpha_0$时的频率，称为共基极放大电路的截止频率。BJT 的三个频率参数的量值关系为

$$f_\beta < f_T < f_\alpha \tag{3.12}$$

4. 发射结电容 $C_{b'e}$与 f_T的关系

由式(3.5)、式(3.8)和式(2.21)联立求解

$$\left.\begin{aligned} \beta_0 &= g_m r_{b'e} \\ f_\beta &= \frac{1}{2\pi r_{b'e}(C_{b'e}+C_{b'c})} \\ f_T &= \beta_0 f_\beta \end{aligned}\right\}$$

将前两式同时代入第三式，得：

$$f_T = g_m r_{b'e}\frac{1}{2\pi r_{b'e}(C_{b'e}+C_{b'c})} = \frac{g_m}{2\pi(C_{b'e}+C_{b'c})} \approx \frac{g_m}{2\pi C_{b'e}} \quad （由于 C_{b'e} \gg C_{b'c}）$$

得 $C_{b'e}$与 f_T的关系。

3.3 单级放大电路的高频响应

现以分压式共射基本放大电路图3.6(a)为例,分析放大电路的高频响应。步骤:

① 画出直流通路,求得静态工作点;

② 画出高频时放大电路的交流通路;

③ 画出交流通路的线性化等效电路或相量模型;

④ 求等效电路中的参数如 $r_{b'e}$ 和 $C_{b'e}$ 等;

⑤ 求电压增益 $\dot{A}_u$;

⑥ 画出频率特性。

下面按上述步骤对图3.6(a)所示的电路的高频响应进行分析。

(1) 静态工作情况在2.3.2小节已详述,这里不再赘述。

(2) 画出高频时放大电路的交流通路见图3.6(b)。

(3) 画出交流通路的线性化等效电路见图3.6(c),将交流通路中的BJT用混合π型高频小信号模型代替。

(4) 代公式(2.20)、(2.21)、(2.23)求等效电路中的参数 $r_{b'e}$、g_m 和 $C_{b'e}$。

(5) 求电压增益 $\dot{A}_u$。

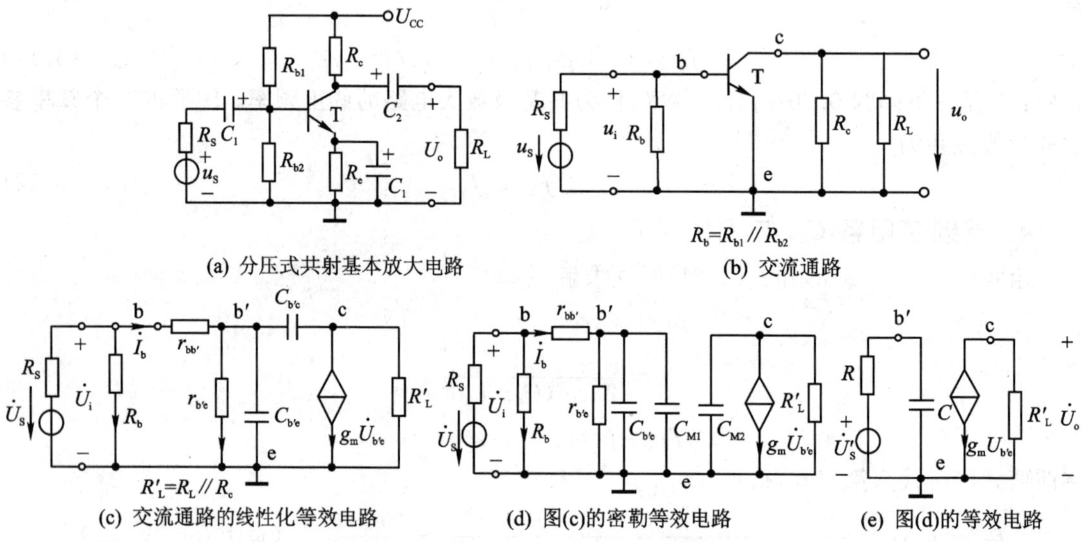

图3.6 分压式共射基本放大电路及高频分析时的等效电路

由图3.6(c)求 $\dot{A}_u$ 的方法：

方法1：利用电路分析的一般方法，如节点法。

方法2：求 $C_{b'c}$ 右侧电路对输入回路的影响，等效成一个复阻抗；再求 $C_{b'c}$ 左侧电路对输出回路的影响，为戴维南等效电路。

方法3：利用密勒定理将 $C_{b'c}$ 折合到输入和输出回路。

方法2、方法3属于等效变换的方法。

节点法求 $\dot{A}_u$ 时，每个元件对 $\dot{A}_u$ 影响的物理意义不明确，另外方程联立求解也较繁。在这里采用方法3，所以先讲密勒定理。

① 密勒定理

如图3.7(a)所示的双口网络，已知：$\dot{A}_u=\dfrac{\dot{U}_o}{\dot{U}_i}$，可以等效成图3.7(b)的双口网络，其中

$$Z_i=\frac{\dot{U}_i}{\dot{I}_i}=\frac{\dot{U}_i}{\dfrac{\dot{U}_i-\dot{U}_o}{Z}}=\frac{Z}{1-\dot{A}_u} \tag{3.13}$$

$$Z_o=\frac{\dot{U}_o}{\dot{I}_o}=\frac{\dot{U}_o}{\dfrac{\dot{U}_o-\dot{U}_i}{Z}}=\frac{Z}{1-\dfrac{1}{\dot{A}_u}} \tag{3.14}$$

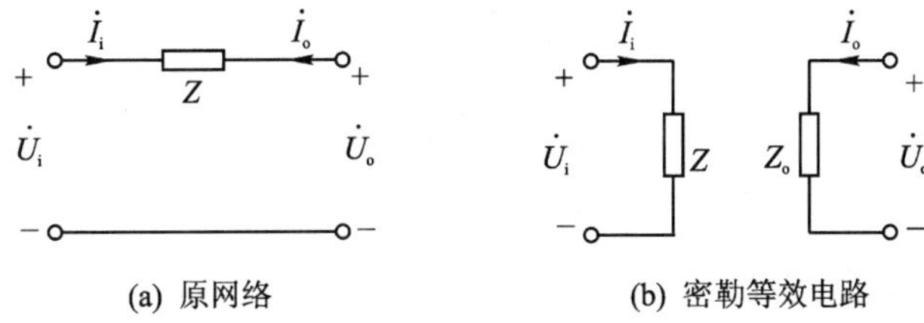

(a) 原网络　　(b) 密勒等效电路

图3.7　密勒定理

当 $\dot{A}_u$ 较大时，由式(3.14)可知：$Z_o\approx Z$

② 密勒电容和密勒效应

利用密勒定理将 $C_{b'c}$ 折合到输入和输出回路，由于

$$\dot{A}_u=\frac{\dot{U}_o}{\dot{U}_{b'e}}=\frac{-g_m\dot{U}_{b'e}R'_L}{\dot{U}_{b'e}}=-g_mR'_L$$

$$Z_i=\frac{Z}{1-\dot{A}'_u}=\frac{\dfrac{1}{j\omega C_{b'c}}}{1+g_mR'_L}=\frac{1}{j\omega C_{b'c}(1+g_mR'_L)}$$

$$Z_o = \frac{Z}{1-1/\dot{A}_u} = \frac{\frac{1}{j\omega C_{b'c}}}{1+1/(g_m R'_L)} = \frac{g_m R'_L}{j\omega C_{b'c}(1+g_m R'_L)}$$

令

$$C_{M1} = C_{b'c}(1+g_m R'_L) = (1-\dot{A}_u)C_{b'c}$$

$$C_{M2} = C_{b'c}(1+g_m R'_L)/g_m R'_L = (1-1/\dot{A}_u)C_{b'c} \approx C_{b'c}$$

C_{M1}和C_{M2}称为密勒电容。于是图3.6(c)等效变换成图3.6(d)。由于$C_{M2}\approx C_{b'c}$相对很小,并联较大的容抗$1/j\omega C_{b'c}$,可忽略掉。所以密勒电容主要指C_{M1},令$C_M=C_{M1}$,在图3.6(d)中,电容$C_{b'e}$与C_{M1}并联,总电容为:

$$C = C_{b'e} + C_{M1} = C_{b'e} + C_{b'c}(1+g_m R_{L'}) \tag{3.15}$$

式3.15中尽管$C_{b'c}$相对很小,但$C_{b'c}g_m R_L$很大,所以$C_{b'c}$对高频特性的影响相对较大,这种效应称密勒效应。

③ 高频响应与上限频率

图3.6(d)中求电容$C_{b'e}$左侧的戴维南等效电路,有

$$\dot{U}'_s = \frac{r_{b'e}}{r_{b'b}+r_{b'e}}\dot{U}_i = \frac{r_{b'e}}{r_{be}} \cdot \frac{R_b /\!/ r_{be}}{R_s+(R_b /\!/ r_{be})}\dot{U}_S \tag{3.16}$$

$$R = r_{b'e} /\!/ [(R_s /\!/ R_b) + r_{b'b}] \tag{3.17}$$

于是,得简化的高频等效电路,见图3.6(e)。由图3.6(e)得

$$\dot{U}_o = -g_m \dot{U}_{b'e} R_L \tag{3.18}$$

$$\dot{U}_{b'e} = \frac{\frac{1}{j\omega C}}{R+\frac{1}{j\omega C}}\dot{U}'_S \tag{3.19}$$

由式(3.16)、(3.17)、(3.18)和(3.19)得

$$\dot{A}_{USH} = \frac{\dot{U}_o}{\dot{U}_s} = \frac{\dot{U}_o}{\dot{U}_{b'e}} \cdot \frac{\dot{U}_{b'e}}{\dot{U}'_s} \cdot \frac{\dot{U}'_s}{\dot{U}_s} = -g_m R'_L \cdot \frac{\frac{1}{j\omega C}}{R+\frac{1}{j\omega C}} \cdot \frac{r_{b'e}}{r_{be}} \cdot \frac{R_b /\!/ r_{be}}{R_s+(R_b /\!/ r_{be})} \approx \frac{\dot{A}_{USM}}{1+j\frac{f}{f_H}} \tag{3.20}$$

式中:

$$\dot{A}_{USM} = -g_m R'_L \cdot \frac{r_{b'e}}{r_{be}} \cdot \frac{R_b /\!/ r_{be}}{R_s+(R_b /\!/ r_{be})} = -\frac{\beta_0 R'_L}{r_{be}} \cdot \frac{R_b /\!/ r_{be}}{R_s+(R_b /\!/ r_{be})} \tag{3.21}$$

$$f_H = \frac{1}{2\pi RC} \tag{3.22}$$

$\dot{A}_{USM}$是中频源电压增益,即通带源电压增益。f_H为上限截止频率。

(6) 画出频率特性

$\dot{A}_{USM}$的对数幅频特性和相频特性的表达式为

$$20\lg A_{USH}=20\lg\frac{A_{USM}}{\sqrt{1+(f/f_H)^2}}=20\lg A_{USM}+20\lg\frac{1}{\sqrt{1+(f/f_H)^2}}\quad\text{—— 幅频特性}$$

$$\phi(f)=-180^\circ-\text{arctg}\,(f/f_H)\quad\text{—— 相频特性}$$

根据上面两式，利用近似折线法绘出$\dot{A}_{USH}$的幅频特性和相频特性曲线如图 3.8 所示。相频特性中的-180°是中频时输出与输入电压之间的相位移，$-\text{arctg}\,(f/f_H)$是电容C在高频范围引起的附加相移。

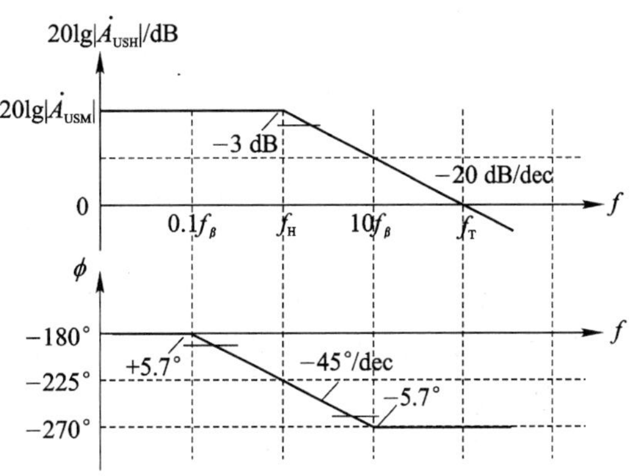

图 3.8　分压式共射基本放大电路高频响应波特图

(7) 增益-带宽积

一般的放大电路中都有$f_H\gg f_L$，$BW=f_H-f_L\approx f_H$称为通频带，将中频增益与通频带宽相乘得增益-带宽积：

$$|\dot{A}_{USM}f_H|=\frac{\beta_0R'_L}{r_{be}}\cdot\frac{R_b\,/\!/\,r_{be}}{R_s+(R_b\,/\!/\,r_{be})}\cdot\frac{1}{2\pi RC}$$

将公式(3.15)和(3.17)代入上式，并考虑$R_b\gg R_s$，$R_b\gg r_{be}$，有

$$|\dot{A}_{USM}f_H|\approx\frac{g_mR'_L}{2\pi(R_s+r_{b'b})[C_{b'e}+C_{b'c}(1+g_mR_c)]}\tag{3.23}$$

当电路结构和参数都确定后，增益-带宽积基本是一个常数。提高增益，则带宽将减小相同的倍数。因此，在选择电路参数时，要综合考虑。

3.4 单级放大电路的低频响应

仍以分压式共射基本放大电路(见图 3.6(a))为例，分析放大电路的低频响应，思路同上。

(1) 静态工作情况分析(略)。

(2) 画出低频时放大电路的交流通路见图 3.9(a)，低频时耦合电容和旁路电容的影响不能忽略。

(3) 将交流通路中的 BJT 用中低频时 BJT 的 H 参数交流小信号模型代替，得到低频时交流通路的线性化等效电路见图 3.9(b)。

(4) 求源电压增益 $\dot{A}_{USL}$

由图 3.9(b)利用节点法直接求低频区的$\dot{A}_{USL}$较繁，因此需要作合理的近似，① 由于R_b与

其右侧的等效阻抗相比较大,所以忽略R_b的影响。② R_e与$1/j\omega C_e$相比较大,所以忽略R_e的影响。得到等效电路见图 3.9(c)。

将C_e向输入输出回路折合,等效成输入输出的独立回路。C_e向输入输出回路折合的等效电路见图 3.9(d)。其中C_{e1}和C_{e2}对应的复阻抗分别是:

$$Z_{e1}=\frac{\dot{U}_e}{\dot{I}_b}=\frac{(1/(j\omega C_e))(1+\beta)\dot{I}_b}{\dot{I}_b}=\frac{1}{j\omega\cdot C_e/(1+\beta)} \tag{3.24}$$

$$Z_{e2}=\frac{\dot{U}_e}{\dot{I}_c}=\frac{(1/(j\omega C_e))(1+\beta)\dot{I}_b}{\beta\dot{I}_b}=\frac{1}{j\omega\cdot\beta C_e/(1+\beta)} \tag{3.25}$$

所以,

$$C_{e1}=C_e/(1+\beta) \tag{3.26}$$

$$C_{e2}=\beta C_e/(1+\beta) \tag{3.27}$$

而C_{e2}与受控电流源βi_b串联,对电路的其他部分可以等效成电流源βi_b,再将电流源与电阻的并联等效成电压源与电阻的串联,得输出的单回路,见图 3.9(e)。输入回路中的C是C_1与C_{e1}串联的等效电容,

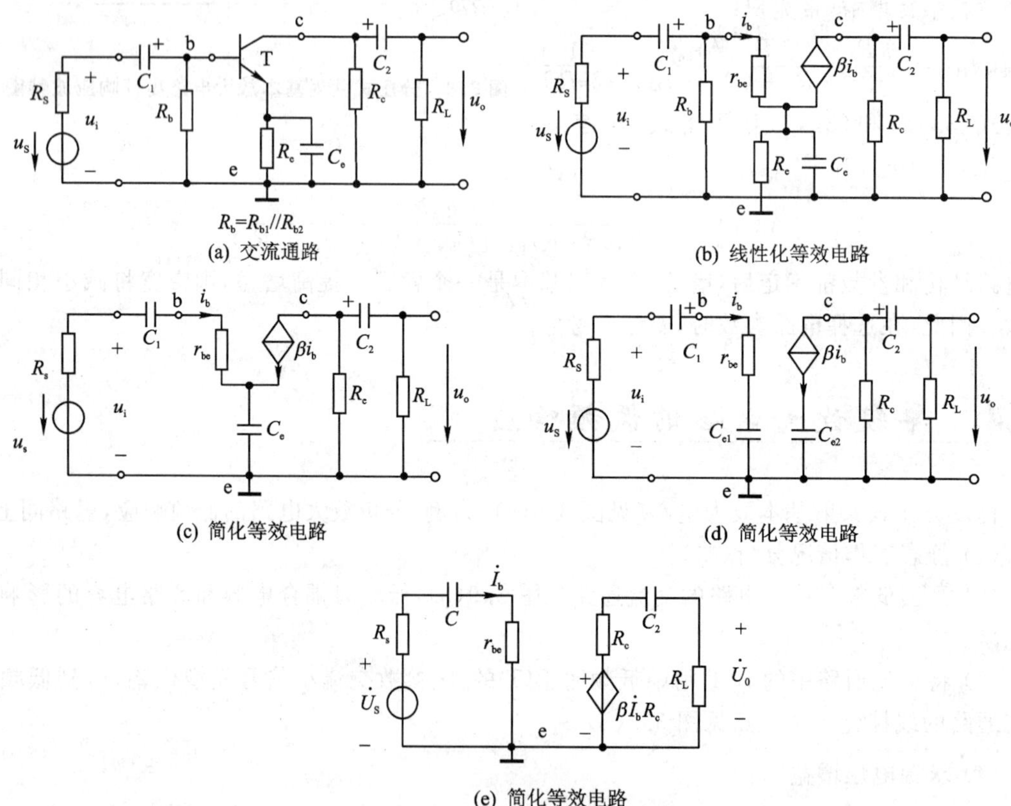

(a) 交流通路

(b) 线性化等效电路

(c) 简化等效电路

(d) 简化等效电路

(e) 简化等效电路

图 3.9　低频时分压式共射放大电路分析

$$C = \frac{C_1 C_e}{(1+\beta)C_1 + C_e} \tag{3.28}$$

由图 3.9(e)得

$$\begin{aligned}\dot{A}_{USL} = \frac{\dot{U}_o}{\dot{U}_s} &= \frac{-\dfrac{R_L}{R_c + R_L + 1/(j\omega C_2)} \cdot \beta R_c \dot{I}_b}{(R_s + r_{be} + 1/(j\omega C)) \cdot \dot{I}_b} \\ &= -\frac{\beta R'_L}{R_s + r_{be}} \cdot \frac{1}{1 - j/(\omega C)(R_s + r_{be})} \cdot \frac{1}{1 - j/(\omega C_2)(R_c + R_L)} \\ &= \frac{\dot{A}_{USM}}{(1 - j(f_{L1}/f))(1 - j(f_{L2}/f))}\end{aligned} \tag{3.29}$$

式中：

$$\dot{A}_{USM} = -\frac{\beta R'_L}{R_s + r_{be}} \tag{3.30}$$

式(3.30)是忽略基极偏置电阻 R_b 时的中频源电压增益。

$$f_{L1} = \frac{1}{2\pi C(R_s + r_{be})} \tag{3.31}$$

$$f_{L2} = \frac{1}{2\pi C_2(R_c + R_L)} \tag{3.32}$$

低频段有两个转折频率 f_{L1} 和 f_{L2}，但由于 C 是 C_1 与 C_{e1} 串联，所以 $C<C_2$，又 $(R_S+r_{be})<(R_C+R_L)$，故 $f_{L2}\ll f_{L1}$，于是取下限转折频率 $f_L=f_{L1}$。由于 C_{e1} 较 C_1 小，由式(3.26)、(3.28)知 C_e 对低频的影响较大。

(5) 画出频率特性

由于

$$\dot{A}_{USL} = \frac{\dot{A}_{USM}}{1 - j\dfrac{f_L}{f}} \tag{3.33}$$

$\dot{A}_{USL}$ 的对数幅频特性和相频特性的表达式为

$$20\lg A_{USL} = 20\lg \frac{A_{USM}}{\sqrt{1+(f_L/f)^2}} = 20\lg A_{USM} + 20\lg \frac{1}{\sqrt{1+(f_L/f)^2}} \quad \text{—— 幅频特性}$$

$$\phi(f) = -180^\circ + \mathrm{arctg}\,(f_L/f) \quad \text{—— 相频特性}$$

根据上面两式，利用近似折线法绘出 $\dot{A}_{USL}$ 的幅频特性和相频特性曲线如图 3.10 所示。相频特性中的 -180° 是中频时输出与输入电压之间的相位移，arctg (f_L/f)）是电容 C 在低频范围引起的附加相移。

幅频特性作图法：

先画 $20\lg \dfrac{1}{\sqrt{1+(f_L/f)^2}}$ 的频率特性：

① 当 $f \ll f_L$(认为 $f \leqslant f_L/10$)时，根号下的1忽略掉，于是幅值为 $20\lg f/f_L$，是一条20 dB/10倍频程的直线。

② 当 $f \gg f_L$(认为 $f \geqslant 10 f_L$)时，根号下的 $(f/f_L)^2$ 忽略掉，幅值是一条0 dB的水平直线。

③ $f=f_L$ 是①和②两条直线的转折点。当 $f=f_L$ 时，误差最大，是−3 dB。

①和②两条直线构成近似 $20\lg \dfrac{1}{\sqrt{1+(f_L/f)^2}}$ 的幅频特性。$20\lg A_{USM}$ 的特性曲线是一条水平的直线。$20\lg A_{USL}$ 的频率特性是将 $20\lg \dfrac{1}{\sqrt{1+(f_L/f)^2}}$ 的幅频特性与 $20\lg A_{USM}$ 的特性曲线相加。实际对数幅频特性见图中虚线。

相频特性作图法：

由于 $\phi(f) = -\mathrm{arctg}\,(f/f_\beta)$

① 当 $f \ll f_L$ 时，得 $\phi(f) = -90°$ 的直线；

② 当 $f \gg f_L$ 时，得 $\phi(f) = -180°$ 的直线；

③ 当 $f = f_L$ 时，$\phi(f) = -135°$，将 $0.1f_L$，f_L，$10f_L$ 三点连接得 −45°/10倍频程的直线，①、②和③三条直线构成近似的相频特性。实际对数相频特性见图3.10中虚线。

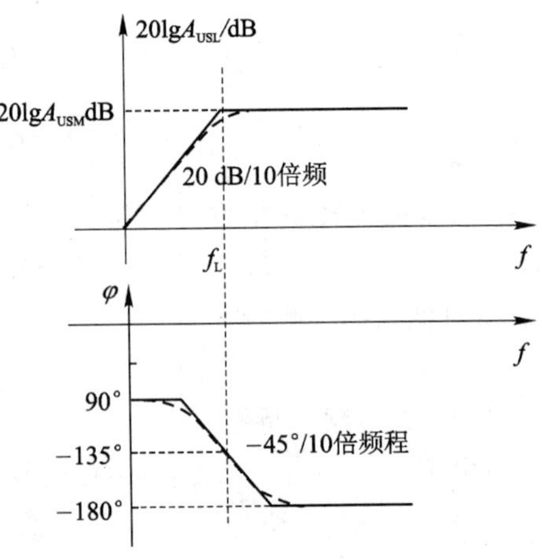

图3.10 $\dot{A}_{USL}$ 的波特图

【例3.4.1】 电路如图3.6(a)所示，设 $\beta=80$，$r_{be}=1\ \mathrm{k\Omega}$，$r_{bb'}=100\ \Omega$，$f_T=150\ \mathrm{MHz}$，$C_{b'C}=0.5\ \mathrm{pF}$，$U_{CC}=15\ \mathrm{V}$，$R_S=1\ \mathrm{k\Omega}$，$R_b=R_{b1}/\!/R_{b2}=377\ \mathrm{k\Omega}$，$R_c=6\ \mathrm{k\Omega}$，$R_L=3\ \mathrm{k\Omega}$，$R_e=1.8\ \mathrm{k\Omega}$，$C_1=30\ \mu\mathrm{F}$，$C_2=5\ \mu\mathrm{F}$，$C_e=50\ \mu\mathrm{F}$，试计算放大电路的：① 中频源电压增益 $\dot{A}_{USM}$，② 下限截止频率，③ 上限截止频率，④ 增益带宽积BW，⑤ 画出幅频与相频特性曲线。

【解】 ① 中频源电压增益 $\dot{A}_{USM}$

输入电阻 $R_i = R_b /\!/ r_{be} = 377\ \mathrm{k\Omega} /\!/ 1\ \mathrm{k\Omega} \approx 1\ \mathrm{k\Omega}$

中频源电压增益 $\dot{A}_{USM} = \dfrac{R_i}{R_S+R_i}\dot{A}_U = \dfrac{R_i}{R_S+R_i}\cdot\dfrac{-\beta(R_c/\!/R_L)}{r_{be}} = -80$

这是不忽略 R_b 时的中频源电压增益，忽略 R_b 时的中频源电压增益为式(3.30)。

② 下限截止频率

$$C_{e1} = \frac{C_e}{1+\beta} \approx 1\ \mu\mathrm{F}$$

C 是 C_1 与 C_{e1} 串联，$C=C_1C_{e1}/(C_1+C_{e1})\approx 1\ \mu F$

C 单独作用时引起的下限截止频率为

$$f_{L1}=\frac{1}{2\pi C(R_s+r_{be})}=80\ Hz$$

C_2 单独作用时引起的下限截止频率为

$$f_{L2}=\frac{1}{2\pi C_2(R_c+R_L)}=3.5\ Hz$$

因为 f_{L1} 大于 f_{L2} 四倍以上，所以取放大电路的下限截止频率为

$$f_L\approx f_{L1}=80\ Hz$$

③ 上限截止频率

$$r_{b'e}=r_{be}-r_{bb'}=900\ \Omega$$

$$R=r_{b'e}\ /\!/\ [(R_S\ /\!/\ R_b)+r_{b'b}]=495\ \Omega$$

$$g_m=\frac{\beta_0}{r_{b'e}}=89\ mS$$

$$C_{b'e}=\frac{g_m}{2\pi f_T}=94\ pF$$

$$C=C_{b'e}+C_{M1}=C_{b'e}+C_{b'c}(1+g_mR'_L)=183.5\ pF$$

$$f_H=\frac{1}{2\pi RC}=1.75\ MHz$$

④ 增益带宽积 BW

$$BW=|\dot{A}_{USM}\cdot(f_H-f_L)|\approx|\dot{A}_{USM}\cdot f_H|=140\ MHz$$

⑤ 画出幅频与相频特性曲线如图 3.11 所示。

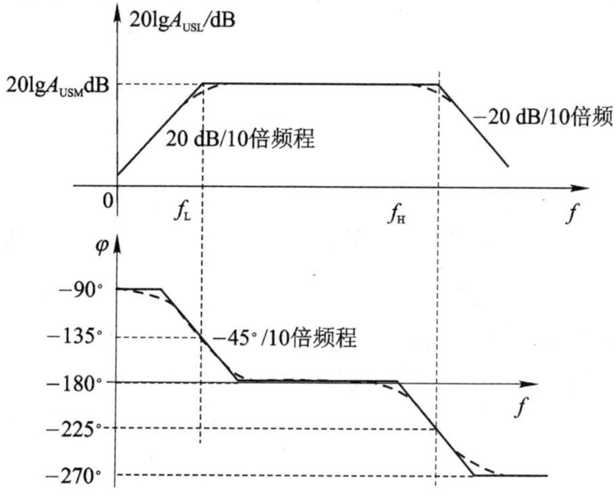

图 3.11 例 3.4.1 的波特图

3.5 小 结

放大电路频率响应是根据输入信号的频率相对处于高频段、中频段或低频段,然后利用不同频段的交流等效电路和三极管的线性化模型来分析放大电路频率响应。但不论高频段、中频段或低频段,分析放大电路频率响应的思路均可按如下步骤:

① 画出直流通路,求得静态工作点;

② 画出放大电路的交流通路,低频时耦合电容和旁路电容的容抗不能忽略;

③ 画出交流通路的线性化等效电路或相量模型。在低频段和中频段,BJT 的交流线性化小信号模型是 H 参数模型;在高频段,三极管的结电容的影响不容忽略,BJT 的交流线性化小信号模型是混合 π 型高频小信号模型;

④ 求线性化等效电路中的参数,如高频时 $r_{b'e}$、$C_{b'e}$,中低频时的 r_{be} 等;

⑤ 求电压增益 $\dot{A}_u$;

⑥ 画出频率特性。

下面将高频段、中频段、低频段的分析注意事项列于表 3.1。

表 3.1 分压式共射基本放大电路的高、中、低频段的分析比较

频 段	低频段	中频段	高频段
交流通路画法	考虑耦合电容和旁路电容	忽略所有电容	考虑 BJT 的结电容
BJT 的交流小信号等效电路	H 参数等效电路	H 参数等效电路	π 型等效电路
截止频率	下限截止频率		上限截止频率

3.6 习 题

1. 某放大电路中 $\dot{A}_u$ 的对数幅频特性如图 3.12 所示。

(1) 试求该电路的中频电压增益 $|\dot{A}_{UM}|$,上限频率 f_H 和下限频率 f_L。

(2) 当输入信号的频率为 f_H 或 f_L 时,该电路的电压增益是多少 dB?

2. 某放大电路电压增益的频率特性表达式为

$$\dot{A}_u = \frac{10^3}{\left(1 - j\,\dfrac{10}{f}\right)\left(1 + j\,\dfrac{f}{10^5}\right)}$$

式中 f 的单位为 Hz，试求该电路的上、下限频率，中频电压增益的分贝值，中频区输出电压与输入电压的相位差。

3. 电路如图 3.13 所示，已知三极管 $g_m=0.04\ \text{s}$，$r_{b'e}=900\ \Omega$，$r_{bb'}=100\ \Omega$，$C=C_{b'e}+(1+g_m R'_L)C_{b'c}=500\ \text{pF}$，$(R'_L=R_L /\!/ R_c)$。电路参数为：$U_{CC}=12\ \text{V}$，$R_s=1\ \text{k}\Omega$，$R_b=377\ \text{k}\Omega$，$R_c=6\ \text{k}\Omega$，$R_L=3\ \text{k}\Omega$，$C_1=2\ \mu\text{F}$，$C_2=5\ \mu\text{F}$，求(1) 中频电压增益 $\dot{A}_{US}$；(2) 上限频率 f_H、下限频率 f_L；(3) 画出 $\dot{A}_{US}$ 的幅频、相频特性曲线。

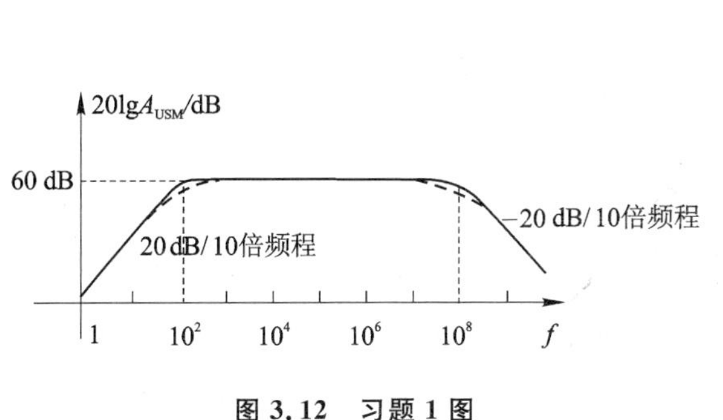

图 3.12 习题 1 图

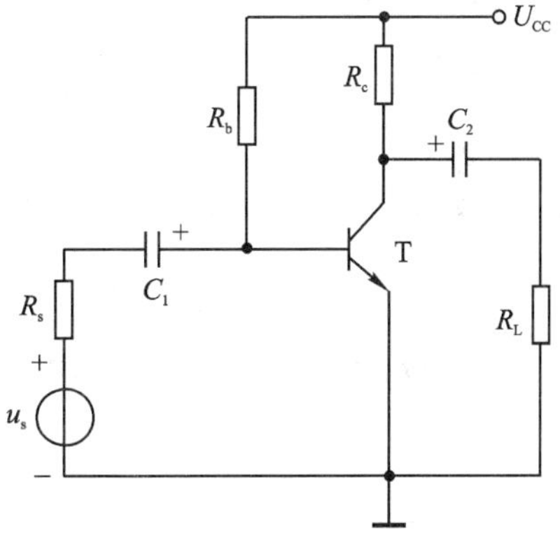

图 3.13 习题 3 图

4. 电路如图 3.14 所示，$R_s=5\ \text{k}\Omega$，电路参数为：$U_{CC}=5\ \text{V}$，$R_{b1}=33\ \text{k}\Omega$，$R_{b2}=22\ \text{k}\Omega$，$R_C=4.7\ \Omega$，$R_e=3.9\ \text{k}\Omega$，$R_L=5.1\ \text{k}\Omega$，$C_e=50\ \mu\text{F}$，$\beta_0=120$，$I_{EQ}\approx 0.33\ \text{mA}$，$r_{ce}=300\ \text{k}\Omega$，$r_{bb'}=50\ \Omega$，$f_T=700\ \text{MHz}$，$C_{b'e}=1\ \text{pF}$，试求(1) 输入电阻 R_i；(2) 中频电压增益 $|\dot{A}_{UM}|$；(3) 上限频率 f_H。

5. 电路如图 3.15 所示，已知三极管 $\beta=120$，$r_{be}=0.72\ \text{k}\Omega$。(1) 估算电路的下限频率；(2) $|\dot{U}_{im}|=10\ \text{mV}$，且 $f=f_L$，则 $|\dot{U}_{om}|=$？输出电压与输入电压的相位差是多少？

6. 电路如图 3.15 所示，已知 $\beta=40$，$C_{b'c}=3\ \text{pF}$，$C_{b'e}=100\ \text{pF}$，$r_{bb'}=100\ \Omega$，$r_{b'e}=1\ \text{k}\Omega$。(1) 画出高频小信号等效电路；(2) 求上限频率 f_H；(3) 若 R_L 提高 10 倍，问中频区电压增益、上限频率和增益-带宽积各变化多少倍？

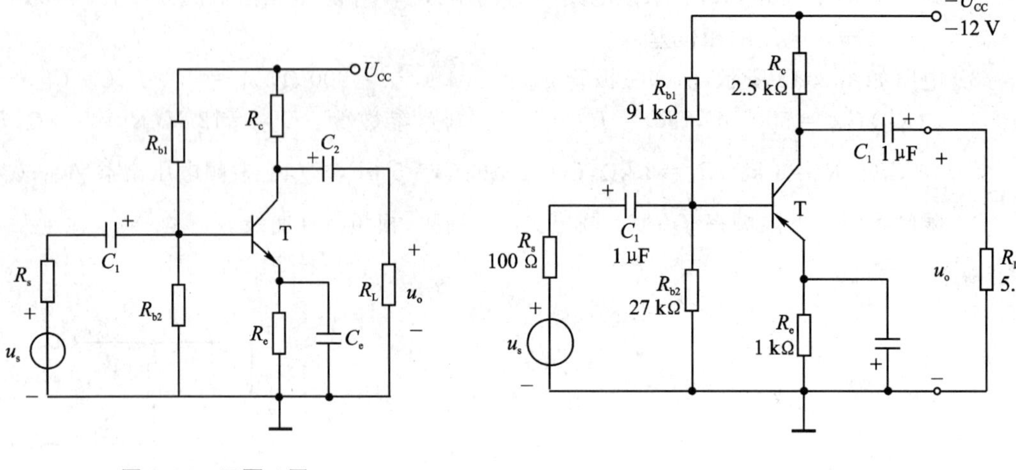

图 3.14　习题 4 图

图 3.15　习题 5 图

3.7　部分习题参考答案

1. (1) $|\dot{A}_{UM}|=1\ 000$, $f_H=10^8$ Hz, $f_L=10^2$ Hz;(2) 57 dB
2. $A_{UM}=60$ dB, $f_H=10^5$ Hz, $f_L=10$ Hz;中频区输出电压与输入电压的相位差为 0°
3. (1) -36;(2) $f_L=40$ Hz, $f_H=0.64$ MHz;
4. (1) $R_i=5.55$ kΩ;(2) $|\dot{A}_{UM}|=30.64$;(3) $f_H=1.72$ MHz
5. (1) $f_L=392$ Hz;(2) $U_{om}=818$ mV,相位差为 $-135°$
6. (2) $f_H\approx3.13$ MHz;(3) $\dot{A}_{UM}$变化约 1.42 倍, f_H变化 0.78 倍,增益-带宽积变化 1.11 倍。

第章 场效应三极管及其放大电路

从场效应三极管的结构划分，有金属-氧化物-半导体场效应三极管 MOSFET（Metal Oxide Semicon-ductor FET）和结型场效应三极管 JFET(Junction type Field Effect Transister)。从参与导电的载流子来划分，有电子作为载流子的 N 沟道器件和空穴作为载流子的 P 沟道器件。场效应三极管的分类如下：

- MOSFET
  - N 沟道(NMOS)
    - 增强型
    - 耗尽型
  - P 沟道(PMOS)
    - 增强型
    - 耗尽型
- JFET
  - N 沟道
  - P 沟道

本章介绍各类场效应三极管的结构、工作原理、特性曲线、主要参数及放大电路。由于 MOSFET 具有体积小、耗电少、寿命长、高输入阻抗、稳定性好等特点，可以有很高的集成度，应用广泛，所以是本章讨论的重点。

4.1 半导体场效应管

4.1.1 N 沟道增强型 MOSFET

1. 结构与符号

N 沟道增强型 MOSFET 的结构见图 4.1(a)。N 沟道增强型 MOSFET 基本上是一种左右对称的拓扑结构。它是在 P 型半导体衬底上用光刻工艺扩散两个高掺杂的 N 型区，用 N^+ 表示，然后在 P 型硅表面生成一层 SiO_2 薄膜绝缘层(厚度约 400Å 或 0.4×10^{-7} m)，在两个 N^+ 型区和它们之间的 SiO_2 绝缘层上安置铝电极，分别是漏极 D(Drain)，源极 S(Source)和栅极 G(Gate)，P 型半导体称为衬底，用符号 B 表示。由于栅极源极、漏极之间均无电的接触，故称绝缘栅极。

图4.1(b)是N沟道增强型MOSFET的符号。箭头方向表示从P衬底指向N沟道,图中垂直短画线代表沟道,用短画线表示在未加适当栅源电压之前,漏极与源极之间无导电沟道。

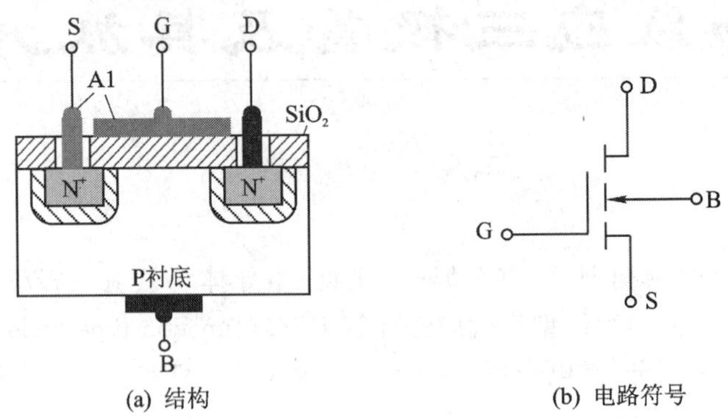

图4.1 N沟道增强型MOSFET的结构与符号

2. 工作原理

(1) 当$U_{GS}=0$时,漏源之间相当于两个背靠背的二极管,在D、S之间加电压不会在D、S间形成电流。

(2) 当$U_{GS}\geqslant U_{GS(th)}$时,漏源电压$u_{DS}$对漏极电流$i_D$的控制作用

① 开启电压$U_{GS(th)}$

当$U_{DS}=0$时,加$U_{GS}>0$,P衬底与栅极铝层之间的二氧化硅绝缘层中会形成均匀的垂直向下的电场,见图4.2(a)。由于二氧化硅绝缘层非常薄,几伏的栅源电压也会产生$10^5\sim10^6$ V/cm的强电场。这个很强的电场吸引电子排斥空穴。吸引电子会在P型硅上表面形成电子层,称N型层或反型层,由于是栅源加电压感应产生的,又称感生沟道;排斥空穴留下不能移动的负离子,形成耗尽层。U_{GS}越大感生沟道越厚,当沟道有一定厚度时,加漏源电压就会产生漏极电流i_D。能够产生漏极电流i_D的最小栅源电压U_{GS}称为开启电压,用$U_{GS(th)}$表示且$U_{GS(th)}>0$。这种类型的MOSFET在$U_{GS}=0$时,没有感生沟道,U_{GS}越大感生沟道越厚,所以称为增强型FET。

② u_{DS}对i_D的控制作用

当$u_{GS}\geqslant U_{GS(th)}$且固定为某一值$U_{GS}$时,$u_{DS}$对$i_D$的控制作用见图4.2(b)。

- *OA*段:加$u_{DS}>0$,沿沟道由漏极D到源极S有电压降落,那么删极G与沟道之间的电压不再均等,栅漏之间的电压最小为$u_{GD}=u_{GS}-u_{DS}$,感生沟道不再均匀,而呈现楔形,如图4.2(c),但由于导电沟道的存在,i_D随u_{DS}的增加线性增加。
- *A*点:随u_{DS}的增加,当$u_{GD}=u_{GS}-u_{DS}=U_{GS(th)}$时,漏极处的沟道出现预夹断,见图4.2(d)。此时,$u_{DS}=u_{GS}-U_{GS(th)}$。
- *AB*段:随u_{DS}的增加,当$u_{DS}>u_{GS}-U_{GS(th)}$时,漏极处的沟道出现夹断,并不断增长,见

图 4.2(e)，但 u_{DS} 的增加部分主要降落在沟道的夹断部分，所以 i_D 基本不变，但略微上翘，这是由于 u_{GS} 对沟道长度调制效应所致。

➢ BC 段：管子出现反向击穿。

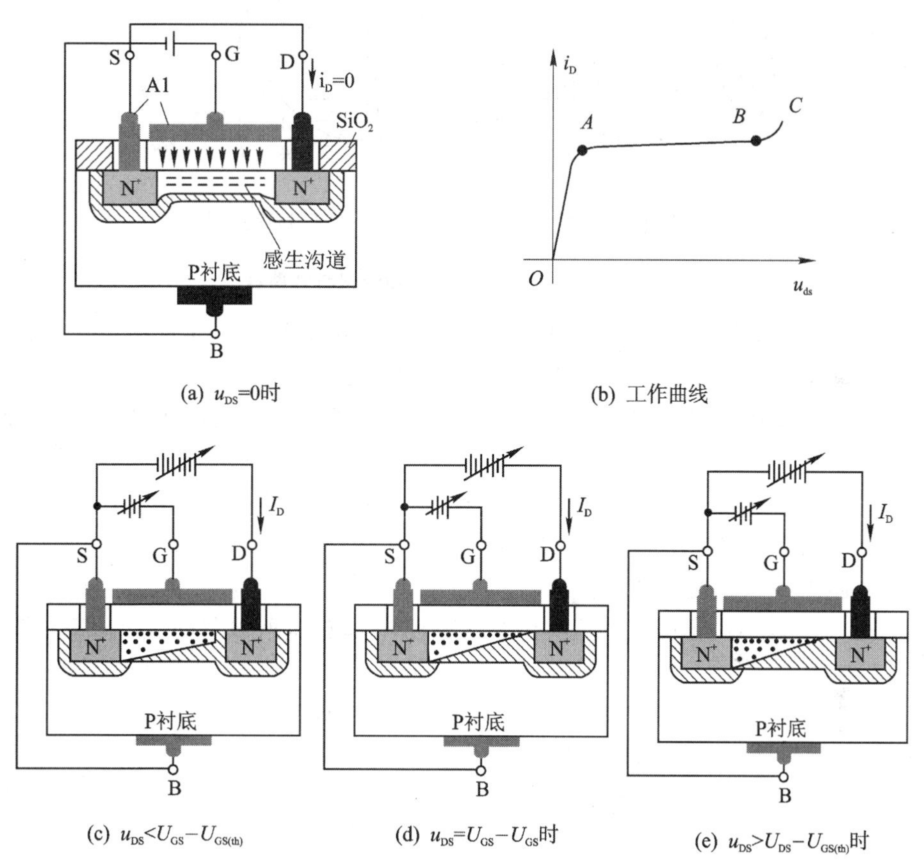

(a) $u_{DS}=0$时

(b) 工作曲线

(c) $u_{DS}<U_{GS}-U_{GS(th)}$

(d) $u_{DS}=U_{GS}-U_{GS}$时

(e) $u_{DS}>U_{DS}-U_{GS(th)}$时

图 4.2 漏源电压 u_{DS} 对沟道的影响

3. 特性曲线

(1) 输出特性曲线

输出特性曲线是指 $u_{GS}=U_{GS}$ 一定时，u_{DS} 对 i_D 的影响，即 $i_D=f(u_{DS})|_{U_{GS}=\text{const}}$。不同的 U_{GS} 时，输出特性曲线是一族如图 4.3 所示的曲线。输出特性曲线分成三个工作区：截止区、可变电阻区和恒流区。其输出特性的近似公式为：

$$i_D = K_n[2(u_{GS}-U_{GS(th)})\,u_{DS}-u_{DS}^2](1+\lambda u_{DS}) \tag{4.1}$$

$$K_n = \frac{K'_n}{2}\cdot\frac{W}{L} = \frac{\mu_n C_{OX}}{2}\cdot\frac{W}{L} \tag{4.2}$$

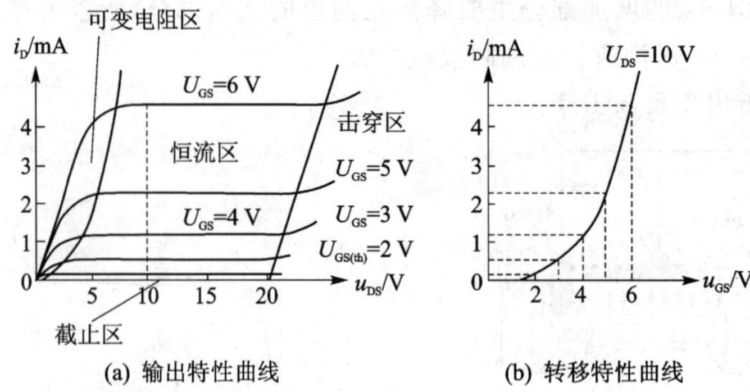

图 4.3 漏极输出特性曲线和转移特性曲线

上两式中,本征导电因子 $K'_n=\mu_n C_{OX}$,单位是 $\mu A/V^2$ 或 mA/V^2。μ_n是反型层中电子迁移率,C_{OX}为栅极下氧化层单位面积的电容,W 和 L 分别是沟道的宽度和长度,通常 L 取值为 0.5~10 μm,W 取值为 0.5~50 μm,λ 为沟道长度调制参数。当不计沟道长度调制效应时 $\lambda=0$,式(4.1)变成

$$i_D = K_n[2(u_{GS} - U_{GS(th)})\, u_{DS} - {u_{DS}}^2] \tag{4.3}$$

以下讨论三个区的工作特点:

① 可变电阻区(线性电阻区)

$u_{DS}<U_{GS}-U_{GS(th)}$,由于可变电阻区在原点附近,u_{DS}较小,所以忽略 ${u_{DS}}^2$,那么式(4.3)近似为

$$i_D = 2K_n(u_{GS} - U_{GS(th)})\, u_{DS} \tag{4.4}$$

当 U_{GS}一定时,对应输出特性的线性电阻 r_{ds0} 为

$$r_{ds0} = \left.\frac{u_{DS}}{i_D}\right|_{U_{GS}} = \frac{1}{2K_n(U_{GS} - U_{GS(th)})} \tag{4.5}$$

总之由式(4.5)或分析输出特性曲线均可得到下列结论:

可变电阻区(线性电阻区)$\begin{cases} U_{GS}\uparrow \xrightarrow{u_{DS}=\text{const}} r_{ds0}\downarrow = u_{DS}/i_D\text{,体现为压控电阻特性} \\ u_{DS}\uparrow \xrightarrow{u_{GS}=\text{const}} \text{体现为线性电阻特性} \end{cases}$

② 恒流区(也称饱和区或放大区)

当 $u_{GS}\geqslant U_{GS(th)}$,且 u_{GS}为某一固定值 U_{GS},$u_{DS}>U_{GS}-U_{GS(th)}$时,MOSFET 进入恒流区,在恒流区内由于 i_D基本不随 u_{DS}变化,所以将预夹断电压 $u_{DS}=u_{GS}-U_{GS(th)}$ 代入式(4.1)和(4.3)得

$$i_D = K_n(u_{GS} - U_{GS(th)})^2(1 + \lambda u_{DS}) \tag{4.6(a)}$$

$$i_D = K_n(u_{GS} - U_{GS(th)})^2 = I_{DO}\left(1 - \frac{u_{GS}}{U_{GS(th)}}\right)^2 \tag{4.6(b)}$$

式中：$I_{DO}=K_n U_{GS(th)}{}^2$是 $u_{GS}=2U_{GS(th)}$时的 i_D。

由式(4.6)或分析输出特性曲线均可得到下列结论：

$$\text{恒流区(饱和区或放大区)}\begin{cases} u_{GS}\uparrow \xrightarrow{u_{DS}=\text{const}} \text{体现为压控电流特性} \\ u_{DS}\uparrow \xrightarrow{u_{GS}=\text{const}} \text{体现为恒流特性} \end{cases}$$

③ 截止区

当 $U_{GS}<U_{GS(th)}$时，导电沟道没有形成，$i_D=0$，为截止工作状态。

(2) 转移特性曲线

由于栅极电流基本为零，讨论输入特性没有意义，所以讨论转移特性。转移特性曲线是指 U_{DS}一定时，u_{GS}对 i_D的影响，即 $i_D=f(u_{GS})|_{u_{DS}=\text{const}}$。

转移特性曲线可以由输出特性曲线转移而来，方法是在输出特性曲线上画一垂线(如 $U_{DS}=10$ V)，此垂线与输出特性曲线的各交点的 i_D与 U_{GS}的值，分别在 i_D- u_{GS}的坐标系上描点、连线得转移特性曲线。由于恒流区 i_D基本不随 u_{DS}变，所以饱和区的转移特性曲线基本重合。

4.1.2 N 沟道耗尽型 MOSFET

1. 结构、符号和工作原理

N 沟道耗尽型 MOSFET 与 N 沟道增强型 MOSFET 的不同之处是在 SiO_2薄膜绝缘层中掺有大量的正离子，见图 4.4(a)。因此，N 沟道耗尽型 MOSFET 即使在 $u_{GS}=0$ 时，仍会感应出反型层，形成 N 沟道，当加 u_{DS}时，则产生 i_D。

当 $u_{GS}<0$ 时，使沟道中的感应负电荷减少，U_{GS}越负，N 沟道中感应的负电荷越少，故称耗尽型 FET。当 $u_{GS}=U_{GS(off)}$时($U_{GS(off)}<0$)，感生沟道夹断，无论 u_{DS}为多少，$i_D=0$。$U_{GS(off)}$称夹断电压。

当 $u_{GS}>0$ 时，由于 SiO_2绝缘层使 $i_G\approx0$，但 $u_{GS}\uparrow\rightarrow$感应沟道的厚度增加$\rightarrow$在同样的 u_{DS}时，i_D增加。故 N 沟道耗尽型 MOSFET 可在正负栅压下工作，且 $i_G\approx0$，这是 N 沟道耗尽型 MOSFET 的主要特点。

N 沟道耗尽型 MOSFET 的符号见图 4.4(b)。由于 $u_{GS}=0$ 时，沟道将源区和漏区连接起来，所以与 N 沟道增强型 MOSFET 的符号相比将短画线变成了直线。

2. 特性曲线

图 4.5 是 N 沟道耗尽型 MOSFET 的特性曲线，图 4.5(a)是转移特性曲线，图 4.5(b)是输出特性曲线。N 沟道耗尽型 MOSFET 的电流方程与 N 沟道增强型 MOSFET 不同之处是：① 用 $U_{GS(off)}$代替式(4.1)、(4.3)、(4.4)、(4.6)中的 $U_{GS(th)}$；② 在恒流区内 $u_{DS}>u_{GS}-U_{GS(off)}$，且 $u_{GS}=0$ 时，由式(4.6)得 $I_{DSS}=K_n U_{GS(off)}{}^2$，$I_{DSS}$为零栅压的漏极电流，下标的第二个 S 表示栅源极间短路的意思，I_{DSS}在图 4.5(a)中就是转移特性与纵坐标的交点。于是 N 沟道

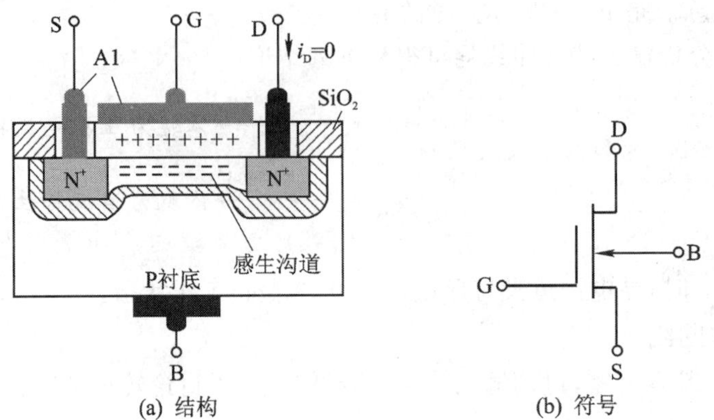

图 4.4　N 沟道耗尽型 MOSFET 的结构与符号

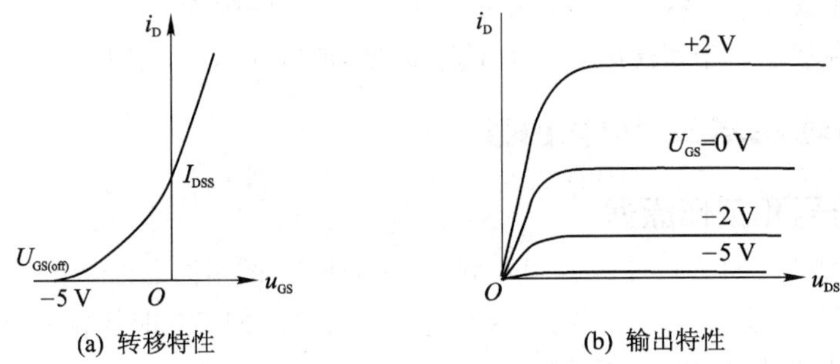

图 4.5　N 沟道耗尽型 MOSFET 的特性曲线

耗尽型 **MOSFET** 在恒流区的漏极电流公式为：

$$i_D = I_{DSS}\left(1 - \frac{u_{GS}}{U_{GS(off)}}\right)^2 \tag{4.7}$$

4.1.3　P 沟道 MOSFET

P 沟道 MOSFET 包括增强型和耗尽型两种。其工作原理与 N 沟道 MOSFET 类同，只是导电的载流子不同，供电电压极性和漏极电流的方向不同。这如同双极型三极管有 NPN 型和 PNP 型。

图 4.6 是 P 沟道增强型 MOSFET 的符号和特性曲线。漏极电流的参考方向仍然取流入漏极，所以漏极电流的值为负值。

P 沟道增强型 MOSFET 沟道产生的条件为

$$u_{GS} \leqslant U_{GS(th)} \tag{4.8}$$

可变电阻区与饱和区的分界点为

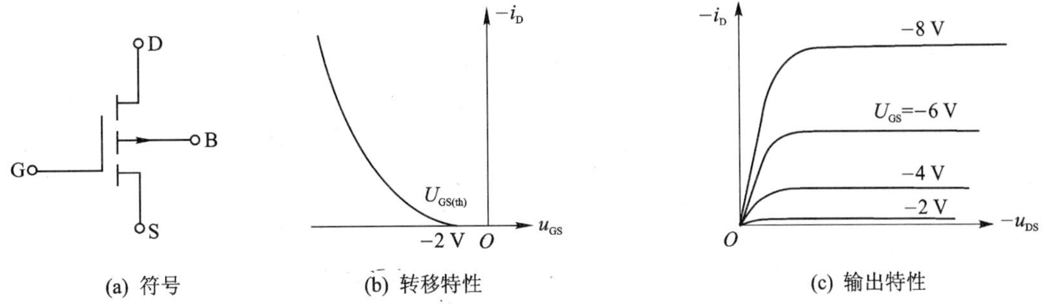

(a) 符号 (b) 转移特性 (c) 输出特性

图 4.6 P 沟道增强型 MOSFET 的特性曲线

$$u_{DS} = u_{GS} - U_{GS(th)} \tag{4.9}$$

可变电阻区满足：$u_{GS} \leqslant U_{GS(th)}$，$u_{DS} \geqslant u_{GS} - U_{GS(th)}$，当沟道长度调制效应 $\lambda = 0$ 时

$$i_D = -2K_P(u_{GS} - U_{GS(th)})\, u_{DS} \tag{4.10}$$

恒流区(饱和区或放大区)满足：$u_{GS} \leqslant U_{GS(th)}$，$u_{DS} \leqslant u_{GS} - U_{GS(th)}$，当 $\lambda = 0$ 时

$$i_D = -K_P(U_{GS} - U_{GS(th)})^2 = -I_{DO}\left(1 - \frac{u_{GS}}{U_{GS(th)}}\right)^2 \tag{4.11}$$

式中：$I_{DO} = K_P U_{GS(th)}{}^2$，$K_P$是 P 沟道的导电参数，可表示为

$$K_P = \frac{\mu_P C_{OX}}{2} \cdot \frac{W}{L} \tag{4.12}$$

式中：W 和 L 分别是沟道的宽度和长度，C_{OX}为栅极下氧化层单位面积的电容，μ_P是反型层中空穴迁移率，通常 μ_P约是 $\mu_n/2$。图 4.7 是 P 沟道耗尽型 MOSFET 的符号和特性曲线。

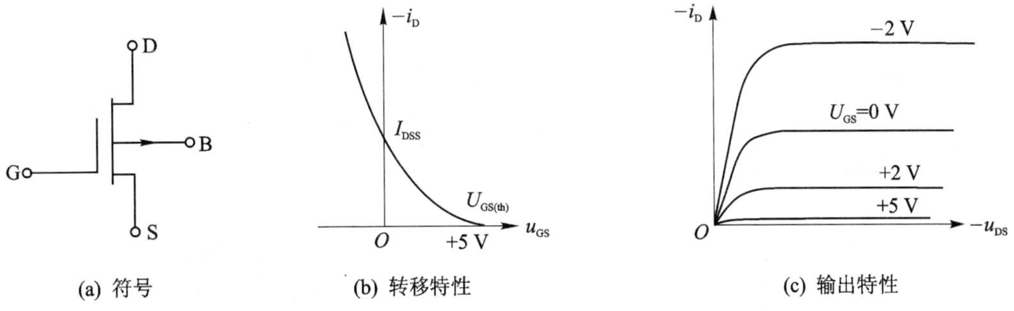

(a) 符号 (b) 转移特性 (c) 输出特性

图 4.7 P 沟道耗尽型 MOSFET 的特性曲线

4.1.4 结型场效应三极管(JFET)

JFET 有 N 沟道和 P 沟道两种。

1. 结构与符号

N 沟道 JFET 的结构示意图和符号分别见图 4.8(a)和 4.8(b)。图 4.8(a)是在 N 型半导体硅片的两侧扩散高浓度的P区(用P^+表示),形成两个PN结夹着一个N型沟道的结构。两个P^+区引出两个欧姆接触电极并连在一起即为栅极g,N型硅的中间是N型导电沟道,N型硅的两端分别引出两个欧姆接触电极,分别是漏极s和源极d。图4.8(b)是N沟道JFET符号,箭头的方向表示栅结正向偏置时,栅极电流的方向是由P指向N。P沟道JFET的结构示意图和符号分别见图4.8(c)、4.8(d)。

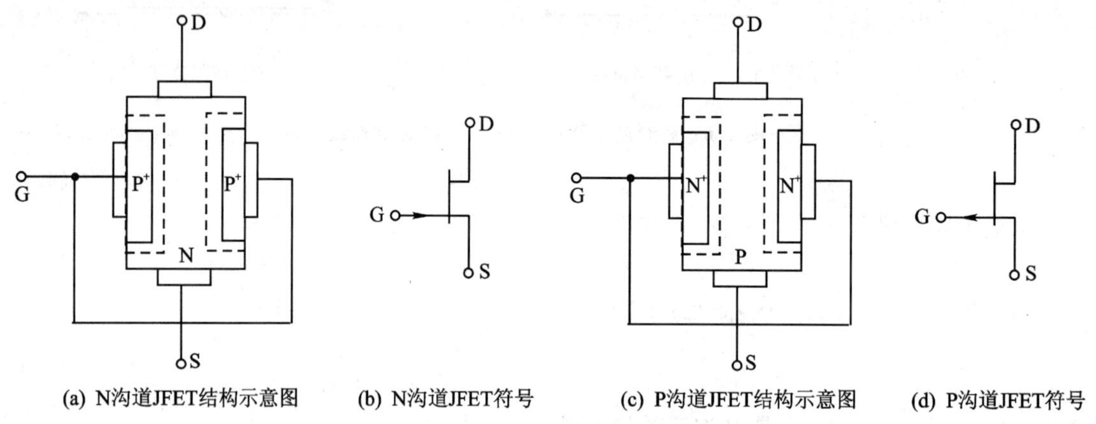

(a) N沟道JFET结构示意图 (b) N沟道JFET符号 (c) P沟道JFET结构示意图 (d) P沟道JFET符号

图4.8 JFET结构示意图和符号

2. 工作原理和特性曲线

根据结型场效应三极管的结构,因它没有绝缘层,只能工作在反偏的条件下,对于N沟道结型场效应三极管只能工作在负栅源电压区,P沟道的只能工作在正栅源电压区,否则将会出现栅流。现以N沟道为例说明其工作原理。

(1) 夹断电压 $U_{GS(off)}$

$U_{DS}=0$,在栅源间加电压,且u_{GS}逐渐增加,栅极与沟道间的耗尽层随之增厚,见图4.9(a)。耗尽层接触(沟道夹断)时的U_{GS}称夹断电压$U_{GS(off)}$ ($U_{GS(off)}<0$),见图4.9(b)。

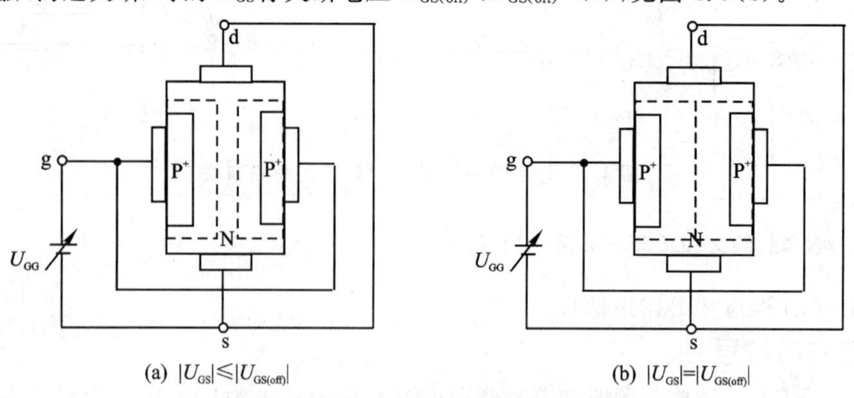

(a) $|U_{GS}|\leqslant|U_{GS(off)}|$ (b) $|U_{GS}|=|U_{GS(off)}|$

图4.9 $U_{DS}=0$时,U_{GS}对沟道的控制

(2) 漏源电压 u_{DS} 对漏极电流 i_D 的控制作用

当 $U_{GS}=\text{const}$,且 $|U_{GS}|\leqslant|U_{GS(off)}|$ 时,随 U_{DS} 从零开始增加,i_D 的变化见图 4.10(a)。

- *OA* 段:漏源电压 u_{DS} 从零开始增加,则沿沟道产生电位梯度,即电位由 D 到 S 逐点降低,那么删极 G 与沟道之间的电压不再均等,栅漏之间的反压最大为 $u_{GD}=U_{GS}-u_{DS}$,使靠近漏极处的耗尽层加宽,耗尽层从 D 至 S 呈楔形分布。见图 4.10(b)。但由于导电沟道的存在,i_D 随 u_{DS} 的增加线性增加。
- *A* 点:随 u_{DS} 的增加,当 $u_{GD}=U_{GS}-u_{DS}=U_{GS(off)}$ 时,漏极处的沟道出现预夹断,见图 4.10(c)。此时,$u_{DS}=U_{GS}-U_{GS(off)}$。
- *AB* 段:随 u_{DS} 的增加,当 $u_{DS}>U_{GS}-U_{GS(off)}$ 时,漏极处的沟道出现夹断,并不断增长,见图 4.10(d)。但 u_{DS} 的增加部分主要降落在沟道的夹断部分,所以 i_D 基本不变,但略微上翘,这是由于沟道长度调制效应所致。

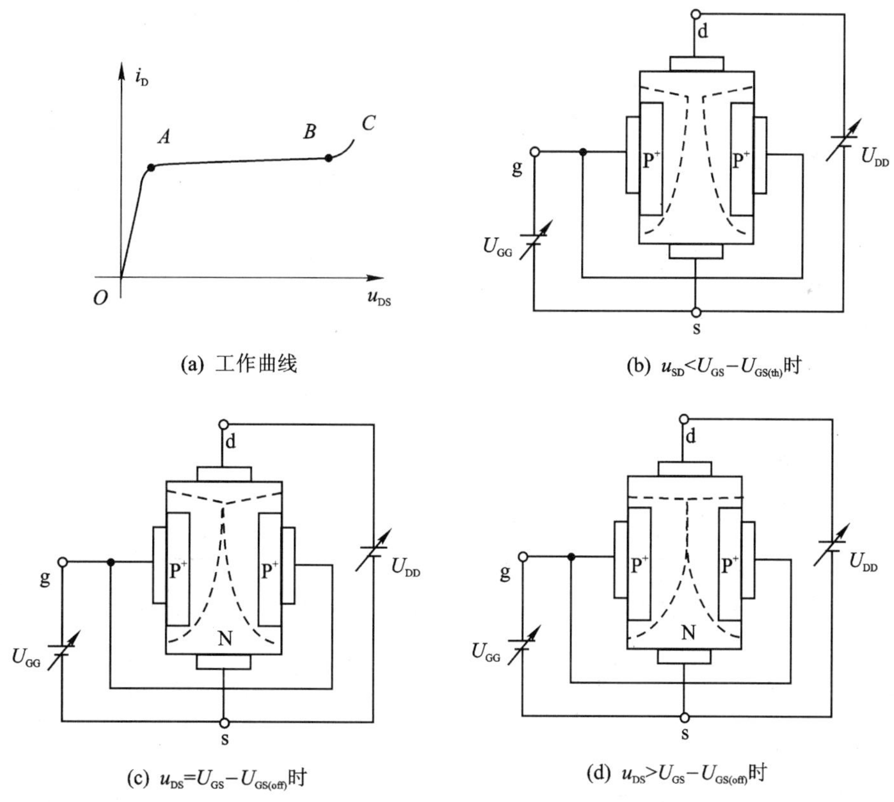

图 4.10 $|U_{GS}|\leqslant|U_{GS(off)}|$ 时,u_{DS} 对沟道的控制

➢ BC 段：管子出现反向击穿。

结型场效应三极管的特性曲线有两类，一是转移特性曲线，二是输出特性曲线。它与绝缘栅场效应三极管的特性曲线基本相同，只不过绝缘栅场效应管的栅源电压可正、可负，而结型场效应三极管的栅源电压只能是 P 沟道的为正或 N 沟道的为负。N 沟道结型场效应三极管的特性曲线如图 4.11 所示。其可变电阻区、恒流区和截止区的分界条件和 $i_D=f(u_{GS},u_{DS})$ 的关系与耗尽型 N 沟道 MOSFET 相同。P 沟道结型场效应三极管的特性曲线如图 4.12 所示。其可变电阻区、恒流区和截止区的分界条件和 $i_D=f(u_{GS},u_{DS})$ 的关系与耗尽型 P 沟道 MOSFET 相同。

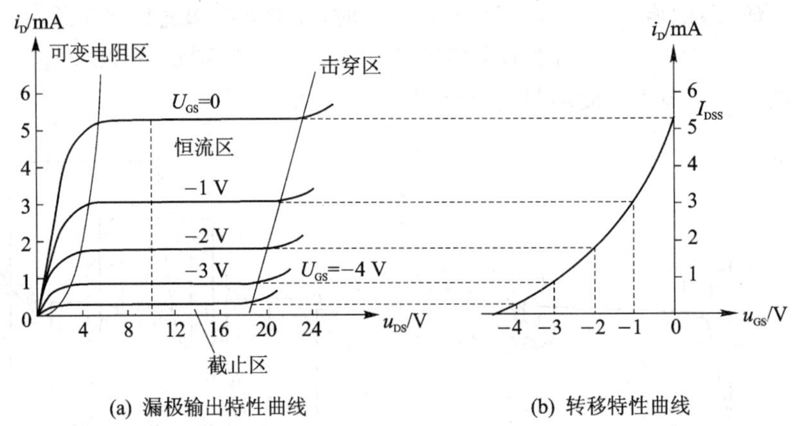

(a) 漏极输出特性曲线　　(b) 转移特性曲线

图 4.11　N 沟道结型场效应三极管的特性曲线

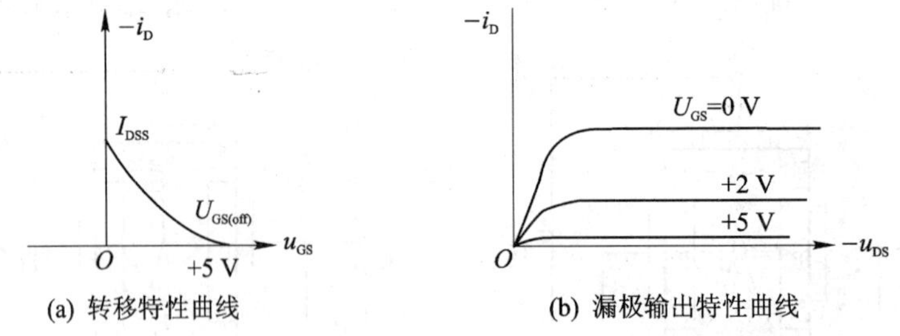

(a) 转移特性曲线　　(b) 漏极输出特性曲线

图 4.12　P 沟道结型场效应三极管的特性曲线

4.1.5　各种 FET 特性比较

1. 六种 FET 的共同特点

➢ 栅极电流 $i_G=0$

➢ 只有一种载流子参与导电。N 沟道的导电载流子是电子，P 沟道的导电载流子是空穴。

而 BJT 有两种载流子参与导电。

- 均是用输入电压控制输出电流的半导体器件且直流输入电阻很高。
- 制造工艺简单、成本低、功耗低、便于集成。
- N 沟道的三种 FET 其工作电压 $u_{DS}>0$，P 沟道的三种 FET 其工作电压 $u_{DS}<0$。

2. 六种 FET 的不同特点

六种 FET 的特性比较见表 4.1。

表 4.1　六种 FET 特性比较

	N 沟道			P 沟道		
类　型	增强型 MOS	耗尽型 MOS	耗尽型 JFET	增强型 MOS	耗尽型 MOS	耗尽型 JFET
符号	D G S	D G S	D G S	D G S	D G S	D G S
转移特性[1]	i_D/mA；JFET、耗尽型、增强型；0；$U_{GS(off)}$ $U_{GS(off)}$ $U_{GS(th)}$ u_{GS}/V			$-i_D$/mA；增强型、耗尽型、JFET；0；$U_{GS(th)}$ $U_{GS(off)}$ $U_{GS(off)}$ u_{GS}/V		
可变电阻区[2]	$u_{GS}\geqslant U_{GST}$，$0\leqslant u_{DS}\leqslant u_{GS}-U_{GST}$ $i_D=K_n[2(u_{GS}-U_{GST})u_{DS}-u_{DS}^2](1+\lambda u_{DS})$ $\approx 2K_n(u_{GS}-U_{GST})u_{DS}(1+\lambda u_{DS})$			$u_{GS}\leqslant U_{GST}$，$0\geqslant u_{DS}\geqslant u_{GS}-U_{GST}$ $i_D=-K_P[2(u_{GS}-U_{GST})u_{DS}-u_{DS}^2](1+\lambda u_{DS})$ $\approx -2K_P(u_{GS}-U_{GST})u_{DS}(1+\lambda u_{DS})$		
恒流区[3]	$u_{GS}\geqslant U_{GST}$，$u_{DS}\geqslant u_{GS}-U_{GST}$ $i_D=K_n(u_{GS}-U_{GST})^2(1+\lambda u_{DS})$ $=I_{DT}(1-u_{GS}/U_{GST})^2(1+\lambda u_{DS})$			$u_{GS}\leqslant U_{GST}$，$u_{DS}\leqslant u_{GS}-U_{GST}$ $i_D=-K_P(u_{GS}-U_{GST})^2(1+\lambda u_{DS})$ $=-I_{DT}(1-u_{GS}/U_{GST})^2(1+\lambda u_{DS})$		
截止区	$u_{GS}\leqslant U_{GS(th)}$ $i_D=0$			$u_{GS}\geqslant U_{GS(th)}$ $i_D=0$		
K_n 或 K_P	$K_n=\frac{\mu_n C_{OX}}{2}\cdot\frac{W}{L}$		$K_n=\frac{I_{DSS}}{U_{GST}^2}$	$K_P=\frac{\mu_P C_{OX}}{2}\cdot\frac{W}{L}$		$K_P=\frac{I_{DSS}}{U_{GST}^2}$
λ	+			−		
导电载流子	电子			空穴		

注：(1) 漏极电流的参考方向均取流入漏极。

(2) 阈值电压 U_{GST}：增强型 MOSFET 的 $U_{GST}=U_{GS(th)}$，耗尽型 MOSFET 和 JFET 的 $U_{GST}=U_{GS(off)}$。

(3) I_{DT}：增强型 MOSFET 的 $I_{DT}=I_{DO}=K_n U_{GS(th)}^2$，耗尽型 MOSFET 和 JFET 的 $I_{DT}=I_{DSS}=K_n U_{GS(off)}^2$。

4.2 FET 的主要参数

1. 直流参数

(1) 开启电压 $U_{GS(th)}$

开启电压是增强型 MOS 管的参数。其测试方法通常是取 u_{DS} 为一确定值(如 $U_{DS}=10$ V),$i_D=0$ 相当于一个微小电流(如 50 μA)时,栅源间的电压为开启电压 $U_{GS(th)}$。

(2) 夹断电压 $U_{GS(off)}$

夹断电压是耗尽型 FET 的参数,其测试方法通常是取 u_{DS} 为一确定值(如 $U_{DS}=10$ V),$i_D=0$ 相当于一个微小电流(如 20 μA)时,栅源间加的电压为夹断电压 $U_{GS(off)}$。

(3) 饱和漏极电流 I_{DSS}

当 $U_{GS}=0$,且 $|u_{DS}|>|U_{GS(off)}|$ 时所对应的漏极电流称为饱和漏极电流 I_{DSS}。就是转移特性与纵轴的交点坐标。

(4) 输入电阻 R_{GS}

在漏源之间短路时,场效应三极管的栅源电阻就是输入电阻 R_{GS}。输入电阻的典型值,对于结型场效应三极管,反偏时 R_{GS} 约大于 10^7 Ω;对于绝缘栅型场效应三极管,R_{GS} 约是 10^9~10^{15} Ω。

2. 交流参数

(1) 输出电阻 r_{ds}

$$r_{ds}=\left.\frac{\partial u_{DS}}{\partial i_D}\right|_{U_{GS}} \tag{4.13}$$

是输出特性上某点切线斜率的倒数。当增强型 NMOS 处于饱和区时,由式(4.6(a))和(4.13)得

$$r_{ds}=\left.\frac{\partial u_{DS}}{\partial i_D}\right|_{U_{GS}}=\frac{1}{\lambda K_n(u_{GS}-U_{GS(th)})^2}=\frac{1}{\lambda i_D} \tag{4.14}$$

r_{ds} 大约为 10^5 Ω 数量级。当 $\lambda=0$,也就是不考虑沟道调制效应时,$r_{ds}\to\infty$。

(2) 低频互导(或低频跨导)g_m

低频互导 g_m 反映栅源压对漏极电流的控制作用。即

$$g_m=\left.\frac{\partial i_D}{\partial u_{GS}}\right|_{U_{DS}} \tag{4.15}$$

g_m 可以在转移特性曲线上求取,是转移特性上工作点的斜率。工作点不同,g_m 也不同。g_m 的单位是 mS(毫西门子)或 μS(微西门子),大约为 10^{-1}~10^2 mS。

当增强型 NMOS 处于饱和区时,g_m 也可以利用下式估算:

$$g_m = \left.\frac{\partial i_D}{\partial u_{GS}}\right|_{U_{DS}} = \frac{\partial[K_n(u_{GS}-U_{GS(th)})^2]}{\partial u_{GS}} = 2K_n(u_{GS}-U_{GS(th)}) \tag{4.16}$$

3. 极限参数

(1) 最大漏极电流 I_{DM}

I_{DM}是管子正常工作时漏极电流允许的上限值。

(2) 最大耗散功耗 P_{DM}

FET 的最大耗散功耗可由 $P_{DM}=u_{DS}i_D$决定，与双极型三极管的 P_{CM}相当，受管子的最高允许温度的限制。

(3) 最大漏源电压 $U_{(BR)DS}$

$U_{(BR)DS}$是指发生雪崩击穿 i_D急剧上升时的 u_{DS}。

(4) 最大栅源电压 $U_{(BR)GS}$

$U_{(BR)GS}$是指栅源间反向电流急剧增加时的 U_{GS}。

此外，极间电容、高频参数等其他参数请参阅[3]。

4.3 FET 放大电路分析

在信号很小时，FET 放大电路分析方法与 BJT 放大电路的分析类同，也是利用线性电路中非正弦周期电流电路的求解方法，分别求出直流工作情况(静态工作点)和小信号 u_i单独作用时的交流工作情况。放大电路总响应就是直流工作情况和交流工作情况的叠加。在进行交流分析时，需要将 FET 用合适的小信号线性化模型代替，得到线性化的交流等效电路，然后利用线性电路的求解方法求得交流工作情况。所以我们先学习 FET 的交流小信号线性化模型。

4.3.1 FET 的交流小信号线性化模型

现以增强型 NMOS 为例推导 FET 的交流小信号线性化模型。当输入信号很小，且场效应管工作于饱和区时，交流通路中的 FET 也可看成双口网络，见图 4.13(a)。如果 NMOS 工作于饱和区，由式(4.6(b))得漏极电流：

$$i_D = K_n(u_{GS}-U_{GS(th)})^2$$

又因 $u_{GS}=U_{GSQ}+u_{gs}$，$i_D=I_{DQ}+i_d$，I_{DQ}和 U_{GSQ}为直流工作时的漏极电流和栅源电压，i_d和 u_{gs}为交流工作时微变量。代入上式有

$$\begin{aligned} I_{DQ}+i_d &= K_n[(U_{GSQ}+u_{gs})-U_{GS(th)}]^2 \\ &= K_n[(U_{GSQ}-U_{GS(th)})+u_{gs}]^2 \\ &= K_n(U_{GSQ}-U_{GS(th)})^2+2K_n(U_{GSQ}-U_{GS(th)})u_{gs}+2K_nu_{gs}^2 \end{aligned} \tag{4.17}$$

而

$$I_{DQ} = K_n(U_{GSQ}-U_{GS(th)})^2 \tag{4.18}$$

将(4.17)与(4.18)相减,考虑 u_{gs} 远小于 $(U_{GSQ}-U_{GS(th)})$,其平方项忽略,再结合式(4.16)有:

$$i_d = 2K_n(U_{GSQ}-U_{GS(th)})u_{gs} = g_m u_{gs} \tag{4.19}$$

由于 FET 的输入电阻很大,所以 $i_g=0$,输入看成开路;输出支路中由于 $i_d=g_m u_{gs}$,为一压控电流源,得 FET 的低频交流小信号线性化模型见图 4.13(b)。当 $\lambda\neq0$,输出电阻 r_d 为有限值时,低频交流小信号线性化模型见图 4.13(c)。图 4.14 是 FET 的高频交流小信号线性化模型,图中 C_{gs}、C_{gd}、C_{ds} 分别是各极间电容。

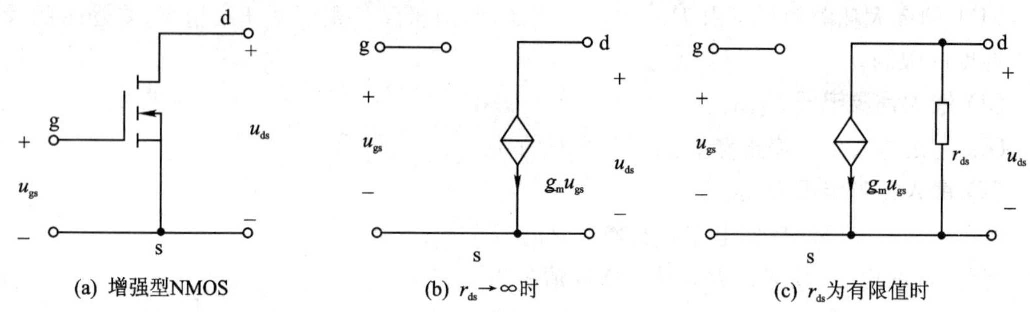

图 4.13 FET 低频交流小信号线性化模型

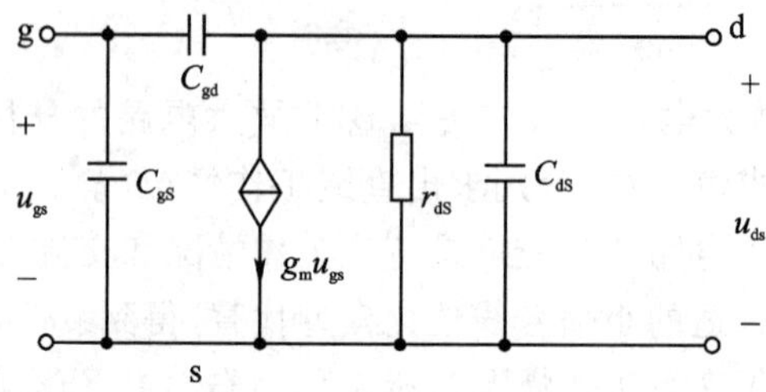

图 4.14 FET 高频交流小信号线性化模型

4.3.2 FET 放大电路分析

【例 4.3.1】 共源组态接法基本放大电路见图 4.15。图 4.15(a)是采用结型场效应管构成的共源组态放大电路;图 4.15(b)是采用绝缘栅场效应管构成的共源组态放大电路。这两图的分析类同,但图 4.15(a)的栅源工作电压必须为负值,阈值电压为夹断电压 $U_{GS(off)}$;图 4.15(b)的栅源工作电压必须为正值,阈值电压为开启电压 $U_{GS(th)}$。以图 4.15(b)为例,设 MOS 管的参数为:$U_{GS(th)}=1$ V,$K_n=500$ μA/V^2,$\lambda=0$。电路参数为 $R_{g1}=100$ kΩ,$R_{g2}=47$ kΩ,$U_{DD}=5$ V,$R_d=10$ kΩ,$R=0.5$ kΩ,负载电阻 $R_L=10$ kΩ。试分析其静态工作点和交流电压放大倍数、输入电阻和输出电阻。

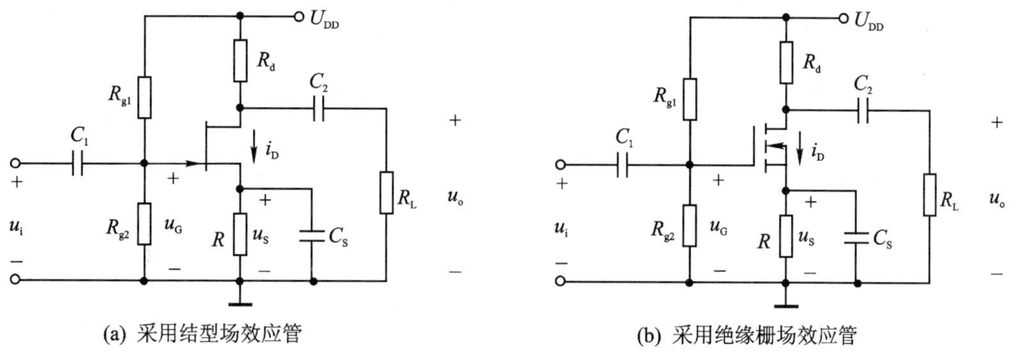

(a) 采用结型场效应管　　(b) 采用绝缘栅场效应管

图 4.15　共源组态接法基本放大电路

【解】

(1) 直流分析

画出共源基本放大电路的直流通路，如图 4.16 所示。图中 R_{g1}、R_{g2} 是栅极偏置电阻，R 是源极电阻，R_d 是漏极负载电阻。设 MOS 管工作于饱和区，根据图 4.16 可写出下列方程

$$U_G = U_{DD}R_{g2}/(R_{g1}+R_{g2})$$
$$U_{GSQ} = U_G - U_S = U_G - I_{DQ}R$$
$$I_{DQ} = K_n(U_{GSQ} - U_{GS(th)})^2$$
$$U_{DSQ} = U_{DD} - I_{DQ}(R_d + R)$$

于是可以解出 $U_{GSQ}=1.5\ \text{V}$，$I_{DQ}=0.125\ \text{mA}$ 和 $U_{DSQ}=3.7\ \text{V}$。由于 $U_{DSQ}>(U_{GSQ}-U_{GS(th)})$，说明 MOS 管的确工作于饱和区，与假设一样。

(2) 交流分析

画出图 4.15(b) 电路的微变等效电路，如图 4.17 所示。由于 $\lambda=0$，所以电阻 $r_{ds}\to\infty$。

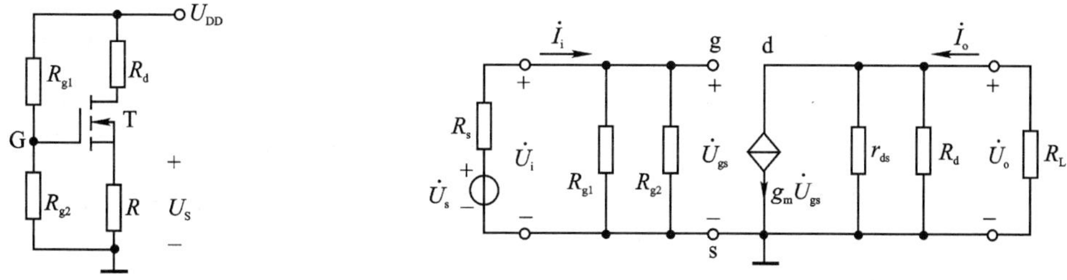

图 4.16　共源基本放大电路的直流通路　　**图 4.17　微变等效电路**

① 电压放大倍数

输出电压为

$$\dot{U}_o = -g_m\dot{U}_{gs}(R_d \mathbin{/\!/} R_L)$$

$$g_m = 2K_n(u_{GS} - U_{GS(th)}) \approx 2K_n(U_{GSQ} - U_{GS(th)}) = 0.5\ \text{mA/V}$$

$$\dot{A}_u = \dot{U}_o/\dot{U}_i = -g_m\dot{U}_{gs}(R_d \mathbin{/\!/} R_L)/\dot{U}_{gs} = -g_m(R_d \mathbin{/\!/} R_L) = -g_mR'_L = -2.5$$

如果有信号源内阻 $R_s=500\ \Omega$,则源电压增益

$$\dot{A}_{us} = -g_mR'_LR_i/(R_i+R_S) = -2.46$$

式中:R_i是放大电路的输入电阻。

② 输入电阻

$$R_i = \dot{U}_i/\dot{I}_i = R_{g1} \mathbin{/\!/} R_{g2} = 32\ \text{k}\Omega$$

③ 输出电阻

为计算放大电路的输出电阻,可按双口网络计算。原则是将放大电路画成图 4.18 的形式。

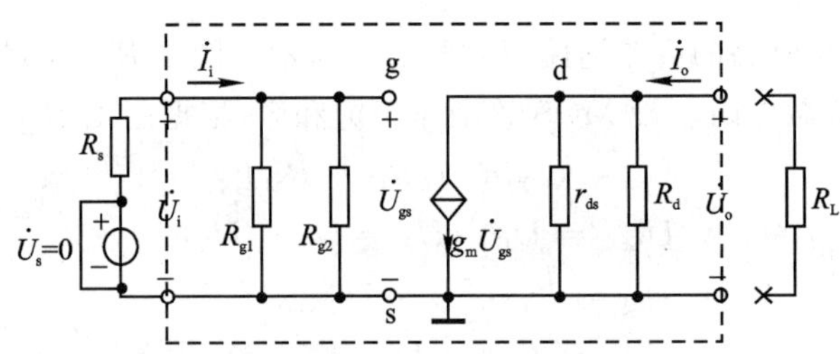

图 4.18 计算 R_o的电路模型

将负载电阻 R_L开路,并在输出端虚加上一个电源 $\dot{U}_o$,将输入电压信号源短路,但保留内阻。然后计算 $\dot{I}_o$,于是

$$R_o = \dot{U}_o/\dot{I}_o = r_{ds} \mathbin{/\!/} R_d \approx R_d = 10\ \text{k}\Omega$$

【例 4.3.2】 共漏组态基本放大电路如图 4.19 所示。设 JFET 管的参数为:$U_{GS(off)}=-1\ \text{V}$,$I_{DSS}=0.5\ \text{mA}$,$\lambda=0$。电路参数为 $R_{g1}=2\ \text{M}\Omega$,$R_{g2}=47\ \text{k}\Omega$,$R_g=10\ \text{M}\Omega$,$U_{DD}=18\ \text{V}$,$R=2\ \text{k}\Omega$,负载电阻 $R_L=10\ \text{k}\Omega$。试分析其直流工作情况并求交流工作参数:交流电压放大倍数、输入电阻和输出电阻。

【解】

(1) 直流分析

设 MOS 管工作于饱和区,将共漏组态基本放大电路的直流通路画于图 4.20,于是有

$$U_G = U_{DD}R_{g2}/(R_{g1}+R_{g2})$$

$$U_{GSQ} = U_G - U_S = U_G - I_{DQ}R$$

$$I_{DQ} = I_{DSS}[1-(U_{GSQ}/U_{GS(off)})]^2$$

$$U_{DSQ}=U_{DD}-I_{DQ}R$$

由此可以解出 $U_{GSQ}=-0.22$ V,$I_{DQ}=0.31$ mA 和 $U_{DSQ}=17.4$ V。

由于 $U_{DSQ}>(U_{GSQ}-U_{GS(off)})$,说明 MOS 管的确工作于饱和区,与假设一样。

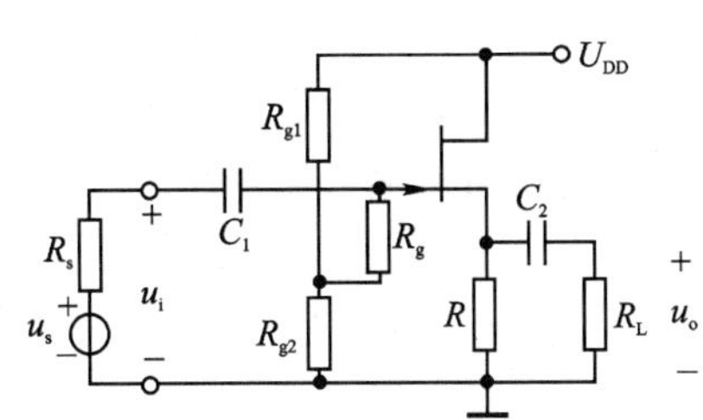

图 4.19 共漏组态放大电路

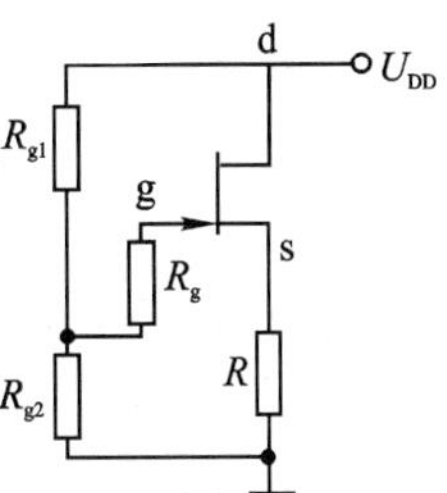

图 4.20 共漏放大电路的直流通路

(2) 交流分析

画出图 4.19 的共漏放大电路的微变等效电路,如图 4.21 所示。

①电压放大倍数

由图 4.21 可知

$$\dot{A}_u=\frac{\dot{U}_o}{\dot{U}_i}=\frac{g_m\dot{U}_{gs}(r_{ds}\ /\!/\ R\ /\!/\ R_L)}{\dot{U}_{gs}+g_m\dot{U}_{gs}(r_{ds}\ /\!/\ R\ /\!/\ R_L)}=\frac{g_mR'_L}{1+g_mR'_L}=0.567$$

式中:$R'_L=r_{ds}/\!/R/\!/R_L\approx R/\!/R_L=1.67\ \text{k}\Omega$。

由于,$K_n=I_{DSS}/U_{GS(off)}{}^2=0.5\ \text{mA/V}^2$,$g_m=2\ K_n(U_{GSQ}-U_{GS(th)})=0.78$ mA/V,$\dot{A}_u$ 为正,表示输入与输出同相,当 $g_mR'_L\gg1$ 时,$\dot{A}_u\approx1$。

比较共源和共漏组态放大电路的电压放大倍数公式,分子都是 $g_mR'_L$,分母对共源放大电路是 1,对共漏放大电路是$(1+g_mR'_L)$。

② 输入电阻

$$R_i=R_g+(R_{g1}\ /\!/\ R_{g2})=11.9\ \text{k}\Omega$$

③ 输出电阻

计算输出电阻的原则与其他组态相同,将图 4.21 改画为图 4.22。

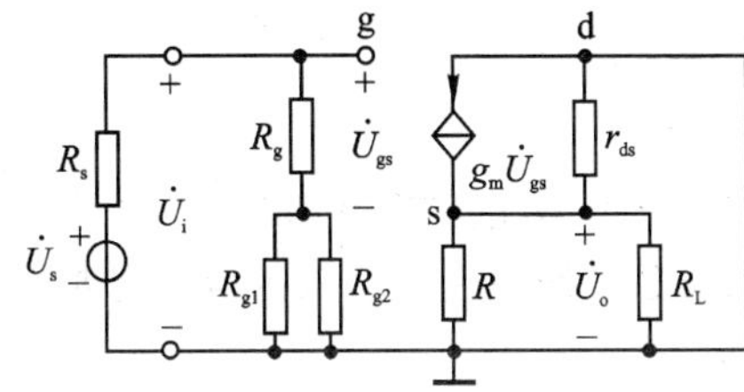

图 4.21 共漏放大电路的微变等效电路

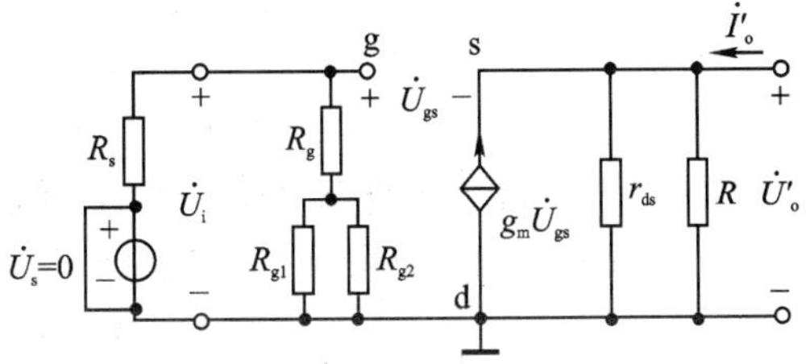

图 4.22 求输出电阻的微变等效电路

$$\dot{I}'_o = \frac{\dot{U}'_o}{(R\ /\!/\ r_{ds})} - g_m \dot{U}_{gs} = \dot{U}'_o / [R\ /\!/\ r_{ds}\ /\!/\ (1/g_m)]，而\ \dot{U}_o = -\dot{U}_{gs}$$

$$R_o = \frac{\dot{U}'_o}{\dot{I}'_o} = R\ /\!/\ r_{ds}\ /\!/\ (1/g_m) = \frac{R\ /\!/\ r_{ds}}{1+(R\ /\!/\ r_{ds})g_m} \approx \frac{R}{1+g_m R} = R\ /\!/\ \frac{1}{g_m} = 780\ \Omega$$

【例 4.3.3】 两级阻容耦合放大电路如图 4.23 所示。已知 T_1 管为 N 沟道耗尽型绝缘栅场效应晶体管，$g_m = 2\ \text{mS}$，T_2 管为 BJT，$\beta = 50$，$r_{be} = 1\ \text{k}\Omega$，$r_{ce}$ 可忽略，$U_{be} = 0.7\ \text{V}$。

(1) 求第二级电路的静态工作点 I_{CQ2} 和 U_{CEQ2}。

(2) 若电路中所有电容的容抗在中频区均可忽略，试求该电路的中频电压放大倍数 A_U、输入电阻 R_i 和输出电阻 R_o。

(3) 当加大输入信号时，该放大电路是先出现饱和失真还是先出现截止失真？其最大不失真输出电压 U_{omax} 为多少？

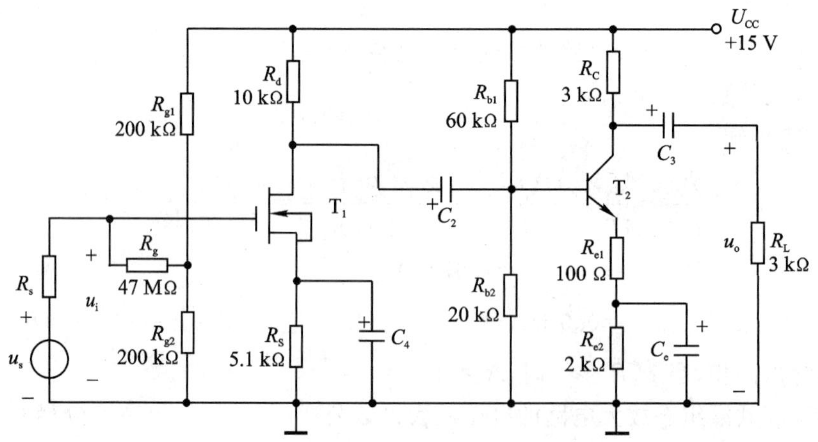

图 4.23 两级阻容耦合放大电路

【解】 (1) 阻容耦合放大电路的静态工作点彼此独立。所以第二级电路的静态工作点 I_{CQ2} 和 U_{CEQ2} 分别为：

$$I_{CQ2} = \frac{U_{CC} \cdot \dfrac{R_{b2}}{R_{b1}+R_{b2}} - 0.7}{R_{e1}+R_{e2}} = \frac{15 \cdot \dfrac{20}{80} - 0.7}{2+0.1} = 1.452\ \text{mA}$$

$$U_{CEQ2} = U_{CC} - I_{CQ2} \cdot (R_c + R_{e1} + R_{e2}) = 7.593\ \text{V}$$

(2) 忽略电路中所有电容的容抗，其交流通路的线性化等效电路如图 4.24 所示。

图 4.24 中用虚线将两级放大电路分开，总的电压增益是两级放大电路电压增益的乘积，即：

$$A_{UM} = A_{UM1} \cdot A_{UM2}$$

(由于中频区所有电容的容抗忽略，所以相量值与其幅值相等)

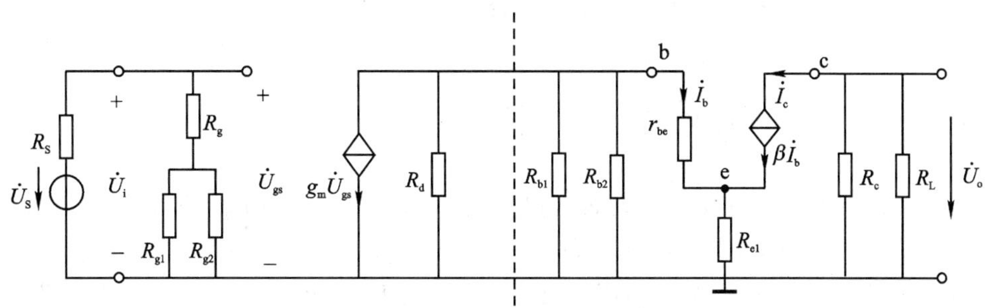

图 4.24 交流通路的线性化等效电路

第一级电压增益为：

$$A_{UM1}=\frac{U_{o1}}{U_i}\approx-\frac{g_m U_{gs}\cdot(R_d /\!/ R_{i2})}{U_{gs}}=-g_m(R_d /\!/ R_{i2})$$

第二级输入电阻为：

$$R_{i2}=R_{b1} /\!/ R_{b2} /\!/ [r_{be}+(1+\beta)R_{e1}]=4.286\ \text{k}\Omega$$

代入上式得： $A_{UM1}=-6$

第二级电压增益为： $A_{UM2}=-\dfrac{\beta\cdot(R_c /\!/ R_L)}{r_{be}+(1+\beta)R_{e1}}=-12.5$

系统总的电压增益为：

$$A_{UM}=A_{UM1}\times A_{UM2}=-6\times(-12.5)=75$$

输入电阻为第一级的输入电阻：

$$R_i=R_g+(R_{g1} /\!/ R_{g2})\approx R_g=47\ \text{M}\Omega$$

系统的输出电阻为最后一级的输出电阻：

$$R_o\approx R_c=3\ \text{k}\Omega$$

(3) 多级放大电路的失真一般首先出现在最后一级，我们假设场效应管工作在放大状态，满足 $U_{DS}>U_{GS}-U_{GS(off)}$。对于三极管比较静态工作点的横坐标值 $U_{CEQ2}=7.593\ \text{V}$ 和交流负载线与静态工作点之间的横坐标值 $I_{CQ2}\cdot[R_{e1}+(R_c /\!/ R_L)]\approx I_{CQ2}\cdot(R_c /\!/ R_L)=2.187\ \text{V}$，取小的作为输出电压最大值。所以 $U_{omax}=2.187\ \text{V}$。由于静态工作点较低，所以第二级首先出现截止失真。

不失真情况场效应管的最大输出为：

$$U_{o1}=\frac{2.187}{12.5}=U_{d1}=0.175\ \text{V}$$

不失真情况放大器可输入的电压幅值

$$U_i=\frac{0.175}{6}=0.029\ \text{V}$$

此例 $u_D-u_{gs}=u_{DG}=U_{o1}-U_i=0.146\ \text{V}$，只要满足 $u_{DS}>u_{GS}-U_{GS(off)}$ 或始终有 $u_{DS}-u_{GS}=$

$u_{DG} > -U_{GS(off)}$,就可保证场效应管工作在放大状态。

*4.4 FET 三极管应用实例

MOS 场效应管集成电路虽然出现较晚,但由于具有制造工艺简单、集成度高、功耗低、抗干扰能力强和便于向大规模集成电路发展等优点,所以发展很快。

MOS 场效应管有 N 沟道和 P 沟道两类,采用 N 沟道 MOS 管组成的门电路称为 NMOS 门电路;采用 P 沟道 MOS 管组成的门电路称为 PMOS 门电路。CMOS 门电路是在 NMOS 和 PMOS 门电路基础上发展起来的一种互补对称场效应管集成门电路。CMOS 门电路与 NMOS 门电路和 PMOS 门电路相比较有许多优点,如功耗低、电源电压范围宽、输出逻辑摆幅大及利于与 TTL 或其他电路连接等。因此,CMOS 电路在各种电子电路中得到了广泛的应用。下面讨论 CMOS 逻辑门电路。

1. CMOS"非"门电路

图 4.25 是 CMOS"非"门电路(常称为 CMOS 反相器),其中 T_1 采用 N 沟道增强型(NMOS),T_2 采用 P 沟道增强型(PMOS),它们共同制作在一块硅片上。两管的栅极相连,作为电路输入端 A;漏极相连,作为电路输出端 F。两者连成互补对称的结构,衬底都与各自的源极相连。

当输入端 A 为"1"(约为 U_{DD})时,驱动管 T_1 的 $U_{GS}=U_{DD}$ 大于开启电压,T_1 导通;而负载管 T_2 的 $|U_{GS}|\approx 0$,小于开启电压的绝对值,T_2 截止。所以,输出端 F 为"0"(约为 0 V)。

当输入端 A 为"0"(约为 0 V)时,显然有 T_1 截止、T_2 导通,故输出端 F 为"1"。

2. CMOS"与非"门电路

如图 4.26 所示,T_1 和 T_2 为 N 沟道增强型管,两者串联;T_3 和 T_4 为 P 沟道增强型管,两者并联。

当 A 和 B 两个输入端全为"1"时,T_1 和 T_2 均导通,而 T_3 和 T_4 均截止,故输出端 F 为"0"。

当 A 和 B 两个输入端中至少有一个为"0"时,则 T_1 和 T_2 中至少有一个截止,而 T_3 和 T_4 中至少有一个导通,故输出端 F 为"1"。由此可见,该电路实现了"与非"逻辑关系,是 CMOS"与非"门电路。

3. CMOS"或非"门电路

如图 4.27 所示,T_1 和 T_2 为 N 沟道增强型管,两者并联;T_3 和 T_4 为 P 沟道增强型管,两者串联。

当 A 和 B 两个输入端全为"0"时,T_1 和 T_2 均截止,而 T_3 和 T_4 均导通,故输出端 F 为"1"。

当 A 和 B 两个输入端中至少有一个为"1"时,则 T_1 和 T_2 中至少有一个导通,故输出端 F 为"0"。所以,该电路实现了"或非"逻辑功能,是 CMOS"或非"门电路。

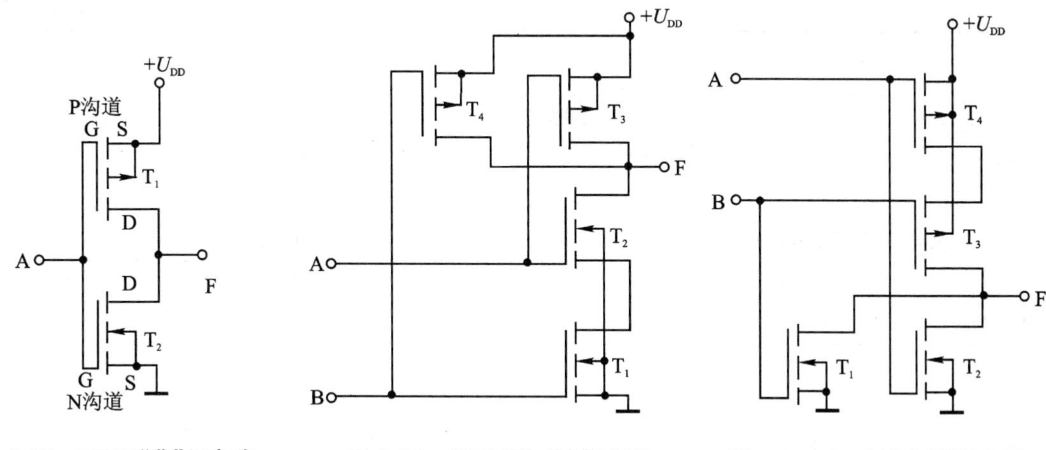

图 4.25 CMOS"非"门电路　　图 4.26 CMOS"与非"门电路　　图 4.27 CMOS"或非"门电路

4.5 FET 与 BJT 的比较

FET 与 BJT 的比较见表 4.2。

表 4.2 FET 与 BJT 的比较

项目＼器件	BJT	FET
结构	NPN 型 PNP 型	MOSFET{N 沟道(NMOS){增强型, 耗尽型}; P 沟道(PMOS){增强型, 耗尽型}} JFET{N 沟道; P 沟道}
特点	C、E 一般不可倒置使用	源极未与衬底连接时，D、S 一般可倒置使用
载流子	两种载流子(电子与空穴)同时参与导电，故为双极型晶体管	只有一种载流子(电子或空穴)参与导电，故为单极型晶体管
控制方式	电流控制电流源 CCCS(β)	电压控制电流源 VCCS(g_m)
热稳定性	差	好
输入电阻	$10^2 \sim 10^4\ \Omega$	$10^9 \sim 10^{15}\ \Omega$
输出电阻	r_{ce}很高	r_{ds}很高
静电影响	不受静电影响	易受静电影响
制造工艺	较复杂	简单，成本低

续表 4.2

项目 \ 器件		BJT	FET
集成工艺		不易大规模集成	适宜大规模和超大规模集成
噪声		较大	较小
基本放大电路	电压反向放大器	共发射极	共源极
	电流跟随器	共基极	共栅极
	电压跟随器	共集电极	共漏极
对应极		B—G，E—S，C—D	

4.6 小　结

- 三极管分为 BJT 和 FET 二类。BJT 有两种载流子参与导电，而 FET 只有一种载流子参与导电。N 沟道的 FET 导电载流子是电子，P 沟道的 FET 导电载流子是空穴。FET 管共有六种：N 沟道耗尽型 MOSFET、N 沟道增强型 MOSFET 和 N 沟道 JFET；P 沟道耗尽型 MOSFET、P 沟道增强型 MOSFET 和 P 沟道 JFET。JFET 也属于耗尽型。
- 虽然 FET 和 BJT 控制机理不同，但三极管构成的基本放大电路仅有三种：共射极(CE)和共源(CS)为电压反相放大器；CB 和 CG 为电流跟随器；CC 和 CD 为电压跟随器。
- FET 和 BJT 构成的放大电路的分析方法类同，有图解法和小信号模型分析法，但需要注意不同频率范围内 FET 和 BJT 的线性化模型不同。由 FET 和 BJT 线性化模型可知，BJT 在低频、中频段为电流控制电流源(CCCS)，而 FET 整个频率范围内均是电压控制电流源(VCCS)。
- N 沟道的 FET 构成的放大电路，正常工作需外加电压 $U_{DS}>0$；P 沟道的 FET 构成的放大电路，正常工作需外加电压 $U_{DS}<0$。
- FET 的优点是 R_i 大，噪声低；而 BJT 的优点是 β 高，各取优点可制成高性能的模拟集成电路。
- MOS 器件主要用于制成集成电路，而且前景看好。

4.7 习　题

1. 填空题

(1) BJT 三极管的放大作用是用较小的______电流控制较大的______电流，所以 BJT

三极管是一种______元件。MOSFET 三极管的放大作用是用较小的______电压控制较大的______电流，所以 MOSFET 三极管是一种______元件。

(2) 场效应管放大电路如图 4.28 所示，静态时该电路的栅极电位 U_G 等于______。

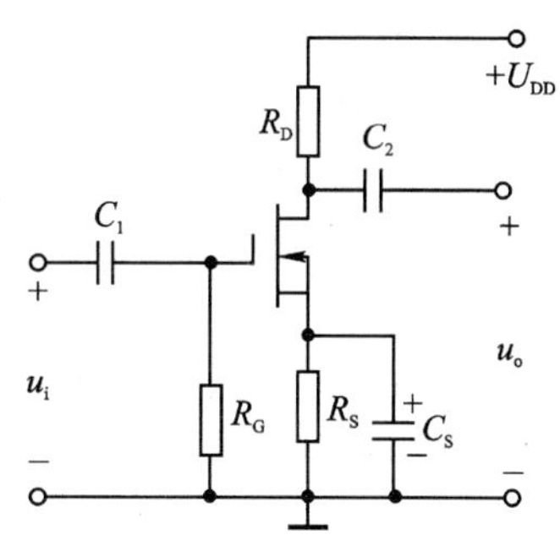

图 4.28 习题(2)图

(3) 试从下述几方面比较场效应管和晶体三极管的异同。

① 场效应管的导电机理为______，而晶体三极管为______。比较两者受温度的影响______管优于______管。

② 场效应管属于______器件，其中 G、S 间的阻抗要__________晶体三极管 b、e 极间的阻抗，后者则应属于______式器件。

③ 晶体三极管 3 种工作区域是______________________，与此不同，场效应管常把工作区域分为 3 种________________。

④ 场效应管 3 个电极 G、D、S 类同晶体三极管的______电极，场效应管 3 种基本放大电路共栅(CG)、共源(CS)、共漏(CD)的作用类同于晶体三极管的三种基本放大电路____________________的作用。

(4) 测得半导体三极管及场效应管三个电极对地的电位如图 4.29 所示。试判断下列器件的工作状态。

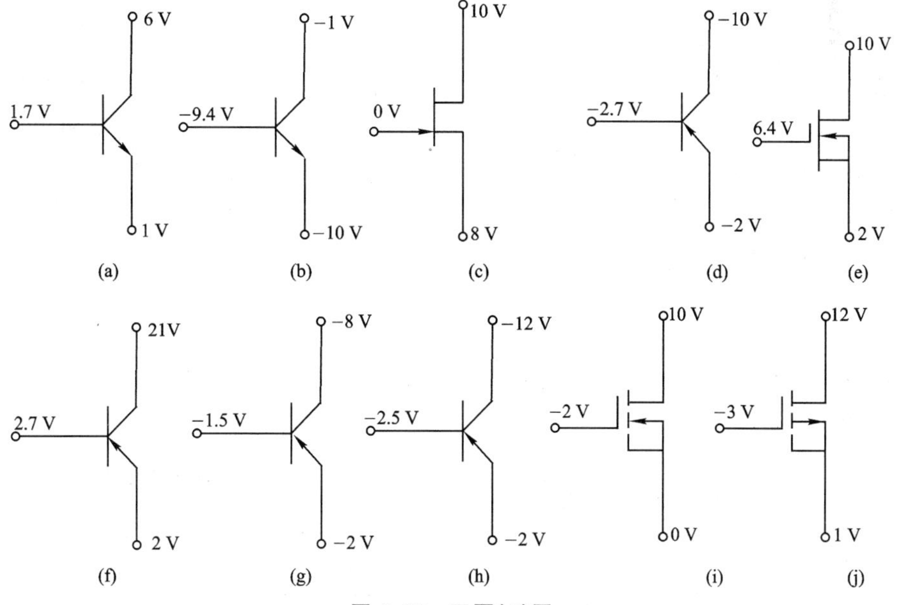

图 4.29 习题(4)图

(5) MOSFET 的转移特性如图 4.30 所示,说出各条曲线对应的 FET 的类型、阈值电压类型(开启电压或夹断电压)和具体数值。曲线①是______,曲线②是______,曲线③是______,曲线④是______,曲线⑤是______,曲线⑥是______。

(6) 已知 P 沟道耗尽型 MOSFET 的参数为 $K_P=0.2\ \text{mA/V}^2$, $U_P=0.5$ V, $i_D=-0.5$ mA(假定正向为流进漏极)。此时的预夹断点栅源电压 $U_{GS}=$__________ V,漏源电压 $U_{DS}=$__________ V。

2. 电路如图 4.31 所示,设 $R_1=R_2=100\ \text{k}\Omega$, $R_d=7.5\ \text{k}\Omega$,$U_{DD}=5$ V, $U_d=-1$ V, $K_P=0.2\ \text{mA/V}^2$。试计算图 4.31 所示 P 沟道增强型 MOSFET 共源极电路的漏极电流 I_D 和漏源电压 U_{DS}。

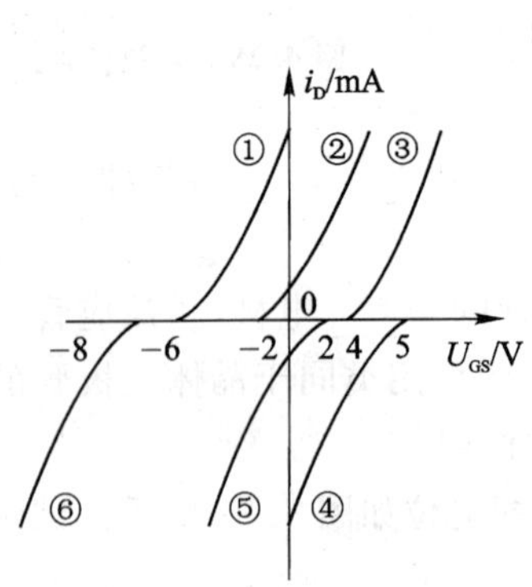

图 4.30 习题(5)图

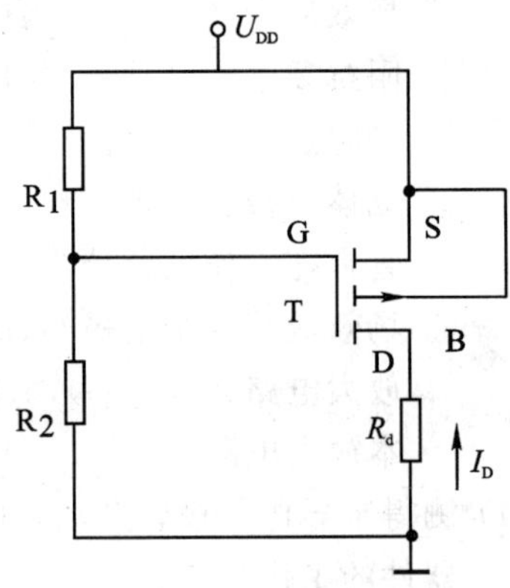

图 4.31 习题 2 图

3. 电路如图 4.32 所示。设电流源电流 $I=0.5$ mA,$U_{DD}=U_{SS}=5$ V, $R_d=9\ \text{k}\Omega$,C_S很大,对信号可视为短路。场效应管的 $U_T=0.8$ V, $K_n=1\ \text{mA/V}^2$,输出电阻 $r_{ds}=\infty$。试求电路的小信号电压增益 $\dot{A}_u$。

4. 场效应管源极输出电路如图 4.33 所示,已知 $U_{GS(off)}=-4$ V,$I_{DSS}=2$ mA,$U_{DD}=+15$ V,$R_g=1\ \text{M}\Omega$,$R_s=8\ \text{k}\Omega$,$R_L=1\ \text{M}\Omega$,计算:

(1) 静态工作点 Q;

(2) 输入电阻 R_i 及输出电阻 R_o;

(3) 电压放大倍数 $\dot{A}_u=\dfrac{\dot{U}_o}{\dot{U}_i}$。

5. 电路如图 4.34 所示,已知 $I_{DSS}=5$ mA,$U_{GS(off)}=-4$ V,$U_{DD}=10$ V,$R_{g1}=10\ \text{k}\Omega$,$R_{g2}=91\ \text{k}\Omega$,$R_g=510\ \text{k}\Omega$,$R_d=3\ \text{k}\Omega$,$R_s=2\ \text{k}\Omega$,$C_1$、$C_2$、$C_3$ 足够大,$R_L=3\ \text{k}\Omega$,$U_{GSQ}=-2.4$ V。

(1) 画出交流等效电路;

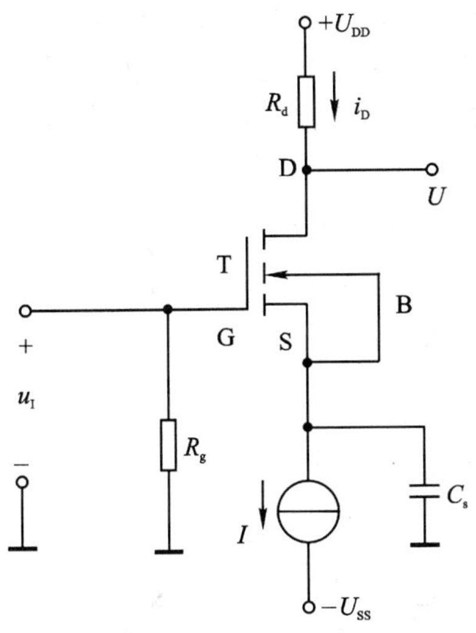

图 4.32 习题 3 图

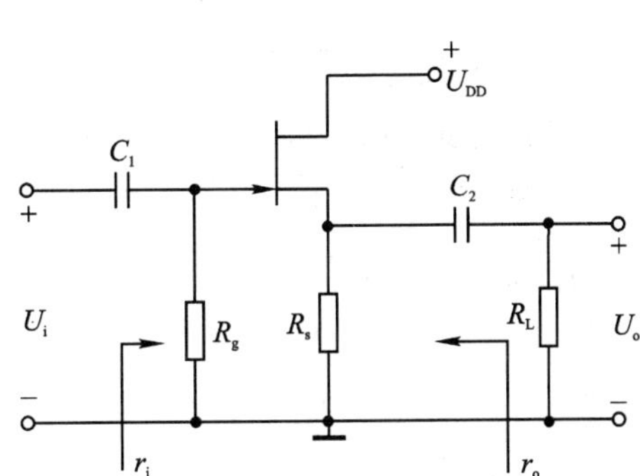

图 4.33 习题 4 图

(2) 求交流参数 $\dot{A}_u=\dfrac{\dot{U}_o}{\dot{U}_i}$、$R_i$ 和 R_o。

6. 电路如图 4.35 所示。设 $R=0.75\ \text{k}\Omega$，$R_{g1}=R_{g2}=240\ \text{k}\Omega$，$R_s=4\ \text{k}\Omega$。场效应管的 $g_m=11.3\ \text{mS}$，$r_{ds}=50\ \text{k}\Omega$。试求源极跟随器的电压增益 $\dot{A}_{us}=\dot{U}_o/\dot{U}_s$、输入电阻 R_i和输出电阻 R_o。

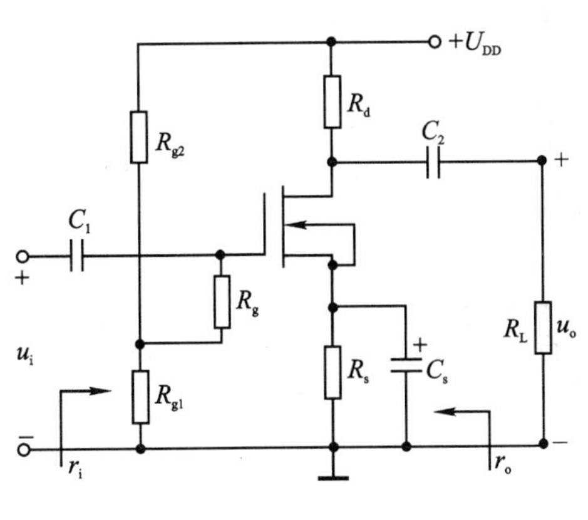

图 4.34 习题 5 图

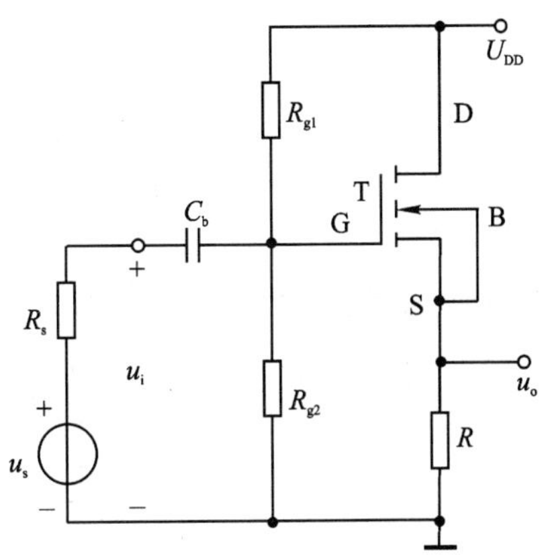

图 4.35 习题 6 图

7. 已知电路参数如图 4.36 所示，FET 工作点上的互导 $g_m=1\ \text{mS}$，设 $r_{ds}\gg R_d$。(1) 画出

电路的小信号等效电路;(2) 求电压增益 $\dot{A}_u$;(3) 求放大器的输入电阻 R_i。

8. 图 4.37 为一带自举电路的高输入阻抗极跟随器。试定性说明:(1) 电压增益接近 1;(2) 通过 C_3 引入自举可减小漏栅电容对输入阻抗的影响;(3) 通过 C_2 引入自举大大增大了放大器的输入电阻。

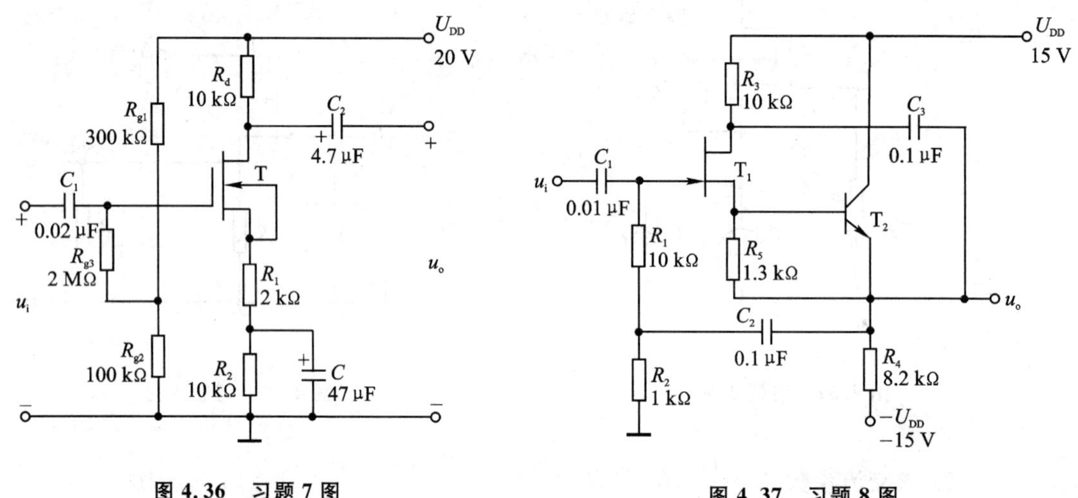

图 4.36 习题 7 图

图 4.37 习题 8 图

9. 电路如图 4.38 所示,设 FET 的互导为 g_m,r_{ds} 很大;BJT 的电流放大系数为 β,输入电阻为 r_{be}。试说明(1) T_1 和 T_2 各属什么组态;(2) 求电路的电压增益 $\dot{A}_u$;(3) 写出输入电阻 R_i 及输出电阻 R_o 的表达式。

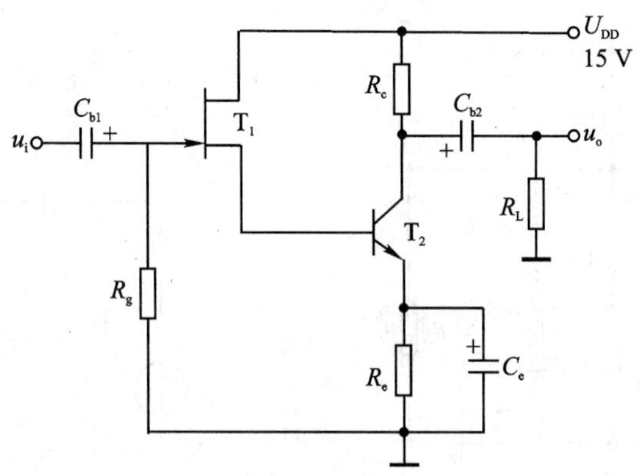

图 4.38 习题 9 图

4.8 部分习题参考答案

1. (1) 基极、集电极、电流控制、栅源、漏源、电压控制

   (2) 0

   (3) ① 一种载流子(多子)参加导电;两种载流子参加导电;FET;BJT。

   ② 压控;远大于;流控。

   ③ 饱和、放大、截止;可变电阻区、恒流区、击穿区。

   ④ b、c、e;CB、CE、CC。

   (4) 放大,放大,放大,放大,放大,截止,截止,放大与截止界点,截止,放大。

   (5) ① N 沟道 JFET,夹断电压 $U_{th(off)}=-6$ V;

   ② N 沟道耗尽型 FET,夹断电压 $U_{th(off)}=-2$ V;

   ③ N 沟道增强型 FET,开启电压 $U_{th(on)}=4$ V;

   ④ P 沟道 JFET,夹断电压 $U_{th(off)}=5$ V;

   ⑤ P 沟道耗尽型 FET,夹断电压 $U_{th(off)}=2$ V;

   ⑥ P 沟道增强型 FET,开启电压 $U_{th(on)}=-8$ V;

   (6) −1.08 V,−1.58 V

2. −0.45 mA, −1.625 V

3. −12.78

6. 0.86, 120 kΩ, 80 Ω

7. −3.3,2 MΩ

9. (1) T_1、T_2各属共漏,共射,

   (2) $\dot{A}_u=\dot{A}_{u1}\cdot\dot{A}_{u2}=-\dfrac{g_m\beta(R_C/\!/R_L)}{1+g_m r_{be}}$

   (3) 电路的输入和输出电阻为 $R_i\approx R_g$,$R_o\approx R_c$

第5章 集成电路运算放大器

集成电路 IC(Integrated Circuit)是 20 世纪 60 年代初期发展起来的,它将一个功能电路制作在一个硅片上。由于集成电路制造工艺的原因,集成运算放大器的主要特点有:

- 集成运算放大器的各个电子器件是在相同的工艺条件和工艺流程下制造在一块硅片上的,所以相邻元器件具有良好的对称性和同向偏差。为此,集成运算放大器常采用具有结构对称特征的电路,如差分输入级电路和电流源电路等。
- 硅片上不能制作大电容,更不能制作电感,所以集成运算放大器均为直接耦合多级放大器,必要的大电容或电感元件必须依靠外接。
- 硅片上不能制作高阻值电阻,所以集成运算放大器中常用有源元件(如晶体管、场效应管等)取代电阻。
- 集成运算放大器中的二极管往往用三极管改接而成。

集成放大器是最早出现的模拟集成电路,也是模拟集成电路的核心器件。集成放大器最初多用于各种模拟信号的运算,故得名集成运算放大器,简称集成运放。集成运算放大器的符号如图 5.1(a)所示,它有两个输入端,一个输出端。标识负号的为反相输入端,该输入端的信号为 u_-;标识正号的为同相输入端,该输入端的信号为 u_+,图 5.1(b)所示是早期常用符号。图 5.1(c) 所示为运算放大器的传输特性,在线性区域内,有:

$$u_o = A_{ud} u_i \approx A_d (u_+ - u_-) \tag{5.1}$$

当 $u_- = 0$ 时,u_o 与 u_+ 同相;当 $u_+ = 0$ 时,u_o 与 u_- 反向,故 u_+ 端为同相输入端,u_- 端为反向输入端。

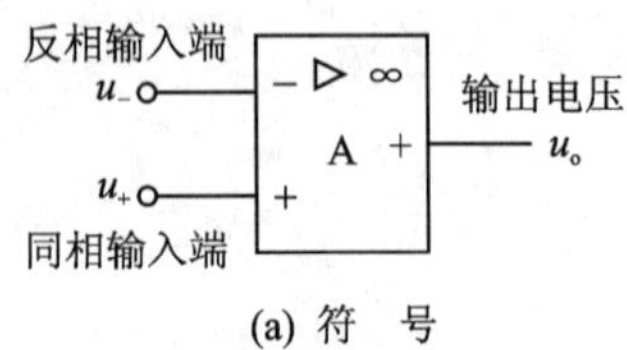

(a) 符　号　　(b) 早期符号　　(c) 传输特性

图 5.1　集成运放的符号

集成运算放大器的类型很多,电路也不一样,但其基本结构具有共同之处。集成运算放大器一般由四部分组成:输入级、中间级、输出级和偏置电路,如图 5.2 所示。

(1) 输入级

集成运算放大器的输入级是一个双端输入的高性能差分放大电路,一般要求要具有较高的输入电阻。采用差分放大电路的原因,是为了提高对输入干扰和电路噪声的抑制能力,还能实现对交流信号的放大作用。输入级的好坏直接影响集成运放的性能参数。

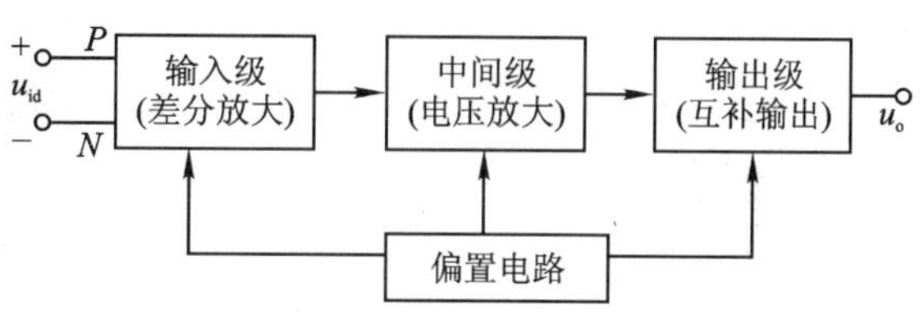

图 5.2 集成运放结构框图

(2) 中间级

中间级是整个电路的主要放大电路,其作用是在有效抑制噪声的前提下,使集成运算放大器具有较强的放大能力,中间级一般为共射(共源)放大电路。为了提高放大倍数,采用了以复合管作放大管、以电流源作集电极负载等措施。同时为了保证放大电路具有良好的线性特性,还在中间级设置了一些线性、温度、电源抑制等补偿措施。

(3) 输出级

集成运算放大器的输出级多采用互补对称的输出电路。其功能是提供较大的负载驱动能力,并提供较宽的动态电压输出范围,同时在输出端也提供相应的输出短路保护电路。

(4) 偏置电路

偏置电路的功能,是为集成运算放大器的各级电路设置静态工作点。与分立元件不同,集成运放采用了电流源电路为各级提供合适的集电极(或发射极、漏极)静态工作电流,使其具有合适的静态工作点。

为了了解集成运放的电路结构和工作原理,我们先来介绍集成电路中常用的单元电路,如:电流源、差分放大电路、互补对称电路等,然后分析一个通用型的集成运放 741。

5.1 电流源

在模拟集成电路中,广泛使用了一种单元电路——电流源,它不仅可以为放大电路提供稳定的偏置电流,还可以作为有源负载取代高阻值的电阻。下面介绍基本电流源电路。

1. 镜像电流源

镜像电流源电路如图 5.3 所示。T_1 和 T_2 是两只参数完全相同的对管,即 $\beta_1=\beta_2=\beta$,$I_{CEO1}=I_{CEO2}$,由于两管具有相同的基-射电压,所以它们的基极电流和集电极电流对应相等,即 $I_{B1}=I_{B2}=I_B$,$I_{C1}=I_{C2}$($I_{E1}=I_{E2}$)。可见,由于电路的特殊结构,使 I_{C1} 和 I_{C2} 呈镜像关系,故得名镜像电流源。电阻 R 的电流 I_R 是基准电流，I_{C2} 是输出电流。

基准电流 I_R 可表示为

$$I_R = \frac{U_{CC} - U_{BE}}{R}$$

输出电流 I_{C2} 为： $$I_{C2} = I_{C1} = I_R - 2I_B = I_R - 2I_{C2}/\beta$$

所以： $$I_{C2} = \frac{I_R}{1 + \frac{2}{\beta}} \tag{5.2}$$

当 BJT 的 β 较大时，基极电流可以忽略不记，则

$$I_{C2} \approx I_R \tag{5.3}$$

镜像电流源具有一定的温度补偿作用，I_{C2} 的稳定性较好。但是，当 β 值不够大时，I_{C2} 与 I_R 将存在一定的差别。为了弥补这种不足，在电路中加入 BJT T_3，如图 5.4 所示。利用 T_3 的电流放大作用减少 I_{B1} 和 I_{B2} 对 I_R 的分流作用，提高了 I_{C2} 与 I_R 互成镜像的精确程度。即

$$I_{C2} = I_{C1} = I_R - I_{B3} = I_R - 2I_B/(1+\beta_3) \approx I_R$$

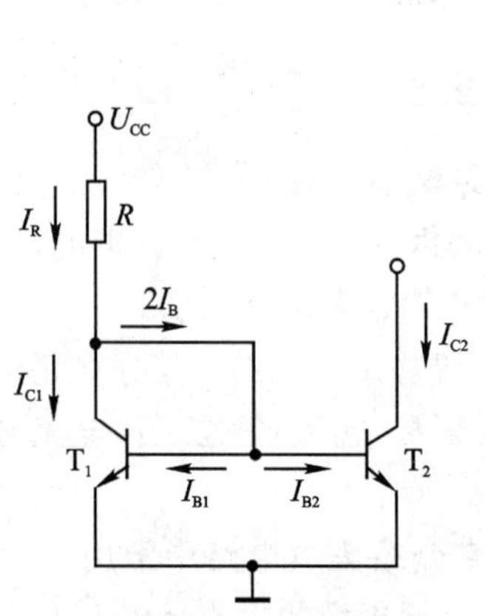

图 5.3 镜像电流源

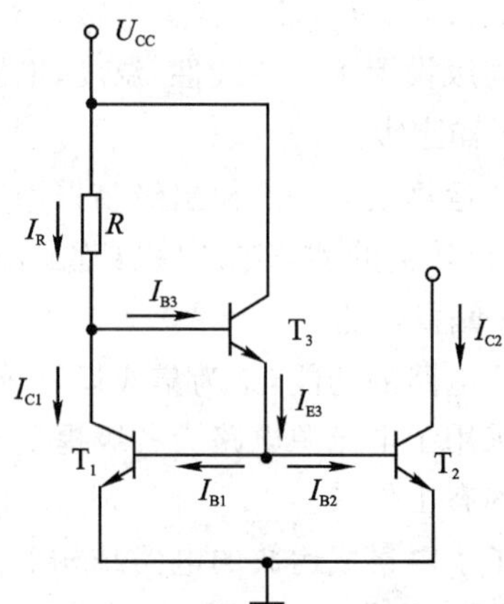

图 5.4 改进的镜像电流源

镜像电流源电路适合于较大工作电流(mA)的场合，如果需要较小的 I_{C2} 值，必然要求 R 的值很大，这在集成电路中是很难实现的，需采用其他形式的电流源。

2. 比例电流源

比例电流源电路如图 5.5 所示。T 和 T_1 特性完全相同，当 BJT 的 β 较大时，有：$I_E = I_C \approx I_R$，由于各个 BJT 的 β 和 U_{BE} 相同，则各管的发射极电位相同，即：$I_E R_e = I_{E1} R_{e1}$，所以：

$$I_{C1} \approx I_{E1} = \frac{R_e}{R_{e1}} \cdot I_E = \frac{R_e}{R_{e1}} \cdot I_R \tag{5.4}$$

如果在 T_1 的基极并联多个 BJT，就成为多路比例电流源，可以为集成运放提供多个静态

电流，如图 5.6 所示。则

$$I_{C1} \approx I_{E1} = \frac{R_e}{R_{e1}} \cdot I_E = \frac{R_e}{R_{e1}} \cdot I_R$$

$$I_{C2} \approx I_{E2} = \frac{R_e}{R_{e2}} \cdot I_E = \frac{R_e}{R_{e2}} \cdot I_R \tag{5.5}$$

…

3. 微电流源

微电流源电路如图 5.7 所示。T_1和 T_2也是两只参数完全相同的对管，该电路可以为集成运放提供 μA 数量级的静态工作电流。与镜像电流源相比，在 T_2的发射极接入电阻 R_{e2}，当基准电流 I_R一定时，输出电流 I_{C2}为：

$$I_{C2} \approx I_{E2} = \frac{U_{BE1} - U_{BE2}}{R_{e2}} = \frac{\Delta U_{BE}}{R_{e2}} \tag{5.6}$$

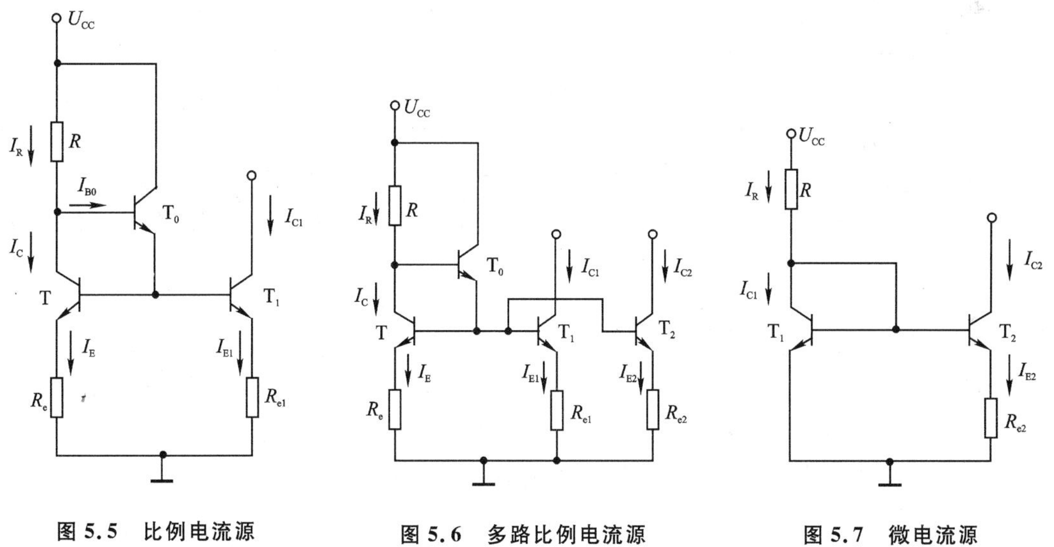

图 5.5　比例电流源　　图 5.6　多路比例电流源　　图 5.7　微电流源

可见，两个 BJT 的基-射电压差 ΔU_{BE}控制输出电流 I_{C2}。由于 ΔU_{BE}的数值很小，所以用阻值不大的 R_{e2}就可获得微小的工作电流。

5.2　集成运放的输入级——差分放大电路

差分放大电路也叫做差动放大电路。差分放大电路因可有效地抑制直接耦合放大电路的零点漂移，而作为集成运算放大器的输入级。

5.2.1 直接耦合放大电路的零点漂移现象

实验中人们发现，在直接耦合放大电路中，即使输入端短路，用灵敏的直流表测量输出端，也会有变化缓慢的输出电压，其称为零点漂移现象，如图5.8所示。

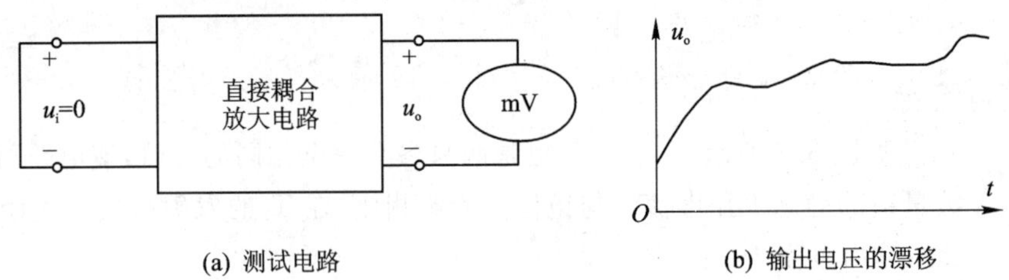

(a) 测试电路　　(b) 输出电压的漂移

图5.8　零点漂移现象

漂移现象产生的原因是电路参数的变化。比如电源电压的波动，元件的老化，半导体元件随温度变化而产生的变化，这些都会使输出电压漂移。在阻容耦合放大电路中，漂移电压降落在电容之上，不会传递到下一级电路继续放大。但在直接耦合放大电路中，由于前后级直接相连，前一级的漂移电压和有用信号一起被送到下一级，而且逐级放大，以至于有时在输出端很难区分什么是有用信号，什么是漂移电压，致使放大电路不能正常工作。

温度变化所引起的半导体元件参数变化是产生零点漂移现象主要原因，所以零点漂移也称温度漂移，简称温漂或零漂。

5.2.2 差分放大电路的功能

差分放大电路的功能，就是放大两个输入信号之差。图5.9为线性差分放大电路框图。它有两个输入端，分别接有输入信号 u_{i1} 和 u_{i2}；输出端的信号电压为 u_o。

【定义】 差模信号 u_{id} 和共模信号 u_{ic} 分别为

$$\left.\begin{aligned} u_{id} &= u_{i1} - u_{i2} \\ u_{ic} &= \frac{u_{i1} + u_{i2}}{2} \end{aligned}\right\} \tag{5.7}$$

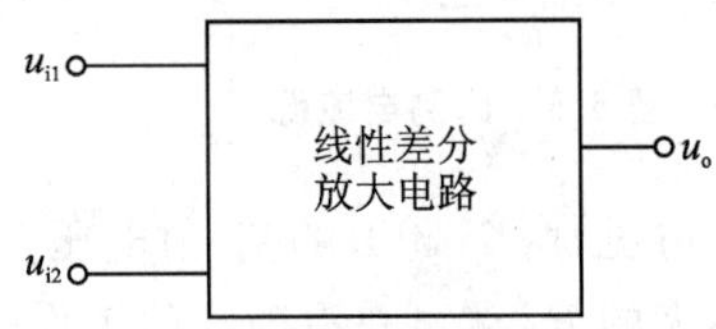

图5.9　理想差分放大电路框图

输入差模信号 u_{id} 是两个输入信号的差值；输入共模信号 u_{ic} 是两个输入信号的算术均值。两个输入信号可表示为输入差模信号和输入共模信号的叠加形式，即

$$\left.\begin{aligned} u_{i1} &= u_{ic} + \frac{u_{id}}{2} \\ u_{i2} &= u_{ic} - \frac{u_{id}}{2} \end{aligned}\right\} \tag{5.8}$$

可见，输入差模信号 u_{id} 是两个输入信号中大小相等、相位相反的部分；输入共模信号 u_{ic} 是两个输入信号中大小相等、相位相同的部分。差分放大电路的输出是输入差模信号 u_{id} 和输入共模信号 u_{ic} 共同作用的结果

$$u_o = A_{ud}u_{id} + A_{uc}u_{ic} \tag{5.9}$$

式中：A_{ud} 是差分放大电路的差模电压增益，A_{uc} 是差分放大电路的共模电压增益。输入差模信号表示了输入信号的变化，它是输入端的有用信号，需要通过放大电路进一步放大；输入端的干扰信号、电源电压的波动、环境温度的影响等均可以等效为共模输入信号，共模输入不但不必放大，还必须加以抑制。

差分放大电路正是具有了对差模信号进行放大，对共模信号进行抑制的能力，从而使式(5.9)与式(5.1)一致。

5.2.3 差分放大电路工作原理及分析

图5.10(a)所示，是一个基本差分放大电路。它由两个特性相同的BJT T_1 和 T_2 组成对称电路，电路其他参数也完全对称。电路中有两个直流电源 $+U_{CC}$ 和 $-U_{EE}$；两管的发射极连在一起，并接恒流源 I_o；恒流源的交流电阻 r_o 很大，图中以虚线表示。

差分放大电路的交流通路如图5.10(b)所示，是所有直流电源置零($U_{CC}=0, U_{EE}=0, I_O=0$)后的等效电路。

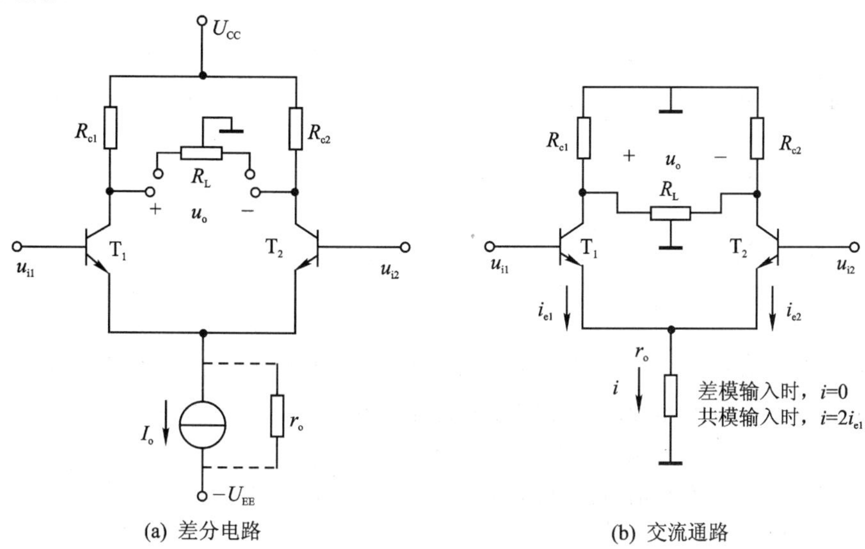

图5.10 基本差分放大电路

1. 差分放大电路的静态分析以及抑制零漂的原理

输入信号 $u_{i1}=u_{i2}=0$ 即为静态。在理想情况下，电路完全对称，即 $R_{c1}=R_{c2}=R_c$、$U_{BE1}=$

U_{BE2},以及恒流源的交流电阻 $r_o \to \infty$,则

$$\left.\begin{aligned} I_{C1} &= I_{C2} = I_C = I_o/2 \\ U_{C1} &= U_{C2} = U_{CC} - I_C \cdot R_c \\ U_o &= U_{C1} - U_{C2} = 0 \end{aligned}\right\} \tag{5.10}$$

差分放大电路中,不论是温度变化,还是电源电压的波动等,都会引起两管集电极电流和相应集电极电压发生变化,即产生零点漂移现象。但是,由于差分放大电路的对称性,这种漂移电压是左右相同的,则输出 $U_o = U_{C1} - U_{C2}$ 仍然为零,可见零点漂移得到完全抑制。但在实际电路中,要作到两管完全对称和理想恒流源比较困难,因此零点漂移不可能完全被抑制,但是输出漂移电压将减小很多。

2. 差分放大电路的技术指标及动态分析计算

(1) 主要技术指标

差分放大电路动态性能技术指标主要为:差模电压放大倍数、共模电压放大倍数、共模抑制比等。

差模电压放大倍数用 A_{ud} 表示,定义为输出差模电压与输入差模电压的比值,即

$$A_{ud} = \frac{u_{od}}{u_{id}} = \frac{u_{od}}{u_{i1} - u_{i2}} \tag{5.11}$$

共模电压放大倍数用 A_{uc} 表示,定义为输出共模电压与输入共模电压的比值,即

$$A_{uc} = \frac{u_{oc}}{u_{ic}} \tag{5.12}$$

共模抑制比用 K_{CMR} 表示,定义为差模电压放大倍数与共模电压放大倍数比值的绝对值,即

$$K_{CMR} = \left| \frac{A_{ud}}{A_{uc}} \right| \tag{5.13}$$

有时也用 dB 值表示共模抑制比,即

$$K_{CMR} = 20\lg \left| \frac{A_{ud}}{A_{uc}} \right|$$

性能优良的差分放大电路,应具有较大的差模电压放大倍数,极小的共模电压放大倍数,即共模抑制比很高。这时差分放大电路的输出电压为:

$$u_o = A_{ud} \cdot u_{id} + A_{uc} \cdot u_{ic} \approx A_{ud} \cdot u_{id} \tag{5.14}$$

输出信号主要为有用的差模信号,干扰、温漂等共模信号被抑制了很多。

(2) 动态分析计算

差分放大电路在输入、输出的方式上,有双端输入和单端输入、双端输出和单端输出的不同,应该区别计算。由式(5.8)知,差分放大电路的输出是输入差模信号 u_{id} 和共模信号 u_{ic} 的函数,可以采用叠加定理来分析。

1）双端输入、双端输出时的分析计算

① 差模信号 u_{id} 单独作用时的分析（$u_{ic}=0$）

由式(5.7)知，差分放大电路的两个输入信号为 $u_{i1}=-u_{i2}=u_{id}/2$ 。u_{i1} 和 u_{i2} 是大小相等、相位相反的信号。当 u_{i1} 增加时，u_{i2} 则减少，且增加的量与减少的量相同，反之亦然；集电极交流电流（i_{c1}、i_{c2}）和电压（u_{c1}、u_{c2}）也是一个增加，另一个则减少，且增加的量与减少的量相同，即 $u_{c1}\approx-u_{c2}$，$i_{c1}\approx-i_{c2}$。则 $i=i_{c1}+i_{c2}\approx0$。

恒流源内阻 r_o 上的交流电流 i 几乎是零，发射极的交流电位也几乎是零（交流地），这是差模输入时极为重要的特征。

差模电压放大倍数 A_{ud}

$$A_{ud}=\frac{u_{od}}{u_{id}}=\frac{u_{c1}-u_{c2}}{u_{i1}-u_{i2}}=\frac{2u_{c1}}{2u_{i1}}=\frac{u_{c1}}{u_{i1}} \tag{5.15}$$

可见差分放大电路的 A_{UD} 是其中一侧放大电路的放大倍数，却使用了两个对称的放大电路，这是抑制温漂所付出的代价。由交流通路得出，空载时

$$\dot{A}_{ud}=\frac{-\beta\dot{I}_bR_{c1}}{\dot{I}_br_{be1}}=\frac{-\beta R_{c1}}{r_{be1}} \tag{5.16}$$

有负载 R_L 时，两个对称电路各承担负载 R_L 的一半。即

$$\dot{A}_{ud}=\frac{-\beta\left(R_{c1}\ /\!/\ \dfrac{R_L}{2}\right)}{r_{be1}} \tag{5.17}$$

差模输入电阻 R_{id} 和输出电阻 R_o

$$\left.\begin{aligned}R_{id}&=2r_{be}\\R_o&=2R_{c1}\end{aligned}\right\} \tag{5.18}$$

② 共模信号 u_{ic} 单独作用时的分析（$u_{id}=0$）

由式(5.7)知，差分放大电路的两个输入信号为 $u_{i1}=u_{i2}=u_{ic}$，差分放大电路的两个输入信号大小相等、相位相同。

交流通路仍如图5.10(b)所示。但与差模输入不同的是，由于是大小相等、相位相同的共模输入电压，当 u_{i1} 增加时，u_{i2} 也增加，且增加的量相同，反之亦然；集电极交流电流（i_{c1}、i_{c2}）和电压（u_{c1}、u_{c2}）也是同时增加或减少，增加或减少的量亦相同，即 $u_{c1}\approx u_{c2}$，$i_{c1}\approx i_{c2}$。则 $i=i_{c1}+i_{c2}\approx2i_{e1}=2(1+\beta)i_{b1}$。

恒流源内阻 r_o 上的交流电流 i 很大，发射极对地的交流电位必然很大。这是共模输入时的重要特征。

共模电压放大倍数 A_{uc}

$$A_{uc}=\frac{u_{oc}}{u_{ic}}=\frac{u_{c1}-u_{c2}}{u_{i1}}\approx0 \tag{5.19}$$

双端输出时，由于电路的对称性，使得式(5.18)的分子很小，共模电压放大倍数几乎为零，

对共模信号抑制能力仍然很强。

2）双端输入、单端输出时的分析计算

单端输出时，输出信号取自一侧的输出端，$u_o=u_{c1}$（或 $u_o=u_{c2}$）。如图 5.11 所示，由于输出信号仅为双端输出时的一半，所以差模电压放大倍数只有双端输出时的一半左右，即

$$A_{ud}=\frac{u_o}{u_{id}}=\frac{u_{c1}}{u_{i1}-u_{i2}}=\frac{u_{c1}}{2u_{i1}}=\frac{1}{2}\cdot\frac{-\beta(R_{c1}\ /\!/\ R_L)}{r_{be1}} \tag{5.20}$$

差模输入电阻 R_{id} 和输出电阻 R_o。

$$R_{id}=2r_{be};R_o=R_{c1} \tag{5.21}$$

注意到共模输入的重要特征和 r_o 阻值很大的特点，共模电压放大倍数仍然很小，即

$$A_{uc}=\frac{u_o}{u_{ic}}=\frac{u_{c1}}{u_{i1}}=\frac{-\beta(R_{c1}\ /\!/\ R_L)}{r_{be1}+2(1+\beta)r_o}\approx 0 \tag{5.22}$$

单端输出时，虽然输出信号取自电路的一侧，但由于 r_o 阻值很大，使得式(5.21)的分母很大，共模电压放大倍数仍然几乎为零，对共模信号抑制能力仍然很强。

3）单端输入的分析计算

差分放大电路的两个输入端，有一个接地，输入信号加在另一个端与地之间，称为单端输入或不对称输入，如 $u_{i1}=u_{id}$，$u_{i2}=0$。这时

$$u_{id}=u_{i1};u_{ic}=\frac{u_{i1}}{2}$$

而输入信号又可以表示成

$$u_{i1}=u_{ic}+\frac{u_{id}}{2};u_{i2}=u_{ic}-\frac{u_{id}}{2}$$

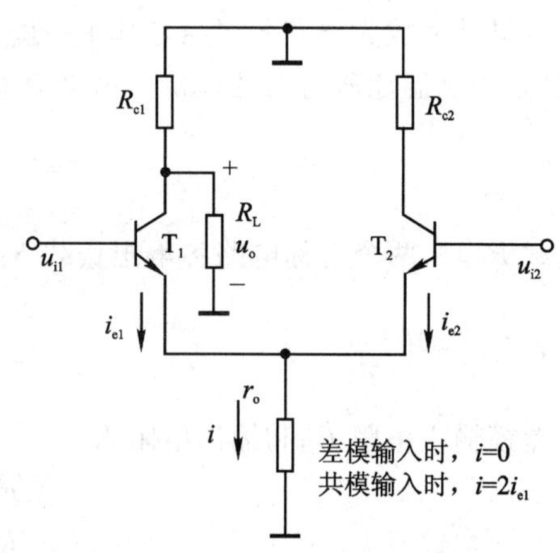

图 5.11 单端输出时的交流通路

表面看来，一个输入端的信号是零，输入信号是由另一端输入的，但实际上每个输入端仍然均匀分布了大小相等、相位相反的差模信号。

例如，$u_{i1}=4$ mV，$u_{i2}=0$；则 $u_{i1}=2$ mV$+2$ mV，$u_{i2}=2$ mV-2 mV。也就是说，4 mV 的差模输入信号实际上仍然均分在两管的输入回路上，每侧分别承担 2 mV 和 −2 mV，此外每侧还承担 2 mV 的共模输入信号。

由于差分放大电路的对称性，单端输入与双端输入时的差模信号是一致的；区别仅是在差模信号输入的同时，伴随了共模信号输入，在共模电压放大倍数 A_{uc} 不为零时，输出端不仅有差模输出，也有共模输出。

单端输入单端输出的分析计算，与双端输入单端输出时一样；单端输入双端输出的分析计算，与双端输入双端输出时一样。

以上分析计算表明，由于差模输入与共模输入的特点不同，以及差分放大电路所具有

的对称性，使得差分放大电路具有较高的差模电压放大倍数和极小的共模电压放大倍数，具有很高的共模抑制比，抑制零漂和干扰的能力较强。表 5.1 给出了差分放大器四种接法的差模特性。

表 5.1 差分放大器四种接法的差模特性

连接方式	差模电压增益 A_{UD}	差模输入电阻 R_{id}	差模输出电阻 R_{od}
双端输入-双端输出 单端输入-双端输出	$A_{ud}=\dfrac{-\beta\left(R_c /\!/ \dfrac{R_L}{2}\right)}{r_{be}}$	$R_{id}=2r_{be}$	$R_{od}=2R_{c1}$
双端输入-单端输出	$A_{ud}=\dfrac{-\beta(R_c /\!/ R_L)}{2r_{be}}$	同上	$R_{od}=R_{c1}$
单端输入-单端输出	$A_{ud}=\pm\dfrac{\beta(R_c /\!/ R_L)}{2r_{be}}$	同上	同上

同一个三极管的基极输入，集电极输出取"＋"；一个三极管基极输入，另一个三极管集电极输出取"－"。

【例 5.2.1】 长尾形式差分放大电路如图 5.12(a)所示，三极管 T_1 和 T_2 的 $\beta=50$，$r_{bb'}=300\ \Omega$，令 R_W 中心抽头处在中央位置，求：

(1) 该电路的静态工作电流 I_C；

(2) 差模电压放大倍数 A_{ud}，差模输入电阻 R_{id} 和输出电阻 R_{od}；

(3) 共模抑制比 K_{CMR}；

(4) 若 $u_{i1}=16$ mV，$u_{i2}=10$ mV，求输出电压 u_{o1}。

【解】 (1) 计算静态工作点

令 $u_{i1}=u_{i2}=0$，

则
$$U_{EE}=U_{BE}+I_E\frac{R_W}{2}+2I_ER_e$$

$$I_C\approx I_E=\frac{U_{EE}-U_{BE}}{\dfrac{R_W}{2}+2R_e}=\left(\frac{11.3}{0.05+20}\right)\text{mA}=0.55\text{ mA}$$

$$U_{C1}=U_{C2}=U_{CC}-I_CR_c=(12-0.55\times15)\text{V}=3.75\text{ V}$$

或
$$U_{CE1}=U_{CE2}=U_{C1}+U_{BE1}=(3.75+0.7)\text{V}=4.45\text{ V}$$

(2) 计算差模电压放大倍数 A_{ud}、差模输入电阻 R_{id} 和输出电阻 R_{od}。

画出交流通路如图 5.12(b)所示(其中 T_1 和 T_2 要表示为 H 参数等效模型，在此省略)。注意差模输入时 $i=0$，于是

$$r_{be}=r_{bb'}+(1+\beta)\frac{V_T}{I_C}=300+51\frac{26}{0.56}=2.67\text{ k}\Omega$$

$$A_{ud}=\frac{u_{o1}}{u_{id}}=\frac{u_{o1}}{2u_{i1}}=\frac{-\beta\dot{I}_b(R_c\ /\!/\ R_L)}{2\left[\dot{I}_b r_{be}+(1+\beta)\dot{I}_b\frac{R_W}{2}\right]}=\frac{-\beta(R_c\ /\!/\ R_L)}{2\left[r_{be}+(1+\beta)\frac{R_W}{2}\right]}$$

$$=\frac{-50(15\ /\!/\ 10)}{2(2.67+51\times 0.05)}=-28.7$$

$$R_{id}=2\left[r_{be}+(1+\beta)\frac{R_W}{2}\right]=[2(2.67+51\times 0.05)]\ \text{k}\Omega=10.44\ \text{k}\Omega$$

$$R_{od}=R_c=15\ \text{k}\Omega$$

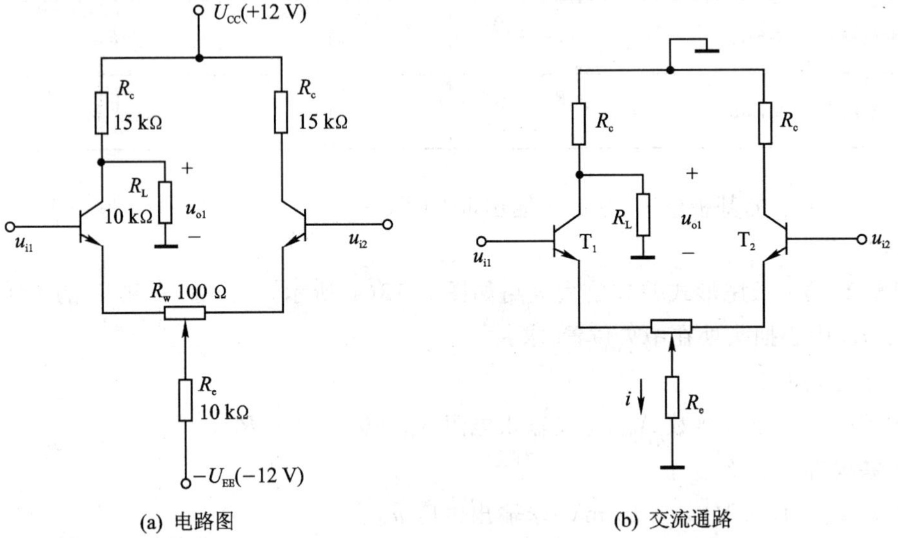

(a) 电路图　　(b) 交流通路

图 5.12　例 5.3.1 电路图

(3) 计算共模抑制比 K_{CMR}

仍然是图 3.12(b)交流通路，注意共模输入时 $i=2i_{e1}$，则

$$\dot{A}_{uc}=\frac{u_{oc}}{u_{ic}}=\frac{-\beta\dot{I}_b(R_c\ /\!/\ R_L)}{\dot{I}_b r_{be}+(1+\beta)\dot{I}_b\left(\frac{R_W}{2}+2R_e\right)}=\frac{-\beta(R_c\ /\!/\ R_L)}{r_{be}+(1+\beta)\left(\frac{R_W}{2}+2R_e\right)}$$

$$=\frac{-50(15\ /\!/\ 10)}{2.67+51\times(0.05+2\times 10)}=-0.29$$

$$K_{CMR}=\left|\frac{A_{ud}}{A_{uc}}\right|=\frac{28.7}{0.29}=100(40\ \text{dB})$$

(4) 当 $u_{i1}=16$ mV，$u_{i2}=10$ mV 时，输入电压的差模分量和共模分量分别为：

$$u_{id}=u_{i1}-u_{i2}=6\ \text{mV};\ u_{ic}=\frac{u_{i1}+u_{i2}}{2}=13\ \text{mV}$$

所以　$u_{o1}=u_{id}A_{ud}+u_{ic}A_{uc}=6\times(-28.7)+13(-0.29)=-176\ \text{mV}$

5.2.4 FET 差分放大电路

BJT 组成的差分放大电路对共模信号具有相当强的抑制能力，但它的差模输入阻抗很低。所以在高输入阻抗的集成运放的输入级中，常采用 FET 差分放大电路或 FET－BJT 混合型的差分放大电路。

图 5.13 所示为带恒流源的 JFET 差分放大电路。JFET T_1 和 T_2 是差分对管；BJT T_3、T_4 及 R_3、R_4 组成恒流源，用于抑制共模信号。此图为单端输入、单端输出的差分放大电路，差模电压放大倍数为

$$A_{ud} = \frac{g_m R_d \,/\!/\, R_L}{2}$$

FET 差分放大电路的电路结构、工作原理和分析方法与 BJT 差分放大电路基本相同。由 JFET 构成的差分放大电路的输入电阻可达 $10^7\ \Omega$，输入偏置电流 100 pA；MOSFET 差分放大电路的输入电阻达 $10^{10}\ \Omega$ 以上，输入偏置电流 10 pA 以下。

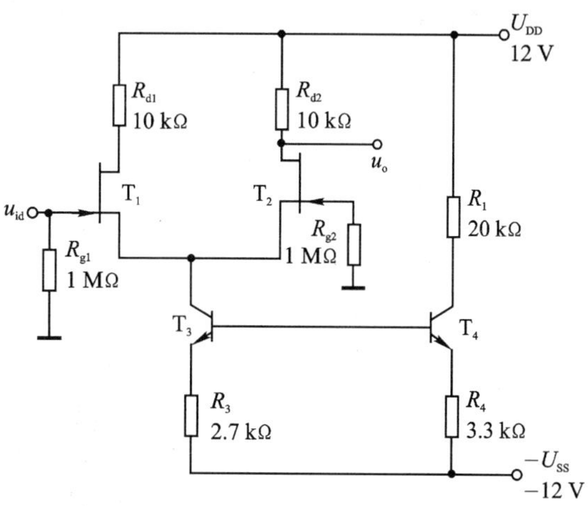

图 5.13 带恒流源的 JFET 差分放大电路

5.3 集成运放的输出级——直接耦合互补功率放大电路

功率放大电路(简称为功放)通常用在多级放大电路的末级，又称为输出级，其功能是向负载提供足够大的功率。从能量控制的观点来看，功率放大电路与电压放大电路没有本质的区别，但是二者所要完成的任务有所不同。电压放大电路的主要任务是将微弱的电压信号不失真地放大，向负载提供幅值较高的电压信号；而功率放大电路一般为电流放大电路，它往往将前级电路已经放大了的电压信号再进行电流放大，从而达到功率放大的目的，满足负载的要求。

按照三极管的工作特点，可将放大电路分为甲类、乙类、甲乙类 3 种工作状态。

1. 甲　类

甲类放大电路中，三极管的静态工作点设在交流负载线的中间。在信号的整个周期内，管子的集电极都有电流通过，三极管的导通角为 360°。Q 点和电流波形如图 5.14(a)所示，称为甲类工作状态。甲类放大电路的优点是：信号无失真；缺点是：静态时，三极管仍有较大的电压和电流，消耗了大量的电源能量。

2. 乙　类

乙类放大电路中，三极管的静态工作电流 $I_C=0$，静态工作点设在截止区。仅在信号的半

个周期内,管子的集电极有电流通过,三极管的导通角为 180°。Q 点和电流波形如图 5.14(b)所示,称为乙类工作状态。乙类放大电路的缺点是:信号严重失真;优点是:由于静态时三极管电流为零,因而静态管耗为零,节约了电源电量。

3. 甲乙类

甲乙类工作状态下的放大电路,其三极管的静态工作点设在放大区且接近截止区处,虽然集电极电流 $I_C \neq 0$,但 I_C 很小。管子的导通时间超过半个周期,却不足一个周期,导通角在 180°～360°之间。Q 点和电流波形如图 5.14(c)所示。

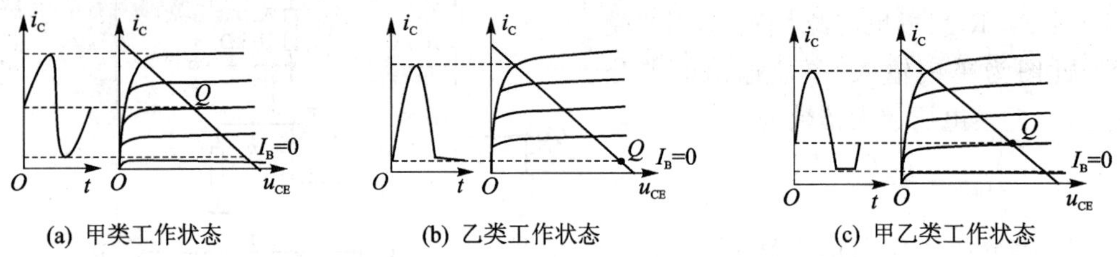

(a) 甲类工作状态　　(b) 乙类工作状态　　(c) 甲乙类工作状态

图 5.14　Q 点的位置与放大电路的工作状态

5.3.1　乙类互补对称功率放大电路

乙类互补对称功率放大电路如图 5.15(a)所示。图中,T1 和 T_2 是参数、特性完全相同的一对管,由正负双电源供电,无输出电容,特别适合直接耦合的集成运算放大电路的输出级。下面简要分析这个电路。

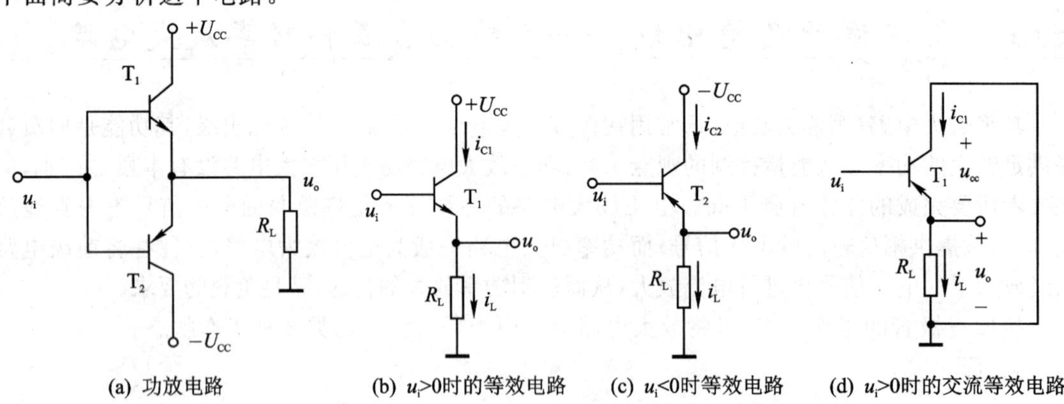

(a) 功放电路　　(b) u_i>0时的等效电路　　(c) u_i<0时等效电路　　(d) u_i>0时的交流等效电路

图 5.15　乙类互补对称功率放大电路

1. 静态分析

静态时,输入电压 $u_i=0$,T_1 和 T_2 均截止。则

$$I_{C1Q} = I_{C2Q} = 0$$

因电路的对称性,所以发射极对地电位为零,则 $u_o=0$,$U_{CE1Q}=-U_{CE2Q}=U_{CC}$。

可见，功率三极管静态功耗为零(这正是乙类放大电路极为优良的特性)。

2. 动态分析

动态时，设输入电压为正弦信号，$u_i=u_{im}\sin\omega t$ V 则：

当 $u_i>0$ 时，T_2 截止，T_1 承担放大任务，T_1 构成电压跟随电路，具有电流放大作用，如图 5.15(b) 所示，$+U_{CC}$ 供电，电流如图中所示，$i_L=i_{C1}$，$u_o=u_i$。

当 $u_i<0$ 时，T_1 截止，T_2 承担放大任务，T_2 也构成电压跟随电路，具有电流放大作用，如图 5.15(c)所示，$-U_{CC}$ 供电，电流如图中所示，$i_L=i_{C2}$，$u_o=u_i$。

可见，T_1 和 T_2 在一个周期内以互补的方式交替工作，正、负电源轮流供电，输出电压与输入电压双向跟随，在负载上形成了基本完整的正弦信号。由于 $u_o=u_i$，所以负载上获得的功率 P_o 为：

$$P_o=U_oI_o\cos\varphi=U_oI_o=\frac{U_{om}}{\sqrt{2}}\cdot\frac{U_{om}}{\sqrt{2}R_L}=\frac{1}{2}\frac{U_{om}^2}{R_L} \tag{5.23}$$

式中，$U_{om}=\sqrt{2}U_o$，$I_{om}=\sqrt{2}I_o$，$U_{om}=R_LI_{om}$，$U_o=R_LI$。

在一个周期内，T_1 和 T_2 是正负半周轮流工作，每个三极管的导通角为 180°，为乙类工作状态。因为 T_1 和 T_2 互补对方的不足，工作性能对称，所以该电路称为乙类双电源互补对称功率放大电路。

请思考：式(5.23)成立的 $U_{om}=U_{im}$ 最大取值是多少？

下面进行图解分析计算。

将 T_2 的特性曲线倒置在 T_1 的右下方，并令二者的静态工作点重合，形成 T_1 和 T_2 的所谓合成曲线，如图 5.16 所示。

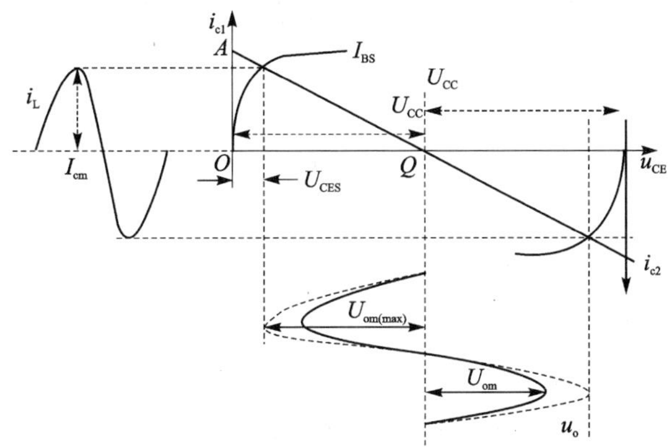

图 5.16 互补对称功放电路的图解分析

由于正、负半周对称，所以以 u_i 在正半周时 T_1 的工作情况为例进行分析。图中假定，只要 $u_{BE1}>0$，T_1 就开始导通，则在一周内，T_1 导通时间大约为半周期。图 5.15(b)的交流等效电路为图 5.15(d)，得知：$u_{ce}=-u_o=-R_Li_{c1}$，通过 Q 点的负载线斜率为 $-1/R_L$，允许的 i_{c1} 的最大变化范围为 $2I_{cm}$，$I_{cm}\approx U_{CC}/R_L$，临界饱和的基极电流 $I_{BS}=I_{cm}/\beta$(当 $i_B>i_{BS}$时，三极管进入饱和状态)。u_{CE}的最大变化范围(就是输出电压 u_o 变化范围)是 $2(U_{CC}-U_{CES})=2U_{om(max)}=2I_{cm}R_L$。$T_2$ 的工作情况与 T_1 相似,只是在半负周导通。通过分析得出下面的结论:

① 最大不失真输出电压

互补对称电路的输出电压的最大幅值 $U_{om(max)}$ 取决于正负电源($\pm U_{CC}$)的大小。为了得到尽可能大的不失真输出电压幅值 $U_{om(max)}$,在正半周信号足够大时,应使 T_1 工作于饱和的边缘;而负半周信号足够大时,应使 T_2 也工作于饱和的边缘,则最大不失真输出电压 $U_{om(max)}$ 为

$$U_{om(max)} = U_{CC} - U_{CES} \tag{5.24}$$

式中,U_{CES}是功率三极管的饱和电压,在 U_{CC} 较大时可以忽略。如果忽略管子的饱和电压 U_{CES},则 $U_{om(max)} \approx U_{CC}$。

② 最大不失真输出功率

当输入电压足够大,输出电压达到最大不失真电压 $U_{om(max)}$ 时,电路的输出功率最大,最大不失真功率 P_{omax} 为

$$P_{omax} = \frac{1}{2} \cdot \frac{(U_{CC} - U_{CES})^2}{R_L} \tag{5.25}$$

当 U_{CC}较大可以忽略 U_{CES}时:

$$P_{omax} \approx \frac{1}{2} \cdot \frac{U_{CC}^2}{R_L} \tag{5.26}$$

而且 P_{omax}为三角形 OAQ 的面积,见图 5.16。

③ 管子损耗 P_T和最大管耗 P_{Tm}:

每个管子消耗的瞬时功率为

$$P_{T1}(t) = i_C \cdot u_{CE} = \frac{u_o}{R_L}(U_{CC} - u_o) = \frac{U_{om}\sin \omega t}{R_L}(U_{CC} - U_{om}\sin \omega t) \tag{5.27}$$

每个管子消耗的平均功率为

$$P_{T1} = P_{T2} = \frac{1}{2\pi}\int_0^{2\pi} p_{T1}(t)\mathrm{d}(\omega t) = \frac{1}{2\pi}\int_0^{\pi}\frac{U_{om}\sin \omega t}{R_L}(U_{CC} - U_{om}\sin \omega t)\mathrm{d}(\omega t) = \frac{1}{R_L}\left(\frac{U_{CC}U_{om}}{\pi} - \frac{U_{om}^2}{4}\right) \tag{5.28}$$

当 $U_{om(max)} \approx U_{CC}$时,

$$P_{T1} = P_{T2} = \frac{U_{CC}^2}{R_L} \cdot \frac{4-\pi}{4\pi} \tag{5.29}$$

两个管子总的损耗

$$P_T = 2P_{T1} = 2P_{T2} = \frac{2}{R_L}\left(\frac{U_{CC}U_{om}}{\pi} - \frac{U_{om}^2}{4}\right) \tag{5.30}$$

由式(5.28)可知管子的损耗是输出电压的幅值 U_{om} 的函数,求管子的最大损耗 P_{T1M},令

$$\frac{\mathrm{d}P_{T1}}{\mathrm{d}U_{om}} = \frac{1}{R_L}\left(\frac{U_{CC}}{\pi} - \frac{U_{om}}{2}\right) = 0$$

得到 $U_{om}=\frac{2U_{CC}}{\pi}=0.6U_{CC}$ 时，管子上消耗的功率最大，即

$$P_{T1m}=\frac{1}{\pi^2}\cdot\frac{U_{CC}^2}{R_L}=\frac{2}{\pi^2}\cdot\frac{1}{2}\frac{U_{CC}^2}{R_L}=\frac{2}{\pi^2}P_{omax}=0.2P_{omax} \tag{5.31}$$

④ 功放的效率 η：

直流电源输出的功率 P_u 为：$P_u=P_T+P_O$

将式(5.23)和式(5.30)代入，有：$P_u=\frac{2}{\pi}\cdot\frac{U_{CC}U_{om}}{R_L}$

功放的效率

$$\eta=\frac{P_O}{P_u}=\frac{\pi}{4}\cdot\frac{U_{om}}{U_{CC}}$$

当 $U_{om(max)}\approx U_{CC}$ 时，$\eta=\frac{\pi}{4}=78.5\%$

当用分立元件搭建功率放大器时，注意功率管的选择条件如下：

- 每只管子的最大允许管耗 P_{T1m}，$P_{T2m}\geqslant 2P_{omax}$。
- 每只管子在基极开路时，集电极-发射极间的反向击穿电压 $U_{(BR)CEO}\geqslant 0.2U_{CC}$。这是因为 T_2 管饱和导通时，忽略饱和压降 U_{CES}，T_1 管承受的 $U_{CE}\approx 2U_{CC}$。
- 集电极允许电流 $I_{CM}\geqslant\frac{U_{CC}}{R_L}$。

另外，功率三极管的使用要注意散热问题。

5.3.2 甲乙类互补对称功率放大电路

图5.15(a)所示的互补对称输出电路，实际上并不能使输出波形很好地反映输入的变化。由于没有静态电流，当输入电压值小于三极管阈值电压时，在输入电压正负半周交替处，T_1 和 T_2 都截止，i_{C1} 和 i_{C2} 都为零，负载 R_L 上无电流通过，出现一段死区，如图5.17所示，称为交越失真现象。

克服交越失真的方法，就是设置一个合适的静态工作点，使两个三极管工作在静态时处于微导通状态。

图5.18(a)所示的电路利用二极管的导通电压提供 T_1 和 T_2 的静态基-射电压，使 T_1 和 T_2 处于微导通状态。由于二极管的动态电阻很小，R_2 阻值也很小，可以认为 T_1 和 T_2 的基极电位动态变化近似相等，且随着输入而变化，即交越失真大为减少。

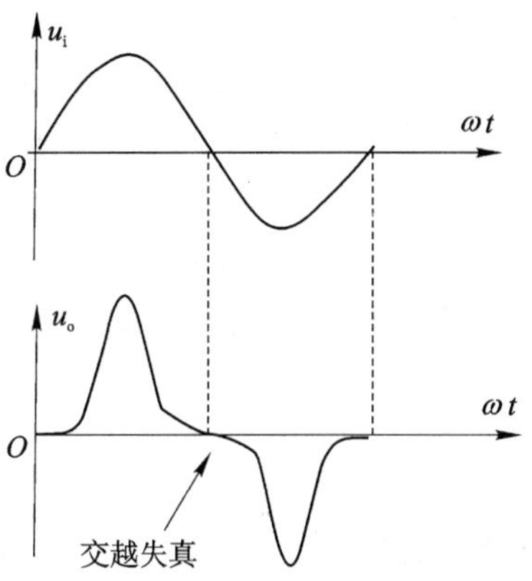

图5.17 乙类互补对称功放电路的交越失真现象

图5.18(b)所示的电路利用 u_{BE} 扩大电路，提供 T_1 和 T_2 静态基-射电压，减少了交越失真。所谓 u_{BE} 扩大

电路,是由T、R_2和R_3组成,$U_{CE}=(1+R_2/R_3)U_{BE}$,T的U_{BE}基本上是固定值,调整R_2和R_3的比例,就可以改变T_1和T_2的基-射电压,达到克服交越失真的目的。这种方法,在集成电路中经常用到。

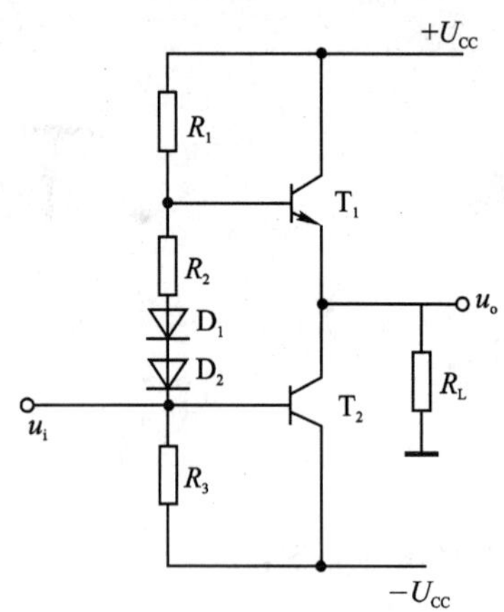

(a) 利用二极管偏置克服交越失真的电路

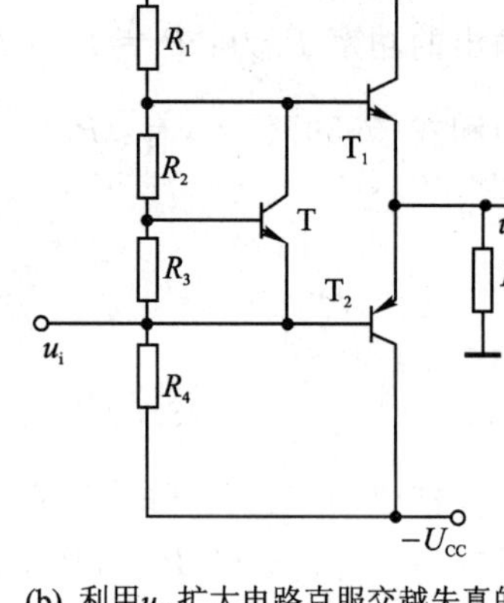

(b) 利用u_{BE}扩大电路克服交越失真的电路

图 5.18　克服交越失真的互补对称输出电路

5.3.3　复合管组成的准互补对称电路

如图5.15所示的电路中,T_1和T_2是参数一致的互补对管(一个是NPN,另一个是PNP),这在集成电路中是不容易制作的,所以希望输出管都是同一类型,但又要起到互补作用。为此可用复合管实现此目的。

如图5.19所示,T_1和T_3组成NPN复合管,T_2和T_4组成PNP复合管;T_3和T_4皆为NPN管,容易制作成对管;T_1和T_2虽然类型不同,但容易作到β值相同;于是,用这两个复合管实现准互补。电阻R_{e1}用于调整功率三极管的静态工作点。

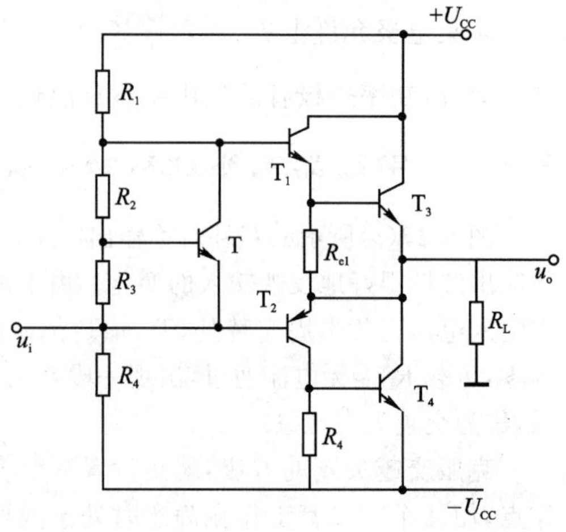

图 5.19　复合管组成的准互补对称输出电路

复合管具有很大的β值,可以进一步增加输出级的带负载能力。

5.4　通用型集成运放 BJTLM741 简介

本节简要介绍集成运放的典型电路LM741。它是第2代通用型集成运放,共有8个引脚。

741型集成运放的原理电路如图5.20(a)所示；图5.20(b)是简化了的原理电路图。下面介绍电路的组成及工作原理。

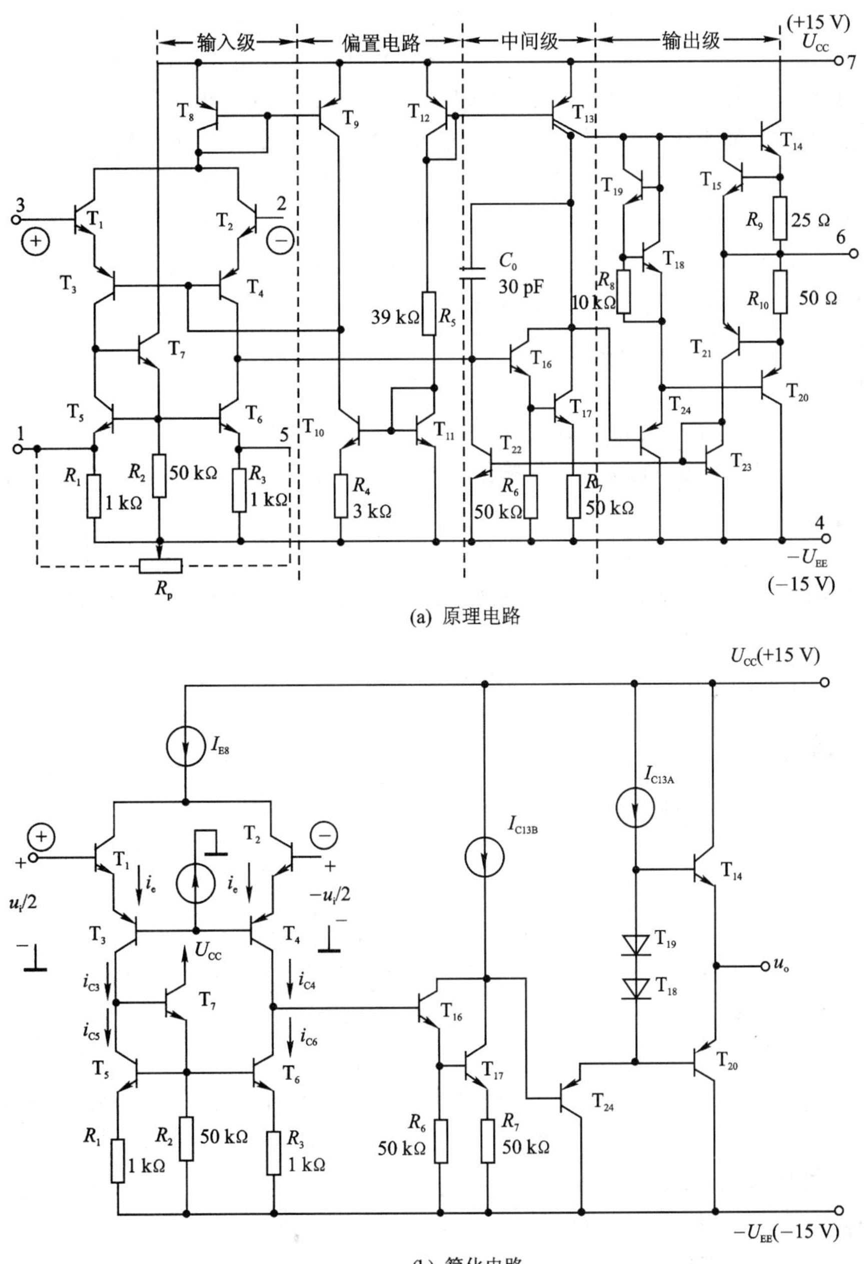

(a) 原理电路

(b) 简化电路

图5.20　741型集成运放电路图

(1) 偏置电路

741型集成运放由24个BJT、10个电阻和1个电容组成。在体积小的条件下，为了降低功耗以限制温升，必须减小各级工作电流，故采用微电流源电路。

741的偏置电路由$+U_{CC}$、T_{12}、R_5、T_{11}和$-U_{EE}$构成主偏置电路，决定了偏置电路的基准电流I_{REF}；有了基准电流I_{REF}，再决定各放大级所需要的偏置电流。偏置电路中的T_{11}和T_{10}组成微电流源，因此I_{C10}远小于I_{REF}，但更稳定。输入级中T_3、T_4的偏置电流由I_{C10}供给。

T_8和T_9组成镜像电流源。其中I_{C9}为I_{C8}的基准电流，在β值较大的条件下，$I_{C8} \approx I_{C9} = I_{C10}$，供给输入级中$T_1$、$T_2$的工作电流，于是$I_{C1} = I_{C2} = I_{C8}/2$。

T_{12}和T_{13}组成另一组双输出的镜像电流源。T_{13}是一个双集电极的PNP BJT，可视为两个BJT，其中一个T_{13B}的集电极作为中间级的有源负载，另一个T_{13A}的集电极供给输出级的工作电流，使T_{14}和T_{20}工作在甲乙类放大状态。

(2) 输入级

输入级由$T_1 \sim T_6$组成复合差分式放大电路。其中T_1、T_3和T_2、T_4组成共集-共基差分放大电路；T_5和T_6组成有源负载。差分输入信号由T_1和T_2基极输入，T_4的集电极输出至中间级。

共集-共基放大电路是一种组合放大单元，常称为共集-共基组态，兼有共集和共基组态的优点。共集电路的输入电阻较大，共基电路有电压放大作用。当共集-共基组态构成复合差分式输入级，且有T_5和T_6组成有源负载时，可以得到较高的差模输入电阻和较大的电压增益，而且共基电路还使频率响应得到改善。另外，有源负载比较对称，有利于提高输入级的共模抑制比。

T_7与电阻R_2组成射极输出电路，一方面为恒流管T_5、T_6提供工作电流，同时将T_3的集电极电压变化传递到T_6的基极，使得单端输出条件下仍能得到相当于双端输出的电压放大倍数。

(3) 中间级

中间级由T_{16}、T_{17}和T_{24}组成。其中T_{16}和T_{17}组成复合管共射放大电路，集电极负载为T_{13B}有源负载，其交流电阻很大，故本级可以获得很高的电压增益，同时也具有较高的输入电阻。T_{24}接成共集电路，以减少中间级对输出级的影响。

(4) 输出级

输出级是由T_{18}和T_{20}组成互补对称电路。T_{18}和T_{19}的作用是为功率管提供静态基流，使电路工作于甲乙类状态，以减少交越失真；同时利用T_{19}(接成二极管)的U_{BE19}连于T_{18}的基-集之间，形成负反馈偏置电路，从而使U_{CE18}的值比较恒定，它的偏置电流是电流源T_{13A}提供的恒定工作电流。

(5) 电路保护与调零

为了防止输入级信号过大和输出短路而造成的损害，电路内备有过流保护元件。正常工作时，T_{15}和T_{21}是截止的。正向电流过大时，R_9上电流增大，电压也增大，当电压增大到足以使T_{15}管由截止变导通时，U_{CE15}下降，从而限制了T_{14}电流；负向电流过大时，R_{10}上电流增大，电压也增大，当电压增大到足以使T_{21}管由截止变导通时，T_{23}和T_{22}均导通，降低了中间级T_{16}的基极电压，使输出减少，T_{20}趋于截止，从而限制了T_{20}电流，达到保护的目的。

整个电路要求当输入信号为零时输出也应为零，这在电路设计方面已作了考虑。在电路的输入级中T_5和T_6的发射极两端还可接一电位器R_P，中间滑动触头接$-U_{EE}$，从而改变T_5和T_6的发射极电阻，以保证静态时输出为零。

5.5 集成运放的主要参数

为了挑选和使用集成运放，必须搞清它的参数的含义，现将常用的参数介绍如下：

(1) 开环差模电压增益 A_{od}

A_{od}是指集成运放在无外加反馈时的差模电压增益，常用分贝(dB)表示，其分贝数为20lg$|A_{od}|$。通用741型集成运放的A_{od}约为100 dB，高质量运放的A_{od}可达140 dB。

$$A_{od}=\frac{\Delta u_o}{\Delta(u_P-u_N)}$$

(2) 最大共模输入电压 U_{icmax}

U_{icmax}表示集成运放输入端所能承受的最大共模电压。若超过此值，集成运放的共模抑制比将显著下降。

(3) 最大差模输入电压 U_{idmax}

U_{idmax}表示集成运放同相和反相输入端之间所能承受的最大电压值。若超过此值，运放输入级的某一侧BJT的发射结被反向击穿，使运放性能显著恶化，甚至损坏。

(4) 输入失调电压 U_{IO}

U_{IO}的定义为，为了使输出电压为零，在输入端所需要加的补偿电压。实际上指输入电压$U_I=0$时，输出电压U_o折合到输入端的电压的负值，即

$$U_{IO}=-U_o/A_{od}(\text{当 }U_I=0\text{ 时})$$

U_{IO}的大小反映了运放的电路对称程度和电位配合情况。U_{IO}愈小，说明电路对称程度愈好。一般约为±(1～10 mV)，高质量的在1 mV以下。

(5) 输入失调电流 I_{IO}

I_{IO}的定义为，当输出电压等于零时，两个输入端静态电流之差，即

$$I_{IO}=|I_{BP}-I_{BN}|$$

I_{IO}反映了输入级差分对管的不对称程度，一般为10 nA～0.1 μA。高质量的运放为1 nA以下。

(6) 输入偏置电流 I_{IB}

I_{IB}的定义为，当输出电压等于零时，两个输入端静态电流的平均值，即

$$I_{IB} = | I_{BP} + I_{BN} | /2$$

从使用的角度来看，I_{IB}愈小，由信号源内阻变化引起的输出电压变化也愈小，一般为10 nA～1 μA。FET 输入级的运放在 1 nA 以下。

(7) 温度漂移

温度漂移是漂移的主要来源，而它又由输入失调电压 V_{IO}和输入失调电流 I_{IO}随温度的漂移所引起，故常用下面方式表示：

① 输入失调电压温漂 $\Delta U_{IO}/\Delta T$：它是指在规定温度范围内 U_{IO}的温度系数，是衡量电路温漂的重要指标。

② 输入失调电流温漂 $\Delta I_{IO}/\Delta T$：它是指在规定温度范围内 I_{IO}的温度系数，也是衡量电路温漂的重要指标。温度漂移是不可以用外调零装置来补偿的。

(8) −3 dB 带宽 f_H

f_H表示 A_{od}下降 3 dB 时的频率，即集成运放的上限频率。通用 741 型运放的 f_H仅为7 Hz。

应当指出，在运放的实用电路中，因为引入了负反馈，展宽了频带，所以上限频率可达数百 kHz。

(9) 单位增益带宽 f_T

f_T表示 A_{od}下降到 0 dB 时的频率，即集成运放的差模电压放大倍数为 1。它是集成运放的重要指标。通用 741 型集成运放的 $A_{od} = 2\times10^5$时，它的 $f_T = A_{od}\cdot f_H = 2\times10^5\times7\ \text{Hz} = 1.4\ \text{MHz}$。

(10) 转换速率 S_R

S_R是指在额定负载条件下，输入一个大幅值的阶跃信号时，输出电压的最大变化率。单位为 V/μs。这个指标描述集成运放对大幅值信号的适应能力。

此外，还有共模抑制比 K_{CMR}、差模输入电阻等技术参数，其定义已在前文进行了说明，此处不再赘述。

在对集成运放的应用电路的分析中，为简化起见，通常把集成运放视为理想器件。

5.6 小 结

- 集成运算放大器是利用集成工艺制成的高增益的直接耦合多级放大电路。它一般由输入级、中间级、输出级和偏置电路四部分组成。
- 为了抑制温漂和提高共模抑制比，采用差分电路作为输入级，电压放大电路为中间级，

互补对称电压跟随器为输出级。电流源电路作为偏置电路。

- 电流源电路是模拟集成电路的基本单元电路，其特点是直流电阻小，交流电阻大，还有温度补偿作用。

  电流源一般用于集成电路的有源负载，以及为各级放大电路提供静态工作电流。

- 差分放大电路是集成运算放大器的重要组成单元，它既能放大直流信号，也能放大交流信号；对差模信号具有很强的放大能力，对共模信号却具有很强的抑制能力。

  掌握对差模信号和共模信号的不同特点进行分析。

- 功率放大电路是在大信号下工作，通常采用图解法分析。研究的重点是在允许失真的情况下，尽可能大地输出功率，以提高输出效率。乙类互补对称功率放大电路有交越失真问题，而甲乙类互补对称电路可以克服之。

- 集成运算放大器是模拟电路的典型器件，对于它内部电路的分析和工作原理只要求做定性分析，但应理解和掌握它的技术指标，能作到根据系统的要求选择合适的运放。

5.7 思考题与习题

1. 集成运放是由哪几部分组成的？对各个部分的主要要求是什么？

2. 什么是零点移漂？产生零点移漂的主要原因是什么？

3. 什么是差模信号？什么是共模信号？共模抑制比又是如何定义的？共模抑制比有什么物理意义？

4. 差分放大电路靠哪些措施抑制温漂？但为什么又不能完全抑制温漂？

5. 电流源电路在模拟集成电路中可起什么作用？为什么用它做有源负载？

6. 图 5.15(a)所示的互补对称功率放大电路是个原理电路。在实用中，它有哪些不足？

7. 集成运放的常用指标有哪些？741 型集成运放的开环电压增益、差模输入电阻、输出电阻、3 dB 带宽等大约是多少？

8. 已知一个集成运放的开环差模电压增益 $A_{od}=100$ dB，最大输出电压峰值 $U_{opp}=\pm 14$ V，请填写下面的表格，从中能有什么体会？

差模输入电压 $u_{id}=u_P-u_N$	$\pm 10\ \mu V$	$\pm 100\ \mu V$	± 1 mV	± 1 V
输出电压 u_o				

9. 电路如图 5.21 所示，问

   (1) T_1和 T_2各组成什么电路？在电路中起什么作用？

   (2) 写出静态时 T_2的集电极电流表达式。

10. 如图 5.22 所示的长尾形式 FET 差分放大电路，已知两管的 $g_m=2$ mS，$r_{DS}=20$ kΩ。

(1) 估算双端输出时差模电压放大倍数 $A_{ud}=\dfrac{u_{o1}-u_{o2}}{u_{i1}-u_{i2}}$。

(2) 估算单端输出时,A_{ud1}、A_{ud1} 和 K_{CMR}。

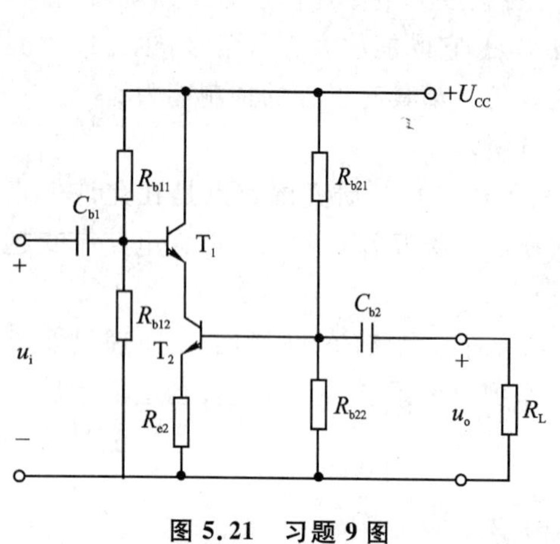

图 5.21 习题 9 图

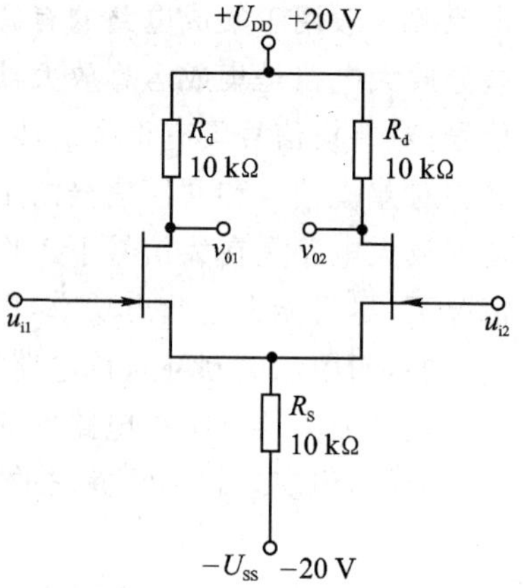

$+U_{DD}$ +20 V
R_d 10 kΩ
R_d 10 kΩ
v_{01}
v_{02}
u_{i1}
u_{i2}
R_S 10 kΩ
$-U_{SS}$ −20 V

图 5.22 习题 10 图

11. 电路如图 5.23 所示,三极管的 β 均为 100,二极管的导通电压 U_D 和三极管的 U_{BE} 均为 0.7 V。

(1) 估算静态工作点。

(2) 估算差模电压放大倍数。

(3) 估算差模输入电阻和输出电阻。

(4) 指出该电路包含了哪些单元电路。

12. 差分放大电路如图 5.24 所示。

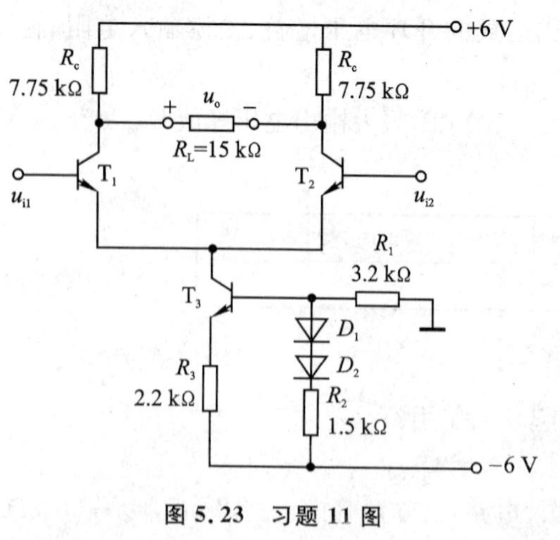

图 5.23 习题 11 图

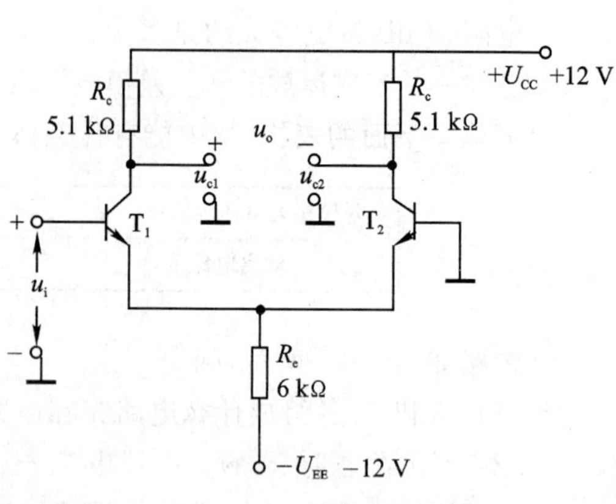

图 5.24 习题 12 图

(1) 计算静态工作点。

(2) 当输入信号 u_i 为正弦波时，画出 u_o、u_{c1} 和 u_{c2} 的波形。

(3) 说明 u_i 与 u_o、u_{c1}、u_{c2} 的相位关系。

13. 分析图 5.25 所示各个复合管的接法是否正确？如果认为接法不正确，请简要说明原因；如果接法正确，标出等效的复合管类型(NPN、PNP)及相应的电极，并列出复合管的 β 和 r_{be} 表达式。

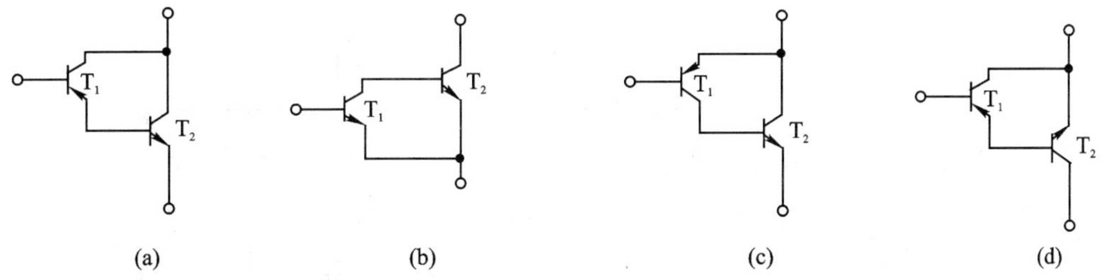

图 5.25 习题 13 图

14. 分析图 5.26 所示互补对称电路的原理，并回答：

(1) 静态时，负载 R_L 中电流应为多少？

(2) 若输出电压出现交越失真，应调整哪个电阻？如何调整？

(3) 若输入为正弦电压，计算输出到 R_L 上的最大不失真功率。已知三极管的饱和电压为 2 V。

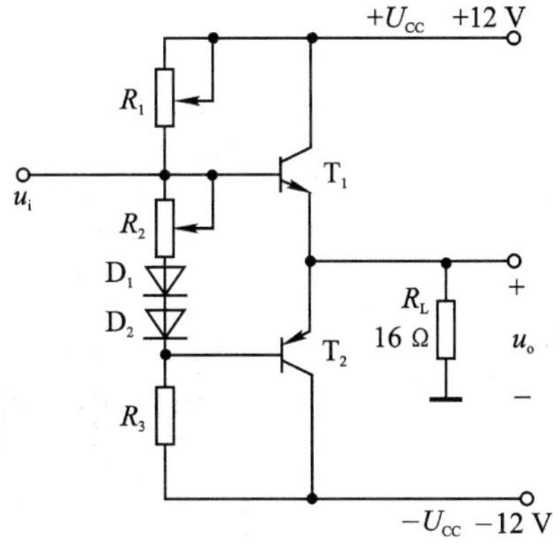

图 5.26 习题 14 图

15. 分析图 5.27 所示的放大电路，要求

(1) 指出电路共有几个放大级？各个放大级包括哪几个三极管？分别组成什么类型的电路？

(2) 说明以下元件的作用：D_1、D_2、R_1、R_3、C 及 R_F。

(3) 已知 $U_{CC}=15$ V，$R_L=8$ Ω，T_6 和 T_7 的饱和电压 $U_{CES}=1.2$ V，当输出电流最大时 R_{e6} 和 R_{e7} 上的电压均为 0.7 V，估算电路的最大输出功率。

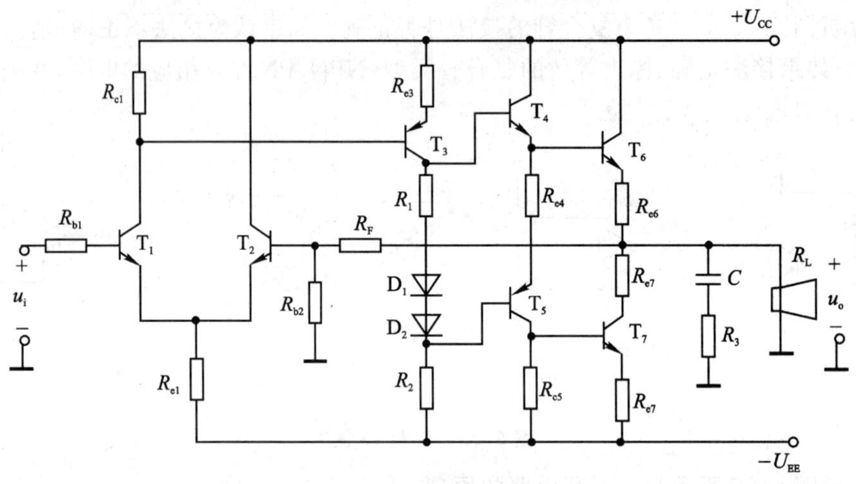

图 5.27　习题 15 图

16. 如图 5.28 所示的电路是简单运算放大器，简要分析这个电路。指出它的输入级、中间级和输出级是如何构成的？每一级起到了什么作用？指出它的同相输入端和反相输入端。

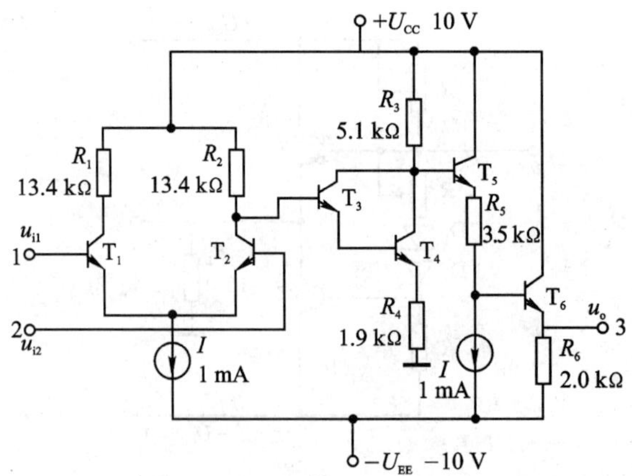

图 5.28　习题 16 图

17. 如图 5.29 所示，它是一个集成宽带放大器 F733。简要分析该电路的组成部分和各部分的主要作用。

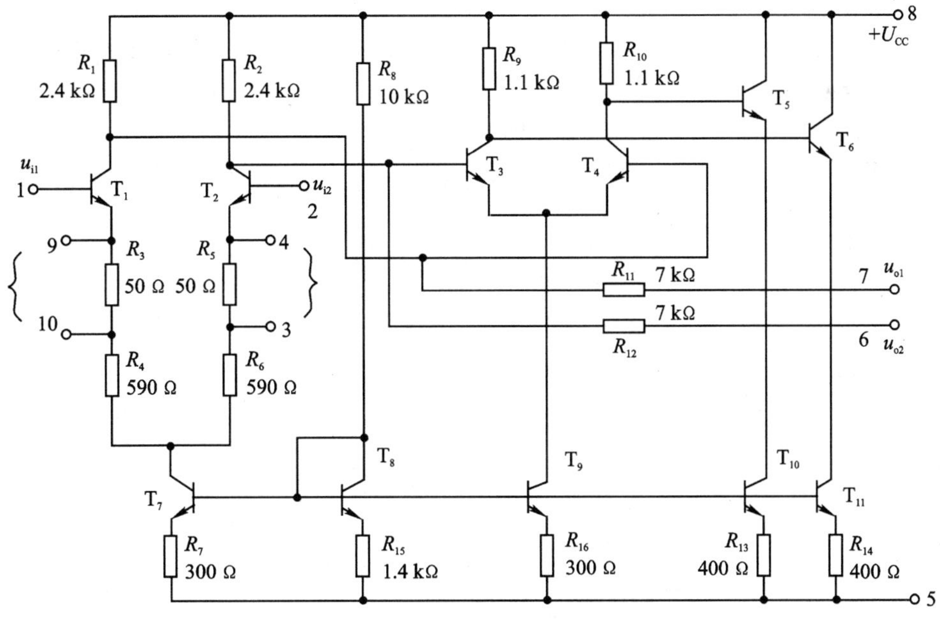

图 5.29 习题 17 图

5.8 部分习题参考答案

9. (1) T_1组成射极输出的放大电路——电流放大器；T_2组成了电流源作为T_1的发射极有源负载，使T_1的射极输出的交流电流尽可能多地流向负载，提高了电路的带负载能力。

(2) $I_{C2} \approx \dfrac{R_{b22} \cdot U_{CC}}{R_{b21} + R_{b22}} \cdot \dfrac{1}{R_{e2}}$

10. 需要注意：对于差模信号 $i \approx 0$；对于共模信号 $i = 2$，$i_{d1} = 2g_m u_{gs}$。

(1) 双端输出时：

$$A_{ud} = \frac{u_{o1} - u_{c2}}{u_{i1} - u_{i2}} = \frac{u_{o1}}{u_{i1}} = \frac{-g_m u_{gs}(R_D \,//\, r_{ds})}{u_{gs}} = -g_m(R_D \,//\, r_{ds}) = -13.3$$

(2) 单端输出时：

$$A_{ud1} = \frac{u_{o1}}{u_{i1} - u_{i2}} = \frac{u_{o1}}{2u_{i1}} = \frac{-g_m u_{gs}(R_D \,//\, r_{ds})}{2u_{gs}} = -\frac{g_m(R_D \,//\, r_{ds})}{2} = -6.7$$

$$A_{uc1} = \frac{u_{o1}}{u_{ic}} = \frac{u_{o1}}{2u_{i1}} = \frac{-g_m u_{gs}(R_D \,//\, r_{ds})}{2(u_{gs} + 2g_m u_{gs} R_s)} = -\frac{g_m(R_D \,//\, r_{ds})}{2(1 + 2g_m R_s)} = -0.16$$

$$K_{CMR} - \frac{A_{UD1}}{A_{UC1}} = 41.9$$

11. (1) 静态时：$u_{i1}=u_{i2}=0, u_o=0$。

首先计算电流源 T_3 的集电极电流 I_{C3}。

$$U_{B3} = \frac{-3.2}{3.2+1.5}(6-2\times 0.6)\ \text{V} = -3.23\ \text{V}$$

$$I_{C3} = \frac{-3.23+6-0.6}{2.2}\ \text{mA} \approx 1\ \text{mA}$$

$$I_{C1} = I_{C2} = \frac{1}{2}I_{C3} = 0.5\ \text{mA}$$

$$U_{C1} = U_{C2} = (6-0.5\times 7.75)\ \text{V} = 2.125\ \text{V}$$

$$U_{CE1} = U_{CE2} = U_{C1} - U_{E1} = [2.125-(-0.7)]\ \text{V} = 2.825\ \text{V}$$

(2) $r_{be}=r_b+(1+\beta)\dfrac{26(\text{mV})}{I_C}=200+101\dfrac{26}{0.5}=5.45\ \text{k}\Omega$

$$A_{ud}=\frac{u_o}{u_{i1}-u_{i2}}=\frac{u_{c1}}{u_{i1}}=\frac{-\beta\left(R_c /\!/ \dfrac{R_L}{2}\right)}{r_{be}}\approx -70$$

(3) 差模输入电阻和输出电阻为：

$$R_{id} = 2r_{be} \approx 10.9\ \text{k}\Omega$$

$$R_{od} = 2R_c \approx 15.5\ \text{k}\Omega$$

(4) T_1 和 T_2 组成了双端输入、双端输出的差分放大电路，T_3 组成电流源电路。

12. (1) 静态工作点的计算：令 $u_i=0$，则：

$$U_{BE1} + 2I_{C1}R_e = U_{EE}$$

$$I_{C1} = I_{C2} = \frac{U_{EE}-U_{BE1}}{2R_e} = 1\ \text{mA}$$

$$U_{C1} = U_{C2} = U_{CC} - I_{C1}R_c = 7\ \text{V}$$

(3) 画图时要注意：u_o 与 u_i 的相位相反，u_{c1} 与 u_i 的相位相反，u_{c2} 与 u_i 的相位相同。

13. 只有图(c)是对的，图(c)等效为 PNP 复合管。图(a)、图(b)和图(d)均不正确。

14. 此图为互补对称放大电路，其工作原理为：当 $u_i>0$ 时，T_1 导通、T_2 截止，T_1 组成电流放大器；当 $u_i<0$ 时，T_2 导通、T_1 截止，T_2 组成电流放大器；T_1 和 T_2 交替导通，组成互补工作电流放大电路。由于采用了 D_1 和 D_2 组成的偏置电路，使 T_1 和 T_2 在静态时处于微导通状态，大为减少了交越失真。

(1) 静态时，负载 R_L 中电流几乎为 0。

(2) 输出电压出现交越失真时，应调整 R_2 电阻，使其增大。

(3) 若输入为正弦电压，则输出到 R_L 上的最大不失真功率为：

$$P_{omax}=\frac{(U_{CC}-U_{CES})^2}{2R_L}=\frac{(12-2)^2}{2\times 16}\ W=3.12\ W$$

15. (1) 此电路由3级放大电路组成，输入级是 T_1 和 T_2 组成的单端输出的差分放大电路；中间级由 T_3 组成电压放大电路；T_4 和 T_6、T_5 和 T_7 组成了准互补输出级。

(2) D_1、D_2、R_1 的作用是消除输出级的交越失真；

R_3、C 的作用一方面改善放大器的频率特性，防止自激；同时对感性负载起补偿作用。

R_F 构成电压串联负反馈，其作用为改善放大电路的性能。

(3) 估算电路的最大输出功率为

$$P_{omax}=\frac{(15-1.2-0.7)^2}{2\times 8}=10.7\ W$$

16. 该电路由4部分即：输入级、中间级、输出级和偏置电路组成；其中 T_1 和 T_2 组成差分输入级，这样的输入级能有效地抑制温漂和干扰，还能实现对直流信号的放大；中间级为 T_3 和 T_4 组成的复合管共射电压放大电路，旨在提高整个放大器的放大能力；T_5 和 T_6 组成两级电压跟随器构成输出级，起到了电流放大，提高带负载能力的作用。运放有一个输出端3，和两个输入端：1为反相输入端，2为同相输入端。

17. 该电路由4部分即：输入级、中间级、输出级和偏置电路组成；其中 T_1 和 T_2 组成差分输入级，该级的发射极电阻可以提高运放的输入电阻；中间级为 T_3 和 T_4 组成的差分式共射电压放大电路，旨在提高整个放大器的放大能力；T_5 和 T_6 组成差分式电压跟随器构成输出级，起到了电流放大，提高带负载能力的作用。3级的差分式电路能更有效地抑制温漂和干扰。T7～T11是偏置多路，它们组成多路电流源为各级多路提供静态工作电流，并作为有源负载提高了电路的放大倍数。

第  章 反馈放大电路

放大电路中的反馈包括负反馈和正反馈。本章介绍负反馈放大电路的组态、分析方法和作用;自激振荡条件与正弦信号产生电路(正反馈电路)。

6.1 反馈的类型与判别方法

6.1.1 反馈的概念

将系统的输出端信号(电压或电流)的一部分或全部通过反馈网络引回到输入端,称为反馈。

图 6.1 是反馈放大电路的系统框图,它含有两部分:一个是基本放大电路 A,它可以是单级或多级;另一个是反馈网络 F,多数情况下,F 由电阻元件构成。

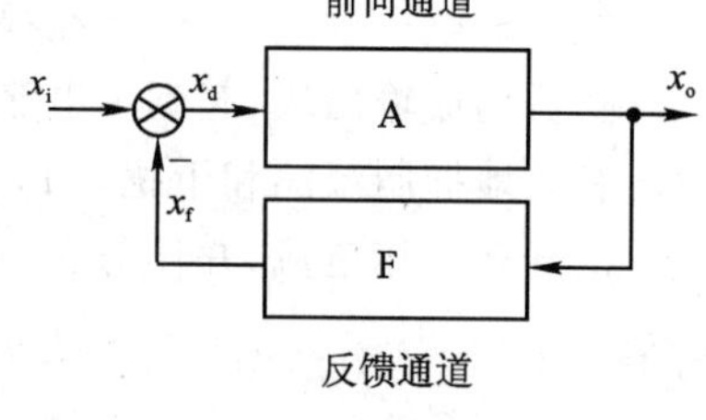

图 6.1 反馈放大电路的系统框图

图中 x 表示信号,它既可以是电压也可以是电流。箭头表示信号传递的方向,从 $x_i \to x_o$ 为前向通道,由 $x_o \to x_f$ 是反馈通道,x_i、x_o、x_f、x_d 分别为输入、输出、反馈和放大器的净输入信号,⊗是比较环节,有

$$\dot{X}_d = \dot{X}_i - \dot{X}_f$$

6.1.2 反馈的分类

反馈放大电路按反馈的功能分为:直流反馈、交流反馈和寄生反馈。

按反馈的效果分为正反馈和负反馈。负反馈中又分为串联反馈和并联反馈,电压反馈和电流反馈。

寄生反馈是由杂散电容或杂散电感将输出信号引回到输入端,寄生反馈是有害的。

1. 直流反馈和交流反馈

反馈信号只有交流成分时为交流反馈，反馈信号只有直流成分时为直流反馈，既有交流成分又有直流成分时为交直流反馈。

【例 6.1.1】 电路如图 2.30 所示，当没接旁路电容 C_e 时，R_e 既有直流反馈的作用，也起交流反馈的作用。直流反馈的作用是稳定静态工作点。当接 C_e 时，R_e 只起直流反馈的作用，交流通路中 R_e 被 C_e 短路。

2. 正反馈和负反馈

当反馈使 $|\dot{X}_d|>|X_i|$ 时，这种反馈为正反馈；反之，为负反馈。

正反馈和负反馈的判断方法是：瞬时极性法。可以分为两种，分别是：

(1) 瞬时极性判断法之一

在放大电路的输入端，假设一个输入信号的电压极性，可用“+”、“−”或“↑”、“↓”表示。按信号传输方向依次判断相关点的瞬时极性，直至判断出反馈信号的瞬时极性。如果反馈信号的瞬时极性使净输入减小，则为负反馈；反之为正反馈。

(2) 瞬时极性判断法之二

正反馈可使输出幅度增加，负反馈则使输出幅度减小。反馈信号和输入信号加于输入回路一点时，瞬时极性相同的为正反馈，瞬时极性相反的是负反馈；反馈信号和输入信号加于输入回路两点时，瞬时极性相同的为负反馈，瞬时极性相反的是正反馈。

通常输入回路中的两点：对三极管来说指基极和发射极；对运算放大器来说是同相输入端和反相输入端；对差动输入的两个三极管是两个三极管的基极。

【例 6.1.2】 找出图 6.2 所示各电路存在的所有反馈，并判断是正反馈，还是负反馈？

【解】 (a)图中，判断反馈网络 R_f 的反馈：第一级 T_1 与第二级 T_2 均组成共射电路，输入信号与输出信号反相，根据瞬时极性法，见图中的“+”、“−” 号，u_{B1}“+”→u_{C1}“−”→u_{B2}“−”→u_{e2}“−”→u_{B1}“⊖”，由正反馈和负反馈的判断法之二可知，反馈信号和输入信号加于输入回路一点且瞬时极性相反，所以，电阻 R_f 加在两级 T_1 与 T_2 之间的反馈是交直流负反馈；R_{e1} 在交流通路中被 C_{e1} 短路，所以 R_{e1} 只有直流负反馈的作用，用来稳定 T_1 的静态工作点；R_{e2} 起直流交流负反馈的作用，直流负反馈用来稳定 T_2 的静态工作点。

R_{e1} 和 R_{e2} 称为本级反馈，而 R_f 构成级间反馈。

(b)图中，反馈网络由 R_5、R_6 构成，根据瞬时极性法，见图中的“+”、“−” 号，由正反馈和负反馈的判断法之二可知，反馈信号和输入信号加于输入回路两点且瞬时极性相同，所以，电阻 R_5、R_6 加在两级 A_1 与 A_2 之间的是交直流负反馈；R_3 是加在 A_2 上的负反馈。

(c)图中，反馈网络由 R_f、R_S 构成。第一级为单端输入—单端输出的差分放大电路，且其输入信号与输出信号分别在 T_1 的基极和集电极，它们的相位相反。第二级为 T_2 组成的共射电路，其输入信号与输出信号也反相。根据瞬时极性法，见图中的“+”、“−” 号，若 u_{B1}“+”最

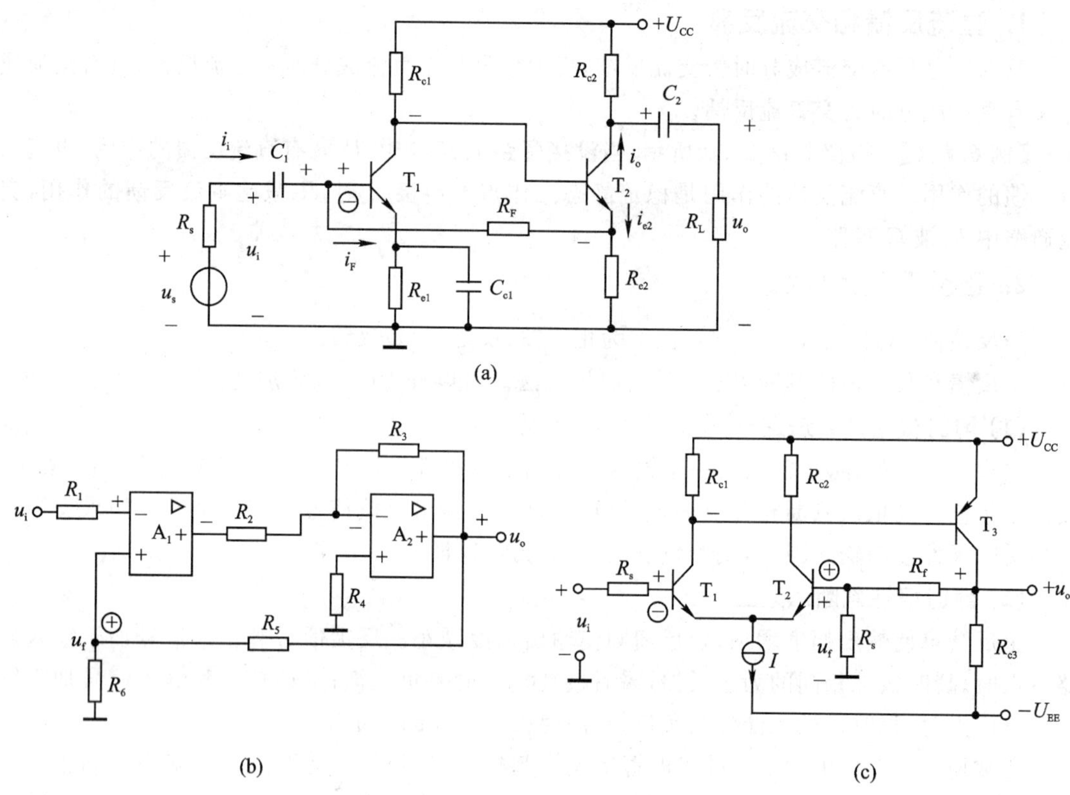

图 6.2　例 6.1.2 电路图

后得 u_{B2} 为"⊕",由正反馈和负反馈的判断法之二可知,反馈信号和输入信号加于输入回路两点且瞬时极性相同,所以,反馈网络 R_f、R_S 构成级间负反馈。或由正反馈和负反馈的判断法之一判断：u_{B2} 为"⊕",由差动放大器的性质知,u_{B1} 为"⊖",反馈信号和输入信号加于输入回路一点且瞬时极性相反,所以,反馈网络 R_f、R_S 构成级间负反馈。

3. 串联反馈和并联反馈

由于 $\dot{X}_i=\dot{X}_f+\dot{X}_d$,若 $\dot{X}_f$、$\dot{X}_d$、$\dot{X}_i$ 是电压信号,有 $\dot{U}_i=\dot{U}_f+\dot{U}_d$,对应得图 6.3(a),此时反馈信号与输入信号是电压相加减的关系,该反馈为串联反馈;若 $\dot{X}_f$、$\dot{X}_d$、$\dot{X}_i$ 是电流信号,有 $\dot{I}_i=\dot{I}_f+\dot{I}_d$,对应图 6.3(b),此时反馈信号与输入信号是电流相加减的关系,该反馈为并联反馈。

串联反馈和并联反馈的判别方法：

反馈信号 x_f 与输入信号 x_i 加在放大电路输入回路的两个电极,则为串联反馈;反馈信号 x_f 与输入信号 x_i 加在放大电路输入回路的同一个电极,则为并联反馈。

【例 6.1.3】 判断图 6.2 所示各电路中的级间负反馈是串联反馈还是并联反馈。

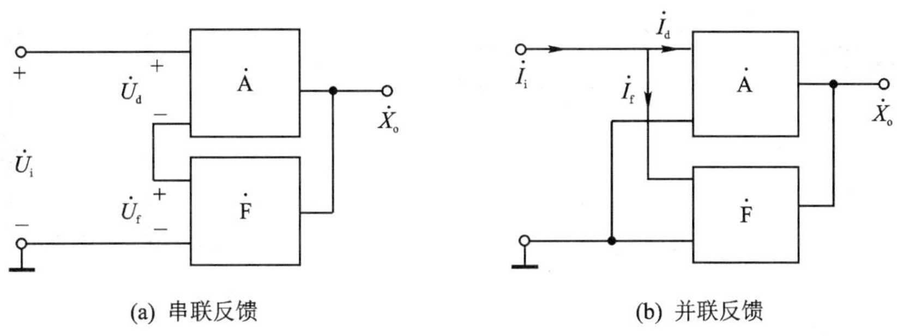

(a) 串联反馈　　　　(b) 并联反馈

图 6.3　串联反馈和并联反馈

【解】　(a)图中,反馈信号 i_f 与输入信号 i_i 加在放大电路输入回路的同一个电极,所以反馈网络 R_f 为并联反馈。

(b)图中,反馈信号 u_f 与输入信号 u_i 加在放大电路输入回路的两个电极,所以反馈网络 R_5、R_6 构成串联反馈。

(c)图中,反馈信号 u_f 与输入信号 u_i 加在放大电路输入回路的两个电极,所以反馈网络由 R_f、R_S 构成串联反馈。

总之: 对于三极管来说,如图 6.2(a)所示反馈信号与输入信号同时加在输入三极管的基极或发射极,则为并联反馈;一个加在基极,另一个加在发射极则为串联反馈。

对于运算放大器来说,如图 6.2(b)所示反馈信号与输入信号同时加在同相输入端或反相输入端,则为并联反馈;一个加在同相输入端,另一个加在反相输入端则为串联反馈。

如果第一级是差动输入的两个三极管,如图 6.2(c)所示反馈信号与输入信号加在一个输入三极管的基极,则为并联反馈;反馈信号与输入信号分别加在两个三极管的基极,则为串联反馈。

4. 电压反馈和电流反馈

当反馈信号 $\dot{X}_f$ 与输出电压 $\dot{U}_o$ 成正比,即 $\dot{X}_f \propto \dot{U}_o$,则为电压反馈;当 $\dot{X}_f \propto \dot{I}_o$(输出电流),则是电流反馈。如图 6.4 所示。

电压反馈与电流反馈的判断方法:

① 将输出电压"短路",若反馈回来的反馈信号为零,则为电压反馈;若反馈信号仍然存在,则为电流反馈。

② 由反馈网络来判别,忽略放大电路对反馈网络的影响,求 $\dot{X}_f$ 与 $\dot{X}_o$ 的关系:当 $\dot{X}_f \propto \dot{U}_o$,为电压反馈;当 $\dot{X}_f \propto \dot{I}_o$,为电流反馈。

【例 6.1.4】　判断图 6.2 所示各电路中交流负反馈是电压反馈还是电流反馈?

【解】　图(a):将输出电压"短路",反馈信号 i_f 仍然存在,所以为电流反馈。

图(b):反馈网络由 R_5、R_6 构成。忽略放大电路对反馈网络的影响,由于放大器为理想放

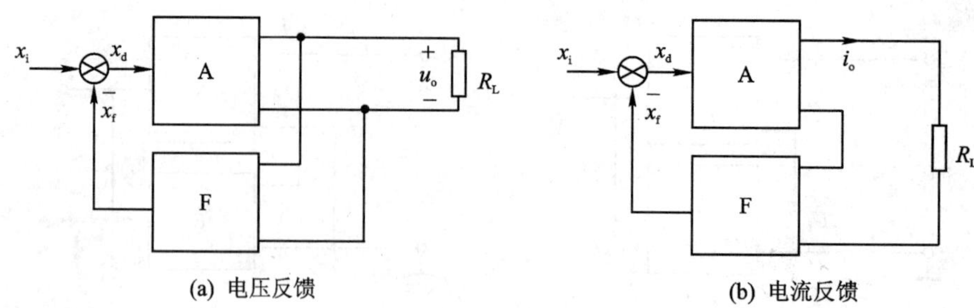

图 6.4 电压反馈和电流反馈

大器,由虚断的条件,知 R_5、R_6 串联,得:

$$u_f = \frac{R_6}{R_5 + R_6} u_o$$

反馈信号与输出电压成比例,故为电压反馈。

图(c):反馈网络由 R_f、R_S 构成,忽略放大电路对反馈网络的影响,由于 i_{b2} 很小,将其视为零,得:

$$u_f = \frac{R_S}{R_S + R_F} u_o$$

反馈信号与输出电压成比例,故为电压反馈。

6.2 负反馈放大电路的四种组态

由于反馈网络在放大电路的输出端有电压和电流两种取样方式,反馈信号在放大电路的输入回路有串联和并联两种连接方式,它们的组合可构成四种负反馈组态:

- 电压串联负反馈;
- 电压并联负反馈;
- 电流串联负反馈;
- 电流并联负反馈。

每种反馈组态中,均由三部分构成,即为电压或电流反馈,串联或并联反馈,正反馈或负反馈。只有每一部分都判断正确,才能正确判断出反馈组态。为了帮助正确判断反馈组态,现给出四种反馈组态的框图,见图 6.5。

【例 6.2.1】 判断图 6.6 各电路图中的反馈组态。

【解】 图(a):A_2、R_1、R_2 构成有源反馈网络,A_2 为电压反向放大器,$u_f = -\frac{R_3}{R_2} \times u_o$,反馈信号正比于输出电压,所以为电压反馈。

由于输入信号 u_i 加在 A_1 的反向输入端,反馈信号加在 A_1 的同向输入端,故为串联反馈。

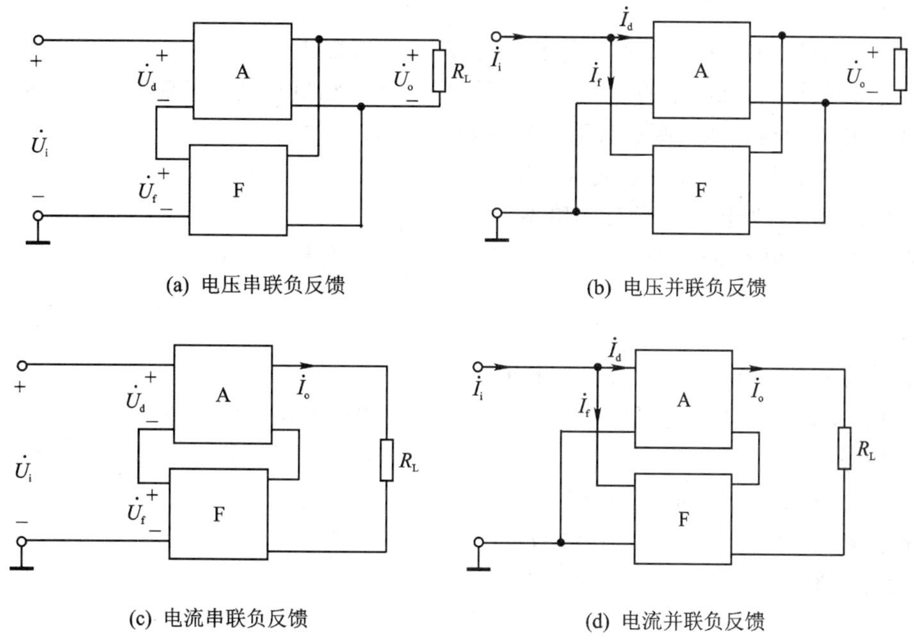

图 6.5 四种负反馈组态框图

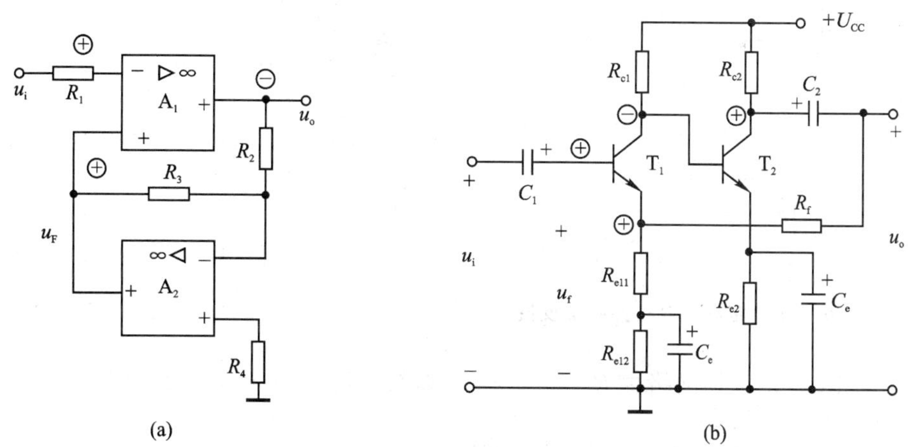

图 6.6 例 6.2.1 电路图电压串联负反馈

根据瞬时极性法，见图中的“－”“＋”号，由正反馈和负反馈的判断法之二可知，反馈信号和输入信号加于输入回路两点且瞬时极性相同，所以，反馈为负反馈。

结论：图 6.6(a)中的反馈是电压串联负反馈。

图(b)：由 R_f、R_{e11} 构成级间交流反馈网络，将输出电压“短路”，级间反馈信号为零，所以为电压反馈。

由于输入信号 u_i 加在三极管 T_1 的基极,反馈信号加在 T_1 的射极上,故为串联反馈。

根据瞬时极性法,见图中的"－""＋" 号,由正反馈和负反馈的判断法之二可知,反馈信号和输入信号加于输入回路两点且瞬时极性相同,所以,反馈为负反馈。

结论:图6.6(b)中的反馈是交流电压串联负反馈。

【例6.2.2】 判断图6.7的反馈组态。

【解】 A_2、R_2 构成反馈网络,A_2 为电压跟随器,由于放大器 A_1 的反相输入端虚地,有

$$i_f = -\frac{u_o}{R_2}$$

反馈信号正比于输出电压,所以为电压反馈。

由于输入信号 i_i 和反馈信号 i_f 均加在放大器的反相输入端,故为并联反馈。

根据瞬时极性法,见图中的"＋""－"号,由正反馈和负反馈的判断法之二可知,反馈信号和输入信号加于输入回路同一点且瞬时极性相反,所以,反馈为负反馈。

结论:图6.7中的反馈是电压并联负反馈。

【例6.2.3】 判断图6.8的反馈组态。

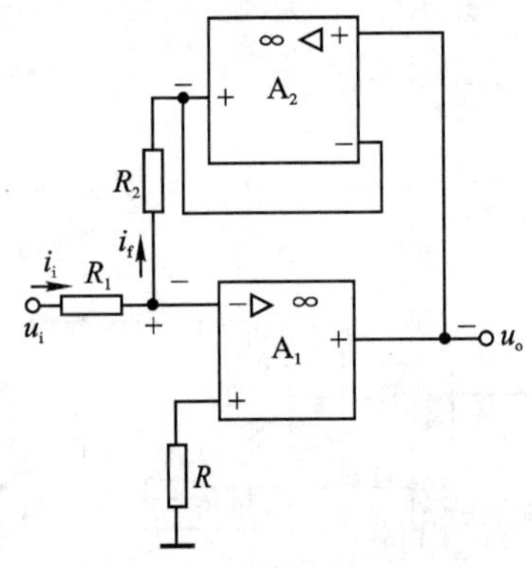

图6.7 例6.2.2电路图 电压并联负反馈

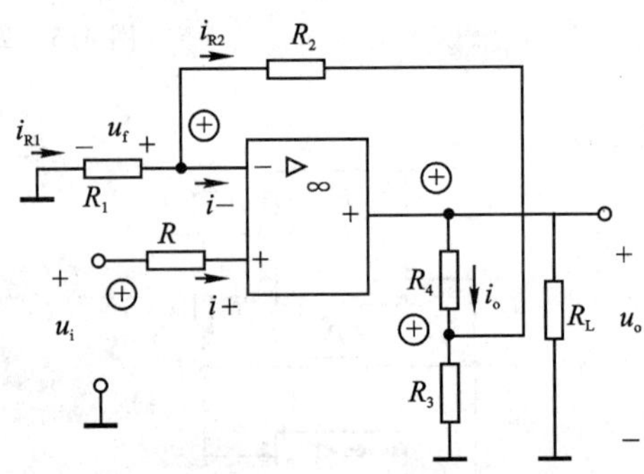

图6.8 例6.2.3电路图 电流串联负反馈

【解】 图6.8的反馈网络由 R_1、R_2、R_3、R_4 构成。且由于 $i_- = i_+ = 0$,所以

$$u_f \approx u_i = -i_{R1}R_1 \approx -i_{R2}R_1, i_{R2} = -\frac{R_3}{R_1+R_2+R_3} \times i_o$$

所以

$$u_f = \frac{R_1R_3}{R_1+R_2+R_3} \times i_o$$

反馈信号与输出电流成比例,故为电流反馈。

由于输入信号 u_i 由放大器的同相端输入,反馈信号 u_f 反馈到放大器的反相输入端,所以是串联反馈。

根据瞬时极性法，见图中的"⊕"号，由正反馈和负反馈的判断法之二可知，反馈信号和输入信号加于输入回路两点且瞬时极性相同，所以，反馈为负反馈。

结论，图 6.8 中的反馈是电流串联负反馈。

【例 6.2.4】 判断图 6.9 的级间反馈组态。

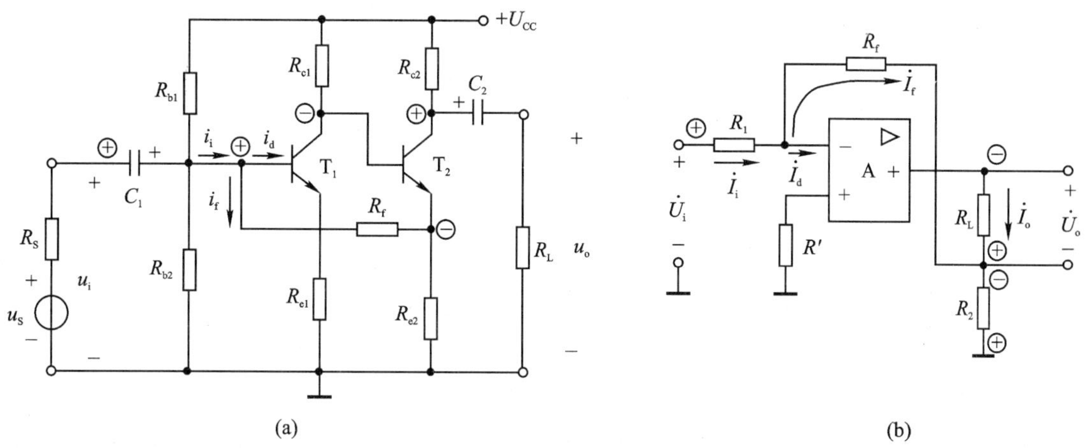

图 6.9 例 6.2.4 电路图 电流并联负反馈

【解】 图 6.9(a)中 R_f构成级间反馈网络，将输出电压"短路"，仍有反馈信号，所以为电流反馈。

由于输入信号 i_i和反馈信号 i_f均加在三极管 T_1的基极，故为并联反馈。

根据瞬时极性法，见图中的"＋""－"号，由正反馈和负反馈的判断法之二可知，反馈信号和输入信号加于输入回路同一点且瞬时极性相反，所以，反馈为负反馈。

结论：图 6.9(a)中的 R_f构成级间电流并联负反馈。

如果 R_{e2}两端并一电容，则 R_f构成级间直流电流并联负反馈。

理由类同，图 6.9(b)中的 R_f也构成级间电流并联负反馈。

【例 6.2.5】 电路如图 6.10 所示。① 欲用电阻 R_f实现交流电压串联负反馈，而 R_f对静态工作情况不影响，请将 R_f联入电路。② 欲用电阻 R_f实现交直流电压串联负反馈，请将 R_f联入电路。③ 欲用电阻 R_f实现交流电压并联正反馈，而 R_f对静态工作情况不影响，请将 R_f联入电路。④ 欲用电阻 R_f实现交流电流并联负反馈，请将 R_f联入电路。

【解】 ① M 点接电容 C_3的右侧，N 点接 T_1的发射极。

② M 点接电容 C_3的左侧，N 点接 T_1的发射极。

③ M 点接电容 C_3的右侧，N 点接 T_1的基极。

④ M 点接 T_2的发射极，N 点接 T_1的基极。

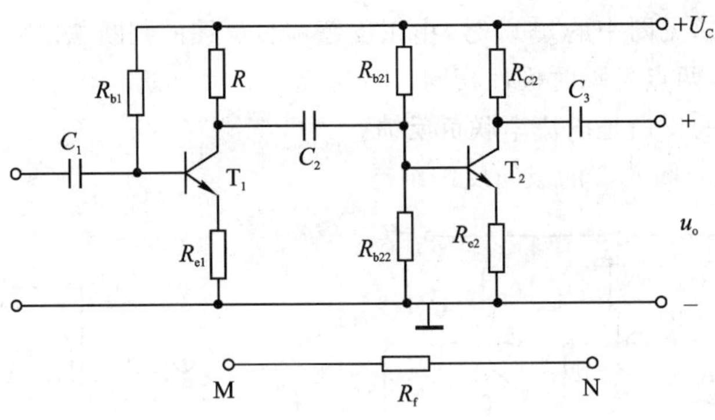

图 6.10 例 6.2.5 电路图

6.3 深度负反馈放大电路的分析方法

负反馈放大电路的分析包括定性分析和定量计算两个方面。定性分析是读懂电路图，正确判断反馈的极性和类别；定量计算就是计算反馈放大电路的主要性能指标，如闭环增益、输入电阻和输出电阻等。

6.3.1 负反馈放大电路增益的一般表达式

根据负反馈放大电路的框图 6.1，得：

$$\dot{X}_d = \dot{X}_i - \dot{X}_f \text{ 或 } \dot{X}_i = \dot{X}_d + \dot{X}_f \tag{6.1}$$

放大电路的开环增益：

$$\dot{A} = \frac{\dot{X}_o}{\dot{X}_d} \text{ 或 } \dot{X}_o = \dot{A}\dot{X}_d \tag{6.2}$$

反馈网络的反馈系数：

$$\dot{F} = \frac{\dot{X}_f}{\dot{X}_o} \tag{6.3}$$

放大电路的闭环增益：

$$\dot{A}_f = \frac{\dot{X}_o}{\dot{X}_i} \tag{6.4}$$

将式(6.1)代入式(6.4)：

$$\dot{A}_f = \frac{\dot{X}_o}{\dot{X}_i} = \frac{\dot{X}_o}{\dot{X}_d + \dot{X}_f} = \frac{1}{\dfrac{\dot{X}_d}{\dot{X}_o} + \dfrac{\dot{X}_f}{\dot{X}_o}} = \frac{1}{\dfrac{1}{\dot{A}} + \dot{F}} = \frac{\dot{A}}{1 + \dot{A}\dot{F}}$$

所以：
$$\dot{A}_f = \frac{\dot{A}}{1+\dot{A}\dot{F}} \tag{6.5}$$

式中 $\dot{A}\dot{F}$ 称为环路增益。$1+\dot{A}\dot{F}$ 称为反馈深度，它反映了反馈对放大电路影响的程度。可分为下列三种情况：

- 当 $|1+\dot{A}\dot{F}|>1$ 时，$|\dot{A}_f|<|\dot{A}|$，$|\dot{X}_d|<|\dot{X}_i|$ 为负反馈；
- 当 $|1+\dot{A}\dot{F}|<1$ 时，$|\dot{A}_f|>|\dot{A}|$，$|\dot{X}_d|>|\dot{X}_i|$ 为正反馈；
- 当 $|1+\dot{A}\dot{F}|=0$ 时，$|\dot{A}_f|\to\infty$，由式(6.4)知，会出现 $\dot{X}_i=0$，$\dot{X}_o=\text{const}$ 的情况，称为“自激状态”。

6.3.2 深度负反馈条件下的近似计算

$|1+\dot{A}\dot{F}|\gg 1$ 的负反馈称为深度负反馈。在深度负反馈条件下，式(6.5)变成：

$$\dot{A}_f = \frac{\dot{A}}{1+\dot{A}\dot{F}} \approx \frac{\dot{A}}{\dot{A}\dot{F}} = \frac{1}{\dot{F}} \tag{6.6}$$

深度负反馈条件下放大电路的增益的估算通常有两种方法：

方法一：利用式(6.6)，先求 $\dot{F}$；然后求 $\dot{A}_f$：$\dot{A}_f=\dfrac{1}{\dot{F}}$。

方法二：由于 $\dot{A}_f=\dfrac{1}{\dot{F}}$，而 $\dot{A}_f=\dfrac{\dot{X}_o}{\dot{X}_i}$，$\dot{F}=\dfrac{\dot{X}_f}{\dot{X}_o}$，于是有 $\dot{X}_i=\dot{X}_f$，$\dot{X}_d=\dot{X}_i-\dot{X}_f=0$。

串联反馈时，见图 6.3(a)对应有 $\dot{U}_d=0$，即同相端电位等于反向端电位，即“虚短”；又 $\dot{U}_d=R_{id}\dot{I}_d=0$，$R_{id}$一般较大，有 $\dot{I}_d=0$，即同相端电流等于反向端电流等于零，即“虚断”。

并联反馈时，见图 6.3(b)对应有 $\dot{I}_d=0$，即“虚断”；又 $\dot{U}_d=R_{id}\dot{I}_d=0$，$R_{id}$一般较大，有 $\dot{U}_d=0$，即“虚短”。

所以不论串联反馈或并联反馈，均有 $\dot{U}_d=0$ 和 $\dot{I}_d=0$，“虚短”、“虚断”同时存在。利用“虚短”、“虚断”的概念可以方便快速估算负反馈放大电路的闭坏增益和闭坏电压增益。

注意：根据负反馈的四种不同组态，闭坏增益 $\dot{A}_f$ 有四种情况，见表 6.1。

【例 6.3.1】 电路如图 6.6～6.9 所示，在深度负反馈条件下，近似计算它们的闭坏增益或闭环电压增益 A_{uf}。

【解】 图 6.6(a)A_2、R_2、R_3引入有源电压串联负反馈，根据虚短和虚断有：

$$u_i \approx u_f = -\frac{R_3}{R_2} \times u_o$$

所以闭环增益为电压增益，

表 6.1 负反馈的四种不同组态的信号含义和闭环增益

反馈类型	输入信号 x_i	反馈信号 x_f	输出信号 x_o	反馈系数 F	闭环增益 A_f
电压串联	电压 u_i	电压 u_f	电压 u_o	$F_u=u_f/u_o$	$A_{uf}=u_o/u_i$ 电压增益
电压并联	电流 i_i	电流 i_f	电压 u_o	$F_g=i_f/u_o$	$A_{rf}=u_o/i_i$ 互阻增益
电流串联	电压 u_i	电压 u_f	电流 i_o	$F_r=u_f/i_o$	$A_{gf}=i_o/u_i$ 互导增益
电流并联	电流 i_i	电流 i_f	电流 i_o	$F_i=i_f/i_o$	$A_{if}=i_o/i_i$ 电流增益

$$A_{uf}=\frac{u_o}{u_i}=-\frac{R_2}{R_3}$$

图 6.6(b)R_f、R_{e11}引入的是电压串联负反馈，所以闭环增益为电压增益，根据虚短和虚断有：$u_i\approx u_f$，$i_{b1}\approx i_{e1}\approx 0$，

$$A_{uf}=\frac{u_o}{u_i}\approx\frac{u_o}{u_f}\approx 1+\frac{R_f}{R_{e11}}$$

图 6.7 中 A_2、R_2构成电压并联负反馈，所以

闭环增益为互阻增益：
$$A_{rf}=\frac{u_o}{i_i}\approx\frac{u_o}{i_f}=-R_2$$

闭环电压增益：
$$A_{uf}=\frac{u_o}{u_i}=-\frac{R_2}{R_1}$$

图 6.8 中 R_1、R_2、R_3、R_4构成电流串联负反馈，而 $i_-=i_+=0$，有

$$u_f\approx u_i=-i_{R1}R_1\approx -i_{R2}R_1,\ i_{R2}=\frac{-R_3}{R_1+R_2+R_3}i_o$$

所以：
$$u_f=\frac{R_1R_3}{R_1+R_2+R_3}i_o$$

反馈系数：
$$F_r=\frac{u_f}{i_o}=\frac{R_1R_3}{R_1+R_2+R_3}$$

所以闭环增益为互导增益：
$$A_{gf}=\frac{1}{F_r}=\frac{R_1+R_2+R_3}{R_1R_3}$$

闭环电压增益：

$$A_{uf}=\frac{u_o}{u_i}=\frac{R_4i_o+R_3(i_o+i_{R2})}{-i_{R2}R_1}=-\frac{(R_3+R_4)(R_1+R_2+R_3)-R_3^2}{R_1R_3}$$

图 6.9(a)中 R_f构成级间电流并联负反馈，由虚断有：$i_{b1}\approx i_{e1}\approx 0$，由虚短 $u_{b1}\approx u_{e1}$，所以闭

环增益为电流增益：

$$A_{\mathrm{if}}=\frac{i_{\mathrm{o}}}{i_{\mathrm{i}}}\approx\frac{i_{\mathrm{c2}}}{i_{\mathrm{f}}}=-\left(1+\frac{R_{\mathrm{f}}}{R_{\mathrm{e2}}}\right)$$

图 6.9(b)中 R_{f}构成级间电流并联负反馈，电流反馈系数是 $\dot{F}_{\mathrm{i}}=\dot{I}_{\mathrm{f}}/\dot{I}_{\mathrm{o}}$，而

$$\dot{I}_{\mathrm{f}}R_{\mathrm{f}}+(\dot{I}_{\mathrm{f}}+\dot{I}_{\mathrm{o}})R_2\approx0,\ -\dot{I}_{\mathrm{f}}=\frac{R_2}{R_2+R_{\mathrm{f}}}\dot{I}_{\mathrm{o}}$$

所以，

$$\dot{F}_{\mathrm{i}}=\frac{\dot{I}_{\mathrm{f}}}{\dot{I}_{\mathrm{o}}}=-\frac{R_2}{R_2+R_{\mathrm{f}}}$$

闭环增益为电流增益

$$\dot{A}_{\mathrm{if}}\approx\frac{1}{\dot{F}_{\mathrm{i}}}=-\left(1+\frac{R_{\mathrm{f}}}{R_2}\right)$$

显然，闭环电流放大倍数基本上只与外电路的参数有关，与运放内部参数无关。闭环电压放大倍数为

$$\dot{A}_{\mathrm{uf}}=\frac{\dot{U}_{\mathrm{o}}}{\dot{U}_i}=\frac{\dot{I}_{\mathrm{o}}R_{\mathrm{L}}}{\dot{I}_{\mathrm{i}}R_1}=\dot{A}_{\mathrm{if}}\frac{R_{\mathrm{L}}}{R_1}=-\left(1+\frac{R_{\mathrm{f}}}{R_2}\right)\frac{R_{\mathrm{L}}}{R_1}$$

6.4 负反馈对放大电路性能的改善

放大电路中引入负反馈后，虽然放大倍数降低了$|1+\dot{A}\dot{F}|$倍，但是却换取了对电路性能的改善。改善的程度都与反馈深度$|1+\dot{A}\dot{F}|$有关。

6.4.1 提高增益的稳定性

由方程式(6.5)

$$\dot{A}_{\mathrm{f}}=\frac{\dot{A}}{1+\dot{A}\dot{F}}$$

得知：不论何种负反馈，闭环增益都比开环增益下降 $1+\dot{A}\dot{F}$ 倍，只不过不同的反馈组态 AF 的量纲不同而已。引入电压负反馈能使输出电压稳定，引入电流负反馈能使输出电流稳定，从而使放大倍数稳定。

为了衡量放大电路放大倍数的稳定程度，常采用有、无反馈时放大倍数的相对变化量之比来评定。为便于分析，假设放大电路工作在中频段，则 $\dot{A}$、$\dot{F}$、$\dot{A}_{\mathrm{f}}$ 都是实数，分别用 A、F、A_{f}表示。此时，闭环增益的一般表达式为：

$$A_{\mathrm{f}}=\frac{A}{1+AF}\tag{6.7}$$

上式对 A 求微分。有

$$dA_f = \frac{(1+AF)\cdot dA - AF\cdot dA}{(1+AF)^2} = \frac{dA}{(1+AF)^2}$$

除以式(6.7),得

$$\frac{dA_f}{A_f} = \frac{1}{(1+AF)}\cdot\frac{dA}{A} \tag{6.8}$$

式(6.8)表明,有负反馈时,增益的稳定性比无反馈时提高了$(1+AF)$倍。

【例 6.4.1】 已知一个多级放大器的开环电压放大倍数的相对变化量为$\frac{dA_u}{A_u}=\pm 1\%$,引入负反馈后要求闭环电压增益为 $A_{uf}=150$,且其相对变化量为$\left|\frac{dA_{uf}}{A_{uf}}\right|\leqslant 0.05\%$,试求开环电压增益 A_u,和反馈系数 F_u。

【解】 根据式(6.7),

得:
$$0.05\% = \frac{1}{(1+A_uF_u)}\times 1\%$$

于是:
$$1+A_uF_u = 20,\text{或}: A_uF_u = 19$$

根据式(6.5),得 $150=A_u/20$,所以,$A_u=3\,000$,代入上式,得 $F_u=0.006\,3$。

6.4.2 减小非线性失真

由于放大电路中放大器件(三极管、场效应管)特性的非线性性,当输入信号为正弦波时,放大电路输出信号的波形可能不再是正弦波,而产生非线性失真。输入信号的幅度越大,非线性失真就越严重。

如果无负反馈时,输出信号失真,见图 6.11(a),则输出波形上半周大下半周小;引入负反馈后,$x_f=Fx_o$,x_f 的波形也是上半周大下半周小如图 6.11(b)所示;但经过比较环节 $x_d=x_i-x_f$,由于 x_i 为正弦波,所以 x_d 的波形为上半周小下半周大;再经过基本放大环节 A,就把输出信号的正半周压缩、负半周扩大,从而减小了放大电路的非线性失真,改善了输出波形。

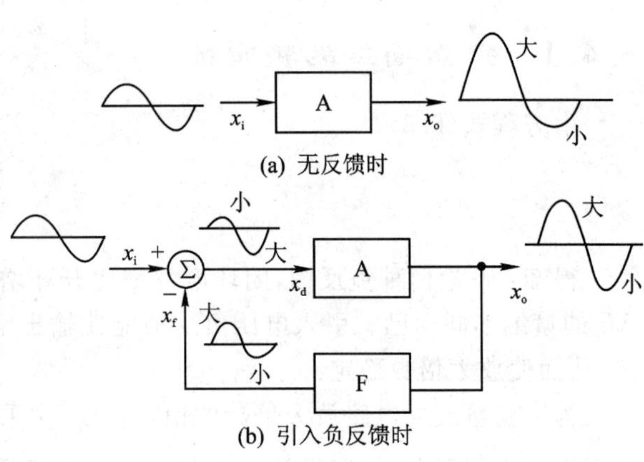

图 6.11 负反馈减小非线性失真

注意: 负反馈可以改善放大电路的非线性失真,但是只能改善反馈环内产生的非线性失真。

6.4.3 扩展通频带

放大电路加入负反馈后，增益下降，但通频带却加宽了，见图 6.12。

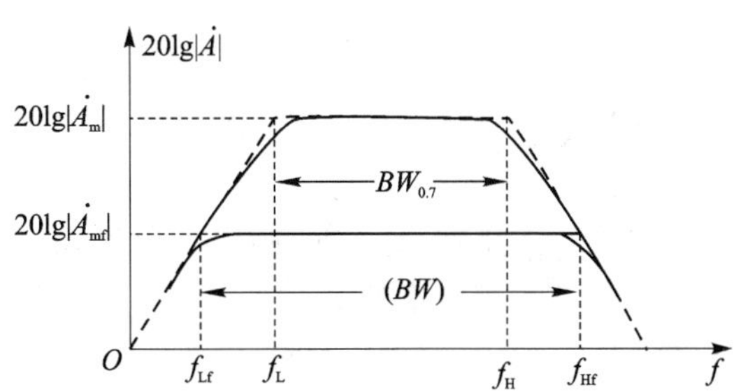

图 6.12 负反馈对通频带的影响

(1) 无反馈时

通频带 $\Delta f = f_H - f_L \approx f_H$

放大电路高频段的增益为

$$\dot{A}(f) = \frac{A_m}{1 + j(f/f_H)}$$

式中：A_m 为中频电压增益，f_H、f_L 为上下限截止频率。

(2) 有反馈时

$$\dot{A}_f(f) = \frac{\dot{A}(f)}{1 + \dot{A}(f)F} = \frac{A_m/[1 + j(f/f_H)]}{1 + A_m[1 + j(f/f_H)]}$$

$$= \frac{A_m/(1 + A_m F)}{1 + jf/[f_H(1 + A_m F)]} = \frac{A_{mf}}{1 + j(f/f_{Hf})}$$

所以有反馈时的通频带

$$\Delta f_f = (1 + A_m F) f_H \tag{6.9}$$

注意：负反馈放大电路扩展通频带有一个重要的特性，即增益与带宽积为常数。

$$A_{mf} f_{Hf} = \frac{A_m}{(1 + A_m F)} \cdot f_H(1 + A_m F) = A_m f_H$$

6.4.4 抑制环内噪声与干扰

放大器在放大输入信号的过程中，其内部器件还会产生各种噪声（如晶体管噪声、电阻热噪声等）。噪声对有用输入信号的干扰主要不取决于噪声的绝对值大小，而取决于放大器有用输出信号与噪声的相对比值，通常称为信噪比（用 S/N 表示）。信噪比愈大，噪声对放大器的有害影响就愈小。

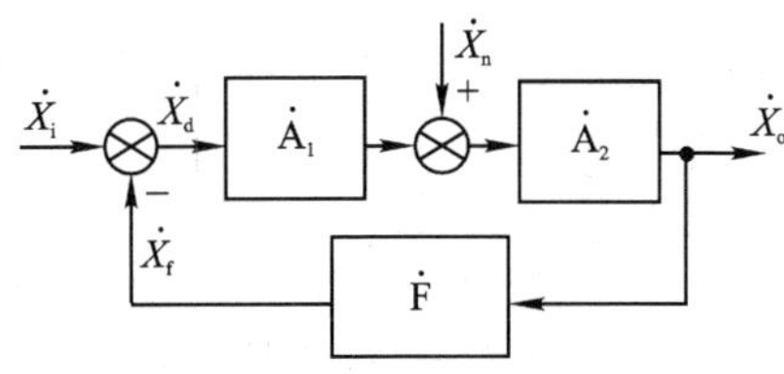

图 6.13 负反馈抑制环内噪声原理

利用图 6.13 说明负反馈抑制放大器内部噪声的机理。假设噪声发生在前向通道 A_1、A_2 之间，如图 6.13 中的 $\dot{X}_n$，于是输出

$$\dot{X}_o = \frac{\dot{A}_1\dot{A}_2}{1 + \dot{A}_1\dot{A}_2\dot{F}}\dot{X}_i + \frac{\dot{A}_2}{1 + \dot{A}_1\dot{A}_2\dot{F}}\dot{X}_n \tag{6.10}$$

于是信噪比为：

$$\frac{S}{N}=\frac{|\dot{X}_i|}{|\dot{X}_n|}\cdot|\dot{A}_1| \tag{6.11}$$

它比原有的信噪比提高了$|\dot{A}_1|$倍。实际$\dot{A}_2$中无噪声是很难做到的，但仍然可提高信噪比。

如果噪声发生在A_2之前，则引入负反馈后，输出噪声下降$(1+AF)$倍。但是，与此同时，输出信号也减小到原来的$1/(1+AF)$倍，信噪比并没有得到提高。因此，只有当输入信号本身不携带噪声，且其幅度可以增大，使输出信号维持不变时，负反馈可以使放大器的信噪比提高到$(1+AF)$倍。

也许有人认为，不加负反馈，只要把放大器的输入信号幅度提高，不就可以提高信噪比吗？问题在于，因放大器的线性工作范围有限，输入信号是不能任意加大的。而引入负反馈后，扩大了放大器的线性工作范围，给增大输入信号创造了条件，同时也要求信号源有足够的潜力。

注意：负反馈只能抑制环内的噪声和干扰。如果在输入信号中混杂有干扰，那么引入负反馈也无法抑制。因加入负反馈，放大电路的输出幅度下降，不好对比，因此必须加大输入信号，使加入负反馈以后的输出幅度基本达到原来有失真时的输出幅度才有意义。

6.4.5 负反馈对输入输出电阻的影响

放大电路引入的交流负反馈的类型不同，对输入电阻和输出电阻的影响也就不同。

1. 负反馈对输入电阻的影响

负反馈对输入电阻的影响取决于反馈网络与基本放大电路在输入回路的连接方式，即取决于是串联还是并联负反馈，与输出回路中反馈的取样方式无直接关系(取样方式只改变AF的具体含义)。

(1) 串联负反馈使输入电阻增加$(1+AF)$倍

串联负反馈的电路结构如图6.14(a)所示。

开环输入电阻为：

$$R_i=u_d/i_i \tag{6.12}$$

有反馈时的输入电阻为：

$$R_{if}=u_i/i_i=(u_d+u_f)/i_i=(u_d+AFu_d)/i_i=(1+AF)u_d/i_i=(1+AF)R_i \tag{6.13}$$

式(6.13)表明，引入串联负反馈后，闭环输入电阻是开环输入电阻的$(1+AF)$倍。

需要指出的是，在某些负反馈放大电路中，有些电阻并不在反馈环内，如共射电路中的基极偏置电阻R_b，负反馈对它并不产生影响。这类电路的方框图见图6.14(b)，由图可知$R_{if}'=(1+AF)R_i$，而整个电路的输入电阻$R_{if}=R_{if}'/\!/R_b$。

(2) 并联负反馈使输入电阻减小$(1+AF)$倍

并联负反馈电路结构如图6.15所示。

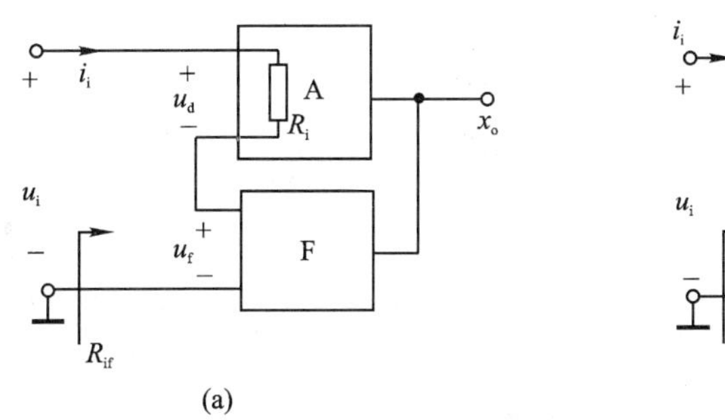

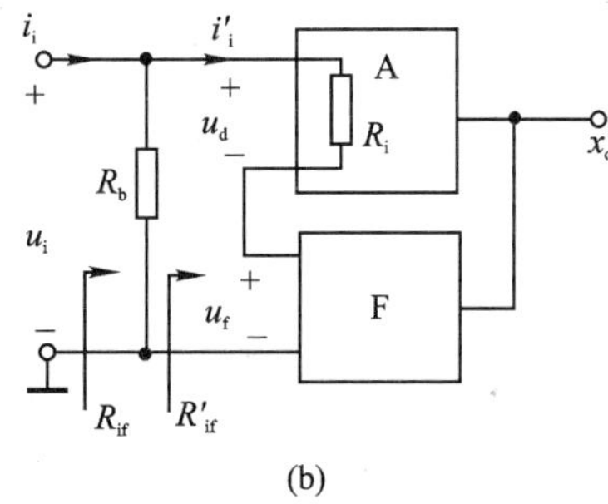

图 6.14　串联负反馈对输入电阻的影响

开环输入电阻为：

$$R_i = u_i / i_d \tag{6.14}$$

反馈时的输入电阻

$$\begin{aligned} R_{if} &= u_i / i_i = u_i / (i_d + i_f) = u_i / (i_d + AFi_d) \\ &= u_i / [(1+AF) i_d] = R_i / (1+AF) \end{aligned} \tag{6.15}$$

式(6.15)表明，引入并联负反馈后，闭环输入电阻比开环输入电阻减小了$(1+AF)$倍。

2. 负反馈对输出电阻的影响

负反馈对输出电阻的影响取决于反馈网络在放大电路输出回路的取样方式，即是电压还是电流负反馈。与反馈网络在输入回路的连接方式无直接关系(输入连接方式只改变 AF 的具体含义)。

(1) 电压负反馈使输出电阻减小(1+AF)倍

由于电压负反馈能使放大电路的输出电压趋于稳定，而输出电阻小，带负载能力强，输出电压的降落就小，稳定性就好，因此电压负反馈可使放大电路的输出电阻减小。图 6.16 是求电压负反馈放大电路输出电阻的框图。其中 R_o是基本放大电路的输出电阻(即开环输出电阻)，A 是基本放大电路在负载开路时的增益，令 $x_i=0$，虚加电压源 u_T。于是，闭环输出电阻为：

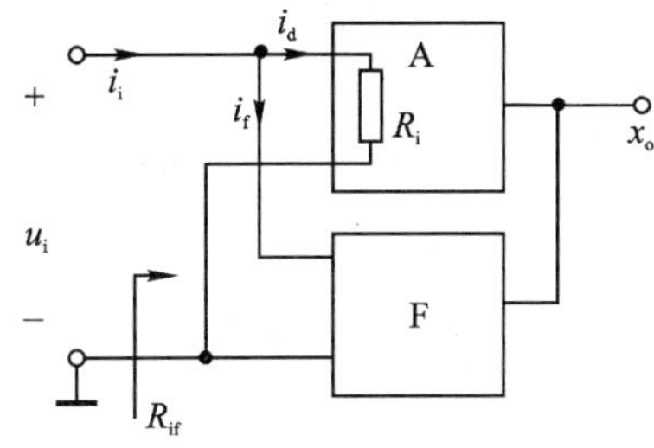

图 6.15　并联负反馈对输入电阻的影响

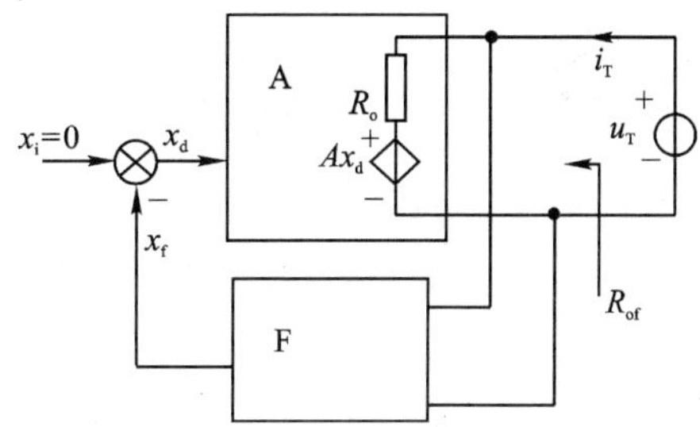

图 6.16　电压负反馈对输出电阻的影响

$$R_{of} = u_T / i_T \tag{6.16}$$

而

$$u_T = R_o i_T + A x_d \tag{6.17}$$

$$x_d = - x_f = - F u_T \tag{6.18}$$

式(6.17)、(6.18)代入式(6.16)得：

$$R_{of} = R_o / (1 + AF) \tag{6.19}$$

式(6.19)表明，引入电压负反馈输出电阻减小了(1+AF)倍。

(2) 电流负反馈使输出电阻增加(1+*AF*)倍

由于电流负反馈能使输出电流趋于稳定，因此电流负反馈可使放大电路的输出电阻增大。图6.17是求电流负反馈放大电路输出电阻的框图。其中R_o是基本放大电路的输出电阻，A是基本放大电路在负载短路时的增益。令$x_i=0$，虚加电压源u_T，并假设反馈网络的输入电阻为零，于是它对放大电路输出端没有负载效应。

由图6.17，得

$$i_T = \frac{u_T}{R_o} + A x_d \tag{6.20}$$

$$x_d = - x_f = - F i_T \tag{6.21}$$

于是

$$R_{of} = \frac{u_T}{i_T} = (1 + AF) R_o \tag{6.22}$$

式(6.22)表明，引入电流负反馈输出电阻增加了(1+AF)倍。

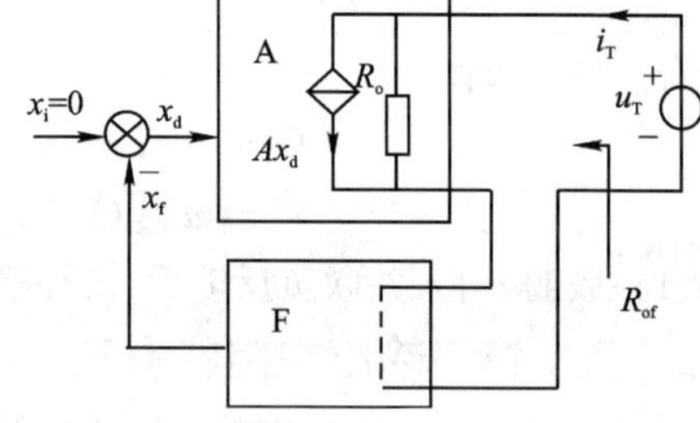

图6.17 电流负反馈对输出电阻的影响

总之：串联负反馈使输入电阻增加(1+AF)倍；并联负反馈使输入电阻减小(1+AF)倍；电压负反馈使输出电阻减小(1+AF)倍；电流负反馈使输出电阻增加(1+AF)倍。

6.5 负反馈放大电路的稳定问题

负反馈可以改善放大电路的性能指标，但是负反馈引入不当，会引起放大电路自激。为了使放大电路正常工作，必须要研究放大电路产生自激的原因和消除自激的有效方法。

1. 负反馈放大电路的自激条件

通过前面的分析得知：当反馈深度$|1+\dot{A}\dot{F}|=0$时，$|\dot{A}_f|\to\infty$，会出现$\dot{X}_i=0$，$\dot{X}_o=\text{const}$的“自激状态”。所以负反馈放大电路的自激条件是：

$$\dot{A}\dot{F} = -1 \tag{6.23}$$

又可写成幅值条件

$$|\dot{A}\dot{F}| = 1 \tag{6.24}$$

相位条件

$$\phi = \phi_A + \phi_F = \pm (2n+1)\pi \qquad n = 0,1,2,3\cdots \tag{6.25}$$

ϕ是基本放大电路和反馈电路的总附加相移。当总的附加相移为180°时，负反馈变为正反馈，如果幅值条件满足要求，放大电路产生自激。所以在负反馈放大电路中要避免这种不稳定情况发生。

注意：通常反馈网络仅由电阻构成，所以 $\phi_F=0$；而一级放大电路的相位移为 $-90°\sim+90°$（参见第3章），所以，只有三级以上的放大器才有可能满足 $\phi=\phi_A+\phi_F=\pm180°$，所以只有三级以上的放大器才有可能产生自激。

2. 负反馈放大电路的稳定工作条件

破坏自激振荡条件，就得到了稳定工作条件。通过绘制环路增益 $\dot{A}\dot{F}$ 的波特图来分析稳定工作条件。图6.18所示的是某负反馈放大电路环路增益 $\dot{A}\dot{F}$ 的波特图，$20\lg|\dot{A}\dot{F}|=0$ dB 对应的频率是 f_o，$\phi=\phi_A+\phi_F=180°$ 对应的频率是 f_c。

当幅值条件满足式(6.24)：$|\dot{A}\dot{F}|=1$ 或 $20\lg|\dot{A}\dot{F}|=0$ dB，但对应相位条件不满足式(6.25)：$\phi=\phi_A+\phi_F<180°$ 时，系统是稳定的；或者当相位条件满足式(6.25)：$\phi=\phi_A+\phi_F=180°$，而幅值条件不满足式(6.24)：$|\dot{A}\dot{F}|<1$ 或 $20\lg|\dot{A}\dot{F}|<0$ dB 时，系统是稳定的。于是，负反馈放大电路的稳定工作条件是

$$f_o<f_c \tag{6.26}$$

$f_o=f_c$ 是临界状态。图6.18中的 ϕ_m 和 G_m 分别称为相位裕度和增益裕度。工程中，通常要求 $|G_m|>10$ dB，或 $\phi_m\geq45°$，从而保证电路在环境温度、电路参数、电源电压等因素发生变化时，仍能使系统稳定工作。

【例6.5.1】 一放大电路的开环增益为

$$\dot{A}_u=\frac{\dot{U}_o}{\dot{U}_{id}}=\frac{10^5}{\left(1+j\dfrac{f}{10^4}\right)\left(1+j\dfrac{f}{10^6}\right)\left(1+j\dfrac{f}{10^7}\right)}$$

当(1) $\dot{F}=10^{-4}$，(2) $\dot{F}=10^{-3}$，(3) $\dot{F}=10^{-2}$ 时，判断系统的稳定性。

【解】 先画出 $\dot{A}_u$ 的波特图如图6.19所示，频率的单位为Hz。根据频率特性方程，放大电路在高频段有三个极点频率 f_{H1}、f_{H2} 和 f_{H3}。10^5 代表中频电压放大倍数，相当100 dB，于是可画出幅度频率特性曲线和相位频率特性曲线。总的相频特性曲线是用每个极点频率的相频特性曲线合成而得到的。相频特性曲线的 Y 坐标是附加相移 ϕ_A，当 $\phi_A=-180°$ 时，即图中的 S 点所对应的频率称为 f_c。

然后画出环路增益的波特图。由于负反馈的自激条件是 $\dot{A}\dot{F}=-1$，所以将以 $20\lg|\dot{A}|$ 为 Y 坐标的波特图改变为以 $20\lg|\dot{A}\dot{F}|$ 为 Y 坐标的波特图，用于分析放大电路的自激更为方便。由于

$$20\lg|\dot{A}\dot{F}|=20\lg|\dot{A}|+20\lg|\dot{F}|=20\lg|\dot{A}|-20\lg|1/\dot{F}|,\phi=\phi_A$$

当(1) $\dot{F}=10^{-4}$ 时，$20\lg|1/\dot{F}|=80$ dB，P 点对应的频率是 $f_o=10^5$ dB，$f_o<f_c$，系统稳

定，$\phi_m=90°$；

当(2) $\dot{F}=10^{-3}$ 时，$20\lg\ |1/\dot{F}|=60$ dB，P' 点对应的频率是 f_o，$f_o<f_c$，系统稳定，$\phi_m=45°$；

当(3) $\dot{F}=10^{-2}$时，$20\lg\ |1/\dot{F}|=40$ dB，P''点对应的频率是 $f_o=f_c$，系统自激。

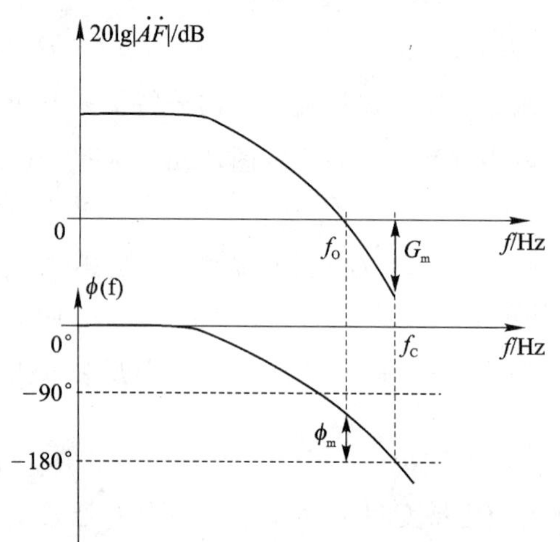

图 6.18　负反馈放大电路的稳定分析

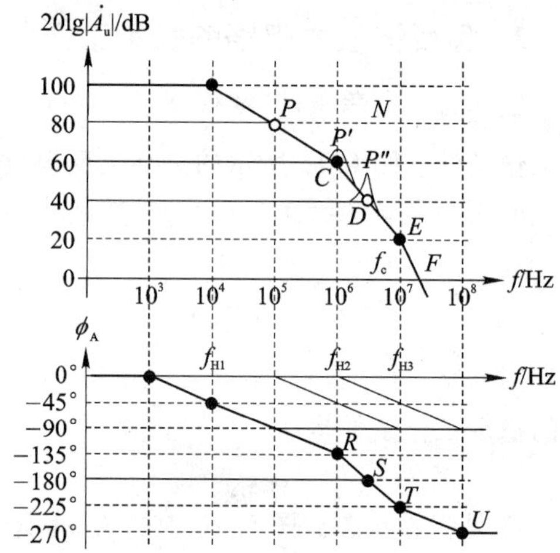

图 6.19　以 20lg $|A_u|$ 为 Y 坐标的波特图

6.6　正反馈电路——正弦信号产生电路

正弦波发生电路是在放大电路的基础上加上正反馈而形成的，它是各类波形发生器和信号源的核心电路。正弦波发生电路也称为正弦波振荡电路或正弦波振荡器。

6.6.1　正弦波产生的条件

1. 正弦波产生条件

在 6.5 节中讨论了自激振荡，会造成负反馈放大电路工作的不稳定，所以在负反馈放大电路中要避免这种情况发生，但在产生信号时就要利用这一条件。现在将负反馈放大电路的方框图重新画于图 6.20(a)。为了强调负反馈，图中 $\dot{X}_f$ 前加了负号，自激振荡条件为 $\dot{A}\dot{F}=-1$；为了产生信号，应有 $\dot{X}_i=0$ 且反馈为正反馈，其方框图画成图 6.20(b)，$\dot{X}_f$ 前加的是正号。于是，对应的正弦波产生条件(振荡条件)：

$$\dot{A}\dot{F}=1 \tag{6.27}$$

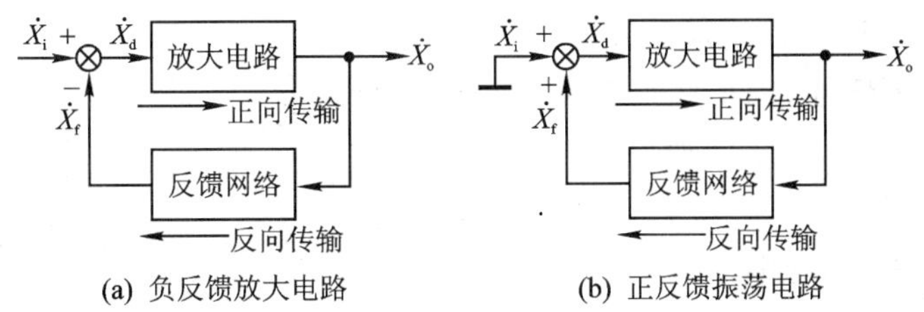

图 6.20 振荡器的方框图

或写成幅值条件 $|\dot{A}\dot{F}|=1$

相位条件 $\phi=\phi_A+\phi_F=\pm 2n\pi \qquad n=0,1,2,3\cdots$ (6.28)

2. 正弦波发生电路的组成

放大电路和正反馈网络是振荡电路的最主要部分。但是,正弦波发生电路还需要其他辅助电路。

(1) 选频网络

信号发生器是一个在直流电源作用下得到所需要的交流信号的电路。正弦波发生电路输出的是所需频率为 f_0的正弦波。当上电或电路受到干扰,由傅里叶积分或傅里叶级数得知信号中含有丰富的频率成分,但电路只对频率为 f_0的谐波成分振荡,并在输出端得到频率为 f_0的正弦信号,因此正弦波发生电路中需要有选频网络,将频率为 f_0的谐波成分挑选出来。能够选频的元件是:电容 C 和电感 L,因为它们的阻抗随信号频率的不同而不同。因此在 6.6.2 小节和 6.6.3 小节我们将分别讨论 RC 选频网络和 LC 选频网络。

(2) 起振条件和稳幅环节

正弦波产生的条件 $\dot{A}\dot{F}=1$,仅仅是电路稳定振荡的条件,振荡电路开始起振时,必须为正反馈,有:

$$|\dot{A}\dot{F}|>1 \tag{6.29}$$

这就是起振条件。

当$|\dot{A}\dot{F}|>1$ 时,电路起振,正反馈会使反馈放大电路的输出量不断增大,产生增幅振荡,最后由于三极管的非线性限幅,这必然产生非线性失真,因此需要在放大器进入非线性失真前进行稳幅,为此振荡电路要有一个稳幅环节。稳幅环节的作用是:在放大器进入非线性失真前使$|\dot{A}\dot{F}|>1$ 变成$|\dot{A}\dot{F}|=1$,或者说使电路从正反馈状态过渡到自激振荡,输出所需频率为 f_0的正弦信号。所以,正弦波发生电路的组成有四部分:放大电路、正反馈网络、选频网络和稳幅环节。有时稳幅环节包含在其他部分中,所以前三部分是正弦波发生电路的基本部分。

6.6.2 *RC* 正弦波振荡电路

1. *RC* 文氏桥振荡电路的构成

RC 正弦波振荡电路正弦信号产生电路如图 6.21 所示。*RC* 串并联网络的功能是正反馈

网络和选频网络，R_f、R_1和 A 构成放大电路。

Z_1、Z_2正反馈支路与 R_f、R_1负反馈支路正好构成一个桥路，称为文氏桥。所以该电路称为 RC 文氏桥振荡器。

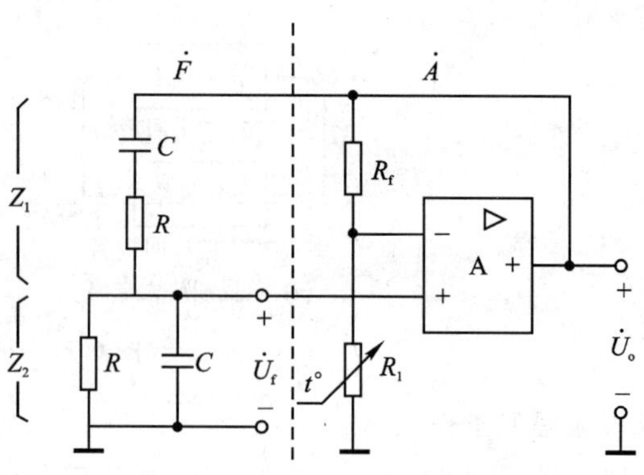

图 6.21 RC 文氏桥振荡器

2. RC 串并联选频网络的选频特性

由图 6.21，

有 $Z_1 = R + 1/(j\omega C)$

$$Z_2 = R \mathbin{/\!/} 1/(j\omega C) = \frac{R}{1 + j\omega RC}$$

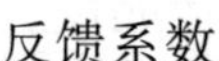

反馈系数

$$\dot{F} = \frac{\dot{U}_f}{\dot{U}_o} = \frac{Z_2}{Z_1 + Z_2} = \frac{R/(1 + j\omega RC)}{R + 1/(j\omega C) + R/(1 + j\omega RC)} = \frac{1}{3 + j\left(\dfrac{\omega}{\omega_o} - \dfrac{\omega_o}{\omega}\right)} \tag{6.30}$$

谐振频率为

$$\omega_0 = 1/(RC) \text{ 或 } f_0 = 1/(2\pi RC) \tag{6.31}$$

幅频特性

$$|\dot{F}| = \frac{1}{\sqrt{3^2 + \left(\dfrac{\omega}{\omega_0} - \dfrac{\omega_0}{\omega}\right)^2}} \tag{6.32}$$

相频特性

$$\phi_F = -\arctan\frac{1}{3}\left(\frac{\omega}{\omega_0} - \frac{\omega_0}{\omega}\right) \tag{6.33}$$

由式(6.32)和(6.33)得反馈系数 $\dot{F}$ 的频率特性如图 6.22 所示。

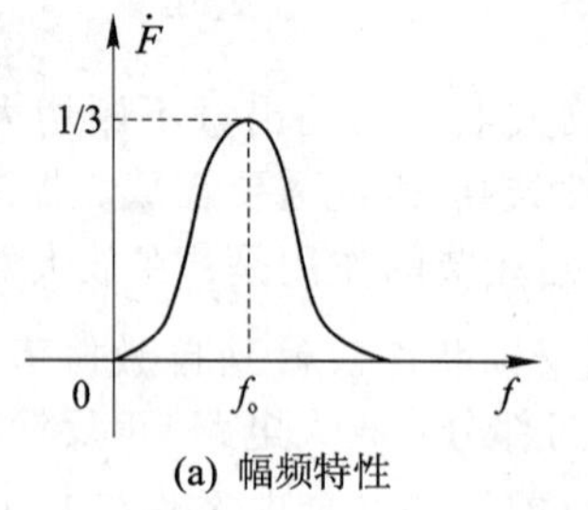

(a) 幅频特性

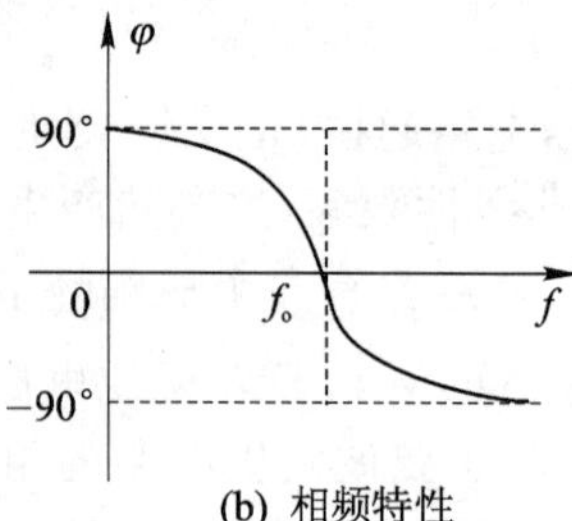

(b) 相频特性

图 6.22 频率特性

当 $f = f_0$时，反馈系数最大是$|\dot{F}| = 1/3$，对应相角 $\phi_F = 0$。

而图 6.21 放大电路的增益为：

$$\dot{A}=1+R_f/R_1 \tag{6.34}$$

此式的 $\phi_A=0°$，所以由式(6.28)的振荡条件得知，只有当 $f=f_0$ 时，满足相位条件：$\phi=\phi_A+\phi_F=0°$，或者说振荡频率由相位条件确定；要满足振荡的幅值条件 $|\dot{A}\dot{F}|=1$，则要 $|\dot{A}|=3$，或者 $R_f=2R_1$。当 $|\dot{A}|>3$，或者 $R_f>2R_1$ 时起振。

3. RC 文氏桥振荡电路的起振与稳幅过程

RC 文氏桥振荡电路的起振与稳幅作用是靠非线性元件实现的。例如用热敏电阻代替 R_1。R_1 是正温度系数热敏电阻，当起振时，$|\dot{A}|>3$，输出电压升高，R_1 上所加的电压升高，即温度升高，R_1 的阻值增加，负反馈增强，由式(6.34)知 $|\dot{A}|$ 减小，直到 $|\dot{A}|=3$ 电路稳定振荡。若热敏电阻是负温度系数，应放置在 R_f 的位置。

采用反并联二极管的稳幅电路如图 6.23(a)所示。电路的电压增益为

$$\dot{A}=1+\frac{R''_p+R'_f}{R'_p+R_1}$$

式中：R''_p 是电位器上半部的电阻值，R'_p 是电位器下半部的电阻值。$R'_f=R_f/\!/R_D$，R_D 是并联二极管的等效平均电阻值。当 u_o 大时，二极管支路的交流电流较大，R_D 较小，A 较小，于是 u_o 下降。由图 6.23(b)可看出，二极管工作在 C、D 点所对应的等效电阻，小于工作在 A、B 点所对应的等效电阻，所以输出幅度小。二极管工作在 A、B 点，电路的增益较大，引起增幅过程。当输出幅度大到一定程度时，增益下降，最后达到稳定幅度的目的。

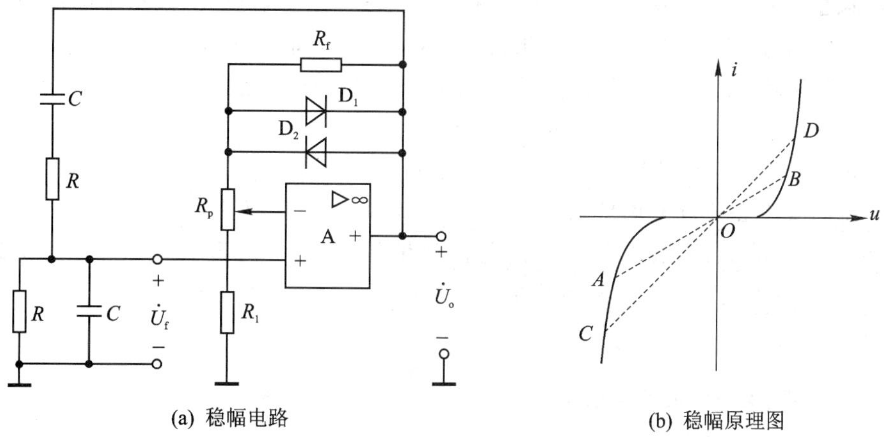

(a) 稳幅电路　　(b) 稳幅原理图

图 6.23　反并联二极管的稳幅电路

【例 6.6.1】 正弦波振荡器如图 6.24 所示。

(1) $R_1=R_2=R=8.2\ \text{k}\Omega$，$C_1=C_2=C=0.2\ \mu\text{F}$，估算振荡频率 f_0。

(2) 若电路接线无误且静态工作点正常，但不能产生振荡，可能是什么原因？应调整电路

中哪个参数最为合适？调大还是调小？

(3) 若输出波形严重失真，又应如何调整？

【解】 (1) 由图6.24可知，R_1、C_1及R_2、C_2组成RC串并联网络。若在图中A处把电路×断开，并在A的右端注入瞬时极性为“⊕”的输入信号，则当$f=f_0=1/(2\pi RC)$时，电路各处的瞬时极性如图中所标。由此可见，T_1，T_2组成的二级放大器与R_f、R_{e1}构成了电压串联负反馈放大电路，RC串并联网络为正反馈网络兼选频网络。故该电路是一个RC串并联正弦振荡电路，电路的振荡频率为

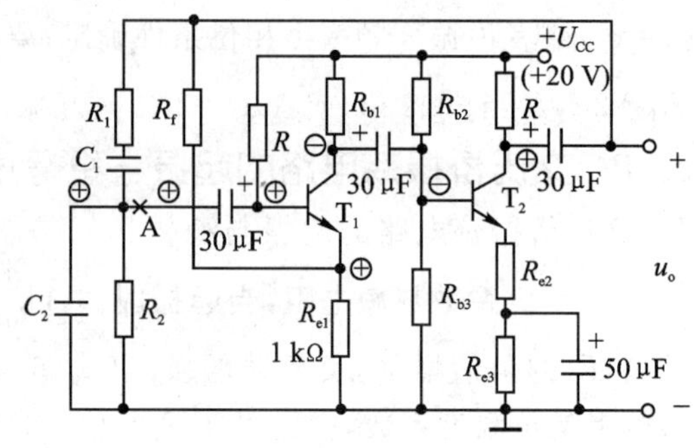

图6.24 例6.6.1电路图

$$f_0=\frac{1}{2\pi RC}=\frac{1}{2\pi\times 8.2\times 10^3\ \Omega\times 0.2\times 10^{-6}\ \text{F}}\approx 97\ \text{Hz}$$

(2) 电路接线无误说明电路满足相位起振条件，且静态工作点也正常，但电路不产生振荡，上述现象可能是电路的幅度起振条件不满足引起的。由于RC串并联谐振时，其反馈系数$|\dot{F}|=1/3$是固定的，故应增大负反馈放大电路的电压增益。当深度负反馈时，其值为$\dot{A}=1+R_f/R_{e1}$。显然这可以通过调整R_f，增大其阻值以减小负反馈来实现。

(3) 若输出波形失真严重，说明负反馈放大电路的电压增益过大，以至于起振时环路增益远大于1。此时应在不影响起振的前提下，减小R_f的值，以增强负反馈，减小负反馈放大电路的电压增益，从而减小波形的失真。若要进一步减小输出波形的失真，则应采用外稳幅措施，方法之一是将R_f用一负温度系数的热敏电阻代替。

总之：RC正弦波振荡器的振荡频率取决于R和C的数值。R和C的数值越小，振荡频率越高，但R的减小会使放大电路的负载加重，C的减小又受到晶体管结电容和分布电容的限制。这些因素限制了RC振荡器只能用作低频振荡器，频率范围为：1 Hz～1 MHz。一般在要求振荡频率高于1 MHz时，大多采用LC并联谐振回路作为选频网络，组成LC正弦波振荡电路。

6.6.3 *LC* 正弦波振荡电路

LC正弦波振荡电路中的选频网络是由LC并联谐振电路构成的，可以产生几十MHz以上的正弦波信号。通常有变压器反馈式、电感三点式和电容三点式等。

1. *LC* 并联谐振电路的特征

(1) 谐振频率

LC并联谐振电路如图6.25(a)所示。图中R是电感线圈绕线的等效电阻，且$R\ll\omega L$，输

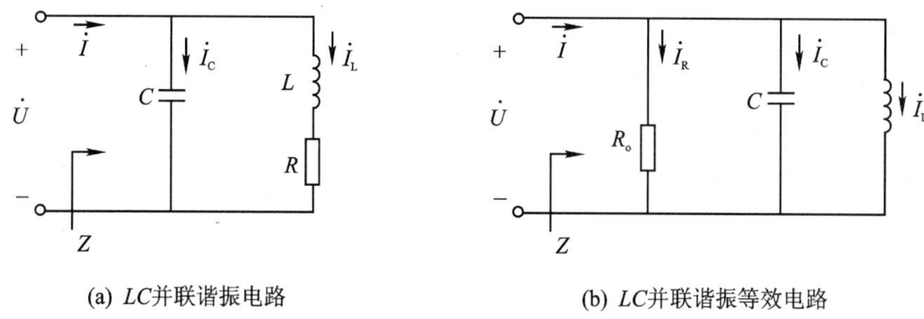

图 6.25　LC 并联谐振电路

入端的复导纳

$$Y = j\omega C + \frac{1}{R + j\omega L} = \frac{R}{R^2 + \omega^2 L^2} + j\left(\omega C - \frac{\omega L}{R^2 + \omega^2 L^2}\right)$$

$$Y \approx \frac{R}{\omega^2 L^2} + j\left(\omega C - \frac{1}{\omega L}\right) \tag{6.35}$$

当 $\mathrm{Im}[Y] = \omega_o C - \frac{1}{\omega_o L} = 0$ 时，电路发生并联谐振，于是得电路并联谐振的角频率

$$\omega_o \approx 1/\sqrt{LC} \text{ 或 } f_o \approx 1/(2\pi\sqrt{LC}) \tag{6.36}$$

令

$$Q = \omega_o L/R$$

Q 称为谐振回路的品质因数，是谐振电路的一个重要指标。一般为几十到几百。

当 LC 并联谐振电路谐振时，由式(6.35)得知，其等效复阻抗为纯电阻，

$$R_o = \frac{1}{G_o} \approx \frac{\omega_o^2 L^2}{R} \approx \frac{L}{RC} = Q\omega_o L = \frac{Q}{\omega_o C} = \frac{1}{Q}\sqrt{\frac{L}{C}} \tag{6.37}$$

可见 Q 值越高，R_o越大。

由式(6.35)得知，LC 并联谐振电路在谐振频率附近可近似为电阻 R_o与电容 C、电感 L 的并联，见图 6.25(b)。

(2) 输入电流与回路电流的关系

设谐振时输入电流为 $\dot{I}$，则

$$\dot{I} = \dot{I}_R \tag{6.38}$$

$$\dot{I}_C = -\dot{I}_L = \frac{\dot{U}}{1/(j\omega_o C)} = \frac{\dot{I}R}{1/(j\omega_o C)} = jQ\dot{I} \tag{6.39}$$

当 LC 并联谐振电路谐振时，输入电流全部流过等效电阻 R_o，电容和电感中的电流是输入电流的 Q 倍，并形成环流。

(3) $Z(\omega)$与 $U(\omega)$的选频性

由于 $\dot{U} = Z\dot{I}$，当输入 $\dot{I}$ 一定，$\dot{U}(\omega)$与 $Z(\omega)$具有相同的频率特性，LC 并联谐振电路等效输入阻抗的表达式为

$$Z=\frac{-\mathrm{j}\,\frac{1}{\omega C}(R+\mathrm{j}\omega L)}{-\mathrm{j}\,\frac{1}{\omega C}+R+\mathrm{j}\omega L}\approx\frac{\left(-\mathrm{j}\,\frac{1}{\omega C}\right)\cdot\mathrm{j}\omega L}{R+\mathrm{j}\left(\omega L-\frac{1}{\omega C}\right)}=\frac{\frac{L}{RC}}{1+\mathrm{j}\,\frac{\omega L}{R}\left(1-\frac{1}{\omega^2 LC}\right)}$$

在谐振频率附近,当 $\omega\approx\omega_o$ 时,上式可表示为

$$Z\approx\frac{Z_o}{1+\mathrm{j}Q\left(1-\frac{\omega_o^2}{\omega^2}\right)}\tag{6.40}$$

由式(6.40)可画出并联谐振时 Z 的幅频特性和相频特性,如图 6.26 所示。

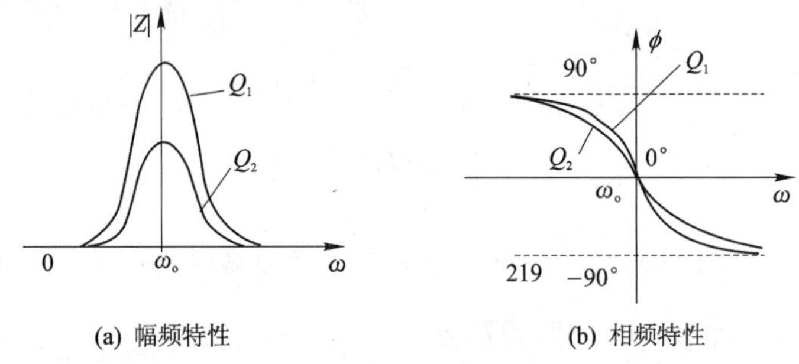

图 6.26　频率特性 $Q_1>Q_2$

由以上分析可以得出以下结论:

① LC 并联电路具有选频特性。在谐振频率 f_o处,电路为纯电阻;当 $f<f_o$时,呈电感性;当 $f>f_o$时,呈电容性。且当频率从 f_o上升或下降时,等效阻抗 $|\dot{Z}|$ 都将减小。

② 谐振频率 f_o的数值与电路参数有关。当电路的品质因数 $Q\gg1$ 时,$f_o\approx\frac{1}{2\pi\sqrt{LC}}$。

③ 电路的品质因数 Q 值越大,则幅频特性越尖,即选频特性越好。同时相频特性越陡且谐振时的阻抗 $Z_o=R_o$ 也越大。

下面,我们根据 LC 并联电路的特性来分析 LC 振荡电路的工作原理。

2. 变压器反馈式振荡电路

(1) 组　成

如图 6.27 所示的电路是由放大、选频和反馈部分组成的正弦波振荡电路。其中三极管和偏置电阻等元件组成基本放大电路,LC 并联谐振回路作为选频网络,而反馈由变压器绕组 L_2 来实现。因此该电路称为变压器反馈式振荡电路。

(2) 相位条件及振荡频率

现在来分析电路是否满足相位平衡条件。断开图 6.27 所示电路中 A 点,并在放大电路输入端加信号 $\dot{U}_i$,其频率为 LC 回路的谐振频率,此时放大管的集电极等效负载为一纯电阻,

且集电极信号 $\dot{U}_C$ 与输入信号 $\dot{U}_i$ 反相。变压器同名端如图 6.27 中所示，绕组 L_2 又引入相移 180°(设其负载电阻很大)，即 U_f 真与 U_C 反相，因此 U_f 与 U_i 同相。各点信号的瞬时极性如图 6.27 所示。综上所述，该电路在谐振频率 f_o 上满足相位平衡条件，其振荡频率约为 LC 并联回路的谐振频率，即 $f_o \approx \frac{1}{2\pi\sqrt{LC}}$，其中 L 为回路的等效电感。

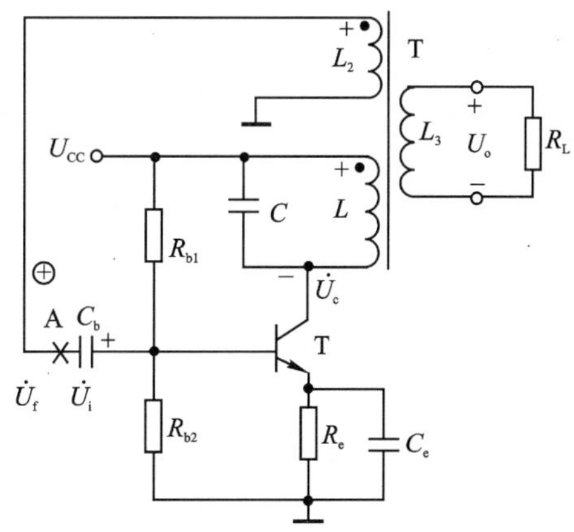

图 6.27 变压器反馈式振荡器

注意：为满足相位条件，关键要保证变压器绕组同名端接线正确。交换反馈线圈的两个线头，可改变反馈的极性。在实际工作中，为了避免确定变压器同名端的麻烦，也为了绕制线圈的方便，可采取自耦变压器电路。

(3) 幅度起振条件

为满足幅度起振条件，必须要 $|\dot{U}_f| > |\dot{U}_i|$。只要电路中变压器的变比选择合适，一般都能满足。

3. 三点式振荡电路

(1) 三点式振荡电路的结构与工作原理

图 6.28 所示是三点式振荡电路的交流通路基本结构，放大器的三个端子(两个输入端和一个输出端)每两个端子之间接一个阻抗，分别是 Z_1、Z_2 和 Z_3，图 6.28(a)和图 6.28(b)完全相同。现推导 Z_1、Z_2 和 Z_3 是什么元件，电路可发生振荡。

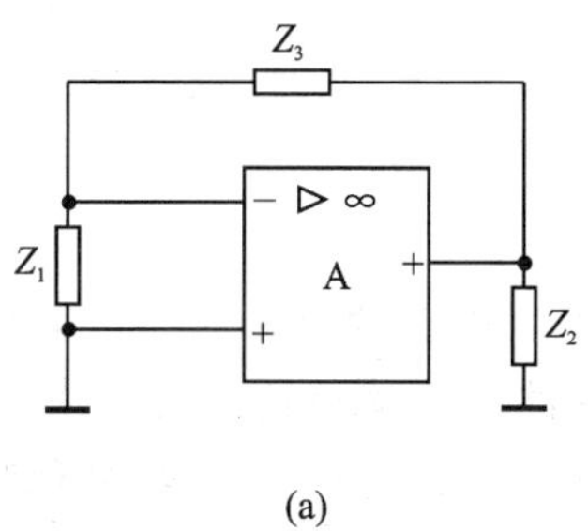

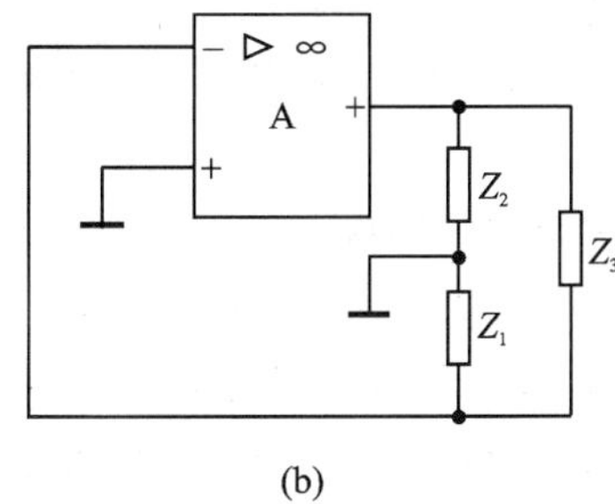

图 6.28 三点式振荡电路的交流通路基本结构

设运放的开环增益为 $\dot{A}_o$，输入、输出电阻为 R_i 和 R_o，得图 6.28 的等效电路，见图 6.29。

振荡条件：

$$\dot{A}\dot{F} = 1 \tag{6.41}$$

而图 6.29 中

$$\dot{A}=\frac{\dot{U}_o}{\dot{U}_i}=\frac{\frac{Z_L}{R_o+Z_L}(-\dot{A}_o\dot{U}_f)}{\dot{U}_i}=-\frac{Z_L}{R_o+Z_L}\dot{A}_o \tag{6.42}$$

其中： $Z_L=(Z_1+Z_3)/\!/Z_2$

$$\dot{F}=\frac{\dot{U}_f}{\dot{U}_o}=\frac{\frac{Z_1}{Z_1+Z_3}\dot{U}_o}{\dot{U}_o}=\frac{Z_1}{Z_1+Z_3} \tag{6.43}$$

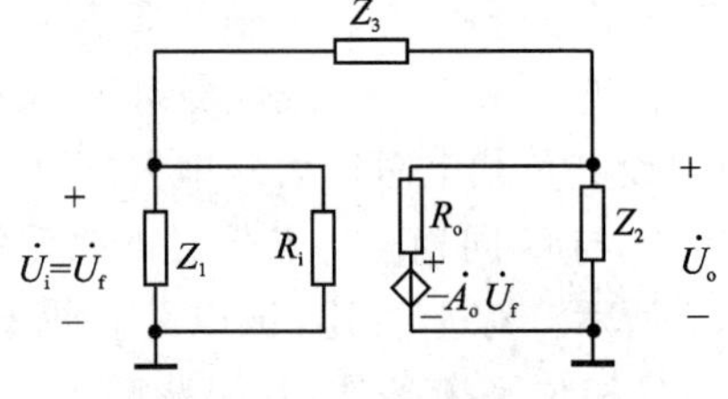

图 6.29 图 6.28 的等效电路

将式(6.42)和(6.43)代入式(6.41)中,整理得:

$$\frac{-\dot{A}_oZ_1Z_2}{R_o(Z_1+Z_2+Z_3)+Z_2(Z_1+Z_3)}=1$$

令 $Z_1=jX_1, Z_2=jX_2, Z_3=jX_3$ 代入上式,得

$$\frac{\dot{A}_oX_1X_2}{jR_o(X_1+X_2+X_3)-X_2(X_1+X_3)}=1$$

或
$$\dot{A}_oX_1X_2+X_2(X_1+X_3)-jR_o(X_1+X_2+X_3)=0$$

实部、虚部分别为零,有

$$\dot{A}_oX_1X_2+X_2(X_1+X_3)=0 \tag{6.44(a)}$$

和
$$X_1+X_2+X_3=0 \tag{6.44(b)}$$

或
$$\dot{A}_oX_1/X_2=1 \tag{6.45(a)}$$

和
$$X_3=-(X_1+X_2) \tag{6.45(b)}$$

由式(6.45(a))和(6.45(b))得知,三点式振荡器中需要 Z_1、Z_2取同类电抗元件,而 Z_3取不同类型的电抗。当 Z_1、Z_2取电感,Z_3取电容,反馈取自电感 Z_1时,为电感三点式振荡器;当 Z_1、Z_2取电容,Z_3取电感,反馈取自电容 Z_1时,为电容三点式振荡器。另外,由式(6.44(b))可以求出振荡频率,式(6.45(a))是振荡要满足的幅值条件。

(2) 电感三点式振荡器

如图 6.30 所示是一个电感三点式振荡器。LC 并联电路的上端③通过耦合电容 C_b 接到三极管的基极上,中间抽头②接至电源 U_{CC},在交流通路中②端接地,所以 L_2上的电压就是送回到三极管基极回路的反馈电压 U_f,因此该电路称电感反馈式振荡电路,又称哈特莱振荡器。下面对该电路进行分析。

① 组　成

如图 6.30(a)所示。三极管和偏置电阻等元件构成基本放大电路,LC 并联回路作为选频网络,LC 并联回路同时也是反馈网络,信号从电感中心抽头反馈到 T 的基极,因此该电路具有振荡电路的三个基本环节。

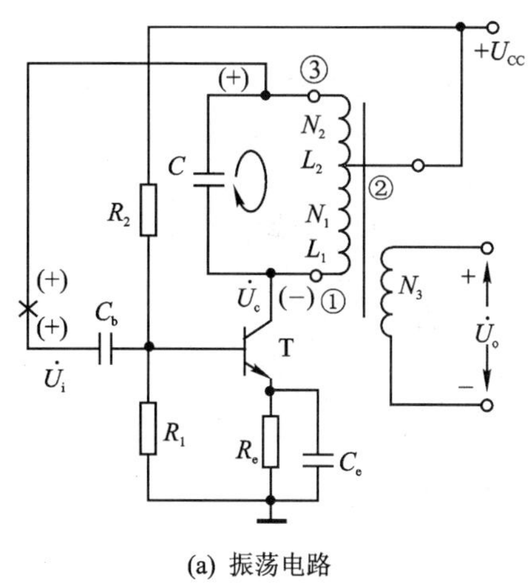

(a) 振荡电路

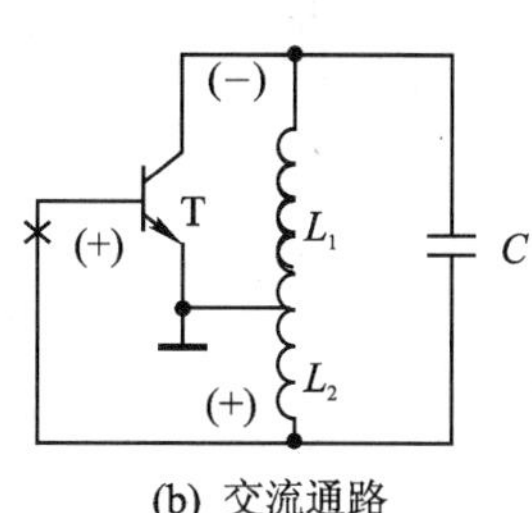

(b) 交流通路

图 6.30 电感三点式振荡器及其交流通路

② 相位条件及振荡频率

在图 6.30(a)所示电路中用瞬时极性法判断得知电路为正反馈，见图中极性"+"和"−"，所以电路满足相位平衡条件。也可略去如图 6.30(a)所示的直流供电电路元件，画出其交流通路如图 6.30(b)所示。在图 6.30(b)所示电路中用瞬时极性法判断得知电路为正反馈。

由式(6.44(b))得振荡频率就等于 LC 回路的谐振频率，即

$$f_o = \frac{1}{2\pi\sqrt{(L_1+L_2+2M)C}} = \frac{1}{2\pi\sqrt{LC}} \tag{6.46}$$

式中：L 为回路的总电感，$L=L_1+L_2+2M$；M 为线圈 L_1 与 L_2 之间的互感。

③ 幅度起振条件

只要三极管有足够大的放大倍数，并且调节电感线圈抽头的位置来保证足够的 $|\dot{U}_f|$ 值，就可满足幅度起振条件。根据经验，通常选择反馈线圈 L_2 的匝数为整个线圈匝数的 1/8～1/4，具体的匝数比应通过实验来调整。

④ 电路特点

- 调节频率方便。采用可变电容，可获得较宽的频率调节范围。
- 一般用于产生几十 MHz 以下的频率。
- 由于反馈电压取自电感 L_2，电感对高次谐波的阻抗较大，因此输出波形中含有较大的高次谐波，波形较差。故通常用于要求不高的设备中，例如高频加热器等。

(3) 电容三点式振荡器

为了获得良好的正弦波，可构成电容三点式振荡电路，如图 6.31 所示，又称电容反馈式或考毕兹振荡电路。图 6.31(a)为共基接法的电容三点式振荡电路，图 6.31(b)为共射接法的电容三点式振荡电路。以图 6.31(b)为例进行分析。

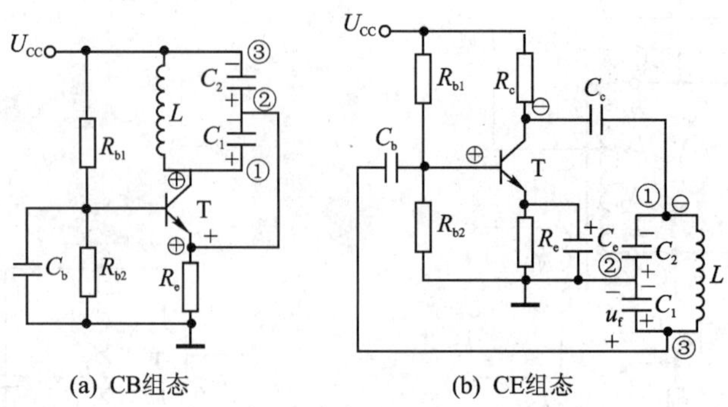

(a) CB组态　　(b) CE组态

图 6.31　电容三点式 *LC* 振荡电路

① 组　成

图 6.31(b)所示电路中,三极管和偏置电阻等元件构成基本放大电路,LC 并联回路作为选频网络,同时也是反馈网络,反馈信号从电容 C_1 两端引回,因此该电路具有振荡电路的三个基本环节。

② 相位条件及振荡频率

由瞬时极性法判断得知电路为正反馈,见图中极性"+"和"-",所以满足相位条件。由式(6.44(b))可求出振荡频率就等于 LC 回路的谐振频率,即

$$f_o \approx \frac{1}{2\pi\sqrt{LC}} = \frac{1}{2\pi\sqrt{L\dfrac{C_1C_2}{C_1+C_2}}} \tag{6.47}$$

③ 幅度起振条件

C_1 和 C_2 上的压降与电容量成反比分配,只要调节 C_1 和 C_2 的大小即可获得满足振荡需要的 $|\dot{U}_f|$ 值。通常选择两个电容之比 $C_1/C_2 \leqslant 1$,具体数值可通过实验调整来最后确定。

④ 电路特点

- 由于反馈电压取自电容 C_1,电容对于高次谐波阻抗很小,于是反馈电压中的谐波分量很小,所以输出波形较好。
- 因为电容 C_1 和 C_2 的容量可以选得较小,并将放大管的极间电容也计算到 C_1、C_2 中去,因此振荡频率较高,一般可以达到 100 MHz 以上。
- 调节 C_1 或 C_2 可以改变振荡频率,但同时会影响起振条件,因此这种电路适于产生固定频率的振荡。如果要改变频率,可在 L 两端并联一个可变电容。由于固定电容 C_1 和 C_2 的影响,频率的调节范围比较窄。另外也可采用可调电感来改变频率。

【例 6.6.2】　图 6.32 为三点式振荡电路。试判断是否满足相位平衡条件。

【解】　由瞬时极性法判断:见图中"+"或"-"极性,得知图(a)和图(b)电路均为正反馈,所以满足相位条件。

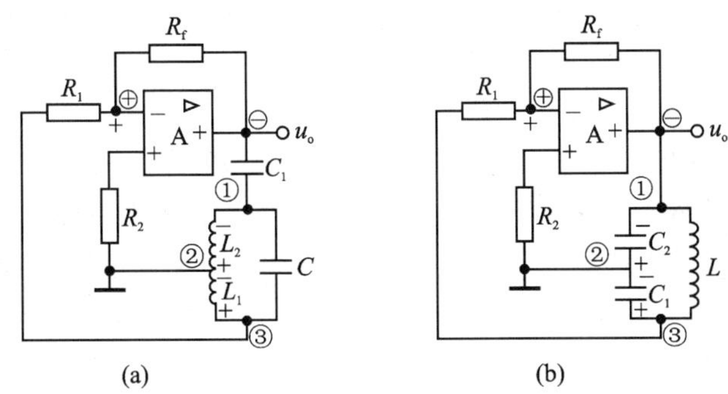

图 6.32 例题 6.6.2 的电路图

【例 6.6.3】 电路见图 6.33(只画出交流通路)。试判断是否满足相位平衡条件。

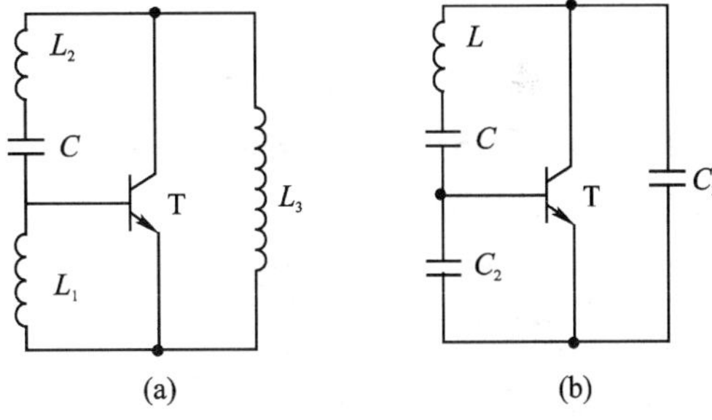

图 6.33 例题 6.6.3 的电路图

【解】 ① 如图 6.33(a)所示电路中,与发射极相接的两个电抗均为电感,要使电路满足自激所需的相位条件,集电极与基极之间的 L_1 和 C 串联支路必须呈容性。设电路的振荡角频率为 ω_o,则应满足

$$1/(\omega C) > \omega_o L_2 \text{ 或 } \omega_o^2 < 1/(L_2 C) \tag{6.48}$$

由式(6.44(b))得振荡角频率,就是回路的谐振角频率

$$\omega_o^2 = 1/[(L_1 + L_2 + L_3)C] \tag{6.49}$$

比较式(6.48)和式(6.49)可知,不等式(6.48)恒成立,故该电路满足自激所需的相位条件。

② 如图 6.33(b)所示电路中,与发射极相接的两个电抗均为电容,采用①中类似方法可以证明,在振荡频率上,L 和 C 的串联支路呈感性,该电路符合三点式电路的组成法则,满足自激所需的相位条件。

6.6.4 石英晶体振荡电路

1. 正弦波振荡器的频率稳定问题

在许多应用中,要求振荡器的振荡频率十分稳定,如通信系统中的射频振荡器、数字系统中的时钟发生器等。衡量振荡器振荡频率稳定程度的质量指标称为频率稳定度。其定义为在特定时间内频率的相对变化量 $\Delta f/f_o$,其中 f_o 为振荡频率,Δf 为频率偏移。

LC 谐振回路的 Q 值对 LC 振荡电路的频率稳定度有较大的影响。由图 6.26 可见,Q 值愈大,相频特性曲线在 f_o 附近的变化愈陡。前已指出,频率是由相位平衡条件确定的,因而,Q

值愈大对应同样的相位变化 $\Delta\phi$ 来说，频率的变化 $\Delta f/f_o$ 愈小，频率稳定度就愈高。

根据 $Q=\omega_o L/R=\frac{1}{R}\sqrt{\frac{L}{C}}$ 可知，为提高谐振回路的 Q 值，应尽量减小回路的损耗电阻，并加大 L/C 值。但 L/C 值的增大有一定的限制，因为 L 值选得太大，它的体积将要增加，线圈的损耗和分布电容也必然增加；C 如选得太小，电路中的不稳定电容即分布电容和杂散电容的影响就增大。因此必须适当选取 L/C 值。实践证明，在 LC 振荡电路中，即使采用了各种稳频措施，频率稳定度也很难突破 10^{-5} 数量级。

石英晶体的等效 L/C 值很高，从而其 Q 值亦很高，因此其频率稳定度可达 $10^{-6}\sim10^{-8}$，甚至达 $10^{-10}\sim10^{-11}$ 数量级，所以在要求频率稳定度高于 10^{-6} 以上的电子设备中得到了广泛应用。

下面首先介绍石英晶体的基本特性，然后讨论石英晶体振荡电路的工作原理。

2. 石英晶体振荡器的特征

(1) 石英晶体振荡器的结构

石英晶体振荡器结构如图 6.34 所示。石英晶体为 SiO_2 的结晶体，具有各向异性，因此，按一定的方位角切下晶片，两边涂敷银层，接上引线，用金属或玻璃外壳封装即制成产品。

(2) 石英晶体的压电效应

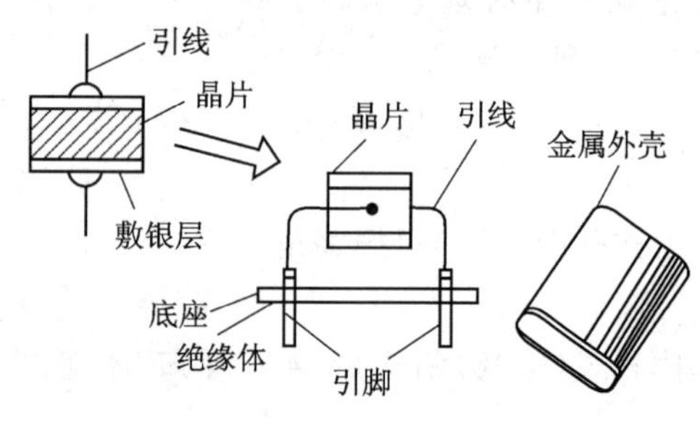

图 6.34 石英晶体振荡器结构图

石英晶片所以能做振荡电路是基于它的压电效应。从物理学中知道，若在石英晶体的两个电极间加一电场，晶片就会产生机械变形；反之，若在晶片的两侧加机械力，则在晶片相应的方向上产生电场，这种机电相互转换的物理现象称为压电效应。晶片有一固有振动频率，其值极其稳定且与晶片的切割方法、几何形状和尺寸有关。当外加交变电压的频率与晶片的固有频率相等时，其机械振幅最大，这种现象称为压电谐振。因此，石英晶体又称为石英晶体谐振器。

(3) 石英晶体的等效电路

石英晶体的压电谐振现象与 LC 串联谐振回路的谐振现象十分相似，故可用 LC 回路的参数来模拟。晶体不振动时，可看作平板电容器，用 C_o 表示，称为晶体的静态电容；晶体振动时，可用 LC 串联谐振电路来表示，其中电感 L 模拟机械振动的惯性，电容 C 模拟晶片的弹性，电阻 R 模拟晶片振动时的摩擦损耗。综上所述，可得到如图 6.35(a)所示的石英晶体等效电路。图 6.35(b)所示为石英晶体的电路符号。

由于晶片的等效电感 L 很大($10^{-3}\sim10^{2}$ H)，而电容 C 很小($10^{-2}\sim10^{-1}$ pF)，回路的品质

因数 Q 很大，可达 $10^4\sim10^6$，故其频率的稳定度很高。

(4) 石英晶体的电抗-频率特性

从石英晶体的等效电路可知，这个电路有两个谐振频率。当 RLC 支路串联谐振时，该支路的等效阻抗为纯电阻 R，其值很小。由于 C_o 很小(几 pF 到几十 pF)，其容抗与 R 相比很大，其作用可以忽略，因此此时石英晶体等效为一个很小的纯电阻 R。串联谐振频率为

$$f_s=\frac{1}{2\pi\sqrt{LC}} \tag{6.50}$$

当等效电路并联谐振时，石英晶体等效为一个很大的纯电阻。并联谐振频率为

$$f_p=\frac{1}{2\pi\sqrt{L\dfrac{CC_o}{C+C_o}}}=f_s\sqrt{1+\frac{C}{C_o}} \tag{6.51}$$

由于 $C\ll C_o$，因此 f_s 和 f_p 两个频率非常接近。

如果忽略石英晶体等效电路中的电阻 R(即设 $R=0$)，则石英晶体在串联谐振时，其电抗为 0；而在并联谐振时，其为纯电阻且值为∞，在 f_s 和 f_p 之间呈感性；在此区域之外呈容性。据此可画出石英晶体在 $R=0$ 时的电抗-频率特性，如图 6.35(c)所示。

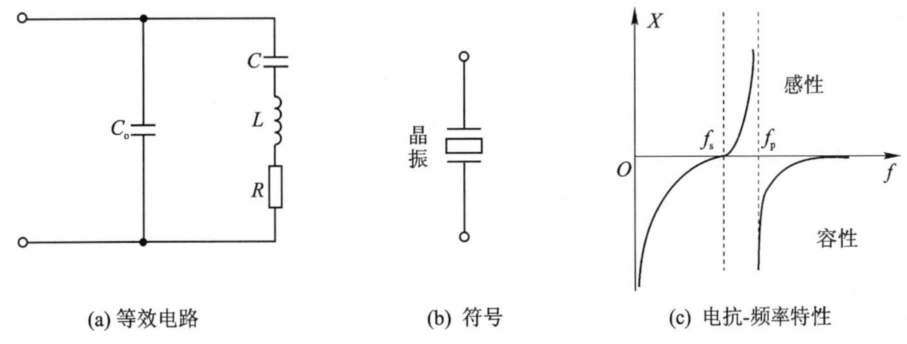

图 6.35　石英晶体振荡器

3. 石英晶体振荡电路

石英晶体振荡电路形式多样，但其基本电路可分为两类，即串联型晶体振荡电路和并联型晶体振荡电路。前者石英晶体工作在串联谐振频率 f_s 处，利用阻抗为纯电阻且最小的特性来构成振荡电路；后者石英晶体工作在 f_s 和 f_p 之间，利用晶体作为电感与外接电容产生并联谐振来组成振荡电路。

(1) 串联型晶体振荡电路

电路如图 6.36(a)所示，T_1、T_2 组成两级放大，石英晶体接在正反馈回路中。当 $f=f_s$ 时，晶体产生串联谐振，呈电阻性，石英晶体支路没有相位移，电路为正反馈，满足自激振荡条件。因此该电路振荡频率为 f_s。调节电阻 R 的大小就可改变反馈的强弱，以便获得良好的正弦波输出。

(2) 并联型晶体振荡电路

对于图6.36(b)所示的电路,由瞬时极性法判断,满足正反馈的条件,为此,石英晶体必须呈电感性才能形成电容三点式振荡电路产生振荡,C_s 是与石英晶体串联的小电容,用来微调谐振频率,使谐振频率处于 f_s 与 f_p 之间的狭窄范围内。该电路的振荡频率即是石英晶体、C_s 和 C_1、C_2 组成的回路并联谐振频率,可根据石英晶体的等效电路求得。但实际上 C_1、C_2 及 C_o(晶体静态电容)均远大于 C(晶体弹性等效电容),LC 谐振回路的电容近似为 C,由式(6.44(b))得电路振荡频率为 $f_o \approx 1/(2\pi\sqrt{LC})$。由于石英晶体的 Q 值很高,可达到几千以上,所以电路可以获得很高的振荡频率稳定性。

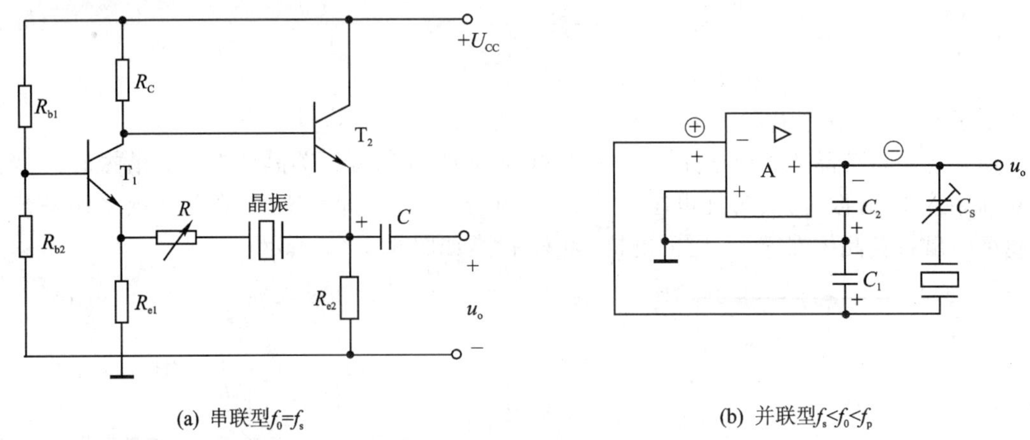

(a) 串联型 $f_0=f_s$　　(b) 并联型 $f_s<f_0<f_p$

图6.36 石英晶体振荡电路

6.7 小 结

- 反馈是将放大电路输出信号中的一部分或全部按一定的方式回送到放大电路的输入回路。不加反馈网络的放大电路称为基本放大电路(开环),加有反馈网络的放大电路则称为反馈放大电路(闭环)。
- 反馈放大电路按反馈的功能分成:直流反馈和交流反馈。按反馈的效果分成正反馈和负反馈。若反馈只对交流信号起作用(即反馈量中仅包含交流成分),则为交流反馈;若反馈只对直流信号起作用(即仅包含直流成分),则为直流反馈。若反馈引入后削弱了原输入信号,使得放大电路的输出信号减小,则为负反馈;反之,则为正反馈。负反馈的目的是稳定输出信号,而利用正反馈可以产生正弦信号。
- 负反馈放大电路根据在输出端采样方式(取自输出电压或输出电流),以及在输入回路中求和形式的不同(串联或并联),有四种类型或组态。

- 正负反馈的判断法通常采用瞬时极性法。串联或并联反馈的判别方法是：反馈信号与输入信号加在放大电路输入回路的两个电极，为串联反馈，否则为并联反馈。电压或电流反馈的判别方法是：①由反馈网络求得反馈信号与输出电压成正比，为电压反馈；②令输出电压为零，此时没有反馈为电压反馈，否则为电流反馈。
- 负反馈对放大电路性能的影响。
  ① 直流负反馈可以稳定放大电路的静态工作点，而交流负反馈可以改善动态指标。
  ② 电压负反馈能稳定输出电压，同时降低了输出电阻。电流负反馈能稳定输出电流，同时提高了输出电阻。
  ③ 串联负反馈可提高放大电路的输入电阻，而并联负反馈则降低输入电阻。
  ④ 交流负反馈可提高增益的稳定性，减小非线性失真，展宽频带，抑制环内噪声与干扰等，交流负反馈对动态性能指标改善的程度都与反馈深度$|1+\dot{A}\dot{F}|$有关。
- 深度负反馈放大电路电压放大倍数的估算。
  ① 可利用关系式 $\dot{A}_f=1/\dot{F}$ 直接估算闭环增益。
  ② 利用“虚短”、“虚断”的概念可以方便、快速估算负反馈放大电路的闭环增益和闭环电压增益。
- 自激振荡的条件是：$\dot{A}\dot{F}=-1$。负反馈放大电路的稳定工作条件是：$f_o<f_c$。
- 一个正弦波振荡器从组成上看必须具有三个基本环节：放大电路、正反馈网络和选频网络。此外，为稳定输出幅度还需有稳幅环节。正弦波振荡的幅度平衡条件为：$|\dot{A}\dot{F}|=1$；相位平衡条件为：$\phi=\phi_A+\phi_F=\pm 2n\pi$ $(n=0,1,2,3\cdots)$；能自行起振的幅度起振条件为：$|\dot{A}\dot{F}|>1$。按选频网络所用元件不同，正弦波振荡电路可分为 RC，LC 和石英晶体振荡器。
- 在分析电路是否可能产生正弦波振荡时，应首先观察电路是否包含三个基本环节及稳幅环节，进而检查放大电路是否能正常放大；然后利用瞬时极性法判断电路是否满足相位平衡条件，并由相位平衡条件确定振荡频率；必要时再判断电路是否满足幅度起振条件。
- RC 振荡电路的振荡频率一般与 RC 的乘积成反比，这种振荡器可产生几 Hz 至几百 kHz 的低频信号。常用的 RC 振荡电路有 RC 串并联振荡电路、移相式振荡电路等。
- LC 正弦波振荡电路的振荡频率较高，通常可达几十 MHz 以上，故一般其放大电路由分立元件构成。常用的 LC 振荡电路有变压器反馈式、电感三点式和电容三点式。它们的振荡频率主要取决于 LC 谐振回路的谐振频率，即 $f_o\approx 1/(2\pi\sqrt{LC})$，式中的 L 和 C 分别为回路的等效总电感和等效总电容。
- 石英晶体振荡器相当于一个高 Q 值的 LC 电路，故其振荡频率非常稳定。在石英晶体的等效电路中，具有串联和并联两个谐振频率，分别为 f_s和 f_p，且 $f_s\approx f_p$。石英晶体在

$f_s < f < f_p$ 极窄的频率范围内呈感性,在此区域之外呈容性。利用石英晶体的上述特性可构成串联型和并联型两种正弦振荡电路。

6.8 习 题

1. 填空题

(1) 已知放大电路输入信号电压为 1 mV,输出电压为 1 V。加入负反馈后,为达到同样输出时需要的输入信号为 10 mV,该电路的反馈深度为________,反馈系数为________。

(2) 当电路闭环增益为 40 dB 时,基本放大器的增益变化 10%,反馈放大器的闭环增益相应变化 1%,则此时电路的开环增益为______dB。

(3) 若放大电路开环时的非线性失真系数是 10%,在题(2)相同的负反馈条件下,闭环后的非线性失真系数变为________。

(4) 正弦波振荡电路一般由________、________、________三部分组成。为了使振荡器在接通直流电源后能够自行起振,必须满足的相位平衡条件是:________,幅度平衡条件是:________。欲使电路维持稳定的振荡,必须满足的幅度平衡条件是:________。

(5) 负反馈放大电路的结构框图如图 6.37 所示,试写出其闭环电压放大倍数的表达式:$A_f =$______。

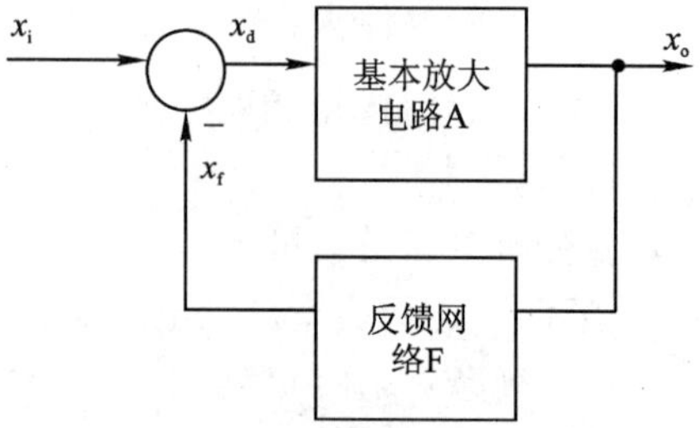

图 6.37 习题(5)图

(6) 电容三点式振荡电路输出的谐波成份比电感三点式的______,因此波形较______。

(7) 石英晶体的电抗频率特性是,当 $f=f_s$ 时,石英晶体呈______性,而且其值很______;在 $f_s < f < f_p$ 的很窄范围内,石英晶体呈______性,而且电抗值很______。

(8) 在并联型石英晶体振荡电路中,是把石英晶体置于______回路中,晶体等效为______,和电容组成一个______。

(9) 在串联型石英晶体振荡电路中,石英晶体等效为______,且______产生相移,振荡频率基本上取决于石英晶体的______谐振频率。

(10) 要求振荡电路的输出频率在 10 kHz 左右的音频范围时,常采用______元件作选频网络,组成 RC 正弦波振荡电路。

2. 选择题

(1) 在放大电路中，为了稳定静态工作点，可引入______；若要稳定放大器的增益，应引入______；某些场合为了提高增益，可适当引入______；希望展宽频带，可以引入______；如果改变输入或输出电阻，可以引入______；为了抑制温漂，可以引入______。

A. 直流负反馈　　B. 交流负反馈

C. 交流正反馈　　D. 直流负反馈和交流负反馈

(2) 如果希望减小放大电路从信号源索取的电流，可以采用______；信号源内阻很大，希望取得较强的反馈作用，则宜采用______；如果希望负载变化时，输出电压稳定，则应引入______。

A. 电压负反馈　　B. 电流负反馈　　C. 串联负反馈　　D. 并联负反馈

(3) 构成反馈通路的元件是____________。

A. 只能是电阻元件　　B. 只能是三极管，集成运放等有源器件

C. 只能是无源器件　　D. 可以是无源器件，也可以是有源器件

(4) 一个正弦波振荡器的开环电压放大倍数为 $\dot{A}_u$，反馈系数为 $\dot{F}$，该振荡器要能自行建立振荡，其幅值条件必须满足____________。

A. $|\dot{A}_u\dot{F}|=1$　　B. $|\dot{A}_u\dot{F}|<1$　　C. $|\dot{A}_u\dot{F}|>1$

(5) 采用石英晶体振荡电路的主要目的是____________。

A. 提高输出信号幅度　　B. 提高输出信号的频率

C. 提高输出信号的稳定性

(6) 电感三点式正弦波振荡电路的正反馈电压取自电感。因此，输出波形________。

A. 较好　　B. 较差　　C. 好

(7) 在正反馈电路中，如果有 LC 谐振回路，就____________。

A. 能产生正弦波振荡　　B. 可能产生正弦波振荡

(8) 一台电子设备中要求正弦波振荡电路的频率为 20 MHz 左右，且频率稳定度达 10^{-10}。因此它应该采用____________。

A. RC 正弦波振荡电路　　B. LC 正弦波振荡电路

C. 石英晶体正弦波振荡电路

(9) 文氏电桥正弦波振荡电路在 $R_1=R_2=R, C_1=C_2=C$ 时，振荡频率是__________。

A. $f_o\approx\dfrac{1}{2\pi RC}$　　B. $f_o\approx\dfrac{1}{RC}$

(10) 文氏电桥正弦波振荡电路的选频网络是由____________。

A. 二节 RC 相移网络组成　　B. 三节 RC 相移网络组成

C. RC 串并联网络组成

3. 在图 6.38 所示各电路中,① 哪些元件组成了本级或级间反馈?它们引入的反馈是直流反馈还是交流反馈?如果是负反馈判断其反馈组态。② 在深度负反馈的条件下,近似计算它们的闭环增益或闭环电压增益。

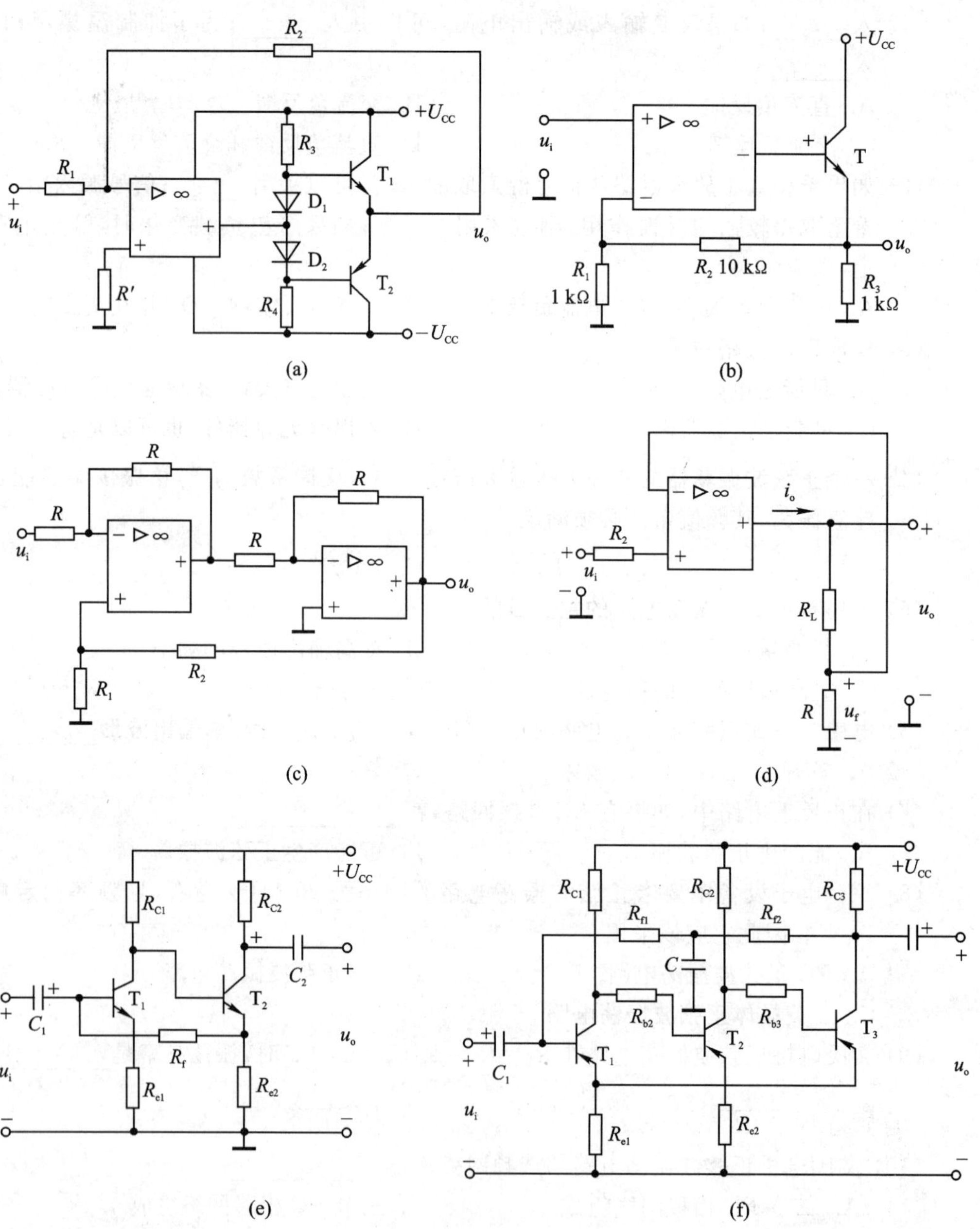

图 6.38 习题 3 图

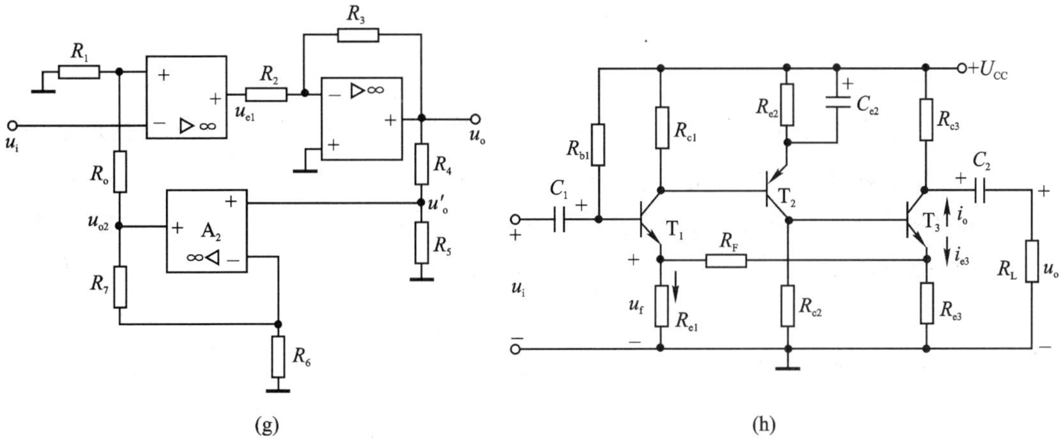

图 6.38　习题 3 图(续)

4. 电路如图 6.39 所示,回答下列问题:

(1) 求在静态时运放的共模输入电压;

(2) 若要实现串联电压反馈, R_f应接向何处?

(3) 要实现串联电压负反馈,运放的输入端极性如何确定?

(4) 求引入电压串联负反馈后的闭环电压放大倍数。

5. 电路如图 6.40 所示。

(1) 计算在未接入 T_3,且 $u_i=0$ 时,T_1管的 U_{C1Q}和 U_{EQ}。设 $\beta_1=\beta_2$,$U_{BE1Q}=U_{BE2Q}=0.7$ V;

(2) 计算当 $u_i=+5$ V 时,u_{C1}、u_{C2}各是多少?给定 $r_{be}=10.8$ kΩ。

(3) 如果接入 T_3,并通过 c_3经 R_F反馈到 b_2,试说明 b_3应与 c_1还是 c_2相连才能实现负反馈;

(4) 在问题(3)的情况下,若$|\dot{A}\dot{F}|\gg 1$,试计算 R_F应是多少才能使引入负反馈后的电压放大倍数 $A_{uf}=10$?

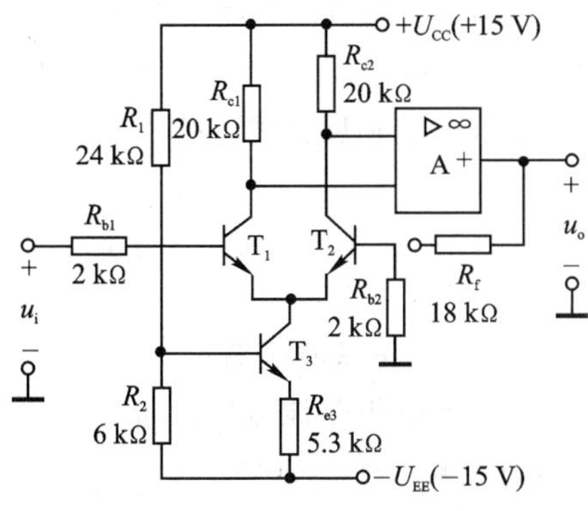

图 6.39　习题 4 图

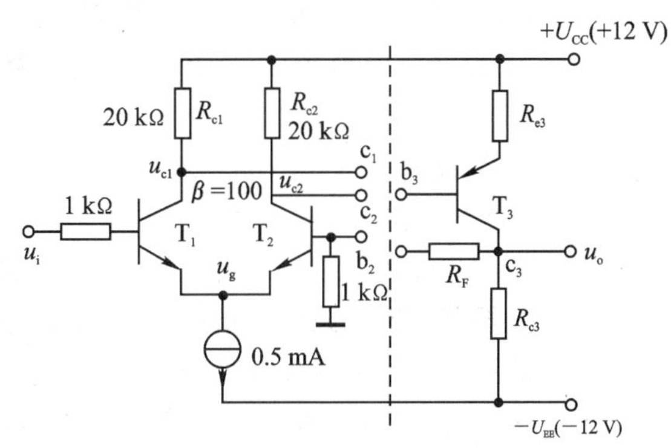

图 6.40　习题 5 图

6. 某放大电路的频率特性如图 6.41 所示。

(1) 求该电路的下限频率 f_L、上限频率 f_h 及中频电压增益 $|\dot{A}_{um}|$；

(2) 若希望通过电压串联负反馈使通频带展宽为 1 Hz～50 MHz，求所需的反馈深度、反馈系数 $\dot{F}$ 及中频闭环电压增益 $|\dot{A}_{umf}|$。

7. 某电压串联负反馈放大电路的开环频率特性如图 6.42 所示。

(1) 写出基本放大器电压放大倍数 $\dot{A}_u$ 的表达式。

(2) 若反馈系数 $\dot{F}_u=0.01$，分析判断闭环后电路是否能稳定工作。如能稳定，请写出相位裕度；如产生自激，则求出在 45°相位裕度下的 $\dot{F}_u$。

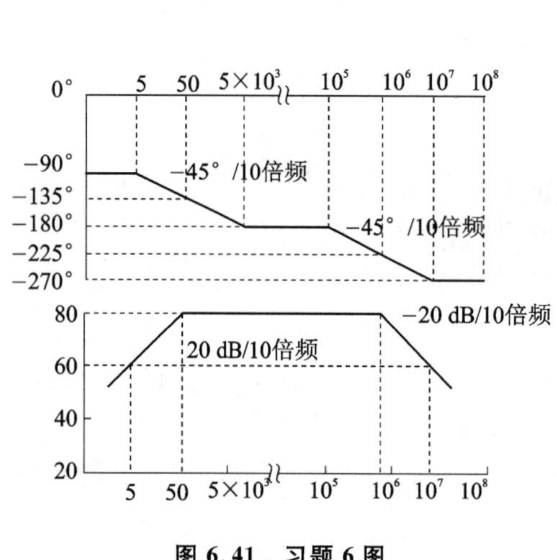

图 6.41 习题 6 图

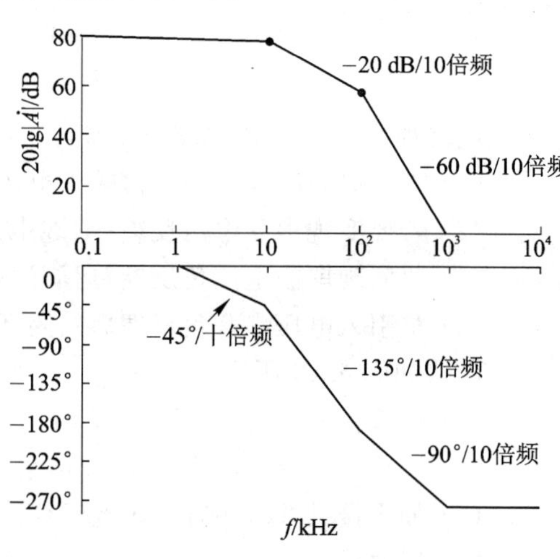

图 6.42 习题 7 图

8. 如图 6.43 所示的 RC 串并联式正弦波振荡电路用二极管作为自动稳幅元件。说明稳幅原理，并粗略估算波形基本不失真时输出电压的峰值(设二极管的正向压降为 0.6 V)。

9. 一种由集成运放组成的 RC 正弦波振荡器电路如图 6.44 所示。已知 $U_Z=\pm 4$ V。

(1) 为满足振荡条件，在图中标出集成运放的同相输入端和反相输入端。

(2) 为能起振 R_2 与 R_f 串联电阻值应大于多少？

10. 标出图 6.45 中变压器的同名端，使该电路有可能产生正弦波振荡，并写出电路的最高振荡频率 f_{max} 和最低振荡频率 f_{min} 的表达式。

11. 试用相位平衡条件分析图 6.46 的电路是否有可能产生正弦波振荡？

12. 试用相位平衡条件分析图 6.47 的电路是否有可能产生正弦波振荡？若可能产生正弦波振荡，请写出振荡频率表达式；若不能振荡简述其理由。

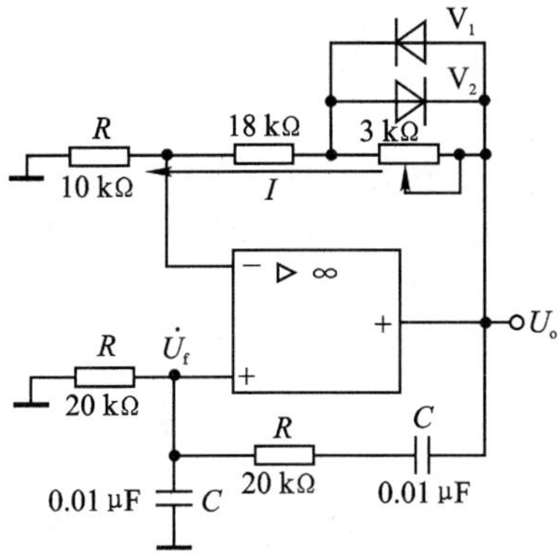

图 6.43 习题 8 图

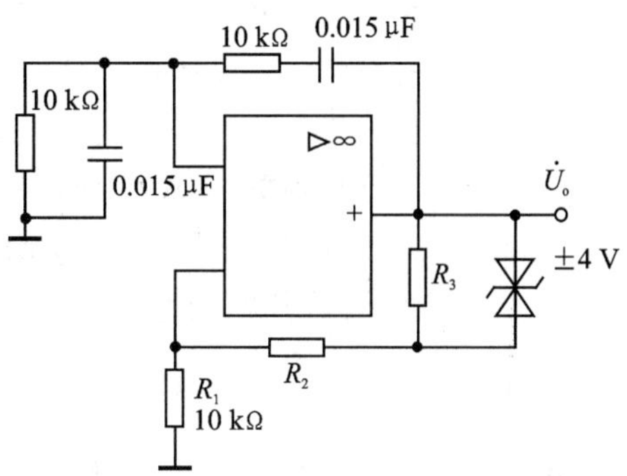

图 6.44 习题 9 图

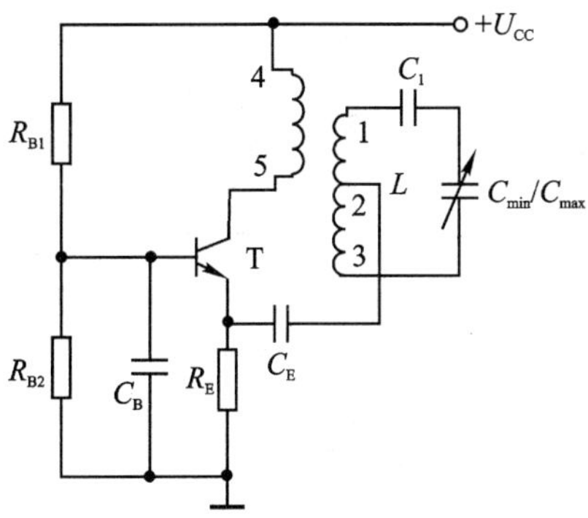

图 6.45 习题 10 图

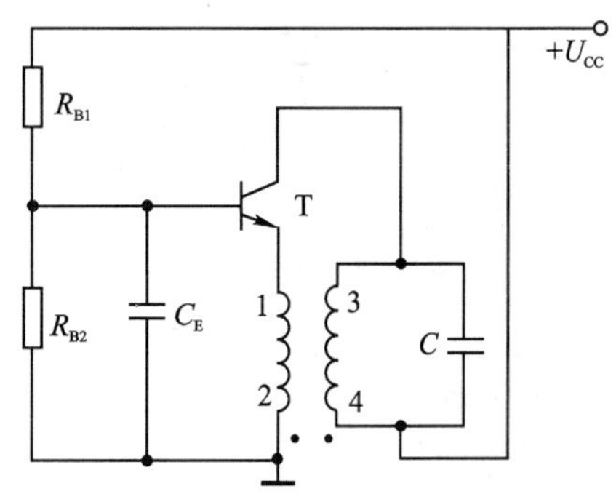

图 6.46 习题 11 图

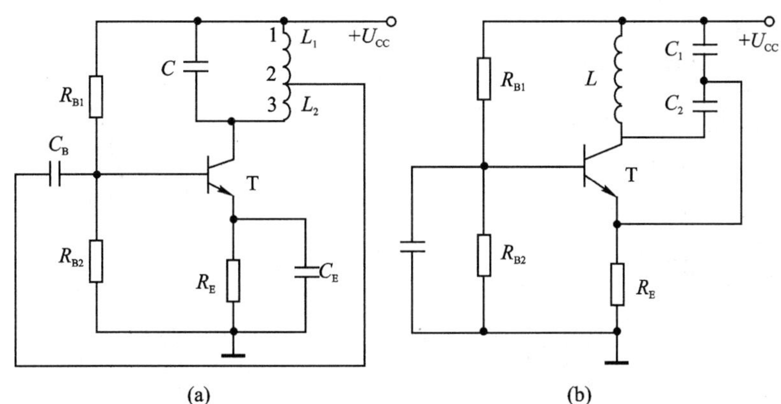

图 6.47 习题 12 图

13. 图6.48为某电路的交流简化通路。

(1) 在图中标明电感的同名端,使该电路能够满足正弦波振荡的相位平衡条件。

(2) 写出振荡频率表达式。

(3) 由交流简化通路判定,它可能是哪一种类型的正弦波振荡电路。

14. 正弦波振荡电路如图6.49所示:

(1) 画出交流简化通路,并标明瞬时极性。

(2) 指出该振荡电路属于什么类型。

(3) 写出振荡频率表达式。

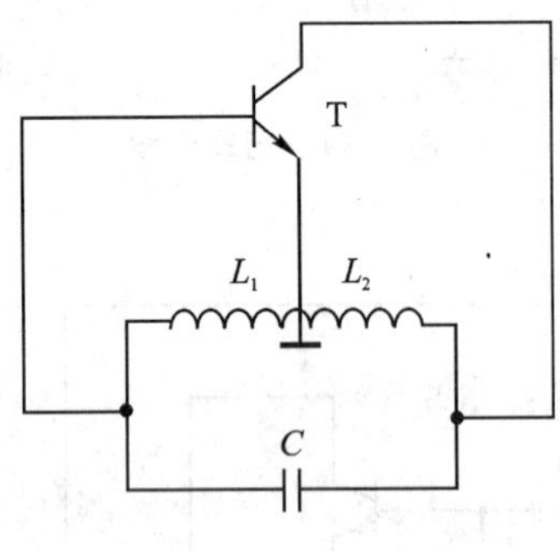

图6.48 习题13图

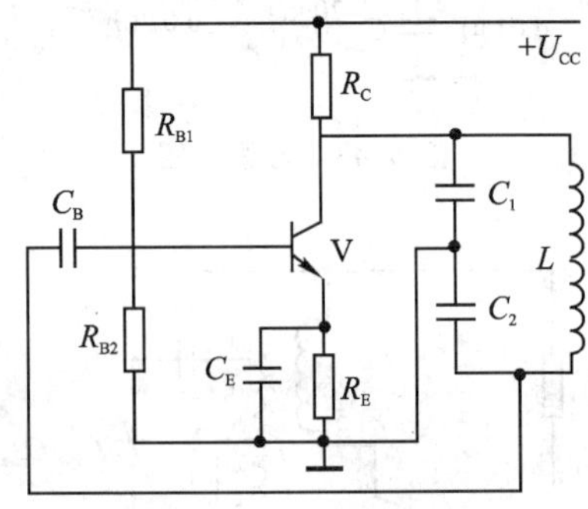

图6.49 习题14图

15. 石英晶体组成电路如图6.50所示。

(1) 判断电路能否振荡。

(2) 如果电路能振荡,其振荡频率是多少?

16. 石英晶体组成电路如图6.51所示。

(1) 判断电路能否振荡。

(2) 电路的振荡频率如何确定?

(3) LC 网络参数取值如何考虑?

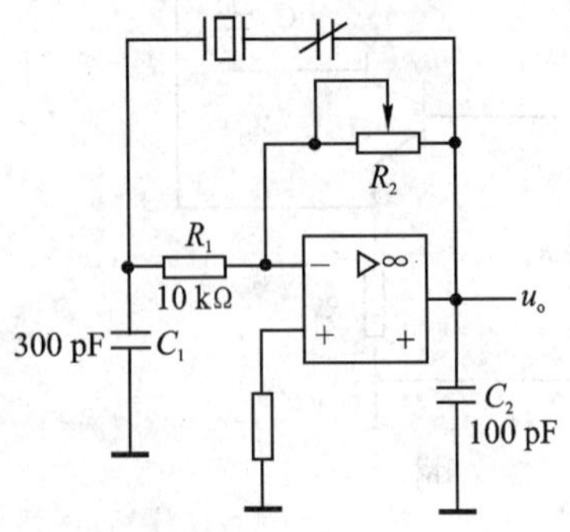

图6.50 习题15图

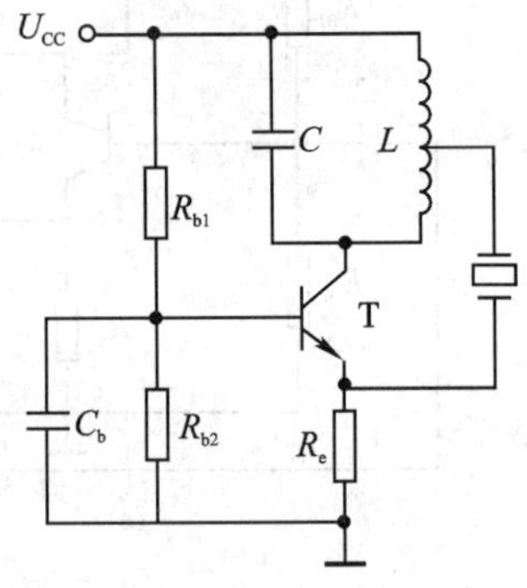

图6.51 习题16图

6.9 部分习题参考答案

1. (1) 10,0.009

(2) 60

(3) 1%

(4) 放大器,选频网络,正反馈电路,$\phi=\phi_A+\phi_F=\pm 2n\pi$,$|\dot{A}\dot{F}|>1$,$|\dot{A}\dot{F}|=1$

(6) 小,好

(7) 阻,小,感,大

(8) 谐振,电感,电容三点式

(9) 电阻,不,串联

(10) RC

2. (1) A,B,C,B,B,A;(2) C,D,A;(3) D;(4) C;(5) C;(6) B;(7) B;(8) C;(9) A;(10) C

3. ① 图(a)中,R_2引入级间交直流电压并联负反馈。

图(b)中,R_2、R_1引入级间交直流电压串联负反馈。

图(c)中,R_2、R_1引入级间交直流电压串联负反馈。反馈电阻R引入本级交直流电压并联负反馈。

图(d)中,R_L、R引入交直流电流串联负反馈。

图(e)中,R_f引入级间交直流电流并联负反馈。R_{e1}和R_{e2}引入本级交直流电流串联负反馈。

图(f)中,R_{f1}、R_{f2}引入级间直流电压并联负反馈。R_{e1}引入级间交直流电流串联负反馈,R_{e2}引入本级交直流电流串联负反馈。

图(g)中,A_2、R_1、R_4、R_5、R_6、R_7、R_8为电压串联负反馈。

图(h)中,R_f引入电流串联负反馈

② 图(a)中,闭环增益为互阻增益:

$$A_{rf}=\frac{u_o}{i_i}\approx\frac{u_o}{i_f}=-R_2$$

闭环电压增益:

$$A_{uf}=\frac{u_o}{u_i}=-\frac{R_2}{R_1}$$

图(b)中,闭环增益=闭环电压增益为

$$A_f=A_{uf}=\frac{u_o}{u_i}\approx\frac{u_o}{u_f}=\frac{R_1+R_2}{R_1}=11$$

图(c)中,闭环电压增益为

$$A_f = A_{uf} = \frac{u_o}{u_i} = \frac{R_1 + R_2}{3R_1 + R_2}$$

图(d)中,闭环增益为互导增益:

$$\dot{A}_{gf} = \frac{i_o}{u_i} \approx \frac{i_o}{u_f} = \frac{1}{R}$$

闭环电压增益:

$$\dot{A}_{uf} = \frac{u_o}{u_i} = \frac{R + R_L i_o}{u_i} = 1 + \frac{R_L}{R}$$

图(e)中,闭环增益为电流增益:

$$A_i = \frac{i_o}{i_i} \approx \frac{i_o}{i_f} = 1 + \frac{R_f}{R_{e2}}$$

图(f)中,R_{e1}为级间电流串联负反馈,所以,闭环增益为互导增益:

$$A_{gf} = \frac{i_o}{u_i} \approx \frac{i_o}{u_f} = \frac{i_o}{-R_{e1} i_o} = -\frac{1}{R_{e1}}$$

闭环电压增益:

$$A_{uf} = \frac{u_o}{u_i} = \frac{i_o(R_{C3} /\!/ R_{f2})}{u_i} = -\frac{R_{C3} /\!/ R_{f2}}{R_{e1}}$$

4. (1) 静态时运放的共模输入电压,即静态时 T_1 和 T_2 的集电极电位。

$$U_{C1} = U_{C2} = U_{CC} - I_{C1}R_{C1} = 5\ \text{V}$$

(2) R_f应接向 B_2。

(3) 运放的输入端极性上正下负。

(4) 该电路相当同相输入比例运算电路。所以电压增益为:

$$A_{uf} = 1 + R_f/R_{b2}$$

5.

(1) 解:$I_{C1Q} = I_{C2Q} = \frac{1}{2} \times 0.5\ \text{mA} = 0.25\ \text{mA}$

$U_{C1Q} = -20\ \text{k}\Omega \times I_{C1Q} + U_{CC} = 7\ \text{V}$

$U_E = -U_{BE1} - 1\ \text{k}\Omega \times \frac{I_{C1Q}}{\beta_1} = -3.2\ \text{V}$

(2) 解:这是单端输入,双端输出的差动放大电路。

差模信号 $u_{id} = 5\ \text{V}$

共模信号 $u_{ic} = 2.5\ \text{V}$

$u_{i1} = 2.5\ \text{V} + 2.5\ \text{V}$, $u_{i2} = 2.5\ \text{V} - 2.5\ \text{V}$

$u_{C1} = -\frac{\beta R_{C1}}{2(r_{be} + 1\ \text{k}\Omega)} \cdot u_{id} \approx -500\ \text{V}$

$$u_{C2}=-u_{C1}=500\ \text{V}$$

(3) 解：b_3 与 c_1 相连实现负反馈。

(4) 解：当 $A_{uf}=\dfrac{u_o}{u_i}=10$ 时，又有 $u_i\approx u_f=\dfrac{1\ \text{k}\Omega}{1\ \text{k}\Omega+R_F}\cdot u_o$，解得 $R_F=9\ \text{k}\Omega$

8. 峰值是 57.2 V

9. (1) 上端是同相输入端，下端是反相输入端；(2) $R_f+R_2>20\ \text{k}\Omega$

10. 变压器 3 端与 4 端为同名端，

$$f_{max}\approx\frac{1}{2\pi\sqrt{L\dfrac{C_1C_{min}}{C_1+C_{min}}}},\ f_{min}\approx\frac{1}{2\pi\sqrt{L\dfrac{C_1C_{max}}{C_1+C_{max}}}}$$

11. 可能产生正弦波振荡。

12. 图(a) 不满足相位条件，不能产生正弦波振荡。

图(b)可能产生正弦波振荡，$f_o=\dfrac{1}{2\pi\sqrt{L\cdot\dfrac{C_1C_2}{C_1+C_2}}}$。

13. (2) $f_0=\dfrac{1}{2\pi\sqrt{(L_1+L_2+2M)C}}$

(3) 是电感三点式振荡电路。

14. (2) 是电容三点式振荡电路。

(3) $f_o\approx\dfrac{1}{2\pi\sqrt{L\dfrac{C_1C_2}{C_1+C_2}}}$

15. (1) 电路能振荡，为电感三点式。

(2) $f_o\approx\dfrac{1}{2\pi\sqrt{LC}}$(电感 L 模拟晶振机械振动的惯性，电容 C 模拟晶片的弹性)。

16. (1) 电路能振荡，为电感三点式。

(2) $f_o=f_s$

(3) LC 网络的谐振频率略高于 f_s

第7章 集成放大器的应用

集成放大器的应用主要有线性应用和非线性应用。集成放大器的线性应用主要有三个方面：第一是在模拟信号运算方面的应用，如比例、加减、积分、微分等运算；第二是在信号处理方面的应用，如有源滤波、采样保持电路等；第三是在波形产生方面的应用，如正弦波产生电路（第 6 章已讲）。运放线性应用时放大器均工作于线性范围内，且均为深度负反馈电路，即放大器均为理想运算放大器，满足：

① 差模电压增益和共模抑制比 $A_{ud}\to\infty$ 和 $K_{CMR}\to\infty$，由于 $u_o=A_{ud}(u_+-u_-)$，u_0 为有限量，所以 $u_+-u_-=0$，$u_+=u_-$（同相输入端电位等于反相输入端电位），即虚短；

② 输入电阻 $R_i\to\infty$，所以，同相输入端电流等于反相输入端电流 $i_+=i_-=0$，即虚断；

③ $R_o\to 0$；

④ 输入失调电压 U_{IO}、输入失调电流 I_{IO}、输入偏置电流 I_{IB} 及输入失调电压的温漂 $\Delta U_{IO}/\Delta T$ 和输入失调电流的温漂 $\Delta I_{IO}/\Delta T$ 均视为零；

⑤ -3 dB 带宽 $f_H\to\infty$，转换速率 $S_R\to\infty$ 等等。

而电压比较器是集成放大器非线性应用的典型，用来产生非正弦波信号。本章介绍用电压比较器产生的方波、三角波和锯齿波，其他方式产生的非正弦波信号本章不做讨论（如环型振荡器或 555 定时器构成的多谐振荡器等）。

7.1 运算电路

7.1.1 常用运算放大器简介

根据实际电路对运算放大器的要求不同，产生了不同的特性的运算放大器，如通用型的、高精度的、宽频带的、高输入阻抗的等等。表 7.1 给出了典型集成运算放大器及其主要参数。

1. 通用双极型集成运算放大器

最经典的通用工业标准运算放大器是双极型放大器 LM741，目前使用在一些要求不太高的场合，其典型参数见表 7.1。其封装形式见图 7.1(a)，是典型的 8 引脚 PDIP(Plastic DailIn_Line

表 7.1 典型集成运算放大器及其主要参数

参数 型号	输入失调电压	输入失调电压温漂	输入偏置电流	输入电阻	共模输入电压	共模抑制比	转换速率	稳定时间	电源电压范围	电源电流
LM741	典型 1 mV 最大 5 mV	15 μV/°C	典型 20 nA 最大 200 nA	典型 2 MΩ 最小 0.3 MΩ	±13 V	90 dB	0.5 V/μs	0.3 μs	±5～±22 V	典型 1.7 mA 最大 2.2 mA
LM358	典型 3 mV 最大 6 mV	7 μV/°C	典型 50 nA 最大 150 nA	典型 2 MΩ 最小 0.3 MΩ	0～V_{CC}－1.5 V	80 dB	0.3 V/μs	0.3 μs	3～32 V	典型 1 mA 最大 2 mA
LM324	典型 3 mV 最大 7 mV	7 μV/°C	典型 45 nA 最大 150 nA	典型 2 最小 0.3	0～V_{CC}－1.5 V	80 dB	0.3 V/μs	0.5 μs	3～32 V	典型 1.4 mA 最大 3 mA
OP－07	典型 60 μV 最大 150 μV	2.5 μV/°C	典型 2 nA 最大 9 nA	典型 30 MΩ 最小 7 MΩ	±14 V	110 dB	0.3 V/μs	0.5 μs	±3～±18 V	
OP－27	典型 10 μV 最大 25 μV	1 μV/°C	典型 10 nA 最大 40 nA	典型 6 MΩ 最小 1.3 MΩ	±12 V	120 dB	2.8 V/μs		±3～±18 V	
TLC4501	最大 40 μV	1μV/°C	典型 1 pA	10^{12} Ω	0～V_{CC}－2.3 V	100 dB	2.5 V/μs	校准时间 300 ms	4～6 V(可轨到轨输出)	典型 1 mA 最大 2 mA
TLC2252	典型 200 μV 最大 1 500 μV	最大 0.5 μV/°C	典型 1 pA	10^{12} Ω	0～4 V	83 dB	0.12 V/μs	4.4～16 V(可单、双电源供电，轨到轨输出)		单运放通道 35 μA
TLV2211	典型 0.47 mV 最大 3 mV	最大 1 μV/°C	典型 1 pA	10^{12} Ω	3 V 供电时， －0.3～2.2 V	83 dB	0.052 V/μs	2.7～10 V(可单、双电源供电，轨到轨输出)		单运放通道 13 μA

Package)封装,1、5脚为调零端,使用时接一个10 kΩ以上的电位器,电位器的中心抽头接负电源进行失调调零。7、4脚为正负电源,8脚为空脚。另外几乎所有的8引脚单运放封装均与LM741的引脚兼容。

LM358是典型的内含双运放8引脚PDIP封装的双极型运算放大器,其封装见图7.1(b),其典型参数见表7.1。实际上LM358是系列产品之一,LM158、LM258和LM358,分别是军用、工业用和民用级别的产品,主要区别在于使用的温度范围上:军品为−55℃～125℃、工业品为−40℃～85℃、民用品为0℃～70℃。LM358放大器以低功耗、单电源供电和廉价的特点在民用电子产品中得到了广泛应用。

LM324是典型的内含四运放14引脚PDIP封装的双极型运算放大器,其封装见图7.1(c),其典型参数见表7.1。LM324也是系列产品之一,LM124、LM224和LM324。LM324放大器也有低功耗、单电源供电和廉价的特点。

OP-07是一款较高性能的双极型放大器,其封装见图7.1(d),其典型参数见表7.1。

2. 精密高性能运算放大器

OP-27是精密高性能运算放大器,当OP-07不能满足精度要求时,可选用OP-27。其封装是典型的8引脚PDIP封装,引脚与OP-07兼容,其典型参数见表7.1。

3. 自校准精密运算放大器

TLC4501是一种在上电期间进行校准的放大器,校准耗时约300 ms,一旦校准完成,则大部分校准电路脱离信号通道并关闭,因此它的输入噪声相对较低,其封装是8引脚DIP封装见图7.1(e),其典型参数见表7.1。

4. 轨到轨输出运算放大器

普通的运算放大器输出是达不到电源值附近的,一般要低于电源1.5 V左右,目前已经有很多运算放大器具有轨到轨的输出能力,如:德州仪器公司生产的TLC2252和TLC2254分别是含双运放和四运放的集成运算放大器,具有满电源电压幅度输出能力,引脚与LM358及LM324兼容。其典型参数见表7.1。

5. 仪表运算放大器

为了得到准确的放大,抑制各种干扰,尤其是共模干扰,设计者经常采用三运放结构构成高输入阻抗和高共模抑制比的差动输入放大器,参见7.1.2小节中的第3个问题中的(3)。目前已有许多成品的差动输入放大器,它们的内部就是典型的三运放结构,可以直接使用。具体的芯片型号有:INA118、AD623和AD627等。它们的特点是高精度、宽频带和高共模抑制比。现以INA118为例,给出其封装、引脚功能和典型参数。封装是8引脚PDIP封装,见图7.1(f),其引脚功能如下:

1脚:反馈电阻连接端;2脚:反向输入端;3脚:同向输入端;4脚:负电源或者地;5脚:输出基准端;6脚:输出端;7脚:正电源;8脚:反馈电阻连接端。

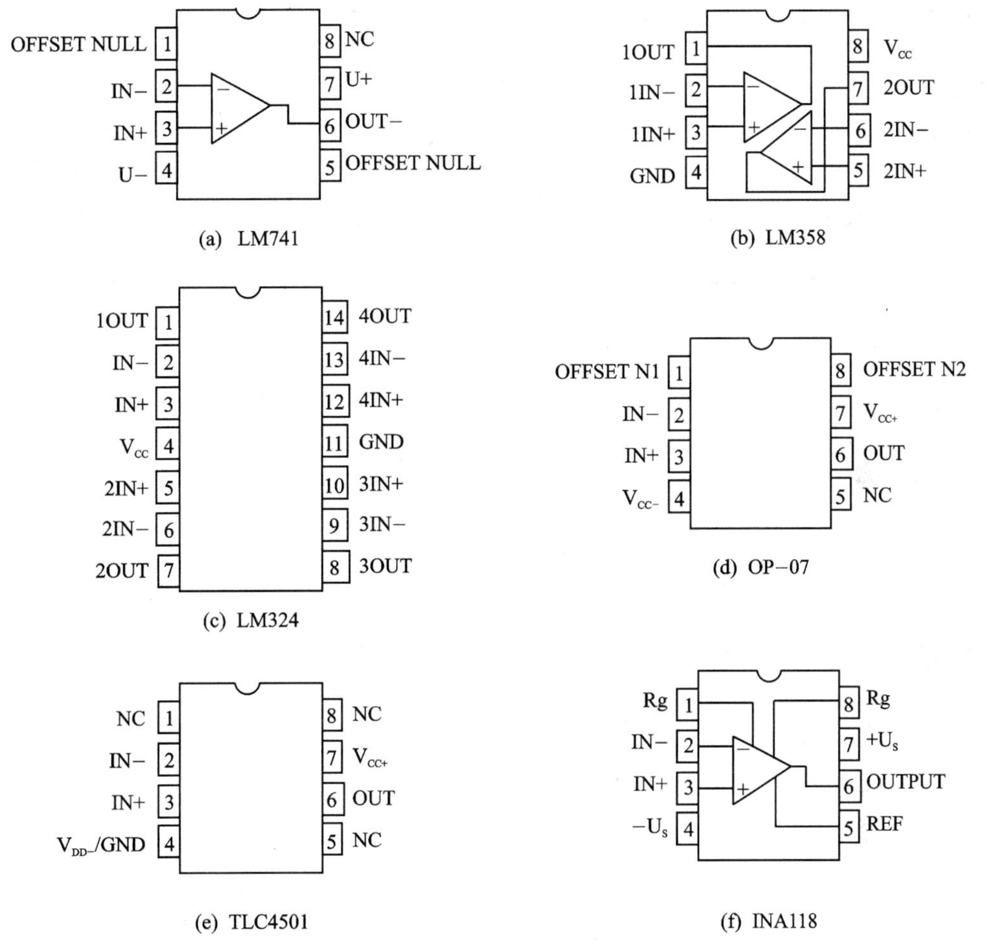

图 7.1 芯片顶视图

其典型参数如下：

- 最大输入失调电压：50 μV；
- 最大输入失调电压温漂：0.5 μV/℃；
- 最大输入偏置电流：5 nA；
- 最小共模抑制比：110 dB；
- 输入过压保护电压：±40 V；
- 电源电压：±1.35～±18 V，可以单电源工作；
- 电源电流：350 μA；
- 带宽：单位增益时是 800 kHz；
- 增益设置范围：1～1 000；

- 稳定时间：单位增益时是 25 μs；
- 过载恢复时间：20 μs；
- 工作温度范围：−40～85 ℃。

此外，还有低压单电源供电微功耗放大器(如：TI公司的TLV2211)、高速运算放大器(如：ADI公司的8099)、可控增益运算放大器(如：TI公司的PGA204，ADI公司的AD603)和隔离运算放大器(如：ADI公司的AD202)等。

7.1.2 基本运算电路

1. 比例运算

(1) 同相比例

【例7.1.1】 图7.2所示为同相比例放大器。若 $R_1=10\ \text{k}\Omega$，$R_2=8.3\ \text{k}\Omega$，$R_f=50\ \text{k}\Omega$，$R_L=4\ \text{k}\Omega$，求 u_L/u_i；当 $u_i=1.8\ \text{V}$ 时，负载电压 u_o 为多少？

【解】 由于放大器为理想运算放大器，由理想运算放大器的两个特点(虚断和虚短)得

$$i_- = i_+ = 0$$

$$u_- = u_+ = u_i$$

再对放大器的反相输入端列KCL方程，有：

$$i_{R1} = i_{Rf} + i_-$$

而

$$i_{R1} = -u_- / R_1$$

$$i_{Rf} = (u_- - u_o) / R_f$$

联立上面各式求解，得

$$\frac{u_o}{u_i} = 1 + \frac{R_f}{R_1} \tag{7.1}$$

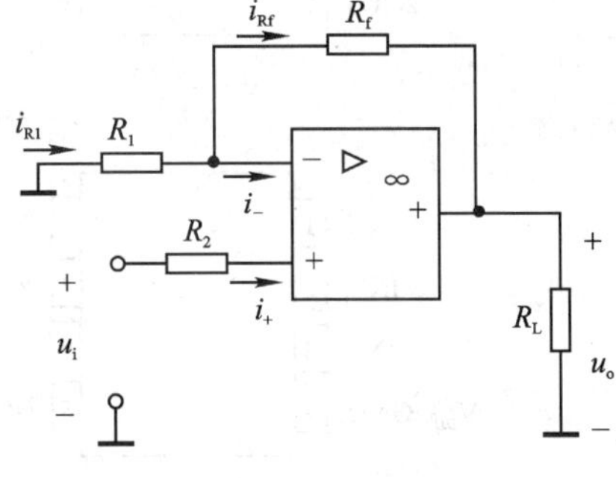

图7.2 同相比例放大器

代入数值得，$u_o = \left(1+\frac{R_f}{R_1}\right)u_i = 10.8\ \text{V}$

同相比例运算电路有如下特点：

- 当 $R_1\to\infty$，$R_f\to 0$ 时，有 $u_o/u_i=1$ 为电压跟随器。
- 同相比例运算电路的输入电阻高。由图7.2看出，电路是串联负反馈，电路的输入电阻等于放大器的输入电阻乘以反馈深度，而放大器的输入电阻本身就很高，所以同相比例运算电路的输入电阻高。
- 同相比例运算电路的共模电压较高。这是因为同相比例运算电路的输入端本身加有共模输入电压 $u_-=u_+=u_i$，因此要求运放有较高共模抑制能力。

(2) 反相比例

【例7.1.2】 图7.3所示为反相比例放大器。若 $R_1=10\ \text{k}\Omega$，$R_2=8.3\ \text{k}\Omega$，$R_f=50\ \text{k}\Omega$，$R_L=4\ \text{k}\Omega$，求 u_o/u_i；当 $u_i=1.8\ \text{V}$ 时，负载电压 u_o 为多少？

【解】 由于放大器为理想运算放大器，所以

$$i_- = i_+ = 0$$

$$u_- = u_+ = 0\text{（虚地）}$$

对放大器的反相输入端列 KCL 方程，有：

$$i_{R1} = i_{Rf} + i_-$$

而

$$i_{R1} = (u_i - u_-) / R_1$$

$$i_{Rf} = (u_- - u_o) / R_f$$

联立上面各式求解，得

$$\frac{u_o}{u_i} = -\frac{R_f}{R_1} \tag{7.2}$$

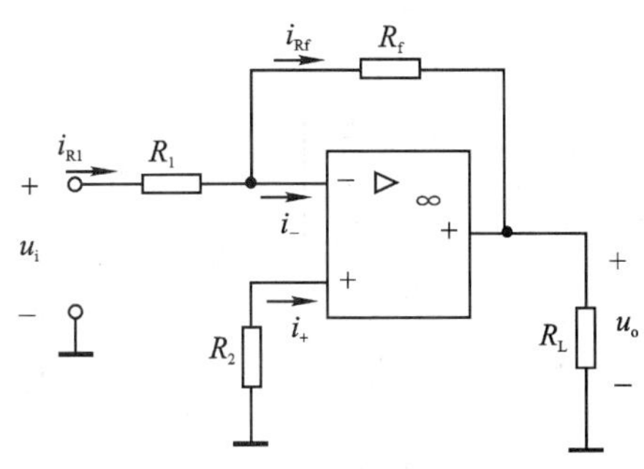

图 7.3 反相比例放大器

代入数值得，$u_o = -(R_f/R_1)u_i = -9$ V

反相比例运算电路有如下特点：

➤ 当 $R_f = R_1$ 时，得 $u_o/u_i = -1$，$u_o = -u_i$，为反相器。

➤ 反相比例运算电路的输入电阻较低。由于电路是并联负反馈，同相输入端接地，所以电路的输入电阻 R_i 由运放的输入电阻 R_{id} 除以反馈深度和 R_1 决定：

$$R_i = R_1 + \frac{R_{id}}{1 + AF}$$

➤ 由于同相输入端接地，反相输入端为“虚地”，因此，反相比例运算电路没有共模输入信号，故运放的共模抑制比相对要求较低。

➤ 一般 R_2 取值：$R_2 = R_1 /\!/ R_f$，原因参见 7.1.3 小节。

2. 加法运算

(1) 反相输入求和电路

在反相比例运算电路的基础上，增加一个输入支路，就构成了反相输入求和电路，见图 7.4。设两个输入信号电压产生的电流都流向 R_f。由于理想运算放大器具有虚短和虚断的特点，对放大器的反相输入端列 KCL 方程，有：

$$u_{i1}/R_1 + u_{i2}/R_2 = -u_o/R_f$$

于是

$$u_o = -\left(\frac{R_f}{R_1}u_{i1} + \frac{R_f}{R_2}u_{i2}\right) \tag{7.3}$$

上式也可以用叠加定理求得。当 $R_1 = R_2 = R_f$ 时，输出等于两输入反相之和，即

$$u_o = -(u_{i1} + u_{i2}) \tag{7.4}$$

(2) 同相输入求和电路

在同相比例运算电路的基础上，增加一个输入支路，就构成了同相输入求和电路，如图 7.5 所示。由于理想运算放大器具有虚短和虚断的特点，对放大器的反相输入端和同相输入端列 KCL 方程，有：

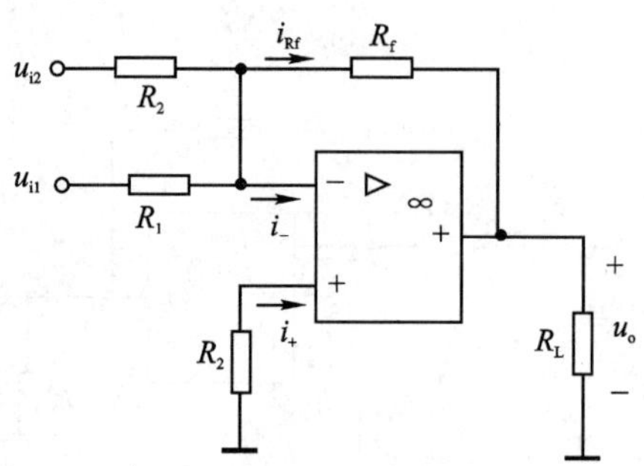

图 7.4 反相求和运算电路

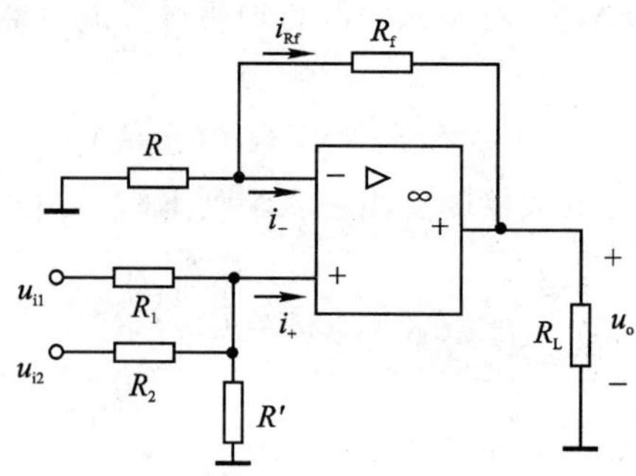

图 7.5 同相求和运算电路

$$u_- = \frac{R}{R_f + R}u_o = u_+ \text{（此式也可以用分压公式求）}$$

$$\frac{u_{i1} - u_+}{R_1} + \frac{u_{i2} - u_+}{R_2} = \frac{u_+}{R'}$$

上面两式联立求解，消去 u_+，得

$$u_o = \left(1 + \frac{R_f}{R}\right)\left[\frac{(R_2 /\!/ R')u_{i1}}{R_1 + (R_2 /\!/ R')} + \frac{(R_1 /\!/ R')u_{i2}}{R_2 + (R_1 /\!/ R')}\right]$$

$$= \left(\frac{R_p}{R_1}u_{i1} + \frac{R_p}{R_2}u_{i2}\right)\left(\frac{R + R_f}{R} \times \frac{R_f}{R_f}\right)$$

$$= \frac{R_p}{R_n} \times R_f \times \left(\frac{u_{i1}}{R_1} + \frac{u_{i2}}{R_2}\right)$$

式中：$R_p = R_1 /\!/ R_2 /\!/ R'$，$R_n = R_f /\!/ R$。当 $R_p = R_n$，$R_1 = R_2 = R_f$ 时：

$$u_o = u_{i1} + u_{i2}$$

3. 减法运算

(1) 利用两级反向输入求差

【例 7.1.3】 如图 7.6 所示为反向输入求差电路，求输入与输出的关系。

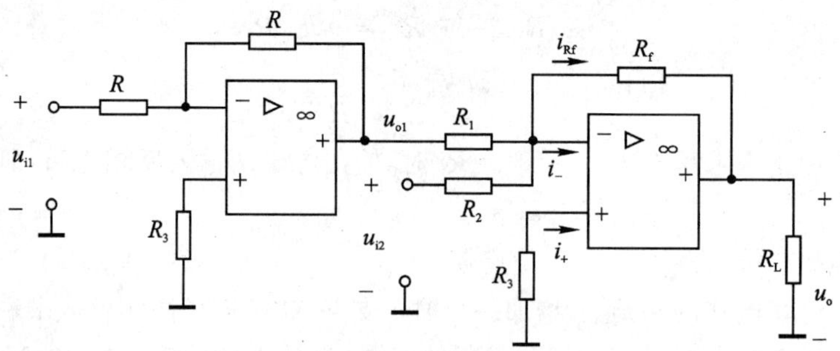

图 7.6 两级反向输入求差运算

【解】 第一级为反相器，所以

$$u_{o1} = -u_{i1}$$

第二级为反相输入求和电路，有

$$u_o = -\left(\frac{R_f}{R_1}u_{o1} + \frac{R_f}{R_2}u_{i2}\right) = \frac{R_f}{R_1}u_{i1} - \frac{R_f}{R_2}u_{i2}$$

当 $R_1 = R_2 = R_f$ 时，输出等于两输入之差，$u_o = u_{i1} - u_{i2}$。

(2) 利用双端输入求差

【例 7.1.4】 如图 7.7 所示为双端输入求差电路。双端输入也称差分输入，求其输出电压表达式。

【解】 根据理想运算放大器具有虚短和虚断的特点，对放大器的反相输入端和同相输入端列 KCL 方程，有：

$$u_+ = \frac{R_3}{R_2 + R_3}u_{i2} = u_-$$

$$\frac{u_{i1} - u_-}{R_1} = \frac{u_- - u_o}{R_f}$$

上面两式联立求解，消去 u_-，得

$$u_o = \left(\frac{R_1 + R_f}{R_1}\right)\left(\frac{R_3}{R_2 + R_3}\right)u_{i2} - \frac{R_f}{R_1}u_{i1}$$

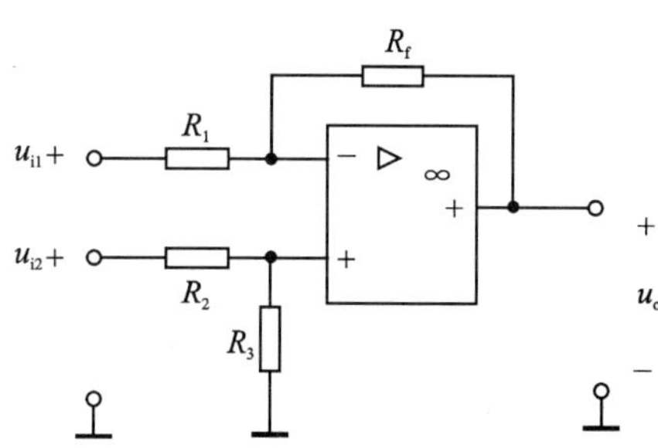

图 7.7 双端输入求差运算电路

当 $\frac{R_f}{R_1} = \frac{R_3}{R_2}$ 时，$u_o = \frac{R_f}{R_1}(u_{i2} - u_{i1})$；当 $R_1 = R_2 = R_3 = R_f$ 时，$u_o = u_{i2} - u_{i1}$。

(3) 利用差分式电路实现减法运算(仪用放大器)

【例 7.1.5】 求图 7.8 所示仪用放大器的输出表达式并分析 R_1 的作用。

【解】 根据理想运算放大器具有虚短和虚断的特点，于是 R_2 与 R_1 中电流相等，且为

$$\frac{u_{o1} - u_{o2}}{R_1 + 2R_2} = \frac{u_{s1} - u_{s2}}{R_1}$$

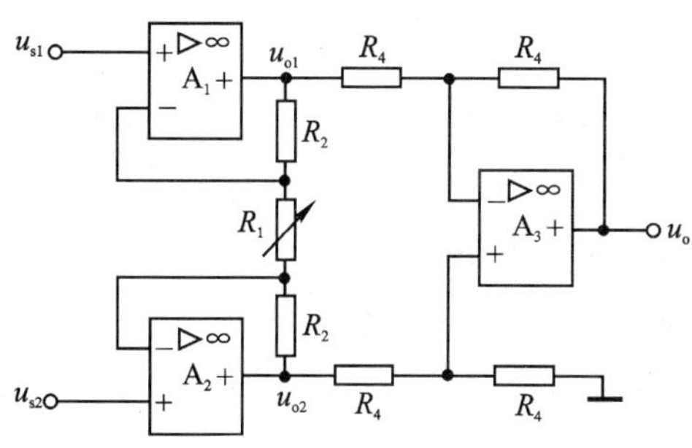

图 7.8 仪用放大器

或 u_{s1} 和 u_{s2} 为 差模输入信号，为此 u_{o1} 和 u_{o2} 也是差模信号，R_1 的中点为交流零电位。所以：

$$u_{o1} = \left(1 + \frac{R_2}{R_1/2}\right)u_{s1}$$

$$u_{o2} = \left(1 + \frac{R_2}{R_1/2}\right)u_{s2}$$

A_3 是双端输入减法器有

$$u_o = u_{o2} - u_{o1}$$

联立上面 3 个方程，解得：

$$u_o = u_{o2} - u_{o1} = \left(1 + \frac{2R_2}{R_1}\right)(u_{s2} - u_{s1}) \tag{7.5}$$

显然调节 R_1 可以改变放大器的增益。使用的产品仪用放大器有：AD623、AD624 等。R_1 有引线连出，同时有一组组的 R_1 接成分压器形式，可选择连接成多种的 R_1 数值 。

4. 积分运算

积分运算电路的分析方法与求和电路差不多，反相积分运算电路如图 7.9(a)所示。电容上的电压与电流取关联的参考方向。根据虚地与虚断，有

$$i = \frac{u_i}{R} = i_C = C\frac{du_c}{dt},\ u_c = -u_o$$

于是

$$u_o = -u_c = -\frac{1}{C}\int i_C dt = -\frac{1}{RC}\int u_i dt \quad （不定积分表达式） \tag{7.6}$$

或

$$u_o = u_o(t) = u_o(t_0) - \frac{1}{RC}\int_{t_0}^{t} u_i(t)dt \quad （定积分表达式） \tag{7.7}$$

图 7.9(b)给出了当输入信号为阶跃电压 u_i 时，积分器的输出波形。若 $u_o(t_0)=0$，则 $t>t_0$ 时，输出

$$u_o = -u_c = u_o(t_0) - \frac{1}{RC}\int_{t_0}^{t} u_i(t)dt = -\frac{u_i}{RC}(t - t_0)$$

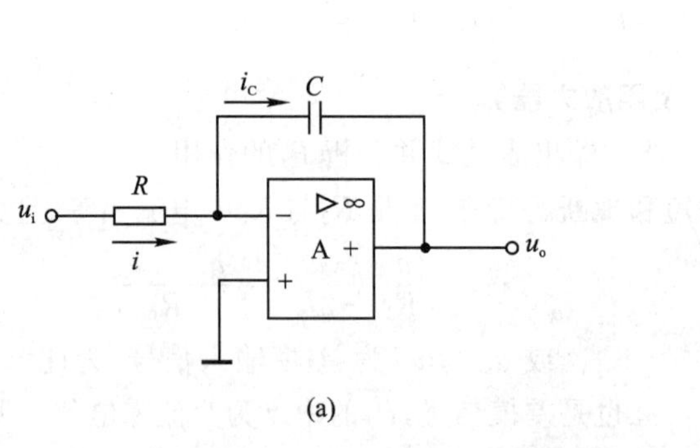

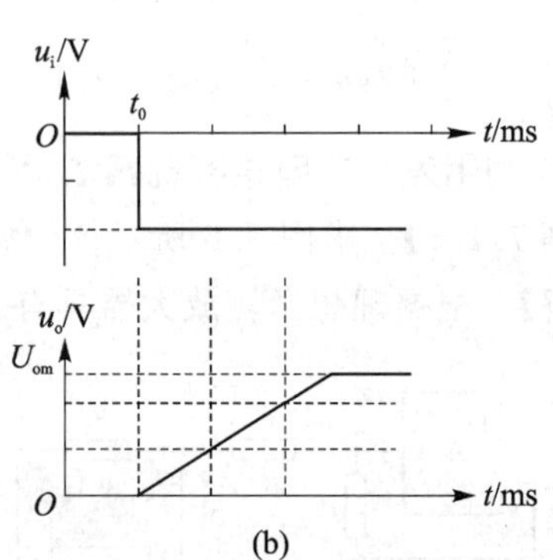

图 7.9 积分运算电路及阶跃输入信号时积分器的输出波形

当 $t-t_0=\tau$ 时，$u_o=u_i$；当 $t-t_0>\tau$ 时，u_o 增加；直到放大器进入饱和状态 $u_o=U_{om}$。

有源积分电路的特点：当 $u_i=\text{const}$ 时，有源积分电路为恒流积分，外接负载不影响其特性。

【例 7.1.6】 积分电路如图 7.9 所示。$R=10\ \text{k}\Omega$，$C=1\ \mu\text{F}$，输入信号的波形如图 7.10 所示。若 $t=0$ 时，$u_o(0)=0$。试画出 $t>0$ 时，输出 $u_o(t)$ 的波形。

【解】 ① 当 $0\leqslant t\leqslant 10$ ms 时，$u_i(t)=-2$ V，由式(7.7)有

$$u_o = u_o(0) - \frac{1}{RC}\int_0^t u_i(t)\mathrm{d}t = 200t\mathrm{V}$$

$$u_o(0.01) = 2\ \mathrm{V}$$

② 当 10 ms$\leqslant t\leqslant$20 ms 时，$u_i(t)=2$ V，由式(7.7)有

$$u_o = u_o(0.01) - \frac{1}{RC}\int_{0.01}^t u_i(t)\mathrm{d}t = (4-200t)\ \mathrm{V}$$

$$u_o(0.02) = 0\ \mathrm{V}$$

可见，积分电路将方波变成了三角波。

5. 微分运算

微分运算电路如图 7.11 所示。根据虚地与虚断，显然

$$u_o =- i_R R =- i_C R =- RC\frac{\mathrm{d}u_C}{\mathrm{d}t} =- RC\frac{\mathrm{d}u_i}{\mathrm{d}t}$$

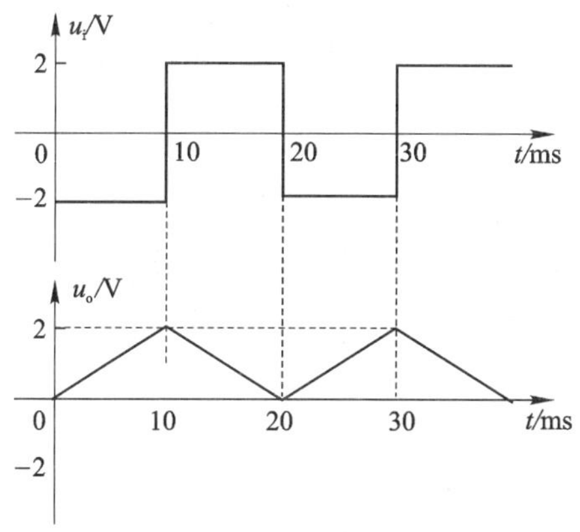

图 7.10 例 7.1.6 波形图

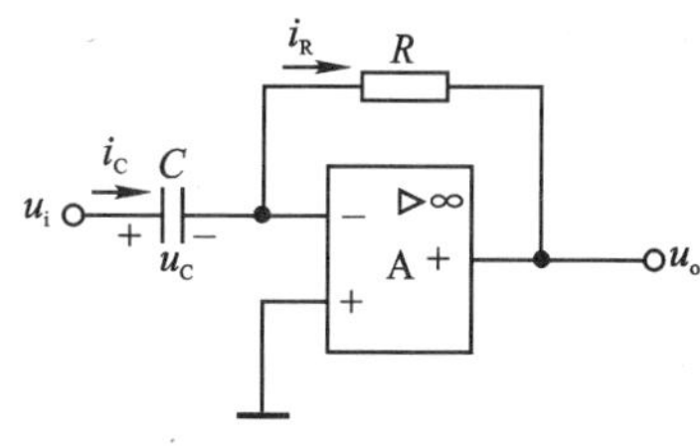

图 7.11 微分电路

当输入阶跃信号时，输出信号变成尖脉冲，所以微分电路可以实现波形变换。

当输入信号是正弦波时，即 $u_i=U_m\sin\omega t$，则微分电路的输出电压为

$$u_o =- U_m\omega RC\cos\omega t = U_m\omega RC\sin(\omega t + 90°)$$

上式说明：① 输出信号比输入信号滞后 90°，所以微分电路可以实现
含有高频噪声时，则微分电路对其非常敏感，使输出信号中噪声成分

6. 对数运算

对数运算电路如图 7.12 所示。反馈环节用一个三极管 T(或

$$U_- = U_+ = U_C = U_B = 0$$

U_C、U_B为三极管集电极和基极电位，U_-、U_+为运放反相输入端和

管只用发射结，根据 PN 结的伏安特性，有

$$i_C \approx i_E = I_S(e^{\frac{u_{BE}}{U_T}} - 1) \approx I_S e^{\frac{u_{BE}}{U_T}} \text{ 或 } u_{BE} = U_T \ln \frac{i_C}{i_S}$$

又有

$$u_o = -u_{BE}$$

$$i_C = i_R = \frac{u_i}{R}$$

联立上面 3 个方程求解，得

$$u_o = -U_T \ln \frac{u_i}{RI_S} \tag{7.8}$$

由式(7.8)得知，输出是输入的对数运算。

该电路的特点是：

- 当 u_i 很小时，u_{BE}很小，不满足 $e^{\frac{u_{BE}}{U_T}} \gg 1$，因此误差较大；当 i_C 较大时，PN 结的伏安特性与指数曲线差别较大，故误差也较大。
- 由于 U_T 与 I_S 是温度的函数，所以式(7.8)的对数运算受温度的影响较大，可以用两个参数相同的三极管组成对称的电路，消除 I_S 的影响；可以采用热敏电阻补偿温度对 U_T 的影响。具体电路请参阅有关资料。

7. 指数运算

指数运算是对数运算的逆运算。只须将图 7.12 中的三极管 T 与电阻 R 对调即可。电路如图 7.13 所示。由运算放大器的“虚短”和“虚断”得：

$$i_C \approx I_S e^{\frac{u_{BE}}{U_T}} = I_S e^{\frac{u_i}{U_T}}$$

$$u_o = -Ri_R = -I_S R e^{\frac{u_i}{U_T}} \tag{7.9}$$

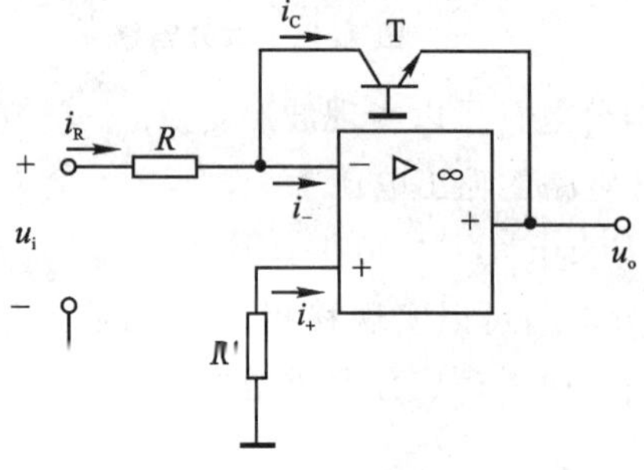

图 7.12 对数运算电路

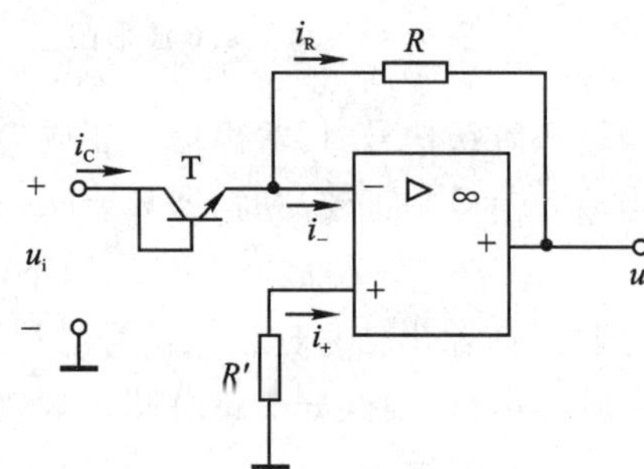

图 7.13 指数运算电路

8. 模拟乘法器

(1) 乘法和除法运算电路框图

u_o为两个信号相乘

$$u_o = u_{i1} u_{i2}$$

对上式两边取对数得：

$$\ln u_o = \ln (u_{i1} u_{i2}) = \ln u_{i1} + \ln u_{i2} \text{ 或 } u_o = e^{\ln u_{i1} + \ln u_{i2}}$$

显然乘法运算可以用两个对数运算电路、一个加法运算电路和一个指数运算电路来实现。

同理除法运算 $u_o = u_{i1}/u_{i2}$ 或 $u_o = e^{\ln u_{i1} - \ln u_{i2}}$ 可以用两个对数运算电路、一个减法运算电路和一个指数运算电路来实现。乘法运算电路和除法运算电路的方框图如图 7.14 所示。

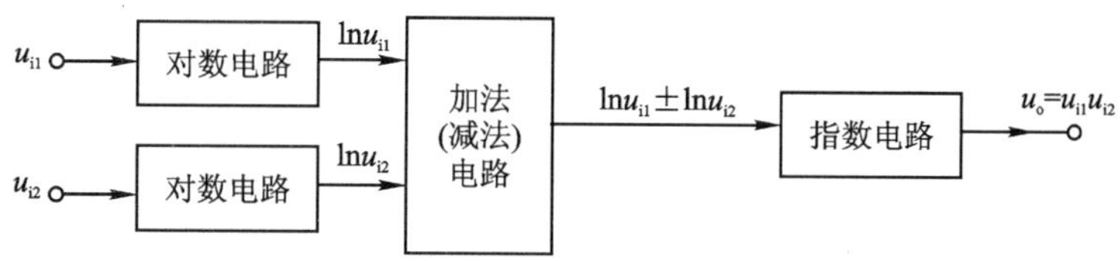

图 7.14 乘法(除法)运算电路框图

(2) 集成模拟乘法器

集成模拟乘法器是将乘法运算电路集成在一块芯片上实现两个模拟量相乘的非线性集成电路。集成模拟乘法器分为同相乘法器和反相乘法器，其输入输出关系式分别是：

$$u_o = K u_x u_y$$

$$u_o = -K u_x u_y$$

式中，K 为正值。

模拟乘法器的电路符号如图 7.15 所示。图 7.15(a)表示同相乘法器，图 7.15(b)表示反相乘法器，图 7.15(c)是旧符号。

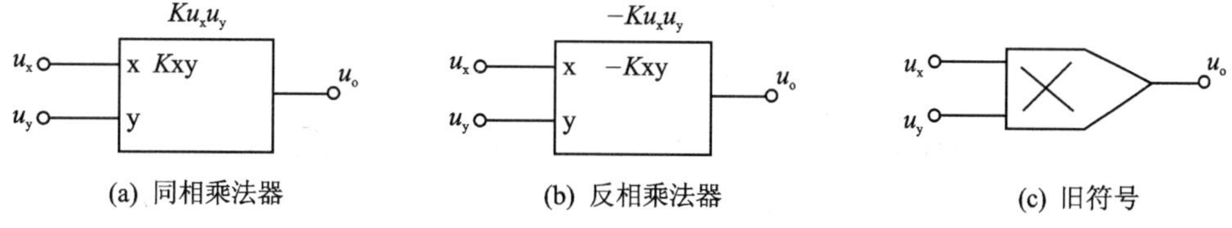

图 7.15 模拟乘法器电路符号

实现模拟量相乘的方法很多，其中变跨导模拟乘法器是以差分式电路为基础，并采用变跨导的原理构成的。它具有性能好，便于集成及工作频率比较高等优点，在模拟集成乘法器中得到了广泛应用。下面介绍一种变跨导二象限乘法器，电路如图 7.16 所示，电流源 $I_O = i_{EE}$ 受输入电压 u_Y 的控制，由差分放大电路单端输入、双端输出的情况，得

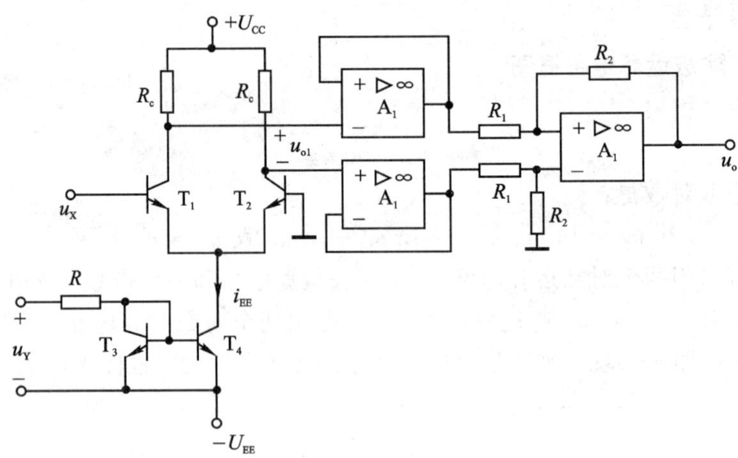

图 7.16 变跨导二象限乘法器

$$u_{o1}=-\frac{\beta R_c}{r_{be}}u_x=-g_m R_c u_x \tag{7.10}$$

由式(2.22)得

$$g_m \approx \frac{I_{E1}}{U_T}$$

而

$$I_{E1}=\frac{I_{EE}}{2}$$

所以,

$$g_m \approx \frac{I_{EE}}{2U_T} \tag{7.11}$$

图 7.16 中 T_3、T_4 构成压控镜像电流源,当 $u_y \gg U_{BE}$ 时,有

$$I_{EE}=\frac{u_y}{R} \tag{7.12}$$

将式(7.11)、(7.12)代入式(7.10),有

$$u_{o1}=-\left(\frac{R_c}{2RU_T}\right)u_x u_y \tag{7.13}$$

图 7.16 中 A_1、A_2 是电压跟随器,A_3 是差分式电路,作用是放大差模信号和抑制共模信号,并将双端输入转换成单端输出。

$$u_o=-\left(\frac{R_2}{R_1}\right)u_{o1}=-\left(\frac{R_c R_2}{2RU_T R_1}\right)u_x u_y=-K u_x u_y \tag{7.14}$$

式中:$K=\frac{R_c R_2}{2RU_T R_1}$。由于 i_{EE} 的变化导致三极管 T_3、T_4 的跨导 g_m 变化,所以该电路称为变跨导式模拟乘法器。该电路的缺点是 u_y 幅值较小时误差较大,而且 u_y 必须为正值。u_x、u_y 可正负值工作的四象限乘法器请参考[1]。

(3) 模拟乘法器的应用

模拟乘法器的应用十分广泛，利用集成模拟乘法器和集成运放组合，通过各种不同的接口电路，可组成各种运算电路。如函数发生器、自动增益控制、调制解调和锁相环电路等。以下例举几种应用。

① 乘方运算

将模拟乘法器的两个输入端接同一个输入信号，即可构成平方运算电路，如图 7.17(a)所示。将多个乘法器串联起来，就可组成高次方运算电路，如图 7.17(b)所示。

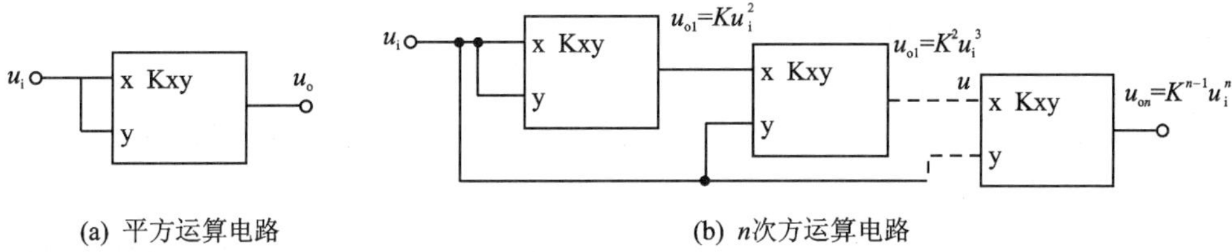

图 7.17 乘方运算电路

② 平方根运算

用模拟乘法器构成的平方根电路如图 7.18 所示，反馈通路的关系是：

$$u_o' = K u_o^2$$

利用“虚短”、“虚断”的条件得

$$\frac{u_i}{R} = -\frac{u_o'}{R} = -K\frac{u_o^2}{R}$$

于是，

$$u_o = \sqrt{-\frac{u_i}{K}} \tag{7.15}$$

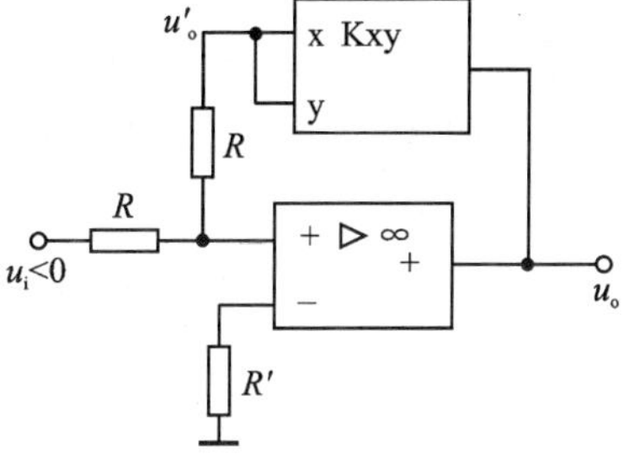

图 7.18 平方根电路

从式(7.15)看出 u_o是$(-u_i)$的平方根，所以 u_i只能取负值；当 u_i为正值时，反馈通路需要采用反相乘法器，以保证电路工作在负反馈情况。

③ 方均根运算电路

任意周期信号的有效值，可用方均根运算求得。以电压为例

$$U = \sqrt{\frac{1}{T}\int_0^T u^2 \mathrm{d}t} \tag{7.16}$$

式中：T 为周期信号的周期。显然式(7.16)可用三部分电路完成：平方、平均和平方根。平方、平方根电路如上述电路图 7.17 和图 7.18 所示。而平均值就是周期信号中的直流量，可采用低通滤波器实现。

④ 除法电路

除法电路如图 7.19 所示。由图得

$$u'_o = K u_y u_o$$

利用“虚短”、“虚断”的条件得

$$\frac{u_x}{R} = -\frac{u'_o}{R} = -K\frac{u_y u_o}{R}$$

于是，

$$u_o = -\frac{1}{K}\frac{u_x}{u_y} \tag{7.17}$$

图7.19中为保证电路工作在负反馈状态，u_y只能取正值；当u_y为负值时，反馈通路必需采用反向乘法器。但u_x的极性可正可负，所以该电路是二象限除法器。

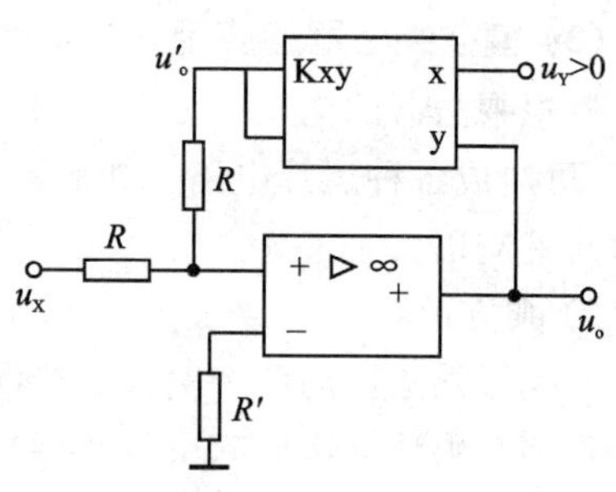

图7.19 除法运算电路

此外，当模拟乘法器的一个输入端接控制电压U_C，另一个输入端接输入信号u_i时，输出电压为$u'_o = KU_C u_i$，相当于电压增益为KU_C的放大器，而电压增益受U_C的控制。

当模拟乘法器的两个输入端分别接被测电路端电压和电流信号时，则模拟乘法器输出反映了电路的功率。

*7.1.3 实际运算放大器运算电路的误差分析

运算放大器电路中，通常都将放大器视为理想运算放大器来分析；但实际上，理想运算放大器的极限条件很难满足，都会引起一定的误差。如K_{CMR}为有限值，U_{IO}、I_{IO}、I_{IB}也存在，下面以同相比例放大器(图7.2)为例讨论它们引起的误差。

1. K_{CMR}为有限值的误差

由于K_{CMR}为有限值，所以$u_- \neq u_+$，而

$$u_+ = u_i, \quad i_- = i_+ = 0 \quad (\text{虚断}) \tag{7.18}$$

所以R_1和R_f分压，

$$u_- = \frac{R_1}{R_1 + R_f} u_o \tag{7.19}$$

共模输入电压为：

$$u_{ic} = \frac{u_- + u_+}{2} = \frac{u_i}{2} + \frac{u_o}{2} \cdot \frac{R_1}{R_1 + R_f} \tag{7.20}$$

差模输入电压为：

$$u_{id} = u_+ - u_- = u_i - \frac{R_1}{R_1 + R_f} \cdot u_o \tag{7.21}$$

运算放大器总的输出电压为：

$$u_o = A_{ud} u_{id} + A_{uc} u_{ic} \tag{7.22}$$

同相比例放大器的增益为：

$$A_{uf}=\frac{u_o}{u_i}\tag{7.23}$$

将式(7.20)、(7.21)、(7.22)代入式(7.23)得：

$$A_{uf}=\frac{A_{ud}+\frac{1}{2}A_{uc}}{1+A_{ud}\cdot\frac{R_1}{R_1+R_f}-\frac{1}{2}A_{uc}\cdot\frac{R_1}{R_1+R_f}}$$

上式提出 $R_1/(R_1+R_f)$，分子分母同除以 A_{UD}，得

$$A_{uf}=\left(1+\frac{R_f}{R_1}\right)\frac{1+\frac{1}{2K_{CMR}}}{1+\frac{(R_1+R_f)/R_1}{A_{ud}}-\frac{1}{2K_{CMR}}}\tag{7.24}$$

显然，差模电压增益 A_{ud} 和共模抑制比 K_{CMR} 越大，A_{uf} 越接近理想值 $1+R_f/R_1$。

2. U_{IO}、I_{IO}、I_{IB}不为零的误差

当 U_{IO}、I_{IO}、I_{IB} 不为零时，由 U_{IO}、I_{IO}、I_{IB} 的含义画出实际运放的等效电路为图7.20中大方形，小方形仍然是理想运放，有：

$$\left.\begin{aligned}u_+&=u_-\\i_-=i_+&=0\end{aligned}\right\}\tag{7.25}$$

由图7.20求得：

$$u_+=-\left(I_{IB}-\frac{I_{IO}}{2}\right)R_2\tag{7.26}$$

$$u_-=\frac{R_1}{R_1+R_f}\cdot u_o-\left(I_{IB}+\frac{I_{IO}}{2}\right)(R_1\ /\!/\ R_f)-U_{IO}\tag{7.27}$$

由式(7.25)、(7.26)、(7.27)解得：

$$u_o=\left(1+\frac{R_f}{R_1}\right)\left\{U_{IO}+I_{IB}[(R_1\ /\!/\ R_f)-R_2]+\frac{1}{2}I_{IO}[(R_1\ /\!/\ R_f)-R_2]\right\}\tag{7.28}$$

当取 $R_1/\!/R_f=R_2$ 时，I_{IB} 引起的误差可以被消除，式(7.28)变为

$$u_o=\left(1+\frac{R_f}{R_1}\right)(U_{IO}+I_{IO}R_2)\tag{7.29}$$

显然，R_f/R_1 和 R_2 越大，U_{IO}、I_{IO} 引起的输出误差也越大。该误差可以在运算放大器输入级加调零电位器或补偿电路消除。

对于输入失调电压温漂 $\Delta U_{IO}/\Delta T$ 和输入失调电流温漂 $\Delta I_{IO}/\Delta T$ 引起的输出误差：

$$u_o=\left(1+\frac{R_f}{R_1}\right)\left(\frac{\Delta U_{IO}}{\Delta T}\Delta T+R_2\frac{\Delta I_{IO}}{\Delta T}\Delta T\right)\tag{7.30}$$

难以用人工调零或补偿方法抵消，只能选用输入失调电压温漂 $\Delta U_{IO}/\Delta T$ 和输入失调电流温漂 $\Delta I_{IO}/\Delta T$ 小的运放以减小误差，在积分电路中尤其如此。

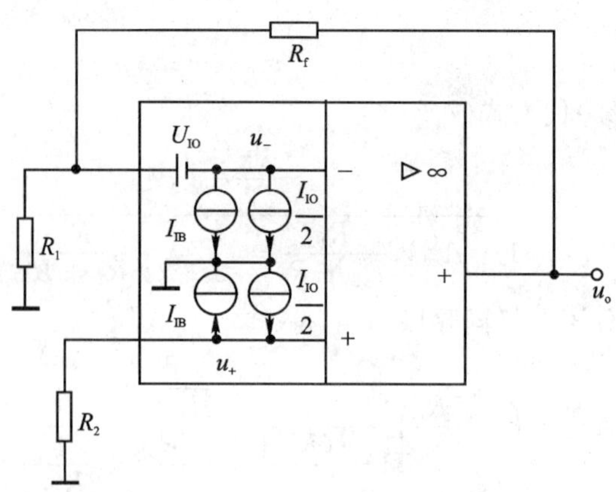

图 7.20 U_{IO}、I_{IO}、I_{IB}不为零时的误差分析

7.2 信号处理电路

7.2.1 滤波器的概念与分类

1. 滤波器的概念与分类

滤波器是用来获得信号中有用的频率成分,滤除信号中无用的频率成分的电子装置。滤波器可以分为有源滤波器和无源滤波器。无源滤波器是由 R、C、L 的串联或并联组成的,由于无源滤波器有放大倍数低,带负载能力差,负载电阻影响其频率特性等缺点,所以常常选用有源滤波器。有源滤波器是在运算放大器的基础上增加一些 R、C 等无源元件而构成的。当放大器工作在线性区时,滤波器电路就是线性电路。其框图为图 7.21 所示,传递函数为:

$$A(S)=\frac{u_o(S)}{u_i(S)}$$

图 7.21 滤波器框图

令 $S=\mathrm{j}\omega$,当研究域由 S 域变到复数,研究问题由零初始状态下任意激励的全响应,转换到求解正弦稳态响应时,此时

$$\dot{A}(\mathrm{j}\omega)=\frac{\dot{u}_o(\mathrm{j}\omega)}{\dot{u}_i(\mathrm{j}\omega)}=|\dot{A}(\mathrm{j}\omega)|\angle\phi(\omega)$$

式中:$\dot{A}(\mathrm{j}\omega)$是复数,其模为$|\dot{A}(\mathrm{j}\omega)|$;其复角为 $\phi(\omega)$,均是频率 ω 的函数。以模为纵坐标,以频率 ω 为横坐标,得幅频特性;以复角为纵坐标,以频率 ω 为横坐标,得相频特性。

根据滤波器的性能(工作信号的频率范围),在幅频特性上将有源滤波器分类,如图 7.22 的(a)、(b)、(c)、(d)所示分别为低通滤波电路 LPF(Low Pass Filter)、高通滤波电路 HPF

(High Pass Filter)、带通滤波电路 BPF(Band Pass Filter)和带阻滤波电路 BEF(Band Elimination Filter)。允许信号通过的频带称为通带;不允许信号通过的频带称为阻带;通带和阻带的临界频率称做截止频率。

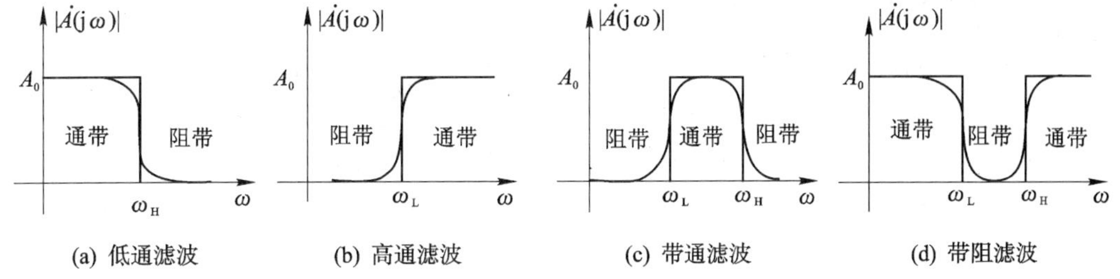

图 7.22 有源滤波器的幅频响应与分类

图 7.22 中的直线为理想滤波器,曲线为实际滤波器。滤波器也可以由无源的电抗性元件或晶体构成,称为无源滤波器或晶体滤波器。

对滤波器,可从两个方面研究:

① 通带的平稳性;

② 通带到阻带的快速性。

2. 滤波器的用途

滤波器主要用来滤除信号中无用的频率成分。例如,有一个较低频率的信号,其中包含一些较高频率成分的干扰。滤波过程如图 7.23 所示。

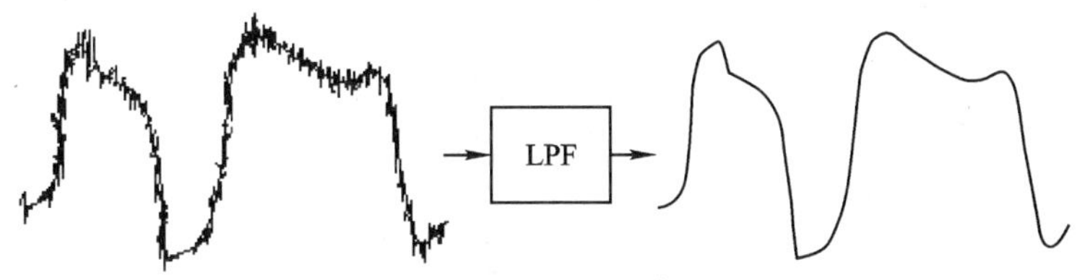

图 7.23 滤波过程

7.2.2 一阶低通有源滤波器

一阶低通滤波器的电路如图 7.24 所示,同相比例放大器的增益为:

$$\dot{A}_{uf} = \frac{\dot{U}_o}{\dot{U}_p} = 1 + \frac{R_2}{R_1}$$

一阶无源 RC 低通环节的增益频率表达式为:

$$\dot{A}_1(\mathrm{j}\omega)=\frac{\dot{U}_\mathrm{p}(\mathrm{j}\omega)}{\dot{U}_\mathrm{i}(\mathrm{j}\omega)}=\frac{1}{1+\mathrm{j}\dfrac{\omega}{\omega_\mathrm{H}}}$$

所以，一阶低通滤波器的传递函数如下：

$$\dot{A}(\mathrm{j}\omega)=\frac{\dot{U}_\mathrm{o}(\mathrm{j}\omega)}{\dot{U}_\mathrm{i}(\mathrm{j}\omega)}=\dot{A}_\mathrm{uf}\cdot\dot{A}_1(\mathrm{j}\omega)=\frac{A_\mathrm{uf}}{1+\mathrm{j}\dfrac{\omega}{\omega_\mathrm{H}}}\text{，其中 }\omega_\mathrm{H}=\frac{1}{RC}$$

其幅频特性见图 7.25。图中虚线为理想的情况，实线为实际的情况。其特点是电路简单，但通带到阻带衰减太慢，选择性较差，需要改进，参见下面章节。

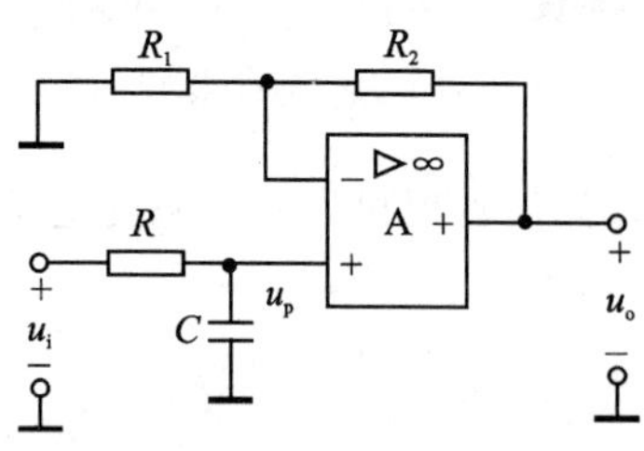

图 7.24 一阶 LPF

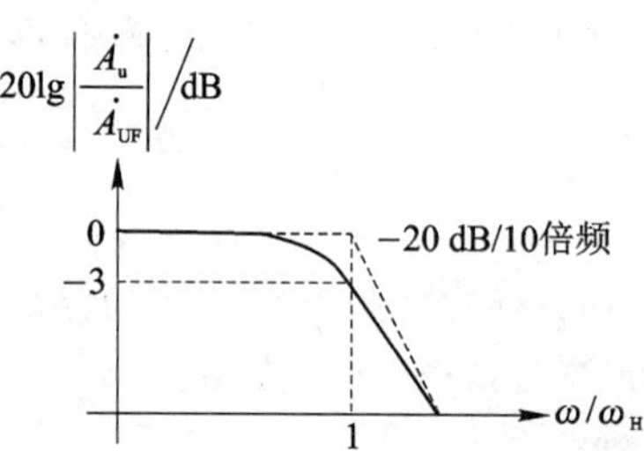

图 7.25 一阶 LPF 的幅频特性曲线

7.2.3 二阶有源滤波器

通常二阶低通滤波器、二阶高通滤波器、二阶带通滤波器、二阶带阻滤波器的传递函数具有下面的形式：

$$A(s)=\frac{U_\mathrm{o}(s)}{U_\mathrm{i}(s)}=\frac{a}{s^2+b_0s+b_1} \tag{7.31}$$

$$A(s)=\frac{U_\mathrm{o}(s)}{U_\mathrm{i}(s)}=\frac{as^2}{s^2+b_0s+b_1} \tag{7.32}$$

$$A(s)=\frac{U_\mathrm{o}(s)}{U_\mathrm{i}(s)}=\frac{as}{s^2+b_0s+b_1} \tag{7.33}$$

$$A(s)=\frac{U_\mathrm{o}(s)}{U_\mathrm{i}(s)}=\frac{a_0s^2+a_1}{s^2+b_0s+b_1} \tag{7.34}$$

现在我们构建二阶有源滤波器，其电路如图 7.26 所示。对节点 a,n,p 分别列 KCL 方程，得：

$$(u_\mathrm{a}-u_\mathrm{i})Y_1+(u_\mathrm{a}-u_\mathrm{o})Y_2+u_\mathrm{a}Y_3+(u_\mathrm{a}-u_\mathrm{p})Y_4=0 \tag{7.35}$$

$$u_\mathrm{n}=\frac{R_1}{R_1+R_\mathrm{f}}u_\mathrm{o} \tag{7.36}$$

$$u_\mathrm{p}=\frac{1/Y_5}{1/Y_5+1/Y_4}u_\mathrm{a} \tag{7.37}$$

$$u_n = u_p \qquad (\text{虚短}) \tag{7.38}$$

联立方程(7.35)～(7.38)消去 u_n、u_p 和 u_a，得

$$A(s) = \frac{U_o(s)}{U_i(s)} = \frac{A_{uf}Y_1Y_4}{Y_5(Y_1+Y_2+Y_3+Y_4)+[Y_1+Y_2(1-A_{uf})+Y_3]\cdot Y_4} \tag{7.39}$$

式中，$A_{uf}=1+\dfrac{R_f}{R_1}$

比较式(7.39)与式(7.31)～(7.34)可见，图7.26中适当选择 $Y_1 \sim Y_5$ 元器件，可获得二阶低通滤波器、二阶高通滤波器和二阶带通滤波器。

1. 二阶有源低通滤波器

(1) 二阶有源低通滤波器电路

欲使式(7.39)有式(7.31)的形式，获得二阶有源低通滤波器，则

① Y_1 和 Y_4 取电阻，$Y_1=Y_4=1/R$，

② Y_5 取电容，Y_2 和 Y_3 之一取电容；如选 Y_5 和 Y_2 为电容，$Y_2=Y_5=CS$，

③ 取 $Y_3=0$，即 Y_3 支路断开。

于是，二阶有源低通滤波器电路如图7.27所示。

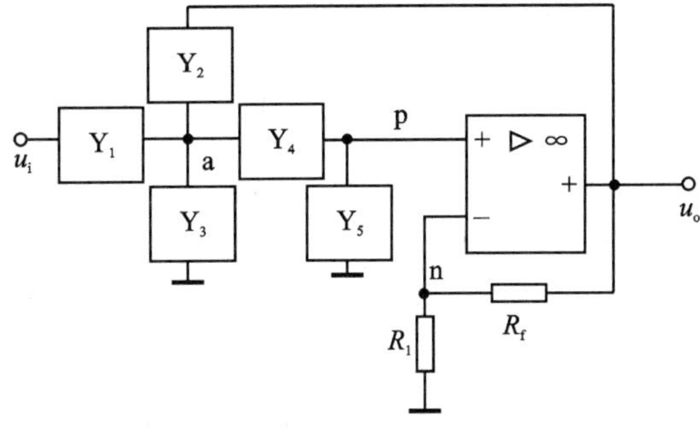

图7.26　二阶有源滤波器

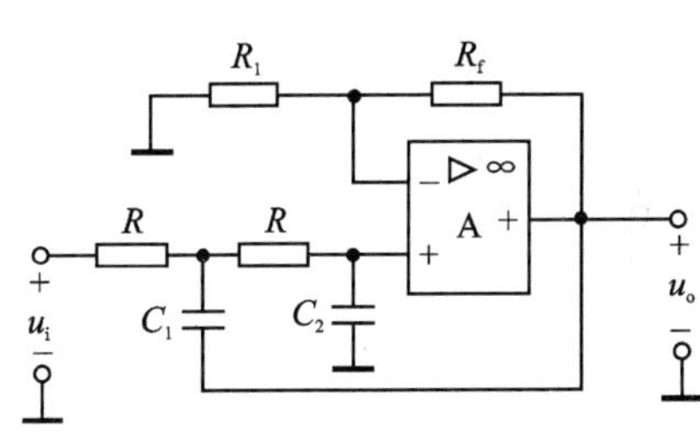

图7.27　二阶有源低通滤波器

(2) 传递函数

将上述取值代入式(7.31)，整理得传递函数：

$$A(s) = \frac{U_o(s)}{U_i(s)} = \frac{A_{uf}}{1+(3-A_{uf})sCR+(sCR)^2}$$

上式表明，该滤波器的通带增益 $A_{uf}=1+R_f/R_1$ 应小于3，才能保证电路工作稳定。

令：
$$\omega_H = \frac{1}{RC} \tag{7.40}$$

$$Q = \frac{1}{3-A_{uf}} \qquad (\text{等效品质因数}) \tag{7.41}$$

于是传递函数变成：

$$A(s)=\frac{A_{uf}\omega_H}{s^2+(\omega_H/Q)s_1+\omega_H^2} \tag{7.42}$$

(3) 频率响应

由传递函数可以写出频率响应的表达式为:

$$\dot{A}=\frac{A_{uf}}{1-(f/f_H)^2+j(1/Q)(f/f_H)} \tag{7.43}$$

当 $f=f_H$ 时,上式可以化简为:

$$|\dot{A}|_{(f=f_H)}=QA_{uf} \tag{7.44}$$

式(7.44)表明,当 $2<A_{uf}<3$ 时,$Q>1$,在 $f=f_H$ 处的电压增益将大于 A_{uf},幅频特性在 $f=f_H$ 处将抬高,当 $Q=0.707$,在 $f=f_H$ 的情况下,$20\lg|\dot{A}/A_{uf}|=-3$ dB,具体请参见图7.28(二阶有源低通滤波器的幅频响应)。与理想的二阶波特图相比,在超过 f_H 以后,幅频特性以 -40 dB/dec 的速率下降,比一阶的下降快。但在通带到阻带之间幅频特性下降的还不够快,进一步增加滤波电路的阶数,滤波特性会更接近理想特性。

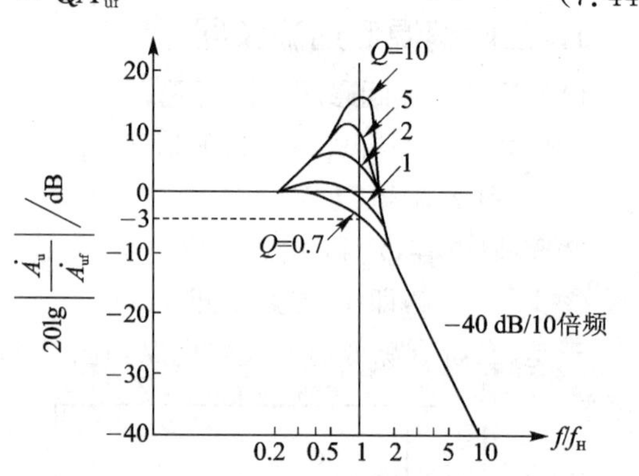

图7.28 二阶有源低通滤波器的幅频响应

二阶反相型LPF如图7.29所示,它是在反相比例积分器的输入端再加一节 RC 低通电路而构成。二阶反相型LPF的改进电路如图7.30所示,请读者自行分析。

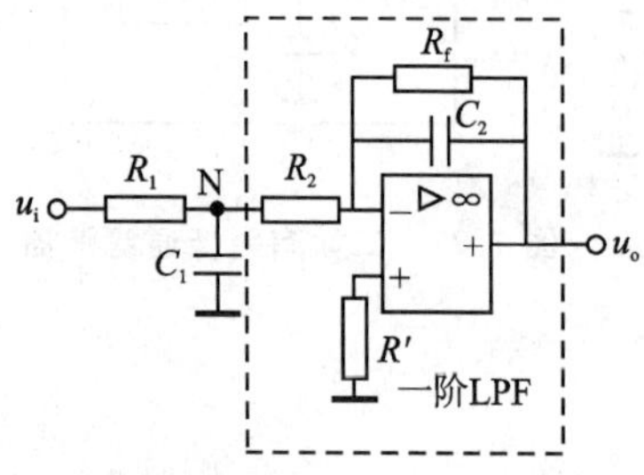

图7.29 反相型二阶LPF

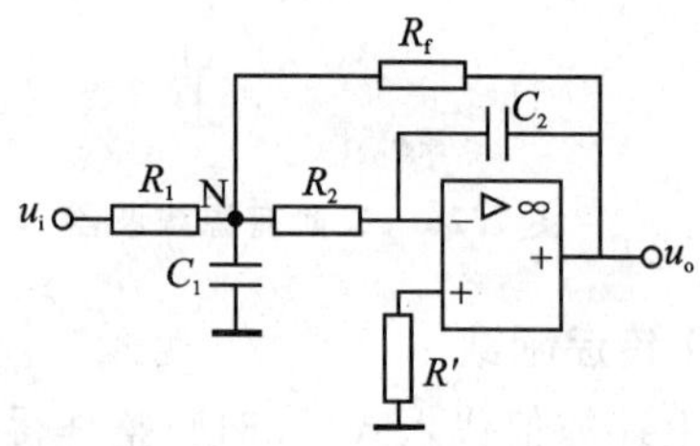

图7.30 多路反馈反相型二阶LPF

2. 二阶有源高通滤波器

(1) 二阶有源高通滤波器电路

欲使式(7.39)有式(7.32)的形式,获得二阶有源高通滤波器,则:

① 取 Y_1、Y_4 为电容,$Y_1=Y_4=CS$,

② 选 Y_5 和 Y_2 为电阻,$Y_2=Y_5=1/R$,

③ 取 $Y_3=0$，即 Y_3 支路断开。

于是，二阶有源高通滤波器如图 7.31 所示。

(2) 传递函数

将上述取值代入式(7.21)，整理得传递函数

$$A(s)=\frac{(sCR)^2 A_{UF}}{1+(3-A_{UF})sCR+(sCR)^2} \tag{7.45}$$

滤波器的通带增益 $A_{UF}=1+R_f/R_1$ 应小于 3，

(3) 频率响应

令 $f_L=\frac{1}{2\pi CR}$，$Q=\frac{1}{3-A_{UF}}$，则可得出频响表达式：

$$\dot{A}=\frac{A_{UF}}{1-(f_L/f)^2+j(1/Q)(f_L/f)} \tag{7.46}$$

由此绘出的频率响应特性曲线如图 7.32 所示。

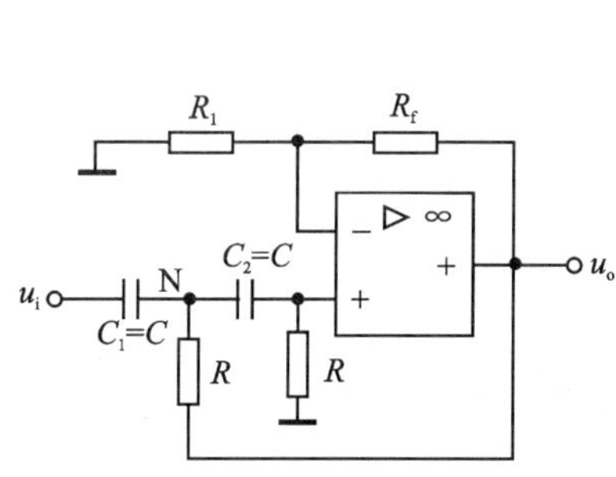

图 7.31 二阶有源高通滤波

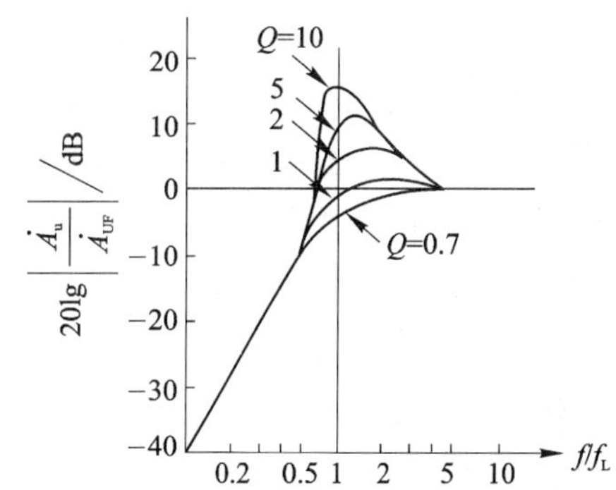

图 7.32 二阶有源 HPF 频率特性

结论： 当 $f \ll f_L$ 时，幅频特性曲线的斜率为 +40 dB/dec；当 $A_{UF} \geqslant 3$ 时，电路自激。

3. 二阶有源带通滤波器(BPF)和带阻滤波器(BEF)

比较式(7.39)与式(7.33)，当取 Y_3、Y_4 为电容，$Y_3=Y_4=CS$，Y_1、Y_2 和 Y_5 为电阻，$Y_1=Y_2=Y_5=1/R$ 时，得二阶有源带通滤波器如图 7.33 所示。带通滤波器是由低通 RC 环节和高通 RC 环节组合而成的，要将高通的下限截止频率设置为小于低通的上限截止频率。反之则为带阻滤波器，见图 7.34。

要想获得好的滤波特性，一般需要较高的阶数。滤波器的设计计算十分麻烦，需要时可借助于工程计算曲线和有关计算机辅助设计软件。

【例 7.2.1】 有源低通滤波器(LPF)见图 7.27，要求 $f_H=400$ Hz，Q 值为 0.7，试求电路中的电阻、电容值。

【解】 根据 f_H 选取 C，再求 R 。

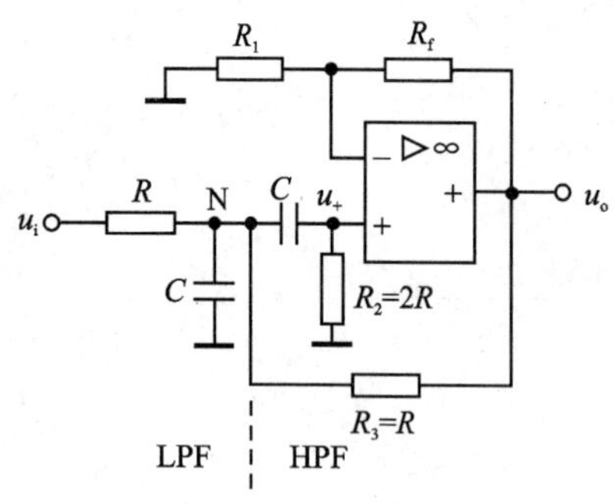

图 7.33 二阶有源带通滤波器

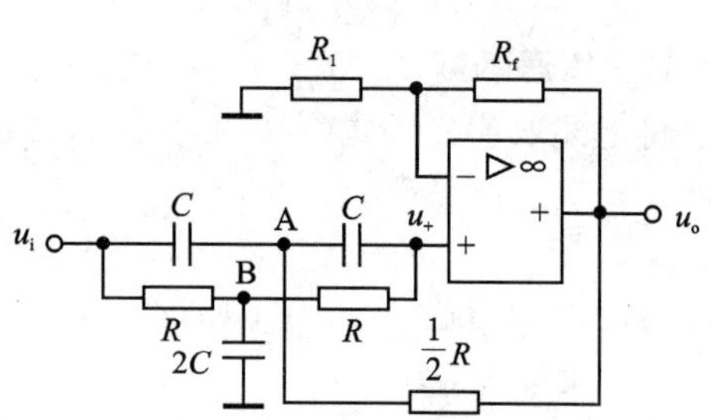

图 7.34 二阶有源带阻滤波器

① C 的容量不宜超过 1 μF。因大容量的电容器体积大,价格高,应尽量避免使用。取$C=0.1\ \mu F$,$1\ k\Omega < R < 1\ M\Omega$,

$$f_C = \frac{1}{2\pi RC} = \frac{1}{2\pi R \times 0.1 \times 10^{-6}} = 400\ \text{Hz}$$

计算出 $R=3\ 979\ \Omega$,取 $R=3.9\ k\Omega$。

② 根据 Q 值和 A_{UF} 与 R_1、R_f 的关系求 R_1、R_f。

当 $f=f_H$ 时,$Q=\frac{1}{3-A_{UF}}=0.7$,则 $A_{UF}=1.57$。

根据 A_{UF} 与 R_1、R_f 的关系,$1+\frac{R_f}{R_1}=A_{UF}=1.57$。

为了减小输入偏置电流的影响,应尽可能使加到运放同相端对地的直流电阻与加到运放反相端对地的直流电阻基本相等,即:$R_1 /\!/ R_f = R+R=2R$。

解得:

$$R_1 = 5.51 \times R,\ R_f = 3.14 \times R,\ R = 3.9\ k\Omega$$

$$R_1 = 5.51 \times R = 5.51 \times 3.9\ k\Omega = 21.5\ k\Omega$$

$$R_f = 3.14 \times R = 3.14 \times 3.9\ k\Omega = 12.2\ k\Omega$$

7.2.4 电压电流变化电路

1. 电流-电压变换器

图 7.35 所示是电流-电压变化器。由图可知

$$u_o = -i_s R_f$$

可见输出电压与输入电流成比例。输出端的负载电流

$$i_o = \frac{u_o}{R_L} = -\frac{i_s R_f}{R_L} = -\frac{R_f}{R_L} i_s \qquad (7.47)$$

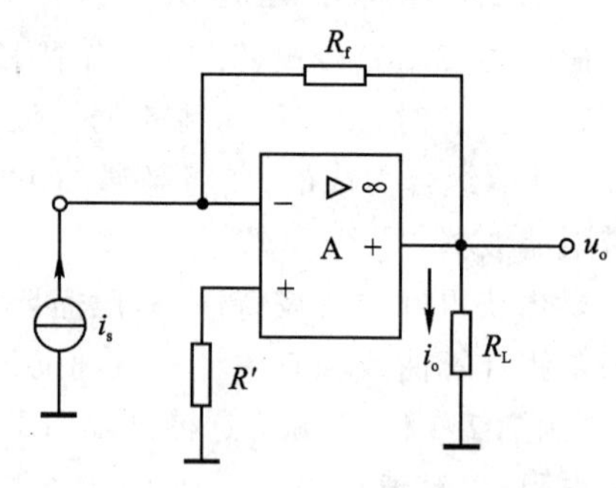

图 7.35 电流-电压变换电路

若 R_L 固定，则输出电流与输入电流成比例，此时该电路也可视为电流放大电路。

2. 电压-电流变换器

图 7.36 的电路为电压-电流变换器，由图 7.36(a)可知

$$u_s = i_o R \text{ 或 } i_o = (1/R)u_s \tag{7.48}$$

所以输出电流与输入电压成比例。

对图 7.36(b)电路：R_1 和 R_2 构成电流并联负反馈；R_3、R_4 和 R_L 构成电压串联正反馈。由图可得

$$u_n = u_s \frac{R_2}{R_1 + R_2} + u'_o \frac{R_1}{R_1 + R_2}$$

$$u_p = u_o = i_o R_L = u'_o \frac{R_4 /\!/ R_L}{R_3 + (R_4 /\!/ R_L)}$$

$$u_n = u_p$$

可解得：

$$i_o = -\frac{R_2}{R_1} \cdot \frac{u_s}{\left(R_3 + \frac{R_3}{R_4}R_L - \frac{R_2}{R_1}R_L\right)} \tag{7.49}$$

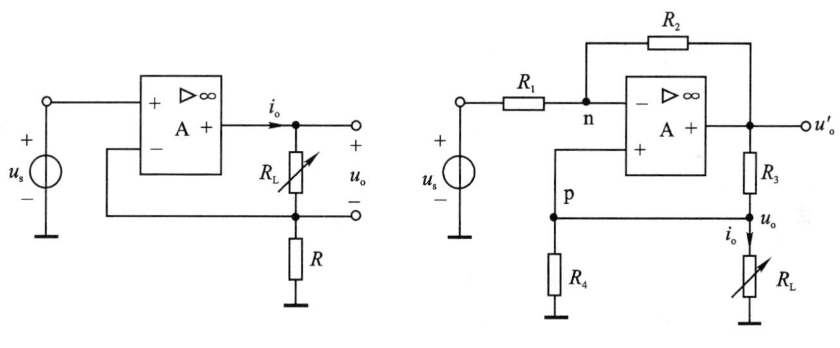

图 7.36 电压-电流变换器

讨论：① 当分母为零时，$i_o \to \infty$，电路自激。

② 当 $R_2 /\!/ R_1 = R_3 /\!/ R_4$ 时，则

$$i_o = -(1/R_4)u_s \tag{7.50}$$

说明 i_o 与 u_s 成正比，实现了线性变换。

电压-电流和电流-电压变换器广泛应用于放大电路和传感器的连接处，是很有用的电子电路。

7.2.5 采样保持电路

采样保持电路是数据采集系统的重要组成部分。它具有对模拟信号进行采样，将其离散化以及将采样时刻的电压值进行一定时间的保持两种功能。

图 7.37 所示为一个实际的采样保持电路 LF198 的电路结构图。图中 A_1、A_2是两个运算放大器，S 是模拟开关，L 是控制模拟开关 S 状态的逻辑单元电路。采样时令 $u_L=1$，S 随之闭合。A_1、A_2接成单位增益的电压跟随器，故 $u_o=u'_o=u_i$。同时 u'_o通过 R_2对外接电容 C_h充电，使电容上电压 $u_{ch}=u_i$。因电压跟随器的输出电阻十分小，故对 C_h充电很快结束。采样结束时，令 $u_L=0$，S 断开。由于 u_{ch}无放电通路，其上电压值基本不变，故使 u_o值得以保持，即将采样所得结果保持下来。

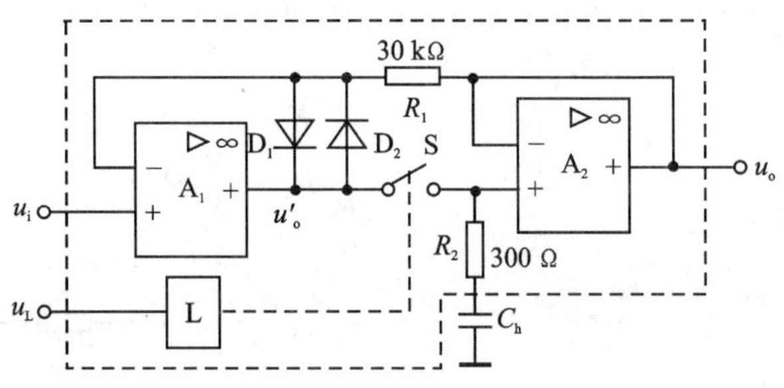

图 7.37 采样保持电路

图中还有一个由二极管 D_1、D_2组成的钳位保护电路。在没有 D_1和 D_2的情况下，如果在 S 再次接通以前 u_i变化了，且变化较大时，u'_o的变化也很大，以至于使 A_1的输出进入饱和状态，u'_o与 u_i不再保持线性关系，并使开关电路承受较高的电压，不利于安全。接入 D_1和 D_2以后，当 u'_o比 u_o所保持的电压高出一个二极管的正向压降时，D_2将导通，u'_o被钳位于 u_o+U_{D2}。这里的 U_{D2}表示二极管 D_2的正向导通压降。当 u'_o比 u_o低一个二极管的压降时，D_1导通，将 u'_o钳位于 u_o-U_{D1}。U_{D1}为 D_1的正向压降。在 S 接通的情况下，因为 $u'_o\approx u_o$，所以 D_1和 D_2都不导通，保护电路不起作用。

7.3 非正弦信号产生电路

集成运放的非线性应用是运放的另一种类型的应用。电压比较器用来产生非正弦周期信号是集成放大器非线性应用的典型。在运放的非线性应用中，运放的两个输入端之间的差值可以是任意的(在运放允许的范围内)，理想运放的两个特点之一“虚短”不再满足，而另一特点“虚断”仍然满足。

7.3.1 电压比较器

电压比较器是一类常用模拟信号处理电路。它将一个模拟电压信号与一个基准电压相比较。比较器的基本特点是：

- 工作在开环或正反馈状态。
- 具开关特性。因开环增益很大，比较器的输出只有高电平和低电平两个稳定状态。
- 非线性。因是大幅度工作，输出和输入不成线性关系。

常用的电压比较电路有：单门限电压比较器、迟滞比较器、窗口比较器、集成比较器。这些比较器的阈值是固定的，有的只有一个阈值，有的具有两个阈值。

1. 单门限电压比较器

(1) 过零比较器

过零比较器是典型的电压比较电路，反向输入过零电压比较器的电路图如图 7.38(a)所示。当 $u_i>0$ 时，输出 $u_o=-U_{om}$；当 $u_i<0$ 时，输出 $u_o=+U_{om}$（U_{om}为运放的饱和输出值）。所以传输特性曲线如图 7.38(b)中实线所示，但实际传输特性曲线如图 7.38(b)中虚线所示，转换的倾斜程度取决于运放的转换速率。

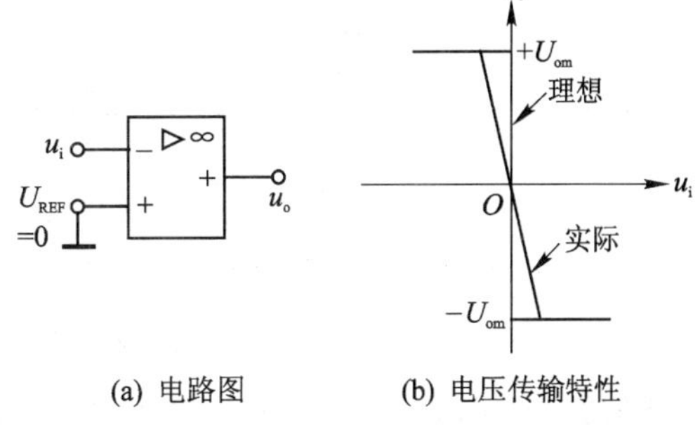

(a) 电路图　　(b) 电压传输特性

图 7.38　过零比较器

当比较器输出电压由一种状态跳变为另一种状态时，对应的输入电压通常称为阈值电压或门限电压。由于该比较器的门限电压为零，所以称为过零比较器。

(2) 任意门限电压比较器

将过零比较器接地的一个输入端改接到一个参考电压值 U_{REF} 上，就得到任意门限电压比较器。图 7.39 所示电路为输出带限幅的电压比较器及其传输特性，调节 U_{REF} 可方便地改变阈值。

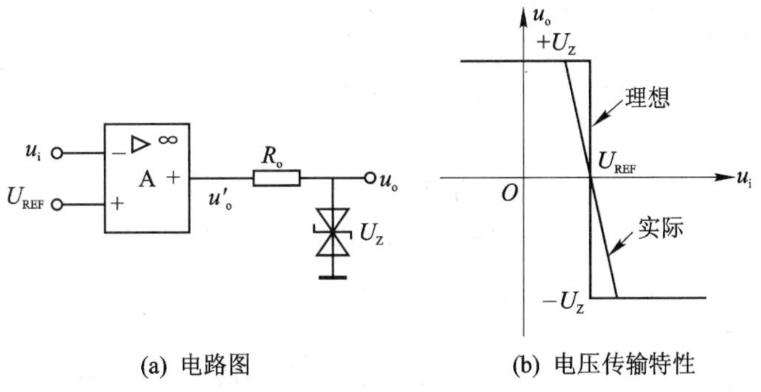

(a) 电路图　　(b) 电压传输特性

图 7.39　任意门限电压比较器

比较器主要用来对输入波形进行变换和整形。可以将输入的正弦变换为矩形波，将不规则的输入波形整形为方波。

【例 7.3.1】 ① 在图 7.39(a)所示电路中输入图 7.40(a)中 u_i 的波形，请画出 u_o 的波形，当 U_{REF} 的值减小时，输出矩形波的占空比增加还是减小？② 在图 7.38(a)所示的电路中输入图 7.40(b)中 u_i 的波形，请画出 u_o 的波形。

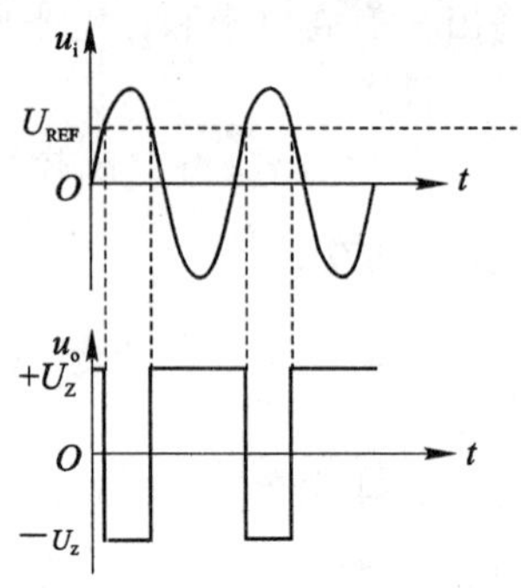

(a) 正弦波变换为矩形波

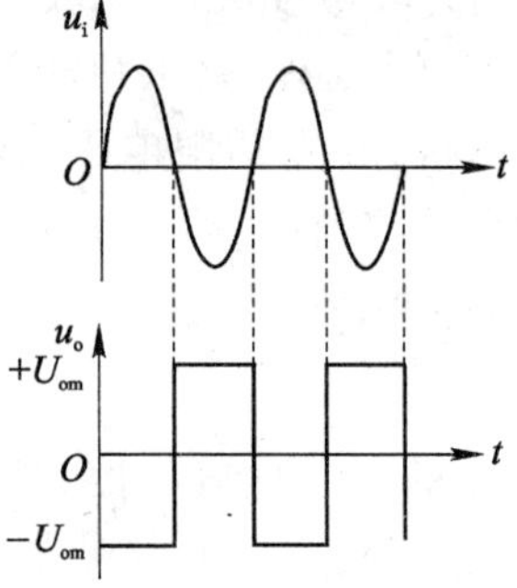

(b) 有干扰的正弦波变换为方波

图 7.40 用比较器实现波形变换

【解】 ① 图 7.39(a)所示为电压比较器，当 $u_i > U_{REF}$ 时，输出 $u_o = -U_Z$；当 $u_i < U_{REF}$ 时，输出 $u_o = +U_Z$。u_o 的波形画在图 7.40(a)中；当 U_{REF} 的值减小时，输出矩形波的占空比增加。

② 图 7.38(a)所示为过零比较器，当 $u_i > 0$ 时，输出 $u_o = -U_{om}$；当 $u_i < 0$ 时，输出 $u_o = +U_{om}$。u_o 的波形画在图 7.40(b)中。

2. 滞回比较器

上述单门限比较器具有电路简单、灵敏度高等优点；缺点是抗干扰能力差。如图 7.41 所示，当输入电压受干扰有波动时，输出电压将在高、低电平之间反复跳变。如果在控制系统中出现这种情况，会对执行机构造成不利的影响，因此，采用滞回比较器。

在单门限比较器的基础上，从输出端引一个电阻分压支路到同相输入端，则可得到滞回比较器，电路如图 7.42(a)所示。滞回比较器也称为施密特触发器，其传输特性如图 7.42(b)所示。

当输入电压 u_i 从零逐渐增大，且 $u_i \leqslant U_T^+$ 时，$u_o = +U_Z$，U_T^+ 称为上门限电压。由叠加定理，得：

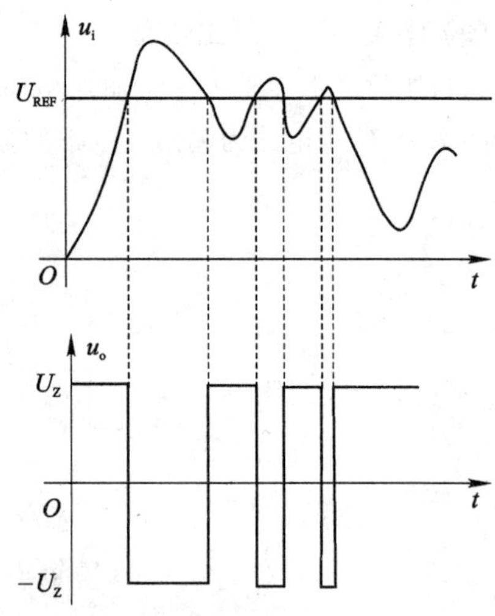

图 7.41 单门限比较器受干扰时的输出 u_o

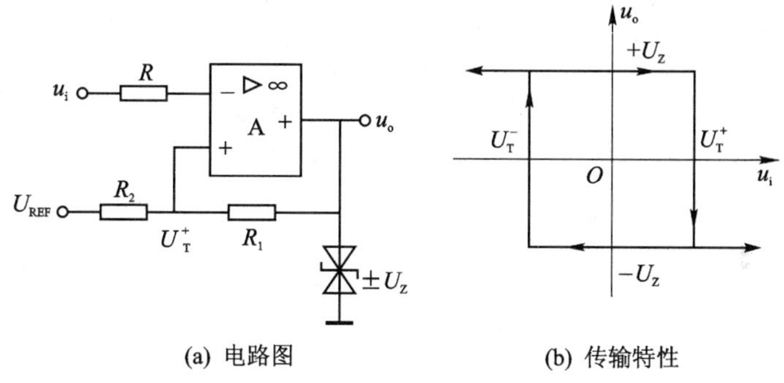

(a) 电路图　　(b) 传输特性

图 7.42　滞回比较器电路图

$$U_T^+ = \frac{R_1 U_{REF}}{R_1 + R_2} + \frac{R_2}{R_1 + R_2} U_Z \tag{7.51}$$

当输入电压 $u_i \geqslant U_T^+$ 时，$u_o = -U_Z$。此时门限触发电压变为 U_T^-，U_T^- 称为下门限电压。

$$U_T^- = \frac{R_1 U_{REF}}{R_1 + R_2} - \frac{R_2}{R_1 + R_2} U_Z \tag{7.52}$$

当 u_i 逐渐减小，且 $u_i = U_T^-$ 以前，u_o 始终等于 $-U_Z$，因此出现了如图 7.42(b)所示的滞回特性曲线。

回差电压 ΔU：

$$\Delta U = U_T^+ - U_T^- = \frac{2R_2}{R_1 + R_2} U_Z \tag{7.53}$$

由式(7.51)、(7.52)和(7.53)可以得知，回差电压取决于 U_z、R_2 和 R_1，与 U_{REF} 无关，但改变 U_{REF} 可以调节 U_T^- 和 U_T^+。

滞回比较器的主要作用之一是提高抗干扰能力，如图 7.43 所示其作用可避免输出电压在高、低电平之间反复跳变。滞回比较器的另一个主要作用是产生各种非正弦信号，如矩形波、三角波和锯齿波。

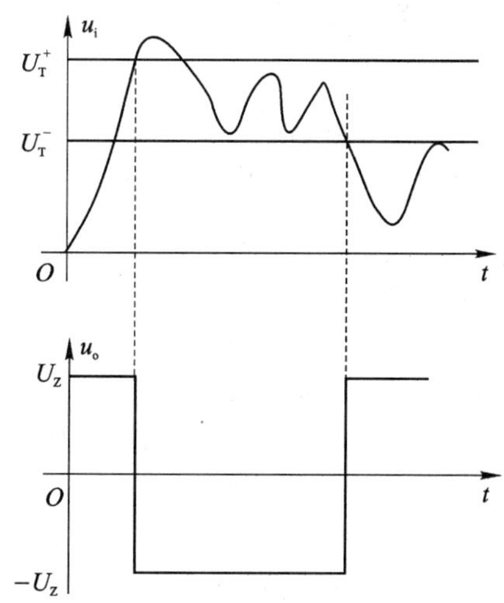

图 7.43　滞回比较器受干扰时的输出 u_o

3. 窗口比较器

窗口比较器的电路如图 7.44(a)所示。电路由两个幅度比较器和一些二极管与电阻构成。设 $R_1 = R_2$，则有：

$$U_L = \frac{(U_{CC} - 2U_D)R_2}{R_1 + R_2} = \frac{1}{2}(U_{CC} - 2U_D) \tag{7.54}$$

$$U_H = U_L + 2U_D \tag{7.55}$$

窗口比较器的电压传输特性如图 7.44(b)所示。

➢ 当 $u_i > U_H$ 时，u_{o1} 为高电平，D_3 导通；u_{o2} 为低电平，D_4 截止，$u_o = u_{o1}$。

➢ 当 $u_i < U_L$ 时，u_{o2} 为高电平，D_4 导通；u_{o1} 为低电平，D_3 截止，$u_o = u_{o2}$。

➢ 当 $U_H > u_i > U_L$ 时，u_{o1} 为低电平，且 u_{o2} 也为低电平，D_3、D_4 截止，u_o 为低电平。

该比较器有两个阈值，真传输特性曲线呈窗口状，故称为窗口比较器。

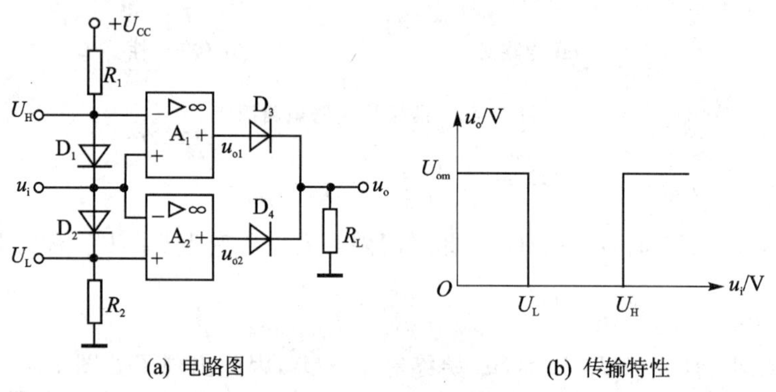

(a) 电路图　　(b) 传输特性

图 7.44　窗口比较器

4. 集成比较器

由于集成电压比较器比集成运算放大器的转换速度高，因此，高精度的比较器通常采用集成电压比较器。集成电压比较器根据不同的需要有通用比较器、高速比较器和微功耗比较器等类型。

(1) 通用比较器

常用的通用比较器有 LM239/LM339，它们分别是工业用和民用产品。其主要区别在温度上，LM239 是－25～85℃，LM339 是 0～70℃，它们是内含四个比较器的 14 引脚 DIP 封装，其封装见图 7.45(a)，其典型参数见表 7.2。它是集电极开路(OC)输出电路，使用时必须在输出端接一个电阻至电源。

(2) 高速比较器

LM311 是单比较器的 8 引脚 DIP 封装，其封装见图 7.45(b)，它的响应时间为 115 ns，其典型参数见表 7.2。TL714 是款高速差分比较器，它的响应时间达到 6 ns，其封装见图 7.45(c)，其典型参数见表 7.2。AD1317 的响应时间≤1.5 ns；AD9696(内含单比较器)/ AD9698(内含双比较器)的响应时间≤10 ns；AD96685(内含单比较器)/ AD96687(内含双比较器)的响应时间≤2.5 ns。

(3) 微功耗比较器

TLV3491 是一款毫微功耗比较器，响应时间可达到 6 μs，其封装为 SOT23（小型晶体管封装）见图 7.45(d)，其典型参数见表 7.2。

表 7.2 典型比较器及其主要参数

参数 型号	工作电压范围/V	每通道电源电流最大值/mA	输入偏置电压最大值/mV	共模输入电压最大值/mV	低电平灌电流最小值/mA	响应时间/ns	描 述
通用比较器							
LM339	4～30	0.8	5	5	6	300	四路差分比较器，工作温度 0～70℃
LM239	3.5～30	0.8	5	5	6	300	四路差分比较器，工作温度－25～85℃
高速比较器							
LM311	3.5～30	7.5	7.5	13.8	8	115	单路高速差分比较器（带选通）工作温度 0～70℃
LM211	3.5～30	6	3	13.8	8	115	单路差分比较器（带选通），工作温度－40～85℃
TL714	4.75～5.27	12	10	5	16	6	单路差分比较器
TL712	4.75～5.25	20	5	5	16	25	四路差分比较器，工作温度 0～82℃
低功耗比较器							
TLV3491	1.8～5.5	0.8 μA	3	0.2	5	6 μs	单路低电压，低功耗
TLV2393	2～7	0.65	5	1.8	4	450	双路低电压，低功耗，差分比较器
TLV1393	2～7	0.125	5	1.8	0.5	700	双路低电压，低功耗，差分比较器

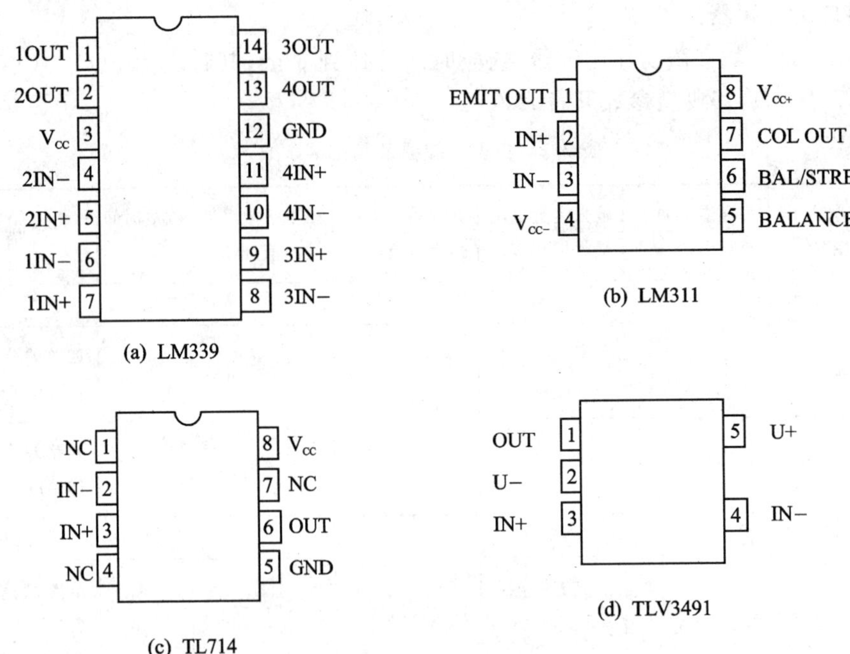

图 7.45　常用电压比较器封装

7.3.2 方波发生器

方波发生器是由滞回比较器和 RC 电路构成的,电路见图 7.46。滞回比较器起开关作用,RC 电路起延时作用。

1. 工作原理

电源刚接通时,$u_o=+U_Z$,所以 $U_P=\frac{R_2U_Z}{R_1+R_2}=KU_Z$,电容 C 充电,u_c 升高。参见图 7.47。

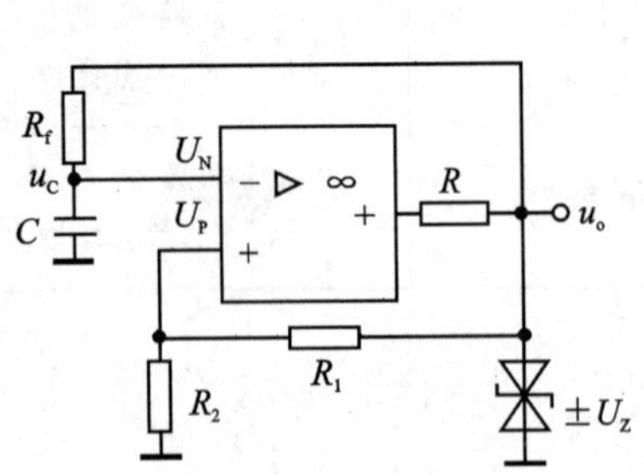

图 7.46　方波发生器

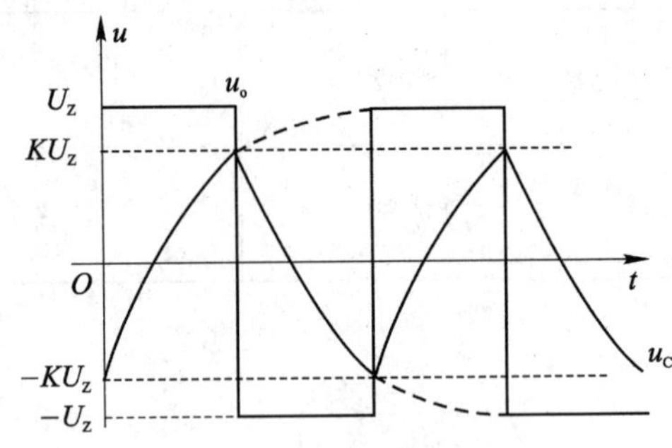

图 7.47　方波发生器波形图

当 $u_c=U_N \geqslant U_P$ 时，$u_o=-U_Z$，所以 $U_P=-\frac{R_2U_Z}{R_1+R_2}=-KU_Z$，电容 C 放电并反向充电，u_c 下降。

当 $u_c=U_N \leqslant U_P$ 时，$u_o=+U_Z$，电容 C 充电，重复上述过程。

方波的周期 T 用过渡过程公式求解。由于 $t=0_+$ 时，$u_c=-KU_Z$，$t\to\infty$ 时，$u_c=U_Z$，时间常数 $\tau=RC$，由三要素公式，得

$$u_c(t)=u_c(\infty)+[u_c(0_+)-u_c(\infty)]e^{-t/\tau}=U_Z-U_Z(K+1)e^{-t/R_fC} \tag{7.56}$$

当 $t=T/2$ 时，$u_c=KU_Z$ 代入上式，求出

$$T=2R_fC\ln(1+2R_2/R_1) \tag{7.57}$$

2. 占空比可调的矩形波电路

显然，为了改变输出方波的占空比，应改变电容器 C 的充电和放电时间常数。占空比可调的矩形波电路如图7.48所示。

C 充电时，充电电流流经电位器的上半部、二极管 D_1 和 R_1，时间常数为：

$$\tau_1=(R'_w+r_{d1}+R_1)C$$

式中：R'_w 是电位器中点到上端电阻，r_{d1} 是二极管 D_1 导通电阻。

C 放电时，放电电流流经 R_1、二极管 D_2 和电位器的下半部，时间常数为

$$\tau_2=(R_w-R'_w+r_{d2}+R_1)C$$

式中：r_{d2} 是二极管 D_2 导通电阻。

占空比为：

$$T_1/T=\tau_1/(\tau_1+\tau_2)$$

改变 R_w 的中点位置，占空比就可改变。

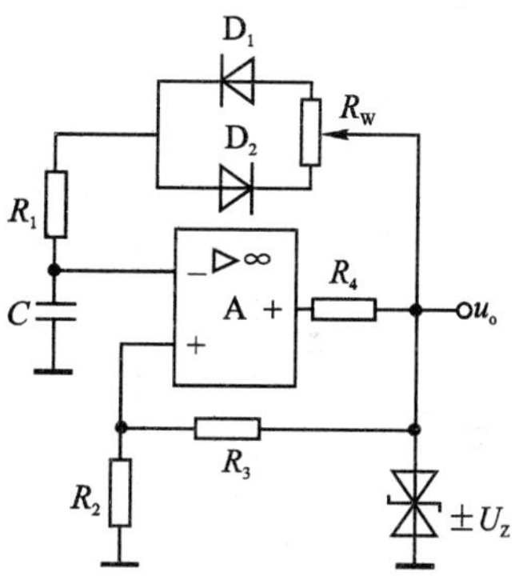

图7.48 占空比可调的矩形波发生电路

7.3.3 三角波发生器

1. 电路组成

三角波发生器的电路如图7.49所示。它是由滞回比较器和积分器闭环组合而成的。积分器的输出反馈给滞回比较器，作为滞回比较器的 U_{REF}。

2. 门限电压的估算

对滞回比较器 A_1，由叠加定理得：

$$U_P=\frac{R_2}{R_1+R_2}u_o+\frac{R_1}{R_1+R_2}u_{o1}$$

当 $U_P=U_N=0$ 时，A_1 翻转，于是得阈值电压：

$$u_o = U_T = -\frac{R_1}{R_2}u_{o1} = \pm\frac{R_1}{R_2}U_Z \tag{7.58}$$

$$U_T^+ = \frac{R_1}{R_2}U_Z \tag{7.59}$$

$$U_T^- = -\frac{R_1}{R_2}U_Z \tag{7.60}$$

3. 工作原理

若 $t=0, u_c=0, u_{o1}=+U_Z$,则电容 C 充电;同时 u_o 按线性逐渐下降,当 $u_o=U_T^-=-(R_1/R_2)U_Z$ 时,u_{o1} 从 $+U_Z$ 跳变为 $-U_Z$。

在 $u_{o1}=-U_Z$ 后,电容 C 开始放电,u_o 按线性上升;当 $u_o=U_T^+=(R_1/R_2)U_Z$ 时,u_{o1} 从 $-U_Z$ 跳变为 $+U_Z$,电容 C 开始充电,如此周而复始,产生振荡。u_o 的上升、下降时间相等,斜率绝对值也相等,故 u_o 为三角波,波形图见图 7.50。

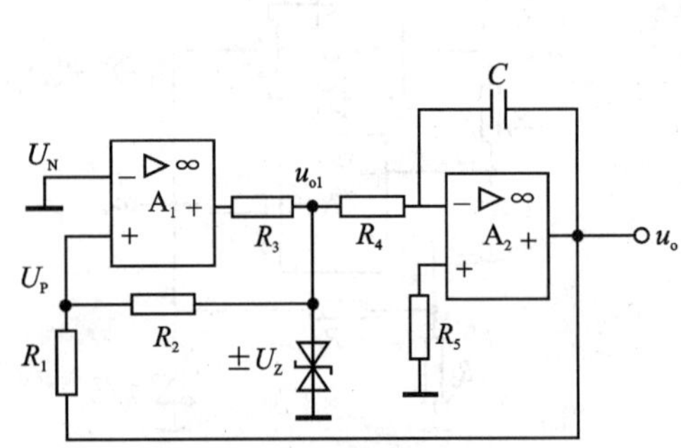

图 7.49 三角波发生器

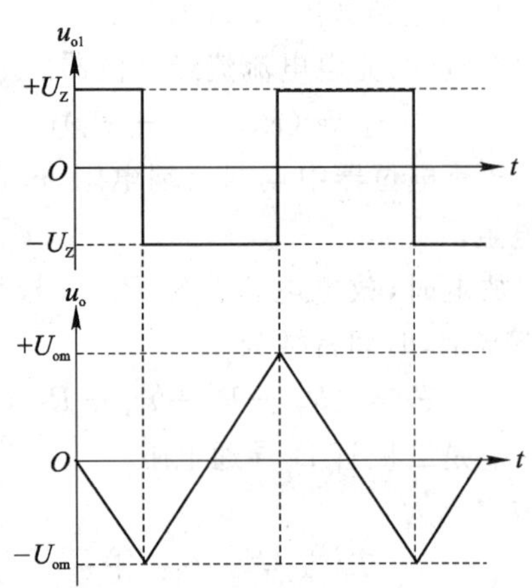

图 7.50 三角波发生器的波形

输出峰值 U_{om}:正向峰值 $U_{om}=(R_1/R_2)U_Z$;负向峰值 $-U_{om}=-(R_1/R_2)U_Z$。

忽略二极管导通的正向电阻。因为电容恒流充电,所以振荡周期为:

$$\frac{1}{C}\int_0^{T/2}\frac{U_Z}{R_4}\mathrm{d}t = 2U_{om}$$

$$T = 4R_4C(U_{om}/U_Z) = 4R_4R_1C/R_2 \tag{7.61}$$

7.3.4 锯齿波发生器

锯齿波发生器的电路如图 7.51(a)所示。显然为了获得锯齿波,应改变积分器的充、放电时间常数。图中的二极管 D 和 R' 将使充电时间常数减小为 $(R/\!/R')C$,而放电时间常数仍为 RC。锯齿波电路的波形图如图 7.51(b)所示。

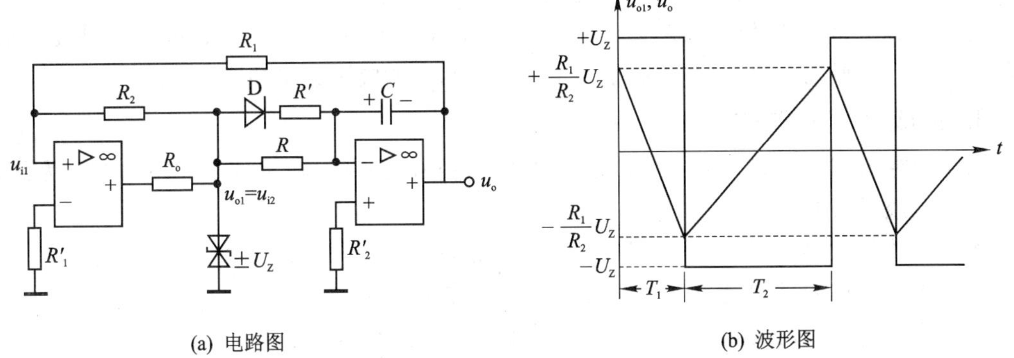

(a) 电路图 (b) 波形图

图 7.51 锯齿波发生器

忽略二极管导通的正向电阻,则振荡周期为:

$$T_2 = 2R_1RC/R_2 \qquad T_1 = (2R_1/R_2)(R \mathbin{/\!/} R')C$$

$$T = T_1 + T_2 = \frac{2R_1}{R_2}(R \mathbin{/\!/} R')C + \frac{2R_1RC}{R_2} = \frac{2R_1RC(R+2R')}{R_2(R+R')} \tag{7.62}$$

7.4 集成运放应用中的实际问题

用集成运放组成具体电路时,基本电路与实用电路之间是有区别的。实用电路为了使电路能正常、可靠地工作,需要解决一些实际问题。如器件的选用、自激振荡的消除、零点的调整、对集成运放的保护以及对电路精度的要求等等,常需要加入新的元件以满足实际电路应用要求。

1. 器件的选用

集成运放的种类较多,按技术指标可分为通用型与专用型。在实际选用时,应尽量选用通用型运放,因为它们容易购得且性价比最高,只有在通用型运放不能满足要求时,才选用专用型运放。实际选用时必须注意的一个问题是,技术指标并不是愈高愈好,因为有些技术指标之间是相互矛盾和制约的。例如选高速型运放,就要求消耗一定大小的电流,即高速与低功耗是矛盾的。实际选用技术指标时应该以够用即可,适当留有余地,不必盲目追求器件的高指标。

2. 自激振荡的消除

自激振荡是运放中经常出现的一种异常现象。其表现为当输入信号为零时,输出端有一频率很高的正弦波输出信号。集成运放本质上是一个高增益的多级直流放大电路,在线性应用中要引入深度负反馈,往往会引起电路的自激振荡而使电路无法工作。消除自激振荡的方法通常是在运放电路中适当的位置上接入补偿电容 C 或 RC 补偿电路,从而破坏电路自激振荡产生的条件,使运放在闭环时能稳定地工作。

对实际集成运放产品而言,一部分集成运放如:CF741、CF3193、CFl556 等产品在制造时已将补偿电容集成在电路内部(内补偿型集成运放),一般应用不需补偿。

3. 集成运放的调零

由于运放失调电压和失调电流的存在,当输入信号为零时,输出信号并不为零。为此,需要对集成运放进行调零。

集成运放的调零可分为“内部调零”与“外部调零”两种。一种集成运放内部设有调零电路接口,外接调零可满足要求。另一种集成运放内部无调零电位器或内部调零不能满足要求时,则需外接调零电路。外接调零电路的原理是:利用正、负电源通过调节外接电位器 Rw 即可将一个固定的电压值加在运放的输入端。常见的外接调零电路有多种,如图 7.52 所示为效果较好的一种。图中是同相端调零,也可以组成反相端调零电路。

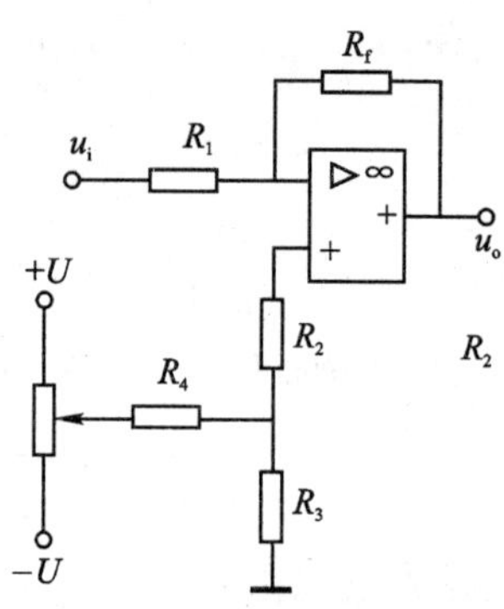

图 7.52 运放辅助调零电路

4. 集成运放的保护

为了避免集成运放在工作中因意外情况造成损坏,一般实用电路都有一定的保护电路,以保护集成运放。常用的有以下几种:

① 输入保护

集成运放输入端所加的差模或共模电压过高时会造成运放内部输入对管的不平衡,使指标恶化,甚至损坏输入级晶体管。输入信号幅度过大还可能使集成运放发生“堵塞”现象,使放大电路不能正常工作。

常用的保护电路如图 7.53 所示。图 7.53(a)是反相输入保护电路,限制集成运放两个输入端之间的差模输入电压不超过二极管的正向导通电压。图 7.53(b)是同相输入保护电路,限制集成运放输入电压不超过$+U$至$-U$的范围。这种电路的缺点是增加了失调电流造成的误差。另外二极管所产生的温度漂移会使整个运放的漂移增加,在使用要求高的场合应注意这一问题。

② 输出保护

当集成运放输出端过载或短路时,如果没有保护电路,就会使运放损坏。因此一些集成运放在内部设置了过流或短路保护电路。对于没有内部保护电路的集成运放,可采用图 7.54 所示的输出保护电路。其中图(a)是限流保护电路,电路工作原理是:正常工作时 VT_1 和 VT_2 工作在饱和状态,此时相当于将电源直接接到运放。而由于某种原因使运放的工作电流过大时,VT_1 和 VT_2 将工作在恒流区,管压降增大,但电流基本不变,于是限制了运放的工作电流,

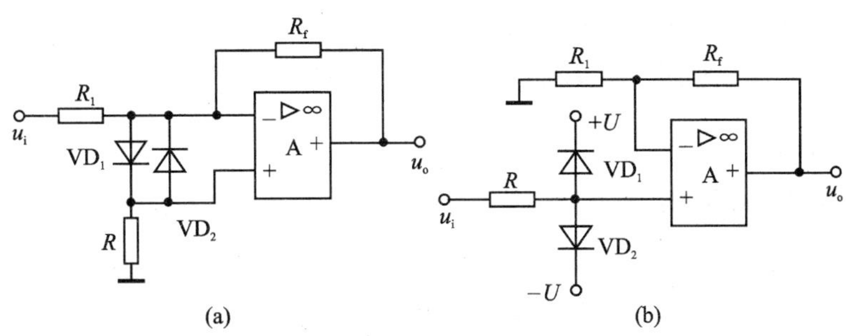

图 7.53　输入保护电路

同时加在运放上的直流电源电压也下降，使运放得到保护。图中 VT_1 和 VT_3、VT_2 和 VT_4 分别组成镜像电流源，基准电流 I 设计得较大，正常工作时 VT_1 和 VT_2 的 $I_C<\beta I_B$，使 VT_1 和 VT_2 工作在饱和区。当异常情况出现时 I_C 增加，I_C 增大到设定值后 VT_1 和 VT_2 的 $I_C=\beta I_B$，使得 VT_1 和 VT_2 进入放大区，恒流源工作，限制了 I_{C1} 和 I_{C2} 的进一步增大，电路起到限流保护作用。

图(b)是一种限制输出电压的保护电路。图中 VD_{Z1} 和 VD_{Z2} 反向串联。若因为某种原因使输出端的电压过高时稳压管将会反向击穿，使集成运放的输出电压被限制在 VD_Z 的稳压值，从而避免了运放的损坏。

③ 电源保护

为了防止正、负两路电源的极性接反而引入的保护电路如图 7.55 所示。由图可见，若电源极性错接，则二极管 VD_1、VD_2 截止，电源不能接入电路，防止了故障的发生。

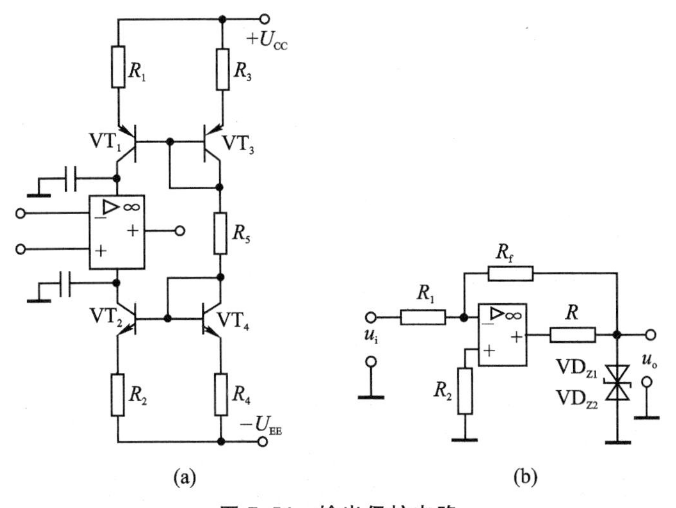

图 7.54　输出保护电路

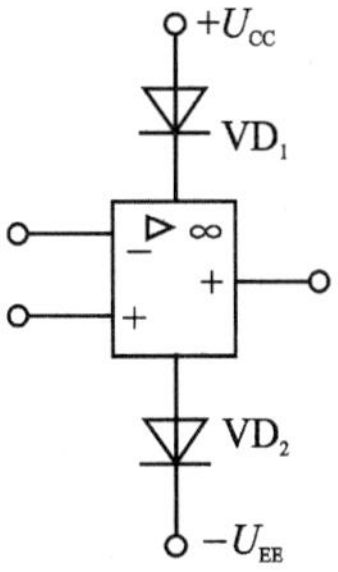

图 7.55　电源极性保护

*7.5 集成运放应用实例

7.5.1 单电源反相放大器

运算放大器大都采用双电源工作,即在正负电源下工作。实际上,集成运放也可以在单电源下工作如图 7.56 所示。

为了得到最大无畸变输出,放大器静态输入电压应控制在电源电压 U_{CC} 的 1/2 以下。这可以采用使 R_3 和 R_4 的阻值相等的方法来实现,其阻值范围在 10～100 kΩ。电容 C_3 有助于滤掉进入同相输入端的电源噪声;电容 C_1 用于输入隔直;C_2 用于输出隔直。C_1、C_2 均采用电解电容器,使用时应注意其极性。低频截止频率由 C_1、R_1 确定。

$$f = 1/(2\pi R_1 C_1)$$

该放大器的增益与普通反相比例放大器相同为:

$$A_u = -R_2/R_1$$

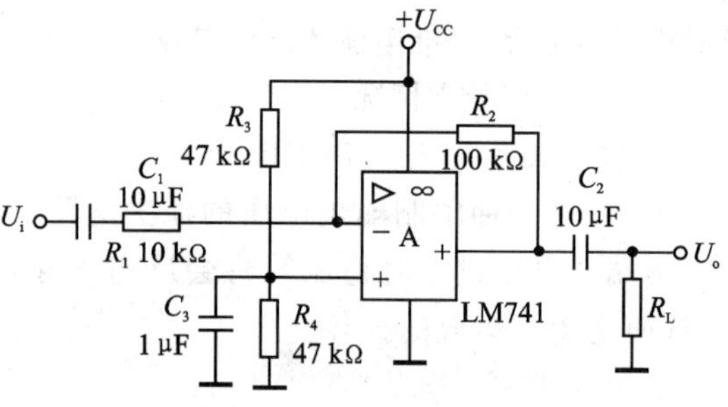

图 7.56 单电源反相放大器

7.5.2 具有限流特性的电压-电流变换器

图 7.57 所示的电路是一种较实用的电压-电流变换器,可以不串联电阻而把输出电流限制在 24～40 mA 范围内。为了驱动 0～1.3 kΩ 负载,电路将 0～1 V 的输入信号电压变成 4～20 mA 的输出电流。

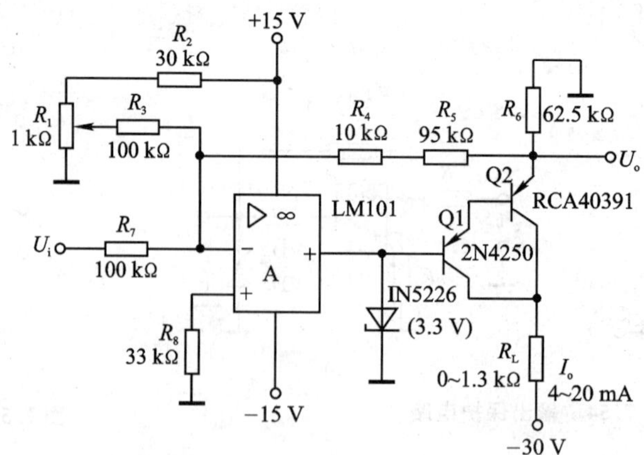

图 7.57 具有限流特性的电压-电流变换器

在正常工作条件下稳压二极管是不导通的，运算放大器和晶体管 Q1、Q2 构成电压增益为 1 的反相放大器，从 Q2 的发射极输出。零点由电位器 R_1 调节。由电位器 R_4 调节增益。

运算放大器 LM101 的最大输出电流为 25 mA。当运算放大器的输出电压达到稳压管的稳定电压时，稳压二极管导通，这时运算放大器的输出电压被箝制在－3 V 左右。电路的输出电压被限制在－1.5～－2.5 V，因此输出电流被限制在 24～40 mA。

7.5.3 峰值检波器

在一般的二极管-电容峰值检波中，由于二极管的正向压降是随充电电流和温度而变化的，因此电容 C 所保持的电压值也是不稳定的。而用一个运算放大器和一个场效应管构成的峰值检波电路，则可以提高输出峰值的准确度。见图 7.58。

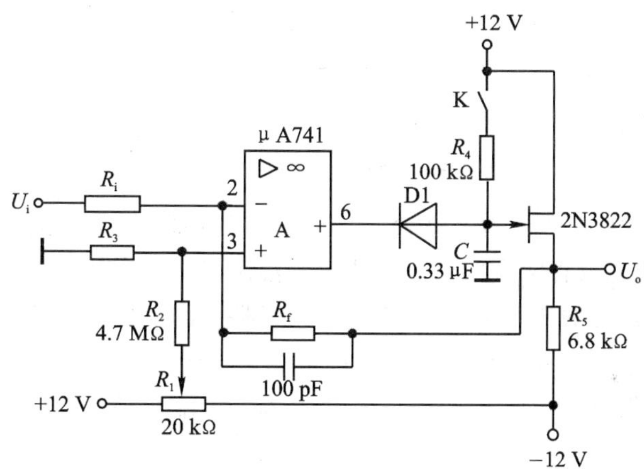

图 7.58 峰值检波器

对于输入信号的上升部分，电路是一个反相放大器(二极管正向压降可忽略)，输出和输入的关系为：

$$U_o = -(R_F/R_i)U_i$$

当输入信号达到最大以后，二极管将被反向偏置。由于二极管反向电流及场效应管栅极电流都很小，所以输出信号峰值得以较长时间保存在电容 C 上。输出电压的变化为：

$$\Delta U_o = (I_r + I_s)t/C$$

式中：I_r 为二极管反向电流；I_s 为场效应管的栅极漏电流。

为了缩短上升时间，可以在运算放大器的输出和二极管之间加一射极输出器，使电容的充电电流增大到几百毫安。R_1 是调零电位器，在调零时，必须把开关 K 接通。

7.5.4 精密电子温度测量电路

当测温范围在 150℃以内时，用一片四运算放大器集成电路组装的 PN 结温度测量电路，不仅线性好,而且灵敏度高。该温度传感器是利用半导体PN结电压随温度变化的特性,组成的测温电路。如图7.59所示。

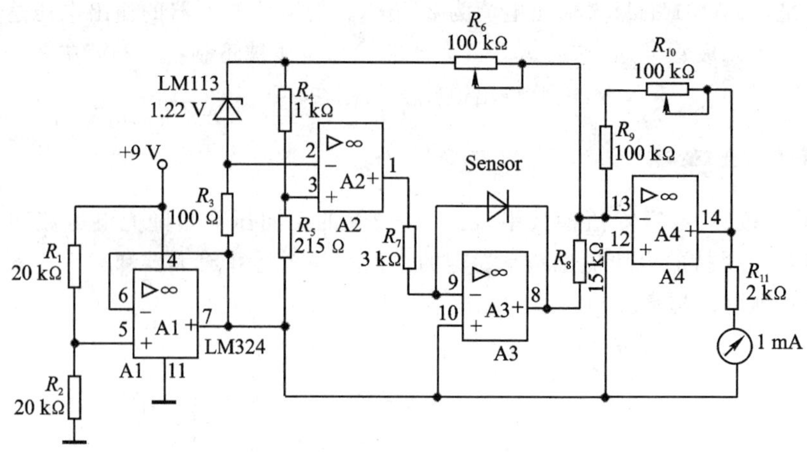

图7.59 精密电子温度测量电路

测温电路的核心部件是四运算放大器LM324和二极管传感器。运算放大器A1、A2组成恒流二极管电路,这样二极管两端的电压变化只与温度有关。其中A1是电阻分压缓冲器,输出4.5 V电压作为其他运算放大器的参考电压,使其余运算放大器工作在线性区域内。A2和稳压管LM113组成电路,在二极管传感器两端产生一个1.5 V的恒定电压,使二极管流过0.5 mA电流。A3是温度二极管缓冲器。A4输出随A3输出的变化而变化,供装置调整灵敏度和标定使用。

为使该装置正常工作,需要经过简单标定。测量范围确定后,通过调节电位器R_6、R_{10}确定测温的上下限。

7.5.5 简单的电压-频率转换器

图7.60所示的电路是一个由运算放大器构成的、具有一定精度的电压一频率转换器。

图中运算放大器A1及电阻R、电容C组成有源积分器。其输入为待转换电压U_i,输出电压为U_{o1}。运算放大器A2及外围元件组成具有迟滞特性的电压比较器,其上下门限电压由RP2调至±1 V。积分器输出U_{o1}作为比较器的输入。

当U_i为正极性电压时,积分开始,U_i通过电阻R向电容C充电,U_{o1}向负极性方向增长。当U_{o1}降至−1 V时,迟滞比较器输出翻转,使比较器输出U_{o2}由正变负。U_{o2}加到NPN晶体管3DG4C的基极。因而该管由导通变为截止。当晶体管截止时,−15 V的电源通过电阻R_f和二极管Df加到积分器的输入端,使积分电容C循此通路放电。放电时U_{o1}上升,当升至比较器上门限电压+1 V时,比较器再次翻转,U_{o2}由负变正。晶体管重新导通,u_o输出为正。积分

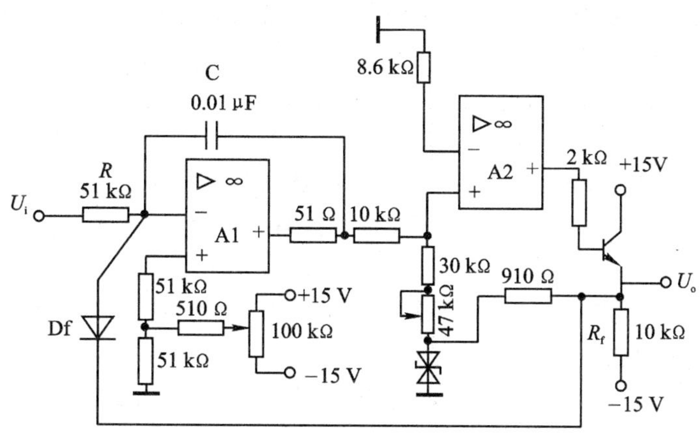

图 7.60 简单的电压-频率转换器

电容 C 的放电电路被切断。由于输入电压继续存在，则再次通过 R 向 C 充电，如此不断重复 U_o 端产生频率输出。

显然，若输入电压 U_i 幅度大，则积分的波形越陡，翻转时间间隔 T_1 越短，输出脉冲 U_o 的频率越高。若输入电压 U_i 小，则积分的波形平缓，T_1 越长，输出脉冲 U_o 的频率越低。由于在具体的电路设计中，放电回路的时间常数比较小，对于给定的转换范围，整个工作周期为：

$$T = T_1 + T_2 \approx T_1$$

即：

$$T_1 = (RC/U_i)\Delta U_T$$

式中：ΔU_T 为迟滞比较器回差。

故转换器输出脉冲的频率与输入电压的关系可近似地看成：

$$f = \frac{1}{RC\Delta U_T}U_i$$

为提高转换器精度，减小转换的非线性误差，可在积分电容上串联一个电阻 R_f。

取：

$$R_f = T_2/C$$

实际使用时，电位器 RP1 调节零点，RP2 调节线性比例。

7.6 小 结

- 运算电路中，集成运放的输入、输出信号都是模拟量，且要满足数学运算规律。因此，运算电路中的集成运放都必须工作在线性区。为了保证集成运放工作在线性区，运算电路中都引入了深度负反馈。在分析各种运算电路的输入、输出关系时，总是从理想运放工作在线性区时的两个特点——虚断和虚短出发。
- 比例运算电路是最基本的运算电路形式，在比例运算电路的基础上，可扩展、演变成其他形式的运算电路,例如求和电路、微分、积分电路等。积分、微分电路的主要原理是利用电容两端的电压与流过电容的电流之间存在着积分关系。

- 实际集成运放的技术参数都不是理想的,从而引起集成运放运算电路的输出信号出现一定的误差。
- 滤波器是一种模拟信号处理电路,其作用是滤除不需要的频率信号分量、保留所需要的频率信号分量。按保留频率信号分量的范围可分为低通、高通、带通和带阻4种主要类型滤波器。
- 无源滤波器由电阻和电容元件组成;有源滤波器由电阻 R、电容 C 和集成运算放大器组合构成。在有源滤波器中,集成运放主要用于提高通带增益和带负载能力。集成运放必须工作在线性区。为了改善滤波器特性,常用一阶、二阶滤波器电路级联来组成高阶滤波器。在实际工程应用中,应尽量选择单片集成型滤波器。
- 电压比较器的输入信号是连续变化的模拟量,输出信号只有高电平、低电平两种状态。电压比较器中的集成运放一般工作在非线性区,运放处于开环状态或者被引入正反馈。常用的电压比较器有单门限比较器、迟滞比较器和窗口比较器,其中迟滞比较器具有较强的抗干扰能力,在工程中得到广泛应用。
- 电压比较器既可用通用集成运放来组成,也可选用专门的集成电压比较器。
- 非正弦信号发生器主要有方波、三角波和锯齿波等电压波形的产生电路。其中方波信号发生器是最基本的,一般由三大部分组成:具有开关特性的器件或电路,通常可用迟滞电压比较器来实现;能实现时间延迟的延时环节,RC 电路是最常见的延时电路;反馈网络,它把输出电压恰当地反馈到开关的输入端,使开关的输出状态发生改变,并在延时电路的配合下,得到矩形波。三角波和锯齿波产生电路则在矩形波产生电路的基础上加积分环节构成。其中三角波产生电路中正向积分和反向积分的时间常数相等;而锯齿波产生电路中则两者不等。
- 非正弦信号发生器的分析方法通常是:在弄清电路结构的基础上,根据开关特性和 RC 电路充放电特性,画出各节点的波形图,进而计算出电路的振荡频率和输出电压的幅度。

7.7 习 题

1. 在图7.61所示负反馈电路中,集成运放具有理想特性,T_1、T_2 管特性相同,且 $\beta \gg 1$,
   (1) $T_1 = 4\ \text{k}\Omega$,求 I_1 的大小。
   (2) 要使 $I_2 = 0.2\ \text{mA}$,电阻 R_2 应取多大?
2. (1) 分析图7.62电路的工作原理;(2) 分析两个二极管的作用;(3) 求输出电流 I。

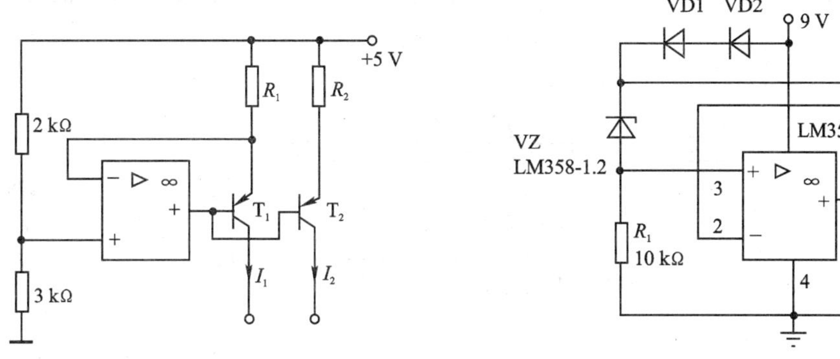

图 7.61　习题 1 图　　图 7.62　习题 2 图

3. 试用理想运算放大器设计一个实现 $u_o = 5u_{i1} + 0.5u_{i2} - 5u_{i3}$ 的运算电路(要求画出电路,并标出各电阻)。

4. 电路如图 7.63(a)、(b)、(c)所示,设集成运放具有理想特性,试推导它们各自输出与输入的表达式。

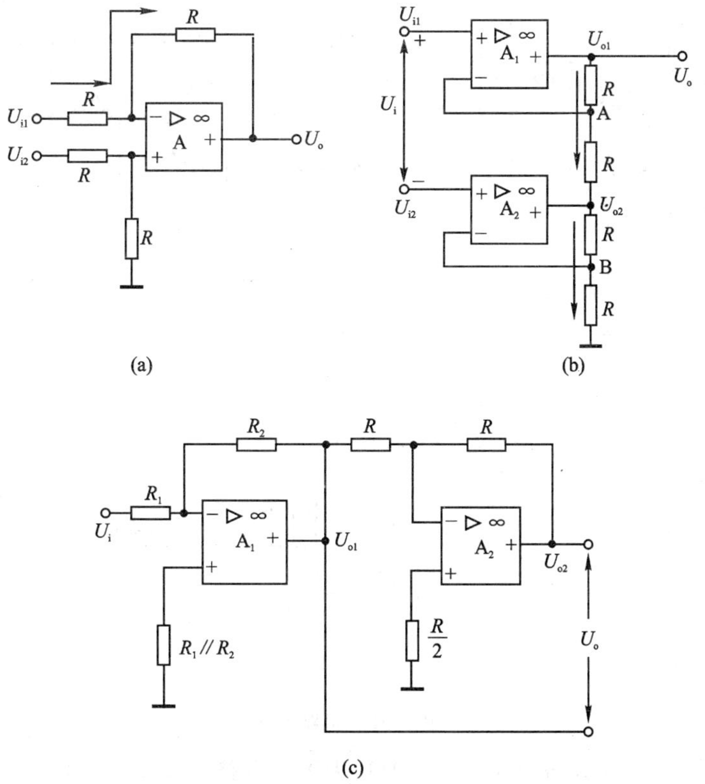

图 7.63　习题 4 图

5. 为了用低值电阻得到高电压放大倍数,用图 7.64 所示的 T 型网络代替反馈电阻 R_F,试证明电压放大倍数为 $A_u=\frac{U_o}{U_i}=-\frac{R_2+R_3+R_2R_3/R_4}{R_1}$。

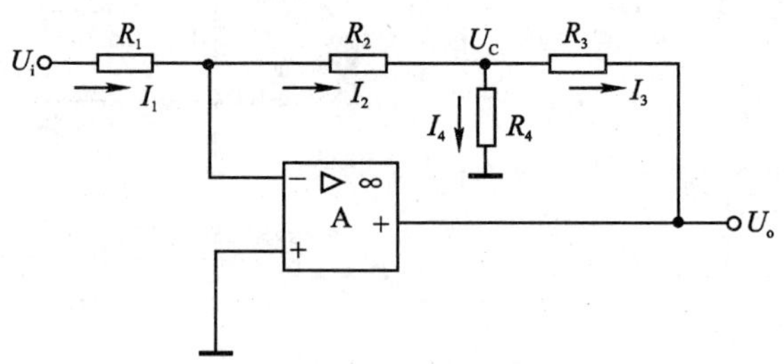

图 7.64 习题 5 图

6. 电路如图 7.65 所示,(1) 图(a)中若 $R_1=R_2$,$R_3=R_4$,试写出输出电压 u_o 与输入电压 u_{i1},u_{i2} 之间的运算关系式;(2) 求图(b)中输出电压 u_o 与输入电压 u_{i1}、u_{i2} 的关系;(3) 写出图(c)中输出电压 u_o 与输入电压 u_{i1}、u_{i2} 的关系。

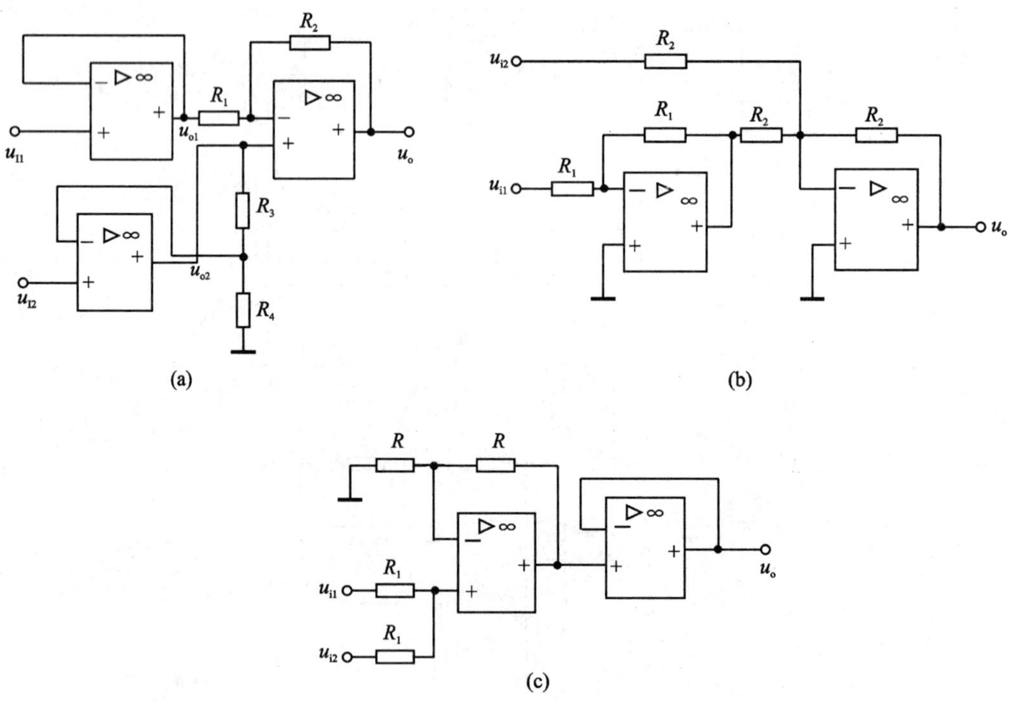

图 7.65 习题 6 图

7. 电路如图 7.66 所示,$u_{i2}<0$,$k=-0.1$,为了使电路实现除法运算:

(1) 标出集成运放的同相输入端和反相输入端；

(2) 求出 u_o与 u_{i1}、u_{i2}的运算关系式。

8. 简单同相输入二阶有源低通滤波电路如图 7.67 所示。设集成运放为理想运放。求

(1) 该电路的传递函数，写出其幅频域和相频域的表达式。

(2) 通带截止频率 f_p。

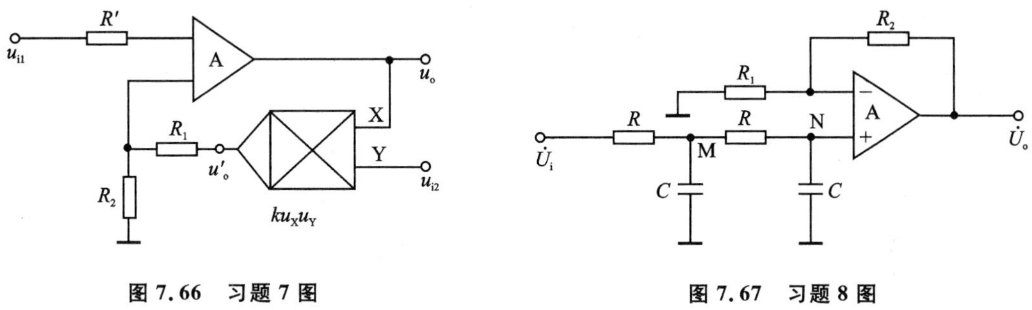

图 7.66　习题 7 图　　　　图 7.67　习题 8 图

9. 图 7.68 所示电路中输入电压的波形如图(b)所示，且 $t=0$ 时 $U_o=0$，试画出理想情况下输出电压的波形，并标出其幅值。

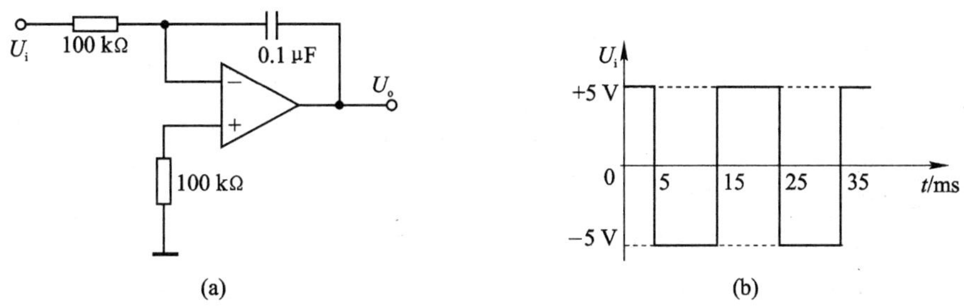

图 7.68　习题 9 图

10. 图 7.69 所示为恒流源锯齿波电压发生器。试说明①电路的工作原理；② R_b、R 和 D_Z 在电路中的作用。

11. 设图 7.70 电路中的运放和电容是理想的，电阻 $R_1=R'=100\ \text{k}\Omega$，$R_2=R_F=R=100\ \Omega$，电容 $C=1\ \mu\text{F}$。若输入电压在 $t=0$ 时刻由零跳变到 -1 V，试求输出电压由 0 V 上升到 $+6$ V 所需要的时间(设 $t=0$ 时，$U_o=0$)，并说明运放 A_1 和 A_2 各起什么作用。

12. 运放组成电路如图 7.71(a)所示，当输入 u_i波形如图 7.71(b)所示，$\pm U_Z=\pm 6$ V 时，画出 u_o的波形。

13. 理想运放组成图 7.72 所示的矩形波发生电路。已知：$\pm U_Z=\pm 6$ V，$R_1=10\ \text{k}\Omega$，$R=6.7\ \text{k}\Omega$，$R_2=20\ \text{k}\Omega$，$C=0.01\ \mu\text{F}$。

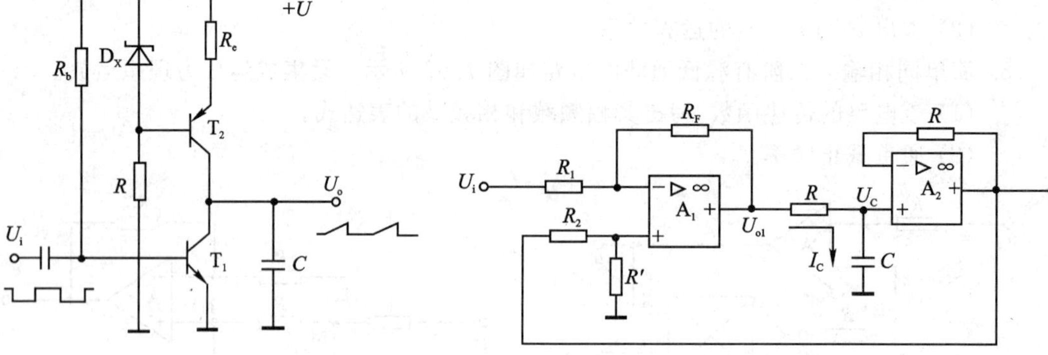

图 7.69　习题 10 图

图 7.70　习题 11 图

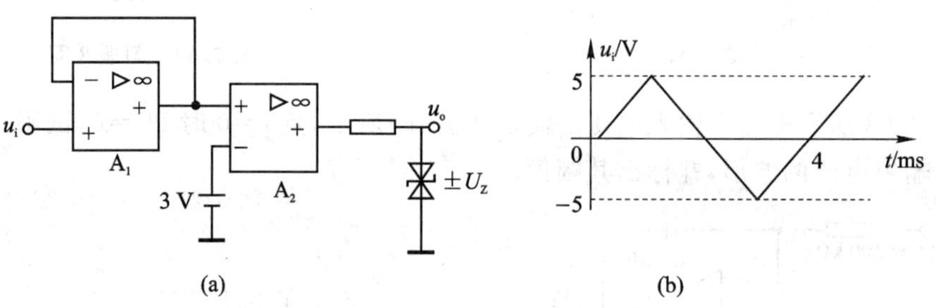

图 7.71　习题 12 图

(1) 分析电路的反馈组态,说明电路的特点;

(2) 画出 $u_o=f(u_i)$ 曲线,标明有关参数值。

14. 波形发生电路如图 7.73 所示

(1) 电路为何种波形发生器?

(2) 运放 A_1 的输出状态在何时切换?

(3) 定性画出 u_{o1}、u_{o2}、u_o 的波形;

(4) 求振荡周期 T;

(5) 怎样实现电路的调频、调幅?

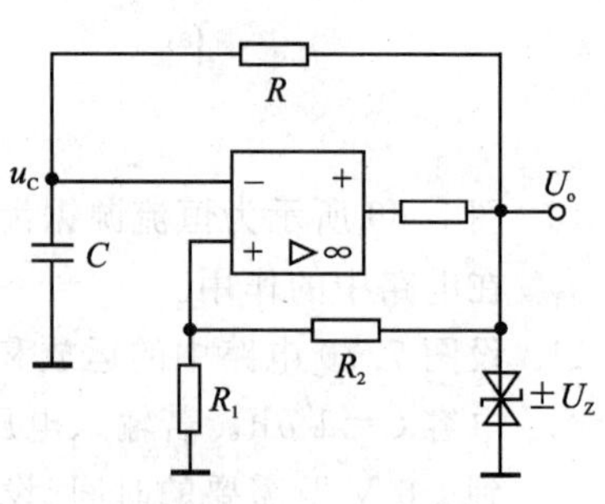

图 7.72　习题 13 图

15. 理想运放组成如图 7.74 所示电路。说明运放输入端二极管 D_1、D_2 的作用。

16. 理想运放组成图 7.75 所示的电路,已知 $U_R=+3$ V,$U_Z=+6$ V,$U_D=0.7$ V。画出 $u_o=f(u_i)$ 曲线,在图中标明有关参数值。

17. 理想运放组成图 7.76 所示的电路。已知 $U_R=-3$ V,$U_{Z1}=+5$ V,$U_{Z1}=+6$ V,分析电路功能,画出 $u_o=f(u_i)$ 曲线,并标明有关参数值。

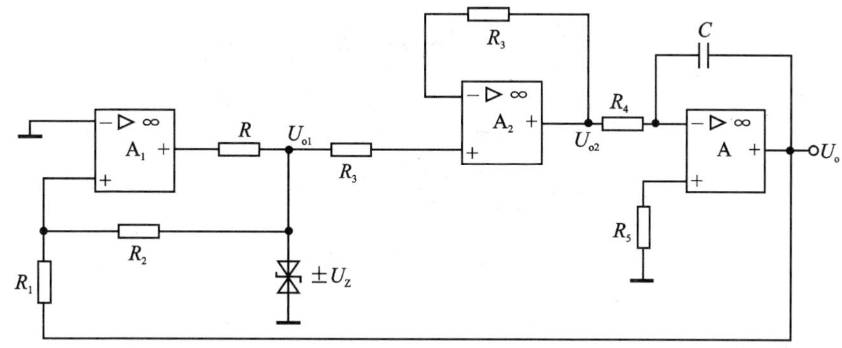

图 7.73　习题 14 图

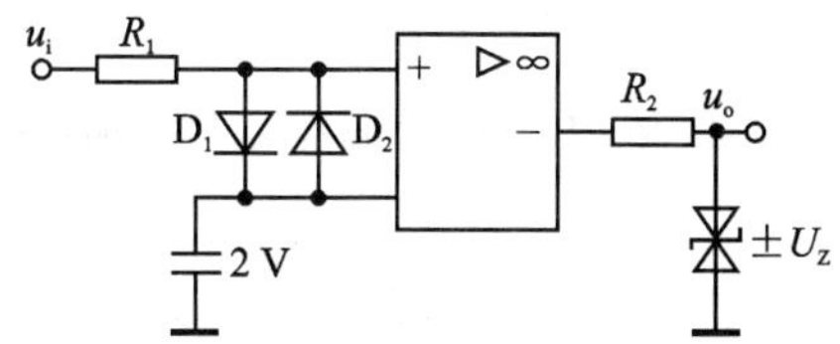

图 7.74　习题 15 图

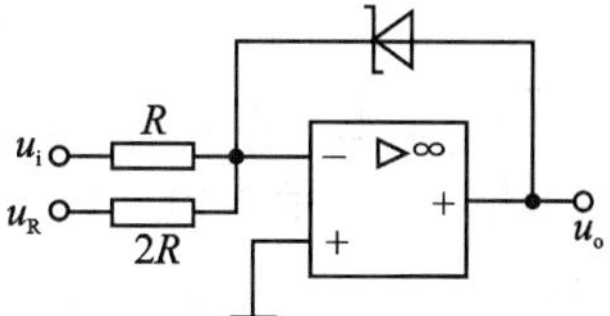

图 7.75　习题 16 图

18. 理想运放组成图 7.77 所示的电压比较电路。已知运放输出 $\pm u_{omax}=12$ V，二极管导通压降为 0.7 V，发光二极管导通压降为 1.4 V。

(1) 试回答在什么条件下，LED 亮；

(2) 设 LED 工作电流为 5～30 mA，确定限流电阻 R 的范围。

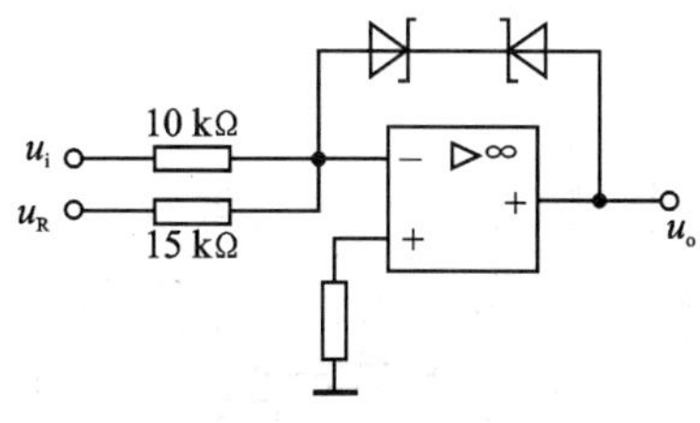

图 7.76　习题 17 图

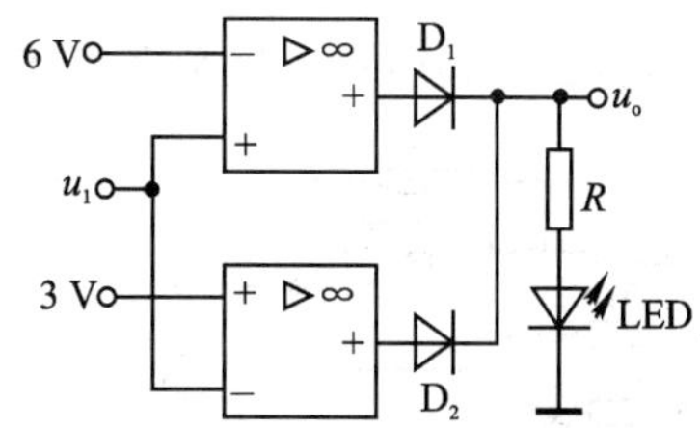

图 7.77　习题 18 图

19. 试设计一报警电路，当输入电压 u_i 大于 3.9 V 时红灯亮，当 $u_i<3.5$ V 时绿灯亮，而当 u_i 介于 3.9 V 和 3.5 V 之间时红、绿灯都不亮。

20. 理想运放组成图 7.78 所示电路，已知运放输出 $\pm u_{omax}=15$ V，稳压管的稳压值为 ±5 V。分析电路为何种功能比较器？画出 $u_o=f(u_i)$ 特性曲线。

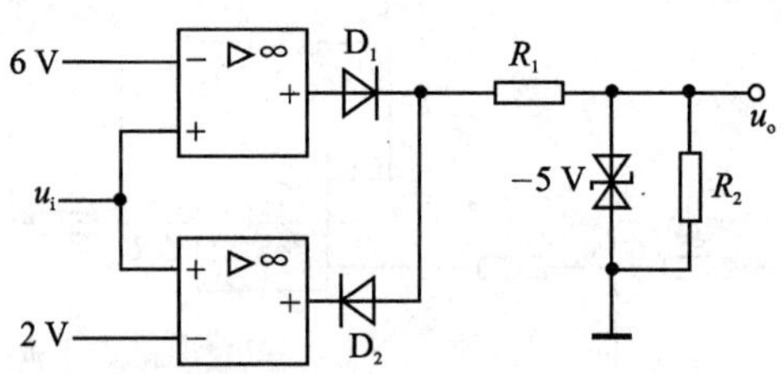

图 7.78 习题 20 图

7.8 部分习题参考答案

1. (1) $I_1=0.5\ \text{mA}$,(2) $R_2=10\ \text{k}\Omega$
2. (1) 是一个电流源;(2) 两个二极管的作用是为保证运放的同相端输入电平幅度在运放的输入电压范围内。(3) $I=0.12\ \text{mA}$
3. 设计一:采用单运放实现,如图 7.79(a)所示。

由图 7.79(a)有

$$u_o = \frac{R_f}{R_1}u_{i1} + \frac{R_f}{R_2}u_{i2} - \frac{R_f}{R_3}u_{i3}$$

取 $R_f=30\ \text{k}\Omega$,则 $R_1=6\ \text{k}\Omega$,$R_2=60\ \text{k}\Omega$,$R_3=6\ \text{k}\Omega$。

为了消除 I_{IB}引起的误差,设计

$$R_f \,/\!/\, R_3 = R_1 \,/\!/\, R_2 \,/\!/\, R'$$

解得 $R'=60\ \text{k}\Omega$。

设计二:采用双运放实现,如图 7.79(b)所示。

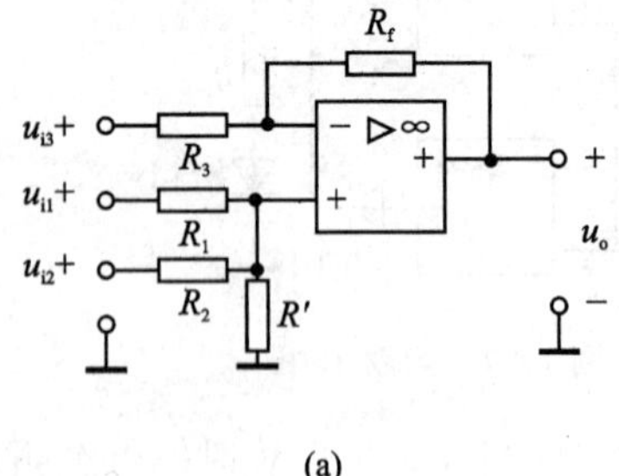

(a)

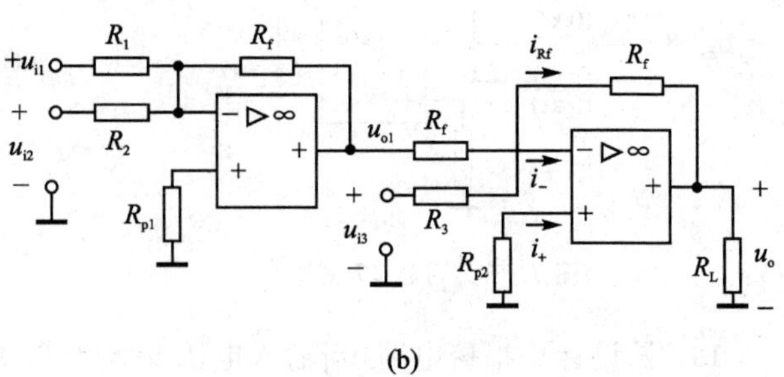

(b)

图 7.79

由图 7.79(b)有

$$u_{o1} = -\frac{R_f}{R_1}u_{i1} - \frac{R_f}{R_2}u_{i2}$$

$$u_o=-\frac{R_f}{R_3}u_{i3}-\frac{R_f}{R_f}u_{o1}=\frac{R_f}{R_1}u_{i1}+\frac{R_f}{R_2}u_{i2}-\frac{R_f}{R_3}u_{i3}$$

取 $R_f=30\ \text{k}\Omega$，则 $R_1=6\ \text{k}\Omega$，$R_2=60\ \text{k}\Omega$，$R_3=6\ \text{k}\Omega$。

为了消除 I_{IB} 引起的误差，设计

$R_{P1}=R_1/\!/R_2/\!/R_f=6/\!/60/\!/30\approx4.6\ \text{k}\Omega$ 和 $R_{P2}=R_f/\!/R_f/\!/R_3=30/\!/30/\!/6\approx4.3\ \text{k}\Omega$

4. (a) $u_o=u_{i2}-u_{i1}$，(b) $u_o=2u_i$，(c) $u_o=\frac{2R_2}{R_1}u_i$

5. 证明：

$$i_1=i_2=i_3+i_4$$

$$\frac{u_i}{R_1}=\frac{-u_c}{R_2}=\frac{u_c}{R_4}+\frac{u_c-u_o}{R_3}$$

消去 u_C 得

$$A_u=\frac{U_o}{U_i}=-\frac{R_2+R_3+R_2R_3/R_4}{R_1}$$

6. (1) $u_o=4u_{i2}-u_{i1}$；(2) $u_o=u_{i1}-u_{i2}$；(3) $u_o=(u_{i1}+u_{i2})$

7. (1) 上为“+”，下为“−”；(2) $u_o=-\frac{10(R_1+R_2)}{R_2}\frac{u_{i1}}{u_{i2}}$

8. (1) $A_u(s)=\frac{U_o(s)}{U_i(s)}=-\frac{A_{up}}{1-\left(\frac{f}{f_o}\right)^2+\text{j}3\frac{f}{f_o}}$，$A_{up}=1+\frac{R_2}{R_1}$

(2) $f_p=\frac{0.37}{2\pi RC}$

10. (1) u_i为低电平时，T_1 截止，电容 C 由电源 $+U$、经 R_e、T_2 恒流充电。u_i为高电平时，T_1 导通，电容 C 经 T_1 放电。

(2) R_b 是 T_1 的基极偏置电阻，R、Dz 为 T_2 提供恒定的基极电压，使 T_2 的集电极电流恒定，使电容 C 恒流充电。

11. A_1 为减法器，A_2 为电压跟随器。$t=0.6$ s

12. 解：A_1 为电压跟随器，当 $u_i>30$ V 时，$u_o=6$ V；当 $u_i<3$ V 时，$u_o=-6$ V，见图 7.80。

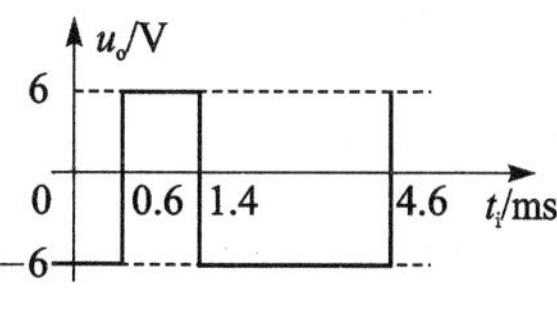

图 7.80

13. (2) u_o为方波，波形见图 7.81，$T=49\ \mu$s

14. (1) 是方波-三角波发生器；(2) $U_{th}=\pm\frac{R_1}{R_2}U_Z$；(4)

$T=\frac{4R_1R_4C}{R_2}$

(5) 由于输出幅值 $U_o=\pm\frac{R_1}{R_2}U_Z$,所以可以调整 R_1、R_2 或 U_Z 调节输出幅值 U_o。调频可通过改变 R_4、C 的值实现,改变 R_1/R_2 的比值也可改变频率,但同时输出幅值也发生了变化。

15. 输入保护,防止信号过大损坏运放。

16. $u_o=f(u_i)$ 特性曲线见图 7.82。

17. 电平检测电路,阈值点 +2 V,$u_o=f(u_i)$ 特性曲线见图 7.83。

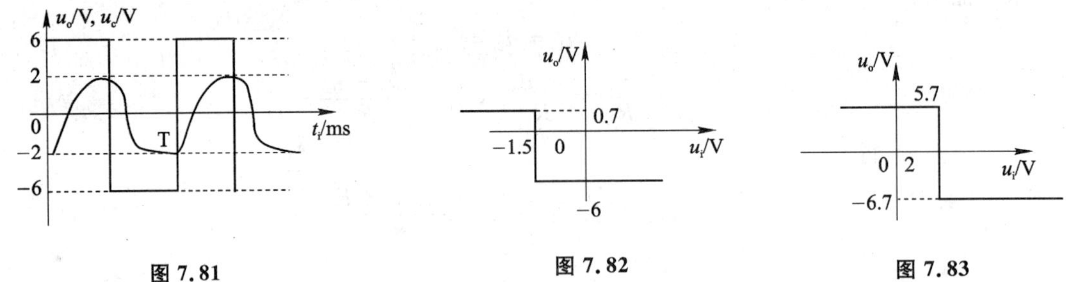

图 7.81　　图 7.82　　图 7.83

18. (1) 当 $u_i>6$ V 或 $u_i<3$ V 时,LED 亮;(2) $0.33\ \text{k}\Omega<R<1.98\ \text{k}\Omega$。

19. 电路见图 7.84。

20. 电路为双限三态比较器,$u_o=f(u_i)$ 特性曲线见图 7.85。

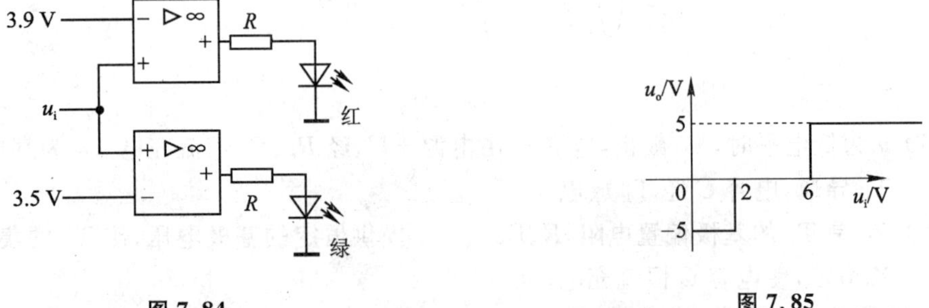

图 7.84　　图 7.85

第章 直流稳压电源

电子设备中所用的直流电源，通常是由电网提供的交流电经过整流、滤波和稳压以后得到的。对于直流电源的主要要求是：输出电压的幅值稳定，即当电网电压或负载电流波动时能基本保持不变；直流输出电压平滑，脉动成分小；交流电变换成直流电时的转换效率高。

本章首先介绍在小功率直流电源中常用的单相整流电路的工作原理，其次介绍各种滤波电路的性能，然后介绍硅稳压管组成的稳压电路以及串联型直流稳压电路的稳压原理。对于近年来迅速发展的集成化稳压电源和开关型稳压电路，进行了简明扼要的介绍。

8.1 小功率直流电源的组成

前面介绍的各种电子电路，例如放大电路、振荡电路等，通常都需要用直流电源来供电。这种电源虽然可以考虑直接使用电池，但比较经济实用的办法是利用由交流电源经过变换而得到的直流电源。

一般直流电源的组成如图 8.1 所示。其中包括四个组成部分，现将它们的作用分别加以说明。

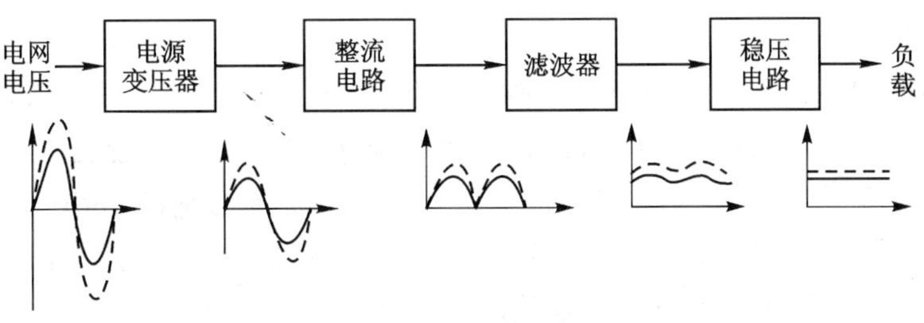

图 8.1　直流电源的组成

(1) 电源变压器

电网提供的交流电一般为 220 V(或 380 V)，而各种电子设备所需要直流电压的幅值却各不相同。因此，常常需要将电网电压先经过电源变压器，然后将变换以后的副边电压再去整

流、滤波和稳压,最后得到所需要的直流电压幅值。

(2) 整流电路

整流电路的作用是利用具有单向导电性能的整流元件,将正负交替的正弦交流电压整流成为单方向的脉动电压。但是,这种单向脉动电压往往包含着很大的脉动成分,距离理想的直流电压还差得很远。

(3) 滤波器

滤波器由电容、电感等储能元件组成。它的作用是尽可能地将单向脉动电压中的脉动成分滤掉,使输出电压成为比较平滑的直流电压。但是,当电网电压或负载电流发生变化时,滤波器输出直流电压的幅值也将随之而变化,在要求比较高的电子设备中,这种情况是不符合要求的。

(4) 稳压电路

稳压电路的作用是采取某些措施,使输出的直流电压在电网电压或负载电流发生变化时保持稳定。

下面分别介绍各部分的具体电路和它们的工作原理。

8.2 单相整流电路

二极管具有单向导电性,因此可以利用二极管的这一特性组成整流电路,将交流电压变换为单向脉动电压。在小功率直流电源中,经常采用单相半波、单相全波和单相桥式整流电路。

8.2.1 单相半波整流电路

图 8.2(a)所示为一个最简单的单相半波整流电路。图中 T 为电源变压器,V_D 为整流二极管,R_L 代表需要用直流电源的负载。

在变压器副边电压 u_2 为正的半个周期内,二极管导通,电流经过二极管流向负载,在 R_L 上得到一个极性为上正下负的电压;而在 u_2 为负的半个周期内,二极管反向偏置,电流基本上等于零。所以,在负载电阻 R_L 两端得到的电压 u_o 的极性是单方向的,如图 8.2(b)所示。

设整流二极管 VD 是理想二极管,即其正向电阻为零,反向电阻为无穷大,同时忽略整流电路中变压器等的内阻,则正半周内流过负载的电流 i_o 和二极管的电流 i_D 为

$$i_o = i_D = \frac{U_2}{R_L} \tag{8.1}$$

由于二极管导通时其管压降 u_D 可以忽略,则负载上的电压 u_o 等于变压器的副边电压 u_2,即在正半周内

$$u_o = u_2\text{,}\ u_D = 0 \tag{8.2}$$

在负半周内,二极管截止,因此

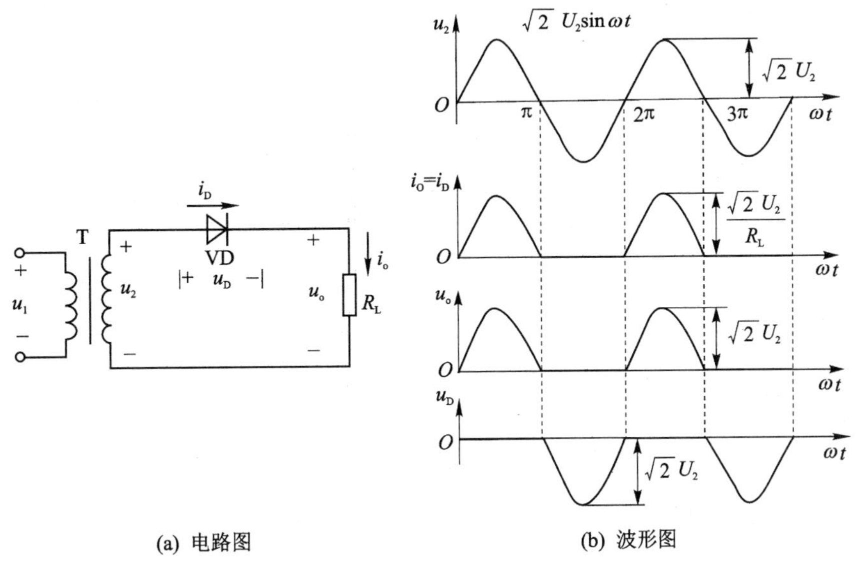

(a) 电路图　　(b) 波形图

图 8.2　单相半波整流电路

$$i_o = i_D = 0 \tag{8.3}$$

此时,负载上的输出电压也等于零,而二极管两端承受一个反向电压,其值就是变压器副边电压 u_2,即

$$u_o = 0,\ u_D = u_2 \tag{8.4}$$

总之: 由于二极管的单向导电作用,使变压器副边的交流电压变换成为负载两端的单向脉动电压,达到了整流的目的。因为这种电路只在交流电压的半个周期内才有电流流过负载,所以称为单相半波整流电路。

半波整流电路的优点是结构简单,使用的元件少。但是也有明显的缺点:输出波形脉动大;直流成分比较低;变压器有半个周期不导电,利用率低;变压器电流含有直流成分,容易饱和。所以只能用在输出电流较小,要求不高的场合。

8.2.2　单相全波整流电路

全波整流电路是在半波整流电路的基础上加以改进而得到的。它是利用具有中心抽头的变压器与两个二极管配合,使两个二极管在正半周和负半周内轮流导电,而且二者流过负载 R_L 的电流保持同一方向,从而使正、负半周在负载上均有输出电压。

全波整流的原理图见图 8.3。变压器的两个副边电压大小相等,同名端如图所示。当 u_2 的极性如图所示为上正下负(称之为正半周)时,VD_1 导通,VD_2 截止,i_{D1} 流过 R_L,在负载上得到的输出电压极性为上正下负;当 u_2 为负半周时,u_2 的极性与图示相反,此时 VD_1 截止,VD_2 导通,由图可见,I_{D2} 流过 R_L 时产生的电压极性也是上正下负,与正半周时相同,因此在负载上可以得到一个单方向的脉动电压。全波整流电路的波形见图 8.4。

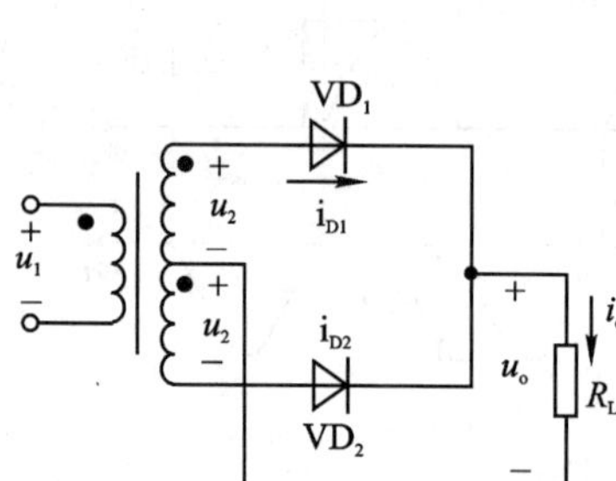

图 8.3 全波整流电路

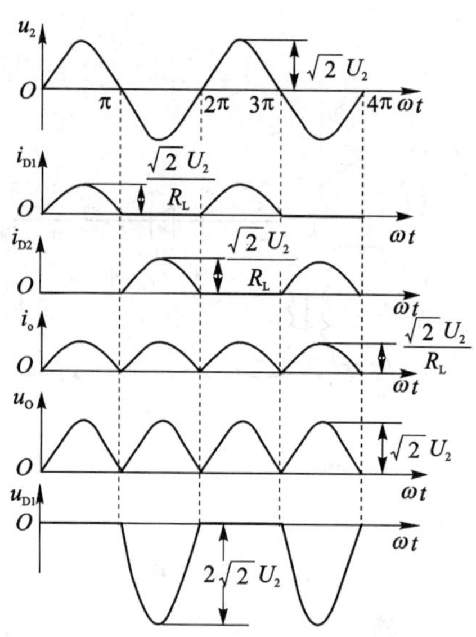

图 8.4 桥式整流电路波形图

由波形图可见,全波整流电路输出电压 u_o的波形所包围的面积是半波整流电路的两倍,所以其平均值也是半波整流的两倍。由图也可明显地看出,全波整流输出波形的脉动成分也比半波整流时有所下降。在全波整流电路中,当负半周时,VD_2 导电,VD_1 截止,此时变压器副边两个绕组的电压全部加到二极管 VD_1 的两端,因此,二极管承受的反向电压较高,其最大值等于 $2\sqrt{2}u_2$。u_{D1}的波形如图 8.4 所示。此外,全波整流电路必须采用具有中心抽头的变压器,而且每个线圈只有一半时间通过电流,所以变压器的利用率不高。

8.2.3 单相桥式整流电路

针对全波整流电路的缺点,希望仍用只有一个副边线圈的变压器,而能达到全波整流的目的。为此,提出了如图 8.5 所示的单相桥式整流电路。电路中采用了四个二极管,接成电桥形式,故称为桥式整流电路。

桥式整流电路也可以画成如图 8.6(a)和(b)所示的形式,其中图(a)是另一种常用画法,图(b)是简化表示法。

由图 8.5 可见,在 u_2 为正半周时,二极管 VD_1、VD_2 导通,VD_3、VD_4 截止;u_2 为负半周时,VD_3、VD_4 导通,VD_1、VD_2 截止。正、负半周均有电流流过负载电阻 R_L,而且无论在正半周还是负半周,流过 R_L 的电流方向是一致的,因而使输出电压的直流成分得到提高,脉冲成分被降低。桥式整流电路的波形见图 8.7。

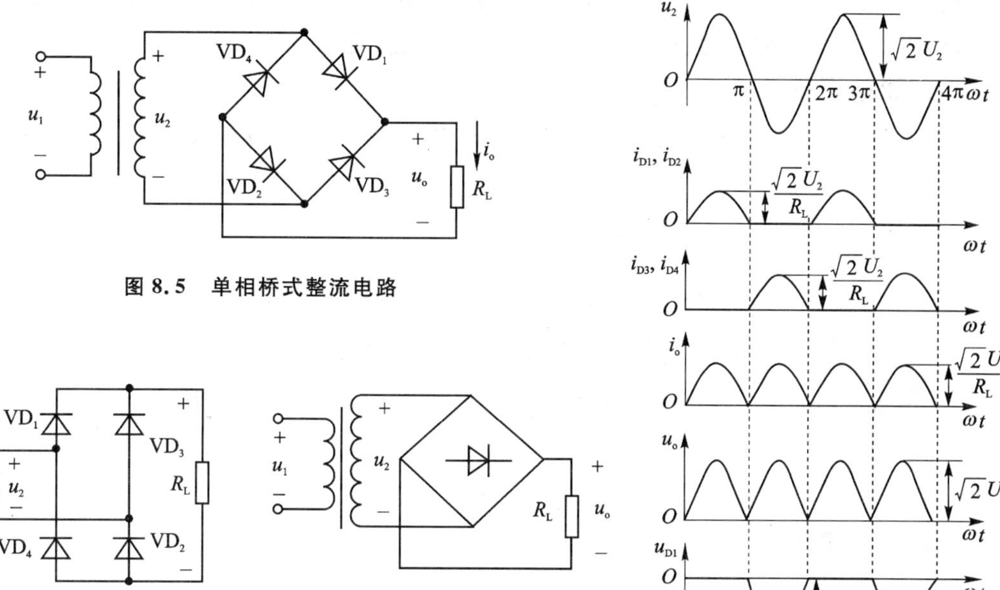

图 8.5 单相桥式整流电路

图 8.6 桥式整流电路的其他画法

图 8.7 桥式整流电路波形图

由图可见，桥式整流电路无需采用具有中心抽头的变压器，仍能达到全波整流的目的。而且，整流二极管承受的反向电压也不高，但是电路中需用四个整流二极管。

8.2.4 整流电路的主要参数

描述整流电路技术性能的主要参数有以下几项：整流电路的输出直流电压即输出电压的平均值 $U_{O(AV)}$，整流电路输出电压的脉动系数 S，整流二极管正向平均电流 $I_{D(AV)}$，以及整流二极管承受的最大反向峰值电压 U_{RM}。

现以应用比较广泛的单相桥式整流电路为例，具体分析上述各项主要参数。

1. 输出直流电压 $U_{O(AV)}$

输出直流电压 $U_{O(AV)}$ 是整流电路的输出电压瞬时值 u_o 在一个周期内的平均值，即

$$U_{O(AV)} = \frac{1}{2\pi}\int_0^{2\pi} u_o \mathrm{d}(\omega t) \tag{8.5}$$

在桥式整流电路中

$$U_{O(AV)} = \frac{1}{\pi}\int_0^{\pi} \sqrt{2}U_2 \sin \omega t \mathrm{d}(\omega t) = \frac{2\sqrt{2}}{\pi}U_2 = 0.9U_2 \tag{8.6}$$

式(8.6)说明，在桥式整流电路中，负载上得到的直流电压约为变压器副边电压有效值的

90%。这个结果是在理想情况下得到的,如果考虑到整流电路内部二极管正向内阻和变压器等效内阻上的压降,输出直流电压的实际数值还要低一些。

2. 脉动系数 *S*

整流电路输出电压的脉动系数 S 定义为输出电压基波的最大值 U_{o1m}、与其平均值 $U_{O(AV)}$ 之比,即

$$S=\frac{U_{o1m}}{U_{O(AV)}} \tag{8.7}$$

为了估算 U_{o1m},可将桥式整流电路的输出波形用博里叶级数表示如下:

$$U_o=\sqrt{2}U_2\left(\frac{2}{\pi}-\frac{4}{3\pi}\cos 2\omega t-\frac{5}{15\pi}\cos 4\omega t-\frac{4}{35\pi}6\omega t\cdots\right) \tag{8.8}$$

式中第一项为输出电压的平均值,第二项即是其基波成分。由式可见,基波频率为 $2\omega t$,基波的最大值为

$$U_{o1m}=(4\sqrt{2}/3\pi)U_2 \tag{8.9}$$

因此脉动系数为

$$S=\frac{U_{o1m}}{U_{O(AV)}}=0.67 \tag{8.10}$$

即桥式整流电路输出电压的脉动系数为67%。通过比较可知,桥式整流电路的脉动成分虽然比半波整流电路有所下降,但数值仍然比较大。

3. 二极管正向平均电流 $I_{D(AV)}$

温升是决定半导体器件使用极限的一个重要指标.整流二极管的温升本来应该与通过二极管的电流有效值有关,但是由于平均电流是整流电路的主要工作参数,因此在出厂时已将二极管允许的温升折算成半波整流电流的平均值,在器件手册中给出。

在桥式整流电路中,二极管 VD_1、VD_2 和 VD_3、VD_4 轮流导电,每个整流二极管的平均电流等于输出电流平均值的一半,即

$$I_{D(AV)}=\frac{1}{2}I_{O(AV)} \tag{8.11}$$

当负载电流平均值已知时,可以根据 $I_{O(AV)}$,来选定整流二极管的 $I_{D(AV)}$。

4. 二极管最大反向峰值电压 U_{RM}

每个整流管的最大反向峰值电压 U_{RM} 是指整流管不导电时,在它两端允许的最大反向电压。选管时应选耐压比这个数值高的管子,以免被击穿。对于桥式整流电路很容易看出,整流二极管承受的最大反向电压就是变压器副边电压的最大值,即

$$U_{RM}=\sqrt{2}U_2 \tag{8.12}$$

对于单相半波和单相全波整流的主要参数也可以利用上述方法进行分析,此处不再赘述。现将三种单相整流电路的主要参数列于表8.1中,以便于读者进行比较。

表 8.1　单相整流电路的主要参数

（忽略变压器内阻和整流管压降）

整流形式	$U_{O(AV)}/U_2$	S	$I_{D(AV)}/I_{O(AV)}$	U_{RM}/U_2
半波整流	0.45	157%	100%	1.41
全波整流	0.9	67%	50%	2.83
桥式整流	0.9	67%	50%	1.41

由表 8.1 可知，在同样的 U_2 之下，半波整流电路的输出直流电压最低，而脉动系数最高。桥式整流电路和全波整流电路当 U_2 相同时，输出直流电压相等，脉动系数也相同，但桥式整流电路中，每个整流管所承受的反向峰值电压比全波整流电路为低，因此它的应用比较广泛。

【例 8.2.1】 某电子装置要求电压值为 15 V 的直流电源，已知负载电阻 R_L 等于 100 Ω，试问：

(1) 如果选用单相桥式整流电路，则变压器副边电压 U_2 应为多大？整流二极管的正向平均电流 $I_{D(AV)}$ 和最大反向峰值电压 U_{RM} 等于多少？输出电压的脉动系数 S 等于多少？

(2) 如果改用单相半波整流电路，则 U_2、$I_{D(AV)}$、U_{RM} 和 S 各等于多少？

【解】 (1) 由式(8.6)可知

$$U_2 = \frac{U_{O(AV)}}{0.9} = \frac{15\ \text{V}}{0.9} = 16.7\ \text{V}$$

根据给定条件，可得输出电流为

$$I_{O(AV)} = \frac{U_{O(AV)}}{R_L} = \frac{15\ \text{V}}{100\ \Omega} = 0.15\ \text{A}$$

则由式(8.11)和(8.12)可得

$$I_{D(AV)} = \frac{1}{2} I_{O(AV)} = 75\ \text{mA}$$

$$U_{RM} = \sqrt{2} U_2 = 23.6\ \text{V}$$

此时脉动系数为

$$S = 0.67 = 67\%$$

(2) 如改用单相半波整流电路，则

$$U_2 = \frac{U_{O(AV)}}{0.45} = \frac{15\ \text{V}}{0.45} = 33.3\ \text{V}$$

$$I_{D(AV)} = I_{O(AV)} = 150\ \text{mA}$$

$$U_{RM} = \sqrt{2} U_2 = \sqrt{2} \times 33.3\ \text{V} = 47.1\ \text{V}$$

$$S = 0.67 = 67\%$$

8.3 滤波电路

由表8.1可知，无论哪种整流电路，它们的输出电压都含有较大的脉动成分。除了在一些要求不高的场合可以直接用作直流电源外，通常都要采取一定的措施，一方面尽量降低输出电压中的脉动成分，另一方面又要尽量保留其中的直流成分，使输出电压接近于理想的直流电压。这种措施称为滤波。

电容和电感都是储能元件。利用它们在二极管导电时储存一部分能量，然后再逐渐释放出来，从而得到比较平滑的波形。或者从另一个角度看，电容和电感对于交流成分和直流成分反映出来的阻抗不同，如果把它们合理地安排在电路中，可以达到降低交流成分，保留直流成分的目的，体现出滤波的作用。所以电容和电感是组成滤波电路的主要元件。下面介绍几种常用的滤波电路。

8.3.1 电容滤波电路

为了便于说明工作原理，首先来分析图8.8(a)所示的桥式整流、电容滤波电路。

在负载电阻 R_L 上并联一个电容为什么能起滤波作用呢？

没有接电容时，整流二极管 VD_1、VD_2 在 u_2 的正半周导电，VD_3、VD_4 在负半周时导电，输出电压 u_o 的波形如图(b)中虚线所示。

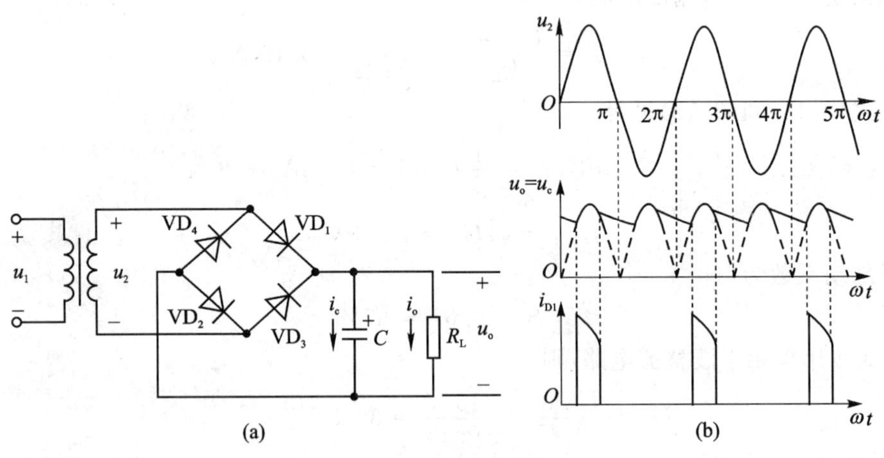

图8.8 桥式整流、电容滤波电路

并联电容以后，在 u_2 的正半周，当二极管 VD_1、VD_2 导电时，由图(a)可见，除了有一个电流 i_o 流向负载外，同时还有一个电流 i_c 向电容充电，电容电压 u_c 的极性为上正下负，如图中所示。如果忽略二极管的内阻，则在二极管导通时，u_c(即输出电压 u_o)等于变压器副边电压

u_2。当 u_2 达到最大值以后开始下降，此时电容上的电压 u_c 也将由于放电而逐渐下降。当 $u_2 < u_c$ 时，二极管 VD_1、VD_2 被反向偏置，因而不导电，于是 u_c 以一定的时间常数按指数规律下降，直到下一个半周，当 $|u_2| > u_c$ 时，二极管 VD_3、VD_4 导通。输出电压 u_o 的波形如图中实线所示。

根据以上分析，对于电容滤波可以得到下面几个结论：

① 加了电容滤波以后，输出电压的直流成分提高了。如在桥式整流电路中，当不接电容时，输出电压成为半个正弦波的形状，如图 8.8(b)中虚线所示。在 R_L 上并联电容以后，当二极管截止时，由于电容通过 R_L 放电，输出电压仍较高，因此输出电压的平均值提高了。从图 8.8(b)看出，加上电容滤波以后，u_o 的波形包围的面积显然比原来虚线部分包围的面积增大了。

② 加了电容滤波以后，输出电压中的脉动成分降低了。这是由于电容的储能作用造成的。当二极管导电时，电容被充电，将能量储存起来，然后再逐渐放电，把能量传送给负载，因此输出波形比较平滑。由图 8.8(b)也可看出，u_o 的波形比之虚线部分的输出波形，脉动成分减少了，达到了滤波的目的。

③ 电容放电的时间常数 $\tau = R_L C$ 愈大，放电过程愈慢，则输出电压愈高，同时脉动成分也愈少，即滤波效果愈好。当 $R_L C = \infty$（可以认为负载开路）时，

输出电压的平均值 $$U_{O(AV)} = \sqrt{2} U_2 \tag{8.13}$$

脉动系数 $$S = 0 \tag{8.14}$$

为此，应选择大容量的电容作为滤波电容，而且要求 R_L 也要大，因此，电容滤波适用于负载电流比较小的场合。

④ 由图 8.9 波形图可看出，电容滤波电路的输出直流电压 $U_{O(AV)}$，将随着输出直流电流 $I_{O(AV)}$ 的变化而变化。当负载开路，即 $I_{O(AV)} = 0$（$R_L = \infty$）时，电容充电到 U_2 的最大值以后不再放电，则输出直流电压 $U_{O(AV)} = \sqrt{2} U_2$。当 $I_{O(AV)}$ 增大（即 R_L 减小）时，由于电容放电过程加快而使 $U_{O(AV)}$ 下降。如果忽略整流电路的内阻，桥式整流加电容滤波电路后，其 $U_{O(AV)}$ 值的变化范围在 $\sqrt{2} U_2 \sim 0.9 U_2$ 之间。若考虑电流在二极管和变压器等效内阻上的降落，则 $U_{O(AV)}$ 值更低。因此电容滤波电路的外特性比较软，所以电容滤波适用于负载电流变化不大的场合。

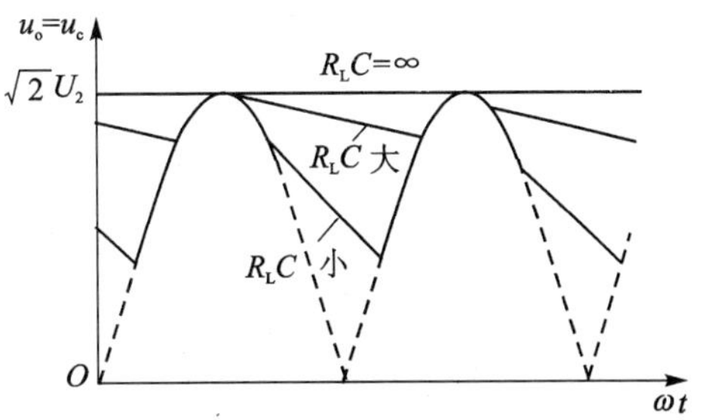

图 8.9　$R_L C$ 变化对电容滤波电路 u_o 的影响

⑤ 接入电容以后，整流二极管的导电角小于 180°，而且电容放电时间常数愈大，则导电角愈小。由于加了电容滤波以后，平均输出电流比原来提高了，而导电角却减小了，因此，整流管

在短暂的导电时间内流过一个很大的冲击电流,所以必须选择较大容量的整流二极管。

为了得到比较好的滤波效果,在实际工作中经常根据下式来选择滤波电容的容量(在全波或桥式整流情况下):

$$R_L C \geqslant (3 \sim 5) \frac{T}{2} \tag{8.15}$$

其中 T 为电网交流电压的周期。由于电容值比较大,约几十至几千微法,一般选用电解电容器。接入电路时,注意电容的极性不要接反。电容器的耐压值应该大于$\sqrt{2}U_2$。

当滤波电容的容值满足式(8.15)时,可以认为输出直流电压近似为

$$U_{O(AV)} \approx 1.2U_2 \tag{8.16}$$

此时脉动系数 S 约为 20%~10%。

8.3.2 RC-π型滤波电路

RC-π型滤波电路实质上是在上述电容滤波的基础上,再加一级 RC 滤波组成的,电路如图 8.10 所示。

经过第一次电容滤波以后,电容 C_1 两端的电压包含着一个直流分量和一个交流分量。假设其直流分量为 $U'_{O(AV)}$,交流分量基波的最大值为 U'_{O1m}。通过 R 和 C_2 再一次滤波后,假设在负载上得到的输出电压直流分量和基波最大值分别为 $U_{O(AV)}$ 和 U_{O1m},则以上电量之间存在下列关系:

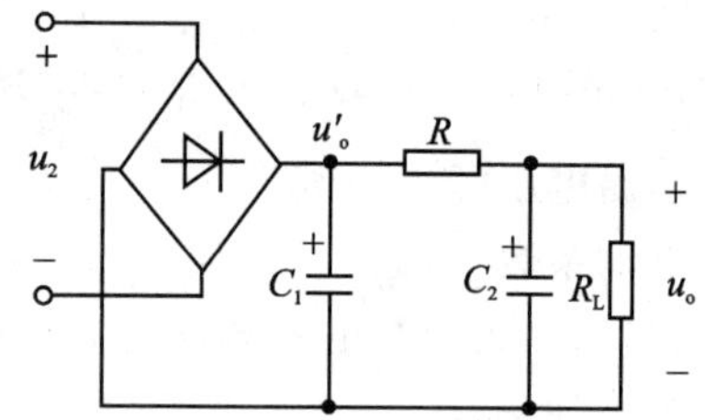

图 8.10 RC-π型滤波电路

$$U_{O(AV)} = \frac{R_L}{R+R_L} U'_{O(AV)} \tag{8.17}$$

$$U_{O1m} = \frac{R_L}{R+R_L} \cdot \frac{1/\omega C_2}{\sqrt{(R')^2 + (1/\omega C_2)^2}} U'_{O1m} \tag{8.18}$$

其中:$R' = R /\!/ R_L$;ω 是整流输出脉动电压的基波角频率,在电网频率为 50 Hz 和桥式整流情况下,$\omega = 628$ rad/s。

通常选择滤波元件的参数,使满足关系 $1/\omega C_2 = R'$,则上式可简化为

$$U_{O1m} = \frac{R_L}{R+R_L} \cdot \frac{1}{\omega C_2 R'} U'_{O1m} \tag{8.19}$$

即输出电压的脉动系数 S 与电容 C_1 两端电压的脉动系数 S' 之间存在以下关系:

$$S = \frac{U_{O1m}}{U_{O(AV)}} \approx \frac{1}{\omega C_2 R'} \cdot \frac{U'_{O1m}}{U'_{O(AV)}} = \frac{1}{\omega C_2 R'} S' \tag{8.20}$$

由上式可见,在一定的 ω 值之下,C_2 愈大,R' 愈大,则脉动系数 S 愈小。

【例 8.3.1】 要求某直流电源的输出电压为 12 V,输出电流为 100 mA:

(1) 若希望脉动系数小于 10%,可采用电容滤波,试估算滤波电容和变压器副边电压

值 U_2；

(2) 若希望脉动系数小于1%，应该如何解决？

【解】 (1) 由已知条件可得

$$R_L = \frac{U_{O(AV)}}{I_{O(AV)}} = \frac{12\ \text{V}}{100\ \text{mA}} = 120\ \Omega$$

若要求脉动系数 $S<10\%$，则由

$$C \geqslant (3 \sim 5)\frac{T}{2R_L} = 0.000\ 42\ \text{F} = 420\ \mu\text{F}$$

可选电容量为500 μF，耐压16 V的电解电容器。

然后可求得变压器副边电压值

$$U_2 = \frac{U_{O(AV)}}{1.2} = 10\ \text{V}$$

(2) 若要求 $S'<1\%$，可采用 $RC-\pi$ 型滤波电路。如选 $R=R_L=120\ \Omega$，则由式(8.20)可得

$$C_2 = \frac{S'}{S\omega(R /\!/ R_L)} = 270\ \mu\text{F}$$

为简单起见，可将 C_1、C_2 均选用500 μF电解电容器，但此时电容的耐压应选30 V，而由于滤波电阻上的压降，变压器副边电压应为

$$U_2 \approx (12+12)/1.2 = 20\ \text{V}$$

$RC-\pi$ 型滤波电路采用简单的电阻、电容元件，可以进一步降低输出电压的脉动系数。但是，这种滤波电路的缺点是在 R 上有直流压降，因而必须提高变压器的副边电压；而整流管的冲击电流仍然比较大；同时，由于 R 上产生压降，外特性比电容滤波更软，只适用于小电流的场合。当负载电流比较大的情况下，需采用电感滤波。

8.3.3 电感滤波电路和 LC 滤波电路

电感具有阻止电流变化的特点，所以，如在负载回路中串联一个电感，将使流过负载上电流的波形较为平滑。或者，从另一个方面来分析，因为电感的直流分量电阻很小（理想时等于零），而其交流分量感抗很大，因此能够得到较好的滤波效果使直流电压损失很小。

1. 电感滤波器

在图8.11所示的电感滤波电路中，L 串联在 R_L 回路中。根据电感的特点，当输出电流发生变化时，L 中将感应出一个反电势，其方向将阻止电流发生变化。在半波整流电路中，这个反电势将使整流管的导电角大于180°。但是，在桥式整流电路中，虽然电感 L 上的反电势有延长整流管导电角的趋势，但是 VD_1、VD_2、VD_3 和 VD_4 不能同时导电。例如，当 u_2 的极性由正变负后，L 上的反电势有助于 VD_1、VD_2 继续导电，但是，由于此时 VD_3 和 VD_4 导电，变压器副边电压全部加到 VD_1、VD_2 两端，其极性将使 VD_1、VD_2 反向偏置，因而 VD_1 和 VD_2 截

止。所以在桥式整流电路中,虽然采用电感滤波,整流管每管的导电角仍然为180°,图中A点的电压波形就是桥式整流的输出波形,与纯阻负载时相同。

由于电感的直流电阻很小,交流阻抗很大,因此直流分量经过电感后基本上没有损失,但是对于交流分量,在$j\omega L$和R_L上分压以后,很大一部分交流分量降落在电感上,因而降低了输出电压中的脉动成分。L愈大,R_L愈小,则滤波效果愈好。所以电感滤波适用于负载电流比较大的场合。

2. LC滤波电路

为了进一步改善滤波效果,可以采用LC滤波电路。在电感滤波电路的基础上,再在R_L上并联一个电容,如图8.12所示。但在LC滤波电路中,如果电感L值太小,或R_L太大,则将呈现出电容滤波的特性。为了保证整流管的导电角仍为180°,参数之间要恰当配合,近似的条件是$R_L < 3\omega L$。

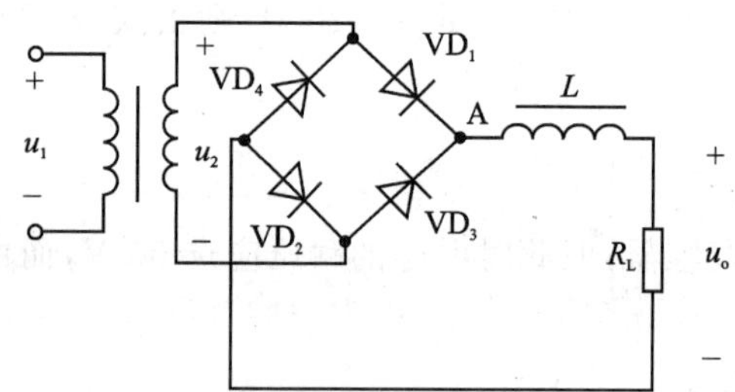

图8.11 电感滤波电路

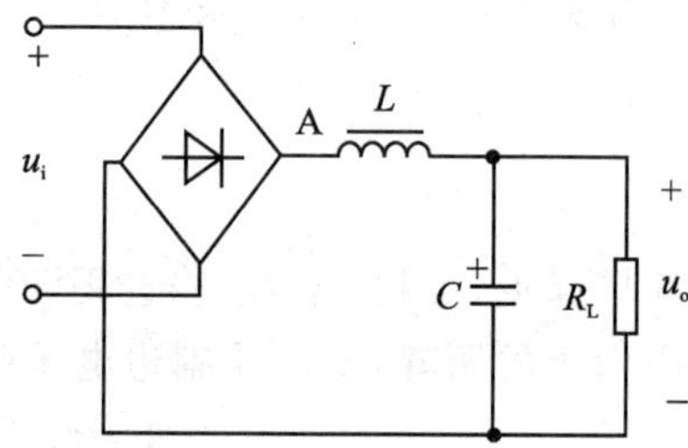

图8.12 LC滤波电路

在LC滤波电路中,由于R_L上并联了一个电容,交流分量通过电感L和电容分压,所以输出电压的脉动成分比仅用电感滤波时更小。

桥式整流输出端A点电压的平均值和脉动系数为

$$U'_{O(AV)} = 0.9U_2$$

$$S' = 0.67 = 67\%$$

如果忽略电感上的直流压降,则C上滤波电路的输出直流电压为:

$$U_{O(AV)} \approx U'_{O(AV)} = 0.9U_2$$

输出端基波电压的最大值U_{O1m}与A点基波电压的最大值U'_{O1m}之间存在以下的分压关系:

$$U'_{O1m} = \left| \frac{R_L \,//\, (1/(j\omega C))}{j\omega L + [R_L \,//\, (1/(j\omega C))]} \right| U'_{O1m} \tag{8.21}$$

通常选择电容的参数,使满足关系$1/(\omega C) = R_L$,则上式可简化为

$$U_{O1m} = \frac{1}{|1 - \omega^2 LC|} U'_{O1m} \tag{8.22}$$

因此,输出电压的脉动系数为

$$S=\frac{U_{\mathrm{O1m}}}{U_{\mathrm{O(AV)}}}=\frac{1}{|1-\omega^2 LC|}S'\approx\frac{1}{\omega^2 LC}S' \tag{8.23}$$

LC 滤波电路在负载电流较大或较小时均有良好的滤波作用，也就是说，它对负载的适应性比较强。

电感滤波和 *LC* 滤波电路克服了整流管冲击电流大的缺点，而且当输出电流变化时，因电感内阻很小，所以外特性比较硬。但是与电容滤波器相比，输出电压 $U_{\mathrm{O(AV)}}$ 较低，另外由于采用了电感，使体积和重量都大为增加，所以一般用于大电流场合。

8.3.4 *LC*－π 型滤波电路

在上述 *LC* 滤波电路的输入端再加上一个电容，就组成了 *LC*－π 型滤波电路，见图 8.13。显然 *LC*－π 型滤波电路输出电压的脉动系数比 *LC* 滤波时更小，波形更加平滑；又由于在输入端接入了电容，因而提高了输出直流电压。但是，随之而来的缺点是滤波电路的外特性比较软，整流管的冲击电流比较大。*LC*－π 型滤波电路的外特性基本上和电容滤波相同，如考虑到电感上的损耗，则下降得更多一些。

为了得到更好的滤波效果，与 *LC*－π 型滤波电路一样，也可采用多级串联的方式。

读者可以运用前面学过的方法，自行分析 *LC*－π 型滤波电路的输出电压 $U_{\mathrm{O(AV)}}$、脉动系数 *S* 等基本参数。最后，将上述各种滤波电路的性能列于表 8.2 中，以便进行比较。

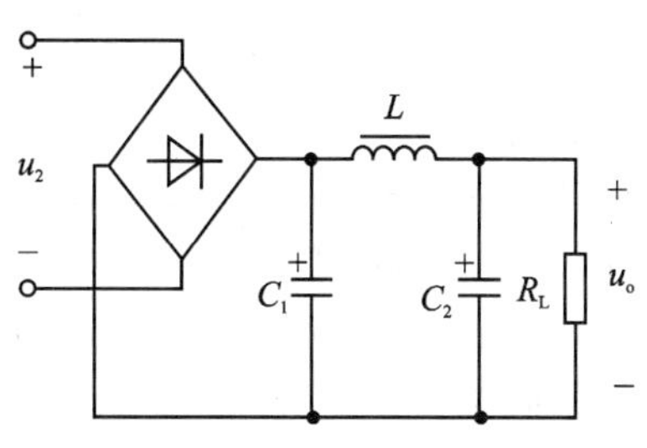

图 8.13 *LC*－π 型滤波电路

表 8.2 各种滤波电路的性能比较

滤波形式	$U'_{\mathrm{O(AV)}}/U_2$	适用场合	整流管冲击电流	外特性
电容滤波	≈1.2	小电流	大	软
RC－π 型滤波	≈1.2	小电流	大	更软
LC－π 型滤波	≈1.2	小电流	大	软
电感滤波	0.9	大电流	小	硬
LC 型滤波	0.9	适应性较强	小	硬

注：$U'_{\mathrm{O(AV)}}$ 为整流电路输出端、滤波电路输入端的直流电压。

8.4 硅稳压管稳压电路

8.4.1 稳压电路的主要指标

整流滤波电路的输出电压和理想的直流电源还有相当的距离，主要存在两方面的问题：

① 当负载电流变化时，由于整流滤波电路存在内阻，因此输出直流电压将随之发生变化；

② 当电网电压波动时,整流电路的输出电压也要相应地变化。为了能够提供更加稳定的直流电源,需要在整流滤波电路的后面再加上稳压电路。

通常用以下两个主要指标来衡量稳压电路的质量:

① 内阻 R_O

稳压电路内阻的定义为:经过整流滤波后输入到稳压电路的直流电压 U_I 不变时,稳压电路的输出电压变化量 ΔU_O 与输出电流变化量 ΔI_O 之比,即:

$$R_O = \left.\frac{\Delta U_O}{\Delta I_O}\right|_{U_I=\text{常数}} \tag{8.24}$$

② 稳压系数 S_r

稳压系数的定义是:当负载不变时,稳压电路输出电压的相对变化量与输入电压的相对变化量之比,即:

$$S_r = \left.\frac{\Delta U_O/U_O}{\Delta U_I/U_I}\right|_{R_L=\text{常数}} = \left.\frac{\Delta U_O}{\Delta U_I}\cdot\frac{U_I}{U_O}\right|_{R_L=\text{常数}} \tag{8.25}$$

稳压电路的其他指标还有:电压调整率、电流调整率、最大纹波电压、温度系数以及噪声电压等。本章主要讨论内阻和稳压系数这两个主要指标。

常用的稳压电路有硅稳压管稳压电路、串联型直流稳压电路、集成稳压器以及开关型稳压电路等。下面首先讨论比较简单的硅稳压管稳压电路。

8.4.2 硅稳压管稳压电路

1. 电路组成和工作原理

如图 8.14 所示为硅稳压管稳压电路的原理图。整流滤波后所得的直流电压作为稳压电路的输入电压 U_I,稳压管 VD_Z 与负载电阻 R_L 并联。为了保证工作在反向击穿区,稳压管作为一个二极管,要处于反向接法。限流电阻 R 也是稳压电路必不可少的组成元件,当电网电压波动或负载电流变化时,通过调节 R 上的压降来保持输出电压基本不变。

2. 电路的稳压原理

假设稳压电路的输入电压 U_I 保持不变。当负载电阻 R_L 减小,负载电流 I_L 增大时,由于电流在电阻 R 上的压降升高,输出电压 U_O 将下降。而稳压管并联在输出端,由其伏安特性可见,当稳压管两端的电压略有下降时,电流 I_Z 将急剧减小,由于 $I_R = I_Z + I_L$,因此 I_R 也有减小的趋势。实际上是用 I_Z 的减小来补偿 I_L 的增大,最终使 I_R 基本保持不变,从而输出电压也维持基本稳定。

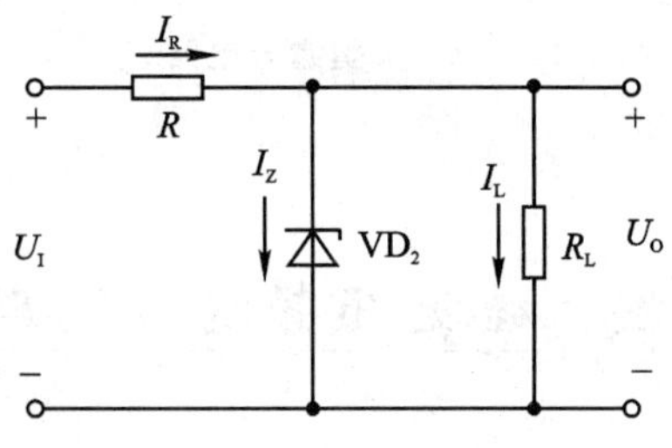

图 8.14 稳压管稳压电路

假设负载电阻 R_L 保持不变。由于电网电压升高而使 U_I 升高时,输出电压 U_O 也将随之上升，但此时稳压管的电流 I_Z 将急剧增加，则电阻 R 上的压降增大，以此来抵消 U_I 的升高，从而使输出电压基本保持不变。

3. 限流电阻的选择

硅稳压管稳压电路中的限流电阻是一个很重要的组成元件。限流电阻 R 的阻值必须选择适当，才能保证稳压电路在电网电压或负载变化时，很好地实现稳压作用。

在硅稳压管稳压电路中，如限流电阻 R 的阻值太大，则流过 R 的电流 I_R 很小，当 I_L 增大时，稳压管的电流可能减小到临界值以下，失去稳压作用；如 R 的阻值太小，则 I_R 很大，当 R_L 很大或开路时，I_R 都流向稳压管，可能超过其允许定额而造成损坏。

设稳压管允许的最大工作电流为 I_{zmax}，最小工作电流为 I_{zmin}；电网电压最高时的整流输出电压为 U_{Imax}，最低时为 U_{Imin}；负载电流的最小值为 I_{Lmin}，最大值为 I_{Lmax}；则要使稳压管能正常工作，必须满足下列关系：

① 当电网电压最高和负载电流最小时，I_Z 的值最大，此时 I_Z 不应超过允许的最大值，即：

$$\frac{U_{Imax}-U_Z}{R}-I_{Lmin}<I_{Zmax} \tag{8.26}$$

或

$$R>(U_{Imax}-U_Z)/(I_{Zmax}+I_{Lmin}) \tag{8.27}$$

式中：U_Z 为稳压管的标称稳压值。

② 当电网电压最低和负载电流最大时，I_Z 的值最小，此时 I_Z 不应低于其允许的最小值，即：

$$\frac{U_{Imin}-U_Z}{R}-I_{Lmax}>I_{Zmin} \tag{8.28}$$

或

$$R<(U_{Imin}-U_Z)/(I_{Zmin}+I_{Lmax}) \tag{8.29}$$

如式(8.27)及(8.29)不能同时满足，例如既要求 $R>500\ \Omega$，又要求 $R<400\ \Omega$，则说明在给定条件下已超出稳压管的工作范围，需限制输入电压 U_I 或负载电流 I_L 的变化范围，或选用更大容量的稳压管。

当输出电压不需调节，负载电流比较小的情况下，硅稳压管稳压电路的效果较好，所以在小型的电子设备中经常采用这种电路。但是，硅稳压管稳压电路还存在两个缺点：首先，输出电压由稳压管的型号决定，不可随意调节；其次，电网电压和负载电流的变化范围较大时，电路将不能适应。为了改进以上缺点，可以采用串联型直流稳压电路。

8.5 串联型直流稳压电路

所谓串联型直流稳压电路，就是在输入直流电压和负载之间串入一个三极管。当 U_I 或 R_L 波动引起输出电压 U_O 变化时，U_O 的变化将反映到三极管的输入电压 U_{BE}，然后，U_{CE} 也随之改变，从而调整 U_O，以保持输出电压基本稳定。

8.5.1 电路组成和工作原理

串联型直流稳压电路的原理图如图 8.15 所示。电路包括四个组成部分。

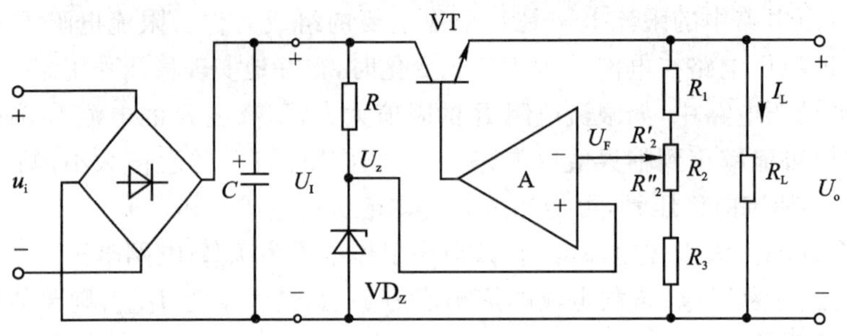

图 8.15 串联型直流稳压电路

① 采样电阻：由电阻 R_1、R_2 和 R_3 组成。当输出电压发生变化时，采样电阻取其变化量的一部分送到放大电路的反相输入端。

② 放大电路：放大电路 A 的作用是将稳压电路输出电压的变化量进行放大，然后再送到调整管的基极。如果放大电路的放大倍数比较大，则只要输出电压产生一点微小的变化，即能引起调整管的基极电压发生较大的变化，提高了稳压效果。因此，放大倍数愈大，则输出电压的稳定性愈高。

③ 基准电压：基准电压由稳压管 VD_Z 提供，接到放大电路的同相输入端。采样电压与基准电压进行比较后，再将二者的差值进行放大。电阻 R 的作用是保证 VD_Z 有一个合适的工作电流。

④ 调整管：调整管 VT 接在输入直流电压 U_I 和输出端的负载电阻 R_L 之间，若输出电压 U_O 由于电网电压或负载电流等的变化而发生波动，则其变化量经采样、比较、放大后送到调整管的基极，使调整管的集-射电压也发生相应的变化，最终调整输出电压使之基本保持稳定。

现在分析串联型直流稳压电路的稳压原理。假设由于 U_I 增大或 I_L 减小而导致输出电压 U_O 增大，则通过采样以后反馈到放大电路反相输入端的电压 U_F 也按比例地增大，但其同相输入端的电压即基准电压 U_Z 保持不变，故放大电路的差模输入电压 $U_{Id}=U_Z-U_F$ 将减小，于是放大电路的输出电压减小，使调整管的基极输入电压 U_{BE}减小，则调整管的集电极电流 I_C 随之减小，同时集电极电压 U_{CE}增大，结果使输出电压 U_O 保持基本不变。

以上稳压过程可简明表示如下：

$$U_I\uparrow 或\ I_L\downarrow \to U_O\uparrow \to U_F\uparrow \to U_{Id}\downarrow \to U_{BE}\downarrow \to I_C\downarrow \to U_{CE}\uparrow \to U_O\downarrow$$

由此看出，串联型直流稳压电路稳压的过程，实质上是通过电压负反馈使输出电压保持基本稳定的过程。

8.5.2 输出电压的调节范围

串联型直流稳压电路的一个优点是允许输出电压在一定范围内进行调节。这种调节可以通过改变采样电阻中电位器 R_2 的滑动端位置来实现。

定性地看，当 R_2 的滑动端向上移动时，反馈电压 U_F 增大，放大电路的差模输入电压减小，使调整管的 U_{BE} 减小，则 U_{CE} 增大，于是输出电压 U_O 减小。反之，若 R_2 的滑动端向下移动，则 U_O 增大。输出电压总的调节范围与采样电阻 R_1、R_2 和 R_3 三者之间的比例关系以及稳压管的稳压值 U_Z 有关。

在图 8.15 中，假设放大电路 A 是理想运放，且工作在线性区，则可以认为其两个输入端"虚短"，即 $U_+ = U_-$；在本电路中 $U_+ = U_Z$，$U_- = U_F$，故 $U_Z = U_F$，而且两个输入端不取电流，则由图可得：

$$U_Z = U_F = \frac{R_2'' + R_3}{R_1 + R_2 + R_3} U_O \tag{8.30}$$

则：

$$U_O = \frac{R_1 + R_2 + R_3}{R_2'' + R_3} U_Z \tag{8.31}$$

当 R_2 的滑动端调至最上端时，U_O 达到最小值，此时：

$$U_{Omin} = \frac{R_1 + R_2 + R_3}{R_2 + R_3} U_Z \tag{8.32}$$

而当 R_2 的滑动端调至最下端时，U_O 达到最大值，则：

$$U_{Omax} = \frac{R_1 + R_2 + R_3}{R_3} U_Z \tag{8.33}$$

8.5.3 调整管的选择

调整管是串联型直流稳压电路的重要组成部分，担负着"调整"输出电压的重任。它不仅需要根据外界条件的变化，随时调整本身的管压降，以保持输出电压稳定，而且还要提供负载所要求的全部电流。因此管子的功耗比较大，通常采用大功率的三极管。为了保证调整管的安全，在选择三极管的型号时，应对管子的主要参数进行初步的估算。

1. 集电极最大允许电流 I_{CM}

由稳压电路可见，流过调整管集电极的电流，除负载电流 I_L 以外，还有流入采样电阻的电流。假设流过采样电阻的电流为 I_R，则选择调整管时，应使其集电极的最大允许电流为：

$$I_{CM} \geqslant I_{Lmax} + I_R \tag{8.34}$$

式中：I_{Lmax} 是负载电流的最大值。

2. 集电极和发射极之间的最大允许反向电压 $U_{(BR)CEO}$

稳压电路正常工作时，调整管上的电压降约为几伏。若负载短路，则整流滤波电路的输出

电压 U_I 将全部加在调整管两端。在电容滤波电路中,输出电压的最大值可能接近于变压器副边电压的峰值,即 $U_I \approx \sqrt{2}U_2$,再考虑电网可能有±10%的波动,因此,根据调整管可能承受的最大反向电压,应选择三极管的参数为

$$U_{(BR)CEO} \geqslant U'_{Lmax} = 1.1\sqrt{2}U_2 \tag{8.35}$$

式中:U'_{Lmax} 是空载时整流滤波电路的最大输出电压。

3. 集电极最大允许耗散功率 P_{CM}

调整管集电极消耗的功率等于管子的集-射电压与流过管子的电流之乘积,而调整管两端的电压又等于 U_I 与 U_O 之差,即调整管的功耗为:

$$P_C = U_{CE}I_C = (U_I - U_O)I_C \tag{8.36}$$

可见:当电网电压达到最大值,而输出电压达到最小值,同时负载电流也达到最大值时,调整管的功耗最大。所以,应根据下式来选择调整管的参数 P_{CM}:

$$P_{CM} \geqslant (U_{Imax} - U_{Omin})I_{Cmax} \approx (1.1 \times 1.2U_2 - U_{Omin})I_{Emax} \tag{8.37}$$

调整管选定以后,为了保证调整管工作在放大状态,管子两端的电压降不宜太小,通常取 U_{CE}=(3~8) V。由于 $U_{CE}=U_I-U_O$,因此,整流滤波电路的输出电压,即稳压电路的输入直流电压应为:

$$U_I = U_{Omax} + (3 \sim 8)\ \text{V} \tag{8.38}$$

如果采用桥式整流电容滤波电路,则此电路的输出电压 U_O 与变压器副边电压 U_2 之间近似为以下关系:

$$U_I \approx 1.2U_2 \tag{8.39}$$

考虑到电网电压可能有10%的波动,因此要求变压器副边电压为:

$$U_2 = 1.1 \times (U_I/1.2) \tag{8.40}$$

8.5.4 稳压电路的过载保护

使用稳压电路时,如果输出端过载甚至短路,将使通过调整管的电流急剧增大,假如电路中没有适当的保护措施,可能使调整管造成损坏,所以在实用的稳压电路中通常加有必要的保护电路。简单的限流型保护电路如图8.16所示。主要保护元件是串接在调整管发射极回路中的检测电阻 R_4 和保护三极管 VT_2。R_4 的阻值很小,一般为1 Ω左右。稳压电路正常工作时,负载电流不超过额定值,电流在 R_4 上的压降很小,故三极管 VT_2 截止,保护电路不起作用。当负载电流超过某一临界值后,R_4 上的压降使 VT_2 导通。由于 VT_2 中流过一个集电极电流,将使调整管 VT_1 的基极电流被分流掉一部分,于是限制了 VT_1 中电流的增长,保护了调整管。

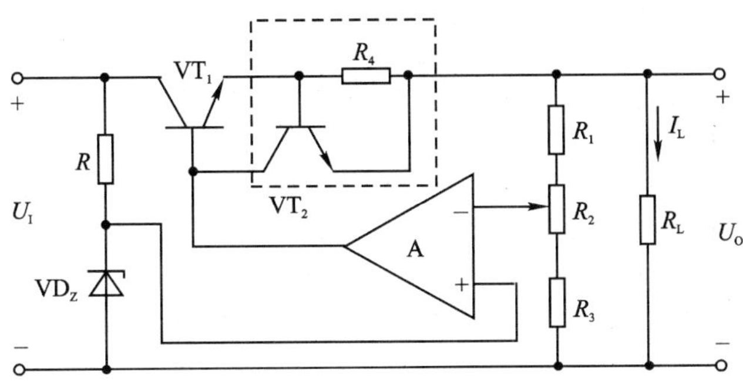

图 8.16 限流型保护电路

8.6 三端集成稳压器及其应用

随着集成电路技术的发展，稳压电路也迅速实现集成化。从20世纪60年代末开始，集成稳压器已经成为模拟集成电路的一个重要组成部分。目前已能大量生产各种型号的单片集成稳压电路。集成稳压器具有体积小、可靠性高以及温度特性好等优点，而且使用灵活、价格低廉，被广泛应用于仪器、仪表及其他各种电子设备中。特别是三端集成稳压器，芯片只引出三个端子，分别接输入端、输出端和公共端，基本上不需外接元件，而且内部有限流保护、过热保护和过压保护电路，使用更加安全、方便。

三端集成稳压器还有固定输出和可调输出两种不同的类型。前者的输出直流电压是固定不变的几个电压等级，后者则可以通过外接的电阻和电位器使输出电压在某一个范围内连续可调。固定输出集成稳压器又可分为正输出和负输出两大类。

本节将以W7800系列三端固定正输出集成稳压器为例，介绍电路的组成，并介绍三端集成稳压器的主要参数、它们的外形及应用电路。

8.6.1 三端集成稳压器的组成

三端集成稳压器的组成如图8.17所示。由图可见，电路内部实际上包括了串联型直流稳压电路的各个组成部分，另加保护电路和启动电路。现对各部分扼要进行介绍。

(1) 调整管

调整管接在输入端与输出端之间。当电网电压或负载电流波动时，调整自身的集-射压降使输出电压基本保持不变。在W7800系列三端集成稳压电路中，调整管由两个三极管组成的复合管充当，这种结构只要求放大电路用较小的电流即可驱动调整管发射极回路中较大的输出电流，而且提高了调整管的输入电阻。

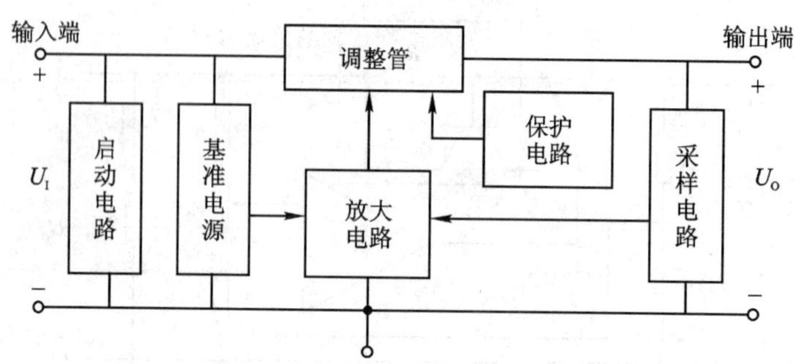

图 8.17　三端集成稳压器的组成

(2) 放大电路

放大电路将基准电压与从输出端得到的采样电压进行比较,然后再放大并送到调整管的基极。放大倍数愈大,则稳定性能愈好。在 W7800 系列三端集成稳压器中,放大管也是复合管,电路组态为共射接法,并采用有源负载,可以获得较高的电压放大倍数。

(3) 基准电源

串联型直流稳压电路的输出电压 U_O 与基准电压 U_Z 成正比,因此,基准电压的稳定性将直接影响稳压电路输出电压的稳定性。在 W7800 系列三端集成稳压器中,采用一种能带间隙式基准源。这种基准源具有低噪声、低温漂的特点,在单片式大电流集成稳压器中被广泛应用。

(4) 采样电路

采样电路由两个分压电阻组成,它将输出电压变化量的一部分送到放大电路的输入端。

(5) 启动电路

启动电路的作用是在刚接通直流输入电压时,使调整管、放大电路和基准电源等建立起各自的工作电流。当稳压电路正常工作时,启动电路被断开,以免影响稳压电路的性能。

(6) 保护电路

在 W7800 系列三端集成稳压器中,已将限流保护电路、过热保护电路和过压保护电路等三种保护电路集成在芯片内部。

关于 W7800 系列三端集成稳压器具体电路的原理图,读者如有兴趣,请参阅有关文献。

8.6.2　三端集成稳压器的主要参数

无论固定正输出还是固定负输出的三端集成稳压器,它们的输出电压值通常可分为 7 个等级,即:±5 V、±6 V、±8 V、±12 V、±15 V、±18 V 以及±24 V。输出电流则有三个等级:1.5 A(W7800 和 W7900 系列)、500 mA(W78M00 和 W79M00 系列)以及 100 mA(W78L00 和 W79L00 系列)。现将 W7800 系列三端集成稳压器的主要参数列于表 8.3 中,以供参考。

表 8.3　三端集成稳压器的主要参数

参数名称 \ 参数值 \ 型号	符号	单位	7805	7806	7808	7812	7815	7818	7824
输入电压	U_I	V	10	11	14	19	23	27	33
输出电压	U_O	V	5	6	8	12	15	18	24
电压调整率	S_U	%/V	0.007 6	0.008 6	0.01	0.008	0.006 8	0.01	0.011
电流调整率 (5 mA≤I_O≤1.5 A)	S_I	mV	40	43	45	52	52	55	60
最小压差	U_I-U_O	V	2	2	2	2	2	2	2
输出噪声	U_N	μV	10	10	10	10	10	10	10
输出电阻	R_o	mΩ	17	17	18	18	19	19	20
峰值电流	I_{OM}	A	2.2	2.2	2.2	2.2	2.2	2.2	2.2
输出温漂	S_T	mV/C	1.0	1.0		1.2	1.5	1.8	2.4

8.6.3　三端集成稳压器的应用

1. 三端集成稳压器的外形及电路符号

W7800 和 W78M00 系列固定正输出三端集成稳压器的外形分两种：一种是金属菱形式；另一种是塑料直插式。分别如图 8.18(a)和(b)所示。而 W7900 和 W79M00 系列固定负输出三端集成稳压器的外形与前者相同，但是引脚有所不同。输出电流较小的 W78L00 和 W79L00 系列三端集成稳压器的外形也有两种：一种为塑料截圆式；另一种为金属圆壳式。分别见图 8.18(c)和(d)。

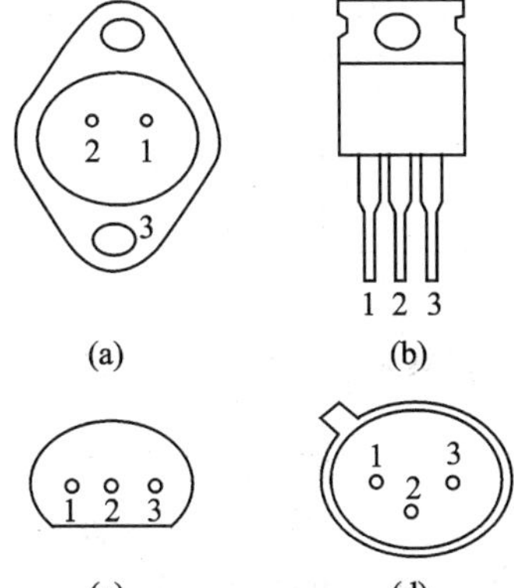

表8.4　三端集成稳压器引脚列表

系列 \ 引脚 \ 封装形式	金属封装			塑料封装		
	IN	GND	OUT	IN	GND	OUT
W7800	1	3	2	1	2	3
W78M00	1	3	2	1	2	3
W78L00	1	3	2	3	2	1
W7900	3	1	2	2	1	3
W79M00	3	1	2	2	1	3
W79L00	3	1	2	2	1	3

图 8.18　三端集成稳压器外形及引脚列表

W7800 和 W7900 系列三端集成稳压器的电路符号分别如图 8.19(a)和(b)所示。

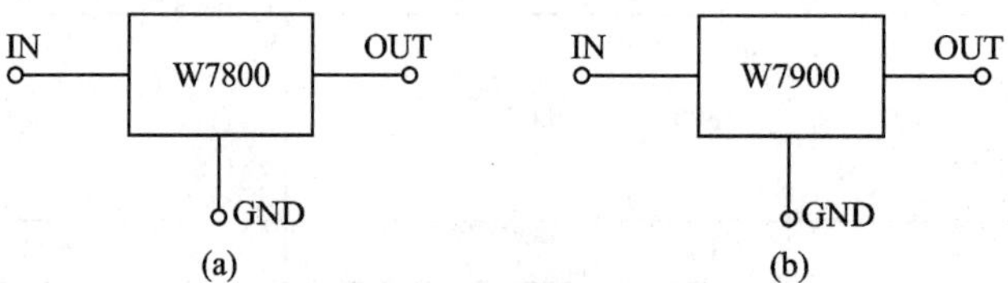

图 8.19　三端集成稳压器电路符号

2. 三端集成稳压器应用电路

三端集成稳压器的使用十分方便。由于只有三个引出端：输入端、输出端和公共端，因此，在实际的应用电路中连接比较简单。

(1) 基本电路

三端集成稳压器最基本的应用电路如图 8.20 所示。整流滤波后得到的直流输入电压 U_I 接在输入端和公共端之间，即可在输出端得到稳定的输出电压 U_O。为了改善纹波电压，常在输入端接入电容 C_I，一般 C_I 的容量为 0.33 μF。在输出端接电容 C_O，以改善负载的瞬态响应，C_O 的容量一般为 0.1 μF。两个电容应直接接在集成稳压器的引脚处。若输出电压比较高，应在输入端与输出端之间跨接一个保护二极管 VD。其作用是在输入端短路时，使 C_O 通过二极管放电，以便保护集成稳压器内部的调整管。输入直流电压 U_I 的值应至少比 U_O 高 2 V。

(2) 扩大输出电流

三端集成稳压器的输出电流有一定限制，如果希望在此基础上进一步扩大输出电流，则可以通过外接大功率三极管的方法实现，电路接法如图 8.21 所示。

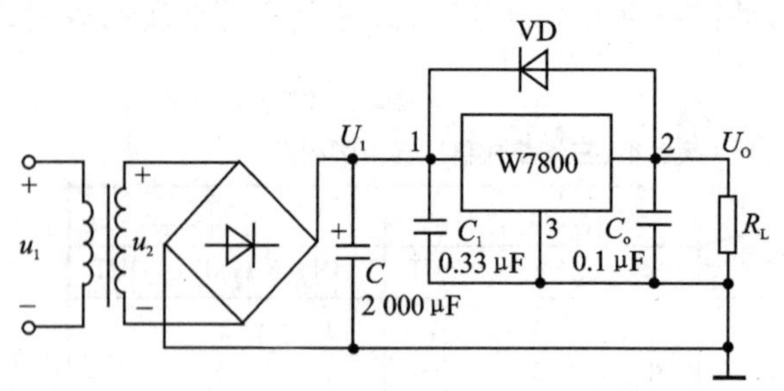

图 8.20　三端集成稳压器基本应用电路

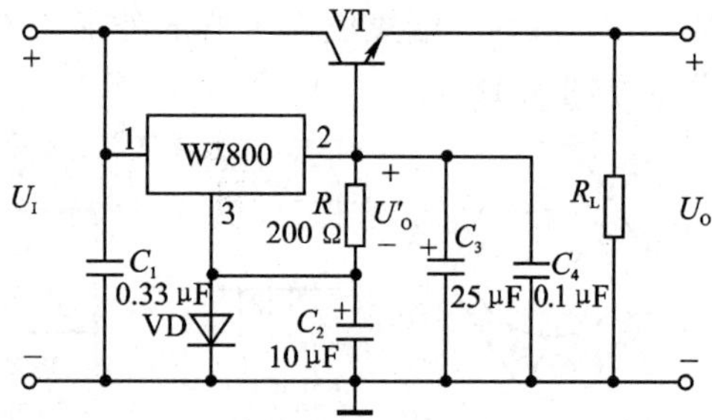

图 8.21　三端集成稳压器扩大输出电流电路

在图 8.21 中，负载所需的大电流由大功率三极管 VT 提供，而三极管的基极由三端集成稳压器驱动。电路中接入一个二极管 VD，用以补偿三极管的发射结电压 U_{BE}，使电路的输出电压 U_O 基本上等于三端集成稳压器的输出电压 U'_O。只要适当选择二极管的型号，并通过调节电阻 R 的阻值以改变流过二极管的电流，即可得到 $U_D \approx U_{BE}$，此时由图可见

$$U_O = U'_O - U_{BE} + U_D \approx U'_O \tag{8.41}$$

同时，接入的二极管 VD 也补偿了温度对三极管 U_{BE} 的影响，使输出电压比较稳定。

电容 C_2 的作用是滤掉二极管 VD 两端的脉动电压，以减小输出电压的脉动成分。

(3) 提高输出电压

如果实际工作中要求得到更高的输出电压，也可以在原有三端集成稳压器输出电压的基础上加以提高，电路如图 8.22(a)和(b)所示。

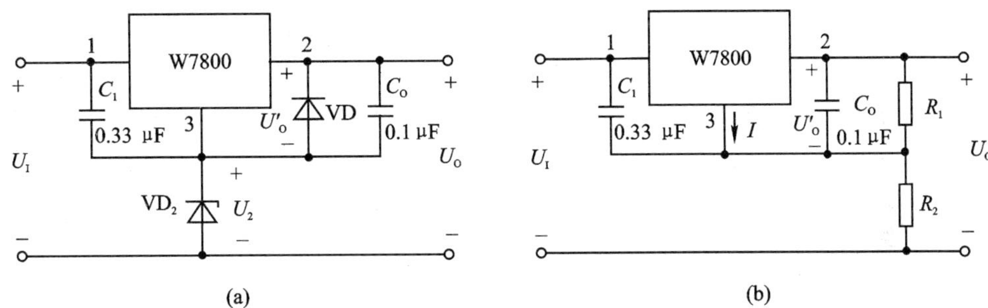

图 8.22　提高三端集成稳压器输出电压的电路

图 8.22(a)中的电路利用稳压管 VD_Z 来提高输出电压。由图可见，电路的输出电压为：

$$U_O = U'_O + U_Z \tag{8.42}$$

电路中输出端的二极管 VD 是保护二极管。正常工作时，VD 处于截止状态，一旦输出电压低于 U_Z 或输出端短路，二极管 VD 将导通，输出电流被旁路，从而保护集成稳压器的输出级免受损坏。

图 8.22(b)中的电路利用电阻来提升输出电压。假设流过电阻 R_1、R_2 的电流比三端集成稳压器的静态电流 I（约为 5 mA）大得多，则输出电压为：

$$U_O = (1 + R_2/R_1)U'_O \tag{8.43}$$

此种提高输出电压的电路比较简单，但稳压性能将有所下降。

(4) 输出电压可调

W7800 和 W7900 均为固定输出的三端集成稳压器，如果希望得到可调的输出电压，可以选用可调输出的集成稳压器，如 LM317、LM337 等，也可以将固定输出集成稳压器接成图 8.23 所示的电路。

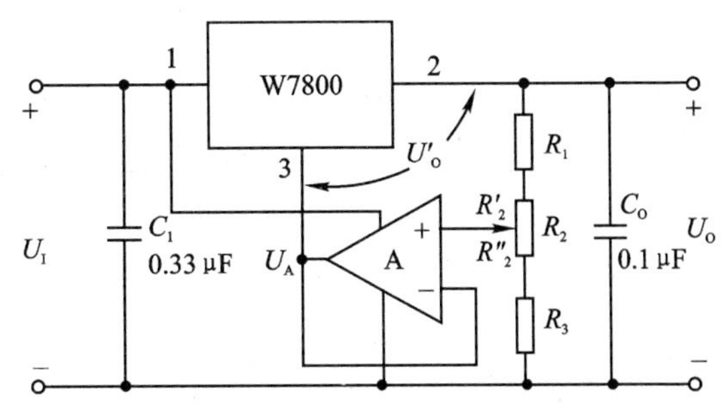

图 8.23　输出电压可调的稳压电路

电路中接入了一个集成运放 A 以及采样电阻 R_1、R_2 和 R_3，其中 R_2 为电位器。不难看出，集成运放接成电压跟随器形式，它

的输出电压 U_A 等于其输入电压。即：

$$U_A = \frac{R''_2 + R_3}{R_1 + R_2 + R_3} U_O \tag{8.44}$$

由图可得

$$U'_O + U_A = U'_O + \frac{R''_2 + R_3}{R_1 + R_2 + R_3} U_O = U_O \tag{8.45}$$

则电路的输出电压为

$$U_O = U'_O \Big/ \left(1 - \frac{R''_2 + R_3}{R_1 + R_2 + R_3}\right) = \left(1 + \frac{R''_2 + R_3}{R_1 + R'_2}\right) U'_O \tag{8.46}$$

由上式可知，只需移动电位器 R_2 的滑动端，即可调节输出电压的大小。但要注意，当输出电压 U_O 调得很低时，集成稳压器的1、2两端之间的电压($U_I - U_O$)很高，使内部调整管的管压降增大，同时调整管的功率损耗也随之增大，此时应防止其管压降和功耗超过额定值，以保证安全。

8.7 开关型稳压电路

前面介绍的稳压电路，包括分立元件组成的串联型直流稳压电路以及集成稳压器均属于线性稳压电路，这是由于其中的调整管总是工作在线性放大区。线性稳压电路的优点是结构简单，调整方便，输出电压脉动较小。但是这种稳压电路的主要缺点是效率低，一般只有20%～40%。由于调整管消耗的功率较大，有时需要在调整管上安装散热器，致使电源的体积和重量增大，比较笨重。而开关型稳压电路克服了上述缺点，因而它的应用日益广泛。

8.7.1 开关型稳压电路的特点和分类

开关型稳压电路的特点主要有以下几方面：

(1) 效率高

开关型稳压电路中的调整管工作在开关状态，可以通过改变调整管导通与截止时间的比例来改变输出电压的大小。当调整管饱和导电时，虽然流过较大的电流，但饱和管压降很小；当调整管截止时，管子将承受较高的电压，但流过调整管的电流基本等于零。可见，工作在开关状态调整管的功耗很小，因此，开关型稳压电路的效率较高，一般可达65%～90%。

(2) 体积小、重量轻

因调整管的功耗小，故散热器也可随之减小。而且，许多开关型稳压电路还可省去50 Hz工频变压器，而开关频率通常为几十千赫，故滤波电感、电容的容量均可大大减小。所以，开关型稳压电路与同样功率的线性稳压电路相比，体积和重量都小得多。

(3) 对电网电压的要求不高

由于开关型稳压电路的输出电压与调整管导通与截止时间的比例有关，而输入直流电压的幅度变化对其影响很小，因此，允许电网电压有较大的波动。一般线性稳压电路允许电网电压波动±10%，而开关型稳压电路在电网电压为 140～260 V，电网频率变化±4%时仍可正常工作。

(4) 调整管的控制电路比较复杂

为使调整管工作在开关状态，需要增加控制电路，调整管输出的脉冲波形还需经过 *LC* 滤波后再送到输出端，因此相对于线性稳压电路，其结构比较复杂，调试比较麻烦。

(5) 输出电压中纹波和噪声成分较大

因调整管工作在开关状态，将产生尖峰干扰和谐波信号，虽经整流滤波，输出电压中的纹波和噪声成分较线性稳压电路仍较大。

总的来说，由于开关型稳压电路的突出优点，使其在计算机、电视机、通信及空间技术等领域得到了愈来愈广泛的应用。

开关型稳压电路的类型很多，而且可以按不同的方法来分类。

例如，按控制的方式分类，有：脉冲宽度调制型(PWM)，即开关工作频率保持不变，控制导通脉冲的宽度；脉冲频率调制型(PFM)，即开关导通的时间不变，控制开关的工作频率；以及混合调制型，其为以上两种控制方式的结合，即脉冲宽度和开关工作频率都将变化。以上三种方式中，脉冲宽度调制型用得较多。

按是否使用工频变压器来分类，有：低压开关稳压电路，即 50 Hz 电网电压先经工频变压器转换成较低电压后，再进入开关型稳压电路，因这种电路需用笨重的工频变压器，且效率较低，目前已很少采用；高压开关稳压电路，即无工频变压器的开关稳压电路，由于高压大功率三极管的出现，有可能将 220 V 交流电网电压直接进行整流滤波，然后再进行稳压，使开关稳压电路的体积和重量大大减小，而效率更高。目前，实际工作中大量使用的，主要是无工频变压器的开关稳压电路。

又如，按激励的方式分类，有自激式和他激式。按所用开关调整管的种类分类，有双极型三极管、MOS 场效应管和可控硅开关电路等。此外还有其他许多分类方式，在此不一一列举。

8.7.2 开关型稳压电路的组成和工作原理

串联式开关型稳压电路的组成如图 8.24 所示。图中包括开关调整管、滤波电路、脉冲调制电路、比较放大器、基准电压和采样电路等组成部分。

如果由于输入直流电压或负载电流波动而引起输出电压发生变化，采样电路将输出电压变化量的一部分送到比较放大电路，与基准电压进行比较并将二者的差值放大后送至脉冲调制电路，使脉冲波形的占空比发生变化。此脉冲信号作为开关调整管的输入信号，使调整管导通和截止时间的比例也随之发生变化，从而使滤波以后输出电压的平均值基本保持不变。

图 8.25 所示为一个最简单的开关型稳压电路的原理图。电路的控制方式采用脉冲宽度调制式。图中三极管 VT 为工作在开关状态的调整管。由电感 L 和电容 C 组成滤波电路,二极管 VD 称为续流二极管。脉冲宽度调制电路由一个比较器和一个产生三角波的振荡器组成。运算放大器 A 作为比较放大电路,基准电源产生一个基准电压 U_{REF},电阻 R_1、R_2 组成采样电阻。

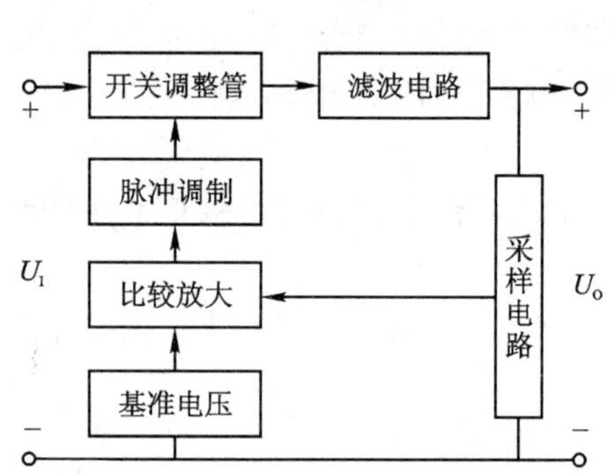

图 8.24 开关型稳压电路的组成

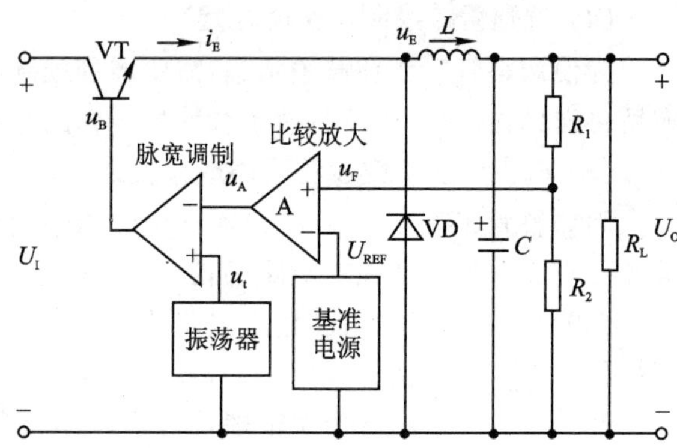

图 8.25 脉冲调宽式开关型稳压电路示意图

下面分析图 8.25 所示电路的工作原理。由采样电路得到的采样电压 u_F 与输出电压成正比,它与基准电压进行比较并放大以后得 u_A,被送到比较器的反相输入端。振荡器产生的三角波信号 u_t 加在比较器的同相输入端。当 $u_t > u_A$ 时,比较器输出高电平,即:

$$u_B = +U_{OPP} \tag{8.47}$$

当 $u_t < u_A$ 时,比较器输出低电平,即:

$$u_B = -U_{OPP} \tag{8.48}$$

故调整管 VT 的基极电压 u_B 成为高、低电平交替的脉冲波形,如图 8.26 所示。

当 u_B 为高电平时,调整管饱和导电,此时发射极电流 i_E 流过电感和负载电阻,一方面向负载提供输出电压,同时将能量储存在电感的磁场中。由于三极管 VT 饱和导通,因此其发射极电位 u_E 为:

$$u_E = U_I - U_{CES}$$

上式中 U_I 为直流输入电压,U_{CES} 为三极管的饱和管压降。u_E 的极性为上正下负,则二极管 VD 被反向偏置,不能导通,故此时二极管不起作用。

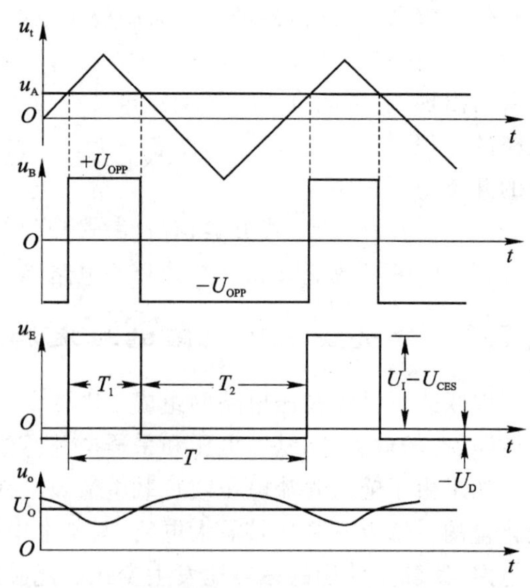

图 8.26 电路的波形图

当 u_B 为低电平时，调整管截止，$i_E=0$。但电感具有维持流过电流不变的特性，此时将储存的能量释放出来，在电感上产生的反电势使电流通过负载和二极管继续流通，因此，二极管 VD 称为续流二极管。此时调整管发射极的电位为：

$$u_E=-U_D$$

式中 U_D 为二极管的正向导通电压。

调整管处于开关工作状态，它的发射极电位 u_E 也是高、低电平交替的脉冲波形。但是，经过 LC 滤波电路以后，在负载上可以得到比较平滑的输出电压 u_o。在理想情况下，输出电压 u_o 的平均值 U_O 即是调整管发射极电压 u_E 的平均值。根据图 8.26 中 u_E 的波形可求得：

$$U_O=\frac{1}{T}\int_0^T u_E\mathrm{d}t=\frac{1}{T}\left[\int_0^{T_1}(U_I-U_{CES})\mathrm{d}t+\int_{T_1}^{T}(-U_D)\mathrm{d}t\right] \tag{8.49}$$

因三极管的饱和管压降 U_{CES} 以及二极管的正向导通电压 U_D 的值均很小，与直流输入电压 U_I 相比通常可以忽略，则式 8.49 可近似表示为：

$$U_O\approx\frac{1}{T}\int_0^{T_1}U_I\mathrm{d}t=\frac{T_1}{T}U_I=DU_I \tag{8.50}$$

式中之 D 为脉冲波形 u_E 的占空比。由式(8.50)可知，在一定的直流输入电压 U_I 之下，占空比 D 的值愈大，则开关型稳压电路的输出电压 U_O 愈高。

下面再来分析当电网电压波动或负载电流变化时，开关型稳压电路如何起稳压作用。假设由于电网电压或负载电流的变化使输出电压 U_O 升高，则经过采样电阻以后得到的采样电压 u_F 也随之升高，此电压与基准电压 U_{REF} 比较以后再放大得到的电压 u_A 也将升高。u_A 送到比较器的反相输入端，由图 8.26 所示的波形图可见，当 u_A 升高时，将使开关调整管基极电压 u_B 的波形中高电平的时间缩短，而低电平的时间延长；于是调整管在一个周期中饱和导电的时间减少，截止的时间增加；则其发射极电压 u_E 脉冲波形的占空比减小，从而使输出电压的平均值 U_O 减小，最终保持输出电压基本不变。

以上扼要地介绍了脉冲调宽式开关型稳压电路的组成和工作原理。至于其他类型的开关稳压电路，此处不再赘述，读者可参阅有关文献。

8.8 小 结

各种电子设备通常都需要有直流电源供电。比较经济实用的获得直流电源的方法，是利用电网提供的交流电经过整流、滤波和稳压以后得到的。

- 利用二极管的单向导电性可以组成整流电路。在单相半波、单相全波和单相桥式三种基本整流电路中，单相桥式整流电路的输出直流电压较高，输出波形的脉动成分相对较低，整流管承受的反向峰值电压不高，而变压器的利用率较高，因此应用比较广泛。
- 滤波电路的主要任务是尽量滤掉输出电压中的脉动成分，同时，尽量保留其中的直流成分。滤波电路主要由电容、电感等储能元件组成。将对交流分量阻抗小,对直流分量阻抗大的电容元件与负载并联,以形成对交流分量的旁路;将对交流分量阻抗大,对直流分量阻抗小的电感元件与负载串联,使交流分量大部分降落在电感上。电容滤波适用于小负载电流;而电感滤波适用于大负载电流。在实际工作中常常将二者结合起来,以便进一步降低脉动成分。

➢ 稳压电路的任务是在电网电压波动或负载电流变化时,使输出电压保持基本稳定。常用的稳压电路有以下几种:

① 硅稳压管稳压电路:电路结构最为简单,适用于输出电压固定,负载电流较小的场合。主要缺点是输出电压不可调节。当电网电压和负载电流变化范围较大时,电路无法适应。

② 串联型直流稳压电路:串联型直流稳压电路主要包括四部分:调整管、采样电阻、放大电路和基准电压。其稳压的原理实质上是引入电压负反馈来稳定输出电压。串联型稳压电路的输出电压可以在一定的范围内进行调节。

③ 集成稳压器:集成稳压器由于具有体积小、可靠性高以及温度特性好等优点,得到了广泛的应用。特别是三端集成稳压器,只有三个引出端,使用更加方便。三端集成稳压器的内部,实质上是将串联型直流稳压电路的各个组成部分,再加上保护电路和启动电路,全部集成在一个芯片上而做成的。

④ 开关型稳压电路:与线性稳压电路相比,开关型稳压电路的特点是调整管工作在开关状态,通过改变调整管的通断时间实现对输出直流电压的控制。因而具有效率高、体积小、重量轻以及对电网电压要求不高等突出优点,被广泛用于计算机、电视机、通信及空间技术等领域。但也存在调整管的控制电路比较复杂、输出电压中纹波和噪声成分较大等缺点。

8.9 习 题

1. 在图8.27所示的单相桥式整流电路中,已知变压器副边电压 $U_2=10$ V(有效值),试问:

   ① 电路工作时,直流输出电压 $U_{O(AV)}=$?

   ② 如果二极管VDl虚焊,将会出现什么现象?

   ③ 如果VDl极性接反,又可能出现什么问题?

   ④ 如果四个二极管全部接反,则直流输出电压 $U_{O(AV)}=$?

2. 图8.28是能输出两种整流电压的桥式整流电路。试分析各个二极管的导电情况。在图上标出直流输出电压 $U_{O(AV)1}$ 和 $U_{O(AV)2}$ 对地的极性,并计算当 $U_{21}=U_{22}=20$ V(有效值)时,$U_{O(AV)1}$ 和 $U_{O(AV)2}$ 各为多少?如果 $U_{21}=22$ V,$U_{22}=18$ V,则 $U_{O(AV)1}$ 和 $U_{O(AV)2}$ 各为多少?在后一种情况下,画出 u_{o1} 和 u_{o2} 的波形并估算各个二极管的最大反向峰值电压将各为多少?

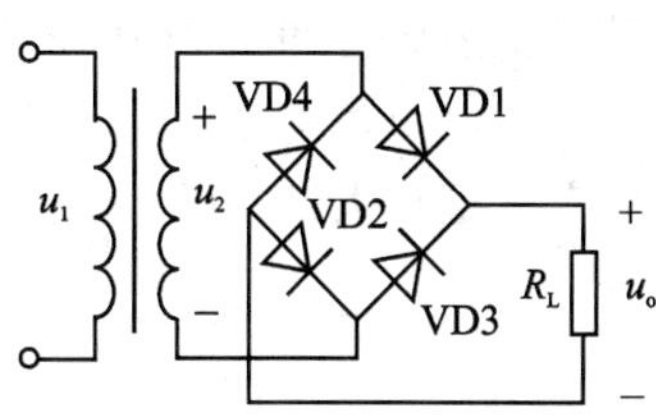

图 8.27 习题 1 图

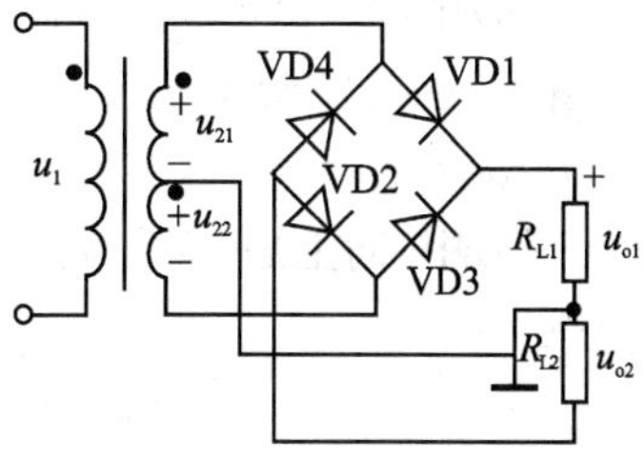

图 8.28 习题 2 图

3. 试比较图 8.29 中所示的三个电路,哪个滤波效果较好?哪个较差?哪个不能起滤波作用?

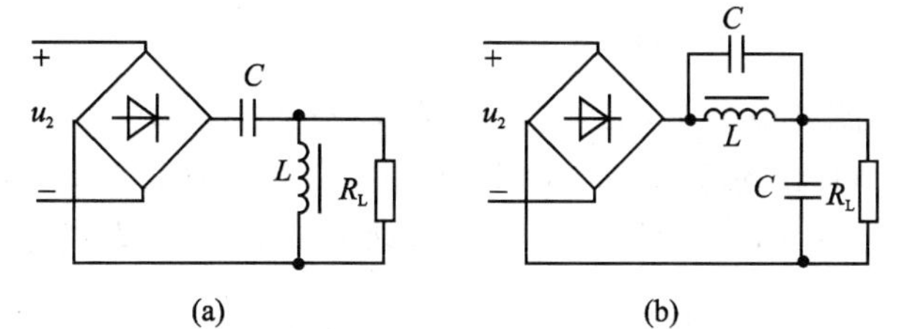

图 8.29 习题 3 图

4. 试分析在下列几种情况下,应该选用哪一种滤波电路比较合适。

① 负载电阻为 1 Ω,电流为 10 A,要求 $S=10\%$;

② 负载电阻为 1 kΩ,电流为 10 mA,要求 $S=0.1\%$;

③ 负载电阻从 20 Ω 变到 100 Ω,要求 $S=1\%$,且输出电压 $U_{O(AV)}$ 变化不超过 20%;

④ 负载电阻为 100 Ω 可调,电流从零变到 1 A,要求 $S=1\%$,且希望 U_2 尽可能低。

5. 在图 8.30 所示的桥式整流、电容滤波电路中,$U_2=20$ V(有效值),$R_L=40$ Ω,$C=1000$ μF。试问:

① 电路正常时 $U_{O(AV)}=?$

② 如果电路中有一个二极管开路,$U_{O(AV)}$ 是否为正常值的一半?

③ 如果测得 $U_{O(AV)}$ 为下列数值,可能出了什么故障:

(a) $U_{O(AV)}=18$ V;

(b) $U_{O(AV)}=28$ V;

(c) $U_{O(AV)}=9$ V。

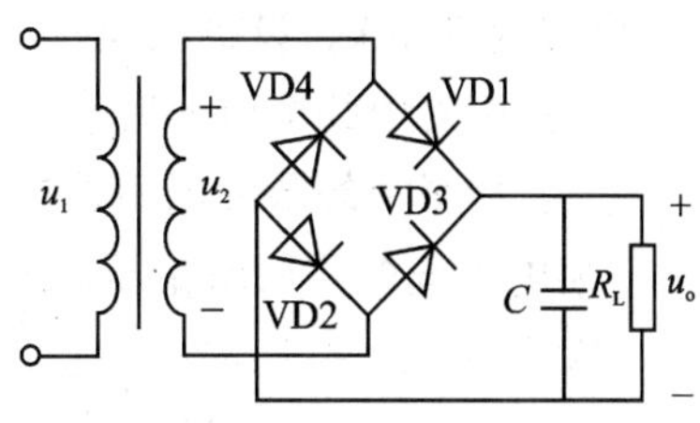

图 8.30 习题 5 图

6. 试估算图8.31所示各电路的输出电压：

① 图(a)中，当VD1因虚焊而造成开路时$U_{O(AV)}$=？忽略各VD的压降。

② 图(b)中二极管均正常，在整流输出端串接电感L(忽略它和二极管的电阻)时，$U_{O(AV)}$=？

③ 图(c)中，同上题，但整流输出端并联电容C(设其容量足够大)时，$U_{O(AV)}$=？

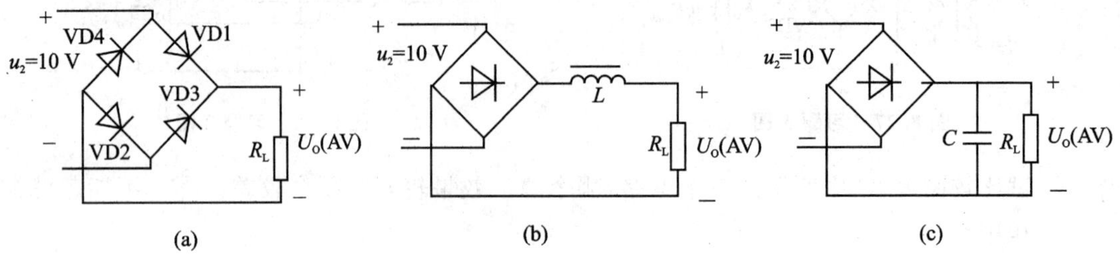

图8.31 习题6图

7. 在图8.12的桥式整流、LC滤波电路中，已知U_2=10 V(有效值)，L=140 mH，C=3 000 μF，负载电阻R_L=12 Ω，试估算直流输出电压$U_{O(AV)}$，和脉动系数S。

8. 在图8.32所示电路中，各元件应如何连结才能得到对地为±15 V的直流电压(在图中画出)？

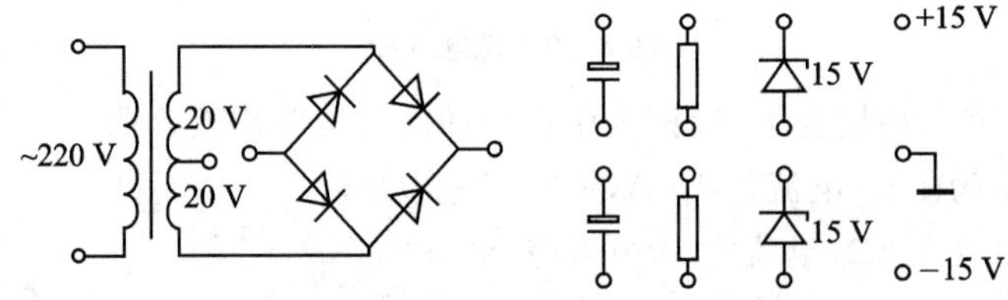

图8.32 习题8图

9. 图8.14所示的硅稳压管稳压电路中。要求输出直流电压为6 V，输出直流电流为10～30 mA，若稳压管为2CW13，其稳压值为6 V，允许耗散功率250 mW，稳压管最小稳定电流为5 mA。设整流、滤波后的输出电压在12～14 V之间变化，试问：

① 稳压管中的电流何时最大，何时最小？

② 选择多大的限流电阻值能使稳压电路正常工作？

10. 某电子设备需两路稳压电源，采用稳压管稳压。一路稳压值为5 V，电流I_1的变化范围为0～20 mA；另一路稳压值为15 V，电流I_2的变化范围为30～40 mA。设整流、滤波电路输出电压U_I的变化范围是27～30 V，稳压管的允许耗散功率为1 W，最低工作电流取10 mA，试计算电阻R_1和R_2应选用的阻值和功率。

11. 在图8.33所示电路中：

① $U_{DZ}=6$ V 时，要求当 R_W 的滑动端在最下端时 $U_O=15$ V，电位器 R_W 的阻值应是多少？

② 在选定的 R_W 值之下，当 R_W 的滑动端在最上端时，$U_O=$？

③ 为保证调整管很好地工作在放大状态，要求其管压降 U_{CE} 任何时候不低于 3 V，则 U_I 应为多大？

④ 稳压管 VD_Z 的最小电流为 $I_Z=5$ mA，试选择电阻 R 的阻值。

12. 在图 8.34 所示电路中，为了获得 $U_O=10$ V 的稳定输出电压，电阻 R_1 应为多大？假设三端集成稳压器的电流 I 与 R_1、R_2 中的电流相比可以忽略。

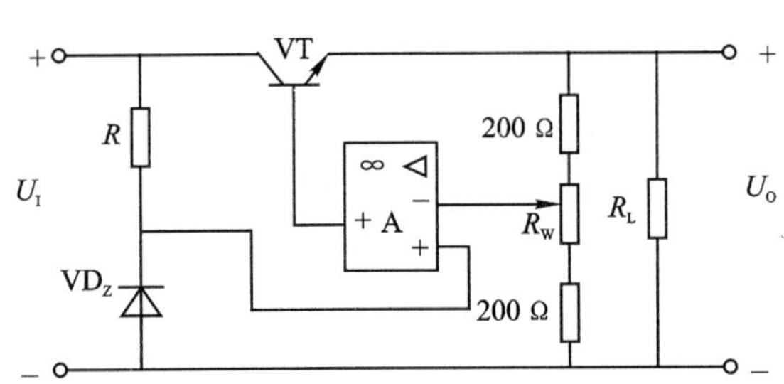

图 8.33 习题 11 图

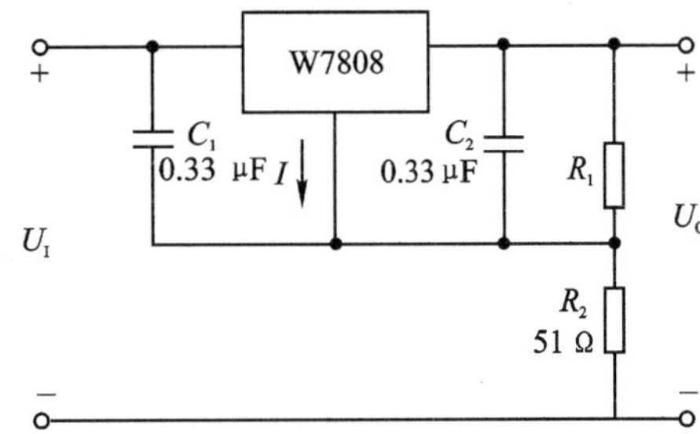

图 8.34 习题 12 图

13. 试说明开关型稳压电路的特点。在下列各种情况下，试问应分别采用何种稳压电路(线性稳压电路还是开关型稳压电路)？

① 希望稳压电路的效率比较高；

② 希望输出电压的纹波和噪声尽量小；

③ 希望稳压电路的重量轻、体积小；

④ 希望稳压电路的结构尽量简单，使用的元件个数少，调试方便。

14. 试说明开关型稳压电路通常有哪几个组成部分，简述各部分的作用。

8.10 部分习题参考答案

1. ① $U_{O(AV)}=9$ V，② $U_{O(AV)}=4.5$ V，③ 短路，④ $U_{O(AV)}=-9$ V。

2. ① $U_{O(AV)1}=U_{O(AV)2}=18$ V，② $U_{O(AV)1}=U_{O(AV)2}=18$ V。

3. (a) 不能滤波，(b) 滤波效果好，(c) 滤波效果差。

4. ① 电感滤波，② $RC-\pi$ 滤波，③ LC 滤波，④ $LC-\pi$ 滤波。

5. ① $U_{O(AV)}=28$ V，② 是，③ (a) 电容开路 (b) 正常 (c) 电容、一个二极管开路。

6. ① $U_{O(AV)}=9$ V，② $U_{O(AV)}=9$ V，③ $U_{O(AV)}=14$ V。

7. $U_{O(AV)}=9$ V，$S=1.6\%$。

9. ① 当电网电压最高和负载电流最小时，I_Z 的值最大，当电网电压最低和负载电流最大时，I_Z 的值最小。

② 157 Ω$<R<$171 Ω

11. ① $R_W=100$ Ω，② $U_O=10$ V，③ $U_i=18$ V，④ $R<2.4$ kΩ

12. $R_1=204$ Ω

13. ①③线性，②④开关。

*第9章 模拟电子技术应用举例

9.1 函数发生器设计

通过本章的学习，要求掌握方波-三角波-正弦波函数发生器的设计方法与调试技术。学会安装与调试由多级单元电路组成的电子线路。

9.1.1 函数发生器的组成

函数发生器一般是指能自动产生正弦波、三角波、方波、锯齿波及阶梯波等电压波形的电路或仪器。根据用途不同，有产生三种或多种波形的函数发生器。使用的器件可以是分立器件，也可以采用集成电路(如单片函数发生器模块 ICL8038)。为进一步掌握电路的基本理论及实验调试技术，本章介绍由集成运算放大器与晶体管差分放大器共同组成的方波-三角波-正弦波函数发生器的设计方法。

产生正弦波、方波、三角波的方案有多种。如首先产生正弦波，然后通过整形电路将正弦波变换成方波，再由积分电路将方波变成三角波；也可以首先产生三角波-方波，再将三角波变成正弦波或将方波变成正弦波等。本章只介绍先产生方波-三角波，再将三角波变换成正弦波的电路设计方法。其电路组成框图如图 9.1 所示。

1. 方波-三角波产生电路

图 9.2 所示的电路能自动产生方波-三角波。电路工作原理如下：若 a 点断开，运算放大器 A1 与 R_1、R_2 及 R_3、RP_1 组成电压比较器，C_1 称为加速电容，可加速比较器的翻转。运放的反相端接基准电压，即 $U_- = 0$，同相端接输入电压 U_{id}，R_1 称为平衡电阻。比较器的输出 U_{O1} 的高电平等于正电源电压 $+U_{CC}$，低电平等于负电源电压 $-U_{EE}$，当比较器的 $U_+ = U_- = 0$ 时，比较器翻转，输出 U_{O1} 从高电平 $+U_{CC}$ 跳到低电平 $-U_{EE}$，或从低电平 $-U_{EE}$ 跳到高电平 $+U_{CC}$。设 $U_{o1} = +U_{CC}$，为一迟滞比较器。

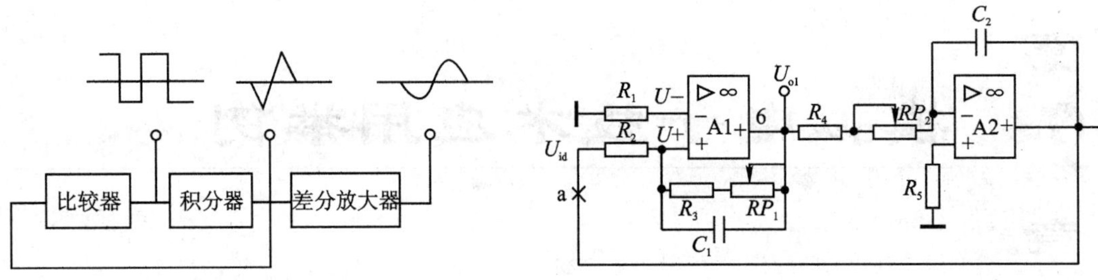

图 9.1　函数发生器组成框图

图 9.2　方波-三角波产生电路

比较器的门限宽度

$$U_{\mathrm{H}} = U_{\mathrm{ia+}} - U_{\mathrm{ia-}} = \frac{2R_2}{R_3 + RP_1} U_{\mathrm{CC}} \tag{9.1}$$

比较器的电压传输特性如图 9.3 所示。

a 点断开后，运放 A2 与 R_4、RP_2、C_2、及 R_5 组成反相积分器，其输入信号为方波 U_{O1}，则积分器的输出 U_{o2} 为

$$U_{\mathrm{o2}} = \frac{-1}{(R_4 + RP_2)C_2} \int U_{\mathrm{o1}} \, \mathrm{d}t \tag{9.2}$$

可见积分器的输入为方波时，输出是一个上升速率与下降速率相等的三角波，其波形关系如图 9.4 所示。

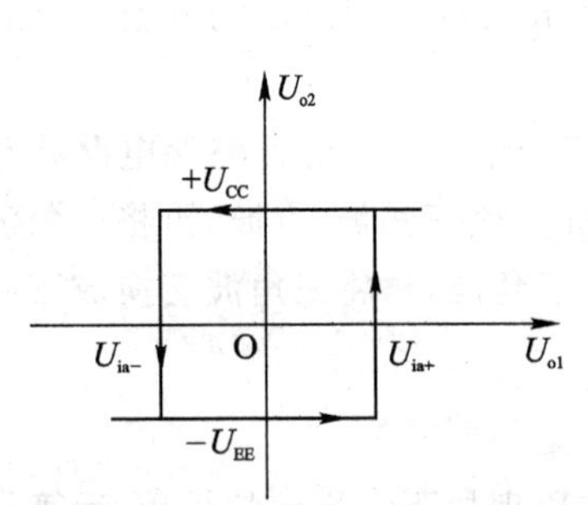

图 9.3　比较器电压传输特性

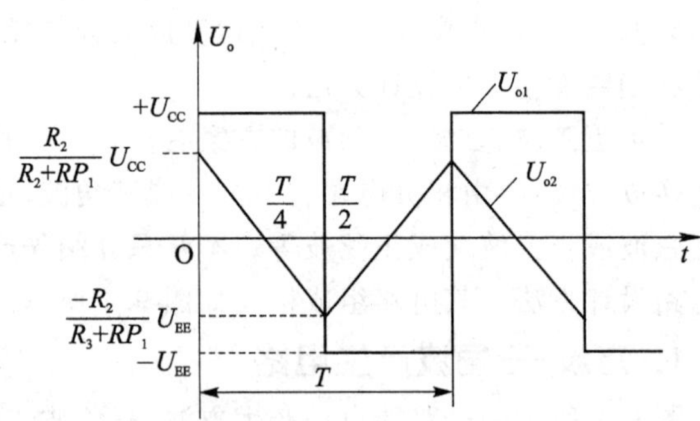

图 9.4　方波-三角波

a 点闭合，即比较器与积分器首尾相连，形成闭环电路，则自动产生方波-三角波。三角波的幅度 U_{o2m} 为

$$U'_{\mathrm{o2m}} = \frac{R_2}{R_3 + RP_1} U_{\mathrm{CC}} \tag{9.3}$$

方波-三角波的频率为

$$f=\frac{R_3+RP_1}{4R_2(R_4+RP_2)C_2} \tag{9.4}$$

由上式可以得出以下结论：

① 电位器 RP_2 在调整方波-三角波的输出频率时，不会影响输出波形的幅度。若要求输出频率范围较宽，可用 C_2 改变频率的范围，RP_2 实现频率微调。

② 方波的输出幅度应等于电源电压 $+U_{CC}$。三角波的输出幅度应不超过电源电压 $+U_{CC}$。电位器 RP_1 可实现幅度微调，但会影响方波-三角波的频率。

2. 三角波-正弦波变换电路

三角波-正弦波的变换电路主要由差分放大器来完成。实用差分放大电路如图 9.5 所示。

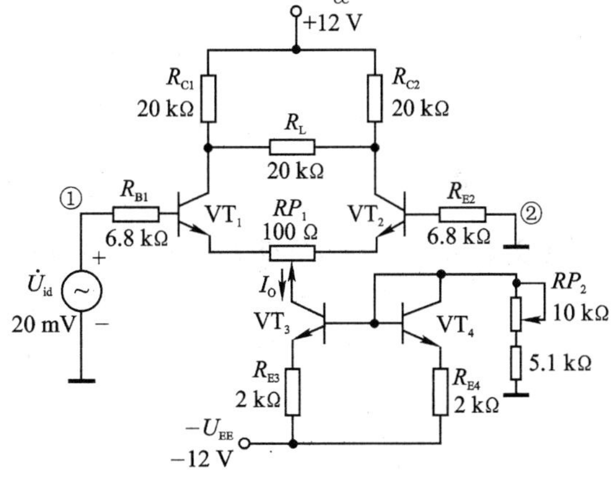

图 9.5 实用差分放大电路

差分放大器具有工作点稳定，输入阻抗高，抗干扰能力较强等优点。特别是作为直流放大器时，可以有效地抑制零点漂移，因此可将频率很低的三角波变换成正弦波。

波形变换的原理是利用差分放大器传输特性曲线的非线性性。传输特性曲线的推导如下：

对 BJT 的发射结有：

$$i_{E1}=I_{ES}e^{(u_{B1}-u_{E1})/U_T}$$

$$i_{E2}=I_{ES}e^{(u_{B2}-u_{E1})/U_T}$$

上面两式相除得：

$$\frac{i_{E1}}{i_{E2}}=e^{\frac{U_{B1}-U_{B2}}{U_T}}$$

那么

$$\frac{i_{E1}}{i_{E1}+i_{E2}}=\frac{1}{1+\frac{i_{E2}}{i_{E1}}}=\frac{1}{1+e^{\frac{U_{B2}-U_{B1}}{U_T}}}$$

$$\frac{i_{E2}}{i_{E1}+i_{E2}}=\frac{1}{1+\frac{i_{E1}}{i_{E2}}}=\frac{1}{1+e^{\frac{U_{B1}-U_{B2}}{U_T}}}$$

因为 $$i_{E1}+i_{E2}=I_o$$

所以 $$i_{E1}=\frac{I_o}{1+e^{(u_{B1}-u_{B2})/U_T}}$$

$$i_{E2}=\frac{I_o}{1+e^{(u_{B2}-u_{B1})/U_T}}$$

于是

$$i_{C1}=\alpha i_{E1}=\frac{\alpha I_o}{1+e^{u_{id}/U_T}}$$

$$i_{C2}=\alpha i_{E2}=\frac{\alpha I_o}{1+e^{u_{id}/U_T}} \tag{9.5}$$

式中：$\alpha=I_C/I_E\approx 1$；I_o 为差分放大器的恒定电流；U_T 为温度的电压当量，当室温为 25℃时，$U_T=26$ mV。

如果 u_{id} 为三角波，则表达式为

$$u_{id}=\begin{cases}\dfrac{4U_m}{t}\left(t-\dfrac{T}{4}\right) & \left(0\leqslant t\leqslant \dfrac{T}{2}\right)\\ \dfrac{-4U_m}{t}\left(t-\dfrac{3T}{4}\right) & \left(\dfrac{T}{2}\leqslant t\leqslant T\right)\end{cases} \tag{9.6}$$

式中：U_m 为三角波的幅度；T 为三角波的周期。

根据式(9.5)、(9.6)可得 $I_{C1}(t)$或 $I_{C2}(t)$曲线近似于正弦波，则差分放大器的单端输出电压 $U_{C1}(t)$、$U_{C2}(t)$亦近似于正弦波，从而实现了三角波-正弦波的变换。波形变换过程如图 9.6 所示。为使输出波形更接近正弦波，由图可见：

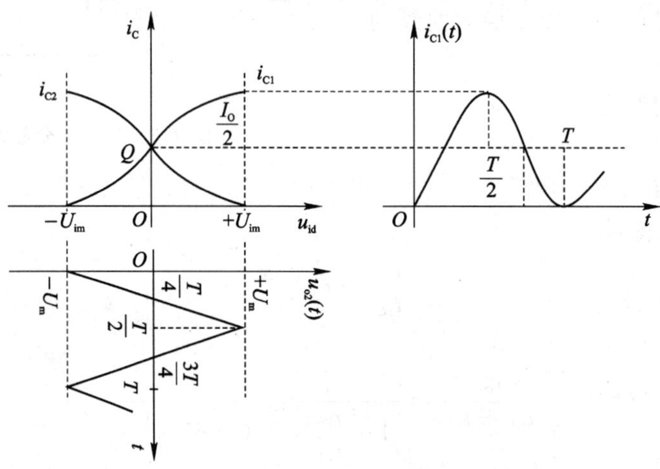

图 9.6 三角波-正弦波变换

① 传输特性曲线越对称，线性区越窄越好；

② 三角波的幅度 Um 应正好使晶体管接近饱和区或截止区。

9.1.2 函数发生器设计举例

【例 9.1.1】 设计一方波-三角波-正弦波函数发生器。

性能指标要求：

频率范围：1～10 Hz，10～100 Hz；

输出电压：方波 $U_{P-P} \leqslant 24$ V，三角波 $U_{P-P} = 8$ V，正弦波 $U_{P-P} > 1$ V；

波形特性：方波 $t_r < 100\ \mu s$，三角波 $\gamma_{\Delta} < 2\%$，正弦波 $\gamma_{\sim} < 5\%$。

【解】 (1) 确定电路形式及元器件型号

三角波-方波-正弦波函数发生器实用电路采用如图 9.7 所示电路。其中运算放大器 A1 与 A2 用一只双运放 LM747，差分放大器采用设计完成的晶体管单端输入—单端输出差分放大器电路，4 只晶体管用集成电路差分对管 BG3U 或双三极管 S3DG6 等。因为方波电压的幅度接近电源电压，所以取电源电压 $U_{CC} = +12$ V，$-U_{EE} = -12$ V。

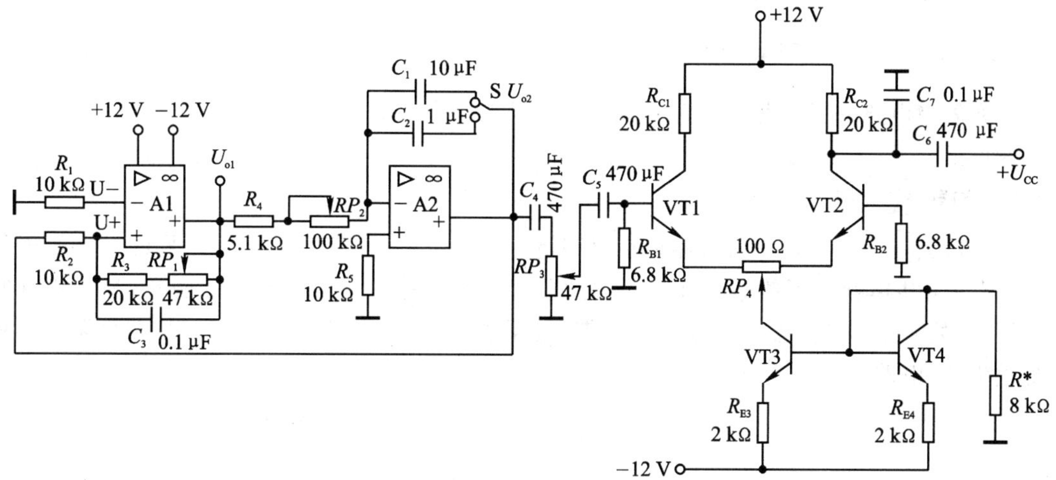

图 9.7 三角波-方波-正弦波函数发生器实用电路

(2) 计算元件参数

比较器 A1 与积分器 A2 的元件参数计算如下：

由式(9.3)得：
$$U_{o2m} = \frac{R_2}{R_3 + RP_1} U_{CC}$$

取 $R_2 = 10$ kΩ，则 $R_3 = 20$ kΩ，$PR_1 = 47$ kΩ。平衡电阻 $R_1 = R_2 /\!/ (R_3 + RP_1) \approx 10$ kΩ。

由式(9.4)得：
$$f = \frac{R_3 + RP_1}{4R_2(R_4 + RP_2)C_2}$$

当 1 Hz$\leqslant f \leqslant$10 Hz 时，取 $C_2 = 10\ \mu$F，$R_4 = 5.1$ kΩ，$RP_2 = 100$ kΩ。

当 10 Hz$\leqslant f \leqslant$100 Hz 时，取 $C_2 = 1\ \mu$F 以实现频率的转换，R_4 及 RP_2 不变。取平衡电阻 $R_5 = 10$ kΩ。

三角波-正弦波变换电路其他元件的参数选择原则是：隔直电容 C_4、C_5、C_6 要取得较大，因为输出频率很低，取 $C_4 = C_5 = C_6 = 470\ \mu$F。滤波电容 C_6 视输出的波形而定，若含高次谐波成分较多,C_7 可取得较小。C_7 一般为 10 pF~0.1 μF。$RP_3=100\ \Omega$,以减小差分放大器的线性区。差分放大器的静态工作点可通过观测传输特性曲线,调整 RP_3 及电阻 R^* 确定。

9.2 语音放大电路设计

在我们日常生活和工作中,往往需要一种既能放大语音信号,又能降低外来噪声的电路,这就是语音放大电路。本节从教学训练的角度出发,要求设计一个集成运算放大器组成的语音放大电路。通过该电路的设计,可掌握低频小信号放大电路和功率电路的设计方法;进一步熟悉集成运算放大器的原理与应用;了解语音识别知识。

9.2.1 语音放大电路原理与组成

语音放大电路一般由前置放大器、带通滤波器、功率放大器等组成,该电路的原理框图如图 9.8 所示。

1. 前置放大器

前置放大器亦为小信号放大器。在典型情况下,从拾音器获得的有用信号的最大幅值仅有几毫伏,而共模噪声可能达到几伏。因此前置放大器应该是一个高输入阻抗、高共模抑制比、低漂移的小信号放大器。可采用宽频带、低漂移、满幅运放 TLC4502 组成增益可调的同相宽带放大器,电路如图 9.9 所示。

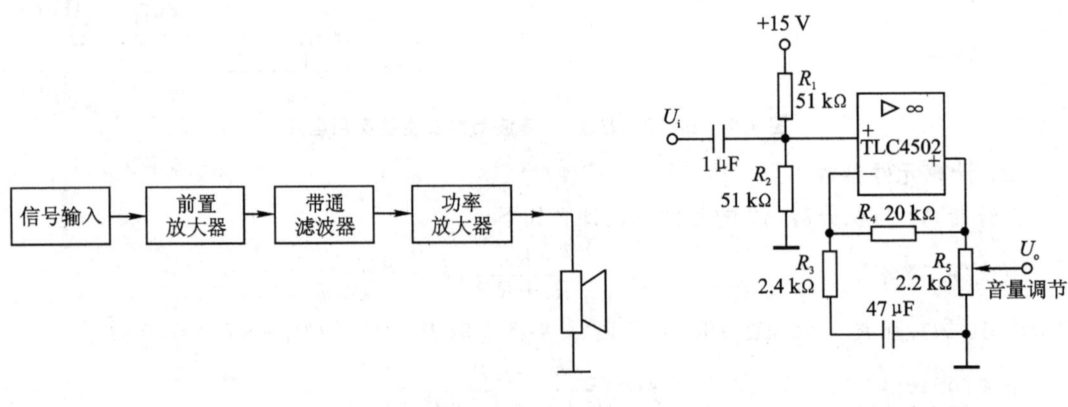

图 9.8 语音放大电路原理框图

图 9.9 前置放大器

前置放大器的增益 A_V 为

$$A_V = 1 + R_4/R_3 \tag{9.7}$$

2. 有源带通滤波器

语音信号经前置放大器放大后,必须有带通滤波器滤除带外杂波。选定滤波器的带通频率范围为 300～3 000 Hz，则带通滤波器中心频率 f_o 与品质因素 Q 分别为：

$$f_o = \sqrt{f_H f_L} = \sqrt{3\ 000 \times 300} = 949\ \text{Hz} \tag{9.8}$$

$$Q = \frac{f_o}{BW} = \frac{f_o}{f_H - f_L} = 0.71 \tag{9.9}$$

显然 $Q<10$，该带通滤波器为宽带带通滤波器。宽带带通滤波器由相同元件的有源高通滤波器（HPF）和有源低通滤波器（LPF）串联构成。鉴于 Butterworth 滤波器带内平坦的响应特性，可选用二阶 Butterworth 带通滤波器。电路如图 9.10 所示。

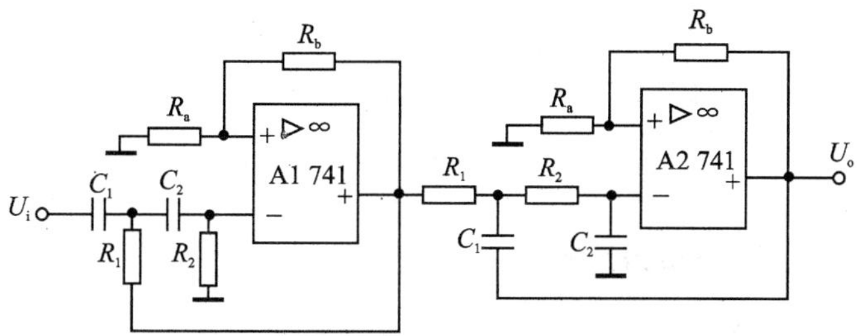

图 9.10　二阶 Butterworth 带通滤波器

电路中的 RC 参数可根据下式确定：

$$\left.\begin{aligned} Q &= \frac{1}{3 - A_{uf}} = \frac{1}{2 - R_b/R_a} \\ f_o &= \frac{1}{2\pi\sqrt{C_1 C_2 R_1 R_2}} = \frac{1}{2\pi RC} \\ A_{uf} &= 1 + R_b/R_a \end{aligned}\right\} \tag{9.10}$$

3. 功率放大电路

功率放大的主要作用是向负载提供功率。要求输出功率尽可能大，转换功率尽可能高，非线性失真尽可能小。

功率放大电路的形式很多，有双电源供电的 OCL 互补对称功放电路，单电源供电的 OTL 功放电路和变压器耦合功放电路等。这些电路各有特点，下面介绍常用的集成功放电路。

TDA2003 为单片集成功放器件。其性能优良，功能齐全，并附加保护、消噪声电路，外接电路简单。图 9.11 是 TDA2003 组成的功放电路，其中补偿元件 C_x、R_x 可按下式选用：

$$\left.\begin{aligned} R_x &= 20R_2 \\ C_x &= \frac{1}{2\pi R_1 f_o} \end{aligned}\right\} \tag{9.11}$$

式中：f_o 是 -3 dB 带宽，通常取 $R_x \approx 29\ \Omega$，$C_x = 0.033\ \mu\text{F}$。

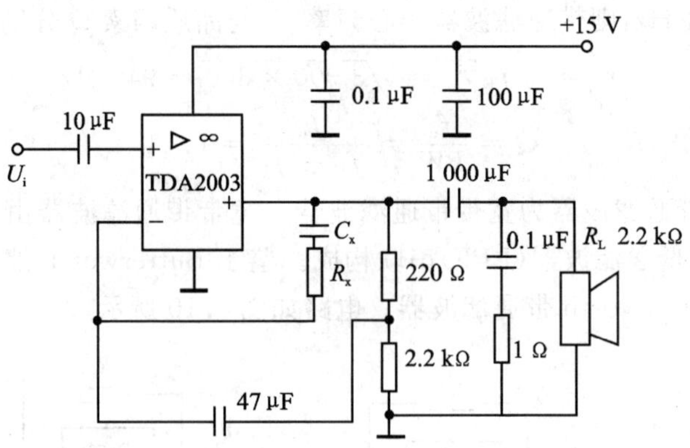

图 9.11　TDA2003 组成的功放电路

9.2.2　语音放大电路设计举例

【例 9.2.1】　设计一个由集成运算放大器组成的语音放大电路,要求

(1) 前置放大器

输入信号:$U_{id}\leqslant 10$ mV,输入阻抗:$R_i\geqslant 10$ kΩ。

(2) 有源带通滤波器

带通频率范围:300~3 000 Hz。

(3) 功率放大器

最大不失真输出功率:$P_{om}\geqslant 5$ W,负载阻抗:$R_L=4$ Ω。

【解】　(1) 若要求输入电阻 R_i 大于 10 kΩ,取 $R_1=R_2=51$ kΩ,$R_3=2.4$ kΩ,$R_4=20$ kΩ,则前置放大器的增益 A_V 为

$$A_V=1+\frac{R_4}{R_3}=1+\frac{20}{2.4}\approx 9.3$$

(2) 有源带通滤波器

宽带带通滤波器由相同元件的有源高通滤波器(HPF)和有源低通滤波器(LPF)串联构成,对于二阶有源低通滤波器 LPF 有:

通带增益　$$A_{uf}=1+\frac{R_b}{R_a}$$

固有频率　$$f_n=\frac{1}{2\pi\sqrt{R_1R_2C_1C_2}}$$

品质因数　$$Q=\frac{\sqrt{R_1R_2C_1C_2}}{C_2(R_1+R_2)+(1-A_{uf})R_1C_1}$$

取 $R_1=R_2=R=8.2$ kΩ,$f_n=949$ Hz,$Q=0.71$,则

$$A_{uf}=\frac{3Q-1}{Q}\approx 1.58$$

$$C_1=C_2=\frac{1}{2\pi f_r R}=0.001\ \mu F$$

对于二阶有源高通滤波器 HPF，由于与 LPF 有完全的对偶性，R_1、R_2、C_1、C_2 参数相同。

(3) 功率放大器

参照上节。

9.3 水温控制器设计

温度控制器是实现可测温和控温的电路。通过对温度控制电路的设计、安装和调试了解温度传感器件的性能，学会在实际电路中的应用，进一步熟悉集成运算放大器的线性和非线性应用。

9.3.1 水温控制器原理与组成

温度控制器主要由温度传感器、信号调理电路、温度设置、数字温度显示和输出功率驱动等部分组成。温度传感器把温度信号转换成电流或电压信号，由信号调理电路经放大和刻度定标输入三位半数字电压表直接显示温度值，同时送入比较器与预先设定的固定电压(对应温度控制点)进行比较，由比较器输出电平的高低变化来控制执行机构(继电器或固态继电器)工作，实现温度自动控制。

温度控制器的基本组成框图如图 9.12 所示。

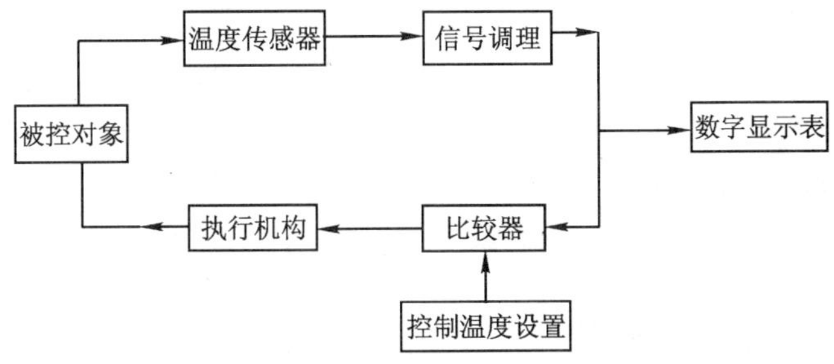

图 9.12 温度控制器原理框图

1. 温度传感器

温度传感器采用铂热电阻 PT100。铂热电阻 PT100 是一种工业上常用的温度检测元件，具有很高的精度和重复性。在 0～100℃范围内，铂热电阻的特性基本上是线性的，即：

$$R_t=R_0(1+\alpha t) \tag{9.12}$$

式中：R_t 为温度为 t 时的电阻值；R_0 为 0℃时的电阻值；α 为热电阻的电阻温度系数。

铂热电阻都是通过电桥的接入方式，将被测温度转换成电压信号。为消除连接导线电阻对测量精度的影响，铂热电阻温度测量电路一般接成三线制接法。r 为连接导线电阻，电路如图 9.13 所示。由图可知：

当电桥平衡时， $R_1=R_2, R_3=R_0$

电桥输出 $U_{ab}=0$

当温度升高时，$R_t=R_0+\Delta R$，电桥输出：

$$U_{ab} = K\Delta R \tag{9.13}$$

式中：K 为常数，与 U_R、R_1、R_2、R_3 有关。

为使测量桥路达到必要的精度，R_1、R_2、R_3 采用精密电阻，稳压管采用精密稳压管 2DW7C，稳压值 $U_Z=U_R=6$ V。

2. 信号调理电路

由于铂热电阻测量电路输出 U_{ab} 的值很小，需要信号调理电路进行信号放大和刻度定标，使其满足三位半数字电压表输入要求。

信号调理电路一般采用具有高输入阻抗、低失调电压及温度漂移系数、稳定的放大倍数、低输出阻抗特性的测量放大器。

图 9.14 是由三个运算放大器组成的测量放大器电路。

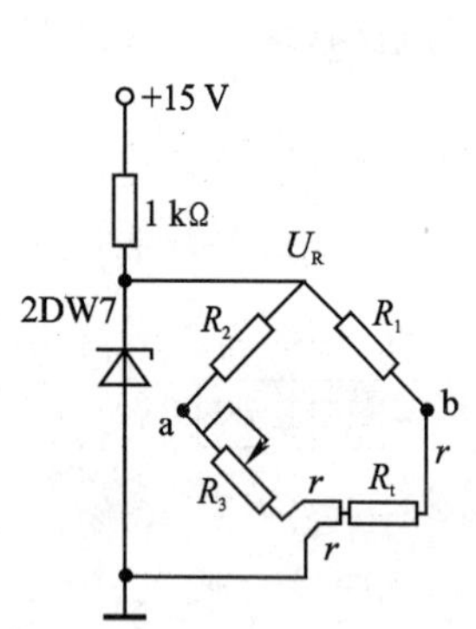

图 9.13 铂热电阻测量电路

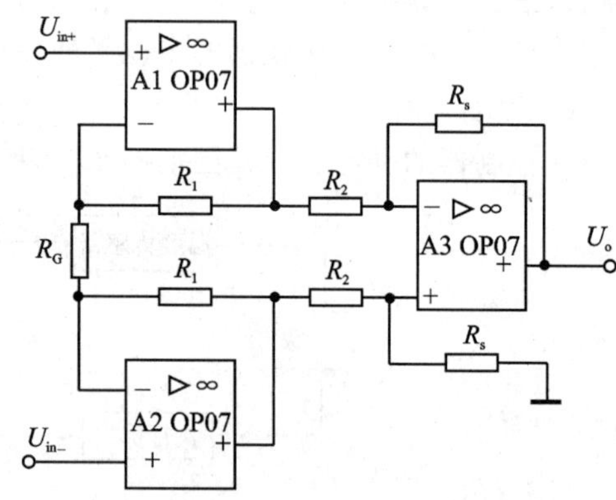

图 9.14 三运放构成的测量放大器

图中测量放大器的差动输入端 U_{in+} 和 U_{in-} 分别是两个运算放大器(A1、A2)的同相输入端，因此输入阻抗很高。采用对称电路结构，而且被测信号直接加入到输入端上，因而保证了较强的抑制共模信号能力。

测量放大器的放大倍数为：

$$A_{uf} = \frac{U_o}{U_{in+} - U_{in-}} = \left(1 + \frac{2R_1}{R_G}\right)\frac{R_S}{R_2} \tag{9.14}$$

3. 比较器

由电压比较器组成，如图 9.15 所示。其中 U_i 为温度测量信号，U_{REF} 为控制温度设定电压（对应控制温度）。

当 $U_i < U_{REF}$ 时，比较器输出 U_o 高电平，驱动电路使加热器通电，温度升高。

当 $U_i > U_{REF}$ 时，比较器输出 U_o 低电平，驱动电路使加热器断电，停止升温。为防止控制点的输出抖动，增加电阻 R_2，使比较器具有迟滞特性，其中控制回差为：

$$\Delta U = \frac{2R_2}{R_1 + R_2}U_{om} \tag{9.15}$$

回差值 ΔU 的大小，可根据控制精度要求确定。

4. 执行机构

加热器由小型继电器驱动，电路如图 9.16 所示。当被测温度超过设定温度时，继电器动作，使触点断开停止加热；低于设定温度时，继电器触点闭合，加热器加热，温度上升。二极管 D 用于反向泄流，保护晶体管。

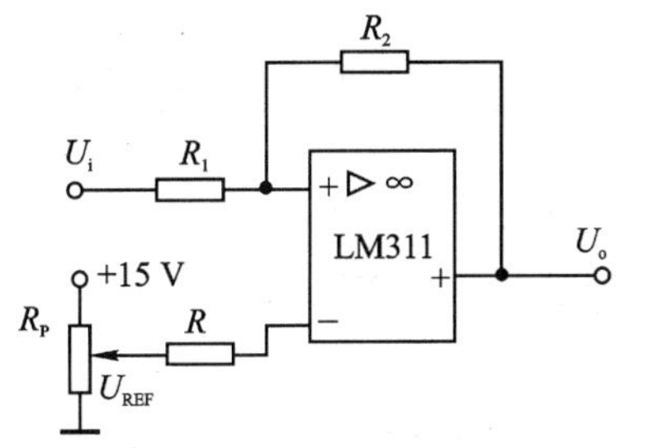

图 9.15 比较器

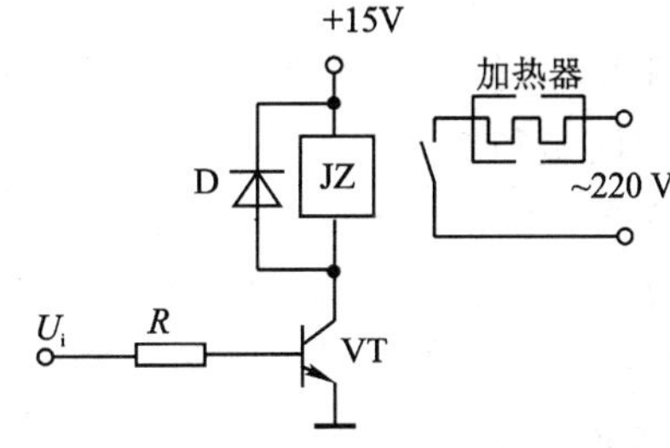

图 9.16 继电器驱动电路

5. 数字显示表

由集成电路 ICL7107 与共阳极 LED 显示器构成一块量程为 2 000 mV 的三位半数字直流电压表用于温度显示。电路如图 9.17 所示。

集成电路 ICL7107 内部包含双积分型三位半 A/D 转换器、LED 译码电路、驱动电路，采用±5 V 电源供电，能直接驱动共阳极 LED 显示器。可根据参考电压输入端 U_{REF} 的值，设置不同的量程。

U_{REF}=100 mV，量程 0～200 mV，显示 0000～1999；

U_{REF}=1 000 mV，量程 0～2 000 mV，显示 0000～1999。

当温度信号为 0～999 mV 时，显示温度 0～99.9℃。（小数点固定）。

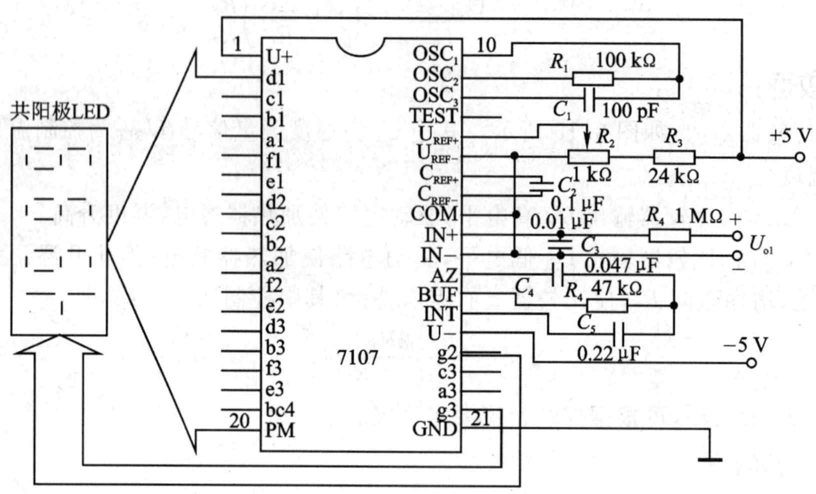

图 9.17 数字温度显示表

9.3.2 水温控制器放大电路设计举例

【例 9.3.1】 要求设计一个水温控制器,控制对象为1升净水。其主要技术指标如下:

(1) 测温和控温范围:室温~90 ℃。

(2) 控温精度±1 ℃。

(3) 控温通道输出为继电器或半导体固态继电器,加热器电源交流 220 V。

【解】 (1) 测量桥路元件与参数

测量桥路中选 $R_1=R_2=3\ \text{k}\Omega$,$R_3=100\ \Omega$,$U_R=U_Z=6\ \text{V}$,则:

当温度为0 ℃时,铂电阻 $R_t=100\ \Omega$,电桥平衡且桥路输出为:$U_{ab}=0\ \text{V}$;

当温度为100 ℃时,铂电阻 $R_t=138.5\ \Omega$,桥路输出为:

$$U_{ab}=U_R\left(\frac{R_1}{R_1+R_3}-\frac{R_2}{R_2+R_t}\right)=71\ \text{mV},\text{即}\ 0.71\ \text{mV}/℃$$

(2) 信号调理电路

由于数字显示表显示0~100 ℃,对应输入为0~1 000 mV,则测量放大器的增益为

$$A_{uf}=\frac{U_o}{U_{in+}-U_{in-}}=\left(1+\frac{2R_1}{R_G}\right)\frac{R_S}{R_2}=\frac{1\ 000}{71}\approx 14.08$$

选 $R_1=R_2=R_S=10\ \text{k}\Omega$,$R_G=1.53\ \text{k}\Omega$,可选5 kΩ电位器。运放采用OP-07低漂移、高精度集成运放。

(3) 比较器

由于要求控制精度为±1℃,则控制回差为:

$$\Delta U = \frac{2R_2}{R_1 + R_2} U_{om} = 0.71 \times 2 = 1.42 \text{ mV}$$

选 $U_{om}=12$ V，$R_1=1$ kΩ，$R_2=59$ Ω，比较器采用 LM311 集成比较器。

(4) 继电器驱动电路

继电器可选用国产 JZC-1MA 超小型继电器，线圈电压 12 V，晶体管选用普通 NPN 管 9013，二极管 D 选用 IN4148。

9.4 思考题

1. 产生正弦波有几种方法？并说明各种方法的简单原理。
2. 产生方波有几种方法？说明原理，并比较它们的优缺点。
3. 常用温度测量的方法有几种？各种测量方法的温度范围如何划分？
4. 信号调理电路的主要作用是什么？不同信号如何调理？
5. 比较器为何需有迟滞特性？

第10章 EDA技术简介

10.1 概述

随着大规模集成电路和电子计算机的迅速发展，电子电路的分析与设计方法也发生了重大变革。以计算机辅助设计(Computer Aided Design，简称CAD)为基础的电子设计自动化(EDA)技术已广泛应用于电子线路的设计中。它改变了传统的设计方法，成为现代电子系统设计的关键技术之一，是电子电路设计人员必不可少的工具与手段。

电子设计自动化(EDA)技术的发展大致可分为3个阶段：第一阶段，20世纪70年代到80年代初期，开始利用计算机代替手工劳动，辅助进行IC版图编辑，PCB布局布线，产生了计算机辅助设计的概念。第二阶段，80年代后期，随着计算机与集成电路高速发展，出现了计算机辅助工程(CAE)，主要功能是原理图输入、逻辑仿真、电路综合、电路时延后仿真、自动布局布线及PCB等。第三阶段，90年代以后，随着微电子技术的飞速发展，整个电路设计过程进入全自动化。

PSPICE和Multisim两种EDA软件是目前模拟电路设计中最流行的两个仿真软件，是电路级的仿真软件。其与传统设计方法相比主要有以下几方面的优势：

① 在设计初期验证电路设计方案的正确性。

② 优化电路设计。EDA技术中的温度分析和统计分析功能，既可以分析各种恶劣温度条件下的电路特性，也可以对器件的容差的影响进行全面的计算分析。采用统计分析方法，便于确定最佳元件参数、最佳电路结构以及适当的系统稳定裕度，真正做到电路的优化设计。

③ 实现电路特性的模拟测试。无论是电子工程师设计电子电路，还是一般院校电子电路的实验教学，都有可能受测试手段及仪器精度所限，有些测试项目实现困难，甚至因为没有仪器设备而不能测试。而利用EDA技术仿真及测试电路特性，既可节省多种测试仪器，节约经费；又能充分发挥EDA的精确分析、直观显示的优良特性。

本章将介绍PSPICE和Multisim这两种软件在模拟电路设计中的应用，书中所举的例子都是经过仿真验证的。

10.2 PSPICE

PSPICE 是由 SPICE 发展而来的用于微机系列的通用电路分析程序。SPICE(Simulation Program with Integrated Circuit Emphasis)是由美国加州大学伯克利分校于 1972 年开发的电路仿真程序。随后,版本不断更新,功能不断增强和完善。1988 年 SPICE 被定为美国国家工业标准。目前微机上广泛使用的 PSPICE 是由美国 MicroSim 公司开发并于 1984 年 1 月首次推出的。PSPICE 发展至今,已被并入 ORCAD,成为 ORCAD－PSPICE。但 PSPICE 也仍然单独销售和使用,其新推出的版本为 PSPICE 9.1,是功能强大的模拟电路和数字电路的混合仿真 EDA 软件。它可以进行各种各样的电路仿真、激励建立、温度与噪声分析、模拟控制、波形输出、数据输出等,并在同一个窗口内同时显示模拟与数字的仿真结果。无论对哪种器件哪些电路进行仿真,都可以得到精确的仿真结果。对于库中没有的元器件模块,还可以自已编辑。它在 INTERNET 上的网址与 ORCAD 公司一样。

10.2.1 PSPICE 功能简介

PSPICE 9.1 可执行的主要分析功能如下:

① 直流分析:包括电路的静态工作点分析;直流小信号传递函数分析;直流扫描分析;直流小信号灵敏度分析。

② 交流小信号分析:是在正弦小信号工作条件下的一种频域分析,包括频率响应分析和噪声分析。

③ 瞬态分析:即时域分析,包括电路对不同信号的瞬态响应。时域波形经过快速傅里叶变换(FFT)后,可得到频谱图。通过瞬态分析,也可以得到数字电路时序波形。

另外,PSPICE 可以对电路的输出进行傅里叶分析,得到时域响应的傅里叶分量(直流分量、各次谐波分量、非线性谐波失真系数等)。这些结果以文本方式输出。

④ 蒙特卡罗(Monte Carlo)分析和最坏情况(Worst Case)分析:蒙特卡罗分析是分析电路元器件参数在它们各自的容差(容许误差)范围内,以某种分布规律随机变化时电路特性的变化情况。这些特性包括直流、交流或瞬态特性。

最坏情况分析与蒙特卡罗分析不同的是,蒙特卡罗分析是在同一次仿真分析中,参数按指定的统计规律同时发生随机变化;而最坏情况分析则是在最后一次分析时,使各个参数同时按容差范围内各自的最大变化量改变,以得到最坏情况下的电路特性。

⑤ 温度特性分析:通常情况下,PSPICE 程序是在标称温度 27℃情况下进行各种分析和模拟的。如果用户指定电路的工作温度,则 PSPICE 可以进行不同温度下的电路特性分析。

⑥ 优化设计:电路的优化设计是在给定电路拓扑结构和电路性能约束情况下,确定电路

元器件的最佳参数组合。

10.2.2 PSPICE 集成环境

PSPICE 主要包括 7 个程序项，各程序项的主要功能如表 10.1 所列。

表 10.1 各程序项的主要功能

程序项	主要功能和作用
Schematics	PSPICE 的主程序项，电路仿真分析的全过程均可在此项中完成，且在此项菜单中可以调用其他任何一个程序项。主要功能包括：绘制编辑原理图，确定和修改元器件模型参数，分析类型设置，调用 PSPICE 分析电路，调用 Probe 显示打印分析结果等
PSpice	PSPICE 的分析程序。完成对电路的仿真分析，以文本方式或扫描波形方式输出结果，并存入扩展名为 out(文本结果)和 dat(波形数据)的磁盘文件中
Probe	输出波形的后处理程序(也称探针显示器)。可以处理、显示、打印电路各节点和支路的多种波形(频域、时域、FFT 频谱等)
Stimulus Editor	信号源编辑器。用于编辑和修改各种信号源
Parts	模型参数提取程序。Parts 程序可以根据产品手册所给出的电特性参数提取用于 PSPICE 分析的器件模型参数。器件模型包括：二极管、BJT、JFET、MOSFET、砷化镓场效应晶体管、运算放大器和电压比较器等
Pspice Optimizer	电路设计优化程序
MicroSim PCBoards	印刷电路板版图编辑

10.2.3 PSPICE 中有关规定

1. 数 字

数字可以用整数，如：12，－5；浮点数，如：2.384 5，5.986 01；整数或浮点数后面跟整数指数，如：6E－14，3.743E＋3；也可在整数或浮点数后面跟比例因子，如：10.18k。

2. 比例因子

为了使用方便，PSPICE 中规定了 10 种比例因子。它们用特殊符号表示不同的数量级。这 10 种比例因子如表 10.2 所列。

3. 单 位

常用的电学单位有：电压为伏特、电流为安培、频率为赫兹、电感为亨利等。如 1 000 Hz，1 000，1E＋3，1k，1 kHz 都表示同一个频率值。因此，V、H、A 等标准单位在描述时均可忽略。

4. 分隔符

在 PSPICE 的有关编辑窗中输入多个参数值或表达式时，用逗号或空格分开，多个空格等效于一个空格。

表 10.2 比例因子

符号	比例因子	因数	符号	比例因子	因数
F	1E−15	10^{-15}	m	1E−3	10^{-3}
P	1E−12	10^{-12}	k	1E+3	10^{3}
N	1E−9	10^{-9}	M	1E+6	10^{6}
U	1E−6	10^{-6}	G	1E+9	10^{9}
MIL	25.4E−6	$25.4\mathrm{x}10^{-6}$	T	1E+12	10^{12}

5. 表达式编写规则

PSPICE 中可以用表达式定义元器件参数值。如电阻值为{1k＊(1＋P＊Pcoeff/Pnom)}。

注意：参数值以变量或表达式出现时要用花括号“{}”括起来。

在波形后处理程序 Probe 中，各变量允许经过简单数学运算后输出显示。如，在 Trace|Add 编辑窗中送入(U(Q1：c)－U(Q1：e))＊IC(Q1)，可得到 BJT 的功耗曲线。

可以使用的运算符号有：“＋”、“－”、“＊”、“/”、“()”。还可进行如表 10.3 所列的函数运算(字母大小写均可)。表 10.3 中的 x 可以是电路变量(节点电压、支路电压和电流)，也可以是复合变量。如绝对值函数 ABS((U(Q1：c)－U(Q1：e))＊IC(Q1))中，x 是由表达式(U(Q1：c)－U(Q1：e))＊IC(Q1)构成的复合变量。如果对单变量求导数和积分，下面的形式是相同的：D(U(Q1：c))和 DU(Q1：c)，S(IC(Q3))和 SIC(Q3)

表 10.3 一些函数运算

ABS(x)	$\|x\|$	COS (x)	$\cos x$
SGN(x)	$\begin{cases} +1 & x>0 \\ 0 & x=0 \\ -1 & x<0 \end{cases}$	TAN(x)	$\mathrm{tg}\ x$
SQRT(x)	$\sqrt{x}$	ATAN(x)	$\mathrm{arctg}\ x$
EXP(x)	e^x	D(x)	变量 x 关于水平轴变量的导数
LOG(x)	$\ln x$	s(x)	变量 x 在水平轴变化范围内的积分
LOG10(x)	$\log x$	AVG(x)	变量 x 在水平轴变化范围内的平均值
DB(x)	$20\lg \|x\|$	RMS(x)	变量 x 在水平轴变化范围内的均方根平均值
PWR(x,y)	$\|x\|^y$	MIN(x)	x 的最小值
SIN(x)	$\sin x$	MAX(x)	x 的最大值

另外，如果波形数据文件＊.dat 中包含多次分析结果，则可用 U(x)@n 来显示第 n 条电

压曲线。用 U(x)@2－U(x)@1 可以显示两条电压曲线的差值。

在交流分析时，可以在输出电压 U 或输出电流 I 后面增加一个附加项，如 UP(Q1：c)表示 U(Q1：c)的相位量。附加项含义如表 10.4 所列。

表 10.4 附加项含义

附加项	含 义	附加项	含 义
(不加)	幅值量	G	群延迟量(d PHASE/d F)，即相位对频率的偏导数
M	幅值量		
DB	幅值分贝数，等同于 DB(x)	R	实部
P	相位量	I	虚部

10.2.4 绘制电路图

1. 启动 Schematics

选取开始/程序/Schematics，打开 Schematics 窗口，如图 10.1 所示。

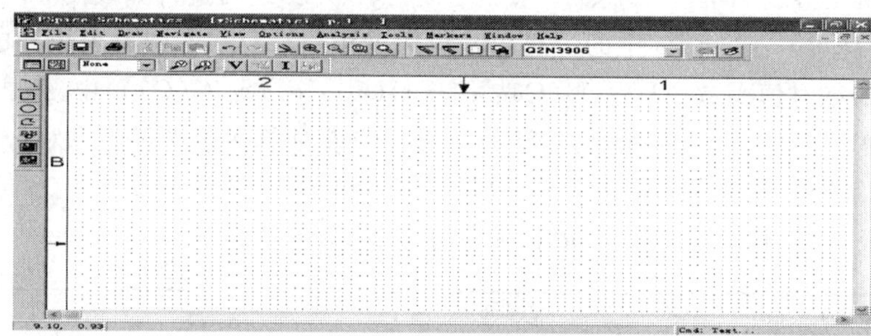

图 10.1 Schematics 编程环境

2. Schematics 编程环境

Schematics 编程环境主要由以下几部分组成。

(1) 标题栏

标题栏用来指明当前电路图文件的名称及页号。

(2) 菜单栏

菜单栏提供了绘制电路图的各种工具。菜单栏中各菜单项分别完成如下功能：

File 和 Edit 菜单栏与一般菜单栏的功能类似，这里不再叙述。

Draw：重复上一次操作、取元件、摆放元件、连线、取电路块、画弧、画图、加文字注释、重绘电路图或重新连线。

Navigate：从分层式电路图的子电路图回到上一层子电路图或主电路图，从主电路图进入下一层子电路图。

View：电路图缩放、整图显示(Fit)、重新定位电路图中心、设置工具条、状态栏。

Option：绘图工作区及绘图方式配置、图纸大小设置、自动复制功能设置、自动标注、图形缩放因子、受限制操作、翻译程序。

Analysis：对电路进行电气规则检查、生成电路连接网表、编辑激励源、定义分析类型、设置库文件和包含文件、仿真分析、设置 P 数据收集方式、启动 P、检查电路连接网表和电路输出文件。

Tools：设置与外部印制板设计软件的接口和连接、启动电路优化器。

Markers：设置各种输出测试标识符。

Window：打开、关闭和排列窗口，当前打开的所有窗口列表。

Help：Schematics 帮助说明。

(3) 常用工具栏

常用工具栏由一些图标式按钮组成，如图 10.2 所示。第一排从左至右分别为新建、打开、保存、打印、剪切、复制、粘贴、取消、重做、刷新、放大、缩小、局部放大、满屏显示、连线、连总线、画电路块、取元件、最近取用元件列表。

图 10.2 常用工具栏

第二排从左至右分别设置分析类型、仿真分析、设置观测标识的颜色、加电压观测标识、加电流观测标识、消隐或显示直流工作点电压值、消隐或显示某一点直流工作点电压值、消隐或显示直流工作点电流值、消隐或显示某一支路直流工作点电流值、画弧、画长方形、画圆、画多边形、加文字注释、画文本框、插入图片。

(4) 绘图工作区

绘图工作区是一块均匀划分的网格区域(网点之间默认间隔为 2.50 mm)，在此区域绘制电路图。选择 Options/Display Options…，可以打开如图 10.3 所示的对话框，可以通过单击选项前小方框和输入数值来设置绘图工作区的显示方式。

在 Schematics 中可同时开辟多个绘图工作区，每一个绘图工作区又称为一个窗口，单击 Windows 菜单，可打开窗口排列菜单，分别实现打开一个新的窗口、层叠窗口、水平排列窗口、垂直排列窗口和已打开的窗口列表。

(5) 状态栏

位于原理图编辑器窗口底部，状态栏由 View/Status 命令来设置显示或消隐。

3. 电路图绘制方法

绘制一幅电路图需要以下几个步骤：从符号库中提取元器件符号或 I/O 端口符号；摆放

符号;连线;定义或修改元器件符号及导线属性;根据电路分析需要,在图中加入特殊用途符号和注释文字;最后保存该电路图。

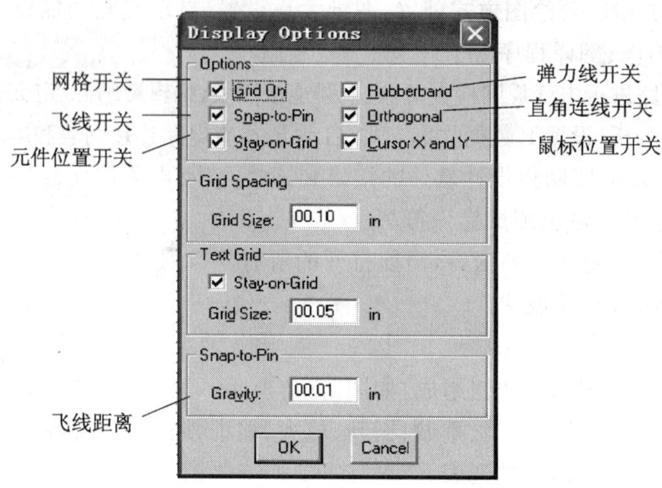

图 10.3　显示方式设置对话框

(1) 取元件

选择 Draw/Get New Part…或单击常用工具栏的按钮,打开如图 10.4 所示的符号名输入对话框。直接在 Part Name 栏中输入符号名(不区分大小写),或拖动滚动条寻找并选中该符号。比如,输入 R 可以取出电阻,输入 UDC 可取出直流电压源,输入 Q 可取出基本双极型晶体管。

如果对符号名称还不太熟悉,单击 Libraries…按钮,打开如图 10.5 所示的符号提取对话框。在图 10.5 中,选择 Libraries 区中不同符号库(.SLB),则该符号库中的元器件名称便显示在 Part 区中。PSPICE 中元器件以符号、模型和封装三种形式分别存放在扩展名为 slb、lib 和 plb 三种类型的库文件中。单击图 10.4 中的 Advanced 按钮,可打开如图 10.6 所示的高级操作对话框。在图 10.6 所示的对话框中,可显示所选器件的符号,还可单击 Edit Symbol 按钮,进入符号编辑器。

(2) 摆放符号

① 取出符号后,单击绘图工作区中的某一点,符号将沿该点摆放一次,鼠标恢复成摆放前的状态,表示可继续摆放该符号。

② 若需要多个同类型元件,则需要单击鼠标多次即可。

③ 若想结束摆放操作,可单击鼠标右键或双击左键。

④ PSPICE 可对符号进行旋转或水平翻转操作。键盘操作为:同时按下 Ctrl 和 R 键,可对符号沿逆时针方向旋转 90°;同时按下 Ctrl 和 F 键,可将符号水平翻转。

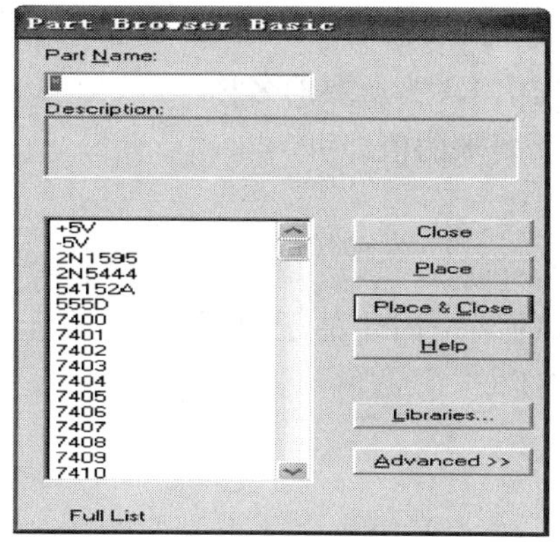

图 10.4　符号输入对话框

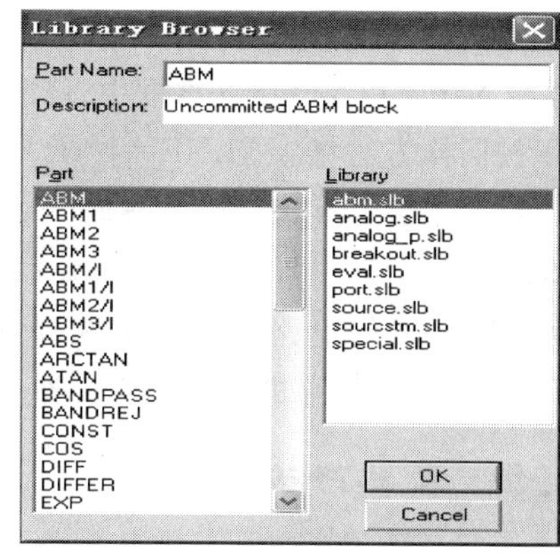

图 10.5　符号提取对话框

如果需要对符号进行删除、复制及旋转等其他操作，则必须先选中相应的操作对象，操作对象可以是单个符号、多个符号及电路块。

(3) 连　线

① 选择 Draw/Wire 或单击常用工具栏中的按钮，鼠标指针显示成铅笔形状。

② 单击起点连接目标，将导线一端固定在该目标上，然后朝终点方向拖动鼠标，拉出一条导线。转折时，在转折点处单击鼠标，固定该条导线，然后朝终点方向继续拖动鼠标。到达连接终点时，单击终点连接目标，完成此次连线操作。

③ 单击鼠标右键或双击左键，可结束连线操作。

(4) 定义或修改符号属性值

下面以电阻 R1 为例，介绍修改符号属性值的方法。

① 双击 R1 符号，打开如图 10.7 所示的 R1 属性表；

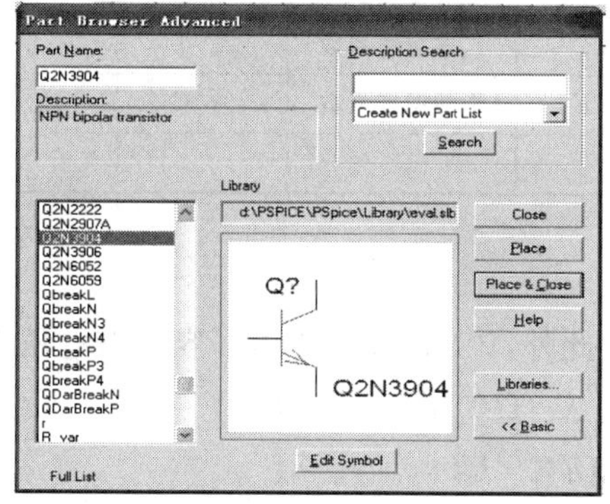

图 10.6　高级操作对话框

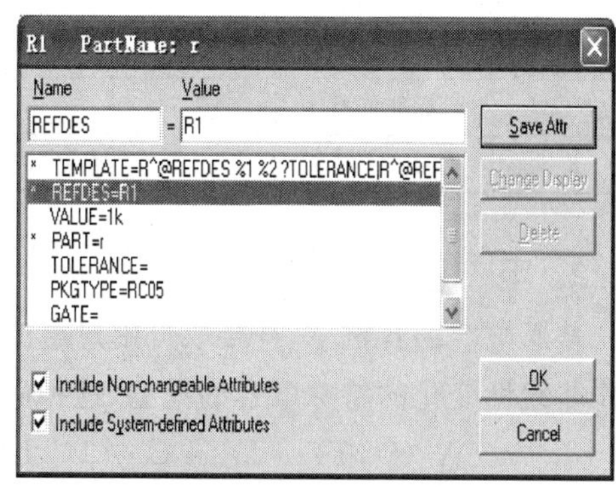

图 10.7　电阻 R1 的属性表

② 单击属性项 PKGREF=R1,使其高亮度显示,这时,属性名 PKGREF 和属性值 R1 分别出现在 Name 和 Value 文本框中;修改 Value 文本框中 R1 为所要的名称即可。

③ 按同样方法将 VALUE=1 kΩ 的属性值改为所要求的值即可。

④ 最后单击 OK 按钮确认并退出。

(5) 文件保存

用户所编辑的电路图文件通常保存在 PSPICE 的某一固定的子目录下,以便于管理。PSPICE 自动为所保存的电路图文件加上扩展名“.SCH”。

10.2.5 元器件模型

电路都是由一些实际的元器件(包括线性元件和非线性元件)组成,要用计算机来进行电路分析和模拟,必须建立实际元器件的电路模型。PSPICE 中元器件模型均是以物理机理为基础构造的模型。而运算放大器、电压比较器等采用的是外特性模型,即宏模型法。

PSPICE 对一些特殊的电阻、电容、电感、变压器、电压控制开关、二极管、晶体管、增强型 N 沟道等模拟元件建有模型,并定义有参数。

1. 电 阻

普通电阻的阻值不受其他因数的影响,直接取自用户给出的数值。

热电阻模型为:$\mathrm{R}(T)=R_0\cdot R\cdot[1+TC1\cdot(T-TNOM)+TC2\cdot(T-TNOM)^2]$

热敏电阻模型为: $\mathrm{R}(T)=R_0\cdot R\cdot 1.01\cdot e^{TCE\cdot(T-TNOM)}$

上式中各模型参数的含义如表 10.5 所列。

表 10.5 电阻模型参数

参数名	含 义	单 位	缺省值	参数名	含 义	单 位	缺省值
R_0	标称阻值	Ω		$TC1$	线性温度系数	℃$^{-1}$	0
T	实际温度	℃		$TC2$	二次温度系数	℃$^{-2}$	0
$TNOM$	标准室温	℃	27	TCE	指数温度系数	%/℃	0
R	电阻倍率因子	—	1				

2. 电 容

普通电容的容抗 X_0 直接取自用户给出的数值。此外,PSPICE 还给出了容抗随电压及温度作非线性变化的特殊电容的模型,这种电容的容抗 $X_C(U,T)$ 为:

$$\begin{aligned}X_C(U,T)&=X_{CO}\cdot C\cdot(1+UC1\cdot U+UC2\cdot U^2)\\&\quad\times[1+TC1\cdot(T-TNOM)+TC2\cdot(T-TNOM)^2]\end{aligned}$$

上式中,各模型参数的含义见表 10.6 所列。

表 10.6 电容模型参数

参数名	含　义	单　位	缺省值	参数名	含　义	单　位	缺省值
X_{CO}	标称容抗值	Ω		$VC1$	线性电压系数	V^{-1}	0
T	实际温度	℃		$VC2$	二次电压系数	V^{-2}	0
$TNOM$	标准室温	℃	27	$TC1$	线性温度系数	℃$^{-1}$	0
C	电容倍率因子		1	$TC2$	二次温度系数	℃$^{-2}$	0

3. 电　感

普通电感的感抗 X_{L0} 也是由用户设定给出。另外，PSPICE 还对感抗随电流及温度不同作非线性变化的电感提供了模型，这种电感的实际感抗 $X_L(I,T)$ 由下式计算（模型参数的含义见表 10.7 所列）：

$$X_L(I,T)=X_{L0}\cdot L\cdot(1+IL1\cdot I+IL2\cdot I^2)\times[1+TC1\cdot(T-TNOM)+TC2\cdot(T-TNOM)^2]$$

表 10.7 电感参数模型

参数名	含　义	单　位	缺省值	参数名	含　义	单　位	缺省值
X_{L0}	标称容抗值	Ω		$IL1$	线性电流系数	A^{-1}	0
T	实际温度	℃		$IL2$	二次电流系数	A^{-2}	0
$TNOM$	标准室温	℃	27	$TC1$	线性温度系数	℃$^{-1}$	0
L	电容倍率因子		1	$TC2$	二次温度系数	℃$^{-2}$	0

4. 半导体二极管

由 PN 结组成的二极管，流过二极管的电流 i_D 可近似表达为：

$$i_D=I_S\left(e^{\frac{qU_D}{nKT}}-1\right)$$

上式中：I_S 为反向饱和电流，单位为 A；q 为电子电荷量(16022E-19C)；K 为波尔兹曼常数；T 为绝对温度；n 为发射系数，考虑 PN 不是突变结和载流子的复合效应，在 1～2 之间取值。PSPICE 中二极管的模型参数共有 14 个，这些参数的符号、名称等见表 10.8 所列。

5. 三极管

三极管的模型参数见表 10.9。

6. 运算放大器

运算放大器是一种集成半导体，其结构复杂，包含众多电子元件，通常采用宏模型来模拟运算放大器的性能。

表 10.8 半导体二极管模型参数表

参数名	符　号	定　义	单　位	缺省值	典型值
IS	I_S	饱和电流	A	1E－14	1E－14
RS	R_S	寄生串联电阻	Ω	0	10
N	N	发射系数		1	1.2
CJO	C_{JO}	零偏 PN 结电容	F	0	2p
UJ	ϕ_B	结电势	V	1	0.6
BU	BU	反向击穿电压	V	∞	50
IBU	I_{BU}	反向击穿电流	A	1E－10	1E－10
TT	$\tau(t)$	渡越时间	s	0	1n
M	M	电容梯度因子		0.5	0.5
EG	E_g	禁带宽度	EV	1.11	1.11
XTI	P_t	饱和电流温度系数		3	3
KF	K_F	闪烁噪声系数		0	
AF	A_F	闪烁噪声指数		1	
FC	FC	正偏耗尽电容系数		0.5	0.5

表 10.9 三极管的模型参数

元器件模型	参数名	定　义	缺省值	单　位
BJT	*BF*	正向电流放大系数	100	V
	NF	正向电流发射系数	1	V
	UAF	正向 Early 电压	∞	F
	BR	反向电流放大系数	1	F
	NR	反向电流发射系数	1	W
	UAR	反向 Early 电压	∞	W
	CJE	b－e 结零偏压电容	0	W
	CJC	b－c 结零偏压电容	0	V
	RB	零偏压基极电阻	0	
	RC	集电极电阻	0	
	RE	发射极电阻	0	
	UJE	b－e 结内建电势	0.75	

续表 10.9

元器件模型	参数名	定　义	缺省值	单　位
MOSFET	*UTO*	零偏压阈值电压	0	V
	KP	跨导系数	0.02	mA/V
	CBO	零偏压漏极-衬底结电容	0	F
	CBS	零偏压源极-衬底结电容	0	F
	TOX	氧化层厚度	1E−7	m
	CGDO	单位宽度的栅源覆盖电容	0	F/m
	CGSO	单位宽度的栅漏覆盖电容	0	F/m
	CGBO	单位长度的栅-衬底覆盖电容	0	F/m
JFET	*UTO*	夹断电压	−2	V
	BETA	跨导系数	0.1	mA/V
	LAMBDA	沟道长度调制系数	0	V^{-1}
	RD	漏极电阻	0	W
	RS	源极电阻	0	W
	CGS	零偏压栅源电容	0	F
	CGD	零偏压栅漏电容	0	F
GaAs MESFET	*UTO*	夹断电压	−2.5	V
	BETA	跨导系数	0.1	A/V^2
	IS	栅 PN 结饱和电流(其他与 JFET 相同)	1E−14	A

PSPICE 中并未提供用来模拟实际运放的符号,但在 eval.slb 符号库中给出了四种型号的运放:LM324、LF411、uA741 和 LM111。如果已知电路中某运放的宏模型及模型参数,用户也可自己创建该运放的模型。

7. 信号源及电源

电源可以看作是一种特殊的信号源。在 PSPICE 中,信号源被分为两类:受控源和独立源。

(1) 受控源

① 电压控制电压源(E,EPOLY):其函数关系是 $U_o = f(U_i)$。若 f 呈线性,则表示线性电压控制电压源,用符号 E 表示,其属性表如图 10.8 所示。若 f 为非线性,则表示非线性电压控制电压源,用符号 EPOLY 表示,符号属性表如图 10.9 所示。属性表中的 COEFF 表示非线性控制系数。输入控制系数的值时,各数值之间应以空格或逗号分隔。

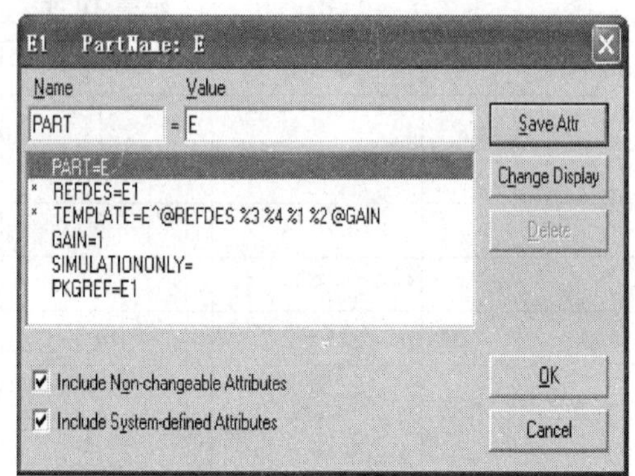

图 10.8 线性电压控制电压源属性表

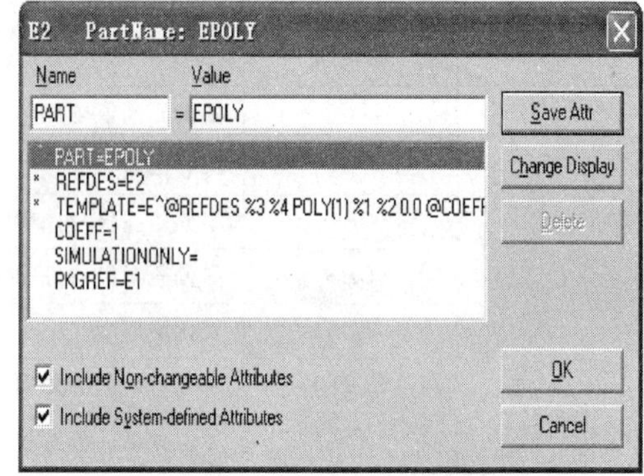

图 10.9 非线性电压控制电压源属性表

② 电流控制电流源(F,FPOLY):其函数关系是 $i_o=f(i_i)$。根据 f 是否呈线性,同样可以将其分为线性电流控制电流源和非线性电流控制电流源,分别用符号 F 和 FPOLY 表示,其属性表与电压控制电压源属性表类似,不过两者的控制系数量纲是不同的。

③ 电压控制电流源(G,GPOLY):其函数关系是 $i_o=f(u_i)$。根据 f 是否呈线性,可以将其分为线性电压控制电流源和非线性电压控制电流源,分别用符号 G 和 GPOLY 表示,二者的属性与电压控制电压源类似。

④ 电流控制电压源(H,HPOLY):其函数关系是 $u_o=f(i_i)$。根据 f 是否呈线性,可将其分为线性电流控制电压源和非线性电流控制电压源,分别用符号 H 和 HPOLY 表示。H 和 HPOLY 的属性表与电压控制电压源类似。

(2) 独立源

独立信号源包括电压源和电流源。独立信号源根据其产生的信号不同及应用场合不同,又可分为以下几种:

- 直流信号源:UDC、IDC
- 交流信号源:UAC、IAC
- 通用信号源:USRC、ISAC
- 正弦信号源:USIN、ISIN
- 指数信号源:UEXP、IEXP
- 脉冲信号源:UPULSE、IPULSE
- 线性分段信号源:UPWL、IPWL
- 调频信号源:USFFM、ISFFM

上述信号源名称中,开头字母为“V”的表示电压源,开头字母为“I”的表示电流源。由于同类型的电压源和电流源,其属性和使用方法都是类似的,所以这里只介绍四类电压源,其余用法与它们相同。

① 直流电压源(UDC):直流电压源的属性表如图 10.10 所示。在使用时,用户可根据直流电压源的实际电压值对 DC 属性值进行修改。

② 交流电压源(UAC):交流电压源的属性表如图 10.11 所示。交流电压源主要用于电

路的交流小信号分析，也可用于直流分析。PSPICE 在进行交流分析之前，首先计算电路的直流工作点，这就是属性表中 DC 的作用。用户可根据交流电压源的实际取值，对交流电压的幅度(ACMAG)和相位(ACPHASE)进行修改。

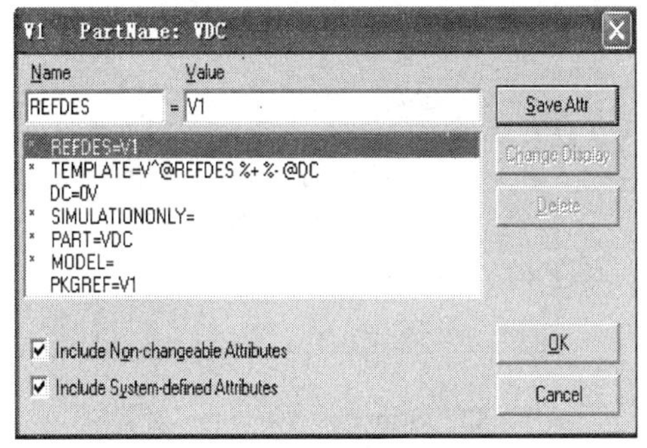

图 10.10 直流电压源属性表

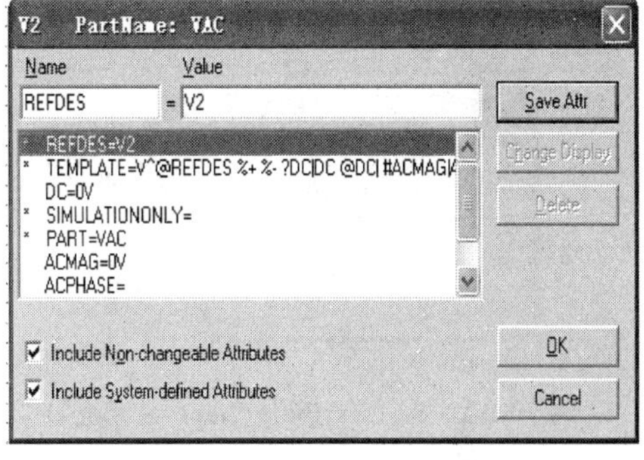

图 10.11 交流电压源属性表

③ 通用电压源(USRC)：可用于电路的直流、交流和瞬态分析。根据不同的分析需要，分别设定 DC、AC 和 TRAN 的值。

④ 正弦电压源(USIN)：正弦电压源产生的激励信号是指数形式衰减的正弦波。电压值按下式计算：

$$U(t) = UOFF + UAMPL \cdot e^{-DF(t-TD)} \cdot \sin\left[2\pi FREQ(t-TD) - PHASE\right]$$

正弦电压属性表中：漂移电压($UOFF$)、峰值电压($UAMPL$)和信号源频率($FREQ$)的值必须由用户输入；衰减因子(DF)、延迟时间(TD)和相位延迟($PHASE$)可采用缺省值(0)。这几个参数决定了正弦电压源的瞬态特性，主要用于电路的瞬态分析。通过设定 DC、AC 值，正弦电压源可用于直流分析和交流分析，这时同样需要设置 $UOFF$、$UAMPL$ 和 $FREQ$ 的参数值，否则 PSPICE 会出现错误提示。可将这些参数值均设为 0。

8. 激励源编辑

利用激励源编辑器(Stimulus Edit)可以快速建立和修改输入波形，为电路建立和编辑电压源、电流源和数字信号源。下面介绍两种编辑激励源的方法：

(1) 编辑正弦电压源

在图形编辑状态调用激励源编辑器，编辑一个正弦电压源，其最大幅值为 1 V，频率为 1 MHz。操作步骤如下：

① 放置激励源符号：在图形编辑状态(Schematics)，选 Draw/Get New Part，在 Part Name 对话框中输入 USTIM，将符号放好，取名为 Mystm.sch，并存盘。

② 进入激励源编辑器并编辑：在 USTIM 符号上双击，打开图 10.12 所示的 Set Attribute Value 对话框，在对话框中添入 USIN。单击 OK 后，打开图 10.13 所示的 Stimulus Attributes 对话框，在 Offset Voltage 域内填入 0；在 Amplitude 域内填入 1 V 并在 Frequency 域内填入1 MHz，按 Apply 和 OK 按钮即可。最后存盘退出，返回到图形编辑状态。

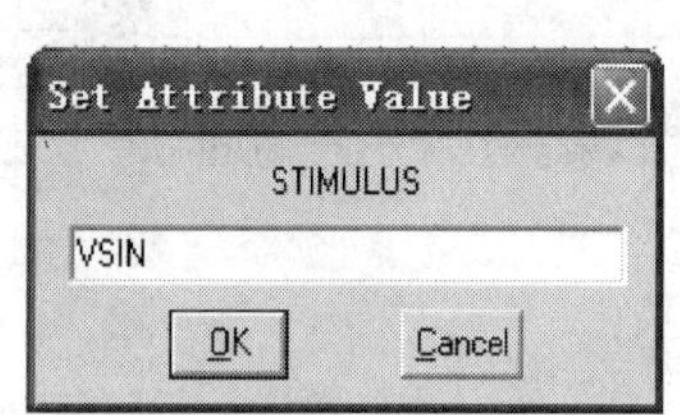

图 10.12　Set Arrribute Value 对话框

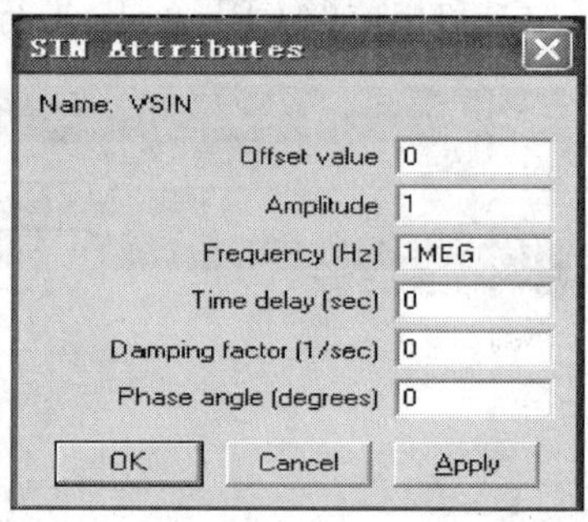

图 10.13　Stimulus Attributes 对话框

(2) 激励源编辑后再调入图形编辑器

① 激励源编辑器是一个独立的程序，可单独调用。进入激励源编辑器，选 File/New，再选 Stimulus/New，在 New Stimulus 中键入要建的激励源名，如 VSIN，进入 Stimulus Attributes，填入数据，按 Apply 及 OK 按钮。最后取名保存文件。

② 将激励源模型设置到图形编辑器：进入图形编辑状态，选 Analysis/Library and Include Files，打开对话框，在 Stimulus Library Files 中键入刚才编辑的激励源模型名，并单击 Add Stimulus。最后确定即可。

③ 为激励源编辑符号，方法与所给元器件符号一样，这里不再重述。

9. 给已有的模型参数元器件增加新的符号

每增加一个新的元器件，必须做到①给出一个器件的模型参数或子电路②编辑符号③定义该器件的封装形式。器件的封装形式只是在进行 PCB 排版时才需要，在进行模拟分析时，可以不定义。

下面以运算放大器为例，说明如何为一个模型或一个子电路增加一个新的符号。

① 进入符号编辑器：选择 File/Edit Library，程序自动进入符号编辑器画面，如图 10.14 所示。

② 复制基本符号图形：选择 Part/Copy，打开 Copy Part 对话框，单击 Select Lib 按钮，并选择 eval. slb，则在 Part 框内出现 eval. slb 库元器件清单。在清单的最后列有基本符号，选择 741/op(这是运算放大器的一般符号)，在 New Part Name 框和 Existing Part Name 框中都出现了 741/op。单击 OK 按钮，退出对话框。选择 File/Save as，键入新的文件名，例如是 user. slb，将该拷贝的基本符号放在此文件中。此时屏幕会提示：Add to list of Schematics Configured Libraries? 按 Y，则程序自动将该文件装入到 Schmetics 中供用户随时调用。

③ 为新器件编辑符号：假如要编辑的运放是 LM325，则选择 Part/New，打开 Definition

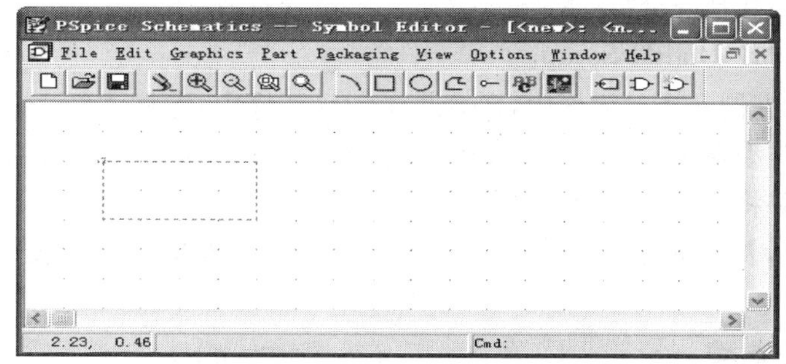

图 10.14 符号编辑画面

对话框。在 Definition 框中，输入对该器件的描述，输入器件名称。在 AKO Name 中输入 741/op，按 OK 按钮，退出对话框。这时状态栏上显示 c：\MSIMEV62\lib\user.slb：lm325。

④ 为新器件编辑属性：选择 Part/Attributes，打开 Attributes 对话框，在 Part 中键入 LM325，在 Model 中键入 LM325(在现有的器件模型库里必须有 LM325)。按 OK 按钮，退出对话框。选择 File/Save，保存上述文件。至此，符号编辑完毕。

10.2.6 仿真分析

电路特性仿真，就是采用不同算法计算、分析电路特性。

1. 仿真步骤

① 放置所需要的各种元器件，设置各元器件属性。

② 用导线连接各元器件，形成电路图。

③ 指定分析类型并定义相关的分析参数，比如直流扫描、交流扫描、瞬态分析等。

④ 启动分析程序。

⑤ 利用 Probe 或表单输出文件，分析仿真结果。

2. 电路分析类型

PSPICE 可以对电路进行以下几种类型的分析和求解。

- 直流工作点分析：Bias Point Detail；
- 直流扫描分析：DC Sweep；
- 直流灵敏度分析：Sensitivity；
- 直流小信号传输函数：Transfer Function；
- 交流扫描分析(包括噪声分析)：AC Sweep；
- 瞬态分析(包括傅里叶分析)：Transient；
- 参数扫描分析：Parametric；
- 温度特性分析：Temperature；

➢ 蒙特卡罗/最坏情况分析：Monte Carlo/Worst Case；

➢ 数字电路分析：Digital Setup。

这些分析都放在同一个对话框中，在 Schematics 环境中，选择 Analysis/Setup…或单击按钮，可打开分析类型对话框，如图 10.15 所示。当正方形选择框中出现"√"时，表示对应的分析类型被选中，并将对电路进行该项分析。单击选择框可设置或清除"√"。分析类型名称后带有省略号"…"，表示单击该按钮后，可以打开下一级对话框，下一级对话框用来设置具体的分析参数。

3. 设置分析参数

单击图 10.15 中某一分析类型按钮，便可打开分析参数设置对话框，进行参数设置。

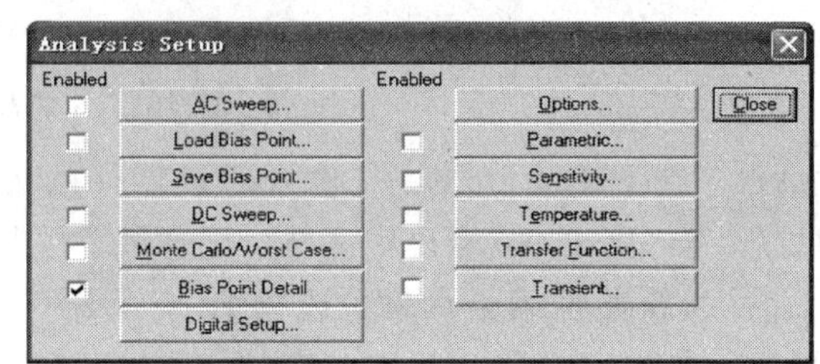

图 10.15 分析类型对话框

(1) 直流工作点分析(Bias Point Detail)

PSPICE 的直流工作点分析是在电路中电感短路、电容开路的情况下，计算电路的静态工作点。要特别注意的是，在进行瞬态分析和交流小信号分析之前，程序将自动先进行直流工作点分析，以确定瞬态的初始条件和交流小信号情况下非线性器件的线性化模型。因此，直流工作点分析是 PSPICE 中的缺省分析类型，在任何时候都处于选中状态，且不需要设置分析参数。

(2) 直流扫描分析(DC Sweep)

直流扫描分析是在指定范围内，某一个(或两个)独立源或其他电路元器件参数步进变化时，计算电路直流输出变量的相应变化曲线。

直流扫描分析参数表如图 10.16 所示，可以选择不同的扫描变量和扫描方式。

扫描变量可以是以下五种：直流电压源、温度、直流电流源、模型参数和全局参数。其中，全局参数指的是用符号 PARAM 定义的参数，PARAM 位于符号库 special.slb 中。

扫描方式分为以下四种：线性扫描、8 分贝扫描、10 分贝扫描和列表扫描。

直流扫描分析还可以嵌套，即可以对两个不同的扫描变量进行两种不同方式的扫描，其中一个变量为主扫描变量，另一个变量为嵌套扫描变量。对于主扫描变量的每一个取值，嵌套扫描变量都在自己的扫描范围内变化一次。

主扫描变量在图 10.16 所示的直流扫描分析参数表中定义；嵌套扫描变量在图 10.17 所示嵌套扫描参数表中定义。单击图 10.16 中 Nested Sweep…按钮，可以打开嵌套扫描参数表，如图 10.17 所示。

(3) 直流灵敏度分析(Sensitivity)

直流灵敏度分析是计算电路的输出变量对电路中元器件参数的敏感程度。对于用户指定的输出变量，计算其对所有元器件参数单独变化的灵敏度值，包括元件灵敏度(Element Sensitivity)和归一化灵敏度(Norrmalized Sensitivity)。

直流灵敏度分析结果以表格形式保存在电路的输出文件(*.out)中。

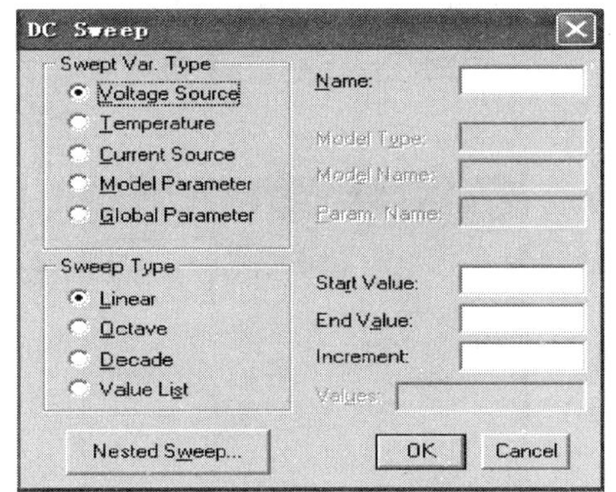

图 10.16　直流扫描分析参数表

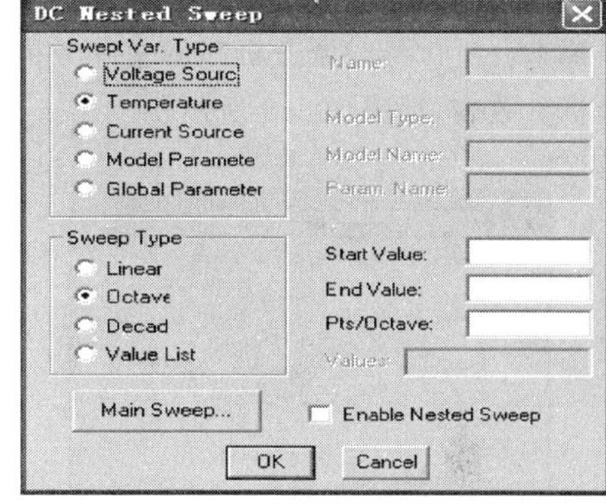

图 10.17　嵌套扫描参数表

(4) 直流小信号传输函数(Transfer Function)

直流小信号传输函数是在直流工作点分析的基础上，在直流偏置附近将电路线性化，计算出电路的直流小信号输入激励源的直流增益、用户指定的输出与输入的比值以及电路的输出电阻和输入电阻。直流小信号传输函数的分析结果，连同电路的直流输入电阻和直流输出电阻一起，保存在电路的输出文件(*.out)中。

(5) 交流扫描分析(AC Sweep)

交流扫描分析是一种线性频率分析。程序首先计算电路的直流工作点，以确定电路中非线性器件的线性化模型参数；然后在用户指定的频率范围内，对此线性化电路进行频率扫描分析。交流扫描分析能计算出电路的幅频和相频响应以及电路的输入阻抗和输出阻抗。这种分析方法，可仿真扫频仪完成的频率响应特性分析；同时，在交流分析定义的频段内，又可以实现电路的噪声分析。单击图 10.15 中的 AC Sweep…按钮，可以打开交流扫描分析参数表，如图 10.18 所示。

在进行交流频率扫描分析时，电路中所有交流信号源的频率都按一定方式变化。频率变化方式分为三种：线性(Linear)扫描、8 分贝(Octave)扫描和 10 分贝(Decade)扫描。

噪声分析用来计算电路中噪声源所产生的噪声大小。在电路中，无源器件和有源器件均会产生噪声。噪声的大小是通过电路输出节点的噪声电压 U(ONOISE)、输入电压源处的等效输入噪声电压 U(INOISE)或输入电流源处的等效输入噪声电流 I(INOISE)来反映的。由于噪声的大小与频率有关，所以噪声分析包含在交流扫描分析中，必须先定义交流频率扫描分析参数，才能进行噪声分析。

如图10.18所示,电路输出节点在Output Voltage文本框中设置,输入电压源或电流源的名称在I/V文本框中设置。在Interval文本框中设置每隔多少个取样频率点输出一次噪声分析信息。单击噪声分析开关(Noise Enabled),可激活噪声分析并设置噪声分析参数。

(6) 瞬态分析(Transient)

瞬态分析包括时域分析和傅里叶分析。单击图10.15中的Transient…按钮,可以打开瞬态分析参数表,如图10.19所示。

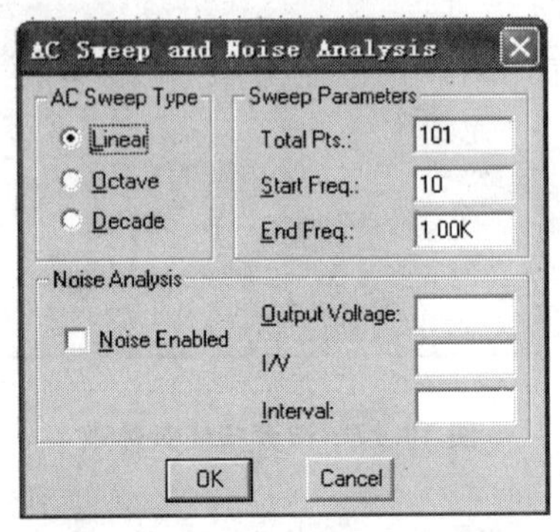

图10.18 交流扫描分析的参数表

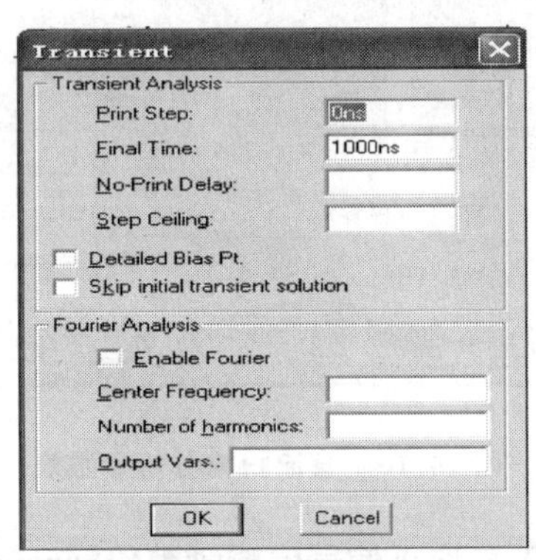

图10.19 瞬态分析的参数表

电路的瞬态分析是求电路的时域响应。它可以是在给定激励信号情况下,求电路输出的时间响应、延迟特性;也可以是在没有任何激励信号的情况下,求振荡电路的振荡波形、振荡周期。瞬态分析的对象是动态电路。动态电路的输出信号不仅与输入信号有关,而且还与电路的初始状态有关。在PSPICE中,电感和电容的初始储能是通过电感和电容符号的IC属性来定义的:电感IC属性表示流经电感的初始电流,电容的IC属性表示加在电容两端的初始电压。

在对动态电路进行时域特性分析时,若未选中瞬态分析参数表中Skip initial transient solution项,PSPICE自动利用电感或电容的初始条件计算电路的直流工作点及非线性器件的小信号参数。若选中该项,则PSPICE将忽略元件的初始条件。分析时通常采用缺省设置。Step Ceiling文本框用来设置瞬态分析时的最大分析步长,建议不设置,由程序自动调整。

在图10.19中,选中Detailed Bias Pt时,在电路输出文件(*.out)中不仅可以输出瞬态分析时各节点的起始偏置电压,还能输出非线性器件的小信号参数。

傅里叶分析是以瞬态分析为基础的一种谐波分析方法。它对瞬态分析结果的最后一个周期波形数据进行抽样,把时域变化信号做离散傅里叶变换,求出频域变化规律,得到直流、基波分量和第2~9次谐波的分量,并求出失真度值。打开傅里叶分析开关,即选中Enable Fourier,才能对电路输出变量进行频谱分析。

(7) 参数扫描分析(Parametric)

参数扫描分析可以较快地获得某个元件参数在一定范围内变化时对电路的影响。相当于该元件每取不同的值,进行多次仿真。参数扫描分析的参数表与直流扫描分析的参数表基本类似,这里不再叙述了。不同之处在于,参数扫描分析用于电路中所有分析类型,而直流扫描分析仅用于直流分析。

(8) 温度特性分析(Temperature)

温度特性分析的作用在于模拟指定温度的电路特性。在实际电路调试时,某些温度条件也许是破坏性质的恶劣工作条件。利用温度分析功能,可以安全地实现各种温度条件下的电路性能测试与分析。

(9) 蒙特卡罗/最坏情况分析(Monte Carlo/Worst Case)

① 蒙特卡罗分析及参数设置

蒙特卡罗分析是一种统计模拟方法,它是在给定电路元器件参数容差的统计分布规律的情况下,用一组组伪随机数求得元器件参数的随机抽样序列,对这些随机抽样的电路进行直流、交流扫描分析和瞬态分析,并通过多次分析结果估算出电路性能的统计分布规律。

蒙特卡罗分析法的参数设置:单击图 10.15 中的 Monte Carlo/Worst Case 按钮,可以打开蒙特卡罗/最坏情况分析对话框。如图 10.20 所示,蒙特卡罗和最坏情况分析共用同一个对话框。蒙特卡罗分析的总次数由 MC Runs 文本框设定。第一次分析取所有参数的标称值,称为蒙特卡罗标称分析;以后各次分析随机选取参数值,称蒙特卡罗第 n 次容差分析。分析结束后,用能够反映出被分析变量波形特征的某一函数对各次分析结果进行整理,得出统计分析结果。整理函数有 5 种,如图 10.20 所示。

- YMAX:将蒙特卡罗各次容差分析波形与标称分析波形逐点比较,求最大差值。
- MAX:求蒙特卡罗各次分析波形的最大值。
- MIN:求蒙特卡罗各次分析波形的最小值。
- RISE:针对 Rise/Fall 文本框中设置的某一阈值,找出蒙特卡罗各次分析波形中第一次超过该阈值的点(该点的横坐标)。
- FALL:针对 Rise/Fall 文本框中设置的某一阈值,找出蒙特卡罗各次分析波形中第一次低于该阈值的点(该点的横坐标)。

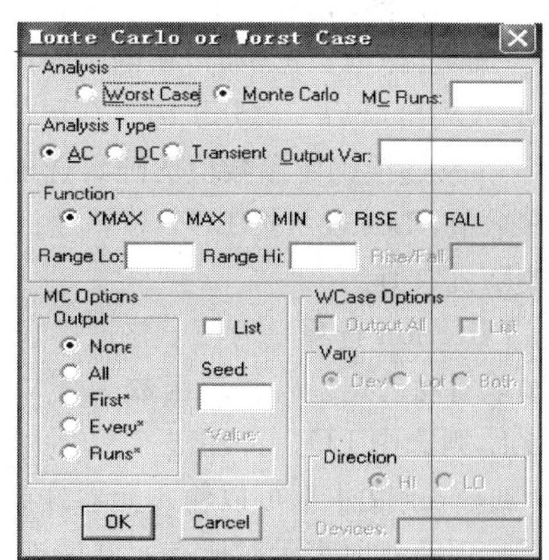

图 10.20 蒙特卡罗/最坏情况分析对话框

Range Lo 和 Range Hi 用来确定整理函数的作用范围,即变量波形的横坐标范围。缺省时指波形的整个持续范围。

蒙特卡罗分析的结果可以按指定方式,输出到电路的输出文件(*.out)或图形后处理器(Probe)中。输出方式有5种,参见图10.20。

- None:只输出标称分析结果,不输出容差分析结果。
- All:输出各次蒙特卡罗分析结果。
- First* :根据* Value文本框中定义的次数 m,对前 m 次分析结果进行输出,$m \leqslant$ 蒙特卡罗分析总次数。
- Every* :根据 * Value文本框中定义的次数 m,从标称分析开始,每隔 $m-1$ 次输出分析结果,$m \leqslant$ 蒙特卡罗分析总次数。
- Runs* :根据* Value文本框中定义的次数 m_1、m_2、…、m_m,输出这些特定次数的分析结果。

选中MC Options中List选择框时,还可以将各次蒙特卡罗分析所使用的模型参数值在电路输出文件(*.out)中列出来。

② 最坏情况分析及参数设置

蒙特卡罗分析可以分析电路各参数同时发生随机变化时电路的性能。为了反映各参数同时发生最大偏差时电路的最坏性能,则需要借助最坏情况分析。最坏情况是指电路中元器件参数在其容差域边界上取某种组合时,所引起电路性能的最大偏差。分析结果通过整理函数处理,可以得出反映电路特性某一方面特征的统计数据。

最坏情况分析中参数设置:分析类型和整理函数选项都与蒙特卡罗分析共用,含义是一样的。

Output All选择框确定输出方式,选中时,表示在电路输出文件(*.out)中输出各次分析结果;否则,仅输出标称分析和最后一次分析的结果.

List选择框被选中时,在电路输出文件(*.out)中列出各次分析时模型参数的随机取值,否则,仅列出最后一次分析的参数取值。

Vary选项确定参数值的随机选取方式,包括三个单选项:Dev表示按DEV容差随机选取参数值,Lot表示按LOT容差随机选取参数值,Both表示按参数中指定DEV容差或LOT容差随机取值。

Direction选项是为便于整理函数对各次分析结果处理而指定的分析方向,可由整理函数的选取自动确定。若整理函数为YMAX或MAX,则选中HI;若整理函数为MIN、RISE或FALL,则选中LO。

Devices文本框可以输入元器件类型标识符,用来限制参与最坏情况分析的元器件参数类型。该项缺省时表示对所有元器件进行最坏情况分析。

4. 分析方法参数设置

PSPICE可以根据用户对电路分析的要求,设置不同的参数并进行模拟仿真及计算结果的数据显示。因此仿真的效果与使用者如何设置“分析”栏中“分析任意项”的参数有很大关系。下面介绍“任意项”中参数的含义和如何进行设置及缺省的数值设置。

选择 Analysis/Setup，单击 Options，进入如图 10.21 所示的对话框。从对话框中可见，任意项分为两类：一类是无值选择，另一类是有值选择。

(1) 无值选择

- ACCT：打印数据。显示仿真过程的有关信息。
- EXPAND：列出子电路嵌套扩展后的器件。
- LIBRARY：列出库文件.LIB 中所使用的清单。
- LIST：列出输入数据的总清单。
- NOBIAS：抑制偏置电压打印输出。
- NODE：打印节点表。
- NOECHO：抑制打印输入文件。
- NOMOD：抑制打印模型参数和改进的温度值。
- NOPAGE：抑制打印翻页。
- OPTS：打印任选项值。

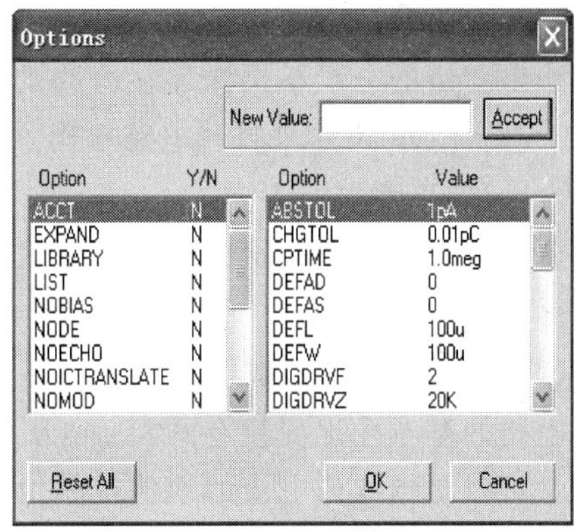

图 10.21　任意项(Options)对话框

(2) 有值选择

- ABSTOL：电流的绝对精度，通常小于电路中最大电流信号 6～8 个数量级。缺省值为 1.0E－12。适合一般双极型晶体管、VLSI 电路。
- CHGTOL：电荷绝对精度。缺省值为 1.0E－14，一般情况下不需调整。
- CPTIME：CPU 时间。缺省值为 1E6。
- DEFAD：MOSFET 漏极扩散区面积。缺省值为 0。
- DFRAS：MOSFET 源极扩散区面积。缺省值为 0。
- DEFL：MOSFET 沟道长度。缺省值为 0.0001。
- DEFW：MOSFET 沟道宽度。缺省值为 0.0001。
- DISTRIBUTION：蒙特卡罗分析时分布函数。
- GMIN：最小电导。该值不能为 0，增大该值可以改善收敛性，但会影响仿真效果。
- ITL1：工作点分析迭代极限。限制 N－R 算法的迭代次数。缺省值为：100。若出现直流分析不收敛的情况，可增加到 500～1 000。
- ITL2：直流传输曲线的迭代极限。缺省值为 20。
- ITL4：瞬态分析每时间点迭代次数上限。增大此值会缩短瞬态分析时间，但是过小会引起不稳定。缺省值为 10。若出现时间步长太小或瞬态分析不收敛，可增大到 15～20。
- ITL5：瞬态分析总的迭代次数极限。缺省值为 5 000。

➢ LIMPTS：打印的总点数。缺省值为201。

➢ NUMDGT：输出变量打印的有效位数。缺省值为4。

➢ PIVREL：最大矩阵项和允许的主元值间的相对比率。缺省值为1E－3。

➢ RELTOL：电压或电流的相对精度。缺省值为0.001。

➢ TNOM：标称温度。缺省值为27。

5. 设置输出方式

输出变量的分析结果保存在电路的输出文件(＊.out)中。在Schematics中选择Analysis/Examine Output,可打开电路输出文件查看结果。输出变量的波形则可以在图形后处理器(Probe)中查看。

这里主要介绍如何定义输出变量名及输出变量的函数表达式,如何在电路图中加入各种输出标识等。

(1) 输出变量及函数表达式的命名

电路的基本输出变量有两类:电压输出变量和电流输出变量。根据分析类型不同,输出变量又可以是电压或电流的幅值或相位等特征值。根据不同的观测要求,输出变量还可能是由基本输出变量构成的函数表达式。

① 直流分析和瞬态分析的输出变量命名。直流分析和瞬态分析仅涉及到基本的电压变量、电流变量以及基本变量构成的函数表达式。直流分析和瞬态分析输出变量如表10.10所列。

表10.10 直流分析和瞬态分析输出变量

格 式	意 义	举 例
U(N1)	节点N1对地的电压	U(1)
U(N1,N2)	节点N1和N2的电压	U(3,4)
U(NAME)	名为NAME的元件上的端电压	U(RL)
UX(NAME)	名为NAME的元件X端对地电压	UB(Q1)
UXY(NAME)	名为NAME的元件X和Y两端对地电压	UBE(Q1)
UZ(NAME)	名为NAME的传输线Z端口的电压	UA(T1)
I(NAME)	通过名为NAME的元器件的电流	I(D1)
IX(NAME)	进入名为NAME的元器件X端的电流	IB(Q1)
IZ(NAME)	流经名为NAME的传输线Z端口的电流	IA(T1)

PSPICE中的一部分元件为二端元件,对于三端元件或四端元件,若输出变量与其中的某一端子有关,则需要在输出变量中标明端子名。表10.11中列出了PSPICE中常用的三端和四端元件名、元件标识名及端子名。

表 10.11 常用三端和四端元件名、元件标识名及端子名

元件标识符	元件类型	引脚符
B	砷化镓场效应管	D(漏极)G(栅极)S(源极)
J	结型场效应管	D(漏极)G(栅极)S(源极)
M	金属氧化物场效应管	D(漏极)G(栅极)S(源极)B(衬底)
Q	双极型晶体管	C(集电极)B(基极)E(发射极)S(衬底)

② 交流分析的输出变量名。交流分析通常采用复变量分析法,因此,交流分析法的输出变量可能是基本电压变量或电流变量的幅度、相位、实部和虚部,通常可在输出电压、输出电流变量之后增加一个附加项,以表示不同含义,相应的表示方法如表 10.4 所列。

③ 噪声分析输出变量名。噪声分析输出变量的含义如表 10.12 所列。

④ 变量函数表达式的命名。函数表达式是由基本输出变量和 PSPICE 的内部函数通过加、减、乘、除等运算构成的。PSPICE 的内部函数列在表 10.3 中,表中的 x 代表基本输出变量。

表 10.12 噪声分析及其输出变量

输出变量	意 义	举 例	输出变量	意 义	举 例
ONOISE	输出节点的均方根噪声	U(*ONOISE*)	dB(*ONOISE*)	以分贝为单位的等效输出噪声	dBU(*ONOISE*)
INOISE	输入节点的等效输入噪声	U(*INOISE*)	dB(*INOISE*)	以分贝为单位的等效输出噪声	dBU(*INOISE*)

(2) 加输出标识

输出标识是加在电路图的某一节点或元件端子上的一种符号,用来标明电路中待观测的信号。输出标识可通过 Markers 菜单中的有关命令或常用工具栏上的按钮来添加。单击 Schematics 中的 Markers 菜单,打开一个下拉菜单,如图 10.22 所示。

选择 Markers/Mark Voltage/Level 或单击按钮可以取出节点电压波形观测标识。单击电路图中某一节点,标识符便加在该点上,如图 10.23 所示。单击右键或双击左键可结束添加操作。在电路某一节点处加入电压观测标识,则电路分析完毕后,在 Probe 中将显示出该节点对地电压的波形。

选择 Markers/Mark Voltage Differential,可以取出节点间电势差波形观测标识,包括"+"、"−"两个标识符。"+"标识符代表高电位,"−"标识符代表低电位。取出电势差标识符后,依次单击电路图中两个不同节点,分别将"+"、"−"两个标识符加在这两个节点上,如图 10.23 所示。

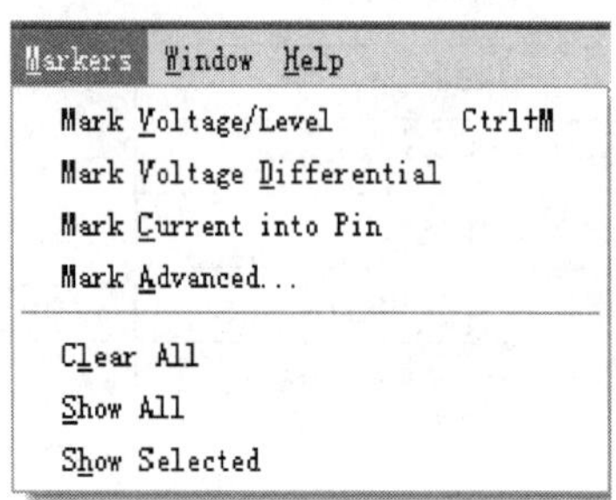

图 10.22 Markers 下拉菜单

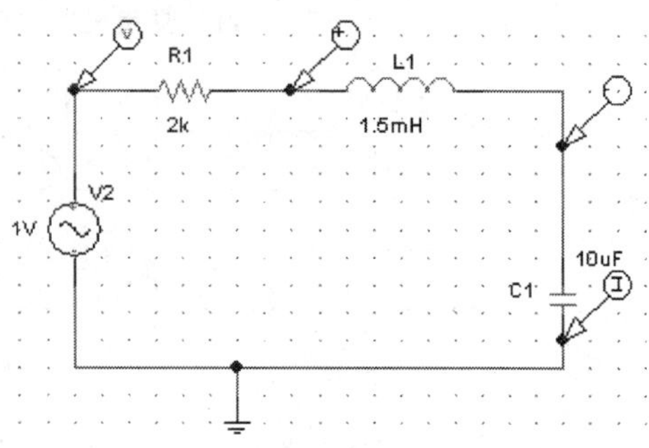

图 10.23

选择 Markers/Mark Current into Pin,可以取出支路电流波形观测标识。电流波形观测标识必须加在元件的某一端子上,如图 10.23 所示。

选择 Markers/Mark Advanced…,打开一个标识符号库 Markers.slb,如图 10.24 所示。Markers.slb 是一个独立的符号库,没有列入 Pspice 的全局符号库文件列表。Markers.slb 中包含多种波形观测标识符,以上三种标识符也在其中。

图 10.24 中,凡是以 V 开头的符号,如 vdb、vreal 等,均可以加在该节点或与该节点相连接的导线上;而以 I 开头的符号,必须加在元器件的某个端子上。如图 10.23 所示。

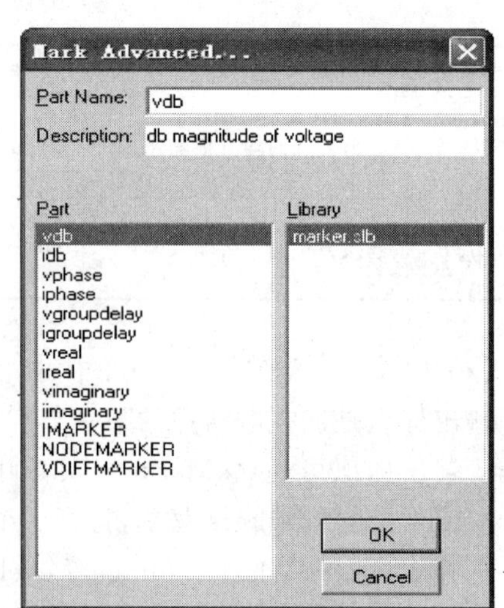

图 10.24 符号库中各符号的含义

输出标识既可以在绘制完电路图后立刻加上去,也可以在电路分析结束后再加上去。前者将在电路分析完毕自动启动 Probe 并显示信号波形;后者则先启动 Probe,然后切换回 Schematics 窗口并加入输出标识,才能使波形显示在 Probe 窗口中。图 10.24 的标识符号库中各符号含义为:电压的分贝幅值(vdb)、电流的分贝幅值(idb)、电压的相位(vphase)、电流的相位(iphase)、电压的群延迟(vgroupdelay)、电流的群延迟(igroupdelay)、电压的实部(vreal)、电流的实部(ireal)、电压的虚部(vimaginary)、电流的虚部(iimaginary)、极(POLARIS)、支路电流标识符(IMARKER)、节点对地电压标识符(NODEMARKER)、节点之间电势差标识符(VDIFFMARKER)。

另外,还可以利用 None 改变所加标识的颜色,以便在图形后处理器中以相应的颜色显示该波形。

如果需要将 Probe 窗口中原有波形删除，并显示新的输出变量波形，可以按照下述方法进行：

① 在 Schematics 中选择 Markers/Clear All，清除原来设置的所有标识；

② 在电路图中加入新的观测标识；

③ 选择 Markers/Show All，用新的输出变量波形更新 Probe 窗口；

④ 先选中部分新加入的标识符，然后选择 Markers/Show Selected，用选中的观测标识的波形更新 Probe 窗口。

6. 启动分析

设置完电路分析参数后，便可以启动分析程序 PSpiceAD，对电路进行分析。选择 Aanlysis/Simulate，或单击常用工具栏中的图按钮，或按热键 F11，均可以启动 PSpiceAD 程序。

分析过程中，会显示 PSpiceAD 程序的运行窗口如图 10.25 所示。窗口中包含以下信息：正在分析的电路图文件的路径和文件名，生成的电路描述文件名(电路图文件名.cir)，数据输出文件名(电路图文件名.out)，分析程序的运行状态，分析的起止时间以及 PSpiceA_D 内部计算时间间隔。

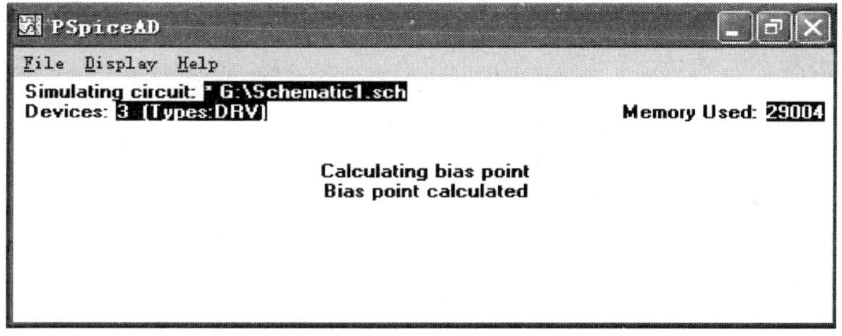

图 10.25　某一电路图文件分析运行窗口

如果 PSpiceAD 在电路分析中发现错误，也会在运行过程中用红色的文字显示在分析运行窗口中，并提示用户在电路输出文件中查看错误原因。选择 Analysis/Examine Output，可以查看错误原因。

7. 输出波形的后处理器

Probe 是以高解析度图形方式显示电路特性曲线的后处理工具。其作用类似于全功能、全频带的仪器平台，用于实现电路特性的显示、测量、波形处理及打印输出。

(1) 设置 Probe 运行方式

1) 启动 Probe

在 Schematics 集成环境中启动。选择 Analysis/Probe Setup…，可以打开 Probe 运行方式对话框，如图 10.26 所示。若选中图 10.26 中的 Automatically run Probe after simulating，

则在分析结束后自动启动 Probe,并打开 *.dat 文件显示波形。这种自动启动 Probe 的方式是 Probe 的缺省运行方式。

如果在图 10.26 所示的运行方式对话框中选择 Do not auto run Probe,则电路分析完毕后并不马上启动 Probe,必须在 Schematics 集成环境中选择 Analysis/Run Probe,才能打开 Probe 窗口。

2) 波形显示方式

在电路分析结束后启动 Probe,将打开相应的二进制数据文件 *.dat。是否立即在 Probe 窗口中显示输出变量的波形,以及显示哪些输出变量的波形,则由波形显示方式决定,如图 10.26 所示。

① 选择 Show all markers 方式,Probe 启动后立即显示所有输出标识处的信号波形;

② 选择 Show selected markers 方式,显示所选择的输出标识处的信号波形;

③ 选择 None 方式,Probe 启动后不显示任何波形,必须利用波形跟踪命令并输入观测变量的名称,才能显示该变量的波形。

④ 选择 Restore last probe session 方式,Probe 启动后将重现上一次退出 Probe 前最后显示在 Probe 窗口中的波形。

3) Probe 的数据收集方式

Probe 在显示变量波形之前,必须先收集该波形的数据。没有数据就无法形成波形。数据收集方式有四种,如图 10.27 所示。

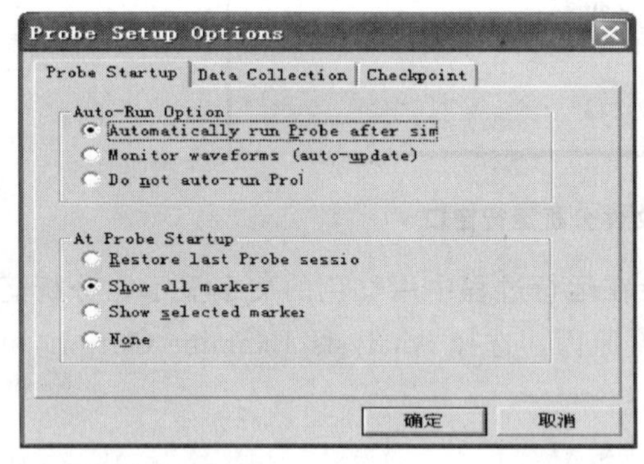

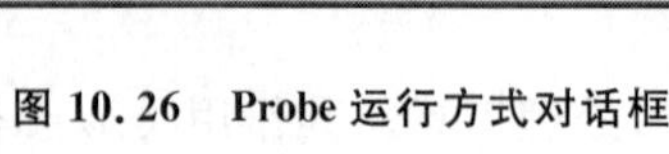
图 10.26 Probe 运行方式对话框

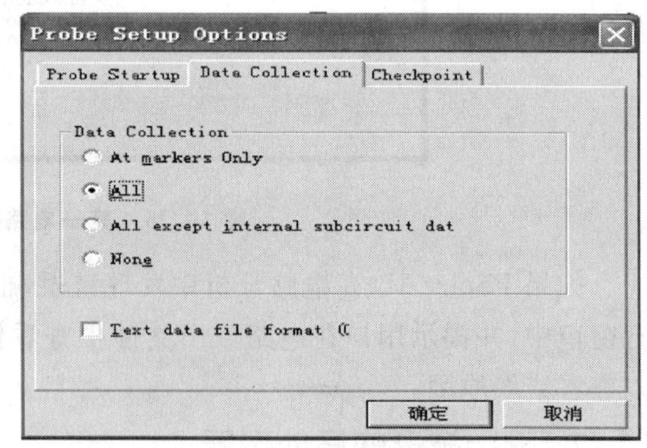

图 10.27 Probe 的数据收集方式对话框

① 采用 At markers only 方式采集数据,则在 Probe 中可以观测到所有输出标识点处的信号波形;

② 采用 All 方式采集数据,则在 Probe 中可以观测到电路中所有节点电压和支路电流的波形;

③ 采用 All except internal subcircuit data 方式采集数据,则在 Probe 中可以观测到除内

部子电路节点外的所有节点电压和支路电流的波形；

④ 选择 None 方式，将不收集数据，也就不生成二进制数据文件 *.dat，因而无法启动 Probe，观察不到任何变量的波形。

选中图 10.27 中的 Text data file format[CSDF]时，Probe 除生成二进制形式的数据文件 *.dat 外，还生成一个文本格式的数据文件，以便在不同类型的计算机之间互相转换。

(2) Probe 集成环境简介

Probe 是一种交互式的集成环境，由标题栏、菜单栏、常用工具栏、图形显示区和状态栏组成。

菜单栏中各菜单项的基本功能如下：

- File：打开、添加和关闭二进制数据文件 *.dat；打印输出波形；记录及运行命令文件（*.cmd）；退出 Probe 环境；4 个最近打开的 *.dat 文件列表。
- Edit：剪切、复制、粘帖及删除波形；更改文件名；更改显示变量。
- Trace：跟踪输出变量的波形；编辑宏命令；定义全局函数名。
- Plot：坐标轴设置；增加或删除波形显示区；直流、交流和瞬态分析的波形图。
- View：视图缩放。
- Tools：为图形添加各种标记；显示波形的特征值；将输出波形复制到剪切板；设置显示方式；配置 Probe 集成环境。
- Window：打开新窗口；关闭及排列窗口；在所有打开的窗口之间切换。
- Help：Probe 的版本信息。

(3) Probe 的图形功能

1) 观察变量波形

① 用加输出标识的方法观测瞬态分析的波形。从 Probe 窗口切换到 Schematics 窗口；然后选择 Markers/Mark Voltage/Level，取出电压观测标识，并将其加在所要观测波形的节点上；最后单击 Probe 窗口中任意一点，从 Schematics 窗口切换回 Probe 窗口中。这时，所要观测的波形就会显示在 Probe 窗口中。

若所观测的多个波形的横坐标相同，而纵坐标不同，则不能将它们显示在同一坐标系中。为了观测其波形，可以采用下述三种方法之一：

(a) 选择 Windows/New，打开一个新的 Probe 窗口，然后用加输出标识的方法将所观测的波形显示在新开窗口中；

(b) 选择 Plot/Add Plot，在同一窗口中开辟一新的波形显示区，并用加输出标识的方法将所观测的波形显示在新的波形显示区中；

(c) 选择 Plot/Add Y Axis，增加一个新纵轴，并用加输出标识的方法显示所观测的波形。这样，多条曲线虽然位于同一波形显示区中，但纵坐标不同。

② 利用波形跟踪命令观测交流分析波形。首先，选择 Trace/Add Trace 或单击按钮，

打开图10.28所示对话框。然后单击变量名列表中的变量,使其出现在Trace Expression对话框中;或者,直接在Trace Expression对话框中输入观测变量名,然后单击OK按钮。这时要观测的波形将出现在Probe窗口显示区中。

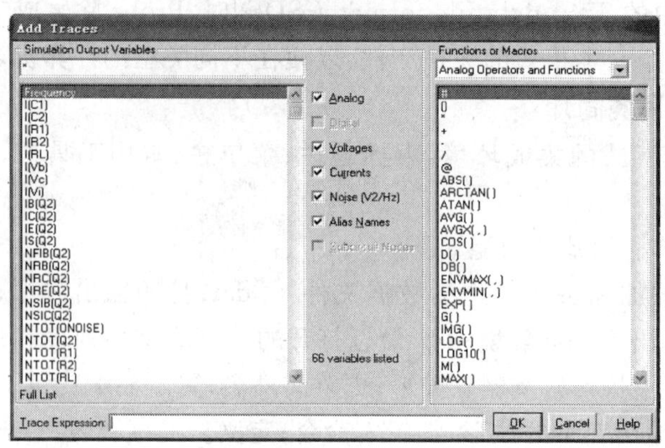

图10.28 波形跟踪对话框

2)观测波形各点数据

选择Trace/Cursor/Display或单击按钮,则活动显示区中出现一条十字交叉线;同时,屏幕右下角出现一个数据框,数据框中有三行数据,其中,A1和A2为两个数据指针,dif为A1和A2的差值。

利用鼠标或键盘,可使十字交叉线移动,但交叉点则始终位于某一条曲线上,并沿着这条曲线移动。因此,交叉点的位置实际上就是曲线上某一点的位置,求出交叉点所在位置的横坐标和纵坐标,就可以得到波形上某点的数据。数据指针的作用是跟踪交叉点的位置变化。两个数据指针中的一个始终跟踪着交叉点的位置,并将交叉点所在位置的横坐标和纵坐标随时记录在数据框中;另一个指针中的数据保持不变,代表交叉点最初的位置。这样,差值dif中的数据就随着交叉点移动而不断变化。

3)标注波形及数据点

利用Probe既可以逐点地观测数据,还可迅速地找到波形的最大值或最小值等特殊点,并在波形上将这些特殊点标注出来及对波形的名称进行标注。下面介绍如何对波形及波形上的特殊点进行标注。

Probe中提供了箭头、直线段、多折线、圆、椭圆、矩形以及文字注释等多种标注工具,用来对各波形进行标注。选择Plot/Label,可以打开标注工具子菜单,如图10.29所示。单击其中的某项,便可取出该种标注工具。

① 选择Plot/Label/Arrow,鼠标将显示成铅笔形状。

② 单击要标注的波形附近的某一点,则铅笔在该点画出一个箭头。

③ 朝要标注的波形方向移动鼠标，直到箭头指向曲线上要标注波形上的一点，再次单击鼠标，画出一个指向要标注的箭头。

④ 选择 Plot/Label/Line，鼠标显示成铅笔形状。

⑤ 单击箭头的另一端，并拖动鼠标，拉出一条直线，拉出适当的长度后再次单击鼠标。

⑥ 选择 Plot/Label/Text，打开图 10.30 所示对话框。在该对话框中输入曲线名称，并按 OK 按钮退出，则曲线名称将出现在鼠标箭头前。鼠标可以拖动该符号任意移动，将曲线名称拖动到直线段上方，然后单击鼠标左键，便完成对曲线的标注。

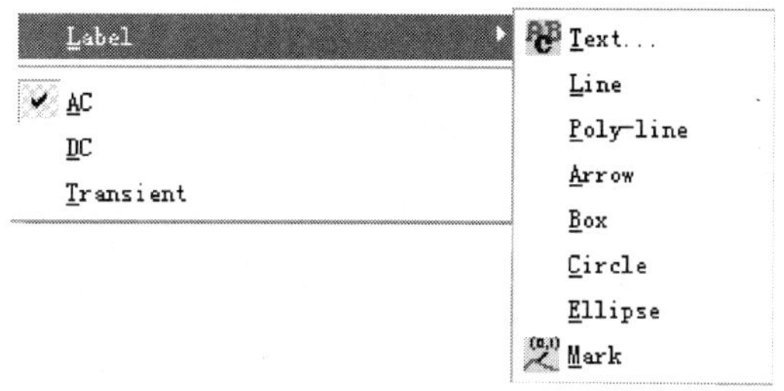

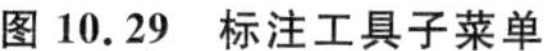

图 10.29 标注工具子菜单

图 10.30 标注文字对话框

十字叉线可以逐点显示波形各点的数据，利用 Probe 中的定位工具，可以迅速地将十字交叉线定位在波形的特殊点，如最大值、最小值点、波峰点或波谷点处，再借助于图 10.32 中标注坐标工具 Mark，还可以在波形图中标出该点的横坐标和纵坐标值。选择 Trace/Cursor，可以打开定位工具子菜单，定位工具能够进行有效定位的前提是必须先在波形图中显示十字交叉线。

4）修改坐标设置

Probe 在输出信号波形时，可以根据分析类型自动选择恰当的坐标系并自动定出坐标轴的取值范围。不过，用户也可以根据实际需要，重新选择坐标系，或重新定义坐标轴的取值范围。

① 设置 x 轴：选择 Plot/Axis Settings…，可打开图 10.31 所示的 x 轴设置的对话框。用户也可以根据需要，对 x 轴各项设置进行修改。

单击 Axis Variable 按钮，可打开 x 轴变量修改对话框，如图 10.32 所示。选择图 10.31 中 Data Range 区中的 User Defined 项，可根据需要定义 x 轴的取值取值范围。

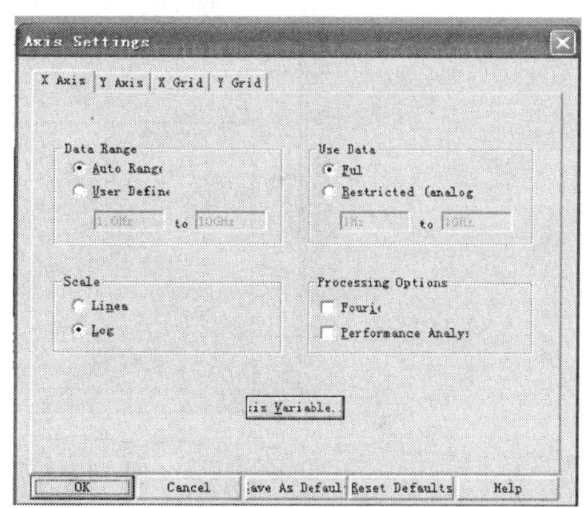

图 10.31 x 轴设置

② 设置 y 轴：选择 Plot/Axis Setting…，

可以打开如图10.33所示的y轴设置对话框。y轴标题通常用来输入y轴变量名及单位,Y Axis文本框中的1说明标号为1的y轴为当前活动y轴,单击旁边的下拉列表,可以将其他标题的y轴切换为活动y轴。图10.33中其他对话框的含义与x轴设置中的相应对话框一致。

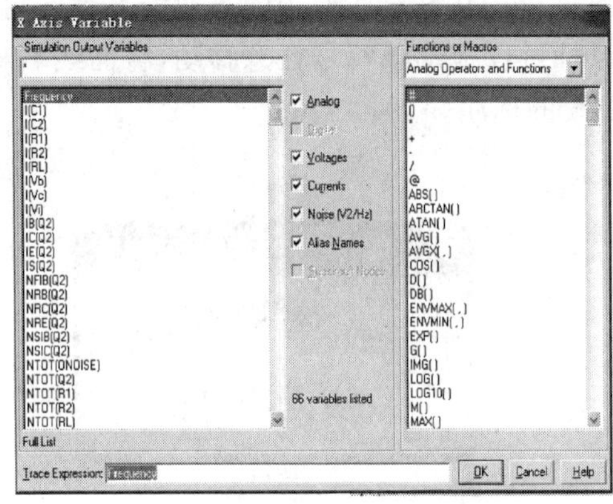

图10.32 x轴变量修改对话框

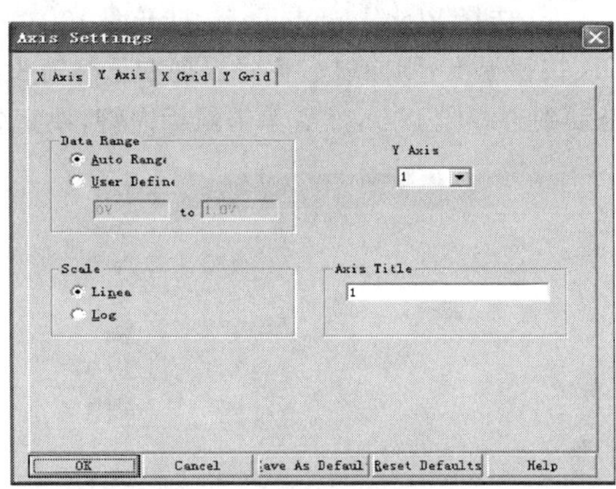

图10.33 y轴设置对话框

10.2.7 PSPICE的应用实例

PSPICE是通用电路模拟软件,打开计算机后选择程序/Pspice/Schematics,可得到如图10.34所示的工作界面,下述实验是在此工作界面上完成的。

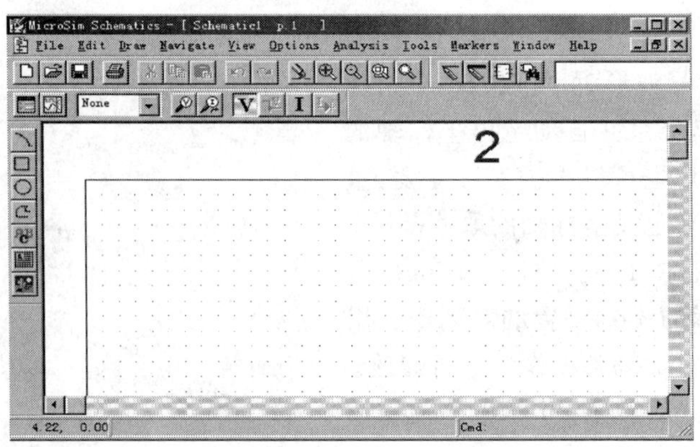

图10.34 Schematics工作界面

1. 共射极放大电路

原理图如图10.35所示,选择Draw菜单下的get new part项可从元件库中调用原理图中的元件。例如调用电阻，则在 Part Name 框中键入 R，点击 Place 即可。依次键入 Q，VDC，VSIN，C，GND，即可调用三极管，直流电源，正弦源，电容及地。

1）参数设置。双击元件，得到该元件的属性表，根据图 10.35 的参数更改元件的数值（Value），更改后必须单击 Save Attr 和 Ok。其具体数值如下：

① 电阻值、电容值按图 10.35 参数设置。

② 正弦源 V_i 的设置：AC：1 V，DC：0 V，Voff：0 V，Vamp：0.02 V，Freq：10 kHz。

③ 直流源设置：V_{CC} 直流值 DC 设为 12 V。

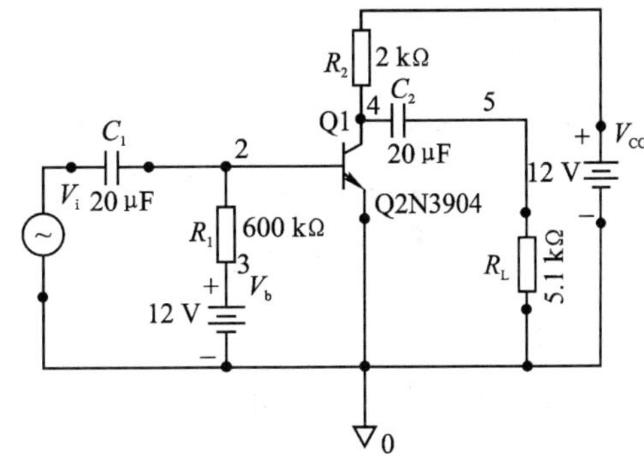

图 10.35 共射级放大电路

2）如果位置不对，可单击文件后移动，如要旋转文件 90°，可调用 Edit/Rotate。

3）选择 Draw/wire，按图 10.35 连线。

4）双击节点或节点之间的连线，在 Set Attribute Value 对话框中 Label 处输入节点名（如图中的 1，2，3，4，5）。

5）选择 Analysis/setup…… 。

具体设置如下：

① 交流分析设置：

AC Sweep Type：Decade

Sweep Parameters： Pts/Decade：20 Start Freq：1 End Freq：1G.

单击 Noise Enabled，确认噪声分析。

Output Voltage：V (5).

I/V V_i.

单击 Enabled，确认交流分析。

② 直流分析设置：

Swept Var. Type：Voltage Source.

Name：:Vc

Sweep Type：:Linear.

Start Value：0.1

End Value：12

Increment：1.

单击 Enabled，确认直流分析。

③ 直流嵌套扫描设置：

单击 Nested Sweep 进入嵌套扫描设置状态。各对话框设置如下：

Swept Var. Type：Voltage Source； Name：Vb； Sweep Type：Linear； Start Value：0； End Value：12； Increment：1。

单击 Enabled，确认直流嵌套扫描分析。

④ 瞬态分析设置：

Print Step：50 ns；

Final Time：1 ms；

Step Ceiling：2 μs。

单击 Enabled，确认瞬态分析。

6）模拟运行

在 Analysis 菜单下运行 simulate。在 Probe 主画面下，选 Trace 菜单中的 Add 项，根据需要可显示电路中各节点电压、支路电流及三极管的特性曲线。

三极管放大电路电压增益的幅频特性曲线如图 10.36 所示。图中，纵坐标为负载电阻上的输出电压。

三极管电路的相频特性曲线如图 10.37 所示。由于在交流分析时设置输入信号 V_i 的相位为 0，所以输出信号相位 P(V(5))的大小就表示了输出、输入相位差的大小。

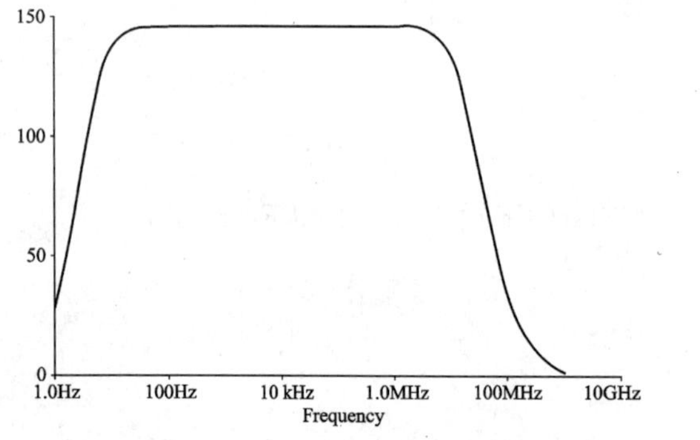

图 10.36 放大电路的幅频特性

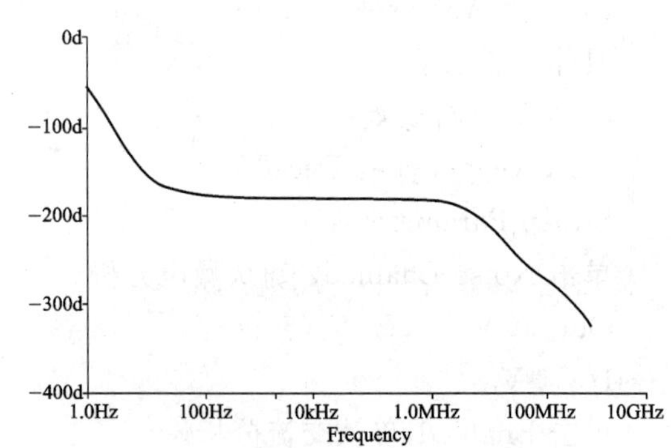

图 10.37 放大电路的相频特性

交流输入阻抗如图 10.38 所示。纵坐标为输入电压和输入电流之比。

三极管电路输入、输出噪声特性如图 10.39 所示。图中，V(INOISE)为输入噪声特性；V(ONOISE)为输出噪声特性。

电路的交流输出阻抗特性曲线如图 10.40 所示。测量输出电阻时，将输入电压源 V_i 短路，将负载电阻 R_L 开路，在节点 5 与地之间接入一个正弦电压源(AC=1 V DC=0 V Voff=0 V Vamp=0.02 V Freq=10 kHz)。如此，V(5)和 I(V5)之比即交流输出阻抗。

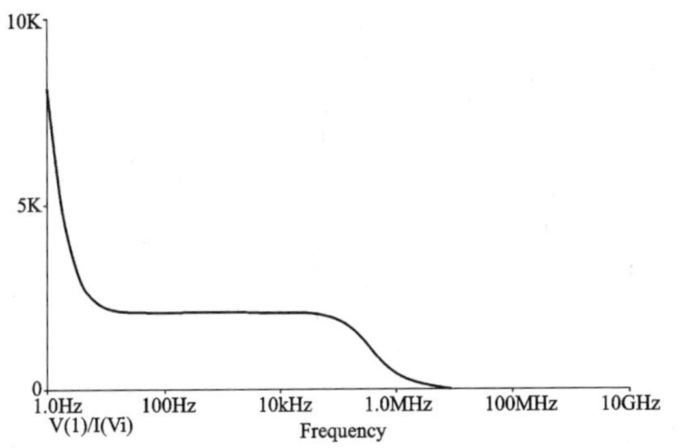

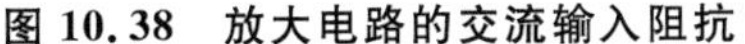
图 10.38　放大电路的交流输入阻抗

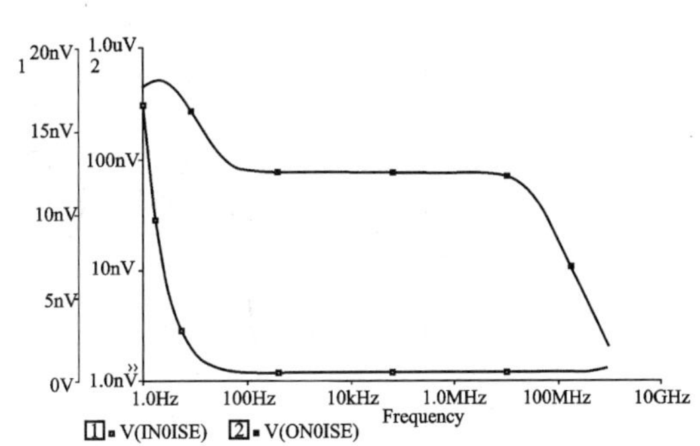

图 10.39　放大电路的输入、输出噪声特性

三极管电路的直流输出特性曲线如图 10.41 所示。其中，横坐标为基极回路直流输入电压，纵坐标为三极管集电极输出电流。

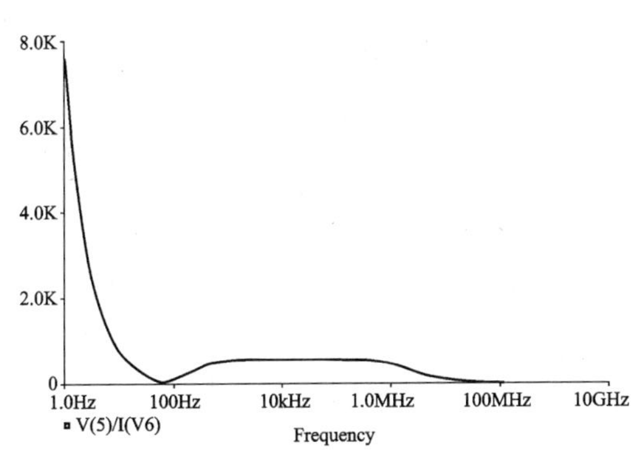

图 10.40　电路的交流输出阻抗特性曲线

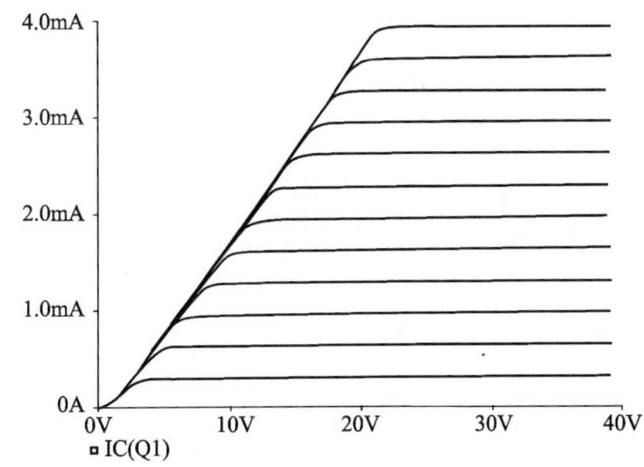

图 10.41　三极管电路的直流输出特性曲线

电路瞬态响应特性曲线如图 10.42 所示。其中 V(1)和 V(5)分别为节点 1 和节点 5 的对地电压。

2. 互补对称功放电路

乙类互补对称功放电路如图 10.43 所示。设输入信号 V_i 为幅值是 5 V，频率是 1 kHz 的正弦电压，运用 PSPICE 程序观察输出电压 V_o 波形的交越失真，求出失真发生的范围。为减少和克服交越失真，在 Q_1、Q_2 两基极间加上两只二极管 D_1、D_2 及相应电路，如图 10.44 所示，构成甲乙类互补对称功放电路，观察 V_o 的交越失真是否消除，并求最大输出电压范围。

① 绘制电路图如图 10.43 所示。

Q1：取 Q2N3904；Q2：取 Q2N3906；

V1：取 VDC 并设 DC＝12 V；V2：取 VDC 并设 DC＝12 V；

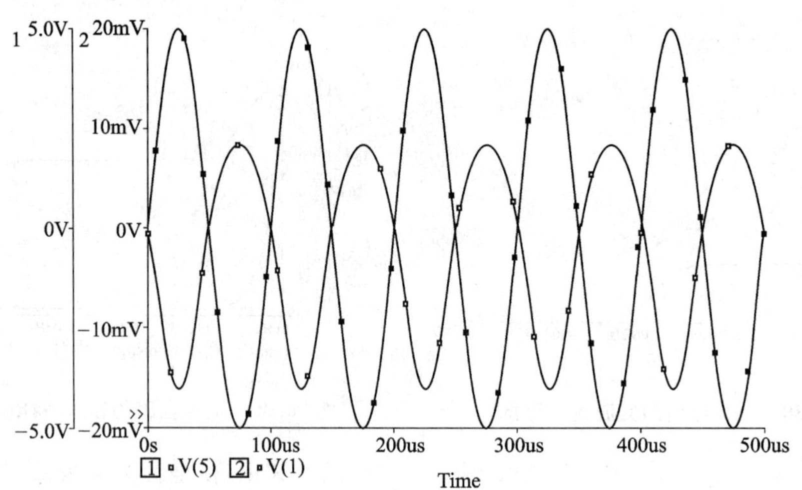

图 10.42 电路瞬态响应特性曲线

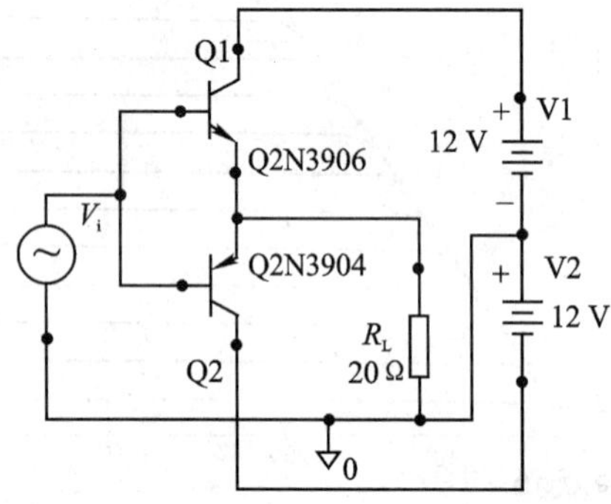

图 10.43 乙类互补对称功放电路

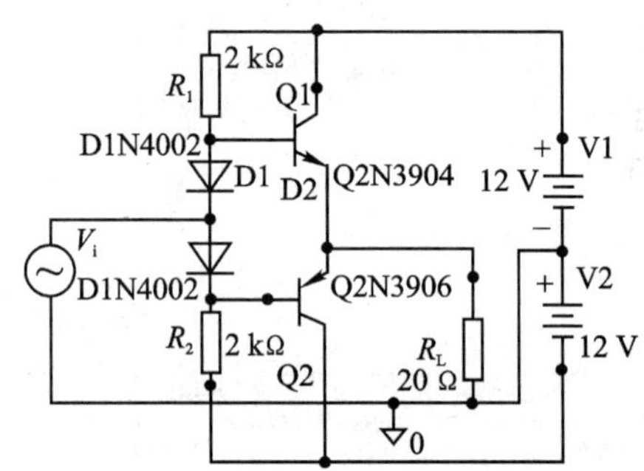

图 10.44 甲乙类互补对称功放电路

VS：取 VAC 并设 DC＝0 V，AC＝0 V，VAMPL＝5 V，VOFF＝0 V，FREQ＝1 kHz；其余参数参照图 10.43。

② 模拟设置：为了观察交越失真，必须设置瞬态分析功能。

选择 Analysis/setup，并选择 Transient。

Print Step(打印步长)为 20 ns；Final Time(终止时间)为 2 ms；Step Ceiling(计算步长)为 2 μs。

③ 为了观察失真发生的范围，可设置 DC 扫描分析，以得到电压传输特性。

选择 Analysis/setup，并选择 Parametric。

Sweep Var. Type(扫描变量类型)设置为 Voltage Source(电压)；电压名为 Vi；Sweep Type(扫描类型)设置为 Linear(线性扫描)；Start Value(起始值)设置为－2；End Value(终止值)设置为＋2；

Increment(步长)设置为 0.1。

④ 至此，分析类型和参数设置完毕，下面可以进行模拟运算。选择 Analysis/Simulate，程序自动进行模拟，得到瞬态波形如图 10.45 所示，由图可看出 V_o 有交越失真。

⑤ 电压传输特性如图 10.46 所示，由图中可看出，输入电压在 −0.669～+0.669 V 范围内，输出电压出现失真。

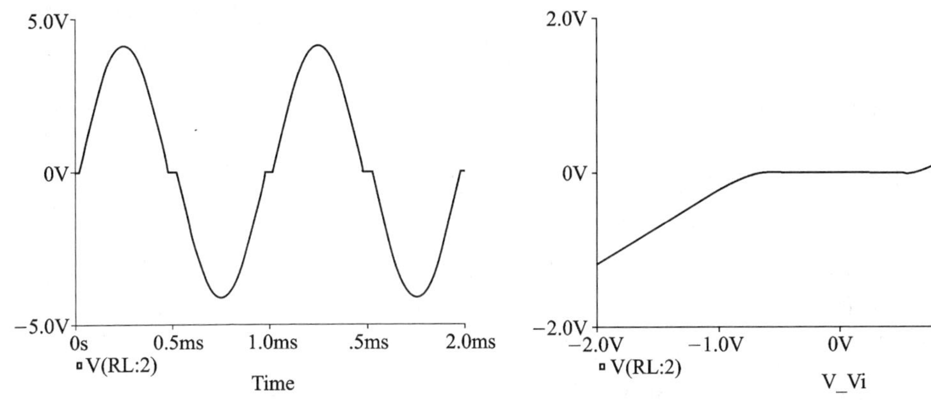

图 10.45 乙类互补对称功放电路瞬态波形

图 10.46 乙类互补对称功放电路电压传输特性

⑥ 将电路改成如图 10.44 所示形式。图中 D_1、D_2 取 DIN4002，重复上面的步骤，可得电路的输出波形和传输特性分别如图 10.47 和图 10.48 所示。由此可看出，V_o 已无交越失真。

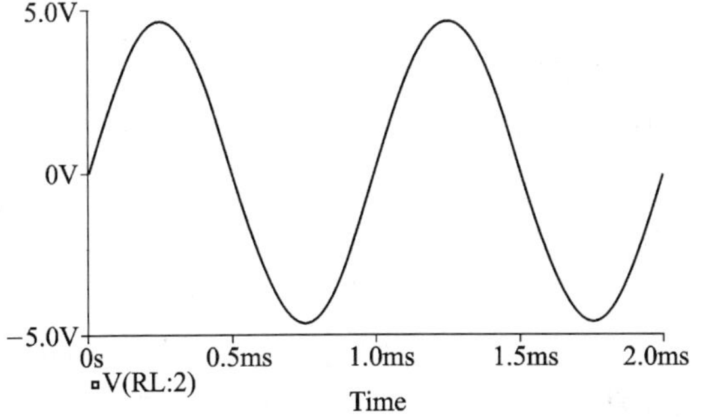

图 10.47 甲乙类互补对称功放电路瞬态波形

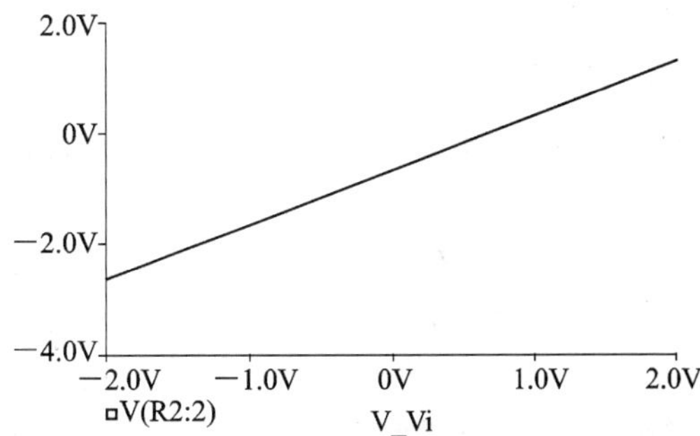

图 10.48 甲乙类互补对称功放电路电压传输特性

10.3 Multisim

Multisim2001 是 Electronics Workbench(简称 EWB)的升级版本。IT 公司早在 20 世纪 80 年代后期就推出了用于电路仿真与设计的 EDA 软件 EWB。随着技术的发展，EWB 经过了多个版本的演变。从60版本开始,IIT公司对EWB进行了较大规模的改动,仿真设计模块被改名为Multisim;Electronics Workbench Layout模块经重新设计并被更名为Ultiboard;为了加强Ultiboard的布线能力,还开发了一个Ultiroute布线引擎。最近IIT公司又推出了一个专门用于通信电路分析与设计的模块——Commsim。Multisim、Ultiboard、Ultiroute及Commsim是现今EWB的基本组成部分,能完成从电路的仿真设计到电路板图生成的全过程。这些模块彼此独立,可以单独使用。目前,这4个模块中最具特色的是仿真模块Multisim。

10.3.1 Multisim的特点

Multisim与其他电路仿真软件相比,具有以下一些特点:

① 系统集成度高,界面直观,操作方便。

Multisim将原理图的创建、电路的测试分析和结果的图表显示等全部集成到同一个电路窗口中。整个操作界面非常直观,操作方法与实际仪器基本相同,因此该软件易学易用。

② 具有数字、模拟及数字/模拟混合电路的仿真能力。

在电路窗口中既可以对数字或模拟电路进行仿真,也可以将数字元件和模拟元件连接在一起进行仿真分析。

③ 电路分析种类齐全。

Multisim除提供11种常用测试仪表对电路进行测试外,还提供了电路的直流工作点分析、瞬态分析、噪声分析等15种常用的电路仿真分析方法。

④ 提供多种输入输出接口。

Multisim可以输入由PSPICE等其他电路仿真软件所创建的Spice网表文件,并自动生成相应的电路原理图。也可以把EWB环境下创建的电路原理图文件输出给Protel等常见的PCB软件进行印刷电路设计。IIT也有自己的PCB软件——Electronics Workbench Layout,可使EWB电路图文件更直接方便地转换成PCB。因此,此软件一推出就受到人们的喜爱。

⑤ 使用灵活方便。

在Multisim中,与实际元件对应的元件模型丰富,增强了仿真电路的实用性。用户还可以自行创建或修改所需元件模型。元件之间连接方式灵活,允许连线任意走向,允许把子电路当作一个器件使用,从而丰富了电路的仿真模型。

10.3.2 启　动

启动计算机,从开始菜单程序中运行Multisim2001主程序,就出现了它的基本界面,如图10.49所示。

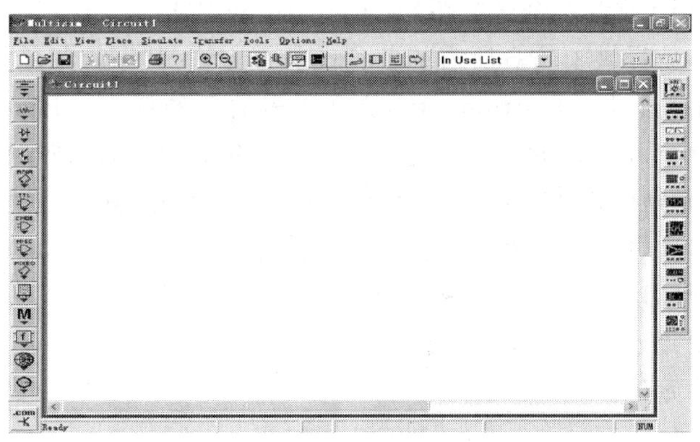

图 10.49 Multisim 基本界面窗口

10.3.3 工作窗口

从图 10.49 中可以看到，在工作窗口界面中主要包含了以下几个部分：标题栏、菜单栏、系统工具栏、元件库、仪表工具栏、设计工具栏、主设计窗口及仿真电源开关等。下面将分别进行介绍。

1. 标题栏

显示当前应用软件名称，即 Multisim。

2. 菜单栏

菜单栏如图 10.49 所示，有九个菜单项：文件(File)、编辑(Edit)、视图(View)、放置(Place)、仿真(Simulate)、传输(Transfer)、工具(Tools)、选项(Options)和帮助(Help)，提供了文件的存取、打印以及一些最基本的编辑操作命令、在线帮助。菜单条上的菜单中还包含了一些命令和选项。

① View 菜单项包含调整窗口视图的命令：工具栏(Toolbars)、元件库(Component Bars)、状态栏(Status Bar)、显示仿真的错误记录/检查仿真踪迹(Show Simulate Error Log/Audit Trail)、显示 Xspice 命令行界面(Show Xspice Command Line Interface)、显示图表(Show Grapher)、显示仿真开关(Show Simulate Switch)、显示文本描述框(Show Text Description Box)、显示栅格(Show Grid)、显示纸张边界(Show Page Bounds)、显示标题栏和边界(Show Title Block and Border)、放大显示视图(Zoom In)、缩小显示视图(Zoom Out)及查找电原理图中的元件(Find)。

② Place 菜单项的下拉菜单命令有：Place Component(放置一个元件)、Place Junction(放置一个节点)、Place Bus(放置一根总线)、Place Input/Output(放置一个输入/输出端)、Place Text(放置文本)、Place Text Description Box(放置文本描述框)、Replace Component(替换元

件)、Place as Subcircuit(放置一个子电路)及 Replace by Subcircuit(用一个子电路替代)。

③ Simulate 菜单项提供了仿真所需的各种设备及方法,其下拉菜单如下:Run(运行仿真开关)、Pause(暂停电路开关)、Instruments(仿真所需的各种仪表)、Postprocess(打开后处理器对话框)、Auto Fault Option(自动设置电路故障)、Global Component Tolerance(全局元件容错设置)及 Analysis 分析菜单(给出了各种仿真分析的方法),其级联菜单如图 10.50 所示。

④ Transfer 菜单项可将所搭电路及分析结果传输给其他应用程序,如 PCB、MathCAD、Excel 等。

DC Operating Point...
AC Analysis...
Transient Analysis...
Fourier Analysis...
DC Sweep
Parameter Sweep...
Temperature Sweep...
Monte Carlo...
Batched Analyses...
Noise Figure Analysis...
Stop Analysis
RF Analyses

图 10.50 Analysis 菜单的下拉菜单

⑤ Tools 菜单项用于创建、编辑、复制及删除元件,可管理、更新元件库等。如 Create Component(打开创建元件对话框)、Edit Component(打开元件编辑对话框)、Copy Component(打开拷贝元件对话框)、Delete Component(打开删除元件对话框)、Database Management(打开元件管理对话框)、Update Component(升级元件)、Remote Control/Design Sharing(远程控制/设计共享)及 EDAparts.com(连接 EDAparts.com 网站)。

⑥ Options 菜单项对程序的运行和界面进行设置。如 Preferenes(打开参数选择对话框)、ModifyTitle Block(修改标题块内容)、Simplofied Version(简化版本)、Global Restrictions(全局限制设置)及 Circuit Restrictions(电路限制)。

⑦ Help 菜单项提供帮助文件,按下 F1 键也可获得帮助。

3. 工具栏

工具栏如图 10.51 所示。工具栏在菜单栏的下方,可分为左半部分系统工具栏和右半部分设计工具栏。系统工具栏中包含常用的基本功能按钮,与 Windows 的同类按钮类似,这里不再详细叙述。值得注意的是设计工具栏,该工具栏从右至左为:

图 10.51 工具栏

In Use List:记录用户在进行电路仿真中最近用过的元件和分析方法,以便用户可随时调出使用。

传输(Transfer)按钮:与其他程序如 Ultiboard 进行通信,也可将仿真结果输出到像 MathCAD 和 Excel 这样的应用程序。

报告(Reports)按钮:打印相关电路的报告。

VHDL/Verilog 按钮:使用 VHDL 模型进行设计。

后分析器(Postprocessor)按钮：对仿真结果进行进一步操作。

分析(Analysis)按钮：选择要进行的分析。

仿真(Simulate)按钮：确定开始、暂停或结束电路仿真。

仪表(Instruments)按钮：给电路添加仪表或观察仿真结果。

元件编辑器(Component Editor)按钮：调整或增加元件。

4. 元件库

窗口的左边是元件库，它提供了用户在电路仿真中所用到的所有元件，如图 10.52 所示。元件库从左到右分别为：电源库(Sources)、基本元件库((Basic)、二极管库(Diodes Components)、晶体管库(Transistors Components)、模拟元件库(Analog Components)、TTL 元件库、CMOS 元件库、其他数字元件库(Misc Digital Components)、混合器件库(Misc Components)、指示器件库(Indicators Components)、其他器件库(Misc Components)、控制器件库(Controls Components)、射频器件库(RF Components)和机电类元件库(Elector-Mechanical Components)。

图 10.52 元件库

(1) 电源库

电源库中有 30 个电源器件，有各式各样的信号源、受控源、功率电源以及一个模拟接地端和一个数字接地端。Multisim 把电源类器件全部当作虚拟器件看待，因而不能使用 Multisim 中的元件编辑工具对其模型及符号等进行修改或重新创建，只能通过自身的属性对话框对其相关参数进行设置。电源库中元件如图 10.53 所示。图中各电源器件从左到右、从上到下为：

① 接地端	② 数字接地端
③ V_{CC}电压源	④ V_{DD}数字电压源
⑤ 直流电压源	⑥ 直流电流源
⑦ 交流电压源	⑧ 正弦交流电流源
⑨ 时钟电压源	⑩ 调幅信号源
⑪ 调频电压源	⑫ 调频电流源
⑬ FSK 信号源	⑭ 电压控制正弦波电压源
⑮ 电压控制方波电压源	⑯ 电压控制三角波电压源
⑰ 电压控制电压源	⑱ 电压控制电流源
⑲电流控制电压源	⑳电流控制电流源
㉑ 脉冲电压源	㉒ 脉冲电流源
㉓ 指数电压源	㉔ 指数电流源

㉕ 分段线性电压源　　㉖ 分段线性电流源
㉗ 压控分段线性源　　㉘ 受控单脉冲
㉙ 多项式电源　　㉚ 非线性相关电源

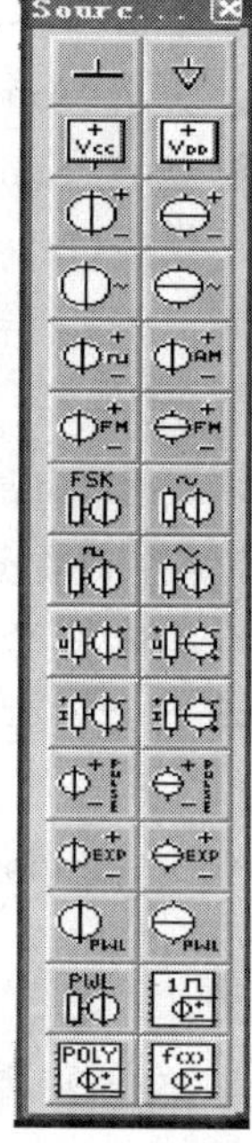

图 10.53　电源库

(2) 基本元件库

如图 10.54 所示，基本元件库中有实际元件 19 个(包括电阻、电容、电解电容、电感、电位器、可变电容、可变电感、继电器、变压器、非线性变压器、磁芯、连接器、半导体电阻、封装电阻、无芯线圈、插座、半导体电容、半导体电解电容及开关)，虚拟元件 10 个(虚拟电阻、虚拟电容、上拉电阻、虚拟电感、虚拟电位器、虚拟可变电容、虚拟可变电感、虚拟继电器、虚拟变压器及虚拟非线性变压器)。虚拟元件可直接调用，然后再通过其属性对话框设置其参数值；实际元件都有元件封装，需要选择型号，可将仿真后的电路原理图直接转换成 PCB 文件。但在选取不到某些参数，或要进行温度扫描、参数扫描等分析时，就要选用虚拟元件。

(3) 二极管库

包含 10 个元件(其中两个是虚拟元件)：普通二极管、齐纳二极管、发光二极管、可控硅整流器、三端可控硅开关元件、虚拟二极管、虚拟齐纳二极管、桥式整流器、双向开关二极管及变容二极管。

图 10.54　基本元件库

(4) 晶体管库

有 30 个元件。其中有 14 个为实际元件，是世界著名晶体管制造厂家的众多晶体管元件模型，有较高的精度；另 16 个是模拟晶体管。模拟晶体管相当于理想的晶体管，其模型参数都用默认值。

(5) 模拟元件库

共有 9 类器件，其中 4 个是虚拟器件，包括：运算放大器、诺顿运放、宽带运放、比较器、特殊功能运放(包括测试运放、视频运放、乘法器/除法器、前置放大器和有源滤波器)、三端虚拟运放、五端虚拟运放、七端虚拟运放及虚拟比较器。

(6) TTL 元件库

含有 74 系列和 74LS 系列的 TTL 数字集成逻辑器件。

(7) CMOS 元件库

含有 74HC 系列和 4XXX 系列的 CMOS 数字集成逻辑器件。

(8) 其他数字元件库

是按型号存放的 TTL 和 CMOS 数字元件。

(9) 混合器件库

有 6 个元件,它们是数/模、模/数转换器,555 定时器、模拟开关、虚拟模拟开关、单稳态触发器及锁相环。

(10) 指示器件库

用来显示电路仿真结果的显示器件,Multisim 称之为交互式元件。它们是电压表、电流表、探测器、蜂鸣器、灯泡、模拟灯泡、十六进制显示器及条形光柱。

(11) 其他器件库

有晶体振荡器、虚拟光耦合器、虚拟真空管、虚拟保险丝、马达、开关电源升压转换器、开关电源降压转换器、开关电源升降压转换器、虚拟晶体振荡器、真空管、电压校准器、有损耗传输线、无损耗传输线及保险丝。

(12) 控制器件库

共有 12 个常用的控制模块,都是虚拟元件,有:乘法器、除法器、传递函数模块、电压增益模块、电压微分器、电压积分器、电压磁滞模块、电压限幅器、电流限幅器模块、电压控制限制器、电压回转率模块及三通道电压总加器。

(13) 射频器件库

为电路提供高频电路元件,有:射频电容器、射频电感器、射频 NPN、PNP 晶体管、射频 MOSFET 及传输线。

(14) 机电类元件库

包含 9 个元件:感测开关、开关、接触器、计时接点、线圈与继电器、线性变压器、保护装置及输出设备。

5. 仿真电源开关

仿真电源开关图标位于 Multisim 工作平台窗口的右上方。

为了测试电路的性能,测量通过试验点的电流、两点间的电压或电阻并显示信号波形,就需要激活电路,进行仿真试验。激活电路的方法有两种:

① 单击仿真电源开关。

② 选择 Simulate/Run。

若要停止电路仿真,需再单击电源仿真开关或选择 Simulate/Pause。

6. 电路工作区

电路工作区就好像是一块试验电路板,可在其上建立电路,连接虚拟仪器,进行虚拟电路实验。

10.3.4 电路图的绘制

1. 基本界面的定制

为方便电路创建、分析和观察,我们在创建电路之前,根据具体电路要求设置一个特定的用户界面。定制用户界面主要通过 Options 菜单中的 Preferences 命令进行设置,即出现 Preferences 对话框,如图 10.55 所示。该对话框有 6 页,每页有若干功能选项。这 6 页包括电路界面的所有设置。

① Component Bin 页:对界面上元件出现的形式、元件的符号标准及元件形式的选用等进行设置,共有 3 个区。

- Symbol standard 区:选取所采用元件的符号标准。其中 ANSI 是美国标准,DIN 是欧洲标准。
- Component toolbar functionality 区:选择元件的打开和显示方式。其中 Auto show parts bins,keep open on click 是指当光标指向要选元件分类库时,其元件库一直处于打开状态,直到单击元件分类库右上角"x"才能关闭。Auto show only 指光标指向要选元件分类库时,其元件库自动打开,取完一个元件后自动关闭。No auto show,click to open 是指需要单击才能打开或关闭元件分类库。
- Place component mode 区:选择元件的方式。Place single component 指选取一次元件,只能放置一次。Continuous placement for multi-section part only (Esc to quit)指对于复合封装在一起的元件,可连续放置,直至放完。Continuous placement(Esc to quit)指选取一次元件,可连续放置多个该元件。

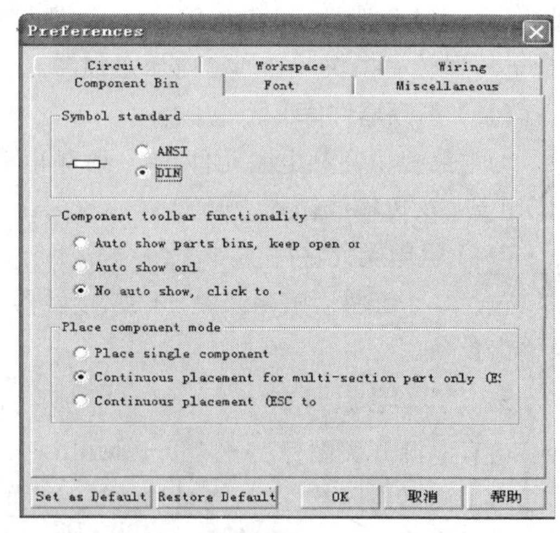

图 10.55 Preferences 对话框

② Workspace 页:对电路显示窗口图纸进行设置。其中 Show 区有:Show grid(显示栅格)、Show page bounds(显示纸张边界)和 Show title block(显示标题栏)三项。Sheet size 和 Custom size 区设置图纸规格大小及摆向。Zoom level 区显示图纸缩放比例,仅有 4 种:200%、100%、66%和 33%可选。

③ Circuit 页:对电路窗口内的电路图形进行设置。Show 区有:Show component labels(显示元件的标识)、Show component reference ID(显示元件序号)、Show node names(显示电路中节点编号)、Show component attribute(显示元件属性)、Show component values(显示元

件参数值)及 Adjust component identifiers(调整元件标识符)等项。Color 区：用来设置编辑窗口内各元件和背景的颜色。

④ Wiring 页：设置电路导线宽度与连线方式。Wire width 区设置导线宽度；Autowire 区设置导线自动连接方式；Autowire on connection 由程序自动连线；Autowire on move 在移动元件时自动重新连线(若不选此项，则移动元件时，将不能自动调整连线，而以斜线连接)。

⑤ Font 设置元件标识和参数值、节点、引脚名称、原理图文本和元器件属性等文字，设置方法同 Windows 操作系统。

⑥ Miscellaneous 页：设置电路备份、存盘路径、数字仿真速度及 PCB 接地方式等。

2. 创建一个电路

(1) 从元件库中调用所需元件

① 从基本元件库中选取电阻、电容、电感等基本元件。该元件库中有两种元件模型：实际元件(灰框)、和虚拟元件(绿框)。所谓虚拟元件是指元件大部分模型参数是该元件的典型值，部分模型参数可由用户根据需要自行确定。而在实际元件中许多元件是根据实际存在的元件参数设计的，且仿真结果准确可靠，称之为实际元件。大多数情况下，选取虚拟元件的速度比实际元件快得多。点击图标，拖动鼠标到操作窗口任意空白位置，单击即可将选中的元件放入工作区中。

电阻大小默认为 1 kΩ。如果要改变电阻参数，可双击该电阻图标，打开属性对话框进行修改。该对话框有 Value 页用于设置参数值，Label 用于设置电阻的标识，Display 页用于确定该虚拟电阻在电路窗口中所要显示的信息。包括：显示元件标识、显示元件数值、显示元件序号及显示元件属性。Fault(故障)页设置该元件可能出现的故障，以便预知该元件发生相应故障时产生的现象。其中包括：None 无故障产生；Open 元件两端开路；Short 元件两端短路；Leakage 元件发生漏电故障，漏电流大小可设置。

② 修改基本元件的位置及显示颜色。

移动元件：指针指到所要移动的元件上，按住鼠标左键，然后移动鼠标，将其移动到适当位置后放开左键。

删除元件：指针指向所要删除的元件，单击，则在该元件的四角出现一个小方块。然后单击鼠标右键在快捷菜单中选取 Cut 命令或按键盘上的 Delete 键。

旋转元件：指针指向所要旋转的元件，单击，则在该元件的四角出现一个小方块。然后单击鼠标右键，弹出快捷菜单。选取 Flip Horizontal 命令可左右翻转，选取 Flip Vertical 命令可上下翻转，选取 90 Clockwise 命令可顺时针旋转 90°，选取 90 CounterCW 命令可逆时针旋转 90°。

改变元件颜色：指针指向元件，单击鼠标右键弹出快捷菜单。然后选取 Color…，弹出对话框，在对话框中直接选取所要采用的颜色，单击确定即可。

选取电源元件。单击图标即可显示电源元件库，按要求在库中选择直流电压源和地。电压源大小为 12 V，如要改变参数，方法与电阻相仿。

选取开关：在电阻元件库中选择“开关”(Switch)，放置在图中合适位置。其参数“Key＝Space”意为按下 Space 键来转换开关状态。

(2) 连接电路

在 Multisim 中连接电路非常方便，一般有两种方法：① 元件之间连接。将鼠标指针移近要连接的元件引脚一端，鼠标指针自动转变为“✦”，单击并拖动指针至另一元件引脚，再次出现“✦”时单击，系统将自动连接两个引脚之间的线路。② 元件与线路中间的连接。从元件引脚开始，指针指向该引脚并单击，然后拖向所要连接的线路上再单击，系统不但自动连接两个点，同时在所连接的线路的交叉点上自动放置一个接点。若两条线只是交叉而过，不会产生连接点，即两条交叉线并不相连接。

(3) 导线的调整

① 轨迹的调整。对以连接好的导线轨迹进行调整，可先将指针对准欲调整的导线，单击将其选中，按住鼠标左键，拖动线上的小方块或两小方块之间的线段至适当位置后松开即可。

② 导线颜色的调整。为突出某些导线和节点，可对其设置不同的颜色来区分。将鼠标指针指向某一导线或连接点，单击鼠标右键选中，出现快捷菜单。选择 Color 命令将打开“颜色”对话框，选取所需颜色，然后单击“确定”按钮。

③ 导线和节点的删除。对欲删除的导线或节点，单击鼠标右键，出现快捷菜单，选择 Delete 即可。

(4) 虚拟仪器的连接

在已连接好的电路中，例如选择仪表工具栏的示波器，拖动鼠标到操作窗口任意空白位置，单击仪器符号该仪器就会出现在图中。将仪器“G”端与电路接地端相连。若只需观察 a 点电压波形，则只用 A 相即可，连接仪器“A”端和电路 a 端。仪器“T”端是触发端，此例不用。

(5) 电路运行

电路连接完成后，此时电路并未工作，按下界面右上角的 按钮，电路才开始仿真。双击示波器，可观察到 a 点波形，如图 10.56 所示。首先按下 Space 键，可看到充电波形；再按下 Space 键，可看到放电波形；如波形太大或太小，可调整面板上的相关量档，直到合适为止。

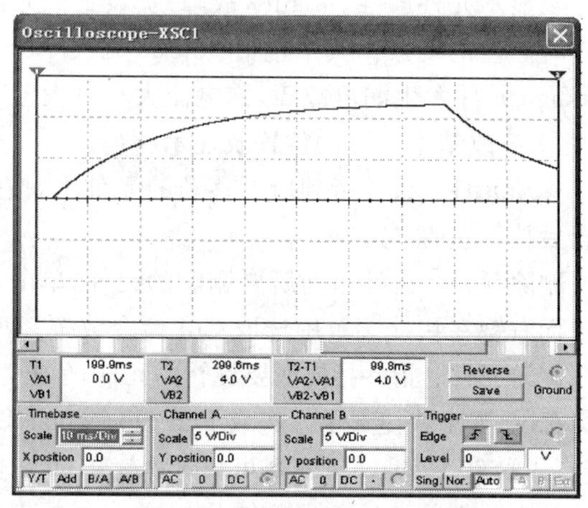

图 10.56 电容充放电波形

10.3.5 虚拟仪器的使用

1. 数字万用表

Multimeter 是一种自动调整量程的数字万用表。可用于交直流电压、电流和电阻的测量及显示;也可用分贝(dB)的形式显示电压和电流值。其图标如图 10.57 左图所示,右图是其面板。其使用时和实验室万用表一样,图标中正(+)、负(-)两个端子用于连接所要测试的端子,面板上 Setting 按钮用于对万用表内部参数进行设置。

2. 示波器

示波器是用来观察信号的波形并测量信号幅度、频率及周期等参数的仪器,图标如图 10.58 左图所示,右图是其面板。图标上有 A、B 两个通道,G 是接地端,T 是外触发端。

如图 10.58 右图所示,在进行波形参数测量时,屏幕上有两条左右可以移动的读数指针,指针上方有三角形标志。在面板的显示屏下方有 3 个测量数据的显示区:左侧数据显示区显示 1 号读数指针所处的位置和所指信号波形数据。T1 表示 1 号指针离开屏幕左端(时间基线零点)所对应的时间,VA1 和 VB1 分别表示通道 A 和通道 B 在所测位置的信号幅度值,其值为电路中测量点的实际值。

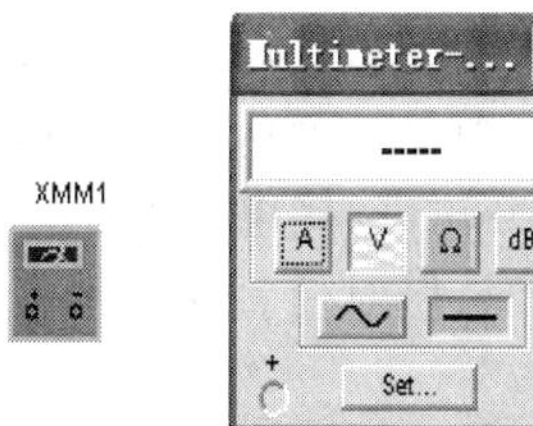

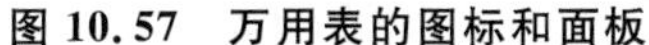

图 10.57 万用表的图标和面板

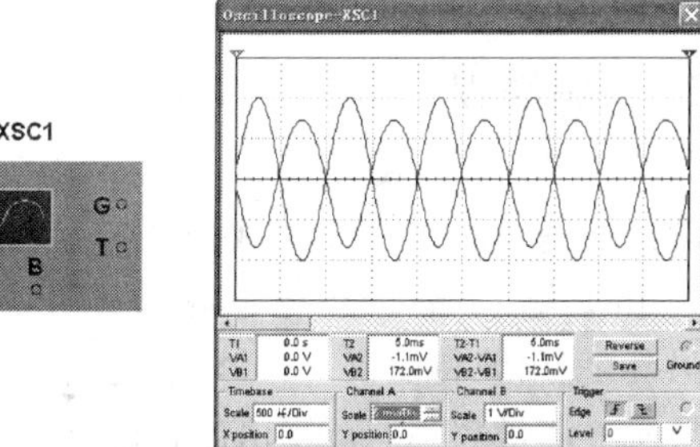

图 10.58 示波器的图标和面板

中间数据显示区显示 2 号读数指针所处的位置和所指信号波形数据。右侧数据显示区中,T2 - T1 显示 2 号读数指针所处的位置与 1 号读数指针所处的位置的时间差值,VB2 - VB1 和 VA2 - VA1 分别表示 B 通道和 A 通道信号两点测量值之差。对于读数指针测量的数据,可以单击面板右下方 Save 按钮保存。

3. 函数信号发生器

Function Generator 是用来产生正弦波、方波和三角波信号的仪器。其信号的频率和幅度都可调,占空比主要用于对方波的调整。如图 10.59 所示,左图是其图标,右图是其面板。函数信号发生器图标上有+、Common 和-3 个输出端子,可与外电路连接。连接+和 Common 端子,则输出信号为正极性信号;连接－和 Common 端子,则输出信号为负极性信号。幅值均等于信号发生器的有效值。连接 ＋和 －端子,则输出信号幅值等于信号发生器有效值的两倍;同时连接＋、Common 和－端子,且把 Common 端子与公共地相连,则输出两个幅值相等、极性相反的信号。

4. 瓦特表

瓦特表是一种测量电路交直流功率的仪器。如图 10.60 所示,左图是其图标,右图是其面板。瓦特表图标中有两组端子,左边为电压输入端子,与要测试电路并联;右边两个端子为电流输入端子,与要测试的电路串联。

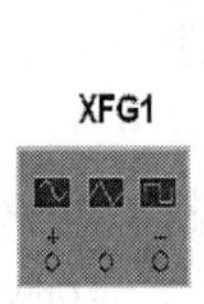

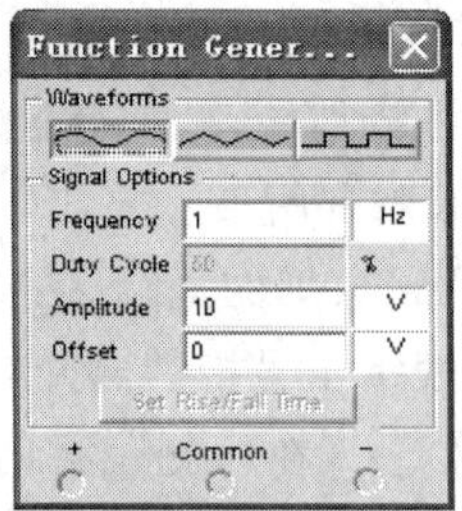

图 10.59　函数信号发生器图标和面板

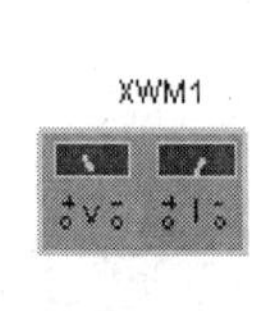

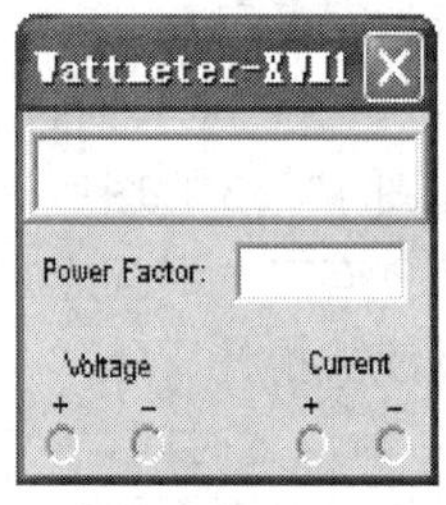

图 10.60　瓦特表的图标和面板

5. 波特图仪

波特图仪是用来测量及显示电路、系统或放大器幅频特性和相频特性的仪器。类似于实验室的频率特性测试仪(或扫频仪)。图 10.61 左图是其图标,右图是其面板。波特图仪图标上左边 in 是输入端口,接电路输入端的正负端;右边 out 是输出端口,接电路输出端的正负端。另外,使用波特图仪时,必须在电路的输入端接入交流信号源,但对信号频率的设定并无特殊要求。测量频率的范围由波特图仪的参数设置决定。

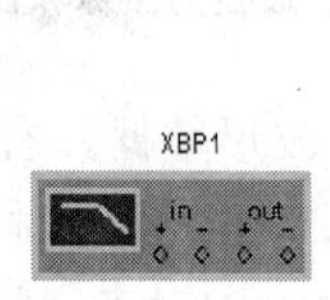

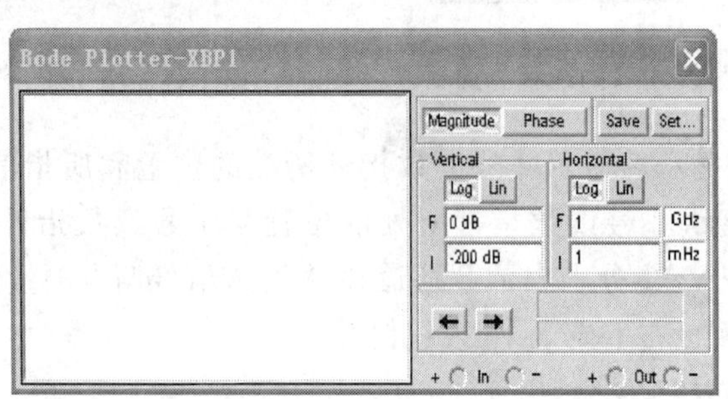

图 10.61　波特图仪的图标和面板

6. 失真分析仪

失真分析仪是一种测试电路总谐波失真与信噪比的仪器。如图10.62所示，左图是其图标，右图是其面板。图标中仅有一个端子，用于连接电路的输出信号。面板共分四个区，其作用如下：① Total Harmonic Distortion区用于显示测量总谐波失真的数值，通过单击Display Mode区中的%按钮或dB按钮选择用百分比或分贝数表示。② Fundamental Frequency区用于设置基频，移动其下面滑块可改变其基频值。③ Control Mode区有三个按钮(THD、SINAD和Settings)分别用于选择测试总谐波失真、测试信号的信噪比及测试参数设置。④ Start和Stop按钮表示开始和停止测试。

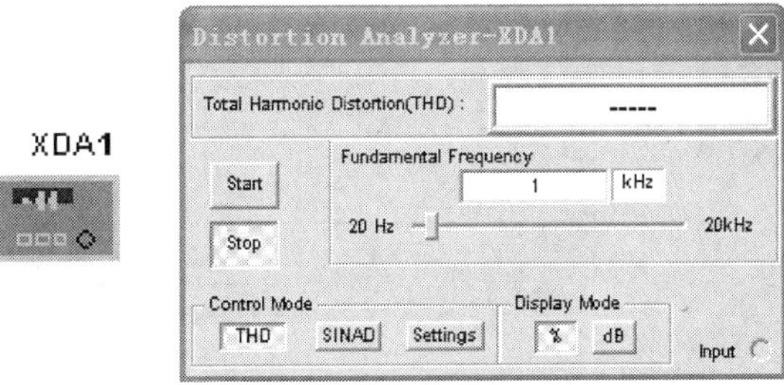

图10.62 失真分析仪的图标和面板

7. 字信号发生器

字信号发生器是一个能产生32位同步逻辑信号的仪器，用来对数字逻辑电路进行测试。如图10.63所示，左图是其图标，右图是其面板。在其图标左、右各有16个端子，此32个端子是该字信号发生器所产生信号的输出端，下面有R和T两个端子：R为数据准备好输出端，T为外触发信号输入端。

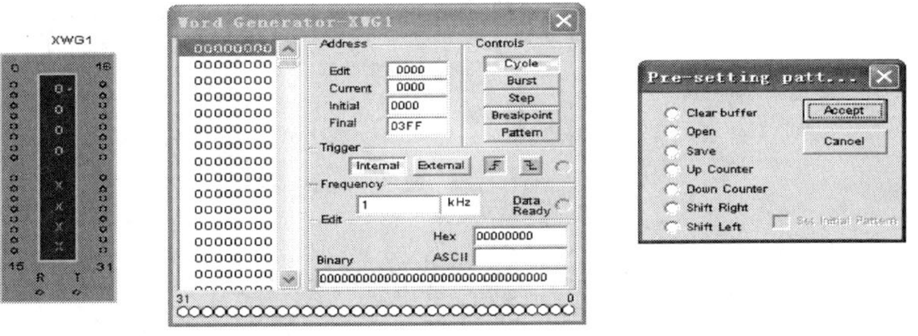

图10.63 字信号发生器的图标(左)、面板(中)、Pattern对话框(右)

在面板的左侧是字信号编辑区。编辑区的地址范围为0000～03FF，共计1 024条字信号。可写入的十六进制数为00000000～FFFFFFFF。用单击面板上Edit栏的Hex即可实现对其内容进行编辑。

8. 逻辑分析仪

Logic Analyzer(逻辑分析仪)可以同步记录和显示16路逻辑信号,用于对数字逻辑信号进行高速采集和时序分析。如图10.64所示,左图是其图标,右图是其面板。图标左侧16个小圈代表16个输入端,使用时连接到电路测量点。图标下部有3个端子:C是外时钟输入端,Q是时钟控制输入端,T是触发控制输入端。

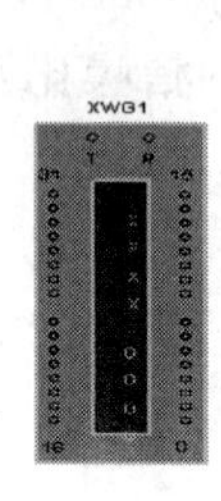
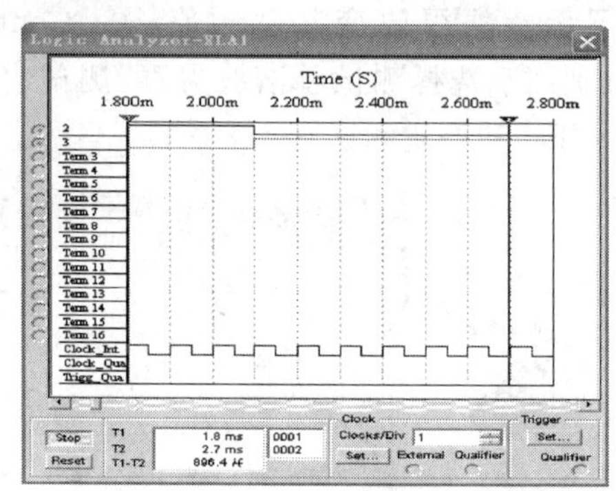

图10.64 逻辑分析仪的图标和面板

9. 逻辑转换仪

Logic Converter(逻辑转换仪)是Multisim特有的虚拟仪器。实验室并不存在这样的实际仪器,目前其他电路仿真软件中也没有。逻辑转换仪能够完成逻辑电路、真值表、逻辑表达式三者之间的转换。如图10.65所示,左图是其图标,右图是其面板。

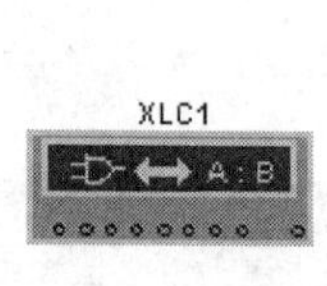

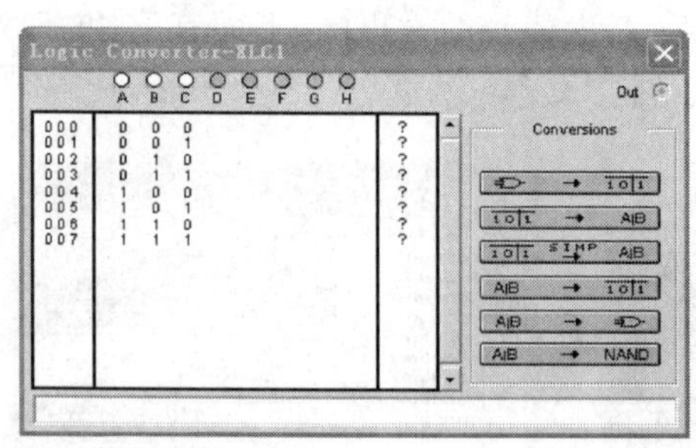

图10.65 逻辑转换仪的图标和面板

逻辑转换仪图标共有9个端子,左边8个端子用来连接电路输入端的节点,而右边的一个端子是输出端子。通常只有在需要将逻辑电路转换为真值表时,才将图标与电路相连。

10. 频谱分析仪

频谱分析仪主要用于测量信号所包含的频率及频率所对应的幅度。如图10.66所示,左图是其图标,右图是其面板。它的图标的IN端子用来连接电路的输出信号,T端子是外触发

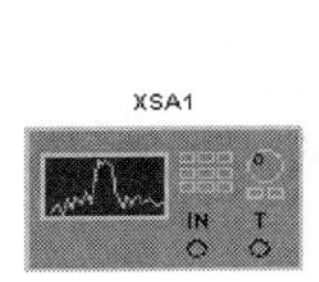

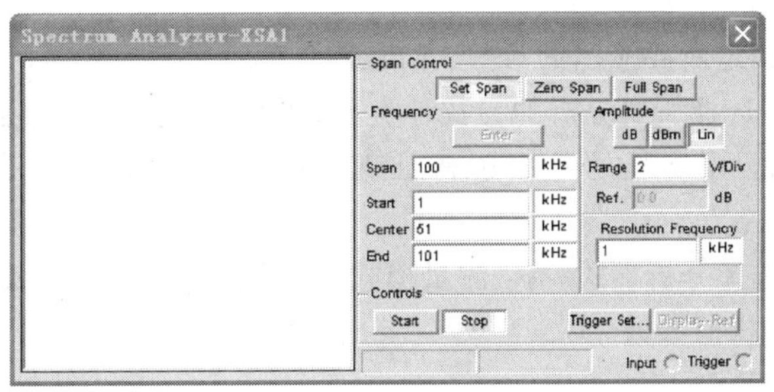

图 10.66　频谱分析仪的图标和面板

输入端。

频谱分析仪的面板上有 7 个区：① 显示区用来显示相应的频谱；② Span Control 区用来选择显示频率变动范围方式；③ Frequrncy 区用来设置频率范围；④ Amplitude 区用来选择频谱纵坐标的刻度；⑤ Resolution Frequency 区用来设定频率分辨率；⑥ Controls 区用来控制频谱分析仪的运行：Start 按钮表示开始运行；Stop 按钮表示停止运行；Trigger Set 按钮表示设置触发方式；Display-Ref 按钮表示显示参考值。⑦ 显示窗右边最下面的两个小显示窗分别用于显示读数指针所处位置的频率和幅值。

11. 网络分析仪

网络分析仪是用于测量电路的 S、H、Y、Z 参数的一种虚拟仪器，实际的网络分析仪是一种测试双端口高频电路的 S 参数仪器。如图 10.67 所示，左图是其图标，右图是其面板。图标上两个端子 P1、P2 分别用来连接电路的输入端口及输出端口。

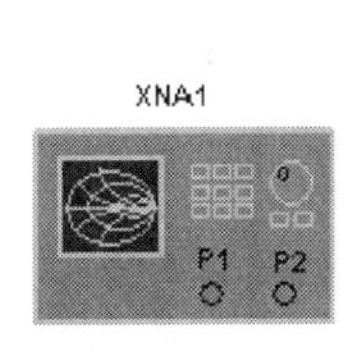

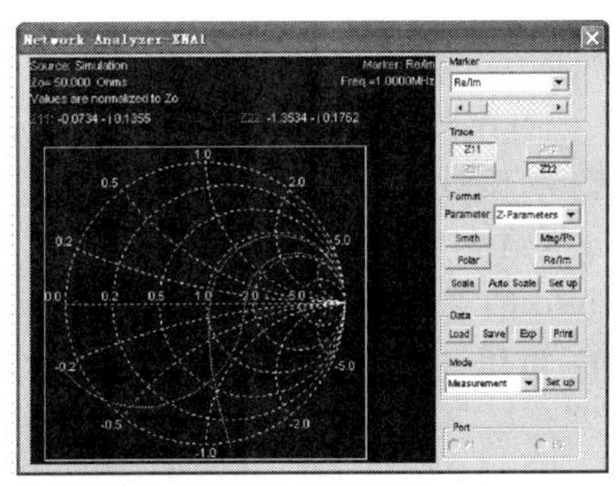

图 10.67　网络分析仪的图标和面板

面板上共有六个区如下：

Marker 区用来选择显示区，采用的显示方式有：① 直角坐标(Re/Im(实部/虚部))模式；② 极坐标模式(Mag/Ph(Degs)(幅度/相位))；③ 分贝的极坐标(DbMag/Ph(Degs)(dB 数/相位))模式。

Trace 区确定所要显示的参数：Z11、Z12、Z21、Z22。

Format 区选择所要分析的参数种类：S 参数、H 参数、Y 参数、Z 参数及稳定因数。

Data 区对显示屏里的数据进行处理，可以实现数据加载、保存数据、输出资料及打印功能。

Mode 区选择分析模式，有：测量模式、高频电路设计工具、射频电路特性分析器；另外 Set up 可设置待分析的参数。

10.3.6 仿真分析法

Multisim 提供了 18 种基本仿真分析方法。启动 Multisim 菜单中 Aanlysis 命令或单击设计工具栏中的按钮■即可弹出仿真下拉菜单。从上至下的分析方法分别为：直流工作点分析、交流分析、瞬态分析、傅里叶分析、噪声分析、失真分析、直流扫描分析、灵敏度分析、参数扫描分析、温度扫描分析、零-极点分析、传递函数分析、最坏情况分析、蒙特卡罗分析、批处理分析、自定义分析、噪声图形分析和 RF 分析。下面将介绍 16 种常用的分析方法。

1. 直流工作点分析

直流工作点分析(DC Operating Point Aanlysis)主要用来计算电路静态工作点。进行直流工作点分析时，Multisim 自动将电路设为：电感短路、电容开路及交流电压源短路。

启动 Simulate 菜单中的 Aanlysis 命令下的 DC Operating Point 命令项，即可弹出如图 10.68 所示的对话框。该对话框包括 Output variables、Miscellaneous Options 和 Summary3 个翻页标签。

(1) Output variables 页

主要用于选择所要分析的节点或变量。

① Variables in circuit 栏：用于列出电路中可供分析的节点、流过电压源的电流等变量。如果不分析这么多变量，可以从 Variables in circuitd 的下拉列表中选择所需要的变量，如：电压、电流或元件/模型参数。如果还需要显示其他参数变量，可单击 Filter Unselected Variables 按钮，对程序没有自动选中的变量进行筛选。

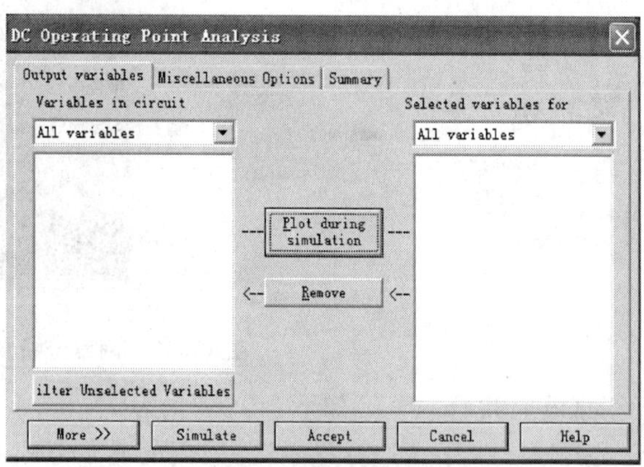

图 10.68 DC Operating Point Aanlysis 对话框

② Selected variables for 栏：用来确定需要分析的节点或变量。该栏默认状态下为空，需要用户从 Variables in circuit

栏内选取。方法是：先选中 Variables in circuit 栏内需要分析的一个或多个节点或变量，然后单击 Plot during simulation 按钮即可。如果不想分析其中已选中的某个节点或变量，可在 Selected variables for 栏内选中该变量，再单击 Remove 按钮，即可移回 Variables in circuit 栏内。

③ 单击 More 按钮，可以添加元件参数、删除已选变量或过滤选择的变量。

(2) Miscellaneous Option 页

用来选择程序是否采用用户所设定的分析选项。

(3) Summary 页

对分析设置进行汇总确认。

2. 瞬态分析

瞬态分析是一种非线性时域分析法，可以分析在激励信号作用下电路的时域响应。通常以分析节点电压波形作为瞬态分析的结果，因此，瞬态分析的结果同样可以用示波器观察到。

启动 Simulate 菜单中的 Aanlysis 命令下的 Transient Analysis 命令项，即可打开一个对话框。该对话框包括 4 个翻页标签，除 Analysis Parameters 外，其他同 DC 分析。因此，在此仅介绍 Analysis Parameters 页的功能设置。

Analysis Parameters 页有 3 个区，功能如下：

(1) Initial Condition 区

用于设置初始条件。其下拉菜单包括 Automatically determine initial conditions(由程序自动设置初始值)、set to zero(初始值为 0)、User define(由用户自己定义初始值)及 Calculate DC operating point(计算直流工作点作为初始值)等。

(2) Parameters 区

用于设置分析的时间参数。包括 Start time(设置分析的起始时间)、End time(设置分析的终止时间)及 Maximum time step settings(设置最大时间步长)。

(3) Reset to default 区

将 Analysis Parameters 页中所有设置恢复为默认值。

3. 交流分析

交流分析可以对模拟电路进行交流频率响应分析，即获得模拟电路的幅度频率响应和相位频率响应。在对交流小信号分析时，要求直流电压源短路、耦合电容短路。

启动 Simulate 菜单中的 Aanlysis 命令下的 AC Analysis 命令项，即可打开 AC Analysis 对话框。在该对话框中除 Frequency Parameters 外，其他同 DC 分析。因此，在此仅介绍 Frequency Parameters 页的功能设置。

Frequency Parameters 页主要用来设置 AC 分析的频率参数。包括：Start Frequency (AC 分析的起始频率)、Stop Frequency(AC 分析的终止频率)、Sweep type(扫描方式：线性、

10 倍频、8 倍频三种)、Number of points per decade(每 10 倍频中计算的频率点数)、Vertical scale(纵坐标)及 Reset to default(将所有参数设置为缺省值)。

4. 直流扫描分析

直流扫描分析是计算电路中某一节点上的直流工作点随电路中的直流电压源变化的情况。利用直流扫描分析,可以快速根据直流电源的变动范围来确定电路的直流工作点。

启动 Simulate 菜单中的 Aanlysis 命令下的 DC Sweep 命令项,即可弹出如图 10.69 所示的对话框。除 Aanlysis Parameters 外,其他同 DC 分析。因此,在此仅介绍 Aanlysis Parameters 页的功能设置。

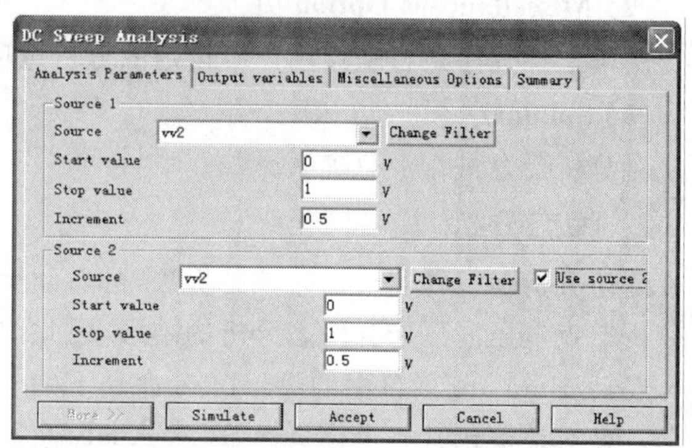

图 10.69 DC Sweep Aanlysis 对话框

Aanlysis Parameters 页共有 Source1、Source2 两个区,提供两个可供选择的电压源。Source1 和 Source2 的参数设置方法相同。需要注意的是,Source2 区各参数必须在选中 Source2 区右边的 Use Source2 后才能进行设置。

- Source:选择要扫描的直流电压源大小;
- Start value:设置开始扫描的电压源大小;
- Stop value:设置结束扫描的电压源大小;
- Increment:设置扫描的电压增量值。

5. 参数扫描分析

参数扫描分析法是通过对电路中某些元件的参数在一定取值范围内变化时,对电路直流工作点、瞬态特性、交流频率特性的影响进行分析,以便对电路的某些指标进行优化。

启动 Simulate 菜单中的 Aanlysis 命令下的 Parameter Sweep Analysis 命令项,即可弹出 Parameter Sweep Analysis 对话框。该对话框中除 Analysis Parameters 外,其他同 DC 分析。因此,在此仅介绍 Analysis Parameters 页的功能设置。

Analysis Parameters 页有 3 个区:① Sweep Parameter 用于选择扫描的元件和参数。② Points to sweep 用于选择扫描方式,即:Decade(10 倍频扫描)、Octave(8 倍频扫描)、Linear(线性刻度扫描)及列表取值。选定扫描类型后,在 Points to sweep 右部设定扫描的起始值(Start)、终值(Stop)和扫描时间间隔(Increment)。③ 单击 More 按钮可选择不同的分析类型:直流工作点分析、交流分析和瞬态分析。

6. 温度扫描分析

温度扫描分析研究温度变化对电路性能的影响。

启动 Simulate 菜单中的 Aanlysis 命令下的 Temperature Sweep Analysis 命令项，即可弹出 Temperature Sweep 对话框。该对话框中除 Analysis Parameters 外，其他同 DC 分析。因此，在此仅介绍 Analysis Parameters 页的功能设置。

Analysis Parameters 页共有 2 个区，各区功能如下：① Sweep Parameter 扫描参数区：Preset 用来设置当前温度值；Sweep Parameter 用来选择温度作为扫描参数。② Points to sweep 选择扫描方式：Sweep Variation Type 用来选择扫描变量类型，可以是 10 倍频、8 倍频和线性刻度扫描；Values 用来设置扫描温度。③ 单击 More 按钮可选择扫描分析类型。

7. 最坏情况分析

最坏情况分析指电路中元件参数在其容差域边界点上取某种组合时所引起的电路性能的最大偏差，是在给定电路参数容差的情况下，估算出电路性能相对于标称值时的最大偏差。

启动 Simulate 菜单中的 Aanlysis 命令下的 Worst Case Analysis 命令项，即可弹出 Worst Case Analysis 对话框。除 Model tolerance list 和 Analysis Parameters 外，其他同 DC 分析。因此，在此仅介绍 Model tolerance list 和 Analysis Parameters 页的功能设置。

① Model tolerance list(模型容差列表)页功能如表 10.13 所列。

表 10.13　Model tolerance list 页的功能

<table>
<tr><th colspan="3">项　目</th><th>注　释</th></tr>
<tr><td colspan="3">Current list of tolerances</td><td>选择目前元件模型误差</td></tr>
<tr><td rowspan="9">单击 Add a new tolerance 按钮</td><td rowspan="2">Parameter Type</td><td>Model Parameter</td><td>元件模型参数</td></tr>
<tr><td>Device Parameter</td><td>器件参数</td></tr>
<tr><td rowspan="3">Parameter</td><td>Device Type</td><td>选择器件种类</td></tr>
<tr><td>Name</td><td>选定器件的元件序号</td></tr>
<tr><td>Parameter</td><td>参数选择</td></tr>
<tr><td rowspan="4">Tolerance</td><td>Distribution</td><td>选择元件参数容差的分布类型</td></tr>
<tr><td>Lot number</td><td>选择容差随机数出现方式</td></tr>
<tr><td>Tolerance Type</td><td>选择容差的形式</td></tr>
<tr><td>Tolerance</td><td>选择容差的大小</td></tr>
<tr><td colspan="3">Edit selected tolerance</td><td>对误差项目进行重新设置</td></tr>
<tr><td colspan="3">Delete tolerance entry</td><td>可删除所选误差项目</td></tr>
</table>

② Analysis Parameters 页功能如表 10.14 所列。

表 10.14 Analysis Parameters 页的功能

项 目		注 释
Analysis Parameters	Analysis	选择分析类型如：交流分析、直流工作点分析等
	Output	选择要分析的节点
	Function	选择比较函数
	Direction	选择容差变化方向
	Restrict to range	用于限定X轴的显示范围
Output Control	Group all traces on one plot	选中此项表示将所有仿真结果和记录显示在一个图形中；否则分别显示

8. 蒙特卡罗分析

蒙特卡罗分析是一种统计模拟方法。它是在给定电路元件参数容差的统计分布规律的情况下，用一组伪随机数求得元件参数的随机抽样序列，对这些随机抽样电路进行直流、交流和瞬态分析，并通过多次分析结果估算电路性能的统计分布规律。如电路性能的中心值、方差、电路合格率及成本等。

启动 Simulate 菜单中的 Aanlysis 命令下的 Monte Carlo 命令项，即可弹出 Monte CarloAnalysis 对话框。除 Analysis Parameters 外，其他同最坏情况分析。因此，在此仅介绍 Analysis Parameters 页的功能设置。

Analysis Parameters 页中共有 2 个区，各区功能如下：① Analysis Parameters(设定分析参数)，其中 Analysis 项是选定分析类型；Number of runs 用来设定运行次数(必须小于 2)；Output 用于选择输出节点；Function 和 Restrict To Range 的设置与最坏情况分析相同。② 选中该项后，表示把所有的仿真结果和记录显示在一个图形中。

9. 噪声分析

噪声分析用来分析噪声对电路性能的影响，检测电路输出信号的噪声功率幅度，分析计算电路中各种无源器件或有源器件产生的噪声效果。噪声分析提供了三种不同类型的噪声模型：热噪声、散弹噪声和闪烁噪声。分析时，假定电路中个各噪声源互不相关，总噪声为每个噪声源对指定输出节点产生的噪声均方根的和。

启动 Simulate 菜单中的 Aanlysis 命令下的 Noise Analysis 命令项，即可弹出 Noise Analysis 对话框。除 Analysis Parameters 外，其他同 DC 分析设置。

Analysis Parameters 功能如下：① Input noise reference source 用来选择输入噪声的参考交流信号源。② Output node 用来选择噪声输出节点。③ Reference node 用来设置参考电压的节点，通常取 0。④ Set point per summary 用来设置每个汇总的取样点数。

10. 失真分析

失真分析用于检测电路中谐波失真和内部调制失真，主要用于对小信号模拟电路的分析。

启动 Simulate 菜单中的 Aanlysis 命令下的 Distortion Analysis 命令项，即可弹出 Distortion Analysis 对话框。除 Analysis Parameters 外，其他同 DC 分析设置。

在 Analysis Parameters 页中，设定扫描的起始值、结束值、扫描类型、扫描点数和纵坐标的选择。F2/F1 ratio 用于在分析电路内部互调失真时，设置 F1、F2 的比值，该比值大小在0～1 之间。

注意： F1 不是电路中的交流电压源的频率，而是对话框设定的频率；F2 是“F2/F1 ratio”值与对话框中设定 F1 起始频率的乘积。

11. 零-极点分析

零-极点分析用于求解交流小信号电路传递函数中极点、零点的个数和数值。

启动 Simulate 菜单中的 Aanlysis 命令下的 Pole-Zero Analysis 命令项，即可弹出 Pole-Zero Analysis 对话框。除 Analysis Parameters 外，其他同 DC 分析设置。

在 Analysis Parameters 页中 Analysis Tpye 区的 Gain Analysis(增益分析)：用于求解电压增益表达式中零-极点；Impedance Analysis(互阻抗分析)：用于求解互阻表达式中零-极点；Input Impedance(输入阻抗分析)：用于求解输入阻抗表达式中零-极点；Output Impedance(输出阻抗分析)：用于求解输出阻抗表达式中零-极点。Nodes 区的 Input(＋)及 Input(－)选择节点作为输入信号的正端和负端；Output(＋)及 Output(－)选择节点作为输出信号的正端和负端。

12. 传递函数分析

传递函数分析是一个源与两个节点的输出电压或一个源与一个电流输出变量之间的在直流小信号的传递函数。

启动 Simulate 菜单中的 Aanlysis 命令下的 Transfer Function Analysis 命令项，即可打开一个 Transfer Function Analysis 对话框。除 Analysis Parameters 外，其他同 DC 分析设置。

Analysis Parameters 页参数设置如下：Input source 项用于选择输入信号源，Output nodes/source 项用于选择输出节点/变量。

13. 傅里叶分析

傅里叶分析是分析周期性非正弦信号的一种方法，通过傅里叶分析可以知道周期性非正弦波信号中的直流分量、基波分量和各次谐波分量的大小。

启动 Simulate 菜单中的 Aanlysis 命令下的 Fourier Analysis 命令项，即可打开一个 Fourier Analysis 对话框。除 Analysis Parameters 外，其他同 DC 分析设置。

Analysis Parameters 页包括参数设置区和分析结果显示区。Sampling options(参数设置区)有：Frequency resolution(设置基频)、Number of(设置希望分析的谐波次数)及 Stopping time for sampling(设置停止取样的时间);Results(结果显示区)有:Display phase(显示幅度频谱和相位频谱)、Display as bar graph(以线条绘出频谱图)及Normalize graph(显示归一化频谱图)。

14. 灵敏度分析

灵敏度分析是研究电路中某个元件参数发生变化时,对电路中节点电压、电流的影响程度。

启动Simulate菜单中的Aanlysis命令下的Sensitivity命令项,即可打开一个Sensitivity Analysis对话框。除Analysis Parameters外,其他同DC分析设置。

Analysis Parameters页参数设置如下:Voltage(选择电压灵敏度分析),同时在右侧设定要分析的Output node(输出节点)及Output reference(输出参考节点);Current(选择电流灵敏度分析):电流灵敏度分析只能对信号源电流进行分析;Output scaling(选择灵敏度输出格式):包括绝对灵敏度和相对灵敏度;在Analysis Type中选择DC(直流灵敏度分析)或AC(交流灵敏度分析)。

15. 批处理分析

批处理分析是将不同分析或同一分析不同实例放在一起依次进行分析。

启动Simulate菜单中的Aanlysis命令下的Batched Analysis命令项,即可打开一个Batched Analysis对话框。在该对话框中,Available区提供了14种Multisim仿真分析法可供选择。选择所要执行的仿真分析法,单击Add analysis按钮,则可弹出所选仿真分析的参数设置对话框。该对话框的参数设置和前面介绍的各种仿真分析中的设置基本相同,这里不再叙述。

16. 用户自定义分析

用户自定义分析是Multisim提供给用户扩充仿真分析功能的一个途径。启动Simulate菜单中的Aanlysis命令下的User Defined Analysis命令项,即可打开一个User Defined Analysis对话框。该对话框共有3页,需要用户在Commands页中设置。为实现某种分析功能,用户可在输入框中输入可执行的Spice命令。最后,单击Simulate按钮即可执行此项分析。

10.3.7 Multisim应用实例

1. 单管放大电路

单管共射集放大电路是放大电路的基本形式。为了获得不失真的放大输出,需设置合适的静态工作点。静态工作点过高或过低都会引起输出信号的失真,通过改变放大电路的偏置电压,可以获得合适的静态工作点。

单管放大电路是一个低频、小信号放大电路。当输入信号的幅度过大时,即使有合适的静态工作点，同样会出现失真。改变输入信号的幅值即可测量出最大不失真输出电压。放大电路的输入、输出电阻是衡量放大器性能的重要参数。

(1) 静态工作点的设置

首先创建如图 10.70 所示电路，运行仿真开关，双击示波器图标，可看到图 10.71 所示的输出波形。

然后，双击电阻 R_3 图标，改变元件参数至 $R_3=27\ \text{k}\Omega$，可看到输出波形如图 10.72 所示。很显然，由于 R_3 的增大，三极管基级偏压随之增大，致使基级电流、集电极电流增大，工作点上移，输出波形出现了饱和失真。

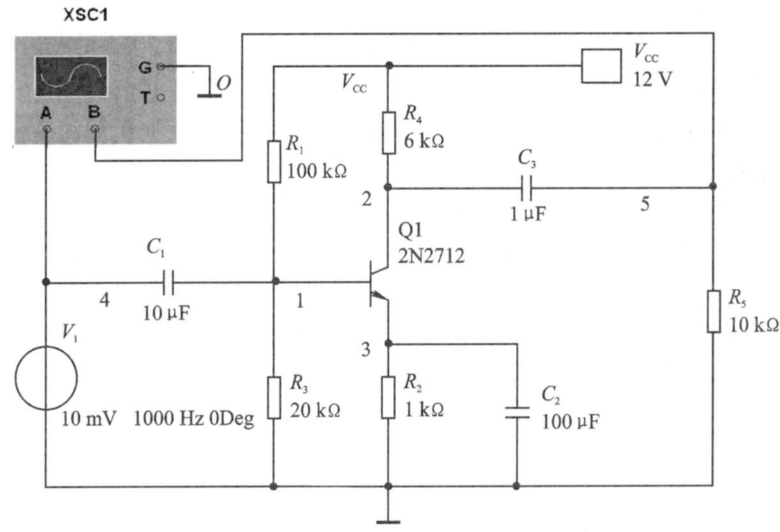

图 10.70 单管放大电路

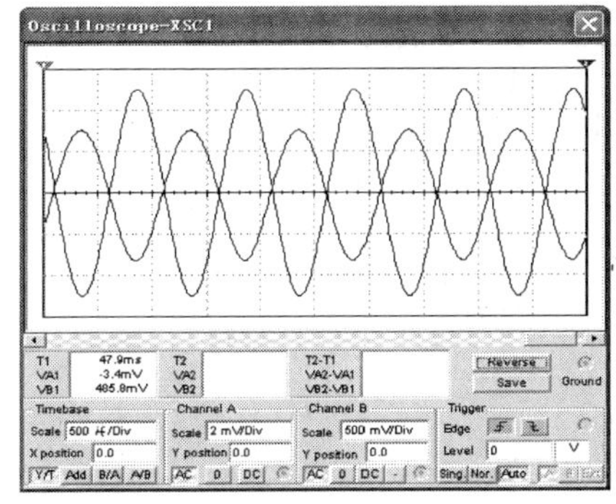

图 10.71 单管放大电路输出波形

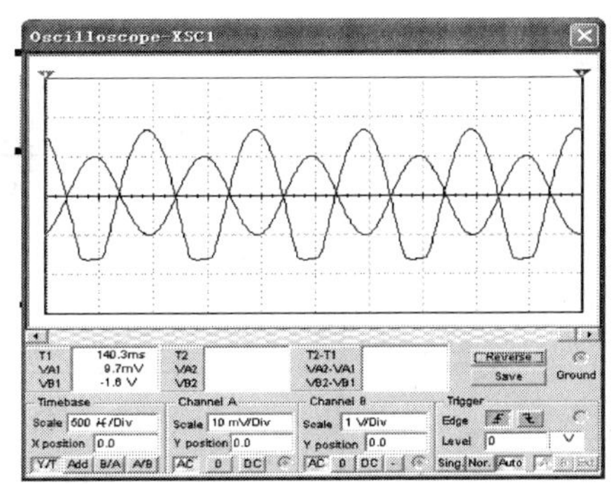

图 10.72 改变输入信号大小时电路的输出波形

在电路窗口右击,在弹出的快捷菜单中单击 show 命令,选择 show node names。启动 Simulate 菜单中 Analysis 下的 DC Operating Point 命令,在弹出的对话框中的 Output variables 页将节点 1、2、3 作为仿真分析节点。单击 Simulate 按钮,可获得仿真结果如下:$U_1=1.815\ 98$ V,$U_2=4.842\ 2$ V,$U_3=1.204\ 01$ V。

(2) 输入信号的变化对放大电路输出的影响

当图 10.70 所示电路的输入信号幅值为 5 mV 时,测得输出波形如图 10.71 所示。改变输入信号幅值,使其分别为 10 mV、15 mV、20 mV,输出将出现不同程度的非线性失真,即输出波形为上宽下窄。当输入信号幅值为 21 mV 时,输出严重失真,如图 10.72 所示。由此说明,由于三极管的非线性性,图 10.70 所示电路仅适合于小信号放大,当输入信号太大时,会出现非线性失真。

(3) 测量放大电路的放大倍数、输入电阻和输出电阻

放大倍数、输入电阻和输出电阻是放大电路的重要性能参数,下面利用 Multisim 仪器库中的数字万用表对它们进行测量。

① 测试放大倍数

在图 10.70 所示电路中,双击示波器图标,从示波器上观测到输入、输出电压值,计算电压放大倍数为:$A_V=U_o/U_i$。

② 测量输入电阻

在输入回路中接入电压表和电流表(设置为交流 AC),如图 10.73 所示。运行仿真开关,分别从电压表 XMM2 和电流表 XMM1 上读取数据,则 $R_{if}=U_i/I_i$,可测得频率为 1 kHz 时的输入电阻。

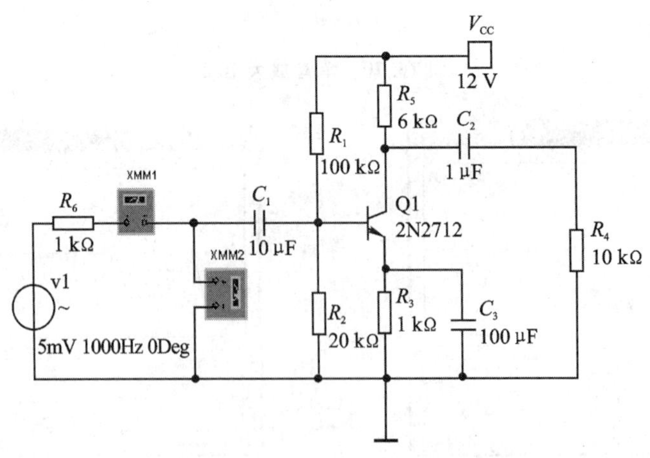

图 10.73 单管放大电路输入电阻测试电路

③ 测量输出电阻

根据输出电阻计算方法，将负载开路，信号源短路，在输出回路中接入电压表和电流表(设置为交流 AC)，如图 10.74 所示。从电压表 XMM2 和电流表 XMM1 上读取数据，则 $R_{of}=U_o/I_o$，可测得频率为 1 KHz 时得输出电阻。

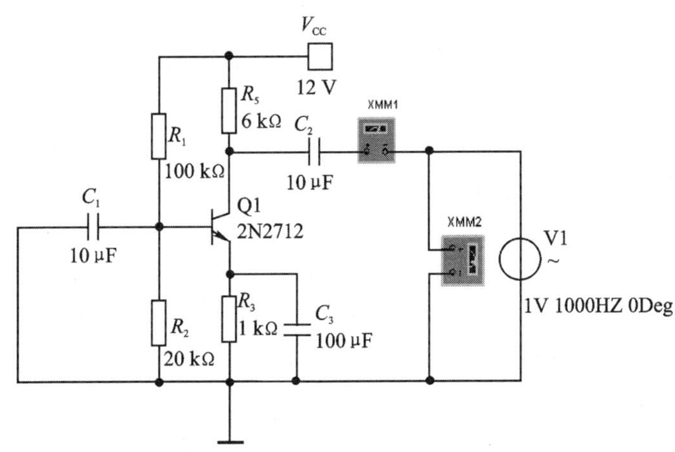

图 10.74 单管放大电路输出电阻测试电路

2. 差动放大电路

差动放大电路是由两个电路参数完全相同的单管放大电路，通过发射极耦合在一起的对称式放大电路。具有两个输入端和两个输出端。如图 10.75 所示为一个典型的恒流源差放电路。其中，三极管 Q1、Q2 构成差放的两个输入管，Q1、Q2 的集电极 V_{C1}、V_{C2} 构成差放电路的两个输出端；三极管 Q3、Q4 构成恒流源电路。

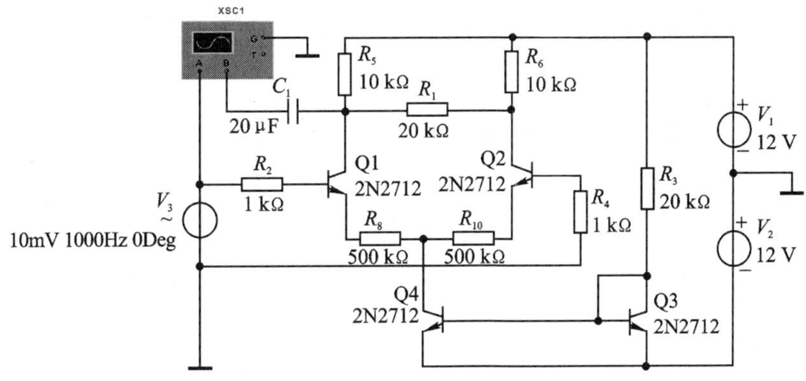

图 10.75 恒流源差放电路

静态时,$U_i=0$,由于电路对称,双端输出电压为 0。

差模输入时,$U_{i1}=-U_{i2}$,$U_{id}=U_{i1}-U_{i2}$。若采用双端输出,则负载 R_1 的中点电位相当于交流零电位,差模放大倍数 $A_{vd}=A_{vd1}=-A_{vd2}$;若采用单端输出,则 $A_{vd}=A_{vd1}/2$。共模输入时,$U_{ic}=U_{i1}=U_{i2}$,$U_{c1}=U_{c2}$,双端输出时输出电压为 0,共模放大倍数 $A_{vc}=0$,共模抑制比 $KCMR=\infty$。

本节将通过示波器来验证差放电路的特性,并用参数扫描分析法分析差放电路不对称时对输出的影响。

(1) 测试差模放大特性

在 Multisim 电路窗口连接如图 10.75 所示的电路。其中,$U_{i1}=V_3$,$U_{i2}=0$,这是一组任意输入信号,但我们可以将这组任意信号分解为一对差模信号和一对共模信号。双击示波器图标,从示波器观察到单端输出时的输出波形如图 10.76(a)所示。由示波器可测得输入电压 $U_i=10$ mV 时,输出电压 $U_o=-90.2$ mV,由此可计算出单端输出时差模电压放大倍数 $A_{vd}=U_o/U_i$。因为 $A_{vd}\gg1$,故差放电路对差模信号具有放大能力。

(2) 测试共模抑制特性

在 Multisim 窗口连接如图 10.77 所示的电路。其中三极管 Q1、Q2 的两输入端并接在一起,为共模输入信号。双击示波器图标,从示波器观测到单端输出时的输出波形如图 10.76(b)所示。由示波器可测得输入电压 $U_i=10$ mV 时,输出电压 $U_o=-0.975$ mV。由此可计算出单端输出时共模电压放大倍数 $A_{vc}=U_o/U_i$。因为 $A_{vc}\ll1$,故差放电路对共模信号具有抑制能力。

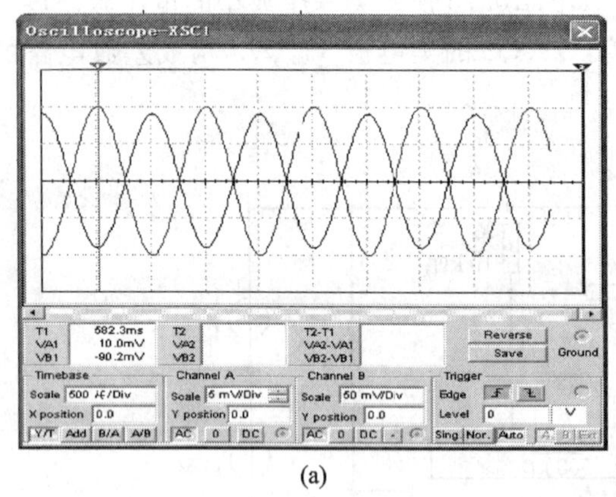

(a)

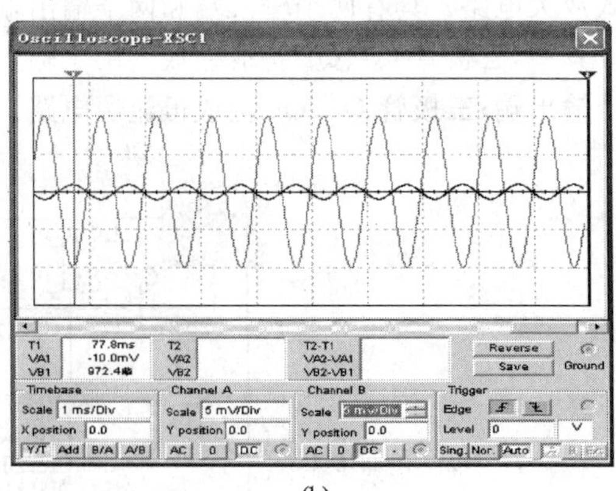

(b)

图 10.76 差分放大电路的输出波形

(3) 参数扫描分析

差动放大电路为完全对称电路,当 R_8 与 R_{10} 不相等时,差动放大电路不再对称,输出会发生什么变化呢?我们不妨用 Multisim 仿真分析法中的参数扫描分析来观察输出的变化。

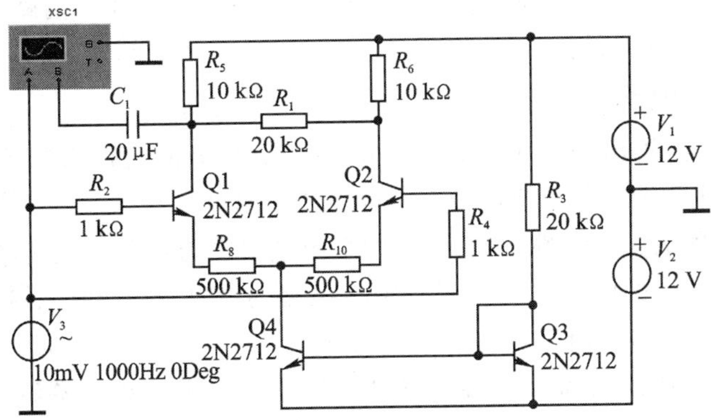

图 10.77 共模特性测试电路

启动 Multisim 菜单中 Analysis 命令下的 Parameter Sweep 命令项，在弹出的对话框中进行如下设置：

① Analysis Parameter 页参数设置如下：

Sweep Parameter：Device Parameter；

Device ：Resistor；

Name：rr8；

Parameter：Resistence；

Sweep Variation Type：Linear；

Start：500；

Stop：800；

Increment：300。

② 单击 More 按钮，在 More option 页 Analysis to 中选 Transient analysis。再单击 Edit Analysis，设置参数 Start time 为 0，End time 为 0.002。最后单击 Accept 按钮。

③ 单击参数扫描法对话框中的 Simulate 按钮，即可得到图 10.78 所示仿真结果。图 10.78 中，曲线①和④分别表示 $R_8=0.8$ kΩ 时 U_{c1}、U_{c2} 的输出波形。曲线②和③分别表示 $R_8=0.5$ kΩ 时 U_{c1} 和 U_{c2} 的输出波形。

由图 10.78 可知，电路是否对称对集电极静态电压有影响。当 $R_8=0.5$ kΩ 时，电路对

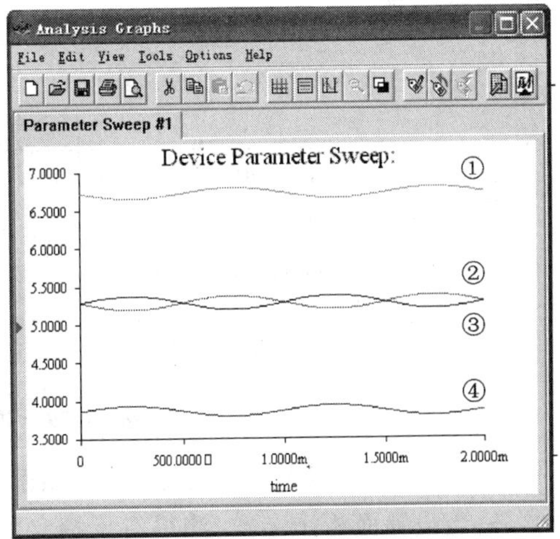

图 10.78 参数扫描曲线图

称，三极管 Q1、Q2 具有相同的静态偏置电压；而当 $R_8=0.8\ \text{k}\Omega$ 时，电路不对称，三极管 Q1、Q2 的静态偏置电压明显不同。

3. 负反馈放大电路

负反馈放大电路按输出的取样方式可以分为电压反馈和电流反馈；按输入的比较方式可分为并联反馈和串连反馈。负反馈对放大器性能的影响可以从以下几个方面来分析：

① 改善了放大器的频率特性，使放大器的上限频率提高，而下限频率降低，从而增加了带宽 $BW_f=(1+A_mF)\omega_H$（式中 BW_f 为负反馈放大电路的带宽，A_m 为放大器的中频增益，F 为反馈系数，ω_H 为上限角频率）。但带宽的增加是以牺牲放大倍数为代价的。

② 负反馈对放大器输入、输出电阻的影响：串联负反馈使放大器输入电阻增大；并联负反馈使放大器输入电阻减小；电流负反馈使放大器输出电阻增大；电压负反馈使放大器输出电阻减小。

③ 减小了本级放大器自身产生的非线性失真。

④ 抑制了局部噪声和干扰。

下面以并联电压负反馈放大电路为例，利用 Multisim 的仿真分析法——交流分析和虚拟仪器——示波器来观测负反馈对放大器性能的影响。

(1) 观测负反馈对放大电路输出波形的影响

首先在 Multisim 窗口创建图 10.79 所示电路，该电路由电阻 R_4 构成电压并联负反馈。

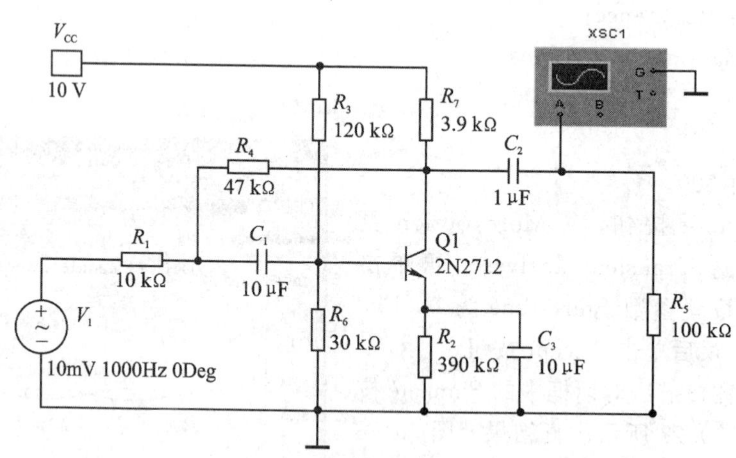

图 10.79 并联电压负反馈电路

将输入正弦信号 $V1$ 参数设置为：频率 1 kHz，幅值 10 mV。在输出负载 R_5 两端接一示波器，适当设置面板上参数，测得有反馈时的输出波形如图 10.80(a)所示；然后，双击电阻 R_4，设置 R_4 为开路状态，即断开电压并联负反馈，从示波器测得输出波形如图 10.80(b)所示。由输出波形可以看出，没有负反馈时，输出波形幅度较大，但出现了明显的失真；而引入负反馈后，输出没有了失真，但幅度减小了。

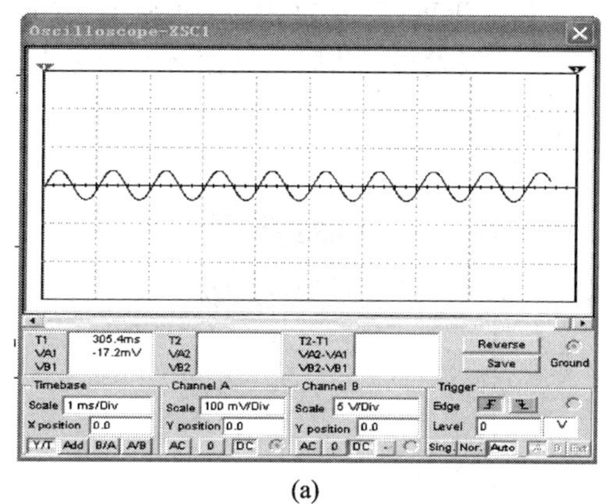

(a)

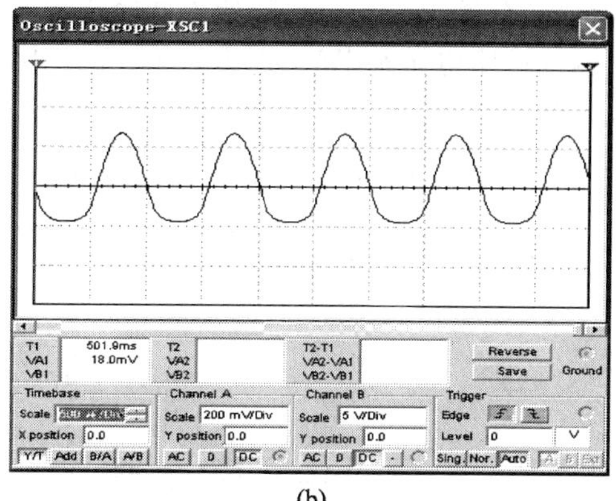

(b)

图 10.80　共射极电路的输出波形

(2) 观测负反馈对电路放大倍数的影响

在 Multisim 电路窗口中右击，在弹出的快捷菜单中单击 show 命令，选择 show node names，显示电路节点。

启动 simulate 菜单中 Analysis 下的 AC Analysis 命令，在弹出的对话框中，Frequency Parameters 页采用默认设置，Output variables 页中选定输出节点 4 作为分析节点，单击 Simulate 按钮，仿真结果如图 10.81(a)所示。然后双击电阻 R_4，设置 R_4 为开路状态，重新测试，测得无反馈时的幅频特性仿真结果如图 10.81(b)所示。比较图 10.81(a)和图 10.81(b)可以看出，有负反馈时放大倍数降低了，但频带得到了扩展。

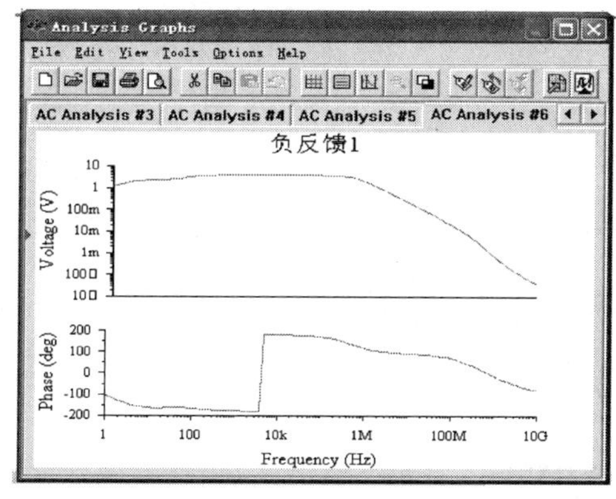

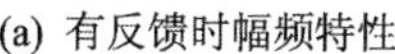
(a) 有反馈时幅频特性

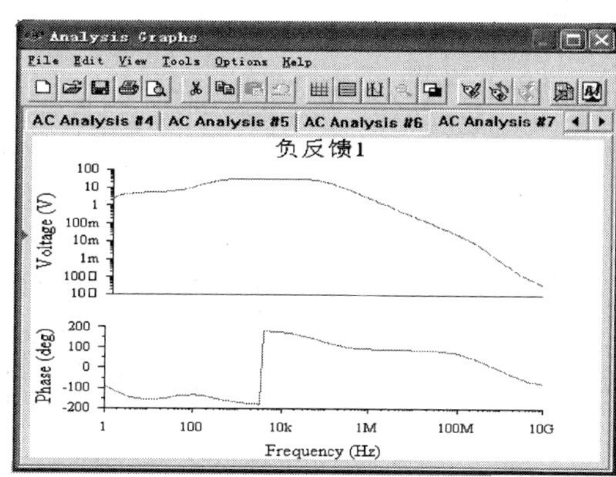

(b) 无反馈时幅频特性

图 10.81　反馈电路有无反馈时的幅频特性

(3) 观测负反馈对输入、输出电阻的影响

首先,在图10.79所示的输入回路中接入电压表和电流表(设置为AC),如图10.82所示,测得输入回路电压和电流,则 $R_{if}=U_i/I_i$。由测试结果可以发现:并联负反馈将使放大电路的输入电阻减小。

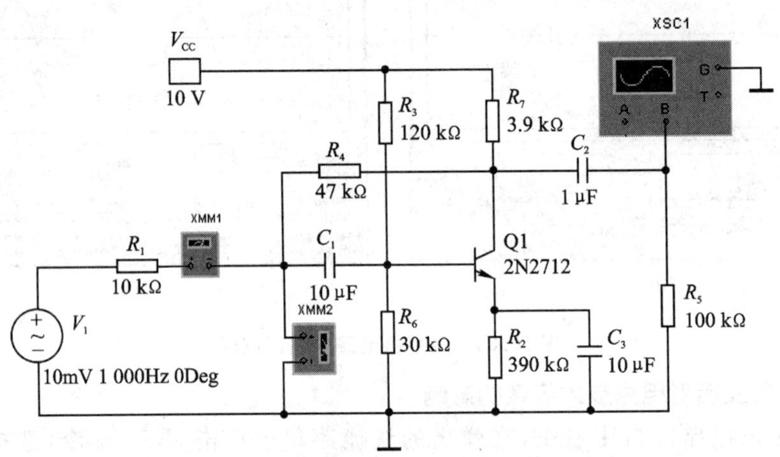

图 10.82 输入电阻测试电路

双击电阻 R_5,设置 R_5 为开路状态,同时在输出端接入电压表和电流表,且使输入回路中信号源短路,如图10.83所示,测得输出回路中电压和电流,则 $R_{of}=U_o/I_o$。然后,双击电阻 R_4,设置 R_4 为开路状态,重新测量无反馈时的输出回路中的电压和电流,则 $R_o=U_o/I_o$。由测试结果可以发现:电压负反馈将使放大器输出电阻减小。

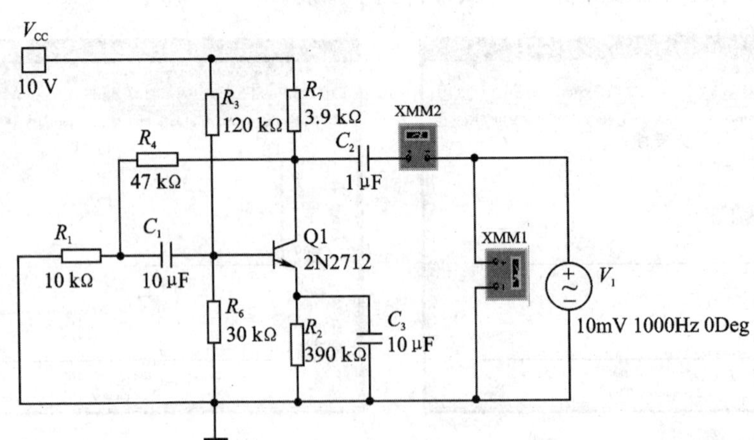

图 10.83 输出电阻测试电路

4. 非正弦波产生电路

当运放连接成负反馈电路时，即可构成运算电路、积分电路、微分电路等；当运放连接成正反馈时，即可构成比较器电路，如图 10.84 所示。

在图 10.84 所示比较器中

$$U_{+}=\frac{R_4}{R_1+R_4}U_{\mathrm{i}}+\frac{R_1}{R_1+R_4}U_{\mathrm{o}}$$

当 $U_{+}>U_{-}$ 时，输出为高电位 U_{oh}，当 $U_{+}<U_{-}$ 时，输出为低电位 U_{ol}。输出翻转时的输入上、下门限电位为：

$$U_{\mathrm{ih}}=\frac{R_1}{R_4}U_{\mathrm{oh}},\ U_{\mathrm{il}}=\frac{R_1}{R_4}U_{\mathrm{ol}}$$

下面将利用运放构成一个非正弦波产生电路，并观测电路参数对输出信号波形的影响。首先创建图 10.85 所示电路。图 10.85 所示电路由两级运放 U1、U2 组成。U1 为集成运放的正反馈应用，是一个比较器电路，U2 为一个反向积分器电路。比较器的输出作为反向积分器的输入，反向积分器的输出作为比较器的输入。为便于观测输出波形，我们将 U1、U2 的输出分别加到示波器的 A、B 两个通道上。双击示波器图标，合理设置示波器参数，即可得到图 10.86(a) 所示输出波形。

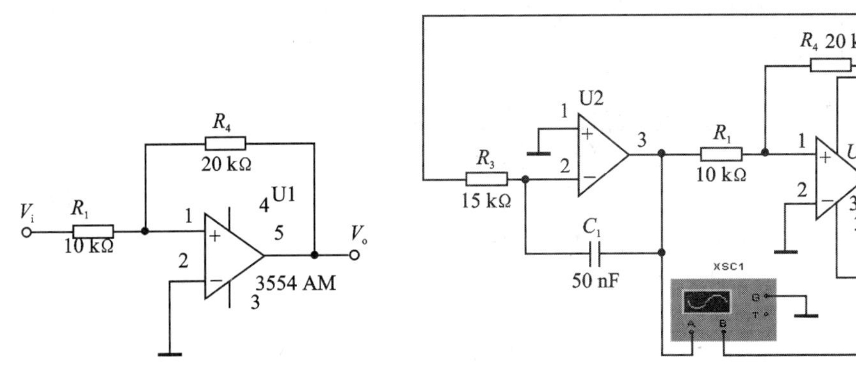

图 10.84　比较器电路

图 10.85　非正弦波产生电路

若改变图 10.85 中电路参数 C1，使 $C_1=100$ nF，再观测示波器输出波形，得图 10.86(b) 所示仿真结果。比较图 10.86(a) 和 (b) 可以看到，积分电路中电容 C_1 增大后，输出方波、锯齿波的周期变大了。这是因为 C_1 加大后，积分电路输出达到比较器翻转电压的时间延长了。

若改变图 10.85 所示电路中电阻 R_4 的大小，使 $R_4=30$ kΩ，重新观测示波器输出波形，得仿真结果如图 10.87(a) 所示。由图 10.87(a) 可以看到，输出方波、锯齿波的周期变小了。这是因为 R_4 增大后，比较器 U1 的翻转电压下降，积分电路输出电压达到比较器 U1 的翻转电压的时间缩短了。

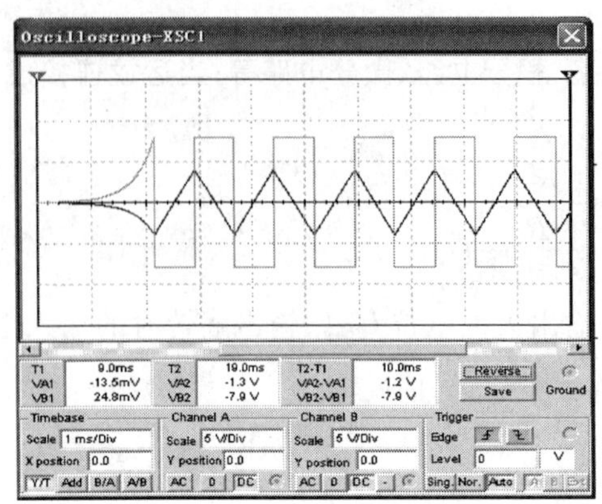

(a) C_1=50 nF

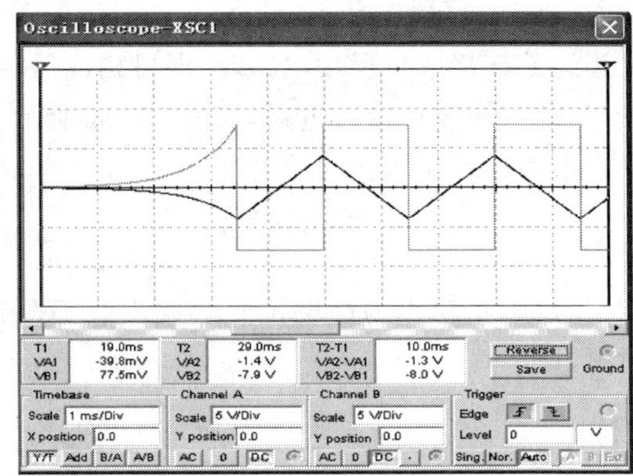

(b) C_1=100 nF

图 10.86 非正弦波产生电路输出波形

若改变图 10.85 所示电路中电阻 R_4 的大小,使 $R_4=10\ \mathrm{k\Omega}$,重新观测示波器输出波形,可得图 10.87(b)所示仿真结果。由图 10.87(b)可以看到,输出方波、锯齿波的幅度相等,且输出波形的周期较 $R_4=30\ \mathrm{k\Omega}$ 时加大了。这是因为 R_4 减小后,比较器 U1 的翻转电压增大,积分电路输出电压达到翻转电压的时间延长了。同时,由于 $R_1=R_4$,因此,上门限、下门限电压大小和输出方波的幅值相等。

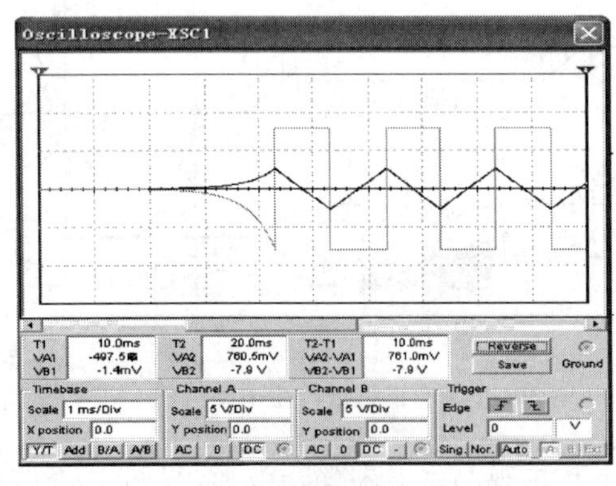

(a) R_4=30 kΩ

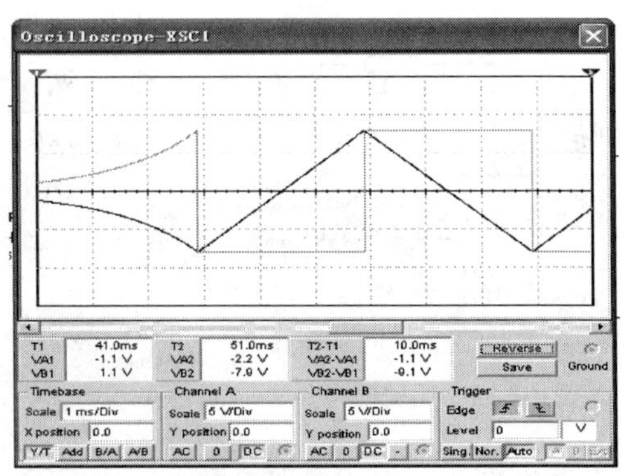

(b) R_1=R_4=10 kΩ

图 10.87 改变 R_4 时电路的输出波形

若将图 10.85 中积分电路的同相输入端 U_+ 由接地改为接电压源 U_{EE},则只需改变 U_{EE} 的大小,即可构成一个输出脉宽可调的矩形波产生电路。

10.4 小　结

- 电路仿真技术与传统的电路实验相比较，具有快速、安全、省材等优点，大大提高了工作效率。
- Multisim 和 PSPICE 都可以进行模拟电路和数字电路的仿真，大大缩短了电路设计周期。
- Multisim 和 PSPICE 软件电路模拟仿真功能强大，都能进行直流工作点分析、直流扫描分析、交流扫描分析和瞬态分析等十几种类型的仿真，仿真快速、准确。
- Multisim 和 PSPICE 软件仿真元件器件丰富，种类繁多，而且还提供了功能强大的元器件编辑器，满足不同用户需要。
- PSPICE 软件仿真输出结果形式多样，有数值、表格、图表和波形。而且 PSPICE 软件图形后处理功能强大，可以观测变量及函数表达式的波形，还可以标注极大值、极小值等特殊点。
- Multisim 软件可以模拟开路、短路等故障，并可以设置参数，便于电路调试和故障演示。

10.5 思考题与习题

1. 直流分析包括哪些分析功能？
2. 交流分析有什么作用？同时实现哪些分析功能？有哪些输出变量？
3. 什么是直流扫描分析？可以扫描哪些变量？与参数扫描分析有何异同点？
4. 瞬态分析可实现哪些功能？
5. 创建一个放大电路，观察基极电阻、集电极电阻和负载电阻变化对电压放大倍数和输出波形的影响。
6. 创建一个负反馈放大电路，测试多级负反馈对放大电路性能指标的影响。

参考文献

[1] 康华光,陈大钦,张林. 电子技术基础(模拟部分)[M]. 第5版. 北京:高等教育出版社,2006.

[2] 王成华,王友仁,胡志忠编著. 现代电子技术基础(模拟部分)[M]. 北京:电子工业出版社,2005.

[3] 王长福,路金生主编. 国内外小功率晶体管实用手册[M]. 北京:电子工业出版社,1993.

[4] 方大千,鲍俏伟编著. 实用电源及其保护电路[M]. 北京:人民邮电出版社,2003.2.

[5] 张延琪主编. 常用电子电路280例解析[M]. 北京:中国电力出版社,2004.12.

[6] 李银华主编,王新全、江泳副主编. 电子线路设计指导[M]. 北京:北京航天航空大学出版社,2005.6.

[7] 梁伟等编著. 电子设计与实践[M]. 北京:中国电力出版社,2005.6.

[8] 吴金. 电子技术基础(模拟部分)学练考[M]. 北京:清华大学出版社,2004.4.

[9] 赵世平主编. 模拟电子技术基础[M]. 北京:中国电力出版社,2004.8.

[10] 童诗白主编,清华大学电子学教研室编. 模拟电子技术基础(第3版)[M]. 北京:高等教育出版社,2001.

[11] 杨素行主编,清华大学电子学教研室编. 模拟电子技术基础简明教程(第2版)[M]. 北京:高等教育出版社,1998.

[12] 谢嘉奎主编. 电子线路线性部分(第四版)[M]. 北京:高等教育出版社, 1999.

[13] 高文焕,刘润生编. 电子线路基础[M]. 北京:高等教育出版社, 1997.

[14] 孙传友等编著. 测控电路及装置[M]. 北京:北京航空航天大学出版社,2002.

[15] 周亦武,孙威娜编著. 放大电路指南[M]. 福州:福建科学技术出版社, 2004.

[16] 李良荣主编. 现代电子设计技术——基于Multisim 7& Ultiboard2001[M]. 北京:机械工业出版社, 2004.

[17] 韦思健编著. Multisim2001电路实验与分析测量[M]. 北京:中国铁道出版社,2002.

[18] 郑步生等编著. Multisim 2001电路设计及仿真入门与应用[M]. 北京:电子工业出版社,2002.

[19] 蒋卓勤,邓玉元主编. Multisim 2001电路设计及其在电子设计中的应用[M]. 西安:西安电子科技大学出版社,2004.

[20] 吴建强主编. PSpice仿真实践[M]. 哈尔滨:哈尔滨工业大学出版社,2001.

[21] 李永平,董欣主编. PSpice电路原理与实现[M]. 北京:国防工业出版社,2004.

[22] 李永平,董欣主编. PSpice电路优化程序设计[M]. 北京:国防工业出版社,2004.

[23] 李永平,董欣主编. PSpice电路设计实用教程[M]. 北京:国防工业出版社,2004.